1781

Steve Jones

WIE DER WAL ZUR FLOSSE KAM

Ein neuer Blick auf den Ursprung der Arten

Aus dem Englischen von Sebastian Vogel

Hoffmann und Campe

Die Originalausgabe erschien 1999 unter dem Titel
Almost Like a Whale: The Origin of Species Revisited
bei Doubleday/Transworld Publishers, London

Die in kleinerer Schrift gedruckten Zusammenfassungen am Ende vieler Kapitel sowie das letzte Kapitel stammen aus Charles Darwins Buch »Über die Entstehung der Arten«, übersetzt und nach der letzten englischen Ausgabe wiederholt durchgesehen von J. Victor Carus, 9. Auflage, Stuttgart: Schweitzerbart'sche Verlagsbuchhandlung, 1899.

Die Deutsche Bibliothek – CIP-Einheitsaufnahme
Jones, Steven: Wie der Wal zur Flosse kam:
ein neuer Blick auf den Ursprung der Arten/Steve Jones.
Aus dem Engl. von Sebastian Vogel.
– 1. Aufl. – Hamburg: Hoffmann und Campe, 1999
Einheitssacht.: Almost like a whale <dt.>
ISBN 3–455–11247–1

Schutzumschlaggestaltung: Angela Dobrick
Foto: Sarah Untermöhlen
Satz: Utesch GmbH, Hamburg
Druck und Bindung: Clausen & Bosse, Leck
Printed in Germany

Für Alex und Anna Trench

»Wie ungewöhnlich dumm, so nicht gedacht zu haben!«
T. J. Huxley nach der Lektüre der *Entstehung der Arten*

»Wer mit Gewißheiten beginnt, wird ins Zweifeln geraten; wer hingegen bereit ist, mit Zweifeln zu beginnen, wird zu Gewißheiten gelangen.«
Bacon: *The Advancement of Learning*

INHALT

Geschichtlicher Überblick über die Entwicklung der Ansichten von der Entstehung der Arten bis zum Erscheinen der ersten Auflage dieses Werks

Zwei Zeilen, die zu den schlechtesten der gesamten englischen Lyrik gehören, schrieb John Hookham Frere im Jahr 1799:

> Gefiedert Volk gleitet mit Schwingen daher,
> Hingegen nicht der Fisch, und wen'ger noch der Bär.

So armselig diese Verse auch sind – in ihnen steckt eine Moral. Sie stammen aus Freres häufig übersehenem Gedicht »The Progress of Man; Poetry of the Anti-Jacobin«. Vögel, Bären und Fische transportieren eine politische Botschaft: Die Dinge sind, wie sie sind, und sie zu verändern wäre töricht. Die Französische Revolution brachte die gottgegebene Ordnung durcheinander: Menschenrechte zu proklamieren war ebenso absurd wie die Behauptung, ein Fisch – oder gar ein Bär – könne fliegen.

Die beiden nächsten Zitate stammen aus dem sechzig Jahre später erschienenen Werk *Die Entstehung der Arten*:

»So wird es auch begreiflich, daß fliegende Fische, welche jetzt weit durch die Luft gleiten und mit Hilfe ihrer flatternden Brustflossen sich leicht über den Meeresspiegel erheben und senken, allmählich zu vollkommen beflügelten Tieren hätten umgewandelt werden können. Und wäre dies einmal bewirkt worden, wer würde sich dann je einbilden, daß sie in einer früheren Zeit Bewohner des offenen Meeres gewesen seien und ihre beginnenden Flugorgane, wie uns jetzt bekannt ist, bloß gebraucht haben, um dem Rachen anderer Fische zu entgehen?«

»In Nordamerika sah Hearne den schwarzen Bär vier Stunden lang mit weit geöffnetem Munde im Wasser umherschwimmen, um fast nach Art der Wale Wasserinsekten zu fangen ... [Nach meiner Theorie] könnten wir erwarten, daß solche Individuen mitunter zur Entstehung neuer Arten mit abweichenden Sitten und einer nur unbedeutend oder beträchtlich vom eigenen Typus abweichenden Organisation Veranlassung geben.«

Soweit Charles Darwin über die Möglichkeiten der Evolution. Zwar hat sie bisher noch nie aus einem Landtier einen Wal-Bären mit einer Vorliebe für Wasserinsekten gemacht, aber sie wäre dazu in der Lage. Immerhin sind durch die Evolution bereits sehr unwahrscheinliche Lebewesen entstanden, beispielsweise Fische, die durch die Luft segeln. Die Vorstellung, das Leben sei ein für allemal in einer gottgegebenen Form festgelegt, ist seit Darwin tot. Alles ist ständig im Wandel.

Vor Darwin glaubten die Naturforscher in ihrer großen Mehrzahl, biologische Arten seien einzeln erschaffene, unveränderliche Hervorbringungen. Heute wird seine Theorie, daß sie Abwandlungen durchlaufen und die Nachkommen früherer Formen sind, von allen anerkannt (oder jedenfalls von allen, die nicht von vornherein entschlossen sind, nicht daran zu glauben). Warum das so ist, könnten die meisten Menschen aber nur schwer erklären. Wir wissen alle, daß Menschen und Schimpansen verwandt sind und daß Pflanzen, Tiere und alle anderen Lebewesen von einem gemeinsamen Vorfahren abstammen. Die Lehren vom Kampf ums Dasein, vom Überleben der Anpassungsfähigsten und von der Entstehung der Arten sind Allgemeinwissen. Die Evolution hat stattgefunden – dem stimmte 1996 sogar der Papst zu (auch wenn er nur einräumte: »Neue Kenntnisse veranlassen uns, in der Evolutionstheorie mehr als eine Hypothese zu sehen«).

Das alles erinnert an Galilei und den Weg der Erde um die Sonne. Wir wissen, daß er recht hatte, aber worauf stützte er sich eigentlich? Warum murmelte er in seinem Disput mit dem Vatikan »*eppur si muove*« – »und sie bewegt sich doch«? Galilei mußte ohne High-Tech-Instrumente einen verwickelten Beweis führen, der mit der Bewegung der »Wandelsterne« – der Planeten – vor einem Hintergrund der im fernen Weltraum feststehenden Himmelskörper zu tun hatte. Das Muster, das sich ihm offenbarte, ergab nur dann einen Sinn, wenn auch die Erde ein Planet war und kein fixiertes Objekt, um das sich der Himmel drehte. Solche Indizien mögen überzeugend sein, aber die meisten, die Galileis Ideen Glauben schenken, kennen sie nicht.

Ähnlich verhält es sich mit der Evolution. Die Vorstellung ist so einfach wie die vom Sonnensystem, aber sie ist nicht die naheliegende Erklärung für den Lauf der Welt. Der gesunde Menschenverstand sagt uns, das Leben drehe sich – wie die Sonne – um uns Menschen. Diese Idee hat nur einen Fehler: Sie ist falsch.

Satelliten machen es heute unmöglich, den Aufbau des Universums zu leugnen. Genauso sind die Gene ein triumphaler Beweis für die

Evolution. Darwin leistete für die Biologie mit seiner Theorie der gemeinsamen Abstammung das gleiche, was Galilei für das Verständnis der Planetenbahnen gelang. Seine Überlegungen stehen in einem Buch, das für Laien geschrieben wurde, in dem einzigen Bestseller, der die Vorstellung des Menschen von sich selbst veränderte. Eine Idee, die 1859 geäußert wurde, ist nach wie vor der Mörtel, der viele der großartigen Entdeckungen unserer Zeit verbindet. *Die Entstehung der Arten* ist ohne Zweifel das Buch des Jahrtausends.

An keiner anderen Stelle wird das Beweismaterial für die Evolution besser dargelegt. Darwin nannte seine vierhundert Seiten »ein langes Argument«. Als moderner Biologe kann man ihm nur zustimmen. Wenn man sie liest, ist man verblüfft, wie gut die dort geäußerten Überlegungen mit jeder neuen wissenschaftlichen Erkenntnis übereinstimmen. Die Logik in der *Entstehung der Arten* ist heute ebenso zwingend wie zu der Zeit, als das Buch geschrieben wurde.

Die Fakten, die es beschreibt, entsprechen natürlich dem Erkenntnisstand der Zeit vor anderthalb Jahrhunderten, und sie lassen viele Lücken, die eine Beweisführung verhinderten. Mittlerweile sind sie alle – oder fast alle – geschlossen. Mein Buch bringt Darwin auf den heutigen Stand. Es stellt, soweit dies möglich ist, einen Versuch dar, *Die Entstehung der Arten* neu zu schreiben. Dabei halte ich mich an die Gliederung dieses Werks, entwickle die Gedanken ebenfalls vom Bauernhof bis zu den Fossilien, vom Bienenstock bis zu Inseln. Meine eigenen großartigen Tatsachen (eine weitere Lieblingsformulierung Darwins) wurzeln fest im späten zwanzigsten Jahrhundert. *Wie der Wal zur Flosse kam* versucht, Charles Darwins Gedanken mit der Überlegenheit des wissenschaftlichen Rückblicks zu lesen und dann zu zeigen, wie die Evolutionstheorie am Ende des Jahrtausends die Biologie vereinheitlicht.

Evolutionsforschung ist heute mehr als nur eine Wissenschaft: Ihre Erkenntnisse fließen, bewußt oder nicht, in Wirtschaft, Politik, Geschichte, Kunst und anderes ein. Kein gebildeter Mensch kann es sich leisten, sie nicht zur Kenntnis zu nehmen, und es gibt viele ausgezeichnete Bücher, in denen Teile des Darwinschen Gedankengebäudes allgemeinverständlich beschrieben werden. Aber keines davon berichtet über alles; es gibt keine moderne, für Laien verständliche Darstellung der Evolutionsbiologie in ihrer ganzen Tiefe und gewaltigen Vielfalt. *Die Entstehung der Arten* neu zu schreiben ist ein Unterfangen, das sich die meisten Biologen nicht zutrauen würden. Aber so vermessen (und in mancherlei Hinsicht hoffnungslos) es auch erscheinen mag: Genau diese Aufgabe habe ich mir gestellt.

Mit diesem Ziel vor Augen, bestand auch für mich die größte Schwierigkeit darin, zu entscheiden, was ich weglassen sollte. *Die Entstehung der Arten* schuf die Grundlagen für die moderne Biologie und auch für große Teile von Geologie und Psychologie. Ich habe versucht, diese Bandbreite wiederzugeben, und das ist mir zweifellos mißlungen. Dem Buch liegt die Idee zugrunde, Erkenntnisse der heutigen Zeit mittels Darwinscher Logik nachzuvollziehen. Es ist keine Geschichte des Evolutionsgedankens oder des Lebens, keine Biografie über Darwin oder über Tiere und Pflanzen, sondern ein Argumentationsgang, der – in dieser Hinsicht bin ich zuversichtlich – den Leser von der Richtigkeit der Evolutionstheorie überzeugen wird. Um es nicht ausufern zu lassen (es ist ebenso lang wie das Original und hat im wesentlichen die gleiche Kapiteleinteilung), mußte ich eine Auswahl treffen und manche Themen übergehen, um anderen Raum geben zu können.

Mein Entscheidungskriterium für die Aufnahme eines Themas ist, ob es in Darwins grandiosem Werk angesprochen wird. Allerdings habe ich mich entschieden, eine geringfügige Ausnahme zu machen. *Die Entstehung der Arten* enthält nur einen einzigen nennenswerten Satz über die Menschen (»Licht wird auf den Ursprung der Menschheit und ihre Geschichte fallen«); heute wissen wir aber über unsere eigene Vergangenheit so viel, daß ich mein letztes Kapitel diesem Thema widme. Darwin selbst schloß mehrere Bereiche aus. Sein Buch befaßt sich nicht mit der Entstehung der grundlegenden geistigen Fähigkeiten und ebensowenig mit der Entstehung des Lebens selbst. Deshalb fehlen die Ursprünge des Lebens und des Bewußtseins auch in meiner Darstellung; außerdem vermeide ich jeden Bezug zu den ethischen Aspekten der Theorie, soweit es solche Aspekte gibt.

In Inhalt oder Form dieses Buches mehr zu sehen als einen Schatten seines Vorbilds wäre vermessen. *Die Entstehung der Arten* ist der Höhepunkt der Sachliteratur. Sein Autor verstand zu schreiben, weil er zu lesen verstand. Seinen Tagebuchaufzeichnungen zufolge führte er sich während eines einzigen Sommers *Hamlet*, *Othello*, *Mansfield Park*, *Verstand und Gefühl*, Boswells *Reise nach den Hebriden*, die *Arabischen Nächte* und *Robinson Crusoe* zu Gemüte. Seine eigene Prosa gleicht einem viktorianischen Landhaus. Sie strahlt Glaubwürdigkeit aus, ganz gleich, von welcher Seite man sie betrachtet, ob als Literatur, als Autobiografie oder als hervorragende Naturwissenschaft.

Man braucht nur Darwins Bericht über seinen ersten Blick auf die Galapagosinseln mit dem von Herman Melville zu vergleichen, dessen Bericht *Encantadas* (ein anderer Name für die Inselgruppe) 1854 erschien. Darwin schreibt lebhaft und direkt: »Am Morgen des 17. [September 1835] landeten wir an der Chatham-Insel, die wie die anderen mit milden, abgerundeten, hier und da durch zerstreute Hügel, die Überreste früherer Krater, unterbrochenen Umrissen aus dem Meere aufsteigt. Nichts konnte weniger einladend sein als das erste Aussehen. Ein zerklüftetes Feld schwarzer, basaltischer Lava, die in die zerrissensten Wellen geworfen und von großen Spalten durchsetzt ist, wird überall von verkümmertem, sonnverbranntem Buschwerk bedeckt, das wenige Zeichen vom Leben gibt. Die trockene und ausgedörrte, von der Mittagssonne erhitzte Oberfläche machte die Luft drückend und schwül, wie in einem Ofen; wir bildeten uns sogar ein, daß die Büsche einen unangenehmen Geruch hätten.«

Dagegen wirkt Melville blaß: »Den besonderen Fluch der Encantadas – wenn man es so nennen darf – und das, was sie an Verlassenheit über Edom und den Pol noch hinaushebt, macht eben dies aus: daß nie der Wechsel zu ihnen kommt, nicht der Wechsel der Jahreszeiten und nicht der Wechsel der Sorgen. Vom Äquator durchschnitten kennen sie weder Herbst noch Frühling, und da sie schon zerglüht sind wie die letzte Hefe des Feuers, wirkt auch der Verfall nicht mehr groß auf sie ein. Die Wüste erfrischt der Regen; aber auf diesen Inseln regnet es nie. Wie geborstene syrische Kürbisse, die man in der Sonne welken läßt, sind sie sprüngig geworden von einer immerwährenden Dürre unter sengendem Himmel.«

Darwins Sprache ist unnachahmlich. Ich habe nicht versucht, ihn zu imitieren (auch wenn ich einige Sätze von ihm abgeschrieben habe in der Hoffnung, damit den Stil meines eigenen Textes zu verbessern). Als kleinen Hinweis, wie lohnend es ist, *Die Entstehung der Arten* im Original zu lesen, habe ich (da, wo es sie gibt, das heißt vom vierten Kapitel an) seine Zusammenfassungen, die Untertitel der einzelnen Kapitel und sein »Wiederholung und Schluß« am Ende des Buches übernommen. Es wäre durchaus möglich, es Borges' Pierre Menard gleichzutun, der *Don Qixote* Wort für Wort neu schreibt: Man könnte jeden Satz aus der *Entstehung der Arten* in einem neuen, modernen Zusammenhang lesen, mit Bedeutungen, die das neunzehnte Jahrhundert nicht kannte. Das habe ich nicht vor. Zwar ist der Aufbau der Argumentation erhalten geblieben, und auch die Reihenfolge der Kapitel ist die gleiche, aber Darwins Meisterwerk ist für mich keine Zwangsjacke, sondern dient mir als Gerüst. Mein Buch ist eine postmoderne Abhandlung über die Evolution, mit allen Stärken und Schwächen, die sich daraus ergeben. Seine Architektur ist die einer früheren Zeit, aber es ist aus modernem Material aufgebaut. *Die Entstehung der Arten*, auch das muß gesagt werden, ist ein Werk von höchster viktorianischer Ernsthaftigkeit, das keinerlei Zugeständnisse an Unterhaltungsbedürfnisse macht. In unserer eher leichtlebigen Zeit bin ich der Versuchung erlegen, meinen wissenschaftlichen Bericht mit Anekdoten über die seltsame Geschichte der Evolutionstheorie und ihrer Vertreter auszuschmücken.

Wer sich mit ihr beschäftigt, lebt in einer ständigen Gefahr. In Boris Vians mystischem Roman *Der Schaum der Tage* gibt es eine Gestalt, die ihr Leben dem versteinerten Erbrochenen von Jean-Paul Sartre widmet. Dem gleichen unerquicklichen Hobby haben sich manche Biologen (wie auch Marxisten) verschrieben. Was, so fragen sie, hat der Patriarch wohl gemeint? Könnte er unrecht gehabt haben, oder ist es verboten, eine derart ketzerische Idee überhaupt zu äußern? Die Auslegung heiliger Texte hat zwar ihren eigenen Reiz, aber ich habe versucht, mich dessen zu enthalten.

Darwin ist von allen Naturwissenschaftlern am besten biographisch beschrieben, und unter dieser langweiligen und manchmal arroganten Spezies fällt er als anziehend und bescheiden auf. Selbst seine Familie hat einen besonderen Reiz. Erasmus, sein Urgroßvater, veröffentlichte eine Evolutionstheorie im heroischen Versmaß und kommt auch im *Frankenstein* vor: »Die Begebenheit, auf welche der vorliegende Roman sich gründet, trägt nach dem Dafürhalten des Dr. Darwin sowie etlicher deutscher Physiologen nicht im eigentlichen Sinne den Anstrich des Unmöglichen.«

Erasmus war Mitglied der Lunaticks, einer Vereinigung, zu der auch Joseph Priestley und Josiah Wedgwood gehörten. Wenn sie sich nicht mit der Entdeckung des Sauerstoffs oder der Einführung der Industrie in England befaßten, erörterten sie seine Pläne für eine Maschine, »welche in der Lage ist, das Vaterunser, das Glaubensbekenntnis und die Zehn Gebote in der Sprache des Volkes zu sprechen«. Erasmus' Sohn Robert, der Vater von Charles, war Arzt; er verkehrte in Adelskreisen (und verlieh dort auch Geld). Charles' Nachkommen waren ebenfalls begabt; sein Enkel Bernard kämpfte zum Beispiel als Golfspieler bei internationalen Turnieren für den Ruhm Englands.

Dieses Buch handelt von Darwins wissenschaftlichen Erkenntnissen, dem Kern der gesamten Biologie. Sie haben ihre Wurzeln in der Vergangenheit, aber sie sind ein Schlüssel zur Erklärung der Gegenwart. Zu ihren Themen gehören das Aidsvirus, Schönheitswettbewerbe für Hunde und der Abfall, der im Pazifik treibt. Es ist einmal behauptet worden, Milton sei der letzte Mensch gewesen, der alles wußte (oder der zumindest über die meisten Dinge so viel wußte, daß er glaubwürdig darüber diskutieren konnte). Darwin war der letzte Biologe, der das von sich sagen konnte. Sein Geist, schrieb er, sei »eine Maschine, dazu geschaffen, aus einer großen Ansammlung von Tatsachen allgemeine Gesetzmäßigkeiten herauszupressen«. Unter den vielen hundert zitierten Büchern und Zeitschriften in dem Manuskript, von dem *Die Entstehung der Arten* ein »Auszug« sein sollte, finden sich *The Cottage Gardener and Country Gentleman's Companion*, die *Proceedings of the Geological Society*, die *India Sporting Review* und die *Philosophical Transactions of the Royal Society of London*. Um sich Informationen zu beschaffen, schrieb Darwin Briefe an eine Fülle von Menschen, an Fachleute und Amateure gleichermaßen, und flocht ihre Antworten in seine Argumentation ein.

Das könnte heute niemand mehr. Das Wissen ist so umfangreich geworden, daß es nicht einmal mehr einen Milton der Biologie gibt; niemand beherrscht das ganze Gebiet so umfassend, daß er mit jedem Kollegen aus jeder beliebigen Teildisziplin darüber diskutieren könnte. Der Versuch, die Evolution zu verstehen, erfordert Kenntnisse auf Gebieten, die so weit auseinanderliegen, daß es für einen einzelnen unmöglich ist, sie in sich zu vereinigen. Das ist das Vergnügen – und die Tragödie – der modernen Naturwissenschaft.

Nachdem wir heute soviel darüber wissen, wie das Leben funktioniert, ist die Evolutionsforschung zur Wissenschaft der Ausnahmen geworden. Es wäre müßig, die Streitereien über Detailfragen zu betrachten, die Darwins Argumentation aufwirft (der Verzicht darauf bietet allerdings die Gewähr, daß jeder Biologe in diesem Buch irgend etwas finden wird, was ihm nicht gefällt), denn eines steht fest: So erbittert die Diskussionen auch geführt werden – die zentrale Erkenntnis der *Entstehung der Arten*, die Vorstellung von der »Abstammung mit Abwandlung«, wird von keinem Wissenschaftler bestritten.

Darwin hatte diesen Vorteil nicht. Er mußte ein Publikum überzeugen, für das selbst die Idee, alle Lebensformen könnten sich verändern und hätten einen gemeinsamen Stammbaum, völlig ungewohnt war. Und gegen alle Widerstände ist ihm dies gelungen. John Ruskin beklagte »jenes schmutzige Geschrei, welches die Verwandtschaft der Menschheit mit den Seescheiden und Krokodilen herausposaunt« und mußte schließlich sagen: »Wenn mich die Geologen doch nur in Ruhe ließen, dann ginge es mir sehr gut. Aber diese entsetzlichen Hämmer! Überall höre ich sie klingen, bei jeder Schlußkadenz eines Bibelverses.« Evolutionsideen hatte es schon früher gegeben, aber erst Darwin lieferte nicht nur einen Mechanismus, sondern auch den Beweis, daß er funktioniert.

Obwohl Darwin zwanzig Jahre lang nach Belegen, nach »Urkunden« suchte, war er sich der Lücken in seiner Aussage so schmerzlich bewußt, daß er sie vielleicht nie veröffentlicht hätte. *Die Entstehung der Arten* ist voller Entschuldigungen: »Um diesen Gegenstand nur einigermaßen eingehend zu behandeln, müßte ich ein langes Verzeichnis trockener Tatsachen geben; doch will ich diese für ein künftiges Werk versparen ... Es ist keine Hoffnung vorhanden, jemanden von der Wahrheit des obigen Satzes zu überzeugen, ohne die lange Reihe von Tatsachen, die ich gesammelt habe, aber hier nicht mitteilen kann, aufzuzählen ... Zwar kann ich diese Frage nur in äußerster Kürze abhandeln; jedoch habe ich die Materialien für eine ausführlichere Erörterung vorbereitet.« Der heutige Leser spürt vielleicht eine gewisse Erleichterung, daß diese »ausführlichere Erörterung« nie erschienen ist. Durch einen glücklichen Zufall wurde Darwin geradezu gezwungen, eine Zusammenfassung seiner Ideen zu veröffentlichen; der Auslöser war ein unerwarteter Brief von Alfred Russel Wallace, der im wesentlichen die gleichen Vorstellungen enthielt.

Evolution ist unvermeidlich. Sie beruht auf Fehlern bei der Fortpflanzung. Abstammung ist immer mit Abwandlung verbunden, weil Kopien, ob von Bildern oder von Genen, niemals ganz originalgetreu sind. Information kann nicht ohne Verluste weitergegeben werden, und eine Kopie der Kopie ist ihrerseits weniger vollkommen als ihr Vorgänger. Von einem Original fortlaufend Reproduktionen von Reproduktionen anzufertigen heißt, etwas Neues zu entwickeln – eine Evolution in Gang zu setzen. Das Ausgangsmaterial geht daraus wegen der Übertragungsfehler in abgewandelter Form hervor und bildet den Rohstoff der biologischen Veränderung.

Aus diesem Erz schmiedet die natürliche Selektion kostbares Metall. Sie ist der Schmelzofen, in dem die Abwandlungen ausprobiert werden. Leben ist Kampf. Da mehr Individuen geboren werden, als voraussichtlich überleben können, kann ein winziges Körnchen in der Waagschale den Ausschlag dafür geben, welches Einzelwesen leben und welches sterben wird. Ein Organismus, der – egal in welchem Alter oder in welcher Jahreszeit – auch nur den geringsten Vorteil gegenüber seinen Konkurrenten hat, bewirkt, daß sich die Waagschale zu seinen Gunsten senkt. Natürliche Selektion ist etwas Einfaches. Sie sucht nach ererbten Unterschieden im Fortpflanzungsvermögen. Vermehrt sich eine bestimmte Variante besser als andere, gewinnt sie die Oberhand. Und am Ende entsteht eine neue Lebensform – eine neue Spezies.

Fehler bei der Fortpflanzung sind das Rohmaterial der Evolution. Die unterschiedliche Fähigkeit, sie weiterzugeben – das heißt die natürliche Selektion –, gibt ihr die Richtung. Die Natur begünstigt weder Schönheit noch Stärke oder Aggressivität; sie kann nur eines: diejenigen fördern, die sich am besten vermehren. Zu ihren Geschöpfen gehören die schönsten wie auch die abstoßendsten Wesen, aber Darwins Maschine hat nichts Geheimnisvolles: Sie ist nichts anderes als Genetik plus Zeit.

Seine eigene größte Schwäche bestand darin, daß ihm ein wesentlicher Baustein fehlte, der uns heute selbstverständlich ist: 1859 hatte noch niemand etwas von der Vererbungslehre gehört. Im Jahr 1726 sah Mary Toft aus Godalming ein Kaninchen, während sie schwanger war. Danach, sagte sie, habe sie ein Kaninchen nach dem anderen zur Welt gebracht. Nach dem ersten Dutzend schickte König George I. seinen Hofanatomen zu ihr, der sie untersuchen sollte. Er bestätigte in seinem *Short Narrative of an Extraordinary Delivery of Rabbets* den Wahrheitsgehalt des Berichtes und äußerte die Vermutung, die Tiere seien ihren Eileitern entsprungen. Mary Toft wurde schließlich als Betrügerin entlarvt (später schrieb Pope eine Ballade auf sie, und Hogarth zeichnete ein Bild von ihr). Obwohl Darwin tapfer versuchte, solche Märchen zu durchschauen, verwirrten sie ihn. Erst 1866 stieß Gregor Mendel auf die Wahrheit; seine klaren, eleganten Arbeiten wurden sogar einer Erwähnung in der *Encyclopaedia Britannica* für wert befunden. Darwin hat sie nie zu Gesicht bekommen.

Die Bedeutung von Mendels Arbeiten wurde erst in den frühen Jahren des zwanzigsten Jahrhunderts erkannt. Darwin hatte eigene, verworrene Ideen von der Vererbung, die zum Teil auf der Vorstellung beruhten, sie werde durch eine Vermischung der im Blut der Eltern vorhandenen Substanzen herbeigeführt. Er sah bald ein, daß sie falsch sein mußten. Eine Vererbung durch Mischung hätte zur Folge gehabt, daß jede vorteilhafte Eigenschaft im Laufe der Generationen abgeschwächt worden wäre. Damit hätte sich jede entstehende Grenze zwischen den Arten aufgelöst, und die Evolution wäre zum Stillstand gekommen. Darwin quälte sich ständig mit diesen Problemen herum, obwohl er in Wirklichkeit keinen Grund hatte, ängstlich zu sein. Das Substrat der Vererbung sind nicht Flüssigkeiten, sondern Teilchen – Gene –, die sich jederzeit wieder unverändert nachweisen lassen. Die DNA spricht keine analoge, sondern eine digitale Sprache. Sie macht es möglich, daß selbst geringfügige Vorteile sich im Laufe der Jahre summieren. Die Genetik rettete *Die Entstehung der Arten*, und mit ihrem Aufschwung veränderte sich auch die Evolutionsforschung. Ihre Kernfrage, wie Varianten sich zu Arten entwickeln, läßt sich heute im terminologischen Rahmen der Genetik beantworten.

Die Mendelschen Entdeckungen ermöglichten neue Erkenntnisse über das Wesen biologischer Arten: Diese sind für den modernen Genetiker Genrepubliken, die durch sexuelle Schranken von ihren Nachbarstaaten getrennt sind. Jede Veränderung in der DNA, die für alle Bürger einer solchen Republik gut ist – die Fähigkeit etwa, mit der halben Nahrungsmenge auszukommen oder die Kinderzahl zu verdoppeln –, wird sich ausbreiten und den gesamten Staat erfassen, aber sie wird nicht in ein anderes Land gelangen. Arten aufgrund der Gene zu definieren funktioniert jedoch nicht immer: Manche Lebewesen befinden sich gerade im Übergang zu einer eigenen Identität, oder die Entfernung schiebt der Sexualität selbst unter Angehörigen derselben Spezies einen Riegel vor. Aber die Entstehung der Arten unter genetischen Gesichtspunkten zu interpretieren ist der Grundstein der Brükke, die heute über den ehemaligen Graben zwischen Vererbungslehre und Evolutionstheorie führt.

Darwins These besagte: Die Vielfalt der Natur ist nicht durch Katastrophen früherer Zeiten entstanden, sondern durch Vorgänge, die auch heute zu erkennen sind. Die Gegenwart war für ihn der Schlüssel zur Vergangenheit. Evolution, so seine Erkenntnis, wird von einem einfachen, langsamen und wirkungsvollen Mechanismus angetrieben, bekannt unter dem Namen »natürliche Selektion«. Da diese ausschließlich geringfügige, aufeinanderfolgende, vorteilhafte Abwandlungen ansammelt, kann sie keine großen oder plötzlichen Veränderungen hervorbringen; sie wirkt nur in Form sehr kleiner, langsamer Schritte. Welche Grenzen, so fragte er, sind dieser Kraft gesetzt, die über lange Zeiträume hinweg tätig ist und den gesamten Körperbau, die Strukturen und Gewohnheiten jedes Lebewesens streng überprüft, um dann das Gute zu begünstigen und das Schlechte zurückzuweisen? Eine Natur, der ein solcher Apparat zur Verfügung steht, hat keinen Anlaß, Sprünge zu machen.

Die Befunde der Geologie hatten Darwin überzeugt, daß man sich nicht auf Katastrophen in alter Zeit – sei es nun die biblische Sintflut oder ein gigantisches Erdbeben – berufen muß, um die Gestalt der Erde zu erklären. Steht genügend Zeit zur Verfügung, kann ein winziger Bach ein gewaltiges Tal schneiden, und aus einem flachen Meer kann nach dem Austrocknen eine Ebene mit tausend Kilometern Durchmesser werden. Könnte auf die gleiche Weise nicht auch das Leben entstanden sein? Wenn Landschaften durch langsame Veränderung eine neue Gestalt annehmen können, dachte Darwin, ist auch lebende Materie dazu in der Lage. Die Vorstellung von einem seit der Schöpfung unverändert gebliebenen Universum war tot.

Durch diese Erkenntnis wurde die Biologie von einer Ansammlung zufälliger Tatsachen zu einem Wissenssystem. Und eine Theorie, die einen solchen Anspruch erhob, mußte zwangsläufig auch Kritik auf sich ziehen. Das ist seit 1859 immer wieder geschehen, und es geschieht auch heute noch.

Die Entstehung der Arten ist zweierlei: eine kühne Darstellung der Idee von der Evolution und eine mühsam begründete Beschreibung ihres Ablaufs. Das Buch enthält eine Fülle von Indizien, und sie liefern eine überzeugende Begründung sowohl für die Evolution als solche als auch für Darwins Vorstellungen davon, wie sie sich abgespielt hat. Auf seine alten Tage, als Darwin sich mit einer ganzen Welle unbequemer neuer Entdeckungen auseinandersetzen mußte, verfeinerte er seine

Ideen. Im Originaltitel meines Buches, *Almost Like a Whale,* steckt eine Ironie. Die Formulierung »fast wie ein Wal« stammt aus der sechsten Auflage der *Entstehung der Arten*, die 1872 erschien. 1859, in der ersten Version seines berühmten Satzes, zeigte Darwin mehr Selbstvertrauen. Dort gab es für seinen Leviathan noch keine Einschränkungen: »Ich sehe keine Schwierigkeit an einer Rasse von Bären, die von der natürlichen Selektion in Körperbau und Gewohnheiten immer mehr zu Wasserbewohnern werden, mit immer größerem Mund, bis daraus schließlich ein so gewaltiges Geschöpf wie ein Wal entsteht.« Ich stütze mich mit meinem Buch auf die klaren Aussagen seiner ersten Auflage, aber das entschuldigende »fast« ist ein Kernstück der Biologie.

Die Tatsache der Evolution hat überlebt. Sie ist ein Tanz zur Musik der Zeitläufte, und sie vereint alle, die mitmachen. Ihr Thema ist verwickelter, als es früher den Anschein hatte. Oft wird die Evolution als würdevoller Walzer zur Melodie der natürlichen Selektion dargestellt. Aber das wird dem Urheber der Theorie nicht ganz gerecht. Darwin selbst erkannte, daß sich die Abstammung mit Abwandlung auf vielerlei Weise vollziehen kann. Es kann reiner Zufall sein, welche Pflanzen oder Tiere auf eine leere Insel gelangen, und manche bleiben als flackerhafte Elemente erhalten, bis sie zufällig zu wachsen beginnen oder wieder verlorengehen. Er war davon überzeugt, daß natürliche Selektion das wichtigste Mittel der Abwandlung sei. Arten waren in seinen Augen nur größere Varianten, ein einziger Schritt in dem Prozeß der langsamen Veränderung, der alles Lebendige vereint.

Darwins große Idee – Leben als Abfolge erfolgreicher Fehler – ist einfach; und weil sie so einfach ist, scheint es fast unmöglich, daß sie derart komplizierte Dinge hervorbringen kann. Die Feinde des Darwinismus behaupten noch heute – und zwar unermüdlich –, die Evolution sei so blind, daß sie niemals ein Auge bauen könnte, und deshalb brauche man, um das Geheimnis des Lebens zu verstehen, geheimnisvolle Kräfte, die nicht aus der Welt der Naturwissenschaft stammten. Solche Aussagen sind leicht zu entkräften, aber sie werfen einen nicht zu übersehenden Schatten. Zwar erkennen alle Biologen die Tatsache der Evolution an, aber manche von ihnen sind fast zwanghaft bemüht, Darwins Ideen komplizierter zu machen.

Seine Theorie wurde häufig Revisionen unterzogen, die ihr nur selten zum Vorteil gereichten. Die Vorstellung, die natürliche Selektion sei die einzige Triebkraft der Evolution und alle Veränderungen entstünden durch die allmähliche, ununterbrochene Anhäufung neuer Gene im Laufe der Zeit, ist vielleicht zu einfach. Angesichts der Kenntnisse in den fünfziger Jahren des neunzehnten Jahrhunderts klagte Darwin über »so schwerwiegende Schwierigkeiten, daß ich bis zum heutigen Tag nicht darüber nachdenken kann, ohne verwirrt zu sein«. Heute gäbe es noch mehr, worüber er sich Sorgen machen müßte. Charles Darwins Füße sind wie die jedes anderen Idols sehr gründlich auf Anzeichen von Lehm untersucht worden, und tatsächlich hat man einige Spuren gefunden. Aber diejenigen, die an die Stelle seiner Ideen gern etwas anderes setzen möchten, nehmen häufig nicht zur Kenntnis, wie gut das Denkmal Darwin die Zeiten exponentiell wachsenden Wissens überdauert hat.

Jeder Evolutionsforscher hat naturgemäß den Vorteil des Rückblicks. Manche von Darwins Problemen sind gelöst, andere in modernen Begriffen neu formuliert worden. Die heutige biologische Literatur zu lesen heißt sehr oft, die Argumentation der *Entstehung der Arten* in abgewandelter Sprache noch einmal zu durchleben. Natürlich hat es in den Ansichten viele Verschiebungen gegeben, und von einer »Theorie für alles« von der Art, wie sie die Physik anstrebt, ist die Evolutionsforschung noch weit entfernt. Dennoch, und trotz der vielen erstaunlichen Tatsachen, die Licht in diese Wissenschaft bringen, sind seit Darwins Zeit nur wenige neue Ideen hinzugekommen. Deshalb wird mein Buch (was mich selbst ein wenig überrascht) zu einem erfrischend konventionellen Werk, und es stellt sich heraus, daß sich Darwins Aussagen über mehr als ein Jahrhundert des wissenschaftlichen Fortschritts als dauerhaftes Fundament behauptet haben.

Mir ist noch nie ein Studienanfänger der Biologie begegnet, der *Die Entstehung der Arten* gelesen hätte. Selbst Wissenschaftler, die mit dem Inhalt des Buches vertraut sind (oder mit dem, was sie für seinen Inhalt halten), erweisen ihm eher durch Widerspruch als durch Anerkennung die Ehre. Dafür wird es aber, jedenfalls in England, häufig von Studenten der Geisteswissenschaften im Rahmen eines Philosophie- oder Literaturseminars gelesen. Daran ist nichts Verkehrtes. Immerhin ging das Buch rasch in den Literaturkanon ein: Der letzte Gedanke Anna Kareninas vor ihrem Entschluß, sich das Leben zu nehmen, lautet: »Ja, richtig ... Existenzkampf und Haß – das einzige, was die Menschen verbindet.« Leider wird diese Bibel der Biologie häufig als etwas dargestellt, was sie nicht ist: als Werk der Metaphysik und nicht als eines der Naturwissenschaft. Darwin und Melville sagen beide viel über Wale, aber sich in einem Philosophieseminar auf *Die Entstehung der Arten* zu stützen gleicht dem Versuch, *Moby Dick* als zoologisches Lehrbuch zu benutzen. Das eine ist Tatsache, das andere Metapher. In den Geisteswissenschaften fällt es oft schwer, diese Unterscheidung zu treffen.

Für die Sozialwissenschaften ist Evolution etwas Ähnliches wie ein Denkmal für die Vögel: eine bequeme Plattform, auf der man schlecht verdaute Dinge ablädt. Natürlich sind Menschen durch ihre biologische Vergangenheit eingeschränkt, genau wie Schweine, die nur eine begrenzte Fähigkeit zum Fliegen besitzen, weil ihre Vorfahren keine Flügel hatten. Wir alle sind Zweige des gleichen Baums. Wir teilen unsere Abstammung mit den Primaten und – nebenbei bemerkt – auch mit den Schweinen. Die Biologie besagt, daß wir eine Evolution hinter uns haben, aber in der Frage, was uns zu Menschen macht, verfehlt sie weitgehend das Thema. Es mag angeborene Triebe für Vergewaltigung oder Habgier geben, aber der *Homo sapiens,* in dieser Hinsicht einzigartig im Tierreich, muß ihnen nicht nachgeben. Diese Erkenntnis war allerdings kein Hindernis für Zeitgenossen, die unsere Gesellschaft nur erklären konnten, indem sie die Evolution vor ihren Karren spannten. Der Darwinismus wurde von Anfang an durch all jene herabgewürdigt, die ihn zur Unterstützung ihrer eigenen Überzeugungen benutzten. Er war nicht die erste naturwissenschaftliche Theorie, die zu politischen Zwecken mißbraucht wurde, und er wird auch nicht die letzte sein.

Bischof Berkeley sah in der Soziologie ein Teilgebiet der Physik. Im Jahr 1713 – kurz nach Erscheinen von Newtons *Principia* – äußerte er die Ansicht, die Gesellschaft sei ein Parallelfall zum Universum: Sie sei durch eine Gravitation beherrscht, durch ein Gesetz der moralischen Kraft, ein »Prinzip der Anziehung in der Seele oder dem Geist der Menschen«, das diese Menschen in »Familien, Freundschaften und die ganzen verschiedenen Arten der Gesellschaft« hineinziehe. Die Zivilisation, so meinte er, unterliege wie die Planeten einer Regel, wonach weit entfernte Objekte einander weniger anziehen als solche in unmittelbarer Nähe. Wenn Menschen der Anziehungskraft der Erde gehorchen (und jeder, der von einer Klippe springt, beweist, daß es so ist), warum sollte es dann der Gesellschaft anders ergehen? Die Gründerväter der USA sahen an der Verfassung ihres Staates, »wie die verschiedenen Teile durch die Anziehung der Schwerkraft in ihren Umlaufbahnen festgehalten werden und mittels Kongreß, Justiz und des Präsidenten eine Art Nachahmung des Sonnensystems darstellen«. Andere bevorzugten eine von William Harvey, dem Entdecker des Blutkreislaufes, abgeleitete Vorstellung, die sie als politische Anatomie bezeichneten. Demnach brauchte man für die Gesetzgebung zwei Häuser, ein stärkeres und ein schwächeres, weil auch das Herz zwei unterschiedlich große Kammern besitzt.

Wer heute eine Lebensphilosophie zum besten gäbe, die sich auf Planeten oder Herzkammern stützt, würde schallendes Gelächter ernten. Die Evolution hat diese Wissenschaften in einen gemeinsamen, sicheren Hafen gebracht. Walter Bagehot behauptete in seinen *Thoughts on the Application of the Principles of Natural Selection and Inheritance to Political Society*: »Was allein in Betreff auf die Geschichte der Tiere vorgebracht wurde, läßt sich, in anderer Form, aber im Kern wesensgleich, auch auf die Geschichte der Menschheit anwenden.« Die meisten Vorschläge seiner Nachfolger laufen auf nichts anderes hinaus, als das Offensichtliche in biologischen Begriffen neu zu formulieren. Alles andere – was es auch sein mag – ist keine Naturwissenschaft.

Von welch olympischer Wolkigkeit solche Vorstellungen sind, zeigt sich in den Schriften von Teilhard de Chardin. Er steckte Darwin zusammen mit dem Geist von Bethlehem in eine wolkige Hülle, die er Noosphäre nannte: »Physisch erreicht das Leben seinen Höhepunkt im Menschen, genau wie die Energie ihren Höhepunkt im Leben erreicht ... Das Phänomen des Menschen war im wesentlichen von Anfang an vorherbestimmt.« In der *Entstehung der Arten* kommt nicht viel Sarkasmus vor, aber der »Geschichtliche Überblick«, mit dem die späteren Auflagen beginnen, erwähnt einen Dr. Freke, der in einem herrlich obskuren Aufsatz das Erstlingsrecht für die Ideen beanspruchte. Darwin schreibt über Freke: »Da aber sein Aufsatz ... jetzt (1861) erschienen ist, so dürfte mir der schwierige Versuch, eine Darstellung seiner Ansicht zu geben, wohl erlassen werden.« Das gleiche gilt auch für Teilhard und seine Jünger.

Ich habe mich dreißig Jahre lang mit der Evolutionsgenetik der Schnecken befaßt. Zwar bewegten sich meine Forschungsarbeiten nur an den Rändern des Themas (und sie sind für dieses Buch so nebensächlich, daß sie kaum darin vorkommen), aber letztlich habe ich bis heute keine Ahnung, wie Schnecken funktionieren. Die Gesellschaft, so scheint mir, ist einfacher zu erklären. Charles Darwin erkannte, wo die große Bedeutung seiner Theorie lag (»Arten sind nicht – es ist, als ob man einen Mord gesteht – unveränderlich«), und hatte starke Vorbehalte gegen die naive Anwendung seiner Vorstellungen auf den zwischenmenschlichen Bereich. Für die verschiedenen mehr oder weniger kindischen Versuche, den Darwinismus auf die Zivilisation anzuwenden, gibt sein Buch nichts her.

Im Jahr 1858 trugen Darwin und Wallace ihre Ideen der Londoner Linnaean Society vor. Sie bewirkten kaum etwas. Thomas Bell, ein Zahnarzt, der sich für Reptilien interessierte und damals Präsident der Gesellschaft war, behauptete in seinem Abschlußbericht zum Ende dieses Jahres, es sei »nicht durch eine jener verblüffenden Entdeckungen gekennzeichnet, die mit einem Schlag die Wissenschaft, auf die sie sich beziehen, revolutionieren; recht bedacht, können wir nur in großen Abständen eine plötzliche, alles überstrahlende Neuerung erwarten, die eine deutliche, dauerhafte Spur im Charakter eines unserer Wissensgebiete hinterläßt oder der Menschheit einen anhaltenden, wichtigen Dienst erweist«.

Bells mangelndes Urteilsvermögen spiegelt sich auch in seinem eigenen Buch *Kalygonomia, or the Laws of Female Beauty* wider (dessen Abbildungen in einem getrennten Band zusammengefaßt waren, damit man sie vor neugierigen Blicken wegschließen konnte). Es führte auf: »Defekte im geistigen System der Frau (4), Defekte im mechanischen System der Frau (17) und Defekte im Vitalsystem der Frau (9)«. Der Reptiliengebißexperte hatte nicht bemerkt, daß der im Namen seines Verbands veröffentlichte Aufsatz denen, welche die Gesellschaft studierten, ein Alibi liefern würde. Er überging den Vortrag, der die Biologie für immer verändern sollte, und fuhr statt dessen fort: »Ein Bacon oder Newton, ein Davy oder Daguerre sind seltene Phänomene, für deren Existenz und Laufbahn die Vorsehung offenbar in besonderer Weise Vorkehrung trifft.« Darwin und Wallace zählten nicht dazu.

Die traurige Wahrheit lautet: Die Idee von der Abstammung mit Abwandlung brauchte keine Vorsehung, und sie brauchte auch Darwin nicht. Wie jede Entdeckung wäre sie früher oder später in anderem Gewand auf der Bildfläche erschienen. In der Naturwissenschaft müssen sich Revolutionen ereignen. Heute könnte kein Biologe ohne Darwins Theorie arbeiten. Evolution ist die Grammatik dieser Wissenschaft. Sie geht von der mühsam erarbeiteten Tatsache aus, daß das Leben wie eine Sprache nach Regeln funktioniert, die einen Sinn haben, auch wenn es eine Fülle von Ausnahmen gibt.

Trotz der Bells dieser Welt läßt sich die Naturwissenschaft (im Gegensatz zur Kunst) von denen trennen, die sie ausführen. Deshalb nenne ich keinen noch lebenden Naturwissenschaftler beim Namen. Den vielen Freunden und Kollegen, die Anmerkungen zu meinem Manuskript gemacht haben (und häufig anderer Meinung waren), schulde ich großen Dank. Zu ihnen gehören Douda Ben-Sasson, Sam Berry, John Brookfield, Bryan Clarke, Michael Coates, Jerry Coyne, Andrew Leigh-Brown, Adrian Lister, James Mallet, Ursula Mackenzie, Ruth Mace, John McCririck, Michael Morgan, David Parkin, Norma Percy, Mark Ridley und Kay Taylor. Alle gestatteten großzügig, daß ich ihre Zeit in Anspruch nahm, und zeigten sich geduldig, wenn ich ihre Kritik, was allzu oft geschah, nur widerwillig anerkannte.

Darwin übt noch aus dem Grab eine so große Macht auf seine Jünger aus, daß ich hoffe, man wird ihm die seltenen Auftritte in diesem Buch verzeihen. Sein Geist ist auf jeder Seite.

Einleitung

Im Jahr 1991 gaben rund hundert Millionen Amerikaner in einer Meinungsumfrage an, nach ihrer Überzeugung habe »Gott den Menschen zu einem bestimmten Zeitpunkt während der letzten zehntausend Jahre und im wesentlichen in seiner heutigen Form erschaffen«. Eine große Mehrheit hatte nichts dagegen, daß der Kreationismus, die biblische Schöpfungslehre, in den Schulen unterrichtet wurde. Diese Menschen folgten einer alten Tradition. In einem Text mit dem Titel *Hell and the High Schools* wurde 1923 behauptet: »Die Deutschen, die in Nordfrankreich und Belgien Brunnen und Quellen verseuchten und kleine Kinder mit vergifteten Bonbons fütterten, waren Engel im Vergleich zu jenen Lehrbuchschreibern und Verlegern, welche die in unseren Schulen gebrauchten Bücher vergiften ... Die Evolutionstheorie und das Lehren der Evolution in Schulen, welche aus Steuermitteln finanziert werden, ist nach dem Sündenfall von Adam und Eva der größte Fluch, der über die Erde gekommen ist.«

Fünfzig Versuche sind unternommen worden, das Thema per Gesetz zu blockieren. Alle sind gescheitert. Davon unbeeindruckt, sorgte der US-Bundesstaat Alabama dafür, daß in die Schulbücher eine Anmerkung eingefügt wurde: »Dieses Buch erörtert die Evolution, eine umstrittene Theorie, die von manchen Fachleuten als wissenschaftliche Erklärung für die Entstehung von Lebewesen wie Pflanzen, Tieren und Menschen angeführt wird ... Als das Leben zum erstenmal auf der Erde erschien, war niemand anwesend. Deshalb sollte jede Aussage über den Ursprung des Lebens nicht als Tatsache, sondern als Theorie betrachtet werden.« Der Bundesstaat Washington versuchte es 1998 mit dem gleichen Trick, und andere werden dem Beispiel zweifellos folgen.

Diese Intoleranz ist neu. Gegen Ende des neunzehnten Jahrhunderts widersetzten sich nur wenige Geistliche der Vorstellung von Evolution. Trotz aller Polemik gegen »einen Stammbaum, der im Schlamm beginnt, einen Affen in der Mitte stehen hat und bei einem Ungläubigen endet«, waren die meisten von ihnen bereit, einen Kompromiß zwischen der *Entstehung der Arten* und der Bibel einzugehen. Ein Schöpfungstag, so hieß es, könne viele Millionen Jahre dauern, oder er stehe für sechs wirkliche Tage, in denen der mit einer Seele begabte

Mensch erschaffen worden sei, nachdem sich die Evolution aller anderen Lebewesen über die Erdzeitalter hinweg vollzogen habe. Wahre Engstirnigkeit gab es erst in neuerer Zeit.

Die Bewegung der Kreationisten ist Teil einer Neuen Ahnungslosigkeit, die sich vielerorts breitmacht, und zwar in den Vereinigten Staaten mehr als in den meisten anderen Ländern. In Wirklichkeit glauben diejenigen, die unseren Kindern Lügen erzählen wollen, in ihrer Mehrzahl durchaus an Darwins Theorie, und ohne es zu wissen, verstehen sie auch, wie sie funktioniert. Die Evolution ist im Bewußtsein der Amerikaner tief verwurzelt, und das aus einem ganz einfachen, entsetzlichen Grund. Während der beiden letzten Jahrzehnte hat das Land eine Phase durchlebt, in der sich der in der *Entstehung der Arten* beschriebene Mechanismus mit außergewöhnlicher Geschwindigkeit offenbarte. Das Lebewesen, um das es geht, kannte man im neunzehnten Jahrhundert nicht, aber heute ist es uns vertraut. Ich meine das Aidsvirus.

Die wissenschaftlichen Befunde im Zusammenhang mit Aids anzuerkennen fällt den Kreationisten ganz leicht. Daß das Virus so kurz vor der Jahrtausendwende und dem Jüngsten Gericht auftauchte, ist in ihren Augen ein nützliches Anzeichen für den Zorn Gottes. Die Homosexuellen, so heißt es, hätten der Natur den Krieg erklärt, und die Natur habe entsetzliche Vergeltung geübt. Solche Fundamentalisten räumen ein, die Evolution eines Virus sei die Rache der Natur, aber sie geben nicht zu, daß sich der gleiche Vorgang auf das Leben als Ganzes auswirkt.

Selbst für die Evolutionsgegner ist Aids ein Beweis für die Abstammung mit Abwandlung, denn man kann zusehen, wie sie sich vollzieht. Der Akteur hat sich während seiner kurzen Geschichte zweifellos verändert und so angepaßt, daß er alle Hindernisse überwindet, die man ihm in den Weg legt. Wenn der Tod näher rückt, beherbergt ein Patient möglicherweise Lebewesen – Nachkömmlinge jener, mit denen er sich infiziert hat –, die so verschieden sind wie Menschen und Menschenaffen. Jeder Kontinent, mit seinen jeweils eigenen sexuellen Gewohnheiten, besitzt auch seine eigene, hervorragend darauf eingestellte Virenfamilie, und Aids hat seine Verwandten in Tieren, die ganz anders sind als wir. Darwin wäre entzückt gewesen, wenn er den Ablauf seines Mechanismus so deutlich vor Augen gehabt hätte.

Die Naturwissenschaft macht Ideen zu Gesetzmäßigkeiten. Wenn das Aidsvirus eine Evolution durchlaufen kann, sind auch alle anderen Lebewesen dazu in der Lage. *Die Entstehung der Arten* führt schwimmende Bären und fliegende Fische als Belege für eine Aussage an, die auf alle Formen des Lebendigen zutrifft. Für ihre Gegner jedoch kann das, was für Viren gilt, nicht für Vögel oder Fische gelten, von Menschen ganz zu schweigen. Die Existenz eines so unwahrscheinlichen Tiers wie der Wal ist für sie der Beweis, daß die Evolution nicht funktioniert.

Die andere Vorstellung von der Entstehung der Wale, Menschen oder Viren ist ganz einfach. Von jeder Spezies werden mehr Individuen geboren, als voraussichtlich überleben können, und deshalb kommt es häufig zu einem Existenzkampf. Die Folge: Jeder Organismus, der auf eine auch nur geringfügige, für ihn nützliche Weise variiert, hat unter den verwickelten und manchmal Veränderungen unterworfenen Bedingungen des Lebens bessere Überlebensaussichten und wird von der Natur selektiert. Nach dem grundlegenden Prinzip der Vererbung wird jede derart ausgewählte Abwandlung das Bestreben haben, die neue, modifizierte Form an ihre Nachkommen weiterzugeben.

Darwins These ist in allen ihren Teilen der Überprüfung zugänglich. Die Indizien – Fossilien, Gene oder Geografie – sind von Fall zu Fall andere, aber immer führen sie zu der Schlußfolgerung, daß alles Leben miteinander verwandt ist. Das ist keine bloße Behauptung, sondern eine Tatsache, gestützt auf eine Beweiskette, in der kein einziges Glied fehlt. Die Biografie des Aidsvirus, jenes jüngsten und winzigsten Produkts der Natur, ist so gut wie vollständig, und die der Wale – der größten Tiere, die der Mensch je erblickt hat – ist zwar nur in Teilen bekannt, aber auch sie sind unter der Haut Verwandte. Beim Aidsvirus läßt sich die Veränderung unter dem Mikroskop verfolgen, und beim Wal erkennen wir den gleichen Vorgang in kleinen Stücken und über lange Zeiten hinweg durch ein biologisches Teleskop. Die Evolution an den Extremen des Größenspektrums ist ein würdiges Vorspiel für das Drama, das Darwinismus heißt.

Die Kreationisten leugnen häufig, daß es Zwischenformen zwischen zwei Arten geben kann. Nehmen wir zum Beispiel die Wale und die Landtiere. Wozu sind Schwimmflossen auf festem Boden oder Füße im Meer gut? »Es gibt in den Fossilfunden einfach keine Übergangsformen zwischen den Meeressäugern und den Säugetieren an Land, die angeblich ihre Vorfahren waren … Sich auszumalen, wie solche Zwischenformen ausgesehen haben könnten, ist recht unterhaltsam. Geht man von einer Kuh aus, könnte man sich sogar eine Abstammungslinie vorstellen, die vorzeitig ausstarb, weil es zu so etwas wie einem Euterversagen kam.« Dieser Einwand (und sein schwerfälliger Humor) ist nichts Neues. Einer Londoner Zeitung schrieb 1859 über Darwins Passage mit den Walen: »Bei einem solchen Formenspektrum und einer solchen Wandelbarkeit ... weiß man gar nicht mehr, wo man aufhören soll – vielleicht waren unsere Meere einst angefüllt mit Zentauren, Dryaden, Hamadryaden und (vielleicht) auch Meerjungfrauen.«

Niemand hat jemals einen Dinosaurier gesehen, von Meerjungfrauen ganz zu schweigen. In der Evolutionsforschung geht es meistens um die Rekonstruktion einer Geschichte, die viel langsamer abläuft als das Leben derer, die sie untersuchen. Aids ist in dieser Hinsicht einzigartig, weil Gene und Zeit auf einer menschlichen Maßstäben entsprechenden Skala zusammentreffen. Darwin selbst sah in den Krankheiten ein Musterbeispiel für Veränderung. Einer der ersten schriftlichen Hinweise auf seine Theorie ist eine Notiz, die er sich auf der Beagle machte. Der Schiffsarzt eines Walfängers erzählte ihm, die Läuse der Sandwich-Insulaner könnten bei Europäern nicht überleben. Wie, so fragte Darwin, ist das möglich – wenn sie nicht durch Auseinanderentwicklung aus dem gleichen Vorfahren hervorgegangen waren? Anders gefragt: Wenn schon Parasiten notwendig waren, warum sollte ein Schöpfer dann nicht eine allgemeine Laus für alle Menschen erschaffen?

Auf Aids wurde man 1981 aufmerksam, als in einem Bericht von der plötzlichen Zunahme einer bestimmten Form der Lungenentzündung die Rede war. In der nüchternen Sprache des *Morbidity and Mortality Weekly Report* des US-amerikanischen Zentrums für Seuchenbekämpfung liest sich das so: »Die Tatsache, daß es sich bei allen Patienten um Homosexuelle handelt, läßt auf einen Zusammenhang zwischen irgendeinem Aspekt der homosexuellen Lebensweise oder einer durch Sexualkontakte übertragenen Krankheit und der Pneumocystis-Pneumonie in dieser Bevölkerungsgruppe schließen.« Traurige Bekanntheit erlangte die Krankheit 1985, als ihr der Schauspieler Rock Hudson zum Opfer fiel. Bis zu diesem Zeitpunkt waren schon zwölftausend Amerikaner daran gestorben oder im Endstadium angelangt. Nach zehn Jahren war es eine halbe Million. Daß eine seltene

Krankheit epidemische Ausmaße annehmen könnte, hatte niemand vorausgesehen. Camus formuliert dies in seinem Roman *Die Pest* folgendermaßen: »Eine Plage ist nicht auf den Menschen zugeschnitten, daher sagt man sich, daß sie unwirklich ist, ein böser Traum, der vorübergehen wird. Aber er geht nicht immer vorüber, und von einem bösen Traum zum nächsten sterben Menschen ...« Sie sind gestorben, und es werden noch viel mehr sterben.

Wie die Schwarzen Blattern im vierzehnten Jahrhundert, so breitet sich auch Aids durch Sex aus. Als sein Samen gelegt wurde, war der Boden gut bereitet. In den siebziger Jahren zogen jedes Jahr fünftausend homosexuelle Männer nach San Francisco. Schon 1980 waren Geschlechtskrankheiten weit verbreitet – und acht von zehn Patienten waren Homosexuelle. Der typische Aidspatient hatte in seinem Leben mit elfhundert Männern sexuellen Kontakt gehabt, manche behaupteten aber auch, es seien bis zu zwanzigtausend Partner gewesen. Die meisten homosexuellen Männer der Stadt litten an der Viruserkrankung, die unter dem Namen Hepatitis B bekannt ist, und viele hatten sich durch die seltsamen sexuellen Gewohnheiten, die zum Teil in ihrer Gemeinschaft üblich waren, Mehrfachinfektionen des Darms zugezogen. Der schnelle Sex in den »Saunaclubs« mit Namen wie *Cornhole*, *Boom Boom Room* oder *Toilet Bowl* erleichterte den Krankheiten die Ausbreitung. Aber Aids war etwas Neues.

Die erste Reaktion war Hysterie. Manche Leute behaupteten, das Virus sei im Grab von Tutenchamun deponiert gewesen – es solle jene bestrafen, die seine letzte Ruhestätte geschändet hatten, und es sei mit einer Ausstellung der Schätze nach Amerika gekommen. Ein Forscher untersuchte die »Psychoinkubation« des Virus. Die Aidsopfer, so seine Behauptung, hätten in ihrer Kindheit eine emotionale Krise durchgemacht, so daß sie sich verstoßen fühlten, und das habe später zu der Krankheit geführt. Noch weiter ging der Redakteur von *Burke's Peerage*, der verkündete, zwecks Reinhaltung der menschlichen Rasse werde sein Blatt keine Familien in die Abonnentenliste aufnehmen, von denen bekannt sei, daß einer ihrer Angehörigen an der Krankheit leide: »Wir sind besorgt, daß Aids vielleicht keine einfache, wenn auch auf ungewöhnlichem Wege weitergegebene Infektionskrankheit ist, sondern ein Anzeichen für einen genetischen Defekt.«

Manche Fachleute versuchten auch, die Symptome auf das Amylnitrit zurückzuführen, das zur Steigerung des erotischen Vergnügens in Form von Kapseln eingenommen wurde. Aber schon bald fand man die wahre Ursache: ein Virus, das den Namen menschliches Immunschwächevirus oder kurz HIV (für *human immunodeficiency virus*) erhielt.

Wie ein Wal, so ist auch ein Virus nach einem ererbten Plan aufgebaut, der in seinen Genen verschlüsselt ist. Jedesmal, wenn dieser Plan kopiert wird, sind seine Bausteine anfällig für Fehler. Das HIV ist selbst für ein Virus ungewöhnlich. Es ist ein Retrovirus: Seine Gene bestehen nicht aus DNA, sondern aus der verwandten Verbindung RNA, deren Moleküle sonst meist nicht zur Vererbung der genetischen Information, sondern zu deren Umsetzung dienen. Die RNA aller Retroviren – und es gibt sie in vielen Formen – besteht aus etwa zehntausend Bausteinen, »Basen« genannt. Das Aidsvirus unterwandert die Zellen seines Wirtsorganismus. Es zwingt sie, neue Kopien von sich herzustellen, und dabei hat ein Enzym namens Reverse Transkriptase die Aufgabe, die Information aus der RNA des Eindringlings in menschliche DNA umzuschreiben. Jedes neue Virusteilchen hüllt sich in ein Stück der Zellmembran und fügt in diese ein eigenes Protein ein. Das ist der Schlüssel der Infektion: Das Protein paßt zu Molekülen auf der Oberfläche von Blutzellen und eröffnet dem Erreger den Weg in ihr Inneres.

Das Schloß, für das der Feind den Schlüssel besitzt, kommt vor allem auf der Oberfläche bestimmter Zellen des Immunsystems vor. Auf eine Infektion reagierend, vermehren sich diese Zellen, doch sind sie der Herausforderung nicht gewachsen. Jeden Tag entstehen viele Milliarden neue Virusteilchen, und obwohl die meisten von ihnen zerstört werden, gewinnen sie schnell die Oberhand. Schon bald nachdem das Virus eingedrungen ist, nimmt die Zahl der schützenden Zellen ab, und sie steigt erst wieder an, wenn der Abwehrkampf beginnt. Aber schließlich bricht das Immunsystem zusammen. Das erste Symptom ist eine Erkrankung, die nicht viel schlimmer ist als eine Grippe. Sie legt sich wieder, aber das HIV arbeitet weiter. Je mehr die Abwehrkräfte des Organismus zurückgedrängt werden, desto stärker können andere Krankheiten Fuß fassen. Der Weg von der Ansteckung bis zum Ausbruch der eigentlichen Krankheit dauert bei den meisten Betroffenen sechs bis zehn Jahre.

Im weiteren Verlauf von Aids treten dann Lungenentzündung, Pilzinfektionen, Durchfall, Gewichtsabnahme und eine durch Viren verursachte Form der Blindheit auf. Auch das Kaposi-Sarkom, eine Krebserkrankung, die man sonst vorwiegend bei älteren jüdischen Männern findet, kommt häufig hinzu. Sein erstes Anzeichen sind dunkelrote Flecken auf der Haut, aber im weiteren Verlauf ist es tödlich. Das Kaposi-Sarkom wird durch ein herpesähnliches Virus verursacht, das unter Homosexuellen recht verbreitet ist. Es kann sich – wie auch die anderen Infektionen – breitmachen, weil das körpereigene Abwehrsystem zerstört ist. Fällt der Patient nicht zuvor einem Pilz, einem Bakterium oder dem Krebs zum Opfer, stirbt er irgendwann an Schwäche.

Die Geschichte von Aids im Verlauf von Wochen, Jahren und Jahrhunderten ist einfach. Sie besteht aus Abstammung in Verbindung mit Abwandlung. Jedes Virusteilchen verdoppelt sich einmal pro Tag. Auf Mutationen folgt meist die natürliche Selektion, mit deren Hilfe sich der Eindringling auf die Abwehr des Organismus, die Medikamente zu dessen Behandlung und die sexuellen Gewohnheiten seines gesellschaftlichen Umfeldes einstellt. Andere Veränderungen dagegen unterliegen anscheinend nicht der Selektion, sondern sammeln sich im Laufe der Generationen nach dem Zufallsprinzip an. Nach einiger Zeit (und lange dauert das nicht) tauchen neue Formen des Virus auf.

Die ganze Geschichte läßt sich an den Genen des Virus ablesen. Sie verbinden einen Patienten mit der Person, bei der er sich angesteckt hat, aber auch mit anderen, längst verstorbenen Menschen auf der anderen Seite des Globus und mit den Viren von Affen, Katzen und Walen. Von den Einzelheiten und der vordergründigen Frage der Größe abgesehen, verläuft die Evolution beim Aidsvirus genau wie bei jedem anderen Lebewesen. Seine Nukleinsäuren sind ein Abbild seiner Vergangenheit.

Sehr ansteckend ist die Krankheit nicht. Die Wahrscheinlichkeit, daß sich eine Frau beim Geschlechtsverkehr mit einem HIV-positiven Mann infiziert, liegt für jedes einzelne Mal bei eins zu fünfhundert; und selbst durch den Stich mit einer verseuchten Kanüle wird Hepatitis eher übertragen als das HIV. Dennoch war Aids 1992 bei jüngeren Männern in Amerika die häufigste Todesursache. Schon 1998 trug einer von hundert sexuell aktiven Menschen auf der Welt das Virus, wobei die meisten allerdings noch nichts von ihrem Unglück wußten. Unwissenheit spielt dabei eine wichtige Rolle: Die meisten Bewohner Tansanias glauben zum Beispiel, Insektengifte schützten vor der Ansteckung. Die Epidemie löste sich von den Saunaclubs. Heute treten die meisten Erkrankungen in den Tropen auf, und eine neue Welle brach auch in den Staaten der früheren Sowjetunion aus. Dort ist das Drogenspritzen weit verbreitet, und die Häufigkeit der Syphilis (ein Anzeichen für eine bevorstehende Aidsepidemie) ist um das Hundertfache in die Höhe geschossen.

Wegen der langen Inkubationszeit sieht bisher noch kein Land der Dritten Welt den bevorstehenden Tatsachen ins Auge. In London starb während der letzten großen Epidemie, der Pest von 1665, jeder sechste Einwohner; dann verschwand die Krankheit. Im Jahr 1998 war in manchen afrikanischen Großstädten ein Drittel der erwachsenen Bevölkerung HIV-positiv. Die Sterblichkeit dürfte sich auf dem Schwarzen Kontinent in den kommenden zehn Jahren verfünffachen. Kinder, die heute in Botswana geboren werden, haben eine Lebenserwartung von zwanzig Jahren. Ohne Aids würde diese Zahl eher bei siebzig liegen. In vielen Teilen der Tropen hat sich das Virus in der allgemeinen Bevölkerung verbreitet. Es auszurotten wird fast unmöglich sein.

Wie die Pest oder der Lungenkrebs, so ist auch Aids eine Krankheit des sozialen Wandels, der Reisen und der Promiskuität. In den Vereinigten Staaten kommt es zu den meisten Infektionen bei Homosexuellen, bei Drogensüchtigen, die verschmutzte Kanülen benutzen, und bei jenen, die Pech hatten und eine Transfusion mit verseuchtem Blut erhielten. In Afrika, Indien und Asien gehen fast alle Fälle auf sexuelle Beziehungen zwischen Männern und Frauen oder auf die Übertragung von der Mutter zum Baby zurück. Wie alle Krankheitserreger – und wie alle Blumen oder Singvögel – ist das Virus genau auf die Herausforderungen abgestimmt, mit denen es sich auseinandersetzen muß.

Das HIV kann nicht sehr gut genaue Kopien seiner selbst herstellen, und das erklärt zum Teil seinen Erfolg. Wegen der Fehlerhäufigkeit des Enzyms Reverse Transkriptase liegt seine Mutationsrate einemillionmal höher als bei seinem Wirt. Wie der ewige Optimist Mr. Micawber bei Dickens wartet das Virus immer darauf, daß etwas auftaucht, und meistens geschieht das auch. Jedes neue Virusteilchen trägt in seiner RNA durchschnittlich eine einzige Veränderung. Deshalb beherbergt jeder Patient schon bald eine gewaltige Vielfalt von Erregern. Die meisten von ihnen sind defekt und überleben nicht, ganz zu schweigen davon, daß sie andere Menschen anstecken könnten. Aber andere widerstehen allem, was der Organismus – oder der Erfindungsreichtum der Menschen – gegen sie aufbietet.

Ein Patient ist eine Insel, und jeder Eindringling muß sich daran anpassen, sonst stirbt er. Von dem Augenblick an, da die Erreger eintreffen, ist die natürliche Selektion energisch an der Arbeit. Das Immunsystem erfüllt seine Aufgabe gut, und viele Millionen HIV-Partikel fallen ihm zum Opfer. Nur einige wenige bleiben unversehrt, weil ihre Identitätskennzeichnung durch genetische Zufälle verändert ist. Sie werden von den Abwehrkräften des Körpers übersehen, vermehren sich und gewinnen die Oberhand. Selektion ist auch der Grund, warum Medikamente so lange Zeit wirkungslos geblieben sind. An Bemühungen hat es nicht gefehlt. Pro Aidstoten wurde fünfzigmal soviel Geld aufgewendet wie für jeden Amerikaner, der an einem Schlaganfall gestorben ist. Und trotz vieler Fortschritte bei der Therapie lautet das wichtigste Fazit nach jahrelanger Arbeit und einem Aufwand von vielen Milliarden Dollar: Die Evolution ist ein erbarmungsloser Gegner.

Die ersten Medikamente griffen das Kopierenzym an – man hoffte, das Virus werde zugrunde gehen, wenn es seine genetische Information nicht mehr umsetzen kann. Andere Wirkstoffe sehen den Bausteinen der DNA so ähnlich, daß sie in ihre wachsenden Molekülketten eingebaut werden und dann die weitere Verlängerung zum Stillstand bringen. Bei wieder anderen Therapiemethoden greift man die Proteine des HIV an, oder man benutzt »Antisinn«-Nukleinsäuren, Spiegelbilder der genetischen Information, die sich an die Gene der Viren heften können und ihre Aktivität blockieren. Was die Suche nach einem Impfstoff angeht, hat man viel Aufwand getrieben und wenig erreicht.

Als die Jahre ohne größeren Erfolg verstrichen, wandten sich die verzweifelten Patienten an Scharlatane, die das Immunsystem mit rektal eingeblasenem Ozon oder mit teuren Tränken aus gemahlenen Schildkrötenpanzern anregen wollten. Mittlerweile gibt es zumindest Hoffnungen. In Amerika hat sich die Überlebenszeit der Betroffenen in den letzten zehn Jahren verdoppelt (vor allem durch eine verbesserte Therapie der mit Aids assoziierten Krankheiten), und in Europa liegt die Sterblichkeit nur noch bei einem Fünftel des früheren Wertes. Ende der neunziger Jahre wagten Ärzte sogar zu fragen, ob man das Virus völlig ausrotten könne. Bei manchen Menschen wurde es mit einer

Kombination mehrerer Medikamente auf nicht mehr nachweisbare Mengen zurückgedrängt, und man hoffte, sie seien geheilt. Aber der Optimismus war nicht von Dauer. Die Viren hatten sich in den Blutzellen versteckt und tauchten wieder auf, als die Medikamente abgesetzt wurden.

Wenn jemand die Behandlung verträgt (und Kosten in Höhe von zehntausend Euro pro Jahr aufbringen kann oder erstattet bekommt), kann man die Krankheit heute unter Kontrolle halten. 1997 konnte die Homosexuellenzeitung *The Bay Area Reporter* zum erstenmal seit zwei Jahrzehnten in einer Schlagzeile melden: »Keine Todesfälle«. Eine solche Therapie besteht aus bis zu fünfzig Tabletten am Tag, und wenn man sie auch nur für kurze Zeit unterbricht, steigt die Menge der Viren wieder ebenso hoch an wie zuvor. Viele Betroffene brechen die Behandlung ab, weil sie zu anstrengend ist. Aber die Zeit, da die Diagnose einem Todesurteil gleichkam, ist vorüber.

Jeder Aidspatient ist ein lebender Beweis für die Evolutionstheorie. Die natürliche Selektion verändert im Krankheitsverlauf die Identität des Virus. Auch Medikamente verursachen entwicklungsgeschichtlichen Wandel, und dabei ruft jeder Wirkstoff eine andere Reaktion hervor. Durch Veränderungen an nur fünf entscheidenden Stellen in seinem winzigen Genom kann das HIV auch den besten medizinischen Maßnahmen entgehen.

Der stichhaltigste Beleg für eine Theorie liegt vor, wenn zwei unterschiedliche Experimente zu dem gleichen Ergebnis führen. Das Medikament Ritonavir wurde Mitte der neunziger Jahre zum erstenmal verwendet. Anfangs war die Behandlung erfolgreich: Bei den meisten Patienten ging die Zahl der Viren auf ein Hundertstel zurück. Aber innerhalb weniger Monate kletterte sie rätselhafterweise allmählich wieder auf den ursprünglichen Wert, und nachdem die Therapie ihre Wirkung eingebüßt hatte, setzte sich der Krankheitsverlauf fort. Jedes resistente Virus von London bis San Francisco durchläuft die gleichen vier Mutationen. Aber das ist noch nicht alles: Obwohl sich die Veränderungen zufällig ereignen, nutzt die Evolution sie jedesmal in der gleichen Reihenfolge. Die erste, deren sie sich bedient, findet an der Stelle statt, an der sich Ritonavir anheftet. Sie sorgt nur für eine geringfügig verbesserte Lebensfähigkeit des Virus, wird aber sofort von der Selektion aufgegriffen. Auf diesen kleinen Fortschritt folgen drei weitere Mutationen, die immer in der gleichen Reihenfolge von der natürlichen Selektion ausgewählt werden. Gemeinsam steigern sie die Resistenz um das Zwanzigfache.

An jeder einzelnen Stelle in der RNA des Virus liegt die Fehlerhäufigkeit bei etwa eins zu zehntausend. Die Wahrscheinlichkeit, daß sich die vier Veränderungen gleichzeitig ereignen, errechnet sich aus dieser Zahl, viermal mit sich selbst multipliziert: Sie liegt also bei zehn Millionen Milliarden, das ist viel mehr als die Gesamtzahl aller Viren, die im Verlauf der Krankheit entstehen. Durch zufällige Mutationen allein wäre sie bei keinem einzigen Patienten zu erreichen, ganz zu schweigen von den vielen hundert, bei denen sich eine Resistenz gegen das Medikament entwickelte. Die Evolution triumphiert, weil sie sich der natürlichen Selektion bedient, der mühseligen Ansammlung von Veränderungen. Das verleiht dem Virus die Fähigkeit, bei jeder Herausforderung das gleiche unwahrscheinliche Ergebnis zu erreichen.

Aids ist Darwinismus in Reinkultur: eine zu Fehlern neigende Kopiermaschine, die sich schneller verändert als ihre Gegner. Auch über der Epidemie insgesamt liegt der Schatten der Evolution. In ihrer Anfangszeit, als ganz San Francisco voller Frühlingsgefühle war, konnte das HIV in Freuden leben. Jedes Virus fand unter Garantie freundliche Aufnahme. Der Druck war da, und jedes Gen, mit dessen Hilfe ein Virus neue Opfer besser angreifen konnte, wurde begünstigt, ganz gleich, welchen Schaden es bei seinem Wirt anrichtete. Aus der Sicht des Virus bedeutete der Tod eines Patienten (und seiner HIV-Partikel) kaum etwas, vorausgesetzt, er hatte zuvor bereits ein paar hundert weitere Menschen angesteckt.

In jener Frühzeit war Virulenz das A und O. Aids wurde immer tödlicher, je mehr die Epidemie wuchs. Die Amerikaner, die sich in den ersten paar Monaten der Krankheitswelle ansteckten, überlebten länger als andere, die sich das Virus später zuzogen. Bis dahin hatte die Selektion jenen Varianten das Übergewicht verschafft, die sich am schnellsten verdoppeln konnten; obwohl sie ihre Träger töteten, breiteten sie sich rascher aus als alle anderen. Aber schon bald wurden die Homosexuellen vorsichtiger. Für das Virus war dieser Verhaltenswandel schlecht, denn es konnte nun nicht mehr so leicht einen neuen Wirt erreichen. Das veränderte erotische Umfeld zwang das Syndrom, freundlicher zu werden. Jetzt waren Varianten, die langsamer zum Tode führten, im Vorteil gegenüber jenen, die einen raschen Krankheitsverlauf bewirkten, denn die Infizierten blieben nun lange genug am Leben, um das Virus weiterzureichen.

Woher stammt Aids? Bruchstücke seiner Vergangenheit werden in medizinischen Aufzeichnungen erkennbar, aber die Gene sagen uns viel mehr. Sie offenbaren für Viren (wie für alle anderen Organismen) eine gemeinsame Abstammungsgeschichte, die von Abwandlung begleitet ist. In Europa steckten sich in der Anfangszeit der Epidemie nicht nur Homosexuelle an, sondern auch Einwanderer aus Afrika, die zu einer ganz anderen sexuellen Gruppierung gehörten. Warum konzentrierte sich der Erreger auf derart unterschiedliche Gruppen?

Die Antwort fand man in den Genen. Die »Unterschrift« des Virus, ein Abschnitt aus etwa dreihundert Bausteinen (Basen) in seiner RNA, verändert sich rasend schnell, ein Indiz, daß Aids nicht nur eine einzelne Krankheit ist. Untersucht man eine Gruppe von Lebewesen – Viren, Schmetterlinge oder Wale – eingehend genug, erweist sich eine auf den ersten Blick einheitliche Gruppe sehr oft als Reihe unterschiedlicher, aber ähnlicher Organismen; mit anderen Worten: als verschiedene Arten. HIV macht in dieser Hinsicht keine Ausnahme.

Zur Auflockerung der traurigen Geschichte ein wenig Humor: Ein Mann geht in Aberystwyth (einer zutiefst keltischen Stadt) in ein Szetschuan-Restaurant und wird dort von einem chinesischen Kellner bedient, der fließend walisisch spricht. Der Gast winkt den Chef heran und fragt, wo er dieses Sprachwunder aufgetrieben habe. Die Antwort: »Pst, er glaubt, er hätte Englisch gelernt!«

Mit anderen Worten: Aus der Sicht eines Chinesen sind Walisisch und Englisch nur Dialekte, die beide gleichermaßen schwierig oder einfach zu verstehen sind. Beide gehören zur indoeuropäischen Sprachfamilie und stammen von einem gemeinsamen Vorfahren ab. Wer Englisch als Muttersprache hat, findet das Keltische zwar unzugänglich, aber wie unterschiedlich die Sprachen wirklich sind, läßt sich nur im Kontext überprüfen: indem man das Walisische und das Englische mit dem Chinesischen vergleicht, das zu einer völlig anderen Gruppe gehört. Im weltweiten Zusammenhang erkennt man dann, daß der Unterschied zwischen den beiden winzig ist.

In den Sprachen der Welt ist eine Struktur verborgen. Das Ausmaß der Unterschiede zwischen denen, die aus dem gleichen Vorläufer hervorgegangen sind, läßt sich in Form von Gruppen und Untergruppen ausdrücken: Die richtige und vielleicht einzig mögliche Anordnung ist dann ein Stammbaum, der auf ganz natürliche Weise alle ausgestorbenen und heutigen Sprachen verbände und gleichzeitig Verwandtschaftsverhältnisse und den Ursprung jeder einzelnen zeigte. Cockney und Geordie sind einander näher als Englisch und Französisch; und diese beiden Sprachen sind entferntere Verwandte des Griechischen. Das Griechische seinerseits ähnelt dem Urdu nicht sehr stark, doch enthalten auch diese beiden so viele Überreste ihrer Vergangenheit, daß man auf einen gemeinsamen Ursprung schließen kann. Die Sprache läßt sich aus den Indizien rekonstruieren, die sich in ihren höchst vielgestaltigen Nachkommen erhalten haben.

Gene geben Information im wesentlichen auf die gleiche Weise weiter wie Worte. Evolution ist bei beiden unvermeidlich. Literarische Fragmente – Sprachfossilien – in Verbindung mit einigen kühnen Annahmen darüber, wie schnell sich Wörter verändern, zeigen die Verwandtschaft des Walisischen mit dem Englischen oder mit jeder anderen Sprache. Das Französische und das Englische trennten sich vor nicht allzu langer Zeit (noch für Dumas war Englisch einfach schlecht ausgesprochenes Französisch); und so seltsam es klingen mag: Auch am Walisischen ist nichts Besonderes. Es spaltete sich von seiner Schwester erst ab, lange nachdem sich das Chinesische vom Vorfahren aller Sprachen getrennt hatte. Sprache ist der Schlüssel zur Geschichte. Sprächen wir alle die gleiche – Chinesisch, Walisisch oder Englisch – und gäbe es keine Aufzeichnungen über die Vergangenheit, könnten wir unmöglich feststellen, woher unsere gemeinsame Sprache stammt. Natürlich ist es in Wirklichkeit anders. Die Abstammung mit Abwandlung führt dazu, daß sich die Sprachen auseinanderentwickeln; damit enthüllt sie die Biografie, die in jedem Satz verborgen liegt, und die Geschichte derer, die ihn sprechen.

Beim menschlichen Immunschwächevirus erlauben es die Veränderungen in einem Patienten – eine bloße Verschiebung des genetischen Akzents – oder in den Virusteilchen, die von einem Betroffenen zum anderen übertragen werden, die Evolution des Erregers über Monate oder Jahre hinweg nachzuzeichnen. Wenn (und das ist eine gewagte Annahme) die großen Äste des Aidsstammbaums den gleichen Regeln unterliegen wie seine kleinen Zweige, die heutige Epidemie, läßt sich die Geschichte jedes einzelnen Zweigs aufklären, ganz gleich, wie alt er ist. Wenn man das menschliche Immunschwächevirus mit seinen entfernten Verwandten – den Chinesen in der

Welt der Viren – vergleicht, erhält man Hinweise auf den Ursprung der Seuche selbst.

Die Gene lassen zwei unterschiedliche menschliche Immunschwächeviren erkennen, die sich in fast der Hälfte der »Buchstaben« ihrer »Unterschrift« unterscheiden. Das Virus, das die Epidemie bei den Homosexuellen auslöste, ist unter dem Namen HIV-1 bekannt, der Erreger der Krankheit bei den afrikanischen Heterosexuellen heißt HIV-2. Beide Typen lassen sich wiederum in Untergruppen einteilen. Bei HIV-1 gibt es (wie bei den indoeuropäischen Sprachen mit ihren östlichen und westlichen Nachkommen) zwei große Zweige. Der erste ist auf der ganzen Welt verbreitet, der zweite, seltenere, ist in Kamerun zu Hause. Ein dritter Typ wurde 1998 bei nur zwei Personen in Kamerun gefunden. Die große Gruppe zerfällt in ungefähr zehn Untertypen (HIV-1A, -1B und so weiter), die sich jeweils in etwa einem Viertel der genetischen Signatur unterscheiden. Und wie kleinere Abweichungen der Unterschrift zeigen, gibt es bei jedem Untertyp wiederum verschiedene Stämme.

Aufgrund solcher Verwandtschaftsstrukturen lassen sich die Ursprünge des Virus immer weiter in die Vergangenheit zurückverfolgen. Sie weisen auf ein großes natürliches System hin und besagen ganz eindeutig, daß die gesamten unzähligen Virusvarianten im Rahmen ihrer jeweiligen Klasse oder Gruppe von gemeinsamen Vorfahren abstammen und daß sie alle im Verlauf dieser Abstammung abgewandelt wurden. Die abgewandelten Nachkommen eines einzigen Vorfahren teilten sich in Gruppen und Untergruppen auf. Wie schnell sich diese Veränderungen abspielen, läßt sich nur an den jüngsten Zweigen des Krankheitsstammbaums messen, aber sie offenbaren seine ferne Vergangenheit.

Eine Spezies kann nur einmal entstehen. Nur sehr wenige Biologen haben das Glück, dabei zusehen zu können, selbst bei den Viren mit ihrer atemberaubend schnellen Evolution. Wie kann man die Ursprünge einer Krankheit nachzeichnen, wenn die meisten Opfer schon tot sind? Die Nukleinsäuren erzählen ihre Geschichte. Sie zeigen, daß die Vielfalt der Aidsviren in jüngster Zeit explosionsartig zugenommen hat. In einem Stammbaum des Virus, den man für die Vereinigten Staaten gezeichnet hat, verästeln sich die Unterschiede explosionsartig wie ein Feuerwerk, und zwar von einer gemeinsamen Quelle aus – ein Zeichen, daß die Erkrankung sehr plötzlich aufgetreten ist und sich schnell ausgebreitet hat. Auch das Muster der weltweiten Verwandtschaftsbeziehungen sieht nicht wie eine Eiche, sondern eher wie ein Strauch aus. Beim HIV-1 laufen alle großen Äste in einem gemeinsamen Ursprung zusammen. Ganz ähnlich ist auch der Stammbaum von HIV-2. Bei beiden kennzeichnet der Punkt, von dem die Äste ausgehen, den Ausbruch der Epidemie.

In allen Wörtern und in jedem Stück Nukleinsäure ist eine Uhr verborgen. Ihre Grundlage ist ein einfacher, regelmäßiger Mechanismus: die Ansammlung von Fehlern im Laufe der Zeit. Wenn man den Moment kennt, in dem ein Zeitmesser gestellt wurde, und die Uhr gleichmäßig tickt, kann man die Bewegungsgeschwindigkeit ihrer Zeiger messen. Mit Hilfe dieser molekularen Uhr läßt sich dann abschätzen, wann zwei beliebige Mitglieder der HIV-Familie ihren letzten gemeinsamen Vorfahren hatten. In jedem Jahr ändert sich in den Genen des Virus einer von einigen hundert Bausteinen. Wenn man aber einfach die Unterschiede aufsummiert, übersieht man eine Menge, denn jeder Buchstabe in der Sequenz kann sich auch mehrere Male verändern. Außerdem schwankt die Geschwindigkeit der Uhr, denn wenn ein Patient schon kurz nach der Infektion stirbt, hat sie nicht viel Zeit zum Ticken, während diejenigen, die sich jahrelang herumquälen, der Virus-RNA mehr Zeit für die Evolution lassen. Und was noch schlimmer ist: Der Zeitmesser in den Genen läuft offenbar auch bei den einzelnen Untertypen mit unterschiedlichem Takt. Dennoch ist der Vergleich mit einer Uhr sinnvoll, und Proben von HIV-1, die in den neunziger Jahren gewonnen wurden, haben sich im Vergleich zu zehn Jahre älterem Material weiterentwickelt. Dreht man die Zeiger der Uhr entsprechend dieser Veränderungsgeschwindigkeit auf Null zurück, gelangt man zu einem Moment in den vierziger Jahren, in dem die Epidemie ausgebrochen sein muß. Und wie die Gene zeigen, begann auch die Laufbahn des HIV-2 ungefähr zur gleichen Zeit.

Das älteste bekannte Exemplar des menschlichen Immunschwächevirus wurde lange nach dem Tod seines Opfers entdeckt. Es stammte von einem nicht namentlich bekannten Afrikaner, der in Leopoldville im Kongo lebte (die Stadt heißt heute Kinshasa und ist die Hauptstadt der Demokratischen Republik Kongo). Nur etwa zwanzig von über tausend untersuchten Blutproben waren HIV-positiv, und nur eine – von einem Patienten, der 1959 gestorben war – enthielt noch Gene des Virus. An der Reihenfolge der wenigen verbliebenen RNA-Basen war deutlich zu erkennen, daß es dem anhand der Gene seiner Nachkommen rekonstruierten gemeinsamen Vorfahren der heutigen Viren sehr ähnelte. Aids begann offensichtlich bei einem Afrikaner (eine Entdekkung, die von der *Ghanaian Times* als »beschämender, vulgärer Versuch« bezeichnet wurde, »diese neueste Bürde des weißen Mannes vor der Tür des schwarzen abzuladen«). Die Ähnlichkeit zwischen dem theoretisch abgeleiteten und dem tatsächlich gefundenen Vorfahren legt die Vermutung nahe, daß die weltweite Epidemie kurz nach dem Zweiten Weltkrieg einsetzte und vielleicht von einem einzigen Virusteilchen ausging. Das erscheint verblüffend, aber nichts anderes geschieht auch alle paar Jahre, wenn eine neue Welle der asiatischen Grippe um die Welt läuft.

Es dauerte nicht lange, bis das Virus aus seinem Heimatland ausbrach. Es ist nur eine einzige Route aus Afrika heraus entdeckt worden. Im Jahr 1976 starb ein junger norwegischer Seemann an einer rätselhaften Krankheit. In einer Probe seines Körpergewebes fand man viele Jahre später Spuren des Kamerun-Typs von HIV-1. Er hatte sich 1960, kurz nach seinem fünfzehnten Geburtstag, auf seiner einzigen Reise nach Westafrika angesteckt. Auf dem Weg von Norwegen über den Senegal nach Ghana und Kamerun hatte er jede Menge Gelegenheiten zu sexuellen Kontakten. Seine Aufzeichnungen lassen erkennen, daß er sich unterwegs irgendwo eine Gonorrhöe zuzog. Die zweite, tödliche Krankheit entging den Ärzten.

Vierzehn Jahre nachdem der Norweger mit seiner Virusladung nach Hause gekommen war, wurde bei einem bisexuellen deutschen Musiker, der sich gern Prostituierte für Orgien mietete, zum erstenmal in Europa Aids diagnostiziert. Der Seemann war zu jener Zeit Fernfahrer und kam häufig nach Köln, der Heimatstadt des Gruppensexliebhabers. Das nächste Opfer war eine französische Bardame aus Reims. Auch diese Stadt lag auf seiner regelmäßigen Route. Die Lebensgeschichte eines verstorbenen Matrosen, aufbewahrt in einer Flasche, offenbart einen Weg des Virus nach Europa. Die meisten anderen werden wir niemals rekonstruieren können.

Die Gene weisen darauf hin, daß an dem Ausbruch nur wenige unerschrockene Reisende beteiligt waren. Alle Subtypen von HIV-1 findet man auch in seinem Heimatkontinent, an anderen Orten dagegen gibt es jeweils nur wenige davon. So gehören die ältesten Proben, die in Nordamerika und Europa gewonnen wurden, ausnahmslos zum Subtyp 1B, ein Beweis, daß nur wenige Reisende das Virus weitertrugen.

In einer neuen Umgebung angekommen, müssen die Eindringlinge eine Evolution durchmachen, um zu überleben. HIV-1, der Mörder der westlichen Welt, ist ein wählerischer Bösewicht geblieben. Von seinen etwa acht heutigen Subtypen bleibt jeder innerhalb seiner eigenen Menschengruppe, an deren sexuelle Vorlieben er sich angepaßt hat. In Thailand war HIV-1B Anfang der neunziger Jahre die häufigste Form. Ein Drogenabhängiger hatte ihn aus dem Westen mitgebracht, und er wurde zu so etwas wie einem Spezialisten für die anale Übertragung. Mittlerweile ist dieser Subtyp in seinem neuen Heimatland der Sextouristen auf dem Rückzug vor HIV-1E, einem Virus, das normalen Sex bevorzugt. In Rußland findet man bei Drogenabhängigen vier HIV-1-Subtypen, und weitere sind unter weiblichen Prostituierten und Homosexuellen verbreitet.

Zur Fähigkeit von Aids, die Laster der Menschen auszunutzen, trägt auch sein eigenes Sexualleben bei. Sexualität in allen ihren Formen ist nichts anderes als eine Methode, Gene neu zu mischen. Ist jemand mit zwei HIV-Subtypen infiziert, können die Enzyme der Viren ihre RNA hin- und herschieben, so daß eine Virusgeneration mit neuen Genkombinationen entsteht. Etwa jeder zehnte Stamm von HIV-1 ist eine Mixtur aus der RNA anderer, älterer Stämme. HIV-1E – die heutige Form in Thailand – ist ein Mischling aus dem afrikanischen HIV-1A (das noch nicht in Asien angekommen ist) und einem bisher nicht entdeckten Spender der Gene für das thailändische Hüllprotein. Manche Stämme sind ein Mosaik von Genen aus vier oder mehr Quellen.

Eine Definition der biologischen Art (und was eine Art ist, läßt sich manchmal nur schwer sagen) stützt sich auf die Sexualität. Wenn zwei Individuen – Viren oder Wale – ihre Gene so mischen können, daß die Jungen in sich Elemente beider Eltern vereinigen, gehören die beiden zu derselben Art. Ist dies nicht möglich, handelt es sich um verschiedene Arten. Menschen, die sowohl HIV-1 als auch HIV-2 in sich tragen (und solche Unglücklichen gibt es tatsächlich), bringen niemals Mischlinge aus beiden Erregern hervor. Dagegen entstehen in Patienten, die zum Beispiel mit HIV-1A und HIV-1B infiziert sind, sehr häufig neue Kombinationen. In der Welt der traditionellen Biologie würde man also HIV-1 und HIV-2 als unterschiedliche Arten definieren, 1A und 1B hingegen als Varianten einer Art. Eine Medikamentenresistenz, die bei HIV-1 durch eine Mutation entstanden ist, wird sich schnell unter allen Untertypen dieses Virus ausbreiten, aber auf HIV-2 wird sie niemals übergehen. Die Abstammung mit Abwandlung ist unter den Aidserregern so weit gegangen, daß sich eine früher zusammengehörige Einheit aufgespalten hat: Ein Virus hat seine Reise auf der darwinistischen Straße beendet und ist zu einer eigenen Identität gelangt.

Die Geschichte von Aids ist zu einem großen Teil die Geschichte einer Evolution im Zeitrahmen des Menschen, die Geschichte eines Opportunisten in der Welt von heute. Die Gene weisen aber auch auf seine entfernten Vorfahren hin.

Die Gene der Primaten zeigen, daß Schimpansen, Menschen und Gorillas enge Verwandte sind; von diesem fast menschlichen Trio sind die Orang-Utans ein wenig weiter und die Kleinaffen noch weiter entfernt. Und bei den Kleinaffen selbst wiederum gibt es eine tiefe Spaltung zwischen den Arten der Alten und der Neuen Welt. Die Stammbäume der Primaten und der aidsähnlichen Viren, die sie beherbergen, sind keineswegs gleich. Das Virus und seine Opfer, so scheint es, haben unterschiedliche Wege eingeschlagen, und Aids ist von einem anderen Tier unter die Menschen gelangt.

Wie ein Wechsel des Umfeldes mitunter in die Katastrophe mündet, hat ein zufälliges Experiment vor Augen geführt. Ein harmloses Virus afrikanischer Kleinaffen wurde irrtümlich auf asiatische Affen übertragen. Sie starben alle innerhalb weniger Monate. Spritzte man dann das Blut eines asiatischen Affen einem zweiten und von diesem in schneller Folge einem dritten, vierten oder fünften, wurde das Virus in jedem Schritt tödlicher. Die späteren Affengenerationen gingen in wenigen Wochen zugrunde. Wie bei den homosexuellen Männern in San Francisco begünstigte die häufige Übertragung jene Viren, die sich am schnellsten kopieren konnten, ganz gleich, welchen Schaden sie anrichteten. In einem Zoo steckten sich Makaken bei Schwarznasigen Meerkatzen mit einer aidsähnlichen Krankheit an. Für die Meerkatzen ist das Virus ungefährlich, aber Makaken sterben daran – und es wird von einem Tier zum anderen durch einfachen Körperkontakt übertragen; Sexualität ist dazu nicht notwendig. Den Menschen ist ein solches Schicksal bisher erspart geblieben.

Die Gene zeigen, daß HIV-1 und HIV-2 nicht sonderlich eng verwandt sind. Das HIV-1 ähnelt einem Virus, das bei westafrikanischen Schimpansen vorkommt, während das HIV-2 einem anderen, das bei den Halsbandmangaben gefunden wurde, nähersteht. Beide sind mehrmals auf den Menschen übergegangen. Die drei Hauptgruppen von HIV-1 ähneln verschiedenen Abstammungslinien des Schimpansenvirus, und von HIV-2 gibt es ein halbes Dutzend Linien. Menschen, die aus irgendeinem Grund mit Primaten umgehen, können sich auch mit aidsähnlichen Viren von Mandrillen oder Makaken anstecken, aber diese Erreger rufen beim Menschen keine Symptome hervor. Der Aidserreger ist nur Mitglied einer großen Familie von Viren, von denen die meisten bei ihrem Träger keinerlei Schaden anrichten.

Warum greift ein Primatenvirus Menschen an? Jäger wurden häufig von Affen gebissen, und in viktorianischer Zeit aßen die Reisenden mit mehr oder weniger Genuß Affenfleisch (einer fand allerdings »die Vorstellung, etwas zu essen, das gehäutet und zubereitet so sehr nach einem Kind aussieht, äußerst widerwärtig«). Der große französische Jäger Paul Du Chaillu berichtete, das Volk der Fang in Kamerun habe seit 1861 Gorillas als Nahrung gekauft. Heute stehen diese Tiere unter Naturschutz, aber bei den Fang gelten nach wie vor Gorillazungen als Delikatesse; und seitdem die Wälder von den Holzfirmen gerodet werden, verlangen sie erneut nach »Buschfleisch« (Affen eingeschlossen) zur Ernährung ihrer Arbeiter. Auch bei der aufstrebenden Mittelschicht in manchen afrikanischen Regionen wird Affenfleisch als Angebot in den Restaurants immer beliebter.

Viele – vielleicht die meisten – Krankheiten stammen von Tieren: Tollwut von Hunden, Milzbrand von Rindern und Lyme-Borreliose von Rehen und Hirschen. Ein Haustier zu besitzen ist eine gute Methode, krank zu werden. Papageien übertragen die Psittakose (Papageienkrankheit), junge Hunde einen Fadenwurm, der blind machen kann, und an Schlangen kann sich der Mensch mit Salmonellen infizieren.

In den Gräbern der Pharaonen gibt es Bilder von afrikanischen Grünen Meerkatzen, die im Haus gehalten wurden, und der Gott Thoth, der Erfinder der Sprache, wurde in Gestalt eines Pavians angebetet. In den Pithecussae, den Affenstädten, saßen Paviane angeblich bei Tische. Aber an Aids waren Haustiere wahrscheinlich nicht schuld. Manchmal wird behauptet, die Aidsepidemie sei von Wissenschaftlern ausgelöst worden, die bei der Entwicklung von Impfstoffen Affen als

Versuchstiere verwendeten, oder durch unsaubere Kanülen, die in Afrika nach dem Krieg bei den großen Impfwellen benutzt wurden.

Doch wie auch immer es entstanden ist – das menschliche Immunschwächevirus muß viel älter sein als seine heute aktiven Stämme. Das Virusfossil aus Kinshasa ähnelt den heutigen Stämmen von HIV-1 stärker als jedem Schimpansenvirus, das heißt, der Übergang auf den Menschen hat sich vollzogen, lange bevor den jungen Mann aus Zaire sein Schicksal ereilte. Vielleicht hat es im Laufe der Jahrhunderte in Afrika immer wieder kleine, räumlich begrenzte Aidsepidemien gegeben, die jeweils durch eine neue Übertragung von einem Affen ausgelöst worden sind. In früheren Zeiten, als es weder Reiseverkehr noch Transfusionen oder hektische Promiskuität gab, konnten sie sich nicht ausbreiten. Erst in den fünfziger Jahren fand die Krankheit ihren Weg in die ganze Welt.

Auch die Gene weisen auf eine Vorgeschichte von Aids hin. Viruserkrankungen des Immunsystems kommen bei vielen Tieren vor. Erreger, die denen der Primaten sehr ähnlich sind, verursachen Krankheiten bei Katzen. In den achtziger Jahren führte eine solche Epidemie dazu, daß im Mittelmeer Tausende von Delphinen starben. Die Ursache war ein entfernter Verwandter des Aidserregers.

Die kurze Geschichte des menschlichen Immunschwächevirus enthält die gesamte Argumentation der *Entstehung der Arten*: Abwandlung, Existenzkampf und natürliche Selektion. Geografie und Fossilien erzählen jeweils einen Teil seiner Geschichte, und seine Gene verbinden die beim Menschen vorkommende Form des Virus mit anderen, die vor langer Zeit den gleichen Vorfahren hatten. Dabei zeigt sich eine geordnete Hierarchie, mit Gruppen innerhalb größerer Gruppen, und jede von ihnen ist ein Beleg für die Abstammung von einem gemeinsamen Ursprung, der sich immer weiter in die Vergangenheit verschiebt.

Die Evolution anderer Lebewesen können wir nicht in so vielen Einzelheiten verstehen – dafür ist unser Leben zu kurz. Nehmen wir beispielsweise den im Wasser lebenden Bären, dessentwegen Darwin soviel Spott erdulden mußte. Hätte er jemals den Weg ins Meer finden können? Was braucht man, um ein Wal zu werden, um am anderen Ende des Spektrums zu leben, das beim Virus beginnt? Heute wissen wir es.

Wale atmen wie alle Säugetiere Luft und geben Milch. Wann gingen sie ins Wasser, und wie sahen sie vorher aus? Zu ihrem neuen Dasein gehörte mehr als nur ein Wechsel der Umgebung. Sie wuchsen heran, im Fall des Blauwals bis zu einem Gewicht von hundertfünfzig Tonnen (das ist zum Menschen das gleiche Verhältnis wie vom Menschen zur Maus). Schädel und Hals wurden kürzer, und die Nase wanderte nach hinten. Die Ohren schlossen sich, so daß der Schall nun eine Fettschicht durchdringen mußte. Die Beine entwickelten sich zu Flossen mit passenden, zusätzlichen Knochen im Rücken. Weitere Veränderungen fanden unter der Haut statt. Menschen können ohne künstliche Hilfsmittel höchstens hundertzwanzig Meter tief tauchen und halten dazu wenige Minuten lang die Luft an. Der Pottwal taucht auf sechzehnhundert Meter und noch tiefer hinab und kann zwei Stunden unter Wasser bleiben. Die größte Veränderung hat dabei nicht in der Lunge, sondern in seiner Körperchemie stattgefunden. Die Muskeln der Wale enthalten in großen Mengen das Myoglobin, ein Protein, das dem Blut Sauerstoff entzieht. Dieser wird nicht als Gas, sondern als chemische Verbindung im Organismus festgehalten, was es der Lunge ermöglicht, in größeren Tiefen zusammenzufallen und das Tier gegen die Taucherkrankheit (Stickstoffblasen im Blut) zu schützen, wenn es wieder an die Oberfläche kommt.

An den Überresten ausgestorbener Lebewesen sind alle Schritte vom Land ins Meer zu erkennen. Die Informationen, die die Fossilien liefern, werden durch das bestätigt, was in den Genen festgehalten ist. Wenn die Wale überleben, werden wir ihre Geschichte vielleicht bald ebenso gut verstehen wie die des Aidsvirus. Die Methoden sind im wesentlichen sehr ähnlich, und die der Evolution innewohnende Logik ist genau die gleiche.

Die meisten Fossilien legen die Vermutung nahe, daß die entfernten Vorfahren der Wale den Hyänen ähnelten: Diese sogenannten Mesonychiden waren Aasfresser und fingen auch Fische. Dann änderten sie ihre Lebensgewohnheiten drastisch. Die Simla-Berge in Nordindien waren mit ihrem Gebirgsklima ein beliebtes Ferienziel für die britischen Kolonialherren. Dort, mehr als tausend Meter über dem Meeresspiegel, fand man einen einzigen, dreiundfünfzig Millionen Jahre alten Kieferknochen der Gattung *Himalayacetus*, des ältesten bekannten Vorfahren der heutigen Wale. Das Fossil stammte von einem Tier, das offenbar sowohl in Süßwasser als auch in einem längst nicht mehr vorhandenen Meer zu Hause gewesen war.

In den Kala-Chitta-Bergen in Pakistan fand man einen fünfzig Millionen Jahre alten Schädel von einem Tier, das auf dem Weg zum Walsein schon ein Stück weitergekommen war. *Pakicetus*, wie es genannt wurde, besitzt noch nicht die Ohrverschlüsse aus Fett, die man bei seinen Nachfahren findet. Es durchlebte seine Tage zwischen Land und Wasser, und die Knochen seines Innenohrs zeigten einen Entwicklungsstand mitten im Übergang von denen der Landtiere zu denen der Wale, so daß es sowohl in der Luft als auch unter Wasser hören konnte. Diese ältesten Wale lebten im Tethys-Meer, einem längst vergangenen Ozean auf dem Gebiet des heutigen Indien und Pakistan. Sein Boden stieg später gen Himmel und bildete die höchsten Berggipfel der Erde. Erst danach schwärmten die Wale aus und drangen in die sieben Meere vor.

Eine jüngere Form, die man in Ägypten fand, wurde wegen ihrer großen Hinterbeine mit fünfzehn Zentimeter langen Zehen auf den Namen *Ambulocetus natans* (»schwimmender Gehwal«) getauft. *Ambulocetus* war ungefähr so groß wie ein Seelöwe, und sein langer Schwanz sah ganz anders aus als die Flossen der Wale. Bei einem weiteren Verwandten aus einer drei Millionen Jahre späteren Zeit waren die Gliedmaßen bereits um ein Drittel verkürzt. Und noch eine andere Form namens *Basilosaurus* (der Name spiegelt die ursprüngliche Annahme wider, es handle sich um eine »Königsechse«, und königlich war dieses Lebewesen mit zwanzig Metern Länge tatsächlich) lebte vor etwa fünfundvierzig Millionen Jahren. Sie hatte kleine, aber vollständig ausgebildete Hintergliedmaßen, die nur wenige Zentimeter weit aus dem Körper ragten. Mit diesen Fossilien sind fast alle Zwischenstufen vom Landtier bis zum Leviathan nachgewiesen.

Die heutigen Säugetiere liefern auch Hinweise darauf, wie die ersten Wale ins Meer gelangten. Viele Säugetiere können mit mehr oder weniger großer Mühe ins Wasser gehen. Hunde paddeln, Menschen beherrschen das Brustschwimmen, und noch besser schwimmen die Robben. Wale haben darin eine solche Fertigkeit erworben, daß sie sich an Land nicht fortbewegen können. *Ambulocetus* stand mit seinen Füßen zwischen Wind und Wasser in der Legion der Otter, und seine hinteren Extremitäten waren größer als die vorderen. Er schwamm besser als jeder Hund, ja vermutlich so gut wie ein Fischotter: Zur Fortbewegung dienten ihm nicht nur die Stöße seiner Hinterbeine, sondern er verbog dazu auch die Wirbelsäule. Das war ein großer Schritt in Richtung Wal, denn dieser tut genau das gleiche, und dabei hilft ihm eine Neuerung der Evolution: die beiden riesigen Schwanzflossen.

Versteinerte Knochen liefern bei dem Versuch nachzuvollziehen, wie der Wal zum Wal wurde, sehr überzeugende Hinweise, aber wie alle Überreste aus uralter Zeit sind sie vor allem selten. Man wird nie die ganze Geschichte der Wale aus den Bruchstücken ihrer Vorfahren rekonstruieren können. Aber glücklicherweise sind die Wale genau wie Viren lebende Fossilien. Die verkümmerten Reste ihrer Beinknochen zeigen, daß sie früher Gliedmaßen besaßen (und ab und zu wird auch einmal ein Wal mit kleinen Hinterbeinen geboren), aber noch mehr sagen die Gene darüber aus, woher sie kamen.

Die Historie der DNA ist am besten zu erkennen, wenn sie falsch läuft. Ein Wal hatte einmal »eine eigentümlich weiße, krause Stirn ... Im übrigen war sein Leib dermaßen in ebendieser leichenhaften Färbung gestreift, gefleckt und gemarmelt, daß er mit der Zeit zu dem Beinamen ›der weiße Wal‹ gekommen war.«

Moby Dick war nicht nur ein Phantasieprodukt: Tatsächlich griff ein weißer Pottwal (er hieß Mocha Dick nach der Insel vor der Küste Chiles, wo er sein Blutbad anrichtete) in den dreißiger Jahren des neunzehnten Jahrhunderts die Walfangschiffe an. Auch Japaner fingen einmal ein schneeweißes Exemplar der gleichen Spezies. Der altnordische Name für den Weißwal bedeutet »Leichenwal«, weil er dem Körper eines Ertrunkenen so ähnlich sieht. Er besitzt (wie weiße Mäuse und menschliche Albinos) einen erblichen Defekt der Fähigkeit, das dunkle Pigment Melanin herzustellen. Auch auf unserer genetischen Landkarte findet sich ein Gen der Wale. Das Chediak-Higashi-Syndrom, eine Krankheit des Menschen, wird durch eine Mutation ausgelöst, die auch silbergraue Haare entstehen läßt. Bei Mäusen heißt das gleiche Gen wegen seiner Auswirkungen auf die Fellfarbe *beige*. Patienten (oder Mäuse), bei denen dieses Gen defekt ist, bekommen Krebs und sterben frühzeitig, denn ihnen fehlt eine Gruppe der weißen Blutzellen, deren Aufgabe es ist, Tumoren zu zerstören. Die Chediak-Higashi-Krankheit hat auch eine Verbindung zu Aids, denn das HIV richtet seine Schäden unter anderem dadurch an, daß es solche Zellen angreift. Das veränderte Gen hat man auch bei Nerzen und Rindern gefunden – und bei einem Mörderwal.

Die Moby Dicks dieser Welt lassen sich anhand ihrer Gene und der ihrer Viren dingfest machen. Ein Wal, dem man 1964 im Nordatlantik eine Probe seiner Gene entnommen hatte, fand drei Jahrzehnte später seinen Weg in die Fleischtheke eines Kaufhauses in Osaka. Man hatte ihn gefangen, angeblich im Rahmen einer wissenschaftlichen Untersuchung. Ganze Populationen lassen sich auf diese Weise verfolgen. Die Pottwale der südlichen Hemisphäre haben in ihrer DNA alle die gleiche kleine Lücke, die es bei denen im Norden nicht gibt – ein Zeichen für eine eigenständige Vergangenheit. Auch in den Genen anderer Wale spiegelt sich deren Geschichte wider. Die Buckelwale vor Hawaii tragen fast ausnahmslos das gleiche DNA-Muster – Abweichungen kommen so gut wie nicht vor. Die Einwohner Hawaiis hatten für Wale keine Namen, und auch die Walfänger früherer Zeiten sind um die Inseln herum nie fündig geworden. Vielleicht sind sie neu eingewandert wie Aids bei seinen ersten Vorstößen nach Europa, als Nachkommen weniger Gründerexemplare mit einem begrenzten Genvorrat.

Durch ihre DNA sind Wale mit den anderen Säugetieren verbunden. Leider sind sie aber nicht besonders eng mit den Bären verwandt (die eindeutig zur gleichen Linie wie die Hunde gehören). Statt dessen ähneln ihre Gene denen der Huftiere. In dieser Gruppe (zu der Hirsche, Pferde, Schweine, Giraffen, Flußpferde und Elefanten zählen) stehen Wale der Gruppe mit einer geraden Anzahl Zehen – den Schweinen, Hirschen und Flußpferden – näher als jenen mit einem, drei oder fünf Zehen wie Pferde und Nashörner.

Der Schlüssel zur Vergangenheit der Wale liegt zufällig bei einigen Verwandten des Aidsvirus. Sie waren schon in der DNA dieser großen Tiere verborgen, lange bevor der erste Wal die Meere durchpflügte.

Manche Viren beenden ihren Krieg gegen den Wirt mit einem Waffenstillstand. Sie werden in die DNA ihrer Träger aufgenommen und immer dann kopiert, wenn sich die Zellen ihres Besitzers teilen. Da solche Untermieter keinen Schaden anrichten, werden sie über Millionen Generationen hinweg weitergegeben und schlummern in der DNA an der gleichen Stelle wie der ursprüngliche Eindringling. Unser eigenes genetisches Material besteht zu einem großen Teil aus zerstükkelten Retroviren; manche davon haben wir mit anderen Primaten gemeinsam, andere mit entfernter verwandten Tieren. Bei ihrem Eindringen könnten sie eine ganz ähnliche Epidemie hervorgerufen haben wie HIV. Wenn es so war, sind alle Anzeichen für böses Blut zwischen Träger und Getragenem längst verschwunden. In ferner Zukunft wird das vielleicht auch die einzige Spur von Aids sein: ein paar stumme Abschnitte der DNA, verstreut zwischen den Genen unserer entfernten Nachkommen.

Solche biochemischen Trittbrettfahrer kann man zur Aufklärung von Verwandtschaftsverhältnissen nutzen – nicht für die zwischen den Viren, sondern für solche zwischen ihren Trägern. Viren offenbaren die Vergangenheit von Tieren, die milliardenmal größer sind als sie selbst. Ist das gleiche Retrovirus an der gleichen Stelle in die Gene zweier Arten eingebaut, müssen sie von einem gemeinsamen Vorfahren abstammen.

Die Retroviren der Wale weisen auf eine überraschende Vergangenheit hin. Wale, Flußpferde, Hirsche und Giraffen besitzen drei derartige gemeinsame Elemente, die jeweils an der gleichen Stelle in der DNA liegen. Diese drei entscheidenden Untermieter fehlen bei allen anderen Huftieren mit gerader Zehenzahl, so auch bei Schweinen und Elefanten. Ein Hirsch ist demnach mit einem Wal enger verwandt als mit einem Schwein. Hätte Darwin also Spekulationen über einen im Wasser lebenden Hirsch mit offenem Maul (oder auch über eine schwimmende Giraffe) angestellt, wäre er von der Wahrheit nicht weit entfernt gewesen.

Weiter eingeengt wird die Suche nach den unmittelbaren Verwandten der Wale durch andere Teile der DNA. Wale sehen keinem anderen Tier besonders ähnlich. Sie unterscheiden sich – welch vielfältige Verbindungen auch immer Fossilien zu den Huftieren herstellen mögen – von allen heutigen Mitgliedern dieser Gruppe äußerlich recht stark. Die Gene dagegen sagen etwas anderes. An der DNA, die für Milch und Blutgerinnung zuständig ist, erkennt man es deutlich: Wale sind enge Verwandte der Flußpferde.

Der molekulare Stammbaum der Huftiere entspringt vor fünfundsechzig (und nicht sechzig) Millionen Jahren aus einer gemeinsamen Wurzel und ähnelt wie bei den Immunschwächeviren einem Busch. Deshalb läßt sich nur schwer feststellen, wo sich die Äste abspalteten, die zu Pferden, Nashörnern und den anderen Gruppen führten. Dennoch ist die Verbindung zwischen Flußpferd und Walen eindeutig gesichert. Die molekulare Uhr, deren Geschwindigkeit an den Knochen im Gestein abzulesen ist, weist auf einen gemeinsamen Vorfahren der Wale und Flußpferde hin, der vor etwa fünfundfünfzig Millionen Jahren lebte, ein wenig früher als *Himalayacetus*, von dem das erste uns bekannte Walfossil stammt.

Heute mögen Wale und Flußpferde einander nicht sonderlich stark ähneln, aber Hinweise auf ihre Verwandtschaft sind noch vorhanden. Flußpferde halten sich sowohl im Wasser als auch an Land auf, und manche frühen Wale machten es genauso. Junge Flußpferde können schwimmen, bevor sie gehen lernen, und sowohl Flußpferde als auch Wale säugen ihre Jungen unter Wasser; sie kommunizieren mit Quietsch- und Quieklauten, die sie in Flüssen oder Meeren aussenden. Beide sind haarlos, beide können nicht schwitzen, und bei den Männchen beider Gruppen liegen die Hoden nicht in einem bequemen Beutel, sondern im Körperinneren.

Zwar weisen die Gene darauf hin, daß Flußpferde von allen Tieren den Walen am stärksten ähneln, aber es gibt keine nachgewiesene Verbindung zwischen den Flußpferden und den Mesonychiden, jenen flinken, zu Lande lebenden Raubtieren. Neue Fossilfunde lassen jedoch erkennen, daß die Mesonychiden nicht in der unmittelbaren Abstammungslinie der Wale stehen, sondern zu einem anderen Zweig gehören, der aber von einem gemeinsamen Vorfahren ausgeht. Obwohl also – wie bei den Aidsviren – auch in der Frühgeschichte der Meeressäuger noch vieles aufzuklären bleibt, läßt sich der Beweis für ihre Evolution unmöglich leugnen.

Das Virus wie der Wal erzählen die gleiche Geschichte: Abstammung mit Abwandlung führt im Laufe der Zeit zu neuen Lebensformen. Beide bestätigen auf ihre höchst unterschiedliche Weise, daß Evolution stattfindet. Auch wenn noch vieles im verborgenen liegt, gibt es nach einem Jahrhundert besonnener Forschungsarbeiten und nüchterner Urteile keinen Zweifel mehr: Die Ansicht, welche einst die meisten Naturforscher vertraten – daß nämlich jede Spezies eigens erschaffen wurde –, ist falsch.

Die Wahrheit allein aus Gründen des Glaubens zu leugnen würdigt sowohl die Wissenschaft als auch die Religion herab. Diese Erkenntnis hatte schon Galilei. Als er seine Ansichten und ihre Unvereinbarkeiten mit der Heiligen Schrift erläutern sollte, vertrat er die Ansicht, die Kirche habe keine andere Wahl, als die Entdeckungen der Wissenschaft anzuerkennen. Es sei, so meinte er, »ein schrecklicher Schaden für die Seele, wenn Menschen durch Beweise von etwas überzeugt wären, das zu glauben eine Sünde sein soll«. Dieser Tatsache haben die Kreationisten noch nicht ins Auge gesehen.

Ohne die Evolutionstheorie kann kein Biologe arbeiten. Wie Galileis Vorstellung von einem Sonnensystem mit der Sonne im Zentrum, so macht auch *Die Entstehung der Arten* ihr Thema zu etwas Sinnvollem. Früher waren Ideen über den Ursprung Allegorien wie *Moby Dick*. Sie trugen dazu bei, den Sinn des Universums zu verstehen, nicht jedoch dessen Aufbau. Manch einer hofft noch heute, bei Darwin eine symbolische Bedeutung zu entdecken. Aber das wird nicht gelingen: Sein Werk machte die Biologie, die zuvor eine Sammlung zusammenhangloser Anekdoten gewesen war, zu einer Wissenschaft.

ERSTES KAPITEL

ABÄNDERUNG IM ZUSTAND DER DOMESTIKATION

Charakter domestizierter Varietäten • Beziehung zwischen dem Menschen und seinen Haustieren • Ursprung kultivierter Varietäten von einer oder mehreren Arten • Früher befolgte Grundsätze bei der Züchtung • Haushunde, ihre Verschiedenheiten, ihr Ursprung • Planmäßige und unbewußte Züchtung • Züchtung und Identität • Evolution auf dem Bauernhof • Zoologische Gärten: der Ruf der Zähmung • Verlust der Vielfalt im Zustande der Domestikation • Der Wolf unter der Haut • Schwierigkeit der Unterscheidung zwischen Varietäten und Arten

Die Menschen haben zu ihren Haustieren eine seltsame Beziehung. Der britische Entdecker William Burchell, der in viktorianischer Zeit durch Afrika reiste, konnte, obwohl ihm der Hungertod drohte, kein Zebra essen, weil es ihn an seine Lieblingsstute erinnerte. Die französische Regierung war in den sechziger Jahren des neunzehnten Jahrhunderts beunruhigt über die Verschwendung guter Proteine und schaffte es, ihre Bürger zum Verzehr von Pferdefleisch zu bewegen; in London dagegen scheiterte eine Gesellschaft, die eigens zum Zwecke der Verbreitung von Pferdefleisch als Nahrungsmittel ins Leben gerufen worden war, mit dem gleichen Vorhaben, obwohl es bei ihrer Gründung als Festessen Lachs mit Rennpferdsoße, Pegasusfilet und als Dessert ein Gâteau Vétérinaire gegeben hatte. Ungefähr zur gleichen Zeit klagte die *Live Stock Journal and Fancier's Gazette*: »In manchen Teilen Englands werden Katzen als Lebensmittel durchaus nicht verachtet«, und weiter schrieb das Blatt, eine berüchtigte Bande von Katzenessern in West Bromwich sorge dafür, daß Tierfreunde »ihren Liebling keine Woche lang behalten«.

Wenn Tiere domestiziert werden, treten sie in einen ungewissen Bereich zwischen Echtem und Künstlichem ein. Sie bewegen den Menschen dazu, die Welt des Lebendigen als Teil seiner selbst zu akzeptieren und Wesen aus Fleisch und Blut von Nahrungsmitteln zu Familienangehörigen zu befördern. Im Mittelalter wurden Schweine wegen

Mordes verurteilt und aufgehängt, und noch vor vierzig Jahren wurde ein Nashornweibchen mit großer Mehrheit in den Stadtrat von São Paulo gewählt. Heute führt eine ähnliche Gedankenverwirrung dazu, daß ein Drittel aller Hundehalter freimütig bekennt, ihr Tier stehe ihnen näher als die Menschen in ihrem Haushalt.

Wenn die Wildnis zu Hause Einzug hält, verschwimmen Grenzen, die zuvor eindeutig waren. Bei Griechen, Ägyptern und Isländern waren früher heilige Hunde – Cerberus, Anubis und Garm – die Wächter an der Grenze zum Jenseits. In ihnen und in William Burchells Stute macht die Wildnis eine spirituelle Verwandlung durch, die sich dem Zugriff der Naturwissenschaft entzieht.

Aber damit geht sie nur einen Schritt weiter als eine Veränderung, durch die sich die zentrale Tatsache der Evolution bestätigt: Durch Abwandlung vorhandener Formen können ganz ohne Zutun des Menschen neue Typen entstehen, die sich deutlich von ihren Vorfahren unterscheiden. Die Evolution auf dem Bauernhof ist eine Miniaturausgabe der Evolution in der Natur. Ein wildes Tier wird nicht plötzlich zahm, und eine neue Rasse entsteht nicht von heute auf morgen. Der Übergang von einer Lebensweise zu einer anderen erfolgt immer nach den gleichen Regeln. Über den großen Strom der Evolution kann man aus der Domestikation, ihrem kleinen Nebenfluß, viel lernen. Sie zeigt, daß Arten nicht vom Augenblick der Schöpfung an in Stein gehauen, sondern ständig im Wandel sind.

Viele Menschen suchen in der *Entstehung der Arten* eine Lebensphilosophie, und meist sind sie dann enttäuscht, daß es im ersten Kapitel vor allem um Tauben geht. Es berichtet davon, wie Züchter aus einer einzigen graubraunen Art, der Felstaube, ganz unterschiedliche Vögel – Kropftaube, Runttaube, Berbertaube, Möwentaube und Lachtaube – gemacht haben, und beweist damit, wie stark Tiere sich verändern können. Darwin selbst trat dem Philoperisteron bei, dem feinsten Londoner Verein für Tierfreunde. Er suchte die Domizile der Züchter in der Umgebung der Stadt auf und wurde geradezu ein Taubenfachmann. Es machte ihm offenkundig Spaß: »das größte Vergnügen ... das man einem Menschen bereiten kann«. Darwin nahm seine Aufgabe zu ernst: Der Verlagslektor, der das Manuskript prüfte, machte den Vorschlag, große Teile davon zu streichen und in ein eigenes Handbuch der Taubenzucht zu übernehmen: »Jedermann interessiert sich für Tauben ... Das Buch würde in jeder Zeitschrift des

Königreiches rezensiert werden und schon bald auf dem Tisch jeder Bibliothek liegen.«

Die Variation während der Domestikation – auf Bauernhöfen, in Zoos und Wohnzimmern – ist auch heute noch ein stichhaltiger Beleg für Darwins Theorie. Wenn wir uns die einzelnen Exemplare derselben Variante oder Untervariante unserer älteren Nutzpflanzen und -tiere ansehen, gehört es zu den ersten Dingen, die uns auffallen, daß sie sich in der Regel stärker voneinander unterscheiden als die Individuen einer einzelnen Spezies oder Varietät im Naturzustand. Allein bei den Tauben gibt es Dutzende von Rassen. Ihre Entstehung aus einer einstmals einfachen, eindeutigen Vogelart – und die entsprechenden Vorgänge im Garten oder am häuslichen Herd – sagt etwas über die Evolution aus.

Den Rang als Lieblingstiere der Londoner haben Hunde den Tauben streitig gemacht – das erkennt man sofort, wenn man durch die Straßen und Parks der britischen Hauptstadt spaziert. Ein Haushund ist ein ganz anderes Tier als der amerikanische Grauwolf, und eine Gartenrose unterscheidet sich stark von ihren wilden Verwandten. Beide sind Produkte der Selektion. Manche Wölfe oder Rosen waren aus irgendeinem Grund besser in der Lage, mit Menschen zurechtzukommen, so daß sie im Gegensatz zu ihren wilden Vettern überlebten und sich vermehrten. Ihre Nachkommen wurden wiederum ausgesondert, und mit der Zeit wurden die wilden Arten domestiziert. Diejenigen, die sich in die Knechtschaft begaben, veränderten sich zu diesem Zweck. Lord Somerville, der in der *Entstehung der Arten* zitiert wird, sagte über die Züchter: »Es scheint, als hätten sie eine vollkommene Form im voraus entworfen und ihr dann zum Dasein verholfen.« Deshalb kann man Evolution am besten auf dem Bauernhof beobachten.

Der Mensch gilt meist als Spitze einer Pyramide, deren Fundamente vor etwa vier Milliarden Jahren gelegt wurden. Die Menschheit, so scheint es, ist der Herr über das Schicksal aller anderen Lebewesen, vor allem derjenigen, die uns als Nahrung oder Arbeitskräfte dienen.

Aber wer steht im Mittelpunkt dieses weltweiten Systems der Ausbeutung? Die Antwort lautet: nicht der Mensch, sondern Hunde oder Gras, denn ihr Leben hängt davon ab, daß der Mensch bereit ist, es zu nutzen. In Großbritannien stammen neun Zehntel allen Fleisches – von dem des Menschen selbst abgesehen – von landwirtschaftlich genutzten Tieren. Mäuse, Hirsche und alle anderen ursprünglichen

Bewohner der Inseln bleiben weit dahinter zurück. Zwar zahlen die domestizierten Arten ihre Schulden mit Milch oder Brot, Zuneigung oder Tennisplätzen zurück, aber ihr Sieg ist eindeutig. In den Vereinigten Staaten leben fünfzig Millionen Hunde, von den Wölfen aber sind nur zehntausend verblieben. Wölfe werden gejagt, weil sie es wagen, ein paar von den Milliarden Schafen der Menschen zu töten, und diese Schafe sind ihrerseits Verwandte der letzten Mufflons. In Freiheit geboren zu werden war für Wölfe oder wilde Schafe eine Sackgasse.

Die große Versklavung begann im Nahen Osten vor dreizehntausend Jahren mit dem Roggen. Die ihn anpflanzten, waren Jäger, und lange Zeit blieben sie das auch. Am Jangtse kultivierten Jäger und Sammler vor zwölftausend Jahren den Reis, und tausend Jahre später wurden auf Lichtungen im südamerikanischen Urwald die ersten Kürbisse angebaut. Dagegen gab es bis in die moderne Zeit keine Nutzpflanzen, deren Ursprünge in Australien oder im südlichen Afrika liegen, was nicht darauf zurückzuführen ist, daß diese Länder mit ihrem großen Artenreichtum durch einen seltsamen Zufall keine Ausgangsformen für nützliche Pflanzen besessen hätten; vielmehr wurden die dort heimischen Arten nicht durch ständige Selektion bis zu einer solchen Vollkommenheit verbessert, daß sie mit den Pflanzen in Ländern, die auf eine sehr viel ältere Zivilisation zurückblicken, vergleichbar wären. Schon das ist ein Beleg für die Evolution: Erst als der Mensch die Abwandlungen bemerkte, konnte er selbst neue Tiere und Pflanzen schaffen. Hunde oder Weizen sind nur deshalb etwas Besonderes, weil sie den Entscheidungen der Menschen unterlagen.

Der Weizen stammt von drei Gräsern ab, die in den Steppen Anatoliens Bastarde bildeten. Eines davon, das Einkorn, gedeiht dort auch heute noch und wird in geringem Umfang angebaut. Die DNA des wilden wie des kultivierten Einkorns zeigt, daß die Pflanzen aus dem Karaçadag-Gebirge zwischen Tigris und Euphrat ihre Gene zum Weizen beisteuerten. Dort wurde die moderne Welt geboren, denn jene Berge und die südlich davon gelegenen Niederungen waren auch die Wiege von Weintrauben, Oliven, Kicher- und Platterbsen. Bereichert wurde die Palette im Laufe der Zeit durch Pflanzen aus anderen Regionen – Reis aus China, Mais, Kartoffeln und anderes aus Südamerika – und durch die heutigen Nutztierarten, wobei die Schweine als erste kamen, gefolgt von Ziegen, Schafen und viel später den Rindern.

Ihre Nachkommen sind der Beleg, wie die Natur für die Ziele der Menschen umgeformt wurde.

Über die Rassen der Haushunde. Nirgendwo ging die Domestikation weiter als im häuslichen Umfeld. Am besten bezeugen die Hunde ihre Wirksamkeit. In England wurde die erste Hundeschau in Newcastle veranstaltet, und zwar 1859, genau in dem Jahr, in dem *Die Entstehung der Arten* erschien. Dabei wurden bekannte Rassen ausgestellt, beispielsweise Pointer, Setter und Spaniels. Ein paar Jahre später übernahmen die Amerikaner diesen Sport: Sie präsentierten dem Publikum unter anderem die Jagdhunde der Königin Victoria, aber auch einen Hund namens Nellie, der auf den Hinterbeinen ging, weil die vorderen fehlten; der Sieger erhielt einen Revolver mit perlenbesetztem Griff.

Heute gibt es in den Vereinigten Staaten jährlich elftausend Hundeschauen, und allein für Tierarzthonorare werden mehrere Milliarden Dollar ausgegeben. Im Laufe der kurzen Bemühungen um Vollkommenheit sind bemerkenswerte Formen entstanden. Der Sieger des wichtigsten Ereignisses dieser Szene in Amerika, der Westminster Kennel Club Show von 1998, war Fairwood Frolic, ein Norwichterrier. Er wurde unter den besten Hunden aus mehreren Gruppen ausgewählt, zu denen unter anderem auch ein Eskimohund, ein Zwergpudel, ein Langhaardackel und ein Altenglischer Schäferhund gehörten. Die Gewinner früherer Jahre entstammten extremen Rassen wie zum Beispiel den Möpsen, denen die Eigentümer manchmal mit Gewalt die Augen in die Höhlen zurückdrücken müssen. Überblickt man die Arena im Madison Square Garden oder im National Exhibition Centre in Birmingham (wo Cruft's, das englische Pendant, abgehalten wird), dann sieht man, wie formbar Fleisch ist. Auf einer Hundeschau wird Evolution so handgreiflich dargestellt, daß jeder sie sehen kann.

Alle diese Rassen stammen von einem wilden Vorfahren ab. Es gibt fünfunddreißig Arten von Wildhunden mit eigenen Namen und eine Fülle von Kandidaten, aus denen man bei der Domestikation auswählen kann. Manche sind Einzelgänger wie der Fuchs, andere leben in Gesellschaft wie der Schakal; manche sind klein wie der südamerikanische Zorro, der sich von Krebsen ernährt, andere sind groß wie der arktische Tundrawolf. Die Knochen eines noch größeren Riesenwolfs sind in den Teergruben von La Brea bei Los Angeles erhalten geblieben. Er starb vor zehntausend Jahren aus.

Domestiziert wurde nur eine einzige Wolfsart, die der große Systematiker Linné auf den Namen *Canis familiaris* taufte. Linné unterschied dieses vertraute Tier anhand seines aufgestellten Schwanzes von allen anderen, bei denen man ihn nicht findet. Als weitere besondere Merkmale lecken Haushunde gern ihre Wunden, sie stecken sich häufig mit Gonorrhöe an und urinieren, wenn sie bestimmte Musikklänge hören.

Die Variationsbreite innerhalb der einzigen Hundeart, die ihre Zukunft in die Hände des Menschen legte, geht weit über die gesamte Vielgestaltigkeit aller ihrer Verwandten hinaus. Schon Linné äußerte sich zu den vielen Formen der Haushunde und erwähnt als Varianten seines *Canis familiaris* den Nackthund, den Alko und den Techichi (einen Hund aus der Neuen Welt, der nicht bellt und eine wilde, melancholische Wesensart hat). Chihuahuas haben eine Schulterhöhe von fünfzehn Zentimetern, beim Irischen Wolfshund sind es 1,20 Meter. Ein Bernhardiner kann fünfzigmal soviel wiegen wie ein Zwergspitz, und die Vielfalt der Farben, Formen und Temperamente von Haushunden übersteigt fast unsere Phantasie. Wären sie keine allgemein bekannten Haustiere, könnte man mit Sicherheit eine ganze Reihe von Hunderassen einem Säugetierspezialisten zeigen, und er würde sie als gut gegeneinander abgegrenzte Arten einordnen. Wäre die Vergangenheit der Hunde als Produkt der Laune des Menschen nicht jedem vertraut, würde die Zahl der Formen, die von der Wissenschaft mit unterschiedlichen Kennzeichnungen belegt werden, steil in die Höhe schießen. Nur weil wir sie als Züchtungen ansehen, werden sie unter einem einzigen lateinischen Namen zusammengefaßt.

Wer nicht einräumen will, daß die Variationsbreite bei den Hunden ein Beleg für die Evolution ist, hat nur eine Alternative: Er muß annehmen, daß jede Rasse von einem eigenen wilden Vorfahren abstammt, der heute ausgestorben ist und keinerlei Spuren hinterlassen hat. Die Lehre, wonach die Haustierrassen von mehreren Ursprungsbeständen ausgegangen sind, wurde einst bis in absurde Extreme getrieben. Als man die Natur noch für etwas Festgefügtes und ihre Produkte für nicht wandlungsfähig hielt, behaupteten die Züchter, es müsse wenigstens eine ganze Fülle wilder Rinderarten und ebenso viele Schafe gegeben haben, und in Europa, ja allein in Großbritannien müßten mehrere Ziegenarten gelebt haben.

Bis heute hat sich die Vorstellung von getrennten Vorfahren der

Hunderassen behauptet. Und doch ist sie falsch. Aber wie sah der Vierbeiner aus, unter dessen Nachkommen die Formenvielfalt so explosionsartig zunahm? Die domestizierten Rassen sind derart unterschiedlich, daß es scheint, als könnten sie unmöglich durch Abstammung mit Abwandlung aus einem einzigen Ursprung hervorgegangen sein. Aber die Gene sprechen eine eindeutige Sprache. Der einzige Vorfahre der Hunde ist ein berühmtes Tier: der Wolf.

Wolfsknochen findet man schon in der Nähe menschlicher Knochen aus sehr alter Zeit, so bei denen des Boxgrove-Menschen in Surrey, der vor vierhunderttausend Jahren lebte. Wie ihre Beziehung damals aussah, weiß niemand. Vielleicht aßen Menschen und Wölfe am gleichen Ort, oder die Wölfe waren Feinde und verwüsteten die Lager der Jäger. Manchmal fingen die Menschen von Boxgrove wahrscheinlich ein Wolfsjunges und zähmten es, so daß sie es mästen und später essen konnten. Ob Nachbar, Nachfolger an den Lagerplätzen oder bequeme Mahlzeit – jedenfalls veränderten die Wölfe sich kaum, während ihre Besitzer sich wandelten. Vor nur zehntausend Jahren, als die Menschen schon mehr oder weniger denen von heute glichen, sahen die Schädel der Wölfe, die in einem überfluteten Lager der Nomaden auf dem Weg von Sibirien nach Alaska entdeckt wurden, noch praktisch genauso aus wie die ihrer Vorfahren aus Boxgrove. Sie hatten eine kürzere Schnauze, und ihre Zähne standen dichter, aber in ihrer gesamten äußeren Erscheinung handelte es sich um Wildtiere.

Ungefähr zur gleichen Zeit benutzten die Jäger auch zum erstenmal Pfeile anstelle der Speere. Jetzt waren die Wölfe – die bald zu Hunden werden sollten – noch nützlicher, denn sie konnten die verwundete Beute jagen und zur Strecke bringen. Solche Tiere kamen auf dem Weg ans Lagerfeuer der Menschen einen großen Schritt voran. Sie verdienten Hochachtung, und Darwin stellte voller Mißbilligung fest, die Menschen auf Feuerland opferten in Zeiten des Mangels eher ihre alten Frauen als ihre Hunde. In Ein Mallah in Israel fand man im Grab eines der ersten Bauern das Skelett eines jungen Hundes, der zusammen mit einem Kind bestattet worden war. Das Wildtier war zum Familienangehörigen der Menschen geworden. Bald darauf schrumpften Schnauze und Zähne, und die Augen wurden größer und rund – die Geburtsstunde des modernen Hundes war gekommen.

Ein Überbleibsel dieser einfachen Tiere ist der singende Hund in Neuguinea. Auch der Dingo, in Australien bis zu Kapitän Cooks Landung das einzige Landsäugetier mit einer Plazenta, hat sich seit jener Zeit kaum verändert. Hunde gelangten ebenso schnell wie die Menschen in die meisten Teile der Welt (nur nicht nach Afrika – auf diesem Kontinent gab es bis zur Eisenzeit um 500 vor Christus keine Hunde) und veränderten sich jahrtausendelang kaum.

Bei Hunden wie bei Menschen gibt es eine besondere Gruppe von Genen. Sie liegen auf der Mitochondrien-DNA und befinden sich in bestimmten Zellorganellen, die der Energieproduktion dienen. Vererbt werden sie (im Gegensatz zum menschlichen Familiennamen) ausschließlich in der weiblichen Linie: Sie gelangen von der Mutter in Töchter und Söhne, aber nur die Töchter geben sie wiederum an die nächste Generation weiter. Deshalb enthalten sie die Geschichte der Hündinnen. Wie jede Gruppe von Genen oder Familiennamen machen sie im Laufe der Generationen Veränderungen durch. Das Ausmaß der Unterschiede in dieser DNA aus zwei beliebigen Abstammungslinien ist ein Hinweis, wieviel Zeit seit ihrer letzten gemeinsamen Mutter verstrichen ist.

Untersucht man mehrere Dutzend Hunde-, Wolfs- und Kojotenrassen, stellt sich heraus, daß Wölfe und Hunde tatsächlich am engsten verwandt sind. Bei den »Familiennamen« der Hunde lassen sich zwei Gruppen unterscheiden, ein Indiz, daß die Tiere an zwei verschiedenen Orten gezähmt wurden. Da ihre Vorfahren über viele tausend Jahre hinweg engen Kontakt zu den Menschen hatten und dennoch nur zweimal domestiziert wurden, liegt der Schluß nahe, daß die Wandlung zum Diener nicht so einfach ist, wie sie scheint.

Die Knochen lassen zwar vermuten, daß die Aufspaltung zwischen Wolf und Hund erst vor zehntausend Jahren stattfand, aber die Mitochondrien-DNA deutet auf eine frühere Verzweigung der Linien hin. Die Fossilien zeigen, daß Wölfe und Kojoten sich vor etwa einer Million Jahren trennten. Wenn sich die Gene (wie bei der Entstehung von Aids – und auch hier mit nicht mehr Belegen, daß es stimmt) seit der Aufspaltung mit gleichmäßiger Geschwindigkeit verändert haben, kann man die molekulare Uhr für die Auseinanderentwicklung von Hunden und Wölfen vor dem Hintergrund der Veränderungen in den Genen der Kojoten betrachten, woraus sich ergibt, daß die Trennung zwischen wilden und domestizierten Tieren in einer Zeit vor über hunderttausend Jahren stattgefunden hat. Damit wäre sie viel älter als der erste Schädel, der nach einem modernen Hund aussieht, und sie läge ungefähr in der gleichen Zeit, in der auch die Menschen in ihrer heutigen Form entstanden. Warum sich ein Tier, das so stark einem Wolf ähnelt, von seinen Verwandten entfernt, lange Zeit nahe bei den Menschen bleibt und sich dennoch nicht verändert, ist nicht geklärt. Die Uhr in den Genen der Hunde steckt voller unbewiesener Annahmen. Fossilien sind als Hinweise auf die Vergangenheit weniger zweideutig; und eine zehntausendjährige Geschichte der Hunde erscheint plausibler als eine, die zehnmal so lang war.

Ganz gleich, wann es geschah: Was verlangte es dem Hund ab, das wilde Leben aufzugeben? Hier wirkten Biologie und Kultur zusammen. Besitzrechte auf einen Wolf würde niemand erheben, aber ein Hund ohne Zuhause ist ein Ausgestoßener. Er ist in seinem Dasein auf die Beziehung zum Menschen angewiesen. Hunde suchen sich ihre Herren gut aus, denn zwischen dem Einkommen einer Familie und dem Hundebesitz besteht eine gute Übereinstimmung. Aber manchmal werden sie verstoßen. In Italien gibt es eine Million heimatlose Hunde, die in gewisser Weise in die Natur zurückgetrieben werden. Sie leben wie ihre Vorfahren in Rudeln von etwa einem Dutzend Tieren und fristen im Vergleich zu ihren domestizierten Vettern ein elendes Dasein. Um Nahrung zu suchen, streifen sie von einer Mülltonne zur anderen. Ihre Beziehung zu uns ist nicht von Zuneigung, sondern von Parasitismus geprägt. Die Knechtschaft hat sogar ihre natürliche Fähigkeit, Junge großzuziehen, zunichte gemacht.

Deshalb bleibt nur einer von zwanzig wilden jungen Hunden länger als ein Jahr am Leben. Hätten die Rudel nicht ständigen Zustrom von anderen Verstoßenen, würden sie schon bald aussterben. Stubenrein zu werden bedeutete für unser Lieblingshaustier eine gewaltige Zunahme an Lebensqualität. Aber die Entwicklung war eine Einbahnstraße.

Hunde haben für ihr bequemes Leben einen Preis bezahlt. Das Dasein als Haustier erstickt die Welt der Sinne. Wölfe sind wild, furchterregend und voller Anspannung, Hunde dagegen ruhig, gelehrig und meistens pflegeleicht. Haustiere sind von ihrem Wesen her eine Parodie ihrer wilden Verwandten. Was den Wolf zum Symbol der Bedrohlichkeit machte, ist stark verwässert. Seine Ohren, die früher aufgerichtet waren, hängen jetzt schlaff herab, und die Geräusche der Welt sind für ihn dumpfer geworden. Sein scharfer Blick wird durch eine Haarmähne verschleiert, so daß er einen Gegner nicht mehr anstarren kann, bis der sich unterwirft. Der Wolfsschwanz, der einst Wut oder Entzücken ausdrückte, ist bei vielen Rassen so gewunden, daß seine Sprache verstummt ist. Die meisten Haushunde können nicht einmal mehr vor Ärger die Nackenhaare sträuben, weil diese zu lang sind. Das alles liegt nur daran, daß Menschen eine unbewußte Vorliebe für ein Tier haben, das seinen Platz kennt.

Was Menschen zunächst, ohne nachzudenken, getan hatten, fand später seinen Widerhall in der Wissenschaft. In den fünfziger Jahren wurden in Rußland Silberfüchse wegen ihrer Pelze gezüchtet. Es waren wilde, mißtrauische Tiere, die häufig vor Angst starben. Um eine günstigere Situation herbeizuführen, wählte ein bestimmter Betrieb nur diejenigen Tiere für die Zucht aus, die menschliche Gesellschaft hinnahmen. Nur zwanzig Jahre und zehntausend Füchse später beobachteten die Züchter bei ihren Schützlingen eine auffällige Veränderung. Die Farm war jetzt voller wohlerzogener Tiere, die mit gesenktem Schwanz und hängenden Ohren eher wie Hunde denn wie Füchse aussahen. Viele von ihnen hatten – ganz im Gegensatz zu ihren wilden Verwandten – ein geschecktes Fell, und die Weibchen pflanzten sich nicht nur einmal, sondern nach Art der Hunde zweimal im Jahr fort. Die Zucht in Richtung zahmen Verhaltens hatte ausgereicht, damit eine solche Veränderung der übrigen Merkmale folgte.

Viele Eigenschaften der heutigen Hunde sind einfach dadurch entstanden, daß die Menschen junge Tiere der ausgewachsenen Form vorziehen. Ein Haustier dient meist als Ersatz für ein Kind. Jedes Tier, das wie ein Junges aussieht – kurze Schnauze, kleine Zähne und runde, aufmerksame Augen –, wird auf Kosten seiner eher grobschlächtigen Geschwister bei der Zucht bevorzugt. Auch ein liebenswürdiger Charakter ist hilfreich. Nur weil unsere Haustiere uns so vertraut sind, erkennen wir nicht, wie umfassend ihr Geist durch die Domestikation verändert wurde.

Das Endergebnis der Evolution nach den Wünschen des Menschen war ein geschlechtsreifes Wolfsjunges. Bei einem Hund von der Größe eines Wolfes, beispielsweise einem Labrador, ist das Gehirn um ein Fünftel kleiner als bei seinem wilden Verwandten – es hat tatsächlich den gleichen Umfang wie das Gehirn eines drei Monate alten Wolfes. Es gibt kaum einen Zweifel daran, daß die Liebe zum Menschen bei den Hunden zu einem Instinkt geworden ist. Jedes Haustier verhält sich wie ein junges Exemplar seines Vorfahren. Es sitzt da, wartet auf sein Fressen und leckt an der Hand, die es füttert – genauso lecken Wolfsjunge am Gesicht ihrer Mutter und veranlassen sie damit, Fleisch auszuspucken. Die meisten wilden Hunde ziehen ihre Jungen gemeinsam groß, entweder im Rudel oder indem (wie bei den Schakalen) ein »Kindermädchen« dem Elternpaar hilft. Die Leistung ihrer zahmen Nachfahren besteht darin, daß sie die Menschen dazu bewegt haben, wie Kindermädchen für sie zu sorgen.

Inwieweit einem Hund Reifung gestattet wird, hängt davon ab, was seine Besitzer brauchen: bloße Zuneigung oder viel mehr. Entscheidend ist die Fähigkeit des Menschen, neue Eigenschaften durch Selektion zu akkumulieren: Die Natur liefert die Abweichungen nacheinander; der Mensch sammelt sie und schlägt dabei eine Richtung ein, die für ihn nützlich ist.

Die Hunde, die in den Gebirgen Südeuropas die Schafe beschützen – der Pyrenäenberghund oder der Anatolische Hirtenhund –, sehen grimmig aus, aber in Wirklichkeit sind sie zu groß geratene Säuglinge. Sie wachsen von Geburt an zusammen mit der Herde auf und halten sie für ihre Familie. Ein Anatolischer Hirtenhund ist zur Jagd völlig unfähig. Selbst wenn er Hunger hat, wird er keinen Kadaver fressen, jedenfalls keinen, der noch nicht aufgerissen ist – eine Aufgabe, die in der Zeit vor der Domestikation von seiner Mutter erledigt wurde. Greift ein Fuchs oder eine Raubkatze die Herde an, wehrt der Wachhund den Gegner nicht aggressiv, sondern mit plumper Vertraulichkeit ab. Er verunsichert den nervösen Räuber mit einladendem Bellen, wedelt dabei mit dem Schwanz und läuft wie zum Willkommen um ihn herum. Bei solchen Peter Pans in Hundegestalt hat sich sogar die Zahl der Neurotransmitter in ihrem Gehirn zurückgebildet. Den Hirtenhunden gesteht man eine Jugend zu. Ein guter Collie macht sich bis zu einem gewissen Grad den Jagdgeist zu eigen. Er fixiert ein Schaf mit den Blicken und verfolgt es, aber mehr tut er nicht. Unter gar keinen Umständen wird er seine Beute beißen. Den nächsten Schritt haben die Corgis vollzogen, die Lieblingshunde der britischen Königsfamilie. Sie dienten früher zur Bewachung von Rindern. Da ihre Schützlinge so groß sind, kann der Hund nur auf sie einwirken, indem er sie fixiert, sich anschleicht und an ihren Knöcheln knabbert. Noch weiter in Richtung des erwachsenen Wolfes gehen die Catahoula-Hütehunde. Sie bilden Rudel und piesacken die Rinder von allen Seiten so lange, bis die Herde sich in die gewünschte Richtung bewegt.

Getrennte Rassen gibt es schon seit langer Zeit. Im Grab des Tutenchamun fand man ein Bild eines Pharaonenhundes. Pekinesen wurden in China seit dem zweiten Jahrhundert als Haustiere gezüchtet, die aussehen sollten wie der Geist Buddhas, und sie waren so heilig, daß die Kaiserin während der Eroberung Pekings durch die Briten anordnete, man solle ihre Lieblinge töten, damit sie nicht in die Hände der weißen Teufel fielen.

Eine neue Form mit eigenständiger Erscheinung und Persönlichkeit kann sehr schnell entstehen. In der Arktis ließen die Inuit ihre Schlitten schon von Hunden ziehen, lange bevor der weiße Mann zu ihnen kam, aber das Tandemgeschirr, in dem viele Tiere zusammengespannt werden, führten erst die Europäer ein. Heute sind Schlittenhunde über Entfernungen von mehr als fünfzehn Kilometern die schnellsten Landsäugetiere. Der Iditorod, ihr Marathonlauf, geht über mehr als sechzehnhundert Kilometer durch Eis und Schnee von Anchorage nach Nome. Die Sieger schaffen die Strecke in zehn Tagen. Noch um die Jahrhundertwende waren die Gespanne uneinheitliche, unansehnliche Gruppen, doch innerhalb kurzer Zeit schälte sich unter den Siegern ein gemeinsamer Typus heraus. Bald darauf sahen die Schlittenhunde aus wie die Tiere, die uns heute vertraut sind, und derzeit haben alle Gewinner das gleiche dicke, cremefarbene Fell, einen langen Schritt und die Fähigkeit, »im Team« zu agieren. Sogar ihre Pfoten haben sich verändert und besitzen einen spezialisierten Ballen, an dem kein Schnee hängenbleibt.

Manche Unterschiede in Größe und Temperament der verschiedenen Hunderassen gehen schon auf die Wölfe zurück. Andere sind ganz ähnlich wie die »Sproßmutationen« – mit diesem Begriff bezeichnen Gärtner einzelne Knospen oder Triebe, die plötzlich eine neue, manchmal stark abweichende Eigenschaft annehmen – erst entstanden, nachdem die Hunde zu einem Teil unserer häuslichen Umgebung geworden waren. Solche Veränderungen treten ein, weil das genetische Material der Hunde genau wie das des Aidsvirus nicht ganz buchstabengetreu kopiert wird. Jedes Säugetier besitzt etwa siebzigtausend Gene und unterliegt ständig dem Zustrom neuer Mutationen. Die meisten von ihnen sind unschädlich oder werden durch eine nicht veränderte Kopie des gleichen Gens verdeckt. Manchmal aber führen sie zu Variationen, die ein aufmerksamer Züchter selektieren kann.

Wie auch immer die Abwandlung entsteht, sie wird von den Liebhabern zur Erzeugung neuer Formen verwendet, die früher oder später eine eigene Bezeichnung erhalten. Bei Hunden kennt man heute über dreihundert verschiedene Rassen. Was das im einzelnen bedeutet, ist Geschmackssache, denn eine Rasse existiert erst, wenn man ihr einen Namen gegeben hat. Der American Kennel Club sieht es als seine Aufgabe an, »die Reinheit von Rassehunden zu erhalten«. Dieses selbstgesetzte Ziel ist nicht zu erreichen. Jeder Tierbestand, auch wenn er noch so reinrassig wirkt, unterliegt durch genetischen Wandel und die Wünsche seiner Herren ständig der Evolution.

Manchmal handelt es sich um absichtliche Veränderungen, aber meist ist das nicht der Fall. Es gibt eine Art der Selektion, die man als unbewußt bezeichnen kann; sie ergibt sich daraus, daß jeder die besten Einzeltiere besitzen und zur Zucht benutzen möchte, ohne daß der Wunsch oder die Erwartung besteht, die Rasse dauerhaft abzuwandeln. Solche langsamen, unmerklichen Veränderungen sind niemals zu erkennen, es sei denn, man hat an der fraglichen Rasse vor langer Zeit genaue Messungen vorgenommen oder Zeichnungen angefertigt, die zum Vergleich dienen können.

Bei manchen Hunden hat man genau das getan. Bulldoggen wurden zu der Zeit, als man Bullenjagden veranstaltete, häufig gemalt. Es waren wilde Tiere, »unerreicht in ihrem Mut und ihrer beherzten Kühnheit«, darauf spezialisiert, der Beute ins Gesicht zu springen und sich mit ihren gewaltigen Kiefern an der Schnauze festzubeißen. Der Hund selbst konnte dabei mit seinen zurückgesetzten Nasenöffnungen weiterhin atmen. Dieser Sport wurde 1835 gesetzlich verboten. Bis 1900 war die Bulldogge ohne jeden absichtlichen Versuch, sie zu verändern, »zu einem Damenhund geworden, wozu die Freundlichkeit seines Charakters bewundernswert gut paßt«. Die Puristen waren davon alles andere als begeistert. Im Vergleich zu seinem wilden Urahnen »sind die abstoßenden Mißgeburten, die bei den Ausstellungen zur Schau gestellt werden, von der Schnauze bis zu den Füßen eine Deformität ... und sie sind völlig unfähig, mit einem altgedienten Bullen fertig zu werden«.

Alle Hunderassen haben sich gewandelt, ob absichtlich oder durch Zufall. Ein Buch von 1570 kannte nur siebzehn Formen: Terrier, Hasenhund, Bluthund, Gänsehund, Tumber, Stealer, Setter, Wappe, Turnspit und andere. Um 1850 unterschied ein Autor schon vierzig Rassen, und bei der Cruft's Show von 1890 gab es zweihundertzwanzig Klassen (zu denen allerdings auch »ausgestopfte Hunde sowie Hunde aus Holz, Porzellan etc.« gehörten).

Eine Abstammungslinie läßt erkennen, wie neue Arten entstehen. Der King Charles Spaniel, der auf Porträts des Königs Charles II. häufig auftaucht, war im siebzehnten Jahrhundert ein schwarzbraunes Tier. Seit jener Zeit wurde er stark abgewandelt. Heute gibt es vier Formen: die ursprüngliche, eine mit weißen Flecken, eine rötlich-braune und schließlich die rötlich-braune mit weißen Flecken. Die Entscheidung, was als abgegrenzte Klasse gelten soll, wird ganz und gar willkürlich getroffen. Der American Kennel Club ist konservativ und erkennt nur etwa hundertfünfzig Rassen an. Der King Charles Spaniel ist – oder war bis 1997 – eine einzige. Ein gewisser Nationalismus ist dabei nicht zu verkennen. In Kanada beispielsweise besteht man auf eine eigene Rassenbezeichnung für den Nova Scotia Duck Tolling Retriever, die nirgendwo sonst anerkannt wird. Der Kennel Club of England dagegen unterteilt seine Lieblinge mit Vergnügen. Die braune Varietät hat eine eigene Identität als Blenheim King Charles Spaniel, und eine Form, die bis auf das längere Gesicht wie das Original aussieht, wird mit dem Titel »Cavalier King Charles« beehrt. 1997 erkannte auch der American Kennel Club den Cavalier King Charles an und widmete ihm auf seinen Ausstellungen eine eigene Kategorie.

Solche Unsicherheit mag die Geduld der Eigentümer strapazieren, aber sie bezeugt die Tatsache der Evolution. Bei einer Rasse kann man wie beim Dialekt einer Sprache kaum von einem eindeutigen Ursprung sprechen. Jeder neue Hundetyp läßt sich nur schwer abgrenzen, denn wenn man ein System, das von Natur aus ständig im Wandel begriffen ist, in feste Kategorien zwängt, sind Debatten über die Abgrenzung unvermeidlich.

Ob die Puristen sie nun anerkennen oder nicht: Da Rassen unterschiedlich aussehen, müssen sich auch ihre Gene unterscheiden. Solche Unterschiede zwischen dem Duck Tolling Retriever und dem Cavalier King Charles sind recht gering: Sie betreffen nur die Abweichungen, die vom Menschen selektiert wurden. Und der Mensch kann keine Abweichungen im Körperbau auswählen, wenn sie nicht äußerlich sichtbar sind; um das Innere kümmert er sich in der Tat so gut wie nie. Deshalb haben sich Eigenschaften, die vor den prüfenden Blicken der Menschen sicher sind, weniger verändert als Größe, Form oder Verhalten. Die verborgene Vielfalt der Lagerfeuergenossen ist zu einem großen Teil – in aller Stille und unverändert – auch in den heutigen Beständen noch vorhanden. So unterschiedlich ein Terrier und ein Windhund auch erscheinen mögen, unter der Haut sind sie einander sehr ähnlich. Rein sind Rassen nur in den Augen ihrer Eigentümer. Die einzelnen Hundebestände sind immer noch so vielgestaltig, daß manche Stadtverwaltungen vorhaben, anhand des Hundekots mittels DNA-Fingerabdrücken Serientäter der Gehwegverunreinigung zu überführen.

Wenn Liebhaber ihren bevorzugten Typus selektieren, verzweigt sich der Strom der ursprünglichen Gene für Verhalten, Form und Größe zu einer Reihe kleiner Bachläufe, die im Zuge weiterer Selektionen immer schmaler werden. Ist eine Abstammungslinie gut zu erkennen, werden die Partner für diese Aristokraten der Hundewelt unter ihren engeren Verwandten ausgewählt. Inzucht setzt ein: Sie haben ein gemeinsames Erbe, weil sie von einem gemeinsamen Vorfahren abstammen. Ein edler Hund hängt an edlen Menschen, und Irische Wolfshunde haben nach Aussagen ihrer Eigentümer die angeborene Fähigkeit, Menschen mit dem Blut irischer Könige zu erkennen.

Manche Hundegene sind (wie viele menschliche, die Krankheiten hervorrufen) gefährlich, wenn sie in doppelter Dosis vorliegen. Die Züchter nutzen die Deformationen, die aus solchen genetischen Mißgeschicken hervorgehen, als Ausgangspunkt, um die abgelegeneren Regionen des Geschmacks zu erkunden. Schließlich soll die Anpassung bei den Hunden nicht dem Tier selbst zugute kommen, sondern dem Nutzen oder den Launen des Menschen. Die schlimmen Auswirkungen der Inzucht bei Tieren zeigen, wie die Evolution eine verborgene Vielfalt beseitigen oder ausnutzen kann.

Das Nachrichtenmagazin *Time* behauptete 1994, ein Viertel aller Hunde mit Stammbaum hätte einen genetischen Defekt. Das mag eine zu hoch gegriffene Schätzung sein, aber ohne Frage wurden viele dieser Tiere durch die Bemühungen ihrer Eigentümer geschädigt. Wenn der Mensch immer weiter selektiert und dabei eine bestimmte Besonderheit verstärkt, verändert er mit ziemlicher Sicherheit unbewußt auch andere Aspekte des Körperbaus. Bei Hunden ergeben sich manche Schwierigkeiten, weil sich durch die angezüchtete Veränderung einer Eigenschaft auch ein ganz anderes Merkmal wandelt. Fast alle Rassen haben ihre eigenen Probleme. Chow-Chows sind fast blind, weil ihre nach innen gekehrten Lider sie zu einem eigenartigen Blick zwingen, und Bluthunde, die auf hängende untere Lider und ein trauriges Gesicht hin gezüchtet wurden, leiden an Augenentzündungen. Entsprechend saugen Dobermannpinscher an ihren Körperseiten, und Bassetts haben mit Verfolgungswahn zu kämpfen. Von den dreihundertfünfzig Hundekrankheiten, die als erblich gelten, ähneln manche – Katarakt, Netzhautkrebs, Epilepsie – stark den entsprechenden Leiden der Menschen. Vielleicht zahlt der Hund einen Teil seiner Schuld an seine Besitzer zurück, wenn er ihnen hilft, ihre eigenen Krankheiten besser zu verstehen.

Auch unsere anderen Nutztiere hat der Mensch in seinem Streben nach Optimierung immer weiter diversifiziert. Dabei liegt das Problem nicht in der ständigen Neuschöpfung von Rassen, sondern vielmehr in der Verminderung ihrer Vielfalt. Wir kennen über dreitausend Esel-, Rinder-, Ziegen-, Pferde-, Schweine-, Schaf- und Wasserbüffelrassen, und ein Drittel davon ist vom Aussterben bedroht. Ihre Vergangenheit – und ihr Ausgangsmaterial – liegt in ihrer DNA. Aus den Genen geht hervor, daß Pferde (wie die Hunde) aus den riesigen Herden in Europa mehrmals gezähmt worden sind. Auch die Rinder wurden zweimal domestiziert: Den einen Zweig bilden diejenigen aus Afrika und Europa, den anderen die aus Indien. In Afrika gibt es zwei Formen: eine kleinwüchsige im Westen und die Zebus, große Tiere mit einem Höker, die auf dem ganzen Kontinent verbreitet sind. Zebus sind anfällig für einen tödlichen Blutparasiten, aber man kann ihnen mit Resistenzgenen helfen, die ihren Verwandten entnommen werden.

Landwirtschaftliche Nutztiere zeigen, wie die Selektion schon bald Schranken aufrichten und neue Formen begünstigen kann. Rinder und Schafe vergessen niemals ein Gesicht (nicht einmal ein fotografiertes) und erkennen nicht nur einzelne Tiere, sondern auch ganze Rassen an ihrem Blick. Gibt man einer Kuh die Gelegenheit, tut sie sich am liebsten und auch für die Paarung mit ihresgleichen zusammen, ganz gleich, ob es sich um Friesische oder Hereford-Rinder handelt. Und das ist noch nicht alles: Das Männchen hat häufig eine Schwäche für ein Weibchen, das es an seine Mutter erinnert. Immerhin hat sie ihn großgezogen und gehört somit naturgemäß zu seinem eigenen Typus. Der Ödipuseffekt ist stark: Junge männliche Lämmer, die unter Ziegen, und kleine männliche Ziegen, die unter Schafen aufgewachsen sind, interessieren sich nur für Sexualität mit Tieren, die ihrer Stiefmutter gleichen: Männliche Schafe fühlten sich zu weiblichen Ziegen, männliche Ziegen zu weiblichen Schafen hingezogen. Durch die Vorliebe der Männchen für Sexualität mit einer Partnerin, die wie die Mutter aussieht, bleibt eine Rasse unter sich – und damit ist der erste Schritt auf dem Weg von der Varietät zur höheren Ebene der Spezies getan.

Selektion. Die Bauern haben ihre Pflanzen und Tiere vereinfacht. Mittlerweile ist den Züchtern bewußt geworden, daß sich die Vielfalt, ihr Ausgangsmaterial, mit beängstigender Geschwindigkeit reduziert hat. Deshalb versuchen sie durch ausgewählte Kreuzungen, den Schaden für ihre Tiere zu begrenzen. Dennoch sind ihre Haustiere nur noch eine kleine Auswahl dessen, was in der Wildnis vorhanden war. Wenn sie die leistungsfähigsten auswählen, verlieren sie die zweitbesten – und deren Gene. In den Vereinigten Staaten stammen sämtliche Sojabohnen – etwa sechzig Millionen Tonnen – von einem Dutzend Sorten aus dem Nordosten Chinas ab. In den siebziger Jahren ging der größte Teil der Maisernte verloren, weil die Milliarden völlig gleichen Pflanzen zwar anderen Züchtungen überlegen waren, aber alle demselben Pilz zum Opfer fielen. Auch Tiere leiden unter der Optimierungsobsession der Menschen. Sunny Boy, ein niederländischer Zuchtbulle von hervorragender Qualität, starb 1997 nach seiner zweimillionsten Samenspende. Ein halbes Dutzend weitere Bullen haben den Kühen der Welt jeweils mehr als eine Million Samenportionen dargebracht, was bedeutet, daß die Gene zahlloser anderer männlicher Rinder verlorengegangen sind.

Heute wird in der Natur geplündert, was noch übrig ist. Es gibt auf der Welt siebenhundert Samenbanken, jede davon ein Reservoir der Vielfalt. Botaniker suchen bei den Vorfahren der heutigen Nutzpflanzen nach Genen und nach neuen Quellen, die sie nutzen können. Das Krebsmedikament Taxol stammt von einer amerikanischen Eibe, und aus einem brasilianischen Baum läßt sich ein Verhütungsmittel gewinnen. Während der Belagerung Leningrads litten die Menschen lieber Hunger, als die Samen der wilden Getreidesorten zu essen, die der große sowjetische Genetiker Wawilow (der später auf Stalins Befehl getötet wurde) gesammelt hatte, und die Dritte Welt beklagt sich heute über Sammler, die unter ihren Pflanzen nach Quellen des Reichtums suchen.

Der erste Versuch, die Vielfalt der Natur zu retten, geht auf das Jahr

1828 zurück. Die neue Zoological Society in London setzte es sich nach Angaben ihrer Broschüren zum Ziel, neue Tierarten in England einzuführen, »damit sie domestiziert werden oder als Bestände für unsere Bauernhöfe, Wälder, Parks und Wildreservate dienen«. Die Gesellschaft hatte in keinem einzigen Fall Erfolg. Dafür triumphierte sie auf andere Weise: als Kuriositätenkabinett für Tiere im viktorianischen London.

Heute hat der Londoner Zoo – wie alle anderen – ein gewandeltes Image. Es geht nicht mehr darum, die Wildnis zum Nutzen des Menschen auszubeuten, sondern das noch Verbliebene vor der Domestikation zu schützen. Zoobetreiber sehen in ihrer Arbeit die letzte Hoffnung für viele Schöpfungen der Evolution, aber wie die ersten Bauern und die Mitglieder des American Kennel Club legen sie auch Zeugnis ab von ihrer unentrinnbaren Kraft.

Bis zu einem gewissen Grad hatten die Zoos Erfolg. Ohne sie gäbe es keinen Arabischen Spießbock und keinen Europäischen Bison mehr. Aber sie stehen auch zwei unlösbaren Problemen gegenüber. Erstens kann ein Zoo immer nur einen winzigen Anteil der in der Wildnis vorhandenen Vielfalt bewahren. Ein Tier, das in freier Wildbahn Tausende von Kilometern zurücklegt, wird gezwungen, auf einer kleinen Insel hin und her zu wandern. Wie bei den Aidsviren oder den Bukkelwalen kann in der neuen Heimat nur ein kleiner Teil der alten Gene überleben. Die Zoos müssen zur Zucht das wenige verwenden, das sie besitzen – schon dies allein bedeutet Evolution. Außerdem müssen sie notgedrungen diejenigen Tiere als Eltern auswählen, die in der neuen Umgebung am besten zurechtkommen. Deshalb verändern sich ihre Schützlinge, wie sich auch Kühe und Hunde verändert haben.

Ein zoologischer Garten teilt uns etwas Unangenehmes mit: Durch die unabsichtliche Selektion der Menschen wird jedes Tier, das man aus der Wildnis herausnimmt, zu einem Haustier, zu einem Zerrbild seiner natürlichen Identität. Die Evolution ist bei Tieren im Käfig ebenso energisch an der Arbeit wie bei denen, die in Freiheit geboren werden, und mit der Zeit entwickeln sie sich zu Wesen, die ganz anders sind als früher. Wer Tiere bewahren will und darauf hofft, ihre Nachkommen später wieder in die Natur zu entlassen, ist möglicherweise von dem, was er freiläßt, enttäuscht. Ein solcher Fehlschlag zeigt, daß sich die Abstammung mit Abwandlung unmöglich vermeiden läßt.

In dem Bestreben, wilde Tiere zu retten, hat man immer mehr von ihnen gezähmt. Pessimisten behaupten, im Laufe der nächsten fünfzig Jahre würden die Zoos der Welt – eine Fläche, so groß wie die Stadt Glasgow – zur letzten Bastion für sämtliche hundertsechzig Primatenarten, sechzig der zweiundsechzig Raubkatzen und fast alle wilden Hunde der Welt werden. Die Zukunft von zweitausend Wirbeltierarten liegt hinter Gittern. Bei vielen ist die Wildpopulation schon heute auf weniger als tausend Exemplare geschrumpft. Die Aussichten für die meisten sind düster.

Den ersten Zoo gründete König Shulgia von Mesopotamien im Jahr 2000 vor Christus. Er hielt Löwen in seinem Park in der Nähe der heiligen Stadt Nippur. Ihm folgten der chinesische Kaiser Wen Wang mit seinem »Garten der Intelligenz« und Heinrich VI. von England, der einen Löwen im Londoner Tower einsperrte (und allen, die ihm einen Hund oder eine Katze zum Lunch mitbrachten, freien Eintritt gewährte). Tiere in Käfigen waren ein Zeichen von Reichtum; Aristoteles, Karl der Große und Theodore Roosevelt – sie alle besaßen einen Privatzoo. Die Befreiung der Insassen des Pariser Zoos während der Belagerung von 1870 war sowohl von praktischer als auch symbolischer Bedeutung. Die meisten der freigelassenen Tiere landeten auf dem Eßtisch.

Anfangs starben die Bewohner solcher Kuriositätenkabinette schon bald nach ihrer Ankunft, weil niemand wußte, wie man sie versorgt. In einem Fall erhielten Gorillas zum Frühstück Würstchen und einen halben Liter Bier, gefolgt später von Käsesandwiches, gekochten Kartoffeln, Hammelfleisch und weiterem Bier. Nur die wenigsten von ihnen überlebten (auch die Besucher waren keine große Hilfe: Als 1874 der Zoo von Philadelphia seine Pforten öffnete, wurde das Faultier innerhalb einer Woche von Regenschirmen totgestochen), und wenn es ihnen gelang, mochten sie sich nicht in der Öffentlichkeit paaren.

In der Entstehung der Arten wird der indische Großmogul Akbar erwähnt, der zwanzigtausend Tauben besaß. Er kreuzte die verschiedenen Rassen – »welche Methode früher nie angewendet worden war« –, wodurch »dieselben in erstaunlicher Weise verbessert wurden«. Ihm gehörten auch tausend Geparden, aber diese wenig häuslichen Tiere waren dem Sex abgeneigt. Die ganze Sammlung brachte nur einen einzigen Wurf hervor. Als nächstes wurde erst 1956 in Philadelphia ein Gepard in Gefangenschaft geboren. Nichts ist einfacher, als ein Tier zu zähmen, aber kaum etwas ist auch schwieriger, als es in

Gefangenschaft zur freiwilligen Fortpflanzung zu veranlassen, auch wenn sich Männchen und Weibchen in vielen Fällen durchaus vereinigen (beim Geparden besteht das Problem darin, daß der Eisprung beim Weibchen erst stattfindet, wenn es von mehreren Männchen gejagt wird). Das dürfte der Grund sein, warum nur so wenige Tiere domestiziert und warum auch Hunde, Pferde und Kühe nur ein- oder zweimal ans Haus gewöhnt wurden.

Wenn wilde Tiere, von Wölfen bis hin zu Geparden, die Gastfreundschaft der Menschen annehmen, kommen Variationsmöglichkeiten zum Vorschein, die gewöhnlich verborgen bleiben, und es entwickeln sich Selektionsprozesse unter neuen, häufig durchaus nicht willkommenen Umständen. Zoos müssen mit einem Vermächtnis aus geschädigten Genen zurechtkommen. Obwohl solche Gene selbst von keinem erkennbaren Wert sind, weisen sie darauf hin, welche Vielfalt sich unter dem Antlitz der Natur verbirgt. Wenn die fehlerhaften Gene selten vorkommen und das Tier weit verbreitet ist, haben nur wenige in der biologischen Lotterie Pech, weil die meisten defekten Kopien von der normalen Version überdeckt werden. Manchmal aber treffen zwei geschädigte Exemplare des Gens zusammen, und dann zahlt ihr Träger einen hohen Preis. Am häufigsten geschieht dies, wenn sich Verwandte paaren, denn sie stammen ja von einem gemeinsamen Vorfahren ab, der möglicherweise selbst bereits eine einzelne fehlerhafte Kopie des Gens trug. Paaren sich Bruder und Schwester weißfüßiger Mäuse in der Behaglichkeit eines Käfigs, sterben ihre Nachkommen doppelt so häufig wie die nichtverwandter Eltern.

Das Problem der Evolution ist für die Zoos schwieriger zu lösen als das der Ernährung von Gorillas. Steht nur eine begrenzte Zahl von Eltern zur Verfügung, kommt es zu einer unerwünschten genetischen Veränderung. Weiße Tiger kennt man seit 1834, und früher waren die Jäger eifrig hinter ihnen her. Heute leben Hunderte von ihnen in Gefangenschaft. Sie stammen alle von einem einzigen Männchen namens Mohan ab, das der Maharadscha von Rewa in den fünfziger Jahren fing. Allein im Zoo von Cincinnati wurden über hundert von ihnen gezüchtet. Albinokatzen sind beliebt, und der weiße Löwe von Philadelphia bringt jedes Jahr mehrere Millionen Dollar Eintrittsgelder. Sie sind ein Symptom der Domestikation (zu der in diesem Fall noch sorgfältige Familienplanung hinzukam, denn sein Vater ist auch sein Großvater und sein Urgroßvater). Viele Tiere, die in Käfigen eingesperrt wurden, offenbaren also die genetischen Geheimnisse der freien Wildbahn.

Es gibt noch andere Spielarten ungeplanter Selektion, unter der Zoobetreiber leiden. Da Wildtiere in Gefangenschaft schwer zu züchten sind, wählen ihre Betreuer in der Regel diejenigen Exemplare aus, die mit den neuen Lebensbedingungen am besten zurechtkommen. Das bedeutet Wandel – in Richtung Zahmheit und, wie die Füchse in den Pelzfarmen zeigen, auch in Richtung anderer Eigenschaften. Alle Przewalski-Pferde – in den vierziger Jahren waren sie weltweit auf einen Bestand von zweiunddreißig Tieren zusammengeschmolzen – stammen von einem Dutzend wilder Vorfahren aus der Mongolei und von einem einzigen mongolischen Ponyweibchen ab. In der Anfangszeit ihrer Züchtung erhöhte die unabsichtliche Bevorzugung der Tiere mit der größten Bereitschaft, sich in die Bedingungen der Gefangenschaft zu fügen, den genetischen Einfluß ihrer zahmen Vorfahrin derart, daß manche Herden ein Fünftel ihres Erbmaterials diesem einzigen Pony zu verdanken hatten. Heute sind die Züchter zwar bestrebt, den Bestand von den hartnäckigen Genen dieser Vorfahrin zu reinigen, aber aus der Art, wie er sofort auf die Selektion in Richtung willigen Verhaltens reagiert hat, ergibt sich eine Lehre, die auch für alle anderen Zootiere gilt. Die Wildschützer waren darauf bedacht gewesen, ein wildes Tier zu erhalten – und hatten in Wirklichkeit ein neues geschaffen.

Heute sind sich die Naturschützer solcher Gefahren durchaus bewußt. Sie orientieren sich an einer Philosophie, die der der Bauern (die stets mit aller Kraft das Optimum selektieren wollen) diametral entgegengesetzt ist. Hunderte von »Spezies-Überlebensplänen« sind aufgestellt worden, um der Kraft der natürlichen Selektion entgegenzuwirken, Maßnahmen wie der Austausch von Tieren zwischen Zoos mit dem Ziel, die Vielfalt aufrechtzuerhalten und lokale Anpassungsprozesse zu verhindern, oder Versuche, für die gleiche Zahl von Jungen in allen Familien zu sorgen, um die Wahrscheinlichkeit zu verringern, daß sich im Fortlauf der Reproduktionen vererbbare Unterschiede heranbilden. All diese Bemühungen, die Darwinschen Regeln außer Kraft zu setzen, verzögern zwar die unerwünschte Evolution hinter Gittern, lösen aber das Problem nicht.

Nicht alle Gefangenen ändern ihr Wesen. Wie stark auch immer sich eine unnatürlich zahme Gans – oder ein weißer Tiger – im Vergleich zu den Vorfahren aus ferner Vergangenheit verändert hat, stets bleibt ein großer Teil dieser Vergangenheit in den Genen erhalten. Arabische Spießböcke, die nach achthundert Generationen Gefangenschaft nach Oman zurückkehrten, waren immer noch fähig, sich in der Wüste zu orientieren und eine hundertfünfzig Kilometer entfernte Wasserstelle zu finden. Kein Zootier wurde so stark domestiziert, daß sich sein wissenschaftlicher Name geändert hätte, daß seine natürliche Identität zugunsten einer vom Menschen erzwungenen verlorengegangen wäre. Niemand betritt ohne Begleitschutz einen Löwenkäfig, und den gefährlichsten Beruf der Vereinigten Staaten – noch vor den Polizisten – haben die Elefantenwärter: Jedes Jahr kommt einer unter sechshundert ums Leben.

Auch in den Hunden hat sich eine Vergangenheit erhalten, die viel älter ist als ihre Verbindung mit den Menschen. Sie sind nur wenig weiterentwickelte Wölfe, späte Nachkommen eines gefährlichen Tiers. Das macht einen Teil ihrer Anziehungskraft aus. Hundehalter erfreuen sich an der indirekten Verbindung ihres Lieblings zur Natur. Jack London berichtet in seinem 1903 erschienenen Roman *Der Ruf der Wildnis* von einem verhätschelten Haushund, einer Kreuzung zwischen Bernhardiner und Border Collie, der gestohlen und zum Klondike gebracht wird. Dort lernt das Tier die Wirklichkeit kennen: »Töten oder getötet werden, fressen oder gefressen werden, hieß es hier, und diesem aus den Tiefen der Vergangenheit entsprungenen Gesetz gehorchte er.« Von dem Buch wurden zwei Millionen Exemplare verkauft. London, ein Sozialdarwinist der bösartigen Sorte, hatte ein politisches Anliegen, aber seine Geschichte enthält auch eine wissenschaftliche Aussage. Nach einer Reihe blutiger Abenteuer wird Buck, der Hundeheld, nach nietzschescher Manier zum Führer eines Rudels reinrassiger Wölfe. Die »ursprüngliche beherrschende Bestie« – der Wolf in ihm – ist endlich zutage getreten. Die Domestikation war nur ein Stadium in seiner Lebensgeschichte, und sie verkehrte sich ins Gegenteil, als die Wildnis hartnäckiger rief als der häusliche Herd.

Menschen, die einen Hund – irgendeinen Hund – besitzen, nehmen in ihrem Heim ein Tier auf, das noch viel von seinem ursprünglichen Selbst besitzt. Obwohl Hunde zu groß geratene Jungtiere sind, hat die Evolution von Menschenhand die Instinkte ihrer Vorfahren nicht beseitigt. In den Vereinigten Staaten werden hundertmal mehr Personen ermordet als von Hunden getötet; dennoch bringen Haustiere jedes

Jahr etwa zwanzig Menschen um. Wie Wölfe, so greifen auch Hunde die Schwachen an, seien es Kinder, alte Menschen oder Betrunkene. Rudel verwilderter Hunde haben schon Kleinkinder vom Fahrrad gezerrt und aufgefressen, und einmal hat ein halbes Dutzend Beagles, Dackel und Terrier eine achtzigjährige Frau zerfleischt. Die mörderischen Rudel lassen ihre Vergangenheit wiederaufleben. Alle Haustiere haben etwas von ihren Vorfahren bewahrt, und jedes Kind, das von seinem Liebling geleckt – oder angefallen – wird, ist ein neuer Beweis für die Tatsache des Wandels.

Den Hund als Spezies gibt es heute nicht mehr; er ist der Evolution zum Opfer gefallen. Bereits vor zweihundert Jahren hat ihn die Internationale Kommission für Zoologische Nomenklatur seiner Identität beraubt und damit klargestellt, daß sie den Übergang von der Rasse zur Art als Faktum anerkennt.

Wer schon einmal in einem Park spazierengegangen ist, weiß es: Jeder Hund ist bereit, seine Gene mit denen jeder anderen Hündin zu vermischen, solange sie »heiß« ist. Aber der vollständigen sexuellen Übereinstimmung zwischen den Rassen sind Schranken gesetzt. Der Halter einer reinrassigen Hündin ist niemals froh darüber, wenn sie sich mit einer Promenadenmischung paart, und Züchter sorgen dafür, daß ihren Aristokraten kein Tier in die Quere kommt, das nicht zu deren Typus gehört. Wenn der Halter nicht aufpaßt und ein Chihuahuamännchen auf eine weibliche Dänische Dogge trifft, kommen mechanische Hindernisse ins Spiel, oder (wenn die Rollen umgekehrt verteilt sind) die Geburt eines Riesenwelpen verursacht Probleme, weil die Mutter soviel kleiner ist als der Vater. Selbst wenn sich große Hunde wie Dänische Doggen und Bernhardiner paaren, sind die Jungen nicht gesund, weil sie so viele Gene für anomales Wachstum geerbt haben.

Linné – der klassifizierte, was er für ein unveränderliches biologisches Universum hielt – gab dem Haushund einen eigenen Artnamen: *Canis familiaris*. Er stand für ihn auf der gleichen Stufe wie der Elefant oder der Tiger – als Tier, das so weit von seinen Verwandten entfernt war, daß es einer eigenen Benennung bedurfte.

Die Internationale Kommission für Zoologische Nomenklatur definiert die Arten strenger: Der Hund mußte seine Stellung aufgeben, weil er sich so gern mit jedem anderen paart, wenn das Herrchen nicht hinsieht – wenn er die Gelegenheit hat, sogar mit einem Wolf. Wegen dieses eifrigen Bestrebens, genetische Information mit seinem Vorfahren auszutauschen, büßte das Tier seine Stellung ein. Der DNA-Transport erfolgte in beide Richtungen. Die Hundemitochondrien weisen auf einen Zustrom von Genen russischer Wölfe hin, und durch die Kreuzung zwischen wilder und zahmer Form haben auch die meisten europäischen Wölfe einige Gene von ihren eigenen Hundenachkommen aufgenommen.

Sexualität war für die Lexikographen des Lebendigen Grund genug, den Hunden ihre Eigenständigkeit zu nehmen. Im Jahr 1993 gestand die Smithsonian Institution in *Mammal Species of the World*, dem *Who's Who* der Säugetiere, dem Hund nur eine Stellung als Unterart des Wolfes *Canis lupus* zu. Als *Canis lupus familiaris* ist er dem amerikanischen Wolf *Canis lupus occidentalis* und dem europäischen Wolf *Canis lupus lupus* zugeordnet; sie alle sind sich so ähnlich, daß sie nur als Varietäten derselben Art eingestuft werden. Diese Entscheidung basiert auf dem Kern der Evolutionstheorie. Sie zeigt, wie willkürlich die Unterscheidung zwischen Rasse und Unterart ist und wie eine Unterart durch sexuelle Wahl eine eigene Identität gewinnen kann. Die akkumulative Wirkung der Selektion, ob systematisch und schnell angewandt oder unbewußt und langsamer ablaufend, wird stets dafür sorgen, daß das Lebendige sich wandelt. Hunde sind unter ihrer Haut immer noch Wölfe; sobald bei einem Geschöpf, ob domestiziert oder wild, die Evolution wirksam ist, muß ein Wandel seiner Identität nachfolgen.

ZWEITES KAPITEL

ABÄNDERUNG IM NATURZUSTAND

Variabilität • Zweifelhafte Arten • Wesen und individuelle Unterschiede • Verborgene oder kryptische Arten • Arten ähneln Varietäten, weil sie eng, aber ungleich verwandt sind • Definition der Grenzen des Lebendigen • Das unentdeckte Universum und die überfüllte Arche • Mäuserassen im Labor und in der Natur • Hybridbildung und Identität • Gesetzgebung und Evolution • Genetik und das Dilemma der Vogelbeobachter

Ein Vogelbeobachter ist nicht das gleiche wie ein Ornithologe. Letzterer interessiert sich für alles, was mit Vögeln zu tun hat – wie sie wandern, wann sie brüten, was sie fressen. Der Vogelbeobachter will nur eines: möglichst viele Vögel sehen. Ist ihm das gelungen, vergißt er sie schnell wieder, oder zumindest hakt er sie auf der Liste ab, auf die sich sein Selbstbewußtsein gründet.

Auch ich habe eine solche Phase durchgemacht. Nach dem üblichen Interesse an Briefmarken und einer exzentrischen Leidenschaft für Käseetiketten bekam ich ein Fernglas geschenkt. Mit zwölf Jahren schloß ich mich heimlich einer Gruppe begeisterter Vogelliebhaber an, die an einem trüben Wintertag zusahen, wie ein paar Möwen auf dem damals sehr schmutzigen Wasser des Mersey tänzelten. Alle waren sich einig: Bei einem der Vögel handelte es sich nicht um eine gewöhnliche Silbermöwe, sondern um die viel seltenere Eismöwe, die so weit südlich kaum einmal zu sehen ist. Ich hatte dabei das Problem, daß ich keinerlei Unterschied erkennen konnte. Ein Vogel in dem Schwarm war etwas Besonderes, aber welcher? Zählte das? Konnte ich das Kästchen in meinem Vogelbuch abhaken? Das war meine Einführung in die Ethik der Wissenschaft. Ich gebe zu: Ich machte das Häkchen, aber dann radierte ich es wieder aus.

Vogelliebhaber gehören wie Wissenschaftler zu einer Schicksalsgemeinschaft. Sie spielen Karten gegen die Natur. Man kann jedesmal gewinnen, wenn man das eigene Blatt zinkt, aber dann verliert das Spiel seinen Reiz. Das ist die Stärke der Wissenschaft und ihre größte Schwäche. Ohne gemeinsames Vertrauen funktioniert sie nicht. Statt dessen gäbe es die entsetzliche Mechanik des gegenseitigen Mißtrauens, auf die der Buchhalter seine Arbeit gründet.

Die Vogelbeobachtung ist erfrischend frei von Unehrlichkeit. Sie hat ihre Skandale, doch bei aller Konkurrenz unter den Fanatikern halten sich die meisten, die bei diesem Sport mitspielen, an seine Regeln.

Aber ein Problem macht auch dem ehrlichsten Vogelbeobachter zu schaffen. Bei Briefmarken (oder Käseetiketten) ist die Sache einfach. Die dreieckige Einschillingmarke vom Kap der Guten Hoffnung aus dem Jahre 1853 (oder die Vache qui Rit von 1954) ist echt oder sie ist es nicht. Von Fälschungen abgesehen, gibt es keinen Grund, den Gegenstand als solchen in Frage zu stellen. Aber wie sieht es aus, wenn Zweideutigkeiten bestehen? Dann schleicht sich die Meinung, der Feind der Wissenschaft, ein. Unterscheidet sich eine Sorte Vögel tatsächlich von einer anderen? Wie unterschiedlich müssen sie sein, damit man sie als verschiedenartig bezeichnen kann? Was ist eine »Spezies« überhaupt? Gibt es für sie eine wissenschaftliche Definition, oder hängt alles nur von der Sicht des Betrachters ab?

Die meisten Menschen können eine Möwe von einer Seeschwalbe unterscheiden. Viele können auch die Silbermöwe und die Heringsmöwe auseinanderhalten (dazu muß man auf den Rücken achten: Er ist bei der Silbermöwe hell, bei der Heringsmöwe dagegen dunkel). Schwieriger ist es bei meiner Freundin, der Eismöwe: Sie ist so groß wie eine Mantelmöwe, aber hell wie die Silbermöwe, jedoch ohne deren schwarze Flügelspitzen. Echte Experten erkennen auch noch die Polarmöwe (sieht aus wie eine kleine Eismöwe, hat aber längere Flügel). Die Vogelliebhaber diskutieren außerdem darüber, ob es die Gelbfußmöwe als eigene Kategorie gibt; für sie, so heißt es, sei der »verwegene, selbstsichere Blick« charakteristisch.

Aber wie geht man mit den Abweichungen innerhalb der einzelnen Arten um? In den fünfziger Jahren hatten die Silbermöwen in den estnischen Marschen manchen Angaben zufolge gelbe Beine, aber die sind heute zugunsten der rosa Beine, wie man sie an allen anderen Orten findet, verschwunden. Von den Inseln im Atlantik gelangen manchmal Möwen mit dem Wind nach Großbritannien. Ihr Rücken ist fast so dunkel wie bei Heringsmöwen. Hilfreich ist vielleicht der »im allgemeinen stärker gedrungene Schnabel«, aber welchen Nutzen hat eine solche Verallgemeinerung, wenn man einzelne Vögel unterscheiden soll? Und wenn der verstörte Vogelliebhaber dann nach Island reist, packt ihn die schiere Verzweiflung, denn dort gibt es Mischlinge aus der Polarmöwe und ihren weiter verbreiteten Verwandten. Wo soll er sein Häkchen machen?

Biologische Arten und Staaten haben viele Gemeinsamkeiten. Was ist beispielsweise ein Deutscher? Der Stamm besitzt ein gemeinsames, gutturales Verständigungsmittel, das die meisten Unterhaltungen stört, aber als Eigenschaft ist es zweideutig, denn Österreicher sprechen die gleiche Sprache. Seit 1913 definiert das Land seine Bürger aufgrund der Abstammung, das heißt anhand des »deutschen Blutes« (was das auch sein mag). Dazu gehören die Überreste der sächsischen Diaspora (deren Angehörige – viele davon Rumänen – häufig kein Wort Deutsch sprechen), während in Berlin geborene Kinder türkischer Eltern ausgegrenzt werden. Ein Jugendlicher, der sich schlecht benommen hatte, wurde in die Türkei abgeschoben, obwohl er in Deutschland geboren war; gleichzeitig ließ man hunderttausend Rumänisch sprechende Menschen mit anerkannt richtigem Blut einreisen. Bis zum Fall der Mauer sorgte sogar eine durchs ganze Land gezogene Grenze dafür, daß die Deutschen zweier Staaten einander fremder waren als beispielsweise den Franzosen im Westen und den Polen im Osten. Vor hundert Jahren bedeutete die Identität als Deutscher kaum etwas, denn es gab nur Preußen, Bayern oder Rheinländer, politisch abgegrenzte Kategorien, die heute kleine Varianten innerhalb des größeren teutonischen Ganzen sind.

Die Definition der Deutschen oder jeder anderen Nationalität ist so problematisch, weil es sich um eine zweideutige Frage handelt: Geht es um Gemeinsamkeiten von Aussehen und Verhalten, um Geografie oder um Abstammung? Ist ein Staat ein historisches Gebilde, oder sollte man ihn nur nach den Kriterien von heute definieren? Wie durchlässig können Grenzen sein, ohne daß eine Nation ihr Wesen verliert? Wann werden die Deutschen zu Europäern werden, wie die Preußen zu Deutschen geworden sind?

Die Ursache solcher Identitätsprobleme ist die natürliche Variation, der Rohstoff des Wandels in der Evolution. Wie ein Politiker, so muß auch der Vogelliebhaber nicht nur auf die Unterschiede zwischen Individuen achten, sondern auch auf die oft subtilen Merkmale, die zu einer typologischen Unterscheidung führen. Das Problem, wie man Haustierrassen definiert, überträgt sich in vergrößerter Form auf die Welt als Ganzes. Vogelliebhaber (und Nationalisten) stellen eine Frage, die älter ist als die Evolutionstheorie. Wie geht man mit Formen um, die in beträchtlichem Ausmaß das Wesen einer Spezies besitzen, aber nicht als solche klassifiziert sind?

Mit dieser vertrackten Aufgabe muß sich die biologische Systematik oder Taxonomie herumschlagen, die Wissenschaft von der Einteilung des Lebendigen. Daß sich viele Tier- und Pflanzenarten leicht auseinanderhalten lassen, braucht wohl nicht besonders betont zu werden. Wäre das nicht der Fall, hätten Vogelbeobachter und naturkundliche Museen nichts zu tun. Eine Gruppe der Ureinwohner in Neuguinea kennt 136 Vogelarten, nur eine weniger als die Fachleute in ihrem anerkannten System. Experten und Stammesangehörige haben die gleiche Denkweise. Beide brauchen einen Urtypus, einen Standard, anhand dessen sie die einzelnen Exemplare in die richtige Schublade einordnen können.

Früher arbeiteten alle biologischen Systematiker auf die gleiche Weise. Man tötete ein Tier, und seine Überreste wurden ausgestopft, auf eine Nadel gespießt oder in eine Flasche gesteckt. Dann wurde es in der wissenschaftlichen Literatur beschrieben. Der Kadaver war der »Typus«, an dem man alle anderen überprüfen konnte. Der französische Missionar Père Armand David sah 1868 in China die Haut eines weißen Bären mit schwarzen Beinen. Sie ähnelte den Tieren, die in alten Kunstwerken dargestellt waren und die man bis dahin für von Jägern aus dem Norden mitgebrachte Eisbären gehalten hatte. Das erste lebende Exemplar des rätselhaften Tiers, das der Priester beschrieben hatte, fanden Theodore und Kermit Roosevelt, die Söhne des amerikanischen Präsidenten, im Jahr 1929. Sie erlegten einen Riesenpanda, der unter einem Baum schlief. Sein Körper verschaffte dem Tier unter dem Namen *Ailuropoda melanoleuca* Zutritt zur Ruhmeshalle der Säugetiere. Wie alle seine Verwandten betrat er die Welt der Wissenschaft als Leichnam.

Heute sind nicht einmal tausend Pandas übriggeblieben. Wer in China einen davon umbringt, wird mit dem Tod bestraft. Auch die biologischen Systematiker gehen mit ihrem Material heute behutsamer um als früher. Das Wesentliche einer biologischen Art läßt sich mittlerweile nicht nur durch ihre Knochen, sondern auch durch ihre Gene bewahren (das glauben zumindest die Museumsbetreiber). Den Bulo-Burti-Boubou-Würger, eine Vogelart in Somalia, erkannte man 1991 an einer DNA-Sequenz in einer Feder, die ein eingefangener Vogel abgeworfen hatte. Der Typus – das innerste Wesen – dieser neuentdeckten Form ist eine Reihe dunkler Streifen auf einem fotografischen Film. Den übrigen Vogel ließ man wieder frei.

Nicht alle Pandas – oder Bulo-Burti-Boubou-Würger – sind genau gleich. Sie mögen zwar gleich aussehen, aber wie Wale, Hunde oder Viren sind sie höchst vielgestaltig. Deshalb sind die Systematiker der gefährlichen Versuchung ausgesetzt, ihre Tiere in zu viele Gruppen einzuteilen. Wie im Kennel Club und in der UNO kommt es immer wieder zu Streitigkeiten zwischen denen, die in der Welt gern Unterteilungen vornehmen, und jenen, die sie vereinheitlichen möchten.

Im neunzehnten Jahrhundert interessierte sich Isaac Leigh, ein reicher Sammler, für die Süßwassermuscheln Nordamerikas. Er benannte mehr als tausend Arten anhand winziger Abweichungen in Form und Größe der Schalen. Inzwischen ist ihre Zahl auf ein Drittel reduziert worden. Hundertzwei seiner Typen werden heute als ein einziger angesehen. Isaac Leigh war von seinen Varietäten zu begeistert. Die von ihm so geschätzten Unterschiede waren nicht größer als die zwischen Menschen mit braunen und blauen Augen oder zwischen den Silbermöwen mit rosa und gelben Beinen, die einst die Sümpfe Estlands bevölkerten. Aber er hatte seinen Finger in eine Wunde gelegt, an der die Museen noch heute leiden. Wie sollen sie die Grenzen zwischen angeblichen Kategorien festlegen, wenn jede einzelne voller Abweichungen ist?

Die Genetik, die Wissenschaft von den Unterschieden, hat die Aufgabe der Kuratoren keineswegs einfacher gemacht. Bevor es sie gab, ist oft behauptet worden – auch wenn es dafür keinerlei Beweis gab –, das Ausmaß der Variationen sei unter natürlichen Bedingungen eng begrenzt. Heute ist diese Aussage überprüfbar – und hat sich als falsch erwiesen.

Die meisten Angehörigen der meisten biologischen Arten sehen nicht besonders unterschiedlich aus. Jede Taufliege gleicht im wesentlichen der anderen, und selbst die größten Mäusefreunde können ihre Lieblinge nur schwer auseinanderhalten. Es gibt zwar einige allgemein bekannte Ausnahmen – die farbenprächtigen Schnecken oder Schmetterlinge mit Dutzenden verschiedener Formen, die auch heute noch von einigen altmodischen Naturforschern untersucht werden –, aber im allgemeinen zwingt ein gemeinsamer lateinischer Name fast per definitionem allen, die ihn tragen, eine gewisse Einheitlichkeit auf. Das tröstet sowohl die Kreationisten als auch die Experten für Taxonomie. Sie sehen das Lebendige gern als eine Reihe säuberlicher Ideale, die jeweils mit einer reinen platonischen Wesensform angefüllt sind. Aber noch in dem einheitlichsten Geschöpf verbirgt sich vieles. Die Genetik zeigt, daß niemand – nicht einmal die besseren Chemiker, zu denen die meisten Biologen mittlerweile geworden sind – heute noch annehmen kann, alle Individuen derselben Spezies seien in derselben Form gegossen worden.

Systematiker sind alles andere als begeistert, wenn Abweichungen bei wesentlichen Merkmalen gefunden werden, und es gibt nicht viele Fachleute, die mühsam wichtige innere Organe untersuchen und anhand vieler Exemplare derselben Spezies vergleichen. Aber wer nach Abweichungen sucht – mit dem Mikroskop oder mit dem DNA-Sequenzierapparat –, findet sie in der Regel auch. Daraus ist eine neue Wissenschaft der Klassifikation erwachsen, die sich nicht auf die äußerlich sichtbaren Merkmale stützt, sondern auf die Gene selbst. Überall ist Vielgestaltigkeit. Die Variationen in Form oder Größe, die Biologen bei Pflanzen und Tieren vielfach benutzen, um die Welt zu ordnen, ergeben sich zum Teil aus den Lebensverhältnissen. Aber wenn man die Eier eines kleinen Vogels in das Nest eines größeren legt oder die gleichen Samen an verschiedenen Orten aussät, stellt sich heraus, daß etwa die Hälfte der Unterschiede in solchen Merkmalen genetische Abweichungen widerspiegelt.

Die meisten Tiere, selbst die einfachsten unter ihnen, besitzen auf der Oberfläche ihrer Zellen erbliche Hinweise auf ihre Identität, Vorstufen der Blutgruppen und der anderen Gene des Immunsystems, wie sie komplexere Lebewesen aufweisen. Die Chromosomen unterscheiden sich in Form, Größe und Anordnung, und auch die Proteine zeigen eine Fülle von Unterschieden. Die meisten Moleküle bewegen sich, wenn man sie in ein elektrisches Feld bringt. Müssen sie dabei durch eine geleeartige Masse wandern, die sie nach Form, Größe und elektrischer Ladung filtert, verlangsamt sich ihre Bewegung je nach geringfügigen Abweichungen in ihrer Struktur. Anfangs wandte man diese Methode auf Proteine an, die Produkte der Gene. Heute analysiert man damit auch die DNA selbst: Entweder mißt man die Länge der Stücke, die entstehen, wenn man das Molekül an ganz bestimmten Stellen schneidet, oder man benutzt sie, um die Anordnung der einzelnen DNA-Bausteine zu ermitteln. Das Verfahren war der Schlüssel zu einem Universum der Vielgestaltigkeit und zu einem Zeitalter der Evolutionsforschung, dessen Motto »Finden und zerkleinern« lautete.

Eine Zeitlang sah es so aus, als könnten alle Probleme des Darwinismus mit einem Blick auf die Unterschiede der Proteinstrukturen gelöst werden, eine Arbeit, die zwar langwierig, aber auch billig und einfach war. Alle denkbaren Pflanzen und Tiere (und auch manche, die man sich kaum vorstellen konnte) wurden diesem Verfahren unterworfen. Das Spektrum der Variationen reicht von Null bei einigen Pflanzen und See-Elefanten bis zu Verhältnissen, bei denen die Hälfte der untersuchten Gene in unterschiedlicher Form vorliegen. In der Welt der Moleküle lassen sich biologische Arten nicht mehr als absolute Kategorien betrachten: Sie sind keine Einheiten, sondern Gruppen von Individuen, von denen jedes seine eigene biologische Persönlichkeit besitzt. Damit stellt sich die Frage nach dem Wesen biologischer Arten. Zwei nicht miteinander verwandte Mäuse oder Hirsche sind durch mindestens eine Million Unterschiede in ihrer DNA getrennt. Wie soll eine Taxonomie funktionieren, deren Objekte für sich keine makellose Identität mehr in Anspruch nehmen können?

Tatsächlich gibt erst die Genetik dieser Wissenschaft die Stellung, die ihr früher fehlte. Wo ein Tier in der Natur steht, hängt jetzt nicht mehr von der Meinung eines Experten ab. Statt dessen kann man die Lebewesen anhand ihrer angeborenen Identität, die sie mit ihren Nachbarn teilt, in Zusammenhang mit anderen Populationen ihrer eigenen Art bringen, aber auch mit Formen, von denen sie sich mehr oder weniger stark unterscheiden. Die Gene lassen eine Hierarchie der Unterschiede erkennen, die von der Population über Varietät und Spezies bis hin zu den größeren Kategorien des Lebendigen reicht. Gelegentlich ist die Abstufung gut zu erkennen, in anderen Fällen ist sie weniger klar, aber Gruppen, die in größere Gruppen eingebettet sind, findet man überall. Der Stammbaum des Lebens läßt sich heute in Form von Nukleinsäuren zeichnen.

Manche Tiere scheinen auf den ersten Blick weit von dieser Art der biologischen Wirklichkeit entfernt zu sein. Zwischen zwei Populationen derselben Schneckenspezies in benachbarten Pyrenäentälern bestehen größere Unterschiede als zwischen Menschen und Schimpansen. Das Gesamtbild ist dennoch eindeutig: Bei Tausenden von Pflanzen und Tieren zeigt sich eine genaue Übereinstimmung zwischen den Unterteilungen, die sich in den Genen offenbaren, und den Gruppen, deren sich die Systematiker seit jeher bedienen. Vom Seetang bis zu den Säugetieren haben Populationen derselben Spezies etwa neun Zehntel ihrer Proteine gemeinsam, bei zwei verwandten Arten dagegen reicht das Spektrum im Ausmaß der Abweichungen von einem Drittel bis zu drei Vierteln (wobei die Vögel allerdings nicht in dieses hübsche Bild passen: Zwischen ihnen bestehen nur geringe Unterschiede). Vergleicht man Säugetiere mit Vögeln oder Fliegen mit Schnecken, wird die Abstammung mit Abwandlung offengelegt, weil sie sich schon seit so langer Zeit abspielt.

Die Gene zeigen auch, daß die tatsächliche Zahl der Pflanzen und Tiere viel größer ist, als die Fachleute früher geglaubt haben; dies liegt unter anderem daran, daß nur ein so geringer Teil der Welt erforscht ist, aber sehr oft zeigt die DNA auch, daß eine früher als einheitlich klassifizierte Form in Wirklichkeit aus mehreren besteht.

Wie viele Arten von Pflanzen und Tieren es wirklich gibt, weiß niemand, nicht einmal im Rahmen einer Systematik, die sich nur auf die äußere Erscheinung stützt. Schon eine einfache Gruppe abzugrenzen dauert lange. Die erste Liste der britischen Schmetterlinge wurde 1666, im Jahr des großen Brandes von London, aufgestellt, und bis 1710 hatte man fast die Hälfte aller heute bekannten Arten entdeckt. Vervollständigt wurde die Aufstellung aber erst Ende des neunzehnten Jahrhunderts in der Zeit der großen Amateur-Naturforscher.

Noch schlimmer sieht die Situation bei Lebewesen aus, die uns weniger vertraut sind. Etwa anderthalb Millionen Pflanzen- und Tierarten haben eigene Namen, aber selbst bei gut untersuchten Gruppen wie den Insekten oder Würmern sind dreimal so viele noch nicht beschrieben. Wer die Bewohner eines einzigen tropischen Baumes erfassen will, findet unter Umständen tausend neue Käferarten. Bei den Pilzen wurden etwa siebzigtausend Arten benannt, aber nach übereinstimmender Ansicht der Fachleute sind mindestens eine Million noch unbekannt. Auch das Meer ist voller Geheimnisse – und riesengroß. Gleichmäßig verteilt, würde sein Wasser die ganze Erde anderthalb Kilometer hoch bedecken. Es könnte eine halbe Million Tierarten enthalten, vielleicht aber auch zwanzigmal so viele. In einer Handvoll Schlamm vom Meeresboden können sich hundert verschiedene Arten von Fadenwürmern verbergen. Im Jahr 1995 entdeckte man am Meeresboden einen ganzen zuvor unbekannten Stamm (die größte Kategorie in der Systematik der Lebewesen), einen von nur fünfunddreißig in der mit bloßem Auge sichtbaren Welt. Seine Angehörigen heften sich an die Lippen von Hummern. Noch so vieles – die Tiefsee, der Regenwald, selbst der Boden in einem Vorstadtgarten – ist unerforscht, daß niemand weiß, ob die Welt nicht möglicherweise hundert Millionen verschiedene Pflanzen- und Tierarten beherbergt.

Manche davon sind nicht in den Ozeanen verborgen, sondern stehen uns viel näher. Als man sich in viktorianischer Zeit einen Überblick über den Globus verschaffte, stieß man jedes Jahr auf fünfhundert neue Säugetiere, unter anderem auf den Berggorilla und eine Maus von der Größe eines Foxterriers. Diese Zahl ist mittlerweile auf etwa hundert im Jahr gesunken, aber auch heute noch werden großartige Entdeckungen gemacht. Im Jahr 1992 stieß jemand in den Häusern von Jägern in Laos auf seltsame Hörner. Zwei Jahre später hatte man ihre Träger gefunden – sie lebten verstreut in einer bewaldeten Bergkette. Es handelt sich um die Saola, ein Bindeglied zwischen Rindern und Antilopen. Elf der achtzig Wal- und Delphinarten wurden im zwanzigsten Jahrhundert entdeckt, und allein in seinem letzten Jahrzehnt wurden in abgelegenen Gegenden etliche neue Hirsch- und Antilopenarten, zehn neue Primaten und eine Fülle von Nagetieren unbekannter Art gesichtet. Die Liste der Säugetiere umfaßt etwa fünftausend Namen, aber vermutlich warten noch dreitausend weitere hinter den Kulissen. Auch im Pflanzenreich verbirgt sich noch eine Vielzahl unbekannter Formen. In Madagaskar wurde fast die Hälfte der Palmenarten erst in den letzten zehn Jahren entdeckt. In Mexiko fand man einen Verwandten des Maises, eine Pflanze mit enormen Potentialen, die Generationen von Botanikern entgangen war.

Durch die molekularen Abweichungen in der Natur werden auch Trennlinien deutlich, die selbst der geübteste Systematiker nicht erkennt. Jeder Ausflug in den Regenwald oder in den Garten fördert neue Arten von Lebewesen zutage, aber eine noch viel größere Zahl findet man, wenn man die DNA derer sequenziert, die wir bereits kennen.

Die Zwergfledermaus ist in Europa die häufigste Fledermausart. Was früher wie eine einzige Form aussah, sind nach heutiger Kenntnis zwei, deren Gene sich deutlich unterscheiden und die Schreie in unterschiedlicher Tonhöhe ausstoßen. Und dann gibt es den nordamerikanischen Leopardfrosch, der früher ebenfalls als einheitliche Spezies klassifiziert wurde: Hier handelt es sich in Wirklichkeit um siebenundzwanzig Arten mit unterschiedlicher DNA, die sich untereinander nicht kreuzen können.

Gene stellen alte Fragen auf neue Weise, oft zum Mißvergnügen derer, die unsere Welt gern klassifizieren möchten. Die meisten afrikanischen Elefanten streifen in Herden durch die Savanne, aber manche leben auch als Einzelgänger in den Wäldern. Sie treffen sich an Stellen, wo sie Salz lecken können, und leben von Blättern oder Früchten. Die Moleküle zeigen, daß die Waldelefanten sich von ihren altbekannten Verwandten unterscheiden. Ob ihnen jeweils eine eigene Identität (und wissenschaftliche Bezeichnung) zuerkannt werden muß, ist bisher nicht geklärt. Für die Entscheidung, ob man eine Form als Spezies oder Varietät einstufen soll, gab es früher bei Elefanten wie bei allen anderen Lebewesen nur eine einzige Richtschnur: die Meinung von Naturforschern, die viel Erfahrung hatten und begründete Urteile abgeben konnten. Heute haben Biochemiker diese Aufgabe übernommen. Die Nagelprobe für die getrennte Identität liegt jetzt in den Genen: in dem Nachweis, daß sich zwei Tiere nicht paaren und keine Nachkommen haben können. Bisher hat es niemand gewagt, die Paarungsbereitschaft von Wald- und Savannenelefanten auf die Probe zu stellen, und bei den meisten neu entdeckten Arten bietet sich eine solche Chance nie.

Der Frage, wer in der Natur an welchen Platz gehört, kann man mit »Varietäten«, »Rassen« oder »Unterarten« aus dem Wege gehen. Was das ist, hängt häufig davon ab, wer sie erforscht. Vergleicht man mehrere Floren – Listen der Pflanzen an einem bestimmten Ort –, die von verschiedenen Botanikern aufgestellt worden sind, findet man eine überraschend große Zahl von Formen, die der eine als echte Arten bezeichnet, der andere aber nur als Varietäten. Für Tiere gilt das gleiche: Es wurden siebzehntausendfünfhundert Schmetterlingsarten beschrieben, aber sie sind in hunderttausend Unterarten unterteilt. Das alles weist darauf hin, welchem Dilemma die Urheber der Listen gegenüberstehen. Wo liegen die Grenzen?

Noah, der zweite Systematiker der Welt (nach Adam), mußte entscheiden, wen er in seiner Arche mitnahm. Er holte sieben Paare von jedem der biblisch reinen Tiere (Wiederkäuer mit gespaltenen Hufen) an Bord und außerdem jeweils ein Paar von einer Auswahl unreiner Tiere (darunter, so scheint es, sämtliche Insekten; jedenfalls diejenigen, die »auf vielen Füßen gehen«). Seine Arche war nach den Schätzungen der Gelehrten über hundertdreißig Meter lang (mehr als jedes heutige Holzschiff). Heute müßte sie viel größer sein. Neben dreihundertdreißigtausend benannten Käferarten müßte die Arche – je nach Noahs Ansicht darüber, was eine Spezies ist – auch das halbe Dutzend benannter Varietäten des Tigers und doppelt so viele Leoparden aufnehmen. Die Hirschferkel – eine Gruppe dreißig Zentimeter großer Hirsche, die in Afrika und Asien zu Hause sind – haben (so jedenfalls die Behauptung mancher Fachleute) hundertzwanzig Unterarten, von denen jede einen guten Grund hätte, an Bord zu gehen.

Durch die Bruderschaft der Museumskustoden geht ein Riß. Sie müssen ihre Stücke klassifizieren, um sie aufzubewahren. Aber was tut man in jenen seltsamen Fällen, in denen man einen Vogel oder ein Insekt nicht in dem ihm zugedachten Kästchen unterbringen kann? Das Wesen einer Briefmarken- oder Teekannensammlung besteht darin, daß jedes Stück in eine bestimmte Kategorie gehört. Ist dies nicht der Fall, bricht das ganze System zusammen. In der Biologie dagegen muß sich der Ordnungssinn der Realität des Wandels beugen. Bei Pflanzen und Tieren ist – anders als bei Käseetiketten – schon die Diskussion darüber, ob eine bestimmte Form nun Spezies oder Varietät ist, häufig nur heiße Luft.

Vertrautheit ist ein Nährboden für Varietäten. In den am besten bekannten Ländern finden wir auch die meisten Formen von zweifelhaftem Wert, weil wir nur über solche Gebiete derart umfassende Kenntnisse haben, daß sich die Grenzen zwischen Gruppen, die zunächst getrennt zu sein scheinen, verwischen. Sieben Formen europäischer Wildkatzen haben einen eigenen Namen erhalten – und ihre Verbreitungsgebiete stimmen genau mit den Staatsgrenzen überein. Nach dem gleichen Prinzip wurden auf den Inseln rund um Großbritannien viele Unterarten und Rassen von Wühlmäusen, Schmetterlingen und anderen Tieren beschrieben. Die meisten verdanken ihre Stellung nur der Tatsache, daß die britischen Pflanzen und Tiere so eingehend untersucht worden sind.

Wenn ein Tier oder eine Pflanze im Naturzustand dem Menschen sehr nützlich ist oder aus irgendeinem anderen Grund unsere Aufmerksamkeit auf sich zieht, wird man fast immer Beschreibungen seiner beziehungsweise ihrer Varietäten finden. Und manche Autoren werden diese Varietäten sogar als Arten einordnen. Die Maus stand beispielsweise immer im Mittelpunkt des Interesses, aber ihr Bild hat sich völlig gewandelt: vom Schädling zum Versuchstier der Wissenschaft. Wie kein anderes Tier zeigt sie, daß Varietäten und Arten die gleichen allgemeinen Merkmale haben und nur schwer auseinanderzuhalten sind.

In Catal Hüyük in der Türkei sind Mäuseknochen zusammen mit sechstausend Jahre alten Menschenknochen gefunden worden. Die Tiere waren damals nützlich: Aus den Skeletten läßt sich schließen, daß sie gehäutet wurden (vielleicht zur Herstellung von Kleidungsstücken). Zur Zeit Homers – und in Kreta manchen Angaben zufolge bis ins Mittelalter – betete man Apollo Smintheus an, den Gott der Mäuse. Ihre Vielfalt war den Menschen der Antike wohlbekannt. Plinius erzählt von weißen Mäusen, die zur Weissagung verwendet wurden, und in China sind laut Regierungsberichten in den Jahren 307 bis 1641 insgesamt dreißig verschiedene Arten gefangen worden. In Japan gab es vor zweitausend Jahren bereits Züchter, und Mendel selbst kreuzte in seiner Mönchszelle graue und weiße Exemplare. (Die Ergebnisse mußte er allerdings geheimhalten, denn Haustiere waren verboten.) Aber erst im zwanzigsten Jahrhundert errang die Maus die ihr zustehende Stellung.

Kurz vor dem Ersten Weltkrieg gründete Abbie Lathrop, eine Lehrerin aus Massachusetts und gescheiterte Hühnerfarmerin, eine Firma, die Mäuse als Haustiere feilbot. Ihr erster Versuch mit den »Waltzer-Mäusen«, die wegen einer Innenohrkrankheit tanzten, fand beim Publikum keinen großen Anklang. Der Geschäftserfolg stellte sich erst ein, als sie Tiere an Labors verkaufte.

Von ihren Beständen stammen viele Mäuse ab, die heute zu Millionen in der Forschung verwendet werden. Da man immer wieder Bruder mit Schwestern kreuzte, waren letztlich sämtliche Tiere in einer derartigen Inzuchtlinie eineiige Zwillinge, die alle die gleichen Gene besaßen. Diese künstlich verfeinerten Tiere stellten eine Stichprobe aus der Vielgestaltigkeit ihrer Vorfahren dar. Abweichungen pflanzten sich nicht mehr in der Gesamtpopulation fort, sondern beschränkten sich auf die einzelnen Linien, die jeweils ein Reservoir für einen Teil des Ganzen darstellten. Bei wilden Mäusen unterscheiden sich die einzelnen Tiere, aber die Gesamtpopulation ist im wesentlichen einheitlich. Im Labor ist es genau umgekehrt. Die Unterschiede zwischen den Linien sind ein Maß für die Variationsbreite in freier Wildbahn. Eigentlich wurde jeder Bestand zu einer neuen, künstlichen Rasse.

Die Geschöpfe der einzelnen Mauslinien unterscheiden sich in vielfacher Hinsicht. Manche sind dick, andere dünn, manche aktiv, andere passiv. Manche bevorzugen süßes Futter, andere salziges. Haben sie die Wahl zwischen Wasser und einem Getränk von der Stärke eines kräftigen Gin, entscheiden sich manche für letzteres, andere für strenge Abstinenz. An hunderttausend Mäusen wird jedes Jahr untersucht, welche Substanzen möglicherweise Krebs erzeugen. Bestimmte Chemikalien lassen die Krebshäufigkeit in manchen Stämmen ansteigen, während sie sie in anderen senken. Körpergröße und -gewicht, Farbe, Puls, sexuelle Aktivität – alle diese Eigenschaften sind bei den einzelnen Linien unterschiedlich und zeugen davon, wie leicht sich eine wilde Tierart aufspalten läßt.

Liest man den Katalog der Stämme, die in den Vereinigten Staaten vom Jackson Laboratory, der »Library of Congress« für Mäuse, gehalten werden, kann man ihre Geschichte zurückverfolgen. Der Stamm C57Bl, der meistbenutzte von allen, entstand 1921 bei Miss Lathrop. Heute ist er in Unterstämme aufgeteilt, die im Labor gezüchtet werden; die Unterschiede, die sich bei ihnen seit jener Zeit entwikkelt haben, betreffen die Art, wie sie mit dem Schwanz schlagen, die Alterungsgeschwindigkeit und die Anfälligkeit für Krebs.

Auch wilde Mäuserassen lassen sich anhand genetischer Unterschiede abgrenzen, die so groß erscheinen, daß sie nicht mehr unter einen einzigen wissenschaftlichen Namen fallen können. Die meisten derartigen Rassen stammen aus isolierten Gebieten – nicht aus Laborkäfigen, sondern von Inseln und aus abgelegenen Tälern. Dort können sie sich ungestört verändern. Über vierzig von ihnen hat man allein in Europa benannt.

Die Mäuse von der walisischen Insel Skokholm sind etwa um ein Viertel größer als die auf dem Festland, und die von der Insel May sind besonders gefügig. Manche Mauspopulationen haben sogar eine abweichende Chromosomenzahl. Bei den meisten Mäusen sind es zwanzig Paare, aber in vielen Gegenden sind bestimmte Chromosomen verschmolzen. Mehr als hundert solcher Fusionen sind bekannt, die in den Alpen, in Griechenland und auf den Orkney-Inseln örtliche Rassen entstehen lassen. Das Tellavina-Tal in den italienischen Alpen beherbergt auf einer Strecke von fünfzehn Kilometern fünf verschiedene Chromosomentypen. Da solche Tiere sich kaum noch mit anderen kreuzen können, lassen sich die einzelnen Rassen nicht nur anhand des

Aussehens abgrenzen, sondern auch danach, wie leicht ihnen sexuelle Beziehungen zu den Nachbarn fallen.

Die Biographie der Mäuse gleicht im wesentlichen der von Möwen, Muscheln oder allen anderen Tieren, die eingehend genug untersucht worden sind. Zunächst sah es so aus, als gebe es nur einen einzigen Typ. Um Mäuse von Ratten zu unterscheiden, führte Plinius den Namen *musculus* (»kleine Maus«) ein. Er wurde von Linné als wissenschaftliche Bezeichnung für das in Schweden beheimatete Tier *Mus musculus* übernommen. Bis 1940 gab es fast hundertfünfzig Arten von Mäusen mit eigenen lateinischen Namen, aber dann warf man sie im Zuge einer drastischen Vereinfachungsmaßnahme in den gemeinsamen Topf einer weltweit verbreiteten Maus mit Linnés Namen (wobei man allerdings etwa ein Dutzend Unterarten zuließ, um die Anhänger der Aufspaltung zufriedenzustellen).

Das war ein Schritt zu weit. Unter der angeblich einheitlichen Überschrift verbergen sich mindestens sieben Arten. Manche davon sind weit verbreitet, zum Beispiel *Mus domesticus*, die in Westeuropa, Amerika und Australien häufig vorkommt, andere beschränken sich auf kleinere Gebiete (zum Beispiel auf Spanien und Portugal, die eine eigene Maus besitzen). Manche haben seltsame Gewohnheiten – die Steppenmaus baut zum Beispiel kleine Hügel, in denen sie Körner lagert und überwintert. Manche dieser Arten lassen sich zwar im Labor kreuzen, doch in freier Wildbahn paaren sie sich nie. Ihre DNA ist sehr unterschiedlich (und wilde Mäuse sind eine wertvolle Quelle neuer Gene). Genetische Tests zeigen, daß manche Inzuchtlinien aus Bastarden hervorgegangen sind. Sogar C57Bl, der berühmteste Stamm von allen, hat sein Erbgut zum Teil von einer anderen Spezies erhalten – ein Hinweis auf die buntscheckige Population unter der Obhut von Miss Lathrop.

Die Hierarchie des Wandels bei Mäusen ist nicht bruchlos. Wo die echte *Mus musculus* (ein skandinavisches und nordosteuropäisches Tier) auf ihren westlichen und südlichen Verwandten *Mus domesticus* trifft – und das geschieht in dem großen Bogen von Dänemark über Deutschland und den Balkan bis zum Schwarzen Meer –, kreuzen sich beide. Trotz aller Unterschiede können ihre Männchen und Weibchen sich paaren; aber eine Vermischung findet nicht statt. Nur wenige Kilometer von der Zone des Kontakts entfernt sind ihre DNA-Muster unterschiedlich. Innerhalb des fraglichen Bereiches sind die Nachkommen der gemischten Paare krank und voller Parasiten, und die Söhne sind unfruchtbar. Das reicht aus, um die europäischen Mäuse vor der Verschmelzung zu bewahren.

Dennoch sind die Trennlinien nicht klar gezogen. In einem Streifen, der viele tausend Kilometer lang, aber nicht mehr als fünfzehn Kilometer breit ist, sind die Grenzen durchlässig. Darin spiegelt sich die Geschichte ihrer Auseinanderentwicklung, in deren Verlauf die Varietäten den schmerzhaften Übergang zu einer eigenen Identität vollzogen haben. Das Zentrum der genetischen Vielfalt aller Mäuse der Welt liegt in Pakistan und Indien. Dort, in einer gemeinsamen Heimat und mit einem gemeinsamen Genbestand, begann der Weg von *Mus musculus* und *Mus domesticus*. Ihre Vorfahren wanderten im Gefolge der Menschen, und als die Bauern nach Westen zogen, gelangten auch die Mäuse in getrennten Wellen nördlich und südlich um die eisigen Alpen herum. Auf ihrem Weg wandelten sie sich, und als der Kreis sich schloß und die Mäuse wieder aufeinandertrafen, hatten sie sich so stark verändert, daß sie nicht mehr zueinander paßten. Damit waren sie keine Varietäten einer Art mehr, sondern jede hatte selbst den Status einer Spezies erlangt.

Manche Gegenden – die Pyrenäen oder die Alpen – sind voller solcher Tier- und Pflanzenhybriden, von Molchen und Kröten bis zu Igeln und Eichen. Während der Eiszeit wurden die Bewohner dieser Gegenden in Schlupfwinkel im Südwesten und Südosten Europas getrieben. Dort veränderten sie sich, und die Abstammung mit Abwandlung schuf Formen, die, als sie wieder aufeinandertrafen, ihre Gene nicht mehr so gut austauschen konnten wie zuvor. Jede von ihnen befindet sich wie die Mäuse in der Jugendzeit ihrer Evolution, an der Grenze der Unabhängigkeit, aber sie ist noch nicht so weit vorangekommen, daß sie sich ganz von ihren Verwandten zu trennen vermag.

Die zwangsläufige Schlußfolgerung aus alldem lautet: Arten sind stark ausgeprägte, dauerhafte Varietäten; dauerhaft werden sie, weil der Austausch von Genen blockiert ist. Bereiche mit Hybriden zeigen deutlich, wie schwer sich zwischen beiden eine Grenze ziehen läßt. Mäuse, Hunde, Molche oder Eichen sind lebendig, und deshalb befinden sie sich ständig im Fluß. Durch die Evolution verändert sich jedes Lebewesen über Jahre oder Kilometer hinweg. Da Abstammung stets mit Abwandlung verbunden ist, muß die Ähnlichkeit immer geringer werden, je mehr Zeit seit dem letzten gemeinsamen Vorfahren verstrichen ist. Die Entscheidung, wer dazuzählt, ist wie bei Familien, Hunden oder Staaten eine Frage des Geschmacks, und was wie festes Bollwerk aussieht, kann sehr schnell dahinschmelzen.

Abgrenzungsfragen sind häufig ein Fall für die Justiz. Und die Naturschutzbewegung sorgt dafür, daß die Gerichte nicht darum herumkommen werden, sich auch mit Evolution zu befassen. Das Artenschutzgesetz der Vereinigten Staaten ist beherzt, wenn es um die Verteidigung der Gefährdeten geht: Es schützt »alle Populationsteile jeder Art von Wirbeltieren, Fischen und wildlebenden Kreaturen, die sich im geschlechtsreifen Zustand untereinander kreuzen« oder »die wichtige Bestandteile des entwicklungsgeschichtlichen Vermächtnisses einer Spezies sind«. Was soll das bedeuten, ja, bedeutet es überhaupt etwas?

Der Dunkle Strandammerfink – ein Vogel, der durch besonders dunkles Gefieder gekennzeichnet war – lebte früher in einem Gestrüppgürtel rund um Cape Canaveral. In den sechziger Jahren nahm der Bestand ab. Die Fischerei- und Naturschutzbehörde der USA wandte fünf Millionen Dollar auf, um das letzte Stückchen seines Lebensraumes zu erhalten, aber die Zahl ging dennoch weiter zurück. Fünf der sechs letzten Vögel (ausschließlich Männchen) wurden eingefangen. Für ihre kostbaren Gene gab es nur noch eine Hoffnung: die Kreuzung mit einer anderen Ammerart aus der Nähe. Aber das Gericht lehnte die Pläne mit der Begründung ab, bei den Nachkommen werde es sich um Hybriden handeln, die nach den Gesetzen keinen Schutz genössen. Im Jahr 1987 wurde der Vogel für ausgestorben erklärt.

Der kostbare Ammerfink war wie viele Vögel aufgrund seines geringfügig abweichenden Aussehens definiert. Nur ein Experte kann die dunkle Form von ihren gewöhnlichen, nicht geschützten Nachbarn unterscheiden. Die Geschichte hat noch einen biologischen Dreh. Die DNA des Dunklen Strandammerfinken gleicht, soweit man erkennen kann, genau der von anderen, verbreiteten Ammern, die in der Nähe leben. Der berühmte Vogel, dessen Aussterben viele Naturschützer auf die Barrikaden gebracht hat, ist überhaupt kein abgegrenztes Etwas. Allerdings zeigen die Gene eine tiefe Kluft zwischen den Strandammerfinken an der Atlantikküste Floridas (einschließlich der dunklen Form) und denen am Golf von Mexiko, die für das bloße Auge fast genauso aussehen. Wo liegt die Grenze? Was ist die Art und was die Varietät?

Im Jahr 1990 gab die Naturschutzbehörde den Kampf gegen den Darwinismus auf. Sie stellte Hybriden nicht mehr außerhalb des Gesetzes. Man setzte in Florida texanische Pumas aus und hoffte, sie würden sich dort mit den letzten Panthern vermischen und diese erhalten (in Florida herrschte bereits Inzucht, und die meisten Männchen litten unter Hodenhochstand). Die staatlichen Stellen beschränken sich jetzt auf die Erhaltung »entwicklungsgeschichtlich bedeutsamer Einheiten«, was auch immer das bedeuten mag. Die Würde des Gesetzes mußte einen Rückzieher vor der Wankelmütigkeit der Natur machen.

Was eine Spezies auch sein mag (und sie ist nicht das, was Vogelliebhaber oder Behörden gern hätten) – als etwas ein für allemal Festgelegtes kann sie jedenfalls nicht gelten. Ihre Grenzen verändern sich vor unseren Augen. Was für manche Menschen eine bloße Varietät ist, wird von anderen mit einer eigenen Identität ausgestattet. Häufig sind Tiere, die sich oberflächlich ähneln, in ihren Genen sehr unterschiedlich. Das alles ist Material für die Evolution, für den Übergang zwischen Variationen einer einzigen Art und der Entstehung einer neuen Spezies.

Die schwierigste Frage im Zusammenhang mit den Arten ist die, was sie eigentlich sind. Das Problem ist die Zeit: in den zwei Dimensionen der Gegenwart zu beschreiben, was sich in drei Dimensionen entwickelt hat. Am wichtigsten für die Klassifikation ist die Zukunft. Rückblickend betrachtet, sind alle Tiere und Pflanzen ähnlich, weil sie vor drei Milliarden Jahren alle aus demselben Vorfahren hervorgegangen sind. Heute mögen sie sich kreuzen oder getrennt halten, und die Biologen können ein erfülltes Leben mit der Entscheidung verbringen, wo die Grenzen gezogen werden sollen. Für die biologische Systematik jedoch liegt ihr Wesen immer in den zukünftigen Jahren. Die Museen unterstellen (und das erscheint sinnvoll), daß Katzen und Hunde zu trennen sind, weil es niemals ein Tier geben wird, das seine Abstammung sowohl auf Hunde als auch auf Katzen zurückführen kann. Allerdings ist es unmöglich, diese Annahme zu überprüfen. Wenn es um das Wesen der Arten geht, ist also ein gewisser Pragmatismus durchaus nützlich. Der Begriff Spezies kommt von dem lateinischen Wort *specere*, betrachten; aber das Aussehen allein reicht nicht. Keine

Definition stellt alle Naturforscher zufrieden, und doch weiß jeder von ihnen, was er mit einer Art meint. Welches Maß von Unterschieden nötig ist, damit zwei Formen in den Rang von Arten erhoben werden, ist keineswegs bis ins letzte festgelegt. Ein Lehrbuch der Evolution gibt einen Überblick über sieben Aussagen zu der Frage, was das geheimnisvolle Wort bedeutet, und es scheitert – wie jeder Versuch, dem Chaos des Lebendigen eine Ordnung aufzuzwingen. Aus der Sicht des Evolutionsforschers kann es nicht anders sein.

Die meisten Biologen haben ein kleines Geheimnis: Sie waren ursprünglich Vogelbeobachter. Lord Rutherford behauptete einmal, alle Naturwissenschaft sei entweder Physik oder Briefmarkensammeln. In mancherlei Hinsicht hatte er damit recht, aber Biologen haben eine Ausrede: Sie erkannten als erste, daß das Leben nicht nur ein Album voller Sammlerstücke ist. Es ist im Fluß und spiegelt in seiner Unbeständigkeit die Tatsache des Wandels wider.

Heute ist die Vogelbeobachtung ein raffinierterer Sport als zu der Zeit, da Liverpool einen Hafen hatte und Zwölfjährige ihre Möwen abhakten und gleichzeitig an Schiffsschornsteinen nach den Reedereisymbolen suchten. Mittlerweile haben die Liebhaber ihren eigenen Verband. Der UK400 Club trägt seinen Namen, weil es Beweis einer lebenslangen Leidenschaft ist, wenn man in Großbritannien vierhundert Vogelarten gesehen hat. Vogelliebhaberei ist ein Konkurrenzgeschäft. Drei der fünf Besten heißen Steve (und drei der hundert Besten sind Frauen). Alle haben mehr als fünfhundert Federn an der Mütze. Für sie ist die Eismöwe langweilig, haben sie doch die Wahl zwischen Fisch-, Mittelmeer-, Azteken-, Zwerg-, Schwalben-, Bonaparte-, Lach-, Dünnschnabel-, Delawaren-, Sturm-, Silber-, Thayer-, Gelbfuß-, Polar-, Herings-, Fisch-, Rosen- und Elfenbeinmöwe, die sie alle auf der Liste für Großbritannien abhaken können.

Aber selbst vor den Helden der Vogelliebhaberei erhebt die Evolution ihr drohendes Haupt. Betrachten wir beispielsweise die Gelbfußmöwe, der nach viel Unschlüssigkeit schließlich ihr eigenes Kästchen zugestanden wurde (was sich bestätigte, als sie sich in den siebziger Jahren nach Nordeuropa ausbreitete und neben ihren Vettern lebte, ohne sich mit ihnen zu vermischen). Der Leitfaden des Club UK400 schreibt dazu: »Diese Art unterscheidet sich von der Silbermöwe. Sie ist sogar enger mit der Heringsmöwe verwandt und bringt mit ihr manchmal Hybriden hervor. Die Rassen *atlantis, michahellis, cachin-*

nans, barabensis und *mongolicus* werden zu diesem Komplex gezählt, während die armenische Möwe *armenicus* manche für eine weitere Spezies halten. Diese isoliert lebende Form paart sich an den Seen in Armenien, der Türkei und dem Iran, überwintert jedoch im Norden Israels. Die arktischen Rassen *heuglini* und *taimyrensis* betrachtet man am besten als sibirische Rassen der Heringsmöwe, die Rasse *vegae* dagegen ordnet man besser der Silbermöwe zu, oder man stuft sie als eigene Spezies ein.«

Dieses Statement mit seinem gereizten Ton enthält die gesamte Evolutionstheorie: Unterschiede verschmelzen zu einer Reihe unmerklicher Abstufungen; und eine Reihe wie diese weckt im Geist die Vorstellung von einem tatsächlichen Ablauf. Wenn Vogelliebhaber das Leben wie ein glorreiches Briefmarkenalbum behandeln, gehen sie völlig an der Sache vorbei.

DRITTES KAPITEL

DER KAMPF UMS DASEIN

Geometrisches Verhältnis der Zunahme beim Menschen und anderen Lebewesen • Rasche Vermehrung naturalisierter Pflanzen und Tiere von der Kuh bis zur Wasserpest • Allgemeine Konkurrenz: Der Kampf ums Dasein kann zu Kreisläufen, Patt oder Katastrophen führen • Der Ausdruck in weitem Sinne gebraucht • Natur der Hindernisse der Zunahme • Auswirkungen des Klimas und die Gefahren des Marktes • Nahrungsknappheit • Verwickelte Beziehungen aller Tiere und Pflanzen in der ganzen Natur • Der Kampf um Sexualität • Der Fischer und der Kampf • Die Beziehung zwischen Organismen und das Versagen des Naturschutzes

Die Nationalparkbehörde der Vereinigten Staaten versteht es meisterhaft, geheimnisvolle Dinge der Öffentlichkeit zugänglich zu machen. Ellis Island fiel, nachdem es geschlossen worden war, vierzig Jahre lang in einen Dornröschenschlaf. Da es nicht möglich war, die Insel zu besichtigen, konnte man sie neu erfinden. Als Durchgangsstation von siebzehn Millionen Einwanderern wurde sie zu einer Metapher für Amerika als Ganzes.

Heute ist die Insel eine von vielen New Yorker Touristenattraktionen, betrieben mit regierungsamtlicher Effizienz für die Nachkommen derer, für die sie eine entscheidende Etappe war, und nicht mystischer als Disney World. Aber sie ist lehrreich. Ein informatives Balkendiagramm in der Eingangshalle zeigt die Entwicklung der Bevölkerungszahl der Vereinigten Staaten seit ihrer Gründung, projiziert in die Zukunft. Es ist ein Bild des ständigen Wachstums bis zur Mitte des einundzwanzigsten Jahrhunderts; dort endet die ansteigende Kurve mit der Aussicht auf vierhundert Millionen Amerikaner.

Heute hat das Land zweihundertsiebzig Millionen Einwohner, die meisten davon Nachfahren europäischer Einwanderer. Seine Geschichte besagt auch etwas über die Evolution: Das Dasein jedes Lebewesens ist ein ständiger Kampf gegen erbarmungslose Kräfte.

Amerika hat viele Fehlschläge erlebt. Die Iren kamen und starben aus, und den Walisern ging es genauso. Die Wikinger waren sogar noch früher da, gaben das Land aber im Jahr 1013 wieder auf. Einige von ihnen machten unterwegs in Grönland Station. Ihre Zahl stieg bis auf sechstausend an, aber 1361, als ein Priester nachsehen wollte, wie es um seine Herde stand, waren sie alle verschwunden. Sie hatten den Verlockungen des Meeres widerstanden, um Landwirtschaft zu treiben. Die Zeugnisse im Eis zeigen, daß sie in den fünfziger Jahren des vierzehnten Jahrhunderts nach einer Reihe kalter Sommer verhungert waren. Die Siedler hatten sogar ihre Hunde getötet und aufgegessen.

Auch spätere Versuche der Engländer, in Amerika Fuß zu fassen, schlugen fehl oder stießen auf entsetzliche Schwierigkeiten. Auf einer Insel vor der Küste des heutigen North Carolina begründeten hundertvierzehn Menschen, die dort 1587 unter Leitung von Sir Walter Raleigh gelandet waren, die »verlorene Kolonie« von Roanoke. Das erste Kind englischer Eltern in der Neuen Welt wurde zwar in der Kolonie geboren, aber drei Jahre später war weder das kleine Mädchen noch sonst irgend jemand am Leben. Eine weitere Niederlassung in Virginia nahm in den zwanzig Jahren nach 1606 insgesamt siebentausend Einwanderer auf. In der gleichen Zeit starben sechstausend von ihnen – für sie war der Kampf vorüber. Wie die Jahresringe der Bäume zeigen, war kurz vor ihrem Eintreffen die schlimmste Dürre seit fünfhundert Jahren über das Gebiet hereingebrochen, und wenige Jahre später folgte eine zweite, die fast ebenso heftig war. Die Siedler starben durch Mißernte und Hungersnot.

Die meisten Auswanderer haben die gleiche Vergangenheit: sich aneinanderreihende Katastrophen für viele und überragende Triumphe für wenige. Versuche, bedrohte Tiere wieder auszuwildern, funktionieren nur in den seltensten Fällen. Mehrere Millionen Dollar sind aufgewendet worden, um Eier der atlantischen Bastardschildkröte nach Texas zu bringen, aber trotz des »Vorsprungs« schaffte es kein einziges der Tiere bis zum Strand. Die meisten angeblichen Erfolge sind bemäntelte Fehlschläge. Der kalifornische Kondor wurde 1987 für ausgestorben erklärt. Seither wurden einige Exemplare aus ihrem »Kondorgarten« in Los Angeles freigelassen, aber die wenigen Überlebenden mußten darauf trainiert werden, sich Nahrung zu beschaffen. Auch sie gingen im Lebenskampf unter.

Alle Siedler haben von Natur aus das Bestreben, ihr neues Land der Heimat ähnlicher zu machen. Im neunzehnten Jahrhundert wurden überall auf der Welt Einbürgerungsgesellschaften gegründet. Die Kaninchen, die 1859 im Süden Australiens freigelassen wurden, setzten sich durch, aber ein früheres Experiment unserer Antipoden mit den Nagern war fehlgeschlagen. In Neuseeland entließ man hundertdreißig Vogelarten in die Wildnis. Nur zwanzig blieben bis in die achtziger Jahre des zwanzigsten Jahrhunderts erhalten. Entscheidend war, wie viele Exemplare freigelassen wurden. Waren es mehr als hundert, konnten sich acht von zehn Arten durchsetzen, bei weniger Vögeln war es nur ein Viertel. In Neuseeland setzte man vierhundert Goldammern aus, und es ging ihnen gut, in Australien waren es nur dreißig, und sie verschwanden aus dem Blickfeld. Jede kleine Tiergruppe spielt im großen Casino der Natur mit begrenztem Einsatz. Und wie jeder Besucher von Monte Carlo schon bald bemerkt, führt so etwas zwangsläufig in den Ruin. Früher oder später ist das Geld weg, und man kann nicht mehr weitermachen.

Amerika – und den Amerikanern – ging es am Ende gut. Virginia zählte zwanzig Jahre nach seiner Gründung schon zehntausend Köpfe. Während des gesamten achtzehnten Jahrhunderts wuchs die Bevölkerung, vorwiegend nicht durch Einwanderung, sondern aufgrund ihrer eigenen sexuellen Aktivitäten. Patrick Henry (»Gebt mir Freiheit, oder gebt mir den Tod«), der erste Gouverneur eines unabhängigen Virginia, hatte achtzehn Brüder und Schwestern. Heute leben sieben Millionen Menschen in dem Bundesstaat. Ein paar Jahre nach der Revolution behauptete eine ältere Frau aus Rhode Island, sie habe fünfhundert Nachkommen, von denen die Hälfte bei ihrem Tod noch am Leben war. Die Bevölkerung von England und Wales wuchs in der ersten Hälfte des achtzehnten Jahrhunderts um ein Viertel, die von Nordamerika dagegen versechsfachte sich in der gleichen Zeit. Benjamin Franklin gelangte 1751 in seinem Aufsatz *Observations concerning the Increase of Mankind, peopling of Countries, etc.* zu dem Schluß: »Unser Volk muß sich alle zwanzig Jahre mindestens verdoppeln ... in einem anderen Jahrhundert ... wird die größte Zahl der Engländer auf dieser Seite des Meeres leben.«

Der englische Geistliche Thomas Malthus war über solche Zahlen beunruhigt. Ein Wachstum wie in Amerika, so sagte er, könne nicht von Dauer sein. Es sei »eine Schnelligkeit der Zunahme, die in der Geschichte vermutlich nicht ihresgleichen hat«. Nach seiner Überzeugung bedeuteten die Zahlen, daß die Bevölkerung sich ständig verdoppelte – von zwei über vier und acht bis auf über hundert in nur zehn Generationen –, während die Ressourcen nur von zwei über vier auf sechs und so weiter wuchsen: »Ich glaube, ich kann mit Fug und Recht zwei Postulate aufstellen. Erstens ist Nahrung für das Dasein des Menschen notwendig. Zweitens ist die Leidenschaft zwischen den Geschlechtern notwendig, und sie wird nahezu ihren derzeitigen Zustand beibehalten ... Ich sage, daß die Macht der Bevölkerung unendlich viel größer ist als die Fähigkeit der Erde, Lebensmittel für die Menschen hervorzubringen.« Sein Interesse war dabei eher moralischer als biologischer Natur. Gott habe »bestimmt, daß die Bevölkerung viel schneller zunehmen soll als die Nahrung«, und um das zu verhindern, habe er den Menschen einen Sinn für Beschränkungen verliehen. Auch Marx und Engels erkannten die wirtschaftliche Parallele zwischen Natur und Menschen. (Allerdings waren beide nicht von Malthus angetan; Marx bezeichnete ihn als »schamlosen Parasiten der herrschenden Klasse«, und Engels sah in seiner Lehre eine »schändliche, infame Theorie, eine empörende Blasphemie gegenüber Natur und Menschheit«.)

Was ein solcher Anstieg der Bevölkerung bedeutete, hatte Tertullian schon sehr viel früher erkannt: »Wir sind eine Last für die Welt geworden ... die Natur liefert uns nicht mehr unseren Lebensunterhalt. In Wahrheit muß man Seuchen, Hungersnot, Kriege und Erdbeben als Linderung für die Völker betrachten, als Mittel, das übermäßige Wachstum des Menschengeschlechts zurückzuschneiden.«

Wenn sich die Last vermindert, weil wegen Seuchen, Krieg oder Hungersnot nur eine Gruppe Gene auf Kosten anderer überlebt, hat eine Nation (oder eine Spezies) keine andere Wahl, als eine Evolution durchzumachen. Im Jahr 1838, mit neunundzwanzig Jahren, las Darwin Malthus' Buch *Das Bevölkerungsgesetz*. Er erkannte, daß hier der Ausgangspunkt für eine Theorie der Veränderung lag: Durch den Kampf ums Dasein würde jede Abwandlung, und sei sie auch noch so geringfügig, eher erhalten bleiben und an die Nachkommen weitergegeben werden, wenn sie einem Individuum in seinen vielschichtigen Beziehungen zur Natur nützlich ist. Jede Spezies – jede Nation –, der die Anpassung in der Auseinandersetzung mit der Natur nicht gelingt, wird in die Ruhmeshalle der Ausgestorbenen eingehen.

Ein Kampf ums Dasein ist die zwangsläufige Folge, weil alle organischen Wesen sich so schnell vermehren. In dieser Frage verfügen wir auch über bessere Belege, als sie theoretische Berechnungen bieten:

Zahlreiche Beispiele von verschiedenen Tieren sind bekannt, die sich von Natur aus verblüffend schnell vermehrten, wenn die Umstände dafür günstig waren. Noch überzeugender sind die Fälle von verschiedenartigen Haustieren, die in mehreren Gegenden der Erde wieder verwilderten.

Im sechzehnten Jahrhundert zogen die spanischen Kolonisatoren der Insel Hispaniola ernsthaft in Betracht, ihre Kolonie wieder zu verlassen, weil sich furchterregende, stechende Ameisen stark vermehrten. Mit Gebeten an den heiligen Saturnin sorgten sie schließlich dafür, daß die Plage verschwand. Ein paar Jahrhunderte später hatten die englischen Siedler auf Barbados unter der gleichen Geißel zu leiden, und zwanzigtausend Pfund Belohnung für denjenigen, der das Problem löste, waren ebenso wirksam wie die religiöse Methode. Allmählich nahm die Zahl der Ameisen auf beiden Inseln ab, und heute sind die Insekten nur noch ein harmloser Bestandteil der dort heimischen Fauna. Warum sie sich auf einmal so explosionsartig vermehrten und dann wieder verschwanden, weiß niemand; irgend etwas in ihrem Lebensgleichgewicht hatte sich verändert.

Rinder gelangten 1493 mit Columbus nach Amerika. Schon bald darauf zeigte sich, wohin übermäßige Vermehrung führen kann. Zwei Jahrhunderte später waren aus den ersten Kühen riesige wilde Herden geworden, die in Mexiko in großen Wellen über das noch nicht abgegraste Gebiet im Norden herfielen. Die Jesuiten gaben 1638 in Argentinien eine Ranch mit fünftausend Rindern auf. Aus den Tieren wurde eine riesige Masse. Ein Reisender sah Plantagen und Obstgärten mit Mauern aus Schädeln, die »in sieben, acht oder neun Schichten gestapelt waren, gleichmäßig aufgeschichtet wie Steine, aus denen die Hörner herausragten«. Ebenso erging es den wilden Pferden. Zur Zeit des Goldrausches trieb man Tausende von ihnen über die Klippen von Santa Barbara in den Tod, um Platz für Rinder zu schaffen. Noch besser können es die Pflanzen. *Salvinia,* ein hübscher Wasserfarn, besiedelte von Brasilien aus große Teile der Tropen. Er ist überall zur Plage geworden, staut Flüsse und beeinträchtigt die Wasserversorgung. In Australien kam *Salvinia* 1952 an. Er verdoppelte sich alle drei Tage, und 1977 war der Lake Moondarra in Northern Queensland von fünfzigtausend Tonnen Unkraut bedeckt.

Auf die gleiche Weise vermehren sich alle Ameisen, Kühe, Farne oder Wale, wenn Zeit und Rohstoffe in ausreichender Menge zur Verfügung stehen. Aber meist ist das nicht der Fall. Gilbert White verfaßte 1789 seine *Natural History of Selbourne,* eine Beschreibung der Tiere und Pflanzen seines Dorfes in der Grafschaft Hampshire. Unter anderem schildert er den Kampf ums Dasein unter den Mauerseglern: »Ich bin jetzt in meiner Meinung bestätigt, daß wir jedes Jahr die gleiche unveränderliche Zahl von Paaren haben; zumindest war das Ergebnis meiner Untersuchungen in der Vergangenheit für eine lange Zeit immer das gleiche. Stets finde ich acht Paare, von denen etwa die Hälfte in der Kirche nistet, der Rest dagegen in einigen der niedrigsten und einfachsten Strohhütten. Aber diese acht Paare bringen – sehen wir von den Unfällen ab – jährlich acht weitere Paare hervor. Was wird Jahr für Jahr aus diesem Nachwuchs?«

Heute ist Selbourne doppelt so groß. Die strohgedeckten Hütten gibt es nicht mehr, oder sie sind neu erstanden – als schicke Eigenheime, deren Strohdach von Maschendraht festgehalten wird, so daß Vögel es nicht mehr durchdringen können. Der Kirchturm wurde in den fünfziger Jahren umgebaut, und auch dort kommen die Mauersegler nicht mehr hinein. Dennoch hat sich ihre Zahl kaum geändert. Im Jahr 1983 beherbergte das Dorf zwölf Paare, und das ist angesichts seiner heutigen Größe fast die gleiche Bevölkerungsdichte wie in dem Bericht von Gilbert White. Bei ungehinderter Vermehrung hätten die Vögel, die er sah, in den seither verstrichenen zweihundert Jahren zehntausend Milliarden Milliarden Milliarden Nachkommen hervorbringen können. Irgend etwas (und zwar, so scheint es, nicht eine knappe Zahl von Nistplätzen) hält ihre Zahl unter Kontrolle.

Am stärksten leiden im allgemeinen Eier oder sehr junge Tiere, aber das ist keineswegs immer der Fall. Auch Pflanzensprößlinge werden in gewaltiger Zahl von verschiedenen natürlichen Feinden zerstört. Auf einem Stück tropischem Grasland wurden einmal hundertsiebzigtausend Palmensamen ausgestreut. Ein Drittel wurde zu Keimlingen, ein Zehntel zu Sprößlingen – aber nur fünfzehn gelangten zur Geschlechtsreife. Und was noch schlimmer ist: Die meisten jungen Pflanzen und Tiere müssen versuchen, sich gewaltsam einen bereits mehr oder weniger besetzten Platz zu erobern. Auf einem Quadratmeter nackter englischer Erde können viele tausend Samen keimen. Aber ein paar Jahre später, wenn dort eine Lebensgemeinschaft Wurzeln geschlagen hat, kann sich von den vielen tausend nur ein einziger behaupten.

»Kampf ums Dasein« ist ein Begriff, den man am besten in einem umfassenden, metaphorischen Sinne verwendet. Der Kampf kann zwischen zwei Individuen derselben Art ablaufen, ebenso aber auch zwischen Individuen unterschiedlicher Arten oder zwischen einem Lebewesen und seinen physischen Lebensbedingungen. Es ist Malthus' Lehre, angewandt unter vielfältigen Gesichtspunkten auf das gesamte Tier- und Pflanzenreich. Sie umfaßt nicht nur das Überleben oder schnelles Wachstum, sondern auch den sexuellen Erfolg; bei dem Gegenstand, um den gekämpft wird, kann es sich um Nahrung oder Sonnenlicht, Platz zum Leben oder einen Paarungspartner handeln.

Der Kampf ist eine komplizierte Angelegenheit mit vielen Beteiligten. Er kann entfernte Verwandte ebenso einschließen wie die engsten Angehörigen. Der Krieg bricht zwischen ganz unwahrscheinlichen Feinden aus. Ein Buckelwal schleppt eine halbe Tonne Seepocken mit sich herum. Die Turbulenzen in dem Wasser um einen derart verkrusteten Wal liefern zwar den Passagieren Nahrung, verlangsamen aber ihr Vehikel. Der Wal pariert mit einer Haut, die dreihundertmal so schnell wächst wie unsere eigene, um die winzigen Mitreisenden immer wieder abzuwerfen – es ist ein harter Wettbewerb zwischen zwei unerwarteten Konkurrenten. Besonders erbittert ist der Konflikt häufig dann, wenn er sich zwischen Verwandten abspielt. In Großbritannien gibt es zwei weitverbreitete Landschnecken, die von Genetikern eingehend untersucht worden sind und auf den ersten Blick kaum Unterschiede aufweisen. Eine von ihnen ist seit den sechziger Jahren zugunsten der anderen auf dem Rückzug, und zwar so schnell, daß sie innerhalb von hundert Jahren aussterben könnte.

Häufig dauert der Kampf viele Jahre. Selbst der friedlichste Ort ist voller Streit, und jede Schwäche bei einem seiner Bewohner wird sofort ausgenutzt. Das kann, wie bei den Schnecken, zu Sieg oder Niederlage führen, aber auch zu einem prekären Waffenstillstand. Vielfach sind die beiden Seiten abwechselnd im Vorteil, ein Hinweis darauf, daß der Krieg in der Natur nie ein Ende findet.

In Kanada schwankt die Zahl der Schneehühner, die von Saison zu Saison erlegt werden, um das Fünffache. Diesen Rhythmus gibt es nach den Aufzeichnungen der Hudson Bay Company seit 1821 (und aller Wahrscheinlichkeit nach existiert er schon zwanzigmal so lange). Er scheint eine einfache Ursache zu haben. Luchse töten die Vögel zu

Tausenden, und wenn die großen Katzen sich stärker vermehren, drängen sie ihre Beute zurück. Aber dann zahlen die Luchse den Preis dafür: Viele von ihnen verhungern. Im malthusianischen Kampf zwischen Katze und Vogel, so scheint es, behält erst der eine, dann der andere die Oberhand.

Die Wirklichkeit stellt sich komplizierter dar. Schneehühner sind nicht die bevorzugte Nahrung der Luchse; eigentlich haben es die Katzen auf Schneehasen abgesehen, die in manchen Jahren reichlich vorhanden sind, sich in anderen aber rar machen. Die Zahl der Hasen schwankt um das Vierzigfache. Bei den Luchsen variiert die Zahl zwischen Hoch- und Tiefpunkt um den Faktor sieben. Wie kommt es zu diesem Zehnjahresrhythmus, der im ganzen arktischen Teil Kanadas nach dem gleichen Zeitplan abläuft?

Dabei spielen viel mehr Faktoren eine Rolle als nur der einfache Überlebenskampf zwischen Schneehuhn, Hase und Katze. Zunächst einmal zahlen die unglücklichen Hasen für ihre mißliche Lage einen seelischen Preis. Während ihre Population zurückgeht, werden sie fast alle von natürlichen Feinden getötet. Die wenigen Überlebenden leiden unter starkem Streß; damit wiederum vermindert sich ihre Fortpflanzungsfähigkeit, und da deshalb lange Zeit vergeht, bis sich nach dem Rückzug der natürlichen Feinde ein gewisses Gleichgewicht einstellt, kommt es erst mit Verzögerung wieder zu einem starken Anstieg der Hasenpopulation. Darüber hinaus spielen weitere Konkurrenten mit. Die Hasen fressen junge Weiden- und Birkenzweige. Stehen diese reichlich zur Verfügung, sind die Hasen wohlgenährt, und sie haben viele Junge, von denen die meisten überleben. Wenig später schießt ihre Zahl in die Höhe. Jetzt knabbern Eltern, Kinder und Enkelkinder an den Zweigen. Wenn die Nahrung ausgeht, bricht die Population zusammen, und ihre hungrigen Überreste müssen sich notgedrungen in offenes Gelände begeben, wo sie zur Beute der Luchse werden.

Auch die Bäume können sich verteidigen. Nach jeder Hasenplage sind ihre jungen Zweige einige Jahre lang voller Giftstoffe, die sie bitter und ziemlich ungenießbar machen. Deshalb bleibt die Zahl der Hasen nach dem Zusammenbruch der Population erst einmal niedrig. Nach und nach tauchen neue Generationen süßerer Zweige auf, die Tiere kommen wieder, und der Kreislauf beginnt von vorn. Die schwankende Zahl der Luchse ist eine Folge der wechselnden Häufigkeit der Hasen, die ihrerseits von der verfügbaren Nahrung ebenso abhängt wie von den natürlichen Feinden. Die Schneehühner werden mit hineingezogen, weil die hungrigen Luchse sich an sie halten, wenn ihre wichtigste Nahrungsquelle versiegt ist. Andere unfreiwillig Mitwirkende sind Eichhörnchen, weitere Schneehuhnarten, Kojoten, Eulen, Habichte und Raben; mit ihnen allen geht es gleichzeitig auf und ab. Rötelmäuse tanzen zum Schlag einer anderen, bisher unbekannten Trommel mit eigenem Rhythmus. Da sich das System noch nicht auf das übliche, dumpfe Patt der Natur eingependelt hat, zeigen sich die komplizierten, unerwarteten Einflüsse und Beziehungen zwischen Lebewesen, die im gleichen Land gegeneinander kämpfen müssen, in ihrer ganzen Vielschichtigkeit.

Derartige Schwankungen können in die Katastrophe führen. 1980 wurden im farnüberwucherten Lake Moondarra tausend schwarze Rüsselkäfer ausgesetzt, Insekten, die sich in ihrer brasilianischen Heimat von *Salvinia* ernähren. Im April 1981 beherbergte der See hundert Millionen Rüsselkäfer, aber im August nahm das Unheil seinen Lauf. Die Farnpopulation – auf dem Höhepunkt etwa fünfzigtausend Tonnen – brach zusammen, und es blieb nicht einmal eine Tonne übrig. Den Rüsselkäfern erging es anschließend ebenso, und beide Beteiligten verschwanden von der Bildfläche.

Der uralte, eng verflochtene Tanz der Pflanzen und Tiere in den Prärien Kanadas kommt zum Stillstand, wenn Siedler einziehen. Das Durcheinander der Natur weicht der langweiligen Ordnung der Landwirtschaft, und wenn Äcker an die Stelle der Wälder treten, stabilisiert sich die Zahl der Hasen. Ist ein Stück Wald mit ihnen angefüllt, können die übrigen in ein leeres Gebiet wandern, wo es eine Fülle junger Zweige gibt. Durch die große Vereinfachung, die Landwirtschaft darstellt, ist der Kreislauf durchbrochen; der Kampf geht zwar weiter, aber seine Anzeichen bleiben verborgen, weil sich die Zahl der Mitspieler innerhalb jeder Partei nicht mehr ändert.

Solche Stabilität findet man in der Natur meistens, aber das heißt nicht, daß Frieden herrscht. Das Leben mag wie ein schweigender Wald harmonisch wirken, aber oft wird das Chaos nur hinausgeschoben. Der Kampf wird vielleicht lange zurückgestellt, und unter Umständen findet er auch nicht zwischen unterschiedlichen Arten – Luchsen, Hasen und Buchen – statt, sondern es ist nur eine einzige beteiligt. Fast immer ist die Konkurrenz zwischen Individuen derselben Spezies sogar am heftigsten, denn sie beanspruchen die gleichen

Reviere, brauchen das gleiche Futter und sind den gleichen Gefahren ausgesetzt.

In Chile gibt es riesige Buchenwälder, und sie sind voller Pflanzen, deren Leben ungefähr zu Columbus' Zeit begann. Kilometer um Kilometer ist das Land von Bäumen der gleichen Art und ungefähr der gleichen Höhe bedeckt. Ein Buchengehölz sieht auf den ersten Blick so ruhig aus, wie man es sich überhaupt nur vorstellen kann. Die Zweige recken sich dreißig Meter hoch der Sonne entgegen und schirmen einen großen Teil des Lichtes ab. Unter ihrem Blätterdach kann kaum etwas überleben – nicht einmal eine Buche. An den meisten Stellen gibt es keine jungen Bäume, und das ist für einen Wald, der schon so lange besteht, seltsam. Dem Auge, das die Wälder des Nordens gewohnt ist, scheinen die Buchen dem Untergang geweiht zu sein, weil es keinen Nachwuchs gibt, der alte, abgestorbene Bäume ersetzen könnte. Jeder Baum bringt in den fünfhundert Jahren seines Daseins unzählige Samen hervor, aber kaum einer davon kann sich entfalten.

Aber manchmal gibt es ein Erdbeben, einen Vulkanausbruch oder einen Sturm. Aufzeichnungen aus dem achtzehnten Jahrhundert zeigen, daß durchschnittlich zwei Drittel eines Waldes in nur drei Jahrhunderten durch heftigen Wind zugrunde gerichtet werden. Dann nimmt die Natur einen Aufschwung, und die Überlebenden haben ihre Chance. Sonnenlicht fällt herein, junge Pflanzen schließen in den Himmel, und wenn die Sieger ihren Unterlegenen das Licht wegnehmen, beginnt der Existenzkampf aufs neue. Alle Bäume in einem Buchenwald haben das gleiche Alter, weil das Wachstum bei allen zur gleichen Zeit begann. Ihr Konflikt dauert vielleicht in jedem Jahrhundert nur ein paar Monate, aber er ist ebenso heftig wie der zwischen Luchsen und Hasen. Was wie ein ursprünglicher Wald aussieht, ist in Wirklichkeit die Pause zwischen Katastrophen. Der Kampf im Kampf muß immer wiederkehren, und das mit wechselndem Erfolg; dennoch sind die Kräfte auf lange Sicht so gut ausbalanciert, daß das Antlitz der Natur über gewaltige Zeiträume hinweg gleichbleibt.

Der Wald ist eine Kathedrale, aber die brennt häufig ab. Zweihundertmillionenmal im Jahr schlagen Blitze auf der Erde ein, und sie setzen unzähligen Brände in Gang. Den ersten Siedlern in Nordamerika fiel die parkartige Landschaft in Neuengland auf. Die Gehölze waren dort aber nicht aus ästhetischen Gründen so weit verstreut, sondern weil Blitze oder Indianer sie in Brand gesetzt hatten. Erst nachdem man das Feuer eindämmen konnte, hatten Longfellows »rauschende Kiefern und Tannen mit ihren Bärten aus Moos und ihrem grünen Gewand« die Chance heranzuwachsen. Vor fünftausend Jahren schrumpfte der Dschungel in Südamerika durch Brände auf kleine Wäldchen, die von Grasland umgeben waren. Dreihundert Millionen Jahre früher war sogar Irland von tropischen Wäldern bedeckt. Sein Gestein ist voller uralter Holzkohle, dem Überrest eines vergessenen Feuersturms.

Bauern versuchen, den Existenzkampf ihrer Pflanzen und Tiere vorauszusehen, wenn sie diese aus ihrer Heimat an einem neuen Ort ansiedeln. Wie ihre Schützlinge überleben und wodurch sie in dem neuen Umfeld ums Leben kommen, sind Hinweise auf die Bedingungen, mit denen sie in ihrer Heimat konfrontiert sind.

Die Bürger von Penzance, Nizza und Alicante sind stolz auf die Palmen, die ihre Uferpromenaden säumen. Die Bäume sind ausnahmslos Fremdlinge, denn abgesehen von ein paar kleinwüchsigen Exemplaren im Süden Spaniens sind in Europa keine Palmen heimisch. Sie scheitern, weil ihre Sprößlinge durch Frost geschädigt werden. Eine einzige kalte Nacht in fünfzig Jahren – ein Augenblick der Niederlage im Kampf der Natur – richtet sie zugrunde.

Aber die Entblößung der kornischen Riviera ist eine Kleinigkeit im Vergleich zu den Gefahren, denen die Kaffeezüchter gegenüberstehen. Wilden Kaffee findet man auf der ganzen Welt an keinem Ort, an dem die Durchschnittstemperatur in irgendeinem Monat unter die des mitteleuropäischen Frühlings sinkt. Aber dann kamen vor anderthalb Jahrtausenden die Bauern ins Spiel. Kaffee diente damals in der äthiopischen Provinz Kaffa zum Würzen von Speisen. Tausend Jahre später wurde er von den Arabern geröstet, gemahlen und zu einem Getränk verarbeitet. Heute werden jedes Jahr viele Millionen Tonnen geerntet. Etwa die Hälfte stammt aus Brasilien und Kolumbien. Meist sind die Bedingungen dort ideal – aber manchmal gibt es Frost.

An der New Yorker Kaffee-, Zucker- und Kakaobörse zockt man gegen das Wetter, und das mit allem Geschrei eines lärmenden Börsenparketts. Züchter und Röster handeln mit Futures: Sie wetten auf den Preis in einigen Monaten oder Jahren und wollen damit ihre Abhängigkeit von dem Kälterisiko vermindern. Ihre Geschäftspartner rechnen mit dem Profit, der sich nach einem plötzlichen Frost durch die

Preisänderung erzielen läßt. Der Wettbewerb zwischen den Spekulanten geht hin und her, und mit Vermutungen über das Klima werden Vermögen gewonnen oder verloren.

Der Markt ist ein Hinweis auf den Kampf gegen die Elemente. Einen Höhepunkt erreichten die Kaffeepreise in den Jahren 1912, 1928, 1953, 1975, 1979, 1981, 1986 und 1995. Der Zyklus ist nicht so regelmäßig wie bei den Schneehasen, weil er seine Ursache in zufälligen Wetterumschwüngen hat; aber seine Höhen und Tiefen sind ebenfalls eine Reaktion auf Belastungen (die in diesem Fall durch Habgier gelindert werden). Ohne Eingreifen des Menschen würde ein Frostjahr die Pflanzen umbringen; in den meisten Fällen folgt, hervorgerufen durch übermäßigen Optimismus und erhöhte Produktionen, in dem schwankenden Markt anschließend eine Baisse.

Der Kaffee hat überlebt, aber sein unsicheres Dasein in der fremden Heimat setzte die Wirtschaft einer ständigen Gefahr aus. Brasilien ist seit den neunziger Jahren des neunzehnten Jahrhunderts von »Kaffeepräsidenten« regiert worden. Trotz aller Versuche, den Handel zu kontrollieren, führten Mißernten, auf die übermäßige Produktion und Preisverfall folgten, zu Arbeitslosigkeit. Die Revolutionen der zwanziger Jahre in Brasilien und das Chaos der jüngeren Zeit in Kolumbien (das durch den Krieg gegen den Kokaanbau noch verstärkt wurde) erinnern uns lebhaft daran, daß die Genesung zwischen furchterregenden Kämpfen der natürliche Zustand jedes Ökosystems ist.

Für den Kaffee ist das Wetter ein einfacher Feind – es bringt ihn um. Für andere Pflanzen sind seine direkten Wirkungen, selbst wenn es sich beispielsweise um extreme Kälte handelt, von geringerer Bedeutung, oder es leiden einfach diejenigen am meisten, die im Laufe des Winters über die geringsten Nährstoffvorräte verfügen. Viele Nutzpflanzen kämpfen gegen die Auszehrung weit stärker als gegen das Wetter. Bauern düngen ihre Felder, weil mehr Nährstoffe eine bessere Ernte bedeuten. Häufig landet ein Teil des Düngers an Orten, die nicht dafür vorgesehen waren, und dann reagieren diejenigen, die ihn abbekommen. Der italienische Fluß Po spuckt nicht nur Schmutz in die Adria aus, sondern auch Algen, die er aus ihrem Kampf gerissen hat. Ihr Teppich dehnt sich an der Küste über hundertfünfzig Kilometer weit aus.

Das offene Meer ist in vielen seiner Teile so rein, daß es dem Leben kaum eine Grundlage bietet. In weiten Bereichen des Pazifischen Ozeans vom Äquator bis zur Antarktis sind die andernorts so allgegenwärtigen winzigen Meerespflanzen – das Plankton – so gut wie nicht vorhanden. Stickstoff und Phosphor, die Elemente, die Pflanzen zum Wachstum brauchen, sind in den Meeren in großer Menge enthalten. Was die Pflanzen suchen – und nicht finden –, sind winzige Eisenmengen. Ohne Eisen verkümmert der grüne Apparat, der die Sonnenenergie aufnimmt. Verteilt man fünfhundert Kilogramm Eisensalze auf einem Meeresgebiet von knapp dreißig Quadratkilometern in der Nähe der Galapagosinseln, explodiert die Zahl der Planktonorganismen. Nur ein paar parts per million eines einfachen, aber entscheidenden Stoffes müssen fehlen, damit das Wachstum in ganzen Ozeanen begrenzt bleibt. Während der Eiszeit waren die Ozeane produktiver, weil das Eisen von dem öden Land in dieser kalten, staubigen Zeit weit aufs Meer hinausgeweht wurde.

Bei einem erheblichen Teil des Existenzkampfes – an Land ebenso wie im Ozean – geht es um einen Anteil an der Sonnenenergie. Je mehr die Sonne in einem Gebiet scheint, desto mehr Tier- und Pflanzenarten beherbergt es, und innerhalb jeder Region sind Tiere, die ihre Körpertemperatur konstant halten, weniger zahlreich als andere. Ganz allgemein sind Lebewesen um so seltener, je mehr Energie sie verbrauchen – in Großbritannien zum Beispiel gibt es hundertmal so viele Landsäuger wie Vögel der gleichen Größe, unter anderem weil fliegende Tiere mehr Energie brauchen, um am Leben zu bleiben.

Der Treibstoff für den Handel der Natur wird nicht gut genutzt. An Land wird nur etwa ein Dreihundertstel der Energie von Pflanzen eingefangen, im Meer noch weniger. Die Energie fließt aufwärts, aber dabei kommt sie nicht weit. Die meisten Nahrungsketten umfassen von unten – vom Plankton in den Ozeanen oder dem Gras der afrikanischen Savanne – bis zu den Löwen, Adlern oder Mörderwalen am oberen Ende nicht mehr als vier oder fünf Stufen.

Wenn ein Hirsch ein Blatt frißt, bezieht er daraus noch nicht einmal ein Zehntel der Masse als Nährstoffe. Der Löwe, der sich von dem Hirsch ernährt, hat es da etwas besser. Aber auch hier geht der Wert der Beute mehr als zur Hälfte verloren. Zu viele Kettenglieder lassen für diejenigen, die am oberen Ende stehen, zuwenig übrig. Die Evolution eines weiteren Geschöpfes, das sich von Blauwalen oder Löwen ernährt, wird unmöglich. Ein solches Tier müßte schnell, aggressiv und zwangsläufig selten sein. Auf den meisten Inseln der Äußeren Hebriden gibt es keine Adler, weil die Landstücke zu klein sind und nicht genügend Nahrung liefern. Ein Vogel, der Adler frißt, würde für seinen Lebensunterhalt den größten Teil Schottlands brauchen.

Der Süden Australiens war früher vom *jarrah* bedeckt, einem Wald aus dürrem Gestrüpp. Er mußte ebenso die Trockenheit wie die Riesenkänguruhs überstehen, die sich damals von seinen Blättern ernährten. Ein Quadrat von zehn mal zehn Metern enthält mehr als hundert Pflanzenarten. Der *jarrah* gleicht einer nachgiebigen Oberfläche, in die zehntausend scharfe Keile dicht bei dicht mit heftigen Schlägen hineingetrieben wurden, wobei manchmal ein Keil getroffen wird, dann wieder – und mit größerer Gewalt – ein anderer. Durch diese Konkurrenz wird jeder Busch, jede Blume in eine eigene enge Nische gedrückt. Gemeinsam nutzen sie alles aus, was an Sonne, Boden und Wasser geboten wird. Manche sind groß, manche klein; manche Wurzeln reichen tief in den Boden, andere breiten sich seitlich aus. Heute ist an die Stelle des *jarrah* ein riesiges Weizenfeld getreten, das einen kleinen Teil der fünfhundert Billionen Weizenpflanzen auf der Erde enthält. Der Weizen wird vor der ökologischen Realität geschützt. Er wächst das halbe Jahr über und verschwendet dabei den größten Teil der Sonnenenergie, die an seinen aufrecht stehenden Stengeln vorüberfließt. Im Winter werden die Felder überschwemmt, im Sommer sind sie trocken und ausgelaugt, weil alle Pflanzen in die gleiche Tiefe hinabreichen. Schädlinge können eine ganze Ernte zerstören. Der *jarrah*, der seine Gestalt durch generationenlangen Kampf erhielt, war wesentlich widerstandsfähiger. Werden Felder aufgegeben, macht er sich wieder breit. Weizen dagegen kann sich ohne menschliche Hilfe keinen Weg in die einheimische Pflanzenwelt bahnen.

Bei *jarrah*, Weizen und Riesenkänguruhs ist der Konflikt leicht zu erkennen. Jede Pflanze und jedes Tier muß natürliche Feinde meiden, einen Ort zum Leben finden und sich genügend Nährstoffe verschaffen; nur dann besteht die Chance, Gene weiterzugeben. Aber wenn dieser Kampf gewonnen ist, wurde damit nur die Voraussetzung für den größten Wettbewerb von allen geschaffen: für den Streit um die Sexualität.

Wenn es um diesen interessanten Zeitvertreib geht, kommen die meisten Mitglieder der meisten biologischen Arten nicht zum Zuge. Wann sie scheitern, hängt von ihren Gewohnheiten ab. Bei den Elefanten überleben die meisten, aber nicht alle haben Nachkommen; bei Orchideen hingegen (die unter Umständen eine Milliarde Samen produzieren) bleibt nur ein winziger Anteil so lange erhalten, daß sie sich selbst wiederum fortpflanzen können. Wieviel in die einzelnen Stadien investiert wird, richtet sich nach den Erfolgsaussichten. Eine Eichel ist winzig im Vergleich zu dem Baum, von dem sie stammt, der Kiwivogel dagegen legt ein Ei, das ein Viertel seines eigenen Körpergewichts wiegt.

Schon Malthus erkannte, daß zum Kampf ums Dasein sowohl das Überleben als auch der sexuelle Erfolg gehört. Mit seinen christlichen Maßstäben prüfte er streng. Wenn die große Mehrheit sofort scheitere und jung sterbe, sei das viel besser, als wenn sie Gottes Schöpfungsplan störe. Ein Junge, der »von seinen Eltern seinen Lebensunterhalt nicht bekommen kann ... und dessen Arbeitskraft die Gesellschaft nicht will«, solle den Tatsachen ins Auge sehen, so Malthus. »Bei dem gewaltigen Festmahl der Natur ist für ihn kein Gedeck frei. Sie sagt ihm, er solle sich entfernen, und setzt ihren Befehl auch sehr schnell durch.« Jeder Versuch, die Prüfung durch »unnatürliches, promiskuitives Konkubinat ... durch Verletzungen des ehelichen Lagers und unschickliche Handlungen zu beeinflussen und so die Folgen unrechtmäßiger Beziehungen zu verbergen«, sei demnach eine Sünde. Das Wesen der Menschen sei – hier zitierte er Tennyson – rot an Zähnen und Klauen, so daß man es unter Kontrolle halten müsse. (Malthus' bevorzugter Ausweg hieß »moralische Beschränkung«, und er selbst hielt sich auch daran: Er heiratete mit achtunddreißig und hatte nur drei Kinder.) Seine Vorstellung vom grausamen Schicksal der überzähligen Bevölkerungsanteile bestimmt in der öffentlichen Meinung noch heute das Bild vom Existenzkampf.

Tennysons blutrünstige Formulierung spiegelt aber keine Gesetzmäßigkeit des Lebens wider, sondern die Verzweiflung über den Tod eines Freundes. Die Natur ist häufig keineswegs so. Vielfach geht es bei dem Kampf nicht um Land, sondern um Licht oder um winzige Spuren eines Metalls anstelle einer verängstigten Beute. Unter Umständen beschränkt er sich auf wenige Augenblicke im Laufe eines ganzen Lebens. Der Krieg in der Natur tobt nicht ununterbrochen; niemand verspürt Angst, der Tod kommt in der Regel sofort, und die Kräftigen, Gesunden und Glücklichen überleben und vermehren sich.

Es sei denn, die Politik kommt ins Spiel. Dann dient der Kampf ihren Zwecken. Mark Twain parodierte dies so: »Ich sperrte einen irischen Katholiken aus Tipperary ein, und sobald er zahm zu sein schien, fügte ich einen schottischen Presbyter aus Aberdeen hinzu. Als nächstes nahm ich einen Türken aus Konstantinopel ... dann einen Buddhisten aus China; einen Brahmanen aus Benares, und schließlich einen Oberst der Heilsarmee aus Wapping.« Ein paar Tage später »war da nur noch ein Durcheinander aus blutigen Resten, aus Stücken von Turbanen und Fezen und Decken und Knochen und Fleisch – kein einziges Exemplar war noch am Leben. Diese vernunftbegabten Tiere waren in einem theologischen Detail unterschiedlicher Ansicht gewesen und hatten die Frage einer höheren Instanz vorgetragen.«

Diese Tiere, so vernunftbegabt sie sein mögen, haben oft ihre Ressourcen und ihr Leben zerstört, auch wenn die Folgen mit den Händen zu greifen waren. Fischer sind der freien Wildbahn näher als Kaffeehändler und handeln – wie alle natürlichen Feinde – nur in ihrem eigenen, kurzfristigen Interesse. Politiker versuchen, sie unter Kontrolle zu halten, scheitern damit aber fast immer. Wie in den Buchenwäldern Südamerikas wechseln tödliche Scharmützel mit Zeiten der Ruhe ab. Die Jahresquote des Alaska-Heilbutts wird während einer wilden Jagd in zwei Tagen gefangen – bei der Heilbutt-Olympiade. Den Rest des Jahres liegen viele Millionen Dollar brach, und es herrscht scheinbar Frieden. Aber die Eigentümer des Kapitals sind so erbost, daß die Kontrollen gelockert werden müssen, ganz gleich, welchen Tribut die Fische dafür zahlen.

Solche Streitigkeiten reichen bis in die Frühzeit Amerikas zurück. Die Pilgerväter erhielten ein Stück Land in Nordvirginia (dem heutigen Neuengland), um dort Kabeljau zu fischen. Sie hatten allen Grund zur Zuversicht. Anderthalb Jahrhunderte zuvor hatte John Cabot zwei Meter lange Fische in Körben aus dem Meer geschöpft. Aber die Pilger waren in der christlichen Lehre besser bewandert als in der Fischerei und mußten die Indianer ausplündern, um am Leben zu bleiben. Ihre Lieblingsspeise war in dem Land so knapp, daß sie mit einer gewissen Enttäuschung berichteten, sie könnten ihren Freunden nur ein einziges Gericht anbieten: Hummer.

Am Ende triumphierte der Kabeljau, und Neuengland blühte auf. Der Gerichtshof, der die Hexen von Salem verbrennen ließ, trug einen Kabeljau im Siegel, die ersten in Massachusetts geprägten Münzen zeigten sein Bild, und in Holz geschnitzt hing das edle Tier vom Dach des Old State House in Boston. Die Fischerei verbreitete sich nach Norden, und bald darauf lieferten Cape Cod, die Grand Banks und der St.-Lorenz-Strom genügend Fische, um die Vereinigten Staaten und große Teil Europas zu ernähren.

Die Bestände schienen unbegrenzt zu sein: Immerhin kann ein Kabeljauweibchen zwei Jahrzehnte leben und jedes Jahr neun Millionen Eier legen. Alexandre Dumas schrieb in seinem *Grande Dictionnaire de Cuisine*: »Wenn keine Mißgunst des Schicksals verhindert, daß die Jungen aus den Eiern schlüpfen, und wenn jedes Ei heranreift, dann, so hat man berechnet, würde es nur drei Jahre dauern, bis das Meer so voll wäre, daß man auf dem Rücken der Kabeljaue trockenen Fußes über den Atlantik gehen könnte.«

Das dampfgetriebene Fangschiff wurde 1881 in England erfunden. Auf diesen Fortschritt folgte die Entdeckung von Clarence Birdseye, daß sich Kabeljau – und das schon auf hoher See – einfrieren läßt. Kurz darauf waren die Gewässer vor Nordamerika geplündert. Die Dampfharpune erschien 1864 auf der Bildfläche. Die Zahl der Wale, die mit ihr getötet wurden, stieg von dreißig in diesem ersten Jahr auf sechsundsechzigtausend im Jahr 1961.

Die kanadische Regierung verbot 1992 den Fischfang vor Neufundland. Die Bestände waren von über einer Million auf zwanzigtausend Tonnen zurückgegangen. Die Zahl der Fischer auf der Welt hat sich zwar seit dem Zweiten Weltkrieg verdoppelt, doch die meisten Bestände schrumpfen unablässig, und ein Drittel der gesamten Produktion der Festlandsockel landet bereits auf den Tischen. Auch Wale wurden durch die Jagd fast ausgerottet, bevor 1986 das Moratorium in Kraft trat. In den sechziger Jahren baute die Sowjetunion die *Sowetskaja Rossija*, einen Walfänger von der Größe eines Flugzeugträgers. Um ihn zu bezahlen, hielt man die Branche am Leben (und betrog bei den Quoten). Seit er außer Dienst gestellt worden ist, dient er als schwimmender Schlachthof für australische Schafe.

Der alte Walfängerhafen von New Bedford ist heute wie Ellis Island eine Touristenattraktion. Er versinnbildlicht keinen Triumph im Existenzkampf, sondern eine Katastrophe. Eine noch eindringlichere Erinnerung sind die Dörfer der Kabeljaufischer im Norden. Trotz milliardenschwerer Hilfen sind viele von ihnen verschwunden, andere in Armut versunken. Sie sind ein Denkmal für Malthus. Er erkannte: »Die positiven Einschränkungen der Bevölkerungszahl sind äußerst unterschiedlicher Natur ... deshalb kann man unter dieser Überschrift alle ungesunden Berufe aufzählen, schwere Arbeit und die Einwirkung der Jahreszeiten, tiefe Armut, schlechte Kinderpflege, große Städte, Ausschweifungen jeder Art, die ganze Reihe der häufigen Krankheiten und Epidemien, Kriege, Seuchen und Hungersnot.« Das meiste davon haben die nordamerikanischen Fischer erlebt; und wie ihre Fische sind sie gescheitert.

VIERTES KAPITEL

NATÜRLICHE SELEKTION

Natürliche Selektion: die Fabrik für nahezu Unmögliches – ihre Wirksamkeit im Vergleich zu Zuchtentscheidungen des Menschen • Beispiele für natürliche Selektion, von Manchester bis zur Karibik • Wirkungsgeschwindigkeit – ihr Einfluß in jedem Alter und auf beide Geschlechter • Die zweite Prüfung der Evolution: geschlechtliche Selektion • Sexualität, Alter und Tod • Aufgesetzte Hörner und das Gleichgewicht der Geschlechter • Über die Kreuzung von Individuen • Günstige Umstände für natürliche Selektion am Beispiel der Krankheitserreger • Aussterben, verursacht durch natürliche Selektion • Divergenz der Charaktere in bezug auf die Verschiedenheit der Ressourcen • Wirkung der natürlichen Selektion auf die Abkömmlinge gemeinsamer Eltern • Überlegenheit der Arbeit der Natur über die des Menschen

Früher arbeitete ich einmal aus Gründen, die mir damals durchaus einleuchteten, ungefähr ein Jahr lang als Hilfsmonteur in einer Seifenfabrik auf der Wirral Peninsula, der Left Bank Liverpools. Das war ein prägendes Erlebnis, und zufällig kam ich dabei auch zum erstenmal mit der Evolutionstheorie in Berührung.

Bei der Herstellung von Seifenpulver wird eine Flüssigkeit durch eine Düse gepreßt. Beim Austreten sinkt der Druck ab, und es bildet sich eine Wolke aus kleinen Teilchen. Diese fallen in einen Tank, und nachdem sie noch auf geheimnisvolle Weise gefärbt und parfümiert worden sind, werden sie verpackt und verkauft. Zu meiner Zeit, vor dreißig Jahren, kam der Strahl aus einem einfachen Rohr, das sich von einem Ende zum anderen verjüngte. Es erfüllte seine Aufgabe ganz gut, doch entstanden Probleme durch Veränderungen der Korngröße, durch austretende Flüssigkeit oder – am schlimmsten von allen – Verstopfungen in dem Rohr.

Diese Schwierigkeiten sind mittlerweile behoben. Zur Lösung des Problems führte eine Veränderung der Düse. Was früher ein einfaches Rohr war, ist heute eine raffinierte Leitung, länger als damals und mit zahlreichen Verengungen und Kammern versehen. Bevor die Flüssigkeit aus dem Loch spritzt, legt sie einen komplizierten Weg zurück.

Für jede Art von Pulver gibt es eine eigene Düsenkonstruktion, die ihre Funktion sehr wirksam erfüllt.

Wie kommt es zu solchen Fortschritten? Die Waschmittelfirmen beschäftigen viele Wissenschaftler, und die untersuchen schon seit langem, was sich im einzelnen abspielt, wenn eine Flüssigkeit aus einer Düse spritzt und zu Pulver wird. Dieser Vorgang ist so kompliziert, daß auch die besten Ingenieure nicht das tun können, was ihnen eigentlich am meisten Spaß macht: die Frage mathematisch beantworten und dann die optimale Lösung verwirklichen. Da das nicht klappte, versuchten sie es auf andere Weise: mit dem Kernstück der Evolution, der Konstruktion ohne Konstrukteur; günstige Abweichungen wurden beibehalten, ungünstige wurden verworfen. Mit anderen Worten, es handelte sich um natürliche Selektion.

Die Ingenieure bedienten sich des gleichen Prinzips, nach dem auch das Leben selbst seine Form erhält: Abstammung mit Abwandlung. Man nehme eine Düse, die schon ganz gut funktioniert, und stelle Kopien davon her, die jeweils nach dem Zufallsprinzip ein wenig abgewandelt sind. Dann prüfe man, wie gut sie das Pulver herstellen. Anschließend zwinge man ihnen einen Kampf ums Dasein auf, indem man dafür sorgt, daß nicht alle überleben können. Viele der abgewandelten Apparate sind nicht besser (sondern oft sogar schlechter) als die Ausgangsform. Sie werden verworfen, und nur die wenigen, die bei der Erfüllung ihrer Aufgabe überlegen sind, dürfen sich fortpflanzen und werden erneut kopiert – aber wiederum nicht ganz originalgetreu. Im Laufe der Generationen schält sich wie von Zauberhand ein neues, hervorragend funktionierendes Rohr heraus, das eine komplizierte, überraschende Form besitzt.

Der Mechanismus der natürlichen Selektion läßt fast unmögliche Dinge entstehen. Nehmen wir als typisches Beispiel das Myoglobin der Wale. Myoglobin ist nur eines der etwa siebzigtausend Proteine im Organismus des Tieres, und es besteht aus 153 Bausteinen, Aminosäuren genannt, von denen es zwanzig verschiedene Formen gibt. In einem Molekül von der Größe des Myoglobins bestehen 20^{153} Kombinationsmöglichkeiten. Diese Zahl, eine Zehn mit zweihundert Nullen, ist völlig unvorstellbar und weitaus größer als die Zahl aller einzelnen Proteinmoleküle in allen Walen, ja in allen Tieren und Pflanzen, die jemals gelebt haben. Ein solches Molekül könnte niemals allein durch Zufall entstehen. Vielmehr hat ein recht einfaches

Hilfsmittel, nämlich die natürliche Selektion, nicht nur das Myoglobin gestaltet, sondern auch Millionen andere Proteine und die Lebewesen, die aus ihnen aufgebaut sind.

Die Selektion ist einfach, wirksam und unentrinnbar. George Bernard Shaw mochte sie nicht: »Wenn einem dämmert, was sie wirklich bedeutet, sinkt einem das Herz in die Hose. Sie ist etwas abscheulich Fatalistisches, eine entsetzliche, verdammenswerte Reduktion von Schönheit und Intelligenz, von Kraft und Ziel, von Ehre und Streben.« Dennoch lassen sich auch Schönheit und Intelligenz heute von der natürlichen Selektion helfen. Manche Künstler stellen mit dem Computer abgewandelte Versionen eines Originals her. Dann wählen sie in jeder Generation nach ihren ästhetischen Vorlieben aus, bis ein Werk nach ihrem Geschmack entstanden ist. Das gleiche tun auch Architekten, und Maschinen schreiben sogar Theaterstücke (allerdings nicht auf dem Niveau Shaws).

Wie Bandwürmer oder Baumkänguruhs, so dürften auch die durch Selektion hervorgebrachten Gebäude, Kurven oder Düsen einem Puristen Bauchschmerzen bereiten. Aber sie funktionieren, und das ohne einen einzigen Bauplan, ohne jede mathematische Formel. Statt dessen haben sie sich durch Abstammung mit Abwandlung entwickelt. Darwin treibt in den Fabrikhallen sein Unwesen, und die Industrie ist zu einem Teilgebiet der Biologie geworden. Die natürliche Selektion hat sich für das Kompliment revanchiert.

Erläuterungen zur Wirkung der natürlichen Selektion. Im Jahr 1690 wurden in Großbritannien noch nicht einmal drei Millionen Tonnen Kohle gefördert. 1950 war es über achtzigmal soviel. Seit der Erfindung des fliegenden Weberschiffchens – der »neuen Maschine zum Aufschließen und Vorbereiten der Wolle« – war die Evolution nicht untätig. Die industrielle Revolution war ein großes biologisches Experiment.

Daniel Defoe bezeichnete Manchester im achtzehnten Jahrhundert als das größte Dorf in England – es war nicht viel mehr als ein Marktflecken. Im Laufe von hundert Jahren vervielfachte sich seine Bevölkerung, und es wurde zur Baumwollmetropole. De Tocqueville formulierte es so: »Aus diesem schmutzigen Abwasserkanal fließt reines Gold. Hier wirkt die Zivilisation Wunder, und der zivilisierte Mensch wird wieder zum Wilden.« London war auf andere Weise ebenfalls gewachsen. Die Einwohner dieser und aller anderen Großstädte mußten sich entweder anpassen oder sterben. Viele starben tatsächlich – aber weitaus mehr entwickelten sich weiter, um am Leben zu bleiben.

Wenn man bei klarem Wetter neben dem Denkmal von Highgate Hill steht, wo Dick Whittington sich vor fünfhundert Jahren zur Umkehr bewegen ließ, hat man manchmal einen großartigen Blick. Er reicht über London dreißig Kilometer weit nach Süden bis zu den Downs. Die gleiche weit entfernte Hügelkette sah Whittington zu einer Zeit, als zum Anblick der Stadt auch »eine entzückende Ebene voller Wiesen, unterbrochen von Wasserläufen« gehörte. Heute sind bestenfalls die düsteren Hochhäuser der Londoner Innenstadt zu erkennen, die aus einem schwefligen Dunst ragen. Das Wort »Smog« stammt aus London; es bezeichnete den rauchigen Nebel (englisch *smoke* = Rauch, *fog* = Nebel), durch den früher Tausende von Menschen ums Leben kamen. Noch vor dreißig Jahren ließ er im East End ein Drittel weniger Sonne durch als im wohlhabenderen Westen der Stadt.

1848 war ein Jahr der Revolutionen, und ausgelöst wurden sie durch den sozialen Wandel, der auf die Blüte der Industrieproduktion folgte. Im Februar erhob sich die Bevölkerung von Paris und stürzte den Kaiser. Ein paar Monate später gab es Aufstände in Österreich, Deutschland und Ungarn. Die Revolten waren Vorzeichen der politischen Wirren, die unsere moderne Welt prägen sollten.

Den größten Aufstand in Großbritannien veranstalteten die Schmetterlinge. Aus Manchester wurde im Revolutionsjahr über eine schwarze Form des Birkenspanners berichtet, einer Spezies, die bis dahin grau gewesen war. Als Darwin 1882 starb, war der dunkle Typ in den meisten Industriegebieten Großbritanniens der häufigste. Die Sammler bemerkten es schnell: »In der Nähe unserer großen Städte, wo Tag für Tag aus zahllosen Schornsteinen gewaltige Mengen von Rauch quellen, welche die Atmosphäre mit schädlichen Dämpfen und Gasen vergiften und verschmutzen, hat dieser Birkenspanner während der letzten fünfzig Jahre eine bemerkenswerte Wandlung durchgemacht. Die weiße Form ist völlig verschwunden, und die Flügel sind ganz und gar schwarz geworden.« Es war die Antwort der Nation auf die industrielle Revolution.

Die Selektion arbeitete auf sehr einfache Weise. Wenn die dunklen Schmetterlinge auf schmutzigen Bäumen saßen, konnten die Vögel sie nicht erkennen, und deshalb waren sie gegen Angriffe besser geschützt als die ursprüngliche Form (die sich vor dem Hintergrund der Flechten auf Bäumen gut hatte tarnen können). 1897 tauchten die dunklen Schmetterlinge in London auf. Zu dieser Zeit gehörte in Manchester nur noch einer unter fünfzig Schmetterlingen zum ursprünglichen Typ. In den ländlichen Gebieten Großbritanniens dagegen war die dunkle Form selten, oder sie fehlte ganz. (Einige Exemplare fand man allerdings auch in East Anglia, einer Gegend, die durch den herangewehten Rauch aus den Midlands ebenfalls stark verschmutzt war.) Das gleiche geschah auch in anderen Teilen der Welt – die dunkle Form des Birkenspanners tauchte in den Industriegebieten Nordeuropas und ab 1906 auch in Nordamerika auf. Die japanischen Birkenspanner blieben weiß, aber sie leben auch auf dem Land und sind nie in die Städte gewandert. Die natürliche Selektion hatte auf eine Herausforderung reagiert. Sie sorgte dafür, daß sich die dunklen Formen seit 1848 ausbreiteten. Da sich diese Entwicklung so schnell vollzog, kann man mit einer einfachen Addition berechnen, daß die dunkle Form in den Städten anderthalbmal erfolgreicher war als die helle.

Als der Rauch eingedämmt wurde, verschwanden die schwarzen Schmetterlinge allmählich wieder. Nach der Sanierung der Seifensiedereien sank die Häufigkeit der dunklen Form im Gebiet Wirral von fünfundneunzig Prozent Ende der fünfziger Jahre auf weniger als fünfzehn Prozent zur Jahrtausendwende. Bald wird die neue Form ganz verschwunden sein, und damit ist dann die bisher letzte Episode in der Evolutionsgeschichte dieses Schmetterlings vorüber.

In London gibt es immer noch schwarze Stockenten, schwarze Tauben und schwarze Eichhörnchen (letztere wurden in Amerika zur Zeit der dortigen industriellen Revolution seltener, weil schwarzer Pelz in Mode war). Und auf die Sexualität wirkt sich das Stadtleben ebenso stark aus wie auf das Überleben. Schwarze Tauben – die auf dem Trafalgar Square die gurrende Mehrheit bilden – paaren sich im Gegensatz zu ihren grauen Verwandten das ganze Jahr über. Das dunkle Pigment nimmt mehr Sonnenlicht auf und gaukelt dem Kalender im Gehirn vor, auch Wintertage seien lang und es sei Zeit, wieder Testosteron zu bilden. Städte bieten den Tauben – anders als ihr ursprünglicher Lebensraum auf den Klippen – auch bei kaltem Wetter genug Nahrung für die Fortpflanzung. Die dunkle Form, die auf dem Land selten ist, gewinnt die Oberhand.

Stadtbewohner müssen mit einer Welt des Wandels fertig werden, sonst sterben sie. Das ist nichts Neues. Aber das Land ist ebenso erbarmungslos wie das schlimmste Elendsviertel. Jede Pflanze und jedes Tier stammt von Vorfahren ab, die von der natürlichen Selektion schon dreieinhalb Milliarden Jahre lang auf die Probe gestellt worden waren, bevor Städte auf der Bildfläche erschienen. Der Mensch wählt nur zu seinem eigenen Nutzen aus, die Natur dagegen zum Nutzen der Lebewesen, die von ihr versorgt werden (das ist der Grund, warum die Straßen nicht voller umherstreifender Schafe oder wilder Tomaten sind).

Die industrielle Revolution und der Anfang der Landwirtschaft waren Prüfungen für die Evolutionstheorie. Sie lieferten häufig überraschende, manchmal unerwünschte und immer ungeplante Ergebnisse. Die Zeugnisse der natürlichen Selektion sind uns so vertraut, daß wir den besten Beweis für ihre Wirksamkeit überhaupt nicht bemerken: Das Leben paßt zu dem Ort, wo es sich befindet. Wir sehen, daß blattfressende Insekten grün und solche, die sich von Rinde ernähren, grau gesprenkelt sind; Alpen-Schneehühner sind im Winter weiß, Schottische Schneehühner haben die Farbe von Heidekraut, und das Federkleid der Moorhühner sieht aus wie dunkler Torf – da müssen wir doch annehmen, daß alle diese Farbtöne den Vögeln und Insekten nützen, weil sie Gefahren von ihnen abwenden.

Evolutionsforschung, so sagen ihre Kritiker, sei eigentlich keine Naturwissenschaft, weil sie die Zukunft nicht voraussagen könne. Dagegen ist es ihr zweifellos recht gut gelungen, die Vergangenheit zu erklären. Aber woher sollen wir wissen, was die Evolution als nächstes tun wird? Selbst Thomas Henry Huxley, Darwins Kettenhund, meinte über seinen Helden: »Er beweist im Grunde weniger, daß die natürliche Zuchtwahl tatsächlich stattfindet, als vielmehr, daß sie stattfinden muß, aber ein anderer Nachweis ist tatsächlich nicht zu führen.« Damit hatte er unrecht. Die Evolutionsforschung hat sich die allgemeinen Prinzipien der Naturwissenschaft zu eigen gemacht. Sie plant ihre eigenen Experimente und bestätigt damit, was bloße Beobachtung nahegelegt hat.

In der Karibik sind die Saumfinger sehr verbreitet, Echsen, die sogar an einer senkrechten Glasscheibe hochklettern können. Auf jeder Insel gibt es ein halbes Dutzend Typen mit unterschiedlichem Körperbau, die sich auf die Kronen der Bäume, ihre Stämme oder Zweige, auf

Büsche, Gras oder den Erdboden spezialisiert haben. Auf nacktem Fels leben Formen mit kürzeren Beinen als in Gebieten mit großen Bäumen, weil eine Echse mit kurzen Gliedmaßen lebhafter, aber auch langsamer ist. Eine Echse, die sich mühelos auf einem dicken Ast fortbewegen kann, fällt von einem dünnen Stock herunter, und das ist nicht besonders nützlich, wenn sie Beute fangen oder Feinden entgehen will.

Im Jahr 1977 wurde eine kleine Gruppe der Tiere – etwa fünf oder zehn Exemplare – aus ihrer Heimat, einer dicht mit Pflanzen bewachsenen Insel der Bahamas, auf ein kleines Eiland gebracht, das selbst keine Echsen beherbergte. Dort bestand die Vegetation aus dünnen Zweigen. Zehn Jahre später hatten sich die Tiere verändert. Ihre Gliedmaßen waren kürzer als die ihrer Vorfahren, und sie hatten sich nach dem Muster »Stämmige Beine sind gut für dünne Zweige« verformt, das man überall in der Karibik findet. Die natürliche Selektion hatte ihre Arbeit getan, hatte Tag für Tag und Stunde für Stunde jede – auch die kleinste – Abweichung geprüft, das Schlechte verworfen, das Gute aber bewahrt und aufsummiert; in aller Stille und unmerklich verbessert sie jedes Lebewesen im Verhältnis zu seinen organischen und nichtorganischen Lebensbedingungen.

Kurze Beine (oder schwarze Flügel) helfen ihrem Besitzer, am Leben zu bleiben. Das ist sehr wichtig, aber die Selektion ist letztlich nur auf die relative Zahl der Nachkommen angewiesen. Ein langes, glückliches, gut angepaßtes Dasein, aus dem nichts folgt, hat keinerlei Nutzen. Entscheidend ist, wie viele Gene weitergegeben werden. Und da kein Tier alles kann, steckt die Evolution wie die Wirtschaft voller Kompromisse.

Jede Investition – in Körpermasse oder in Geld – ist ein Tauschhandel zwischen Stabilität und Wachstum. Riskante Anlagen bringen die höchsten Erträge, und Sicherheit bedeutet einen geringeren Zinssatz. Und da Zinseszinsen – wie Malthusianer und Finanzfachleute gleichermaßen wissen – höchst wirksam sind, muß jede Spekulation in die genetische Zukunft aus diesem nützlichen Gegenstand so viele Kreisläufe wie möglich herausschinden, wobei jeder eine möglichst hohe Rendite bringt. Der Markt verlangt jedoch nach einer Entscheidung zwischen einem langen und einem fruchtbaren Leben, wobei der Erfolg auf dem einen Gebiet mit Versagen auf dem anderen bezahlt wird. Hühner, die man wegen ihres Fleisches züchtet, legen weniger Eier, und selbst unter den Legehennen sterben diejenigen, die schon in geringem Alter Eier legen und aus diesem Grund ausgewählt wurden, besonders früh – die Zahl der Eier insgesamt steigt also nicht. Immer bestimmt das Gleichgewicht zwischen Kosten und Nutzen darüber, was ein Geschäft (einschließlich der Evolution) leisten kann.

Der ökologische Markt legt fest, wann Pflanzen und Tiere die größte aller Investitionen tätigen: die Fortpflanzung. Abweichungen bezüglich des Zeitpunktes der Paarung, hinsichtlich der Gefahren, die dieser Schritt bedeutet, und der Zahl der Jungen sind wirksame Triebkräfte der Evolution. Als es den nordatlantischen Kabeljauen noch besser ging und manche von ihnen so groß wie ein Mensch wurden, verschoben sie ihr Sexualleben bis ins vierte oder fünfte Lebensjahr. Heute gibt es die Riesen nicht mehr, und die wenigen Fische, die den Netzen entgehen, sind winzig. Da sie keine Aussicht haben, alt zu werden, begünstigte die Evolution jene, die sich so früh wie möglich fortpflanzen. Diese kleineren Tiere haben ein neues Gleichgewicht zwischen Sterblichkeit und Sexualität gefunden, und heute legen sie ihre ersten Eier mit zwei Jahren.

Sexualität und Tod der Kabeljaue und aller anderen Lebewesen werden in der Waagschale der Selektion abgewogen. Die westindischen Guppys leben an verschiedenen Orten unter ganz unterschiedlichen Bedingungen. Im Unterlauf der Flüsse von Trinidad werden sie häufig von natürlichen Feinden bedroht. Deshalb sterben die meisten von ihnen früh. Da aber ihre Feinde die Wasserfälle in den Flüssen nicht überwinden können, sind die Guppys in den Gebirgsbächen vor Angriffen geschützt, und damit ist ihnen ein längeres Leben sicher.

Deshalb haben sie in Ober- und Unterlauf der Flüsse jeweils eine eigene Investitionsstrategie entwickelt. Die Guppys im Oberlauf leben glücklich und zufrieden, das Dasein ihrer Vettern weiter unten ist dagegen rauher und kürzer. Da sie so wenige Gelegenheiten zu erotischen Begegnungen haben, bevor der Todesengel sie heimsucht, setzen die Fische stromabwärts alle ihre Eier auf eine einzige sexuelle Karte. Sie reifen heran, so schnell es geht, und bekommen eine größere Zahl kleinerer Junger; diese wiederum haben jeweils geringere Überlebenschancen, wachsen aber schneller als die Fische von weiter oben. Guppys, die man vom Unterlauf des Flusses in die Nähe seiner Quelle bringt, gehen dort schon bald zur örtlichen Lebensweise über. Nach zehn Jahren ohne Angriffe werden sie größer, die Sexualität setzt später ein, und sie haben weniger Junge. Die Männchen passen sich an ihre neue, friedliche Heimat an, indem sie sich zehnmal so schnell weiterentwickeln wie ihre Vettern.

Wenn die natürliche Selektion das Dasein eines Guppys an dessen Lebensverhältnisse anpaßt, macht sie damit den Zusammenhang zwischen Sexualität, Alter und Tod deutlich. Er ist allgemein gültig und unentrinnbar. Je häufiger eine männliche Taufliege kopuliert, desto früher stirbt sie, und je mehr Zapfen eine Douglasfichte hervorbringt, desto langsamer kann sie wachsen. Das Leben ist ein Glücksspiel, und das nicht nur für Fische. Jedes Tier muß entscheiden, ob es einen hohen Einsatz leisten und darauf hoffen soll, daß er sich auszahlt, oder ob es die Investition in der Erwartung besserer Chancen zurückstellt. Wie jedes Versicherungsunternehmen weiß, gilt diese Logik für den Tod genauso wie für die Sexualität. Wenn die Astrologie funktionieren würde und jeder wüßte, wann er stirbt, könnte niemand mehr Versicherungen verkaufen. Ein Kunde, der weiß, daß ihm nicht mehr viel Zeit bleibt, würde den Schutz sofort beantragen, aber wenn jemandem noch viele glückliche Jahre versprochen sind, würde er das Geld anderweitig verwenden.

Versicherungen und die Evolution müssen mit der Tatsache fertig werden, daß das Risiko im Laufe der Zeit ansteigt. Während ich dieses Kapitel schreibe, habe ich – als Mann in den Fünfzigern – eine Chance von etwa eins zu tausend, zu sterben, bevor ich fertig bin; und ich muß sagen: Das beunruhigt mich nicht allzu sehr. Die Wahrscheinlichkeit ist mehrere hundertmal größer als die eines Lotteriegewinns, falls ich so töricht wäre, ein Los zu kaufen. Aber zwischen beiden Risiken besteht ein subtiler Unterschied. Nicht jeder Spieler gewinnt in der Lotterie, aber jeder von uns (und jeder Fisch) wird sterben. Ein sechzehnjähriger Mensch hat eine Chance von eins zu zweitausend, vor seinem nächsten Geburtstag ums Leben zu kommen, für Hundertjährige sinkt diese Zahl auf eins zu zwei. Im Gegensatz zu den Aussichten bei einer Lotterie ändert sich die jährliche Todeswahrscheinlichkeit im Laufe der Zeit – bei Menschen verdoppelt sie sich alle acht Jahre, ganz gleich, wie alt man ist und an welchem Ort man sich befindet.

Ein junges Tier hat einen höheren Wert als ein altes, wenn man ihn in der Währung der Jungen berechnet, die es haben kann. Die Kraft der Selektion wird wie der Wert einer neuen Versicherungspolice mit dem Alter immer geringer, weil der Vertrag eine immer geringere Restlaufzeit hat (und das ist auch der Grund, warum die Guppys in ihrem kurzen Leben eine höhere Prämie zahlen müssen). Eine geringfügige Zunahme der Aussichten, sich in jungen Jahren fortzupflanzen, zählt mehr als ein sexueller Triumph, der sich um Jahre verzögert. Deshalb begünstigt die Evolution jugendliche Lebenskraft um den Preis späteren Verfalls. Was kümmert es sie, wenn der Tribut für die Sexualität darin besteht, zu einem ausgebrannten Wrack zu werden? Jedes Gen, das seinem Träger hilft, seine DNA zu verdoppeln, wird sich ausbreiten, auch wenn es schlimme Nebenwirkungen hat, vorausgesetzt, diese werden weit genug hinausgeschoben. Die Selektion begünstigt nur diejenigen, die ihre Gene weitergeben können; um alle anderen, die dazu nicht in der Lage sind, kümmert sie sich nicht. Das Alter ist eine Steuer auf die Sexualität, die von der natürlichen Selektion erhoben wird; das ist ebenso eine Folge des Kampfes um die Weitergabe der Gene wie die schwarzen Flügel des Birkenspanners.

Geschlechtliche Selektion. Sexualität ist ein Markt für natürliche Selektion. Sie dient der Vermischung genetischen Materials, und wie bei jedem Geschäft zwischen zwei Partnern können dabei Mißstimmungen auftreten. Einen Partner finden, Konkurrenten abwehren, sexuelle Vereinigung und Schwangerschaft zu erdulden, Nachkommen großzuziehen – das alles ist aufwendig und gefährlich. Bei jeder dieser Tätigkeiten gibt es zwischen den Investitionsstrategien der beteiligten Parteien kleine, aber wichtige Unterschiede, und ein sexueller Krieg aller gegen alle kann zu Eigenschaften führen, die den Interessen ihrer Träger entgegenzuwirken scheinen. Sie erinnern uns daran, daß der biologische Kampf weit über die Suche nach Nahrung oder Licht hinausgeht: Auch der Streit um die Weitergabe der Gene ist unvermeidlich.

Evolution ist eine doppelte Prüfung. Wer Erfolg haben will, muß sich in beiden Teilen bewähren. Der erste besteht darin, daß man lange genug am Leben bleibt, um eine Aussicht auf Fortpflanzung zu haben, die Note im zweiten hängt jedoch von der Zahl der Nachkommen ab. Malthus hielt die Sexualität für so attraktiv, daß jeder sie, wie er meinte, ausüben würde, sobald er die Gelegenheit dazu hätte, und deshalb glaubte er, die Geburtenrate werde immer fast bei ihrem Maximum liegen. Was in seinen Augen zählte, war der Tod. Aber damit hatte er unrecht. In England heiratete man bis ins achtzehnte Jahrhundert hinein sehr spät – die Frauen mit fünfundzwanzig Jahren, die Männer sogar in noch höherem Alter. Daß die Bevölkerungszahl zu Beginn der industriellen Revolution so stark zunahm, lag nicht daran, daß der Tod an Wirksamkeit verloren hätte, sondern an der landesweiten Befreiung der Libido, durch die das Heiratsalter um mehrere Jahre sank. Nicht das Überleben, sondern die Fruchtbarkeit führte zu der Bevölkerungsexplosion, die Malthus so beunruhigte und Darwin seine Theorie bescherte.

Ererbte Unterschiede werden zur Triebkraft für eine raffinierte, unerwartete Art der Selektion. Die Versager im ersten Teil der ökologischen Prüfung kann man leicht erkennen, denn sie sind am Ende tot. Viel schwieriger sind Unterschiede hinsichtlich des sexuellen Erfolgs zu messen, insbesondere bei den männlichen Kandidaten (die in der Regel verschwinden, bevor ihre Prüfungsarbeit benotet wird). Es ist ein Kampf der Männchen gegen die Männchen, der Weibchen gegen die Weibchen und des einen Geschlechts gegen die egoistischen Interessen des anderen.

Im Süden Schottlands verfolgte man ein Vierteljahrhundert lang die Erfolge und Mißerfolge von zweihundert gekennzeichneten Sperberweibchen. Wie bei den Mauerseglern in Selbourne, so blieb auch in diesem Tal die Zahl der Vögel stets ungefähr gleich. Aber hinter der Stabilität verbirgt sich ein höchst unterschiedliches Abschneiden in der Konkurrenz um die Weitergabe der DNA. Die meisten Vögel befinden sich in einer Sackgasse der Evolution. Drei von vier Weibchen sterben schon in jungen Jahren, finden keinen Paarungspartner oder haben keine Nachkommen; aber einige gehen aus dem sexuellen Kampf als Sieger hervor. Ein Fünftel der Jungen brachte neun Zehntel der nächsten Generation hervor. Einige Vögel lebten über zehn Jahre lang und hatten zwei Dutzend Küken, aber viel mehr von ihnen starben, bevor sie überhaupt Nachkommen hervorbringen konnten.

Für Sperber ist das Leben ungerecht; die Frage nach gleichen Anteilen, sei es bei Nahrung oder bei Sexualität, stellt sich nicht. Auch der Mensch beharrt auf Ungleichheit, und Reichtum – der zu einem glücklichen Lebensabend und einer Menge Sex führt – konzentriert sich sehr schnell auf einige wenige. In Schottland gehört die Hälfte aller privaten Landflächen dreihundertfünfzig Personen (und das in einem Land, in dem die Hälfte der Bevölkerung überhaupt keinen Landbesitz hat); der größte Grundbesitzer ist mit über hunderttausend Hektar der

Duke of Buccleuch. Er führt noch eine ganze Reihe niedrigerer Titel: So ist er mehrfacher Earl, ein- oder zweimal Baron und der Lord von Eskdale.

Wie viele Unterschiede im Erbteil verschiedener Vögel oder Dukes auf gute Gene, gute Eltern und schlichtes Glück zurückzuführen sind, weiß niemand. Wenn es um den Adel geht, sind gute (oder jedenfalls adlige) Eltern das Entscheidende. Bei den Vögeln auf den vielen Quadratkilometern des Duke dürfte der Erfolg mehr über die Gene aussagen. Was auch immer der Grund sein mag, in Eskdale und auch sonst überall schafft es die DNA der Sperber – und der meisten anderen Tiere – zum größten Teil nicht, sich in die nächste Generation hinüberzuretten.

In der Fähigkeit, das Fortpflanzungsexamen zu bestehen, gibt es zwischen Herzögen größere Unterschiede als zwischen Herzoginnen. Der Kampf um das sexuelle Dasein betrifft die Männchen fast immer stärker. Sie stecken in jede sexuelle Begegnung weniger Anstrengung als die Weibchen, denn Samenzellen sind billiger als Eizellen, und wer es schafft, sitzt hinterher nicht mit dem Neugeborenen da. Männchen haben mehr Chancen – die Einschränkung besteht für sie in der Zahl der verfügbaren Partnerinnen. Andererseits hat das Ungleichgewicht aber zur Folge, daß im allgemeinen auch das unattraktivste Weibchen einen Partner findet, während bei den Männchen nur die besten den Sieg davontragen. Die Männchen müssen um den Zugang zu Weibchen ebenso kämpfen wie um jede andere knappe Ressource.

Ihr Kampf nimmt vielerlei Formen an. Oft muß der Sieger sein Revier gegen die wütenden Konkurrenten verteidigen. Wird ein männliche Schneehuhn geschossen, besetzt ein anderes sein Territorium – ein Beweis, daß es sich um ein höchst beengtes Dasein handelt. Spritzt man einem Vogel das männliche Hormon Testosteron, nimmt die Größe seines Reviers zu. Wie ein Bodybuilder, der durch seine Steroide in Wut gerät, vertreibt er seine unglücklichen Nachbarn aus ihren Nestern. Sie überleben vielleicht, aber der Kampf um die Weitergabe ihrer Gene ist vorüber.

Die attraktivsten Elemente der Natur – Blüten, der Gesang der Vögel, das Hinterteil der Paviane – sind vielfach eine Folge der Konkurrenz zwischen männlichen Geschlechtszellen um den Zugang zu den Eiern. Männliche Alligatoren, die kämpfen, brüllen und umherwirbeln, um ein Weibchen zu erobern, wurden mit Indianern beim Kriegstanz verglichen; männliche Lachse kämpfen manchen Beobachtungen zufolge einen ganzen Tag lang; und Hirschkäfermännchen tragen häufig Verletzungen davon, verursacht durch die gewaltigen Zangen ihrer Rivalen. Viele Männchen sind gepanzert, denn der Schild kann für den Sieg ebenso wichtig sein wie Schwert oder Speer. Das betrifft sogar den Hals der Giraffe. Wenn es wichtig ist, hoch oben an Blätter heranzukommen, warum streckt sich dann der Hals und nicht die Beine – und warum haben Männchen einen längeren Hals als Weibchen? Die Antwort: Sie kämpfen um die Partnerinnen (und sterben dabei), indem sie mit den Köpfen aneinanderrennen, und ein langer Stiel ergibt einen wirksamen Knüppel. Da das Gehirn drei Meter höher liegt als das Herz, haben Giraffen von allen Säugetieren den höchsten Blutdruck. Schuld ist der sexuelle Kampf.

Manche Weibchen leben streng monogam, aber oftmals haben sie viele Partner. Der erfolgreiche (und vorsichtige) Partner folgt seiner Partnerin und wehrt dabei die Konkurrenz mit ihren hartnäckigen Samen ab. Hunde vertrauen auf die nicht besonders raffinierte Strategie, so lange zu kopulieren, daß ihre Samenzellen gegenüber dem nächsten Kandidaten einen Vorsprung haben, Mäuse und viele Insekten bringen einen Pfropfen an, um eine zweite Samenportion fernzuhalten. Vielfach schlagen die auf solche Weise genarrten Konkurrenten zurück: Sie machen den Weg beim Weibchen mit einem gebogenen Penis wieder frei oder saugen den Beitrag des Vorgängers mit einer Düse ab. Der Kampf setzt sich auch nach dem Sex fort: Die Samenzellen müssen mit anderen konkurrieren, die ein früherer Liebhaber gespendet hat. Bei einem typischen Säugetiere enthält jedes Ejakulat mehrere hundert Millionen Samenzellen, so daß für den Kampf im Inneren des Weibchens viel Platz bleibt. Ein solcher Kampf tobt in jedem Weibchen, das sich mehr als einmal paart. Welcher Partner in Sachen Vaterschaft Erfolg hatte, läßt sich mit einer DNA-Untersuchung schnell feststellen. Häufig zeugt das Männchen, das sich als letztes mit dem Weibchen gepaart hat, alle oder fast alle Jungen. Für ein Männchen, das zum ersten Mal mit einem Weibchen kopuliert, zahlt sich die Produktion einer großen Samenmenge aus, weil es damit eine vorangegangene Spende überfluten kann. Bei einer neuen Partnerin ist das Ejakulat um ein Mehrfaches größer als bei einem altbekannten Weibchen.

Unabhängig davon, wer die Führungsrolle übernimmt, haben

Männchen und Weibchen unterschiedliche sexuelle Interessen. Für die Männchen zahlt es sich aus, wenn sie faul, egoistisch und flatterhaft sind, ein Weibchen dagegen ist mit einem aktiven, hilfsbereiten, treuen Partner besser bedient. Aber ein solcher Partner ist schwer zu finden, und manchmal ist er weniger vertrauenswürdig, als es den Anschein hat. Bei manchen Fliegen muß das Männchen tagelang werben, um das Weibchen zu einer Reaktion zu veranlassen, aber wenn es dann Erfolg hat, bringt es in der Partnerin eine Mischung verschiedener Substanzen unter. Manche davon zwingen das Weibchen, die Eier früher abzulegen, als es das sonst tun würde, und andere dämpfen ihr sexuelles Interesse an weiteren Männchen. Ein Weibchen, das sich viele Male paart, stirbt viel früher als eines, das den Akt nur einmal vollzieht.

Auch Pflanzen können dem Kampf der Geschlechter nicht entgehen. Die Blüte ist ein Organ der Verführung: Sie hat sich in der Evolution entwickelt, um die Träger der Befruchtung anzuziehen, die männliche Gene fortpflanzen. Bei Blüten, die männlich und weiblich zugleich sind, spielt eine geringere Größe für den Erfolg des weiblichen Teils kaum eine Rolle, solange nur eine einzige Biene die entscheidende Aufgabe erledigt. Auf die Ausfuhr des Pollens dagegen hat sie großen Einfluß. Durch viele bestäubende Insekten werden viele männliche Geschlechtszellen transportiert. Jede Blüte ist ein stummer Aufschrei männlicher Leidenschaft.

Oft bleiben die Schreie ungehört. Bei manchen Orchideen zieht nur eine von fünfzig Pflanzen ein einziges Insekt an. Für die amerikanischen Bauern leisten bestäubende Tiere jedes Jahr Arbeiten im Wert von dreißig Milliarden Dollar. Wenn in den Obstplantagen viele Millionen Blüten gleichzeitig aufblühen, herrscht ein derart heftiger sexueller Wettbewerb, daß die Züchter sich ganze Völker umherschwärmender Bienen mieten, um alle zu bedienen. Durch Insektizide ist in den Vereinigten Staaten in den neunziger Jahren ungefähr die Hälfte aller Honigbienen ums Leben gekommen. Heute streuen viele Pflanzen keine Samen mehr aus, und in den siebziger Jahren gab es in Kanada bei den kommerziell angebauten Blaubeeren eine Mißernte, die zu gewaltigen Verlusten führte; die Ursache war ein Mangel an bestäubenden Insekten. Deshalb tobt heute zwischen den amerikanischen Pflanzen ein noch heftigerer sexueller Kampf als je zuvor.

Nicht immer sind die Männchen das aggressive Geschlecht. Die weibliche Tüpfelhyäne besitzt einen Körperteil, der bemerkenswert stark einem Penis ähnelt: eine vergrößerte, erektionsfähige Klitoris, die ebenso groß ist wie das Geschlechtsorgan ihres Partners. Bei der Begattung rollt sie diese Struktur zurück wie ein Mann, der den Ärmel seines Hemdes hochkrempelt. Die Geburt erfolgt jedoch durch diesen »Penis« – und sie muß eine schmerzhafte Angelegenheit sein: Etwa ein Sechstel aller Weibchen stirbt, wenn sie die ersten Jungen zur Welt bringen. Im Hinblick auf Sexualität ist das Dasein der weiblichen Tüpfelhyäne alles andere als entspannt, und es verlangt nach Steroiden, die sie – und ihre schwellenden Körperanhänge – in Fahrt bringen. Ihr bizarres Organ entwickelt sich, weil sie das männliche Hormon Testosteron in großen Mengen produziert.

Diese Substanz spielt wie beim Schneehuhn eine große Rolle in seinem sexuellen Kampf. Bei den Tüpfelhyänen sind dafür die Weibchen verantwortlich. Die ranghöchste weibliche Hyäne im Rudel gibt ihre Stellung an ihre Töchter weiter, und die müssen kämpfen, um sie zu behaupten. Der Rang zahlt sich aus, denn die Weibchen, die an der Spitze stehen, erhalten mehr Fleisch und haben doppelt so viele Junge wie die anderen. Hyänen bringen Zwillinge zur Welt, und neu geborene Schwestern greifen einander schon nach wenigen Minuten an. Dabei kommt eine von beiden ums Leben, oder sie wird zu einer Untergebenen mit niedriger Stellung, die möglicherweise nie selbst Junge hat. Alle diese Belastungen führen dazu, daß die Weibchen männliche Hormone produzieren – was für ihren Mut eine große Hilfe ist. Später kommt dann der Damenpenis.

Aristoteles hielt die Tüpfelhyäne wegen der guten Ausstattung ihres Weibchens für einen Zwitter. Damit hatte er unrecht, aber Tiere, bei denen Mannweib auf Weibmann trifft, sind tatsächlich recht häufig. Sie sind ein Experiment im Kampf der Geschlechter. Eine lange Auseinandersetzung entscheidet darüber, wer Pech hat und nicht für den Samen, sondern für die Eier die Kosten tragen muß. Die Paarung dauert unter Umständen viele Stunden und ist mit einem raffinierten Hochzeitstanz verbunden. Das gerechte Begleichen der Rechnung wird sorgfältig ausgehandelt (bei manchen Schnecken gehört es allerdings zu dieser Diskussion, daß jeder Partner versucht, dem anderen den Penis abzubeißen). Bei Meeresschnecken dringt zunächst ein Penis ein und dann der andere, zweigeschlechtliche Fische dagegen tauschen eine Reihe von Eierpaketen gegen die gleiche Anzahl von Samenballen ein.

Die sexuellen Konflikte – einschließlich des Penisbeißens – sind ebenso erbittert wie der Kampf um Nahrung oder Licht. Sie können Merkmale hervorbringen, die nur deshalb begünstigt werden, weil sie den sexuellen Erfolg steigern, selbst wenn sie dafür die Überlebenschancen vermindern. Darwin schrieb: »Jedesmal wenn ich eine Feder im Schwanz eines Pfaus sehe, wird mir von dem Anblick übel.« Dieses exotische Organ und viele andere vermindern die Aussichten ihres Trägers, am Leben zu bleiben. Das scheint auf den ersten Blick gegen die Prinzipien der Evolution zu sprechen. In Wirklichkeit aber widerlegt die farbenprächtige Schleppe des Vogels keineswegs die Gültigkeit des Darwinismus, sondern erinnert uns vielmehr daran, wie streng die Prüfung der Evolution ausfällt. Solche bizarren Körperteile werden von einer besonderen Selektionskraft hervorgebracht, die man als sexuelle Selektion oder – mit dem altertümlichen Begriff – als »geschlechtliche Zuchtwahl« bezeichnet. Sie ergibt sich nicht aus dem Kampf ums Dasein, sondern aus dem Kampf der Männchen um den Besitz der Weibchen; und der erfolglose Konkurrent kommt durch sie nicht ums Leben, sondern er hat weniger oder gar keine Nachkommen.

Wer in der Sexualität gewinnt, hängt oft von der Stellung ab, die durch Kämpfe, Drohgebärden und Unterwerfung bestimmt wird. Es ist ein echtes Risiko: Die Hälfte aller männlichen Paviane, die eine Gruppe von deren Besitzer übernehmen wollen, trägt dabei ernsthafte Verletzungen davon. Die Stellung kann niemals hoch genug sein, denn einen Leithund gibt es nur, weil sich ihm andere Hunde unterwerfen. Solche Kämpfe sind nie zu Ende, aber sie lassen sich vermeiden, wenn man durch Signale deutlich macht, ob sich eine Herausforderung lohnt. Ein Rangabzeichen vorzuzeigen ist billiger, als sich der Gefahr eines gewaltsamen Todes auszusetzen. Solche Symbole sind unter anderem gewaltige Geweihe, lautes Quaken oder auch Eigenschaften, die für das menschliche Auge nicht zu erkennen sind. Männchen und Weibchen der Blaumeise sehen für uns gleich aus, aber im ultravioletten Bereich (den Vögel wahrnehmen können) haben die Männchen einen auffälligen Fleck auf dem Kopf. Männliche Insekten erzeugen komplizierte Düfte oder auch Geräusche, die für das menschliche Ohr nicht hörbar sind. Vielfach besitzen sie verzierte Geschlechtsorgane, die mit Verdickungen und Stacheln besetzt sind. Diese Titillatoren (vom lateinischen Verb *titillare,* kitzeln) hielt man früher für »Schlüssel«, die das »Schloß« der Partnerin öffneten und sicherstellten, daß sie ein Männchen der eigenen Spezies akzeptierte. Man findet sie aber nur bei Insekten, deren Weibchen sich viele Male paaren. Männchen mit treuen Weibchen besitzen einen einfachen Penis. Eine Verdickung dürfte ein subtiler Hinweis auf sexuelle Leistungsfähigkeit sein, und er wird von der einen Partei überprüft, bevor sie der anderen den Zutritt gestattet.

Zwar bestimmt die geschlechtliche Zuchtwahl das Bild der Biologie in der Öffentlichkeit, aber auch die natürliche Selektion ist immer auf dem Sprung, wenn ihr sexuelles Pendant zu weit geht. In den dreißiger Jahren besaß in Uganda fast jedes Elefantenmännchen große Stoßzähne, Gebilde, die sich (zumindest teilweise) als Ausdruck großer sexueller Leistungsfähigkeit entwickelt hatten. Sechzig Jahre später waren die Tiere durch die Elfenbeinwilderer stark dezimiert worden, und dabei erwiesen sich diejenigen mit den größten Stoßzähnen als am stärksten gefährdet. Heute besitzt ein Drittel der erwachsenen Elefanten keine Stoßzähne mehr, weil die negativen Auswirkungen des Elfenbeins auf das Überleben schwerer wogen als der sexuelle Reiz.

So bizarr das Verhalten auch ist, das über die Fortpflanzung eines Tieres bestimmt: Letztlich geht es bei der Sexualität immer darum, einen Verschmelzungspartner zu finden. Samen- und Eizelle wachsen nicht heran und bauen keine Wohnung, sondern sie vereinigen sich. Jede Biographie hat zwei Teile. Auf eine lange, mühsame Phase der Fortentwicklung von der Eizelle zum erwachsenen Tier folgt ein kurzer Kampf mit dem Ziel, eine andere Zelle zu finden. In beiden Phasen dieser Reise vom Ei zum Grab ist die Selektion eifrig bei der Arbeit. Die gegensätzlichen Prioritäten von Sexualität und Überleben sind die Ursache, warum die beiden Geschlechter häufig so unterschiedlich aussehen, und das nicht nur bei vordergründigen Merkmalen wie Geweihen oder Schwänzen, sondern auch in ihrem ganzen Wesen.

Will man einen Partner treffen, zahlt es sich aus, zu einer häufigen Spezies zu gehören und viel herumzukommen. Deshalb begünstigt die sexuelle Selektion kleine, aktive, in großer Menge vorhandene Geschlechtszellen. Wer sich auf dem Weg zum Erwachsensein einen Vorsprung verschaffen will, braucht einen großen, gut ausgestatteten Embryo, und tatsächlich hat die natürliche Selektion eine Vorliebe für große, mit Nährstoffen vollgestopfte Fortpflanzungszellen, die keine Energie mit großen Wanderungen verschwenden. Das Gleichgewicht zwischen diesen beiden Elementen ist die Grundlage für die Evolution der Samen- und Eizellen – und der Geschlechter selbst.

Männchen haben kleine Geschlechtszellen, bei Weibchen sind sie groß. Der Unterschied (und die eigentliche Definition des Männlichen und Weiblichen) ist die Folge eines uralten Konflikts. Vor langer Zeit (und dies gilt für manche einfachen Lebewesen noch heute) waren alle Geschlechtszellen gleich groß, und durch ihre Vereinigung entstand ein Embryo, der gut mit Nährstoffen ausgestattet war. Dann erschien der Egoismus auf der Bildfläche, und ein Partner betrog den anderen, indem er kleinere Geschlechtszellen in größerer Zahl produzierte. Er (denn von diesem Augenblick an gab es ein männliches Geschlecht) hatte vielleicht hungrige Junge, und zwar eine ganze Menge. Begrenzt wurde sein Erfolg durch die Gefahr, daß durch die Verschmelzung dieser kleinen Zellen ein Embryo entstand, der zuwenig Nährstoffe enthielt und deshalb überhaupt nicht wuchs. Die Selektion begünstigte die Vereinigung mit den großen Zellen seiner Partnerin – die Geschlechter waren geboren. Die Männer waren von Anfang an Betrüger.

Alle Männchen stellen so viele Spermien her, daß nur ein Teil davon Erfolg haben kann. Das führt zu einem Kampf unter ihren Geschlechtszellen. Häufig fällt ein Männchen – metaphorisch gesprochen – sich selbst in den Rücken: Die Spermien, die ausgesperrt werden, sobald die Eizelle befruchtet ist, können durchaus seine eigenen sein. Ist er das einzige Männchen im Fortpflanzungszirkus, hat eine Riesenzahl von Samenzellen (oder auch ein Männchen, das groß genug ist, sie zu produzieren) eigentlich keinen Sinn. Deshalb sind die Männchen bei den meisten Tieren (abgesehen von einigen vertrauten Ausnahmen, zum Beispiel Pfauen, See-Elefanten oder Menschen) kleiner als die Weibchen. Die sexuelle Selektion fordert kleine, aktive Söhne und große, wohlgenährte Töchter. Manche Männchen sind wirklich winzig. Der männliche Anglerfisch ist ein wurmähnliches Anhängsel seiner Partnerin. Einige Seepocken hielt man früher für Zwitter, aber das Männchen ist durchaus vorhanden: Es sitzt gemütlich im Innern des Weibchens, beschäftigt sich mit Samenproduktion und sonst mit fast nichts. In den Weiten der Meere hat jedes Männchen nur geringe Aussichten auf eine sexuelle Begegnung. Deshalb ist es die beste Strategie, wenn es viele kleine Männchen gibt, die bei den seltenen Momenten, in denen eines das Examen schafft, wie Kletten klebenbleiben.

Erst wenn der Krieg eskaliert, wenn nicht Samenzellen, sondern Männchen gegeneinander kämpfen, entwickeln sich die virilen Bestien, die bei Fernsehproduzenten so beliebt sind. Wie wichtig die Größe sein kann, läßt sich am Beispiel der Fische demonstrieren. Bei vielen Arten gibt es anfangs nur ein Geschlecht, und erst wenn sie heranwachsen, verwandeln sie sich in das andere. Manche sind zuerst männlich, andere zuerst weiblich. Die Reihenfolge richtet sich nach einer einfachen Regel. Bei Arten, die ihre Geschlechtszellen ins Wasser ausstoßen (so daß nicht die Männchen selbst, sondern die Samenzellen konkurrieren), zahlt es sich aus, zuerst männlich zu sein, denn jedes Männchen, und sei es auch noch so klein, kann erstaunlich große Samenmengen erzeugen; ein älteres (und größeres) Weibchen dagegen kann mehr und besser genährte Eier produzieren. Entbrennt der Kampf dagegen unter den Männchen um den Besitz der Weibchen, zahlt es sich eher aus, wenn man zuerst Eier produziert und die Männlichkeit so lange zurückstellt, bis Größe und Aggressivität des Erwachsenen erreicht sind.

Die sexuelle Gleichung hat zwei Seiten. Die Männchen konkurrieren um die Weibchen, und die Weibchen wählen sich diejenigen Männchen, die sie aus irgendeinem Grund attraktiv finden. Daß die Männchen kämpfen, liegt nahe, aber kann der ästhetische Geschmack der Weibchen sie zu solchen Anstrengungen veranlassen? Einer scheinbar so schwachen Ursache überhaupt eine Wirkung zuzuschreiben mag kindisch erscheinen; aber wenn ein Mann seinem Nachwuchs in kurzer Zeit nach seinen eigenen Standards ein elegantes Aussehen und Schönheit verleihen kann, gibt es keinen Grund zu bezweifeln, daß auch Vogelweibchen über Tausende von Generationen hinweg ausgewählt haben: Die Männchen, die nach ihren Schönheitsvorstellungen am besten singen oder aussehen, können durchaus eine spürbare Wirkung hinterlassen.

Die Weibchen bevorzugen tatsächlich den Frosch mit dem tiefsten Quaken, den Laubenvogel mit dem am schönsten verzierten Nest, die Pflanze mit der symmetrischsten Blüte und so weiter – ohne Ende. Warum? Zur Evolution solcher sexuellen Gewohnheiten sind viele Überlegungen angestellt worden, und dahinter stecken vielleicht ebenso viele Wahrheiten.

Der Auserwählte kann mit einer Mahlzeit oder mit einem Ort zum Leben nachhelfen. Viele Insektenmännchen geben ihrer Partnerin vor dem Sex etwas Leckeres zu essen. Je größer das Geschenk ist, desto besser genährt sind die Jungen und desto eher wird der Partner akzeptiert. Weibliche Taufliegen verdauen sogar das Ejakulat, damit es zur Eierproduktion beiträgt, aber andere Insekten verlangen mehr. Manche Schmetterlinge sind vor Feinden durch ein Gift geschützt, das sie aus Pflanzen aufnehmen. Das Männchen gibt mit seinen Samenzellen eine kräftige Dosis dieses Wirkstoffs weiter, der dann später auch in die Eier gelangt. Sein Duft (mit dem es das Weibchen anlockt) entspricht dem des Giftes; je mehr das Männchen von dem Lockstoff herstellen kann, desto besser sind die Eier seiner Partnerin geschützt und ein desto besserer Partner ist es.

Nicht immer überprüft ein Weibchen die Qualitäten der Männchen, denn das kostet Zeit und vermindert seine eigenen Wahlmöglichkeiten. Neben der Sexualität müssen die Weibchen auch Nahrung suchen und einen Platz finden, wo sie leben und Eier legen können. Deshalb widerstrebt es ihnen unter Umständen, ein Männchen zu akzeptieren. Manche weiblichen Insekten entwickeln scharfe Stacheln, um Bewerber abzuhalten. Eichhörnchen versuchen, ihre sexuellen Möglichkeiten offenzuhalten, indem sie den Kopulationspfropfen des Männchens fressen, sobald dieses sich aus dem Staub gemacht hat.

Die sexuelle Selektion führt zu einer *folie à deux*. Wählt immer die Beste den Schönsten aus, machen die Vorlieben der Weibchen und die Merkmale der Männchen eine gemeinsame Evolution durch. Es ist ein System mit eingebauter Unbeständigkeit, und wenn die sexuelle Zündschnur einmal in Brand gesetzt wurde, ist die Evolutionsexplosion mehr oder weniger garantiert. Hat ein attraktives Männchen attraktive Söhne, die von den anspruchsvollsten Weibchen ausgewählt werden, gewinnt der Prozeß an Eigendynamik, und es entstehen so seltsame Merkmale wie die Krone der Blaumeise. Wie weit eine solche Entwicklung gehen kann, wird von der natürlichen Selektion bestimmt. Selbst eine ultraviolette Krone ist aufwendig, denn sie ist für Sperber zu erkennen.

Die Weibchen wählen ihren Partner häufig anhand der Gene aus. Da Inzest dazu führen kann, daß ihre Jungen zwei Exemplare eines geschädigten Gens erben, ist ein Bruder oder Cousin als Partner weniger attraktiv als ein nicht verwandtes Männchen. In der Evolution haben sich ganze Systeme der Verwandtenerkennung entwickelt, damit solche Paarungen vermieden werden. So scheiden Mäuse mit ihrem Urin

Duftstoffe aus, anhand deren die Weibchen Männchen aus demselben Stamm identifizieren können, und Pflanzen sorgen durch entsprechende Kennzeichen von Pollen und Eizellen dafür, daß enge Verwandte sich niemals vereinigen. Aber warum macht ein Weibchen seine genetische Auswahl von einer auffälligen Krone oder zwei leuchtenden Hinterbacken abhängig? Was hat sie davon, wenn sie sich für ein derartig gut ausgestattetes Männchen entscheidet? Seine Eigenschaften erscheinen auf den ersten Blick nutzlos oder sogar widersinnig. Es ist – wieder einmal – eine Frage des Marketing. Ein ausgefallenes Signal ist unter Umständen ein allgemeiner Ausdruck der besonders gut entwickelten Lebensfähigkeit eines Männchens. Ein Pfau, der mit seinem Schmuck zurechtkommt, muß zweifellos ein besonders kräftiges Exemplar sein und gibt sicher einen hervorragenden Vater ab.

Reklame ist teuer, wie jeder Waschmittelproduzent weiß. Das macht einen Teil ihrer Wirkung aus, denn wenn eine Firma sich üppige Werbung leisten kann, muß es sich um ein solides Unternehmen handeln. Da dieser Maßstab durch Betrügereien entwertet wird, geben sich die Firmen große Mühe, ihre Marken zu schützen. Die Distiller's Company in London – die Firma, die Gordon's Gin und Johnnie Walker Whisky vertreibt – hat ein »schwarzes Museum« mit Nachahmungen aus der ganzen Welt (die am wenigsten plausibelste ist ein Shampoo namens Johnny Washy's Old Sloshy, das ein Kunde einmal versehentlich trank). Gegen die Hersteller solcher Plagiate zieht die Firma jedesmal vor Gericht, und jedesmal gewinnt sie. In Frankreich gab es einmal die Schnauzbart-Bande, eine brutale, gefürchtete Gruppe von Bankräubern. Die Kassierer lernten, ihnen das Geld auszuhändigen, sobald sie auftauchten. Aber schon nach wenigen Monaten erschienen Banden von Nachahmungstätern auf der Bildfläche, die das Markenzeichen, aber nicht die Gewalttätigkeit besaßen. Bald darauf schwand die einschüchternde Wirkung der Oberlippenbehaarung. Nach dem gleichen Prinzip wird auch ein schwächliches Spatzenmännchen, das sich mit dem schwarzen Lätzchen der sexuellen Dominanz schmückt, wegen dieser Anmaßung von anderen Männchen angegriffen.

Wenn ein Männchen sich ein derart aufwendiges Symbol leisten kann, ist es nützlich, es als Partner auszuwählen, denn seine Jungen sind dann ebenfalls gut ausgestattet. Bei den Baumfröschen bevorzugen die Weibchen diejenigen Männchen, die den längsten Ruf ausstoßen können – und dabei gewinnen sie nichts außer der DNA, denn das

Männchen macht sich aus dem Staub, bevor die Kaulquappen schlüpfen. Wird die Hälfte der Eier eines Weibchens von Männchen mit langem Ruf befruchtet, die übrigen aber von solchen, die kürzere Rufe von sich geben, wachsen die ersten schneller heran. Die Gene, für die ihr Vater mit seinem langgezogenen Quaken Reklame gemacht hat, nützen seinen Nachkommen tatsächlich.

Die Wirkungen der natürlichen und der sexuellen Selektion stehen in krassem Gegensatz. Die natürliche Selektion erreicht häufig mit unterschiedlichen Mitteln ähnliche Ergebnisse. Deshalb bedienen sich sowohl Wespen als auch Schlangen der Farben Schwarz und Gelb, um vor Gefahren zu warnen, und sowohl Schneehasen als auch Birkenspanner tarnen sich mit einem Fleckenmuster. Bei den sexuellen Merkmalen ist die Angelegenheit heikler. Jedes protzige Männchen trägt ein Kennzeichen, das für seine Art charakteristisch ist. Manche Laubenvögel sind auffällig leuchtend gefärbt, andere aber sind unauffällig und reizen ihre Weibchen statt dessen mit einer raffinierten Behausung. Es gibt (abgesehen vielleicht von der Größe) keine Ausdrucksform für sexuelle Qualitäten, die für alle Vogelmännchen oder alle Blüten gültig wäre. Vielleicht sind die Merkmale willkürlich, und die Weibchen trafen anfangs eine oberflächliche Entscheidung. Den Rest erledigt die sexuelle Selektion.

Manchmal wird das Männchen aufgrund der spezifischen Informationsverarbeitung des Weibchens auch fälschlich zum Signal. Das Gehirn eines Vogels ist völlig unbedarft. Gibt man einem Austernfischerweibchen ein Ei, das die normale Größe um ein Vielfaches überschreitet, verläßt es sein Nest und setzt sich auf die scheinbar gut zu erkennende Attrappe. Das Signal »Ei« ist stärker als alles, was das Weibchen an gesundem Vogelverstand besitzt. Weibliche Zebrafinken paaren sich bevorzugt mit Männchen, die rote Kunststoffringe an den Beinen tragen. Sie haben sogar eine besondere Schwäche für einen Partner, der mit einer weißen Kochmütze ausgestattet ist. Solche Kuriositäten mögen hergeholt erscheinen, aber sie sind nichts anderes als eine verstärkte Version dessen, was männliche Zebrafinken ohnehin besitzen: einen roten Schnabel und einen weißen Streifen im Gesicht, die bezeugen, daß der Vogel zum richtigen Bestand gehört. Beim Weibchen sind die Vorlieben tief im Gehirn verdrahtet, und immer besteht die Möglichkeit, daß der männliche Sexualpartner in die Wüste geschickt wird.

Beim Sex ist es wie im Geschäftsleben: Was letztlich zählt, ist nicht die Reklame, sondern der Umsatz. Unscheinbare Bewerber – die Discountläden in der Welt der Sexualität – schneiden unter Umständen ebensogut ab wie ihre eindrucksvollen Konkurrenten. Die Blauwange, ein in Nordamerika verbreiteter Barsch, lebt in einer auf Lügen aufgebauten Gesellschaft. Jeder Fisch begibt sich auf den Weg zu einer von mehreren möglichen sexuellen Verhaltensweisen. Das Männchen trifft mit zwei Jahren eine folgenschwere Entscheidung – soll es erwachsen werden oder ein Junges bleiben? Manche Exemplare reifen heran, während sie noch klein sind, andere schieben das Erwachsenwerden sechs Jahr oder noch länger hinaus und sind dann um ein Mehrfaches größer als ihre frühreifen Geschwister. Wenn bei diesen Spätentwicklern schließlich die Geschlechtsreife einsetzt, sind sie so groß, daß sie einen Hausstand verteidigen können.

Damit verfügen sie zwar über großartige Voraussetzungen, aber sie haben auch ein Problem: ihre listigen Geschwister, die in der Nähe lauern. Hat ein solcher Platzhirsch ein Weibchen in sein Revier gelockt, schießen die Rivalen darauf zu und geben ihren Samen ab. Er ist nicht eindrucksvoll verpackt, und es gibt keine Erfolgsgarantie, aber der Aufwand ist auch gering und die Chance immer noch groß genug, dem Konkurrenten auf diese Weise in den Rücken zu fallen. Werden die sexuellen Nassauer so groß, daß sie sich nicht mehr einschleichen können, wechseln sie die Taktik: Sie werden den Weibchen immer ähnlicher, bis sie sich gefahrlos in dem Revier herumtreiben können, wobei die einzige Gefahr darin besteht, daß der genarrte Herrscher ihnen den Hof macht. Taucht aber ein echtes Weibchen auf, macht sich die Täuschung des Transvestiten bezahlt. Er befruchtet ihre Eier und macht sich dann schnell aus dem Staub.

Ein großes Männchen umwirbt und befruchtet die Weibchen weitaus wirksamer als ein Vagabund oder ein Transvestit. Immerhin hat es viele Jahre gebraucht, um den Höhepunkt seiner sexuellen Leistungsfähigkeit zu erreichen – und während eines großen Teils dieser Zeit haben seine Konkurrenten auf hinterhältige Weise bereits ihre Gene weitergegeben. Wer lauern und lügen will, muß schnell reif werden. Das unscheinbare Aussehen der Betrüger und ihre Fähigkeit, den Markt auszunutzen, sind ebenso ein Produkt der sexuellen Selektion wie der muskulöse Körper ihrer Konkurrenten.

Welchem Spiel der Vorzug zu geben ist, hängt für die Blauwange wie für einen Supermarkt davon ab, was die anderen tun. Geht es in der Konkurrenz vor allem um Reviere, zahlen sich Betrügereien aus, denn das Wasser ist voller Rivalen, denen man Hörner aufsetzen kann. Sind es aber zu viele Lügner, finden sie nicht mehr genügend Objekte. Dann zahlt es sich aus, es anders zu machen als die übrigen. Wird eine Strategie selten, verschafft sie einen Vorteil – aber der geht wieder verloren, sobald sie sich allgemein verbreitet. Im Laufe der Zeit pendelt sich das System ein, so daß Hausherren und Eindringlinge ihre Gene gleichermaßen effizient weitergeben.

Das ist der Grund, warum beide Geschlechter bei den meisten Tieren in gleicher Zahl vorkommen. Schließlich sind Männchen und Weibchen als solche nichts anderes als Lösungsalternativen für das Problem, Gene weiterzugeben. Wenn ein einziges Männchen Dutzende von Partnerinnen befruchten kann – was ja der Fall ist –, wozu dann der Aufwand? Warum gibt es nicht hundert Weibchen und nur ein Männchen? Das hat einen einfachen Grund: Die seltenere Gruppe ist, wie bei den Blauwangen, stets besser dran. Sind so wenig Männchen vorhanden, daß jedes von ihnen immer jede Menge Partnerinnen findet, zahlt es sich aus, wenn Eltern Söhne haben. Bei Weibchenknappheit sind Töchter entsprechend von Vorteil. Das System gelangt schon bald in eine Balance, in der die Weitergabe der Gene über beide Geschlechter die gleiche Investition erfordert.

Sexuelle Selektion erklärt auch zum Teil die Evolution von Merkmalen, die auf den ersten Blick sinnlos erscheinen. Leider dient sie aber auch als allgemeine Ausrede. Alle Geschlechtsunterschiede auf diese Triebkraft zurückzuführen wäre unklug: Bei unseren Haustieren können wir nämlich sehen, wie beim männlichen Geschlecht seltsame Eigenschaften entstehen und erhalten bleiben (beispielsweise der Kehllappen der Brieftauben, hornartige Auswüchse bei den Hähnen bestimmter Geflügelrassen und so weiter), von denen wir uns nicht vorstellen können, daß sie den Männchen im Kampf nützen oder für die Weibchen attraktiv sind. Entsprechendes können wir auch in der Natur beobachten. Der Mensch hebt sich durch seinen Penis von den Primaten ab. Unser Geschlechtsorgan ist vergleichsweise riesig. Der Gorilla hat ein kleines Geheimnis: ein Glied von drei Zentimetern Länge. Auch die Schimpansen mit ihrem riesigen sexuellen Appetit (ein Männchen bringt es auf Hunderte von Geschlechtsakten mit mehreren Dutzend Weibchen im Jahr) sind kaum opulenter ausgestattet.

Warum haben Männer so große Genitalien? Als Ursache für die Größenzunahme des Penis wird manchmal die sexuelle Selektion angeführt. Wie beim Schwanz des Pfaus gewann sie einfach an Eigendynamik. Ein Penis dürfte für den Stoffwechsel keinen so großen Aufwand verursachen wie eine auffällige Schleppe, aber man stelle sich einmal vor, wie nützlich es wäre, wenn dieses ganze feste Fleisch für Gehirn oder Muskeln verwendet würde. Unser einzigartiges Organ dürfte ein Kriterium weiblicher Huld sein. Für diese Sicht scheint eine Tradition in Neuguinea zu sprechen, wo die Männer vom Stamm der Ketengban ihre natürliche Ausstattung mit einer spitz zulaufenden Hülle vergrößern – einem Penisrohr. Ohne diese etwa dreißig Zentimeter lange Rückversicherung, so sagen sie, fühlen sie sich nackt. Vielleicht sähe so die Evolution des Penis aus, wenn es nicht eine Gegenkraft gäbe. Immerhin ist er vor allem anderen ein Zeichen der Manneskraft.

In den meisten Gegenden der Erde ist der Penis natürlich kein Signal für besondere gesellschaftliche oder genetische Qualitäten, denn kaum jemand bekommt ihn zu sehen. Das Organ wird nicht auf dem Markt der Sexualität zur Schau gestellt, sondern bleibt bis zum letztmöglichen Augenblick verborgen. Selbst Don Giovannni trug kein Penisrohr. Der Duke von Edinburgh bekam vor langer Zeit auf einer Reise nach Neuguinea einmal eines geschenkt, aber er äußerte sich nie zu der Frage, ob er es anprobiert habe. Die meisten Männer im Westen machen es wie der Herzog. Sie sind stolz auf ihr Anhängsel, aber nur im Privatleben. Soweit man weiß, besteht hinsichtlich der Größe des Penis kein Unterschied zwischen Gesellschaften, die dieses nützliche Organ zur Schau stellen, und jenen, die es verbergen, aber da es beides gibt, neigt man nur allzu leicht zu der Option, die zur Theorie paßt. Natürlich dürften die Dinge zu einer Zeit, als es noch keine Hosen gab, anders gelagert gewesen sein, und der *Homo erectus* machte seinem Namen möglicherweise auf mehrfache Weise Ehre, aber die Vorstellung, das heutige männliche Glied sei das Ergebnis der sexuellen Selektion vor langer Zeit, ist noch schwerer zu überprüfen als die Frage, ob sexuelle Selektion heute wirksam ist.

Die suspekte Schmiegsamkeit des Penisarguments ist eine deutliche Warnung vor den Risiken, die damit verbunden sind, allzu intensiv nach der Hand der Selektion zu suchen. Unter Evolutionsforschern war es lange Zeit Mode, sich über die Behauptungen des Geistlichen William Paley lustig zu machen, der in seinem Buch *Natural Theology* (worin die berühmte im Heidekraut gefundene Uhr vorkommt, die angeblich die Existenz eines göttlichen Uhrmachers beweist) zahlreiche Beispiele für die Vollkommenheit des Körpers anführt und darin einen Beweis für die Existenz eines Schöpfers sah. Die Anhänger der Evolutionstheorie tun häufig genau das gleiche: Sie erheben jede Seltsamkeit bei Pflanzen oder Tieren zu einem Beleg für die natürliche Selektion. Manchmal haben sie damit recht; aber wer annimmt, alles müsse der Anpassung dienen, weil es eine Evolution durchgemacht hat, betreibt keine Naturwissenschaft, sondern Theologie. Die Selektion vollbringt so große Leistungen, daß blinder Glaube an ihre Fähigkeiten nicht notwendig ist.

Über die Kreuzung von Individuen. Sexuelle Selektion mit all ihrem Aufwand funktioniert natürlich nur, wenn es zwei verschiedene Geschlechter gibt. Die meisten Tiere erfüllen mit dieser seltsamen Strategie ihre Bestimmung. Aber die Aufteilung der Fortpflanzungsarbeit auf zwei Parteien hat so viele Nachteile, daß kaum zu erkennen ist, warum das System nicht aufgegeben wurde. Im zweiten Jahrhundert beteten fromme jüdische Männer dreimal am Tag: »Gelobt sei Gott, daß Er mich nicht als Frau erschaffen hat!« In Wirklichkeit stellt sich die Frage, warum sie (oder sonst irgend jemand) als Männer erschaffen wurden. Warum plagt sich eine Frau mit solchen Geschöpfen herum? Sie scheinen fast nutzlos zu sein. Würden die Männer aufgegeben, könnte eine Frau sofort doppelt so viele Töchter hervorbringen, die ihre DNA kopieren; und jedes Kind enthielte nur ihre eigenen Gene, ohne daß sie durch die eines Fremden verdünnt würden.

Was die Keuschheit (oder zumindest die ungeschlechtliche Fortpflanzung) betrifft, gehen die meisten Tiere und Pflanzen nicht aufs Ganze. Viele versuchen zwar, die Sexualität zu umgehen, aber häufig gelingt es ihnen nicht. Manche Lebewesen bedienen sich ihrer nur einmal im Jahr, und dazwischen liegen lange Phasen der Abstinenz, in denen sie Kopien ihrer selbst herstellen. Andere sind Zwitter, und wieder andere halten es unzählige Generationen lang ohne Männchen aus. Dennoch scheint es, als seien Kreuzungen mit einem anderen Individuum gelegentlich – vielleicht in sehr langen Abständen – unentbehrlich. Daß die Sexualität erhalten blieb, ist eines der Rätsel in der Biologie. Wie beim Schwanz des Pfaus ist die Theorie den Tatsachen, die sie stützen, weit voraus.

Viele Zwitter – zum Beispiel Schnecken – betreiben, so eine Formulierung von Woody Allen, »Sex mit jemandem, den man wirklich liebt«: Sie paaren sich mit sich selbst. Deshalb erben ihre Nachkommen in der Regel zwei Exemplare desselben Gens, so daß sie sich überdurchschnittlich ähnlich sind. Setzt sich dieser Vorgang lange genug fort, sind am Ende alle Angehörigen einer Abstammungslinie genau gleich. Dabei kommen auch Gene zum Vorschein, die besser verborgen blieben. Die Überlebenden sind von ererbten Schwächen gereinigt, haben aber ihre Vielfalt verloren.

Für britische Schnecken ist der Sex in Preston zu Ende. Nördlich davon zieht sich die allgemein bekannte große Nacktschnecke, die in Gärten und freier Wildbahn vorkommt, aus der sexuellen Arena zurück und führt die Inzucht zu ihrer logischen Konsequenz. Schottische und skandinavische Schnecken sind letztlich ein einziger Stamm aus vielen Milliarden genau gleichen Tieren. Weiter südlich schlagen die Schnecken auf den Berggipfeln von Wales und in Dartmoor (und seltsamerweise auch in Teilen von Cambridge) den gleichen Weg der Fortpflanzung ein. Das Prinzip »weniger Sexualität in kalten Gegenden« findet man bei vielen Lebewesen. Es ist ein Indiz dafür, warum Sex erhalten bleibt: Angesichts der vorhersehbaren Widrigkeiten durch Frost und Hunger ist es besser, wenn sich eine einzige Ausstattung mit widerstandsfähigen Genen entwickelt, die nie mehr durch die Vermischung mit anderen beeinträchtigt wird. In den schwüleren Gegenden der Welt – in Cheshire oder im Amazonasbecken – stammen die Feinde weniger aus der Physik als aus der Biologie: Es sind andere Tiere (einschließlich der Parasiten). Diese machen ihrerseits ebenfalls eine Evolution durch, und dann ist es unverzichtbar, daß durch Sexualität ständig neue genetische Kombinationen entstehen, damit die Opfer eine Chance haben.

Sexualität ist nicht nur ein Ausweg aus der quälenden Langsamkeit der Evolution, sondern auch eine geniale Methode zur Herstellung von Sündenböcken, die sich dann selbst opfern und die anderen von der Buße für ihre genetischen Sünden erlösen. Durch das Mischen der Fortpflanzungskarten treffen manchmal mehrere schlechte Gene zusammen; dann werden sie alle auf einmal beseitigt, und der Preis ist nur der Tod eines einzigen Genträgers. Nach biblischer Art trägt er bei seinem Hinscheiden auch die Schuld vieler anderer. Wie im Leben, so sind Sexualität und Sünde auch in der Genetik enge Verbündete, und in beiden Fällen sind wir gleichermaßen weit von einer überzeugenden Erklärung entfernt.

Günstige Umstände für die natürliche Selektion. Was nützt der natürlichen Selektion? Günstig ist eine große Zahl erblicher, breit gestreuter Abwandlungen. Bei einer großen Individuenzahl bestehen bessere Aussichten, daß in einer bestimmten Zeitspanne nützliche Abwandlungen auftauchen; das ist ein Ausgleich für geringere Variabilität in jedem Individuum und ein äußerst wichtiges Element des Erfolgs. Und am günstigsten für die Entstehung vieler neuer Lebensformen ist eine große, zerklüftete Fläche auf einem Kontinent, die diesen Zustand über lange Zeit hinweg beibehält.

Mit anderen Worten: Die Bakterien werden ihren Kampf gegen die Medizin in jedem Fall gewinnen. Nirgendwo sonst findet der Krieg der Evolution in einer Arena statt, in der ein Spieler alle Trümpfe in der Hand hat. Bakterien zeigen uns, was die natürliche Selektion braucht und wozu sie in der Lage ist, wenn sie die Gelegenheit hat.

Die Murray Collection ist eine Sammlung von Standardstämmen gefährlicher Bakterien, die zwischen 1914 und 1950 isoliert und seitdem ständig in Flüssigkeiten am Leben erhalten wurden. Regt man diese Stämme durch Wärme und Nährstoffe wieder zur Vermehrung an, sprechen sie ausnahmslos auf jedes der vielen Dutzend Antibiotika an, die heute in Gebrauch sind. Sie erinnern uns daran, welche Revolution diese Medikamente ausgelöst haben. Vor dem Zweiten Weltkrieg waren die Krankenstationen voller Patienten, die wegen einer Blutvergiftung zu einem entsetzlichen Tod verdammt waren. Nachdem es das Penicillin gab, heilte man sie mit ein paar Spritzen. Aber diese glorreichen Zeiten werden bald vorüber sein, und schuld ist die Evolution.

Antibiotika sind zu einem Menschenrecht geworden. Das Penicillin wurde in den vierziger Jahren zum erstenmal benutzt. Seine Geschichte ist ein Musterbeispiel für natürliche Selektion. Den ersten resistenten Stamm fand man schon nach einem Jahr, und er verbreitete sich schnell. Vor zwanzig Jahren konnte das Medikament noch die Bakterien töten, die Meningitis auslösen. Heute sind in vielen Gegenden – darunter die Vereinigten Staaten und Frankreich – drei Viertel der Stämme dagegen gefeit. Je häufiger die Wirkstoffe benutzt werden, desto mehr breitet sich die Resistenz aus. In Norwegen, wo Antibiotika unter strenger Kontrolle stehen, ist unter den Erregern der Blutvergiftung nur einer von fünfhundert Stämmen resistent gegen mehrere Medikamente, in Griechenland dagegen, wo man sie ohne Verschreibung erhält, ist die Hälfte der Stämme unempfindlich.

Die natürliche Selektion hat mit Hilfe der Dummheit über die Medizin triumphiert. In den Vereinigten Staaten werden jedes Jahr zwölf Millionen Antibiotikadosen gegen Erkältung oder Halsentzündung gegeben – obwohl sie in solchen Fällen nicht helfen. In vielen europäischen Ländern wird täglich mehr als eine Tonne verbraucht, und das meiste davon wird vergeudet. Noch schlimmer sieht es in der Dritten Welt aus: In Kenia werden starke Medikamente wie Tetracyclin und Ampicillin auf der Straße verkauft. Eine noch größere Menge bringen die Bauern in die Umwelt, die solche Chemikalien dem Tierfutter zusetzen. Zu ihren »wachstumsfördernden« Mitteln gehören Substanzen, die von der Medizin eines Tages dringend benötigt werden könnten. Sie zu verfüttern könnte fast dazu gedacht sein, die Evolution absichtlich zu beschleunigen. Auch hier steht Afrika an der Spitze. Ein Pulver beizumischen ist einfacher, als einen Bauernhof sauberzuhalten, und der Darm kenianischer Hühner ist angefüllt mit Bakterien, die gegen Tetracyclin resistent sind. Heute spritzt man Obstbäume, um Schädlinge zu töten, und Lachszüchter verbrauchen die Medikamente säckeweise. Der neueste Dreh sind Lebensmittelverpackungen aus Kunststoff, die man zur Abwehr nicht vorhandener Gefährdungen der Gesundheit mit bakterienhemmenden Wirkstoffen behandelt.

Warum haben sich die Erreger so gut behauptet? Zunächst einmal gibt es eine Menge von ihnen. Nur zehn Prozent der Zellen in unserem Körper sind menschlich. Der Rest besteht zum größten Teil aus Bakterien (ein paar Pilze, Milben und Würmer gehören allerdings auch zu der Mischung). Sind die Bedingungen günstig, verdoppelt sich die Einwohnerzahl eines britischen Darms ungefähr alle zwanzig Minuten. Weltweit liegt die Bevölkerungszahl der Bakterien in einer Größenordnung von einer Zehn mit dreißig Nullen. Bakterien sind so verbreitet, daß unter ihnen auch die unwahrscheinlichsten Ereignisse fast zwangsläufig eintreten. Mutationen sind praktisch garantiert: Eines unter Milliarden Individuen zieht in der genetischen Lotterie mit Sicherheit das Große Los. Das ist der Grund, warum viele von ihnen nur selten sexuell aktiv werden (manche allerdings, beispielsweise der Erreger der Gonorrhöe, betreiben genausoviel Sex wie andere Lebewesen). Die meisten Bakterien haben es nicht nötig, Gene mit anderen auszutauschen, denn es tauchen ohnehin unablässig jede Menge Varianten in der eigenen Familie auf.

Wenn nötig, betrügen Bakterien auch. Die DNA wird durch einen Mechanismus unterstützt, der die Zahl der Fehler bei jedem Kopiervorgang niedrighält. Aber wenn die Verhältnisse schwierig werden oder wenn natürliche Feinde eine schlaue Strategie haben, umgehen sie ihren eigenen Reparaturapparat; daraufhin steigt die Mutationsrate an – ein letzter Versuch, Varianten hervorzubringen und sich auf diese Weise zu retten. Auch manche Medikamente setzen diese Notreaktion in Gang und helfen damit ihren Objekten, sich zu wehren.

Dennoch ist die Mutationsrate je Gen sehr gering: Sie liegt bei etwa eins zu zehn Millionen. Alle neuen Varianten sind zunächst selten, und die meisten verschwinden wieder, bevor die Selektion sie zur Kenntnis nimmt. In Manchester gab es im neunzehnten Jahrhundert zweifellos Hunderte von Schmetterlingen mit ganz neuen Genen für schwarze Flügel. Sie scheiterten in ihrer Mehrzahl aus Gründen, die mit der Umweltverschmutzung nichts zu tun hatten – sie verhungerten oder ertranken in einem Wolkenbruch. Die Erfolgsaussichten eines neuen Gens sind also geringer, als es vielleicht den Anschein hat. Der Birkenspanner war so verbreitet, daß die Spezies den zufälligen Tod der meisten neuen schwarzen Exemplare verkraftete (wobei es allerdings zwanzig Jahre dauerte, bis das Gen Erfolg hatte). Für die vielen Milliarden Bakterien in einem respektablen Furunkel ist es so gut wie ohne Bedeutung, wenn ein paar Mutationen verlorengehen.

Auch die Geografie spielt in der Gleichung der Evolution eine Rolle. Wenn alle in derselben Gegend leben und denselben Herausforderungen gegenüberstehen, ist die Selektion absolut: Eine neue Mutation hat Erfolg und setzt sich durch, oder sie scheitert, und die gesamte Population stirbt. In einer unterteilten Gruppe finden manche Individuen unter Umständen einen sicheren Schlupfwinkel, wo sie auf eine günstige Mutation warten können.

In New York gab es in den achtziger Jahren eine Tuberkuloseepidemie, und zwar vor allem unter den Armen. Bei farbigen Männern lag die Infektionshäufigkeit fünfzigmal höher als im Landesdurchschnitt. Durch eine langwierige Behandlung mit den richtigen Medikamenten kann man die Krankheit heilen, aber in New York war die Resistenz nicht mehr einzudämmen. Die meisten Patienten hielten die Therapie nicht durch: Sie fühlten sich nach einer ersten Dosis besser, es gab Nebenwirkungen, und die meisten von ihnen lebten unter so chaotischen Bedingungen, daß sie nicht die gesamte Behandlung schafften. In Harlem nahm nur eine kleine Minderheit der Patienten mehr als ein paar Tabletten; die meisten gaben auf.

Die Folge war, daß die Medikamentenresistenz in den Armenvierteln prächtig gedieh. Bald darauf breitete sie sich auch auf die wohlhabenden Teile der Stadt aus, wo man die Krankheit schon besiegt glaubte. Ein Resistenzreservoir, aufrechterhalten durch niedrige Medikamentendosen – mehr war nicht erforderlich, um alle Versuche zur Beseitigung der Tuberkulose zu vereiteln. Viele Städte sind große Kontinente voller Menschen, aber die der Vereinigten Staaten sind durch soziale Schranken aufgeteilt, und Erfolge auf einer ihrer vielen Menscheninseln werden durch Fehlschläge auf einer anderen zunichte gemacht. An Orten, wo die gesamte Bevölkerung behandelt wird, ist die Tuberkulose ausgerottet worden.

Die Ausbreitung der Gene wird von Sex ebenso stark gefördert wie von der Politik. Bakterien betreiben nur selten die herkömmliche Sexualität, nutzen sie aber bei Bedarf auf vielfältige, erfindungsreiche Weise. Geschlechtskrankheiten entstanden bei ihnen schon früh. Infektiöse Teilchen, Plasmide genannt, bewegliche DNA-Abschnitte, die in das genetische Material eines Bakteriums eingebaut werden, verdoppeln sich (ganz ähnlich wie die Aidsviren in menschlichen Zellen) jedesmal, wenn sich auch ihr Wirt verdoppelt. Manche können von einem Wirt zum anderen springen und nehmen dabei Resistenzgene mit. Im Laufe der Zeit können sich in einem einzigen Plasmid viele derartige Gene ansammeln und für ihr Bakterium zu einer wertvollen Hilfe werden.

Auch in der Murray Collection gab es zahlreiche Plasmide, aber keinerlei Resistenzgene. Heute sind ihre Nachkommen voller Gene, die sie befähigen, mit mehreren Antibiotika fertig zu werden. Viele Plasmide mit Mehrfachresistenzen tauchten zuerst in Krankenhäusern auf, aber heute findet man sie überall. In Madagaskar ist ein einziger Stamm des Pestbakteriums unempfindlich gegen Ampicillin, Chloramphenicol, Streptomycin, Spectinomycin, Kanamycin, Tetracyclin und Sulfonamide. Die Gene für alle sieben Resistenzen liegen auf einem einzigen kurzen Stück beweglicher DNA. Mit sechzig Millionen Flugreisenden im Jahr können Gene recht schnell wandern. Ein resistenter Erreger der Lungenentzündung, der zunächst in Spanien auffiel, trat innerhalb von fünf Jahren auch in den Vereinigten Staaten, Korea und Südafrika auf. Und was noch schlimmer ist: Plasmide können auch von einer Spezies zur anderen springen. Manche resistenten Formen unserer harmlosen Darmbewohner sind auf Krankheitserreger (beispielsweise den Erreger der Gonorrhöe) übergegangen und haben sie mit einem Schlag vor mehreren Medikamenten geschützt.

Bakterien lassen auch erkennen, wie die natürliche Selektion vorgeht. Die Evolution ergreift und benutzt mit Vergnügen alles, was gerade bei der Hand ist. Sie bedient sich neuer Mutationen, sobald sie auftauchen, aber ebenso bereitwillig nimmt sie mit dem bereits Vorhandenen vorlieb. Manche resistenten Bakterien bauen ein Antibiotikum ab, andere verhindern, daß es in die Zelle eindringt, pumpen es hinaus oder speichern es an einer Stelle, wo es keinen Schaden anrichtet. Manchmal entwickeln sich ganz neue Teile der biochemischen Ausstattung, aber in den meisten Fällen werden zu diesem Zweck ganz alltägliche Gene nutzbar gemacht. Das Tetracyclin beispielsweise können Bakterien auf zwanzig verschiedene Arten unschädlich machen, und beim Penicillin sind es fast ebenso viele. Am wirksamsten werden die Medikamente von ganz gewöhnlichen Enzymen zerstört, welche die resistenten Stämme in großen Mengen herstellen. Dafür bezahlen die Erreger einen hohen Preis: Durch die Notwendigkeit, den Feind abzuwehren, werden ihre inneren Vorgänge so stark beeinträchtigt, daß sich eine bakterielle Drogensucht entwickelt – ohne das Gift, das sie auslöschen soll, können sie nicht mehr existieren.

Die letzte neue Antibiotikaklasse wurde vor zwanzig Jahren entdeckt, und weitere stehen nicht mehr am Horizont. Die Medizin dürfte ihre beste Zeit bald hinter sich haben, aber die Antibiotika haben in ihrer kurzen Blütezeit auf beispiellose Weise gezeigt, was die Evolution zur idealen Erfüllung ihrer Aufgaben braucht.

Aussterben. Die schöpferische Kraft der Evolution hat auch eine Kehrseite: Das heutige Dasein geht auf Kosten des Todes fast aller Lebewesen, die vorher existiert haben. Die Vorstellung von einer Vergangenheit, die heute vorüber ist, beunruhigt die Fundamentalisten, denn sie weckt Zweifel an der Vollkommenheit von Gottes Plänen. Thomas Jefferson war aus diesem Grund so besorgt, daß er den Entdeckern Lewis und Clark sagte, sie sollten bei ihren Reisen auf dem neuen Kontinent nach Mastodonten Ausschau halten. Auch Charles Lyell, der Geologe, der mit seinen Arbeiten Darwins Ansichten prägte, leugnete die Idee, es könnte etwas verlorengegangen sein. Statt dessen stellte er sich eine Zeit vor, in der »das Pterodactylum wieder durch schattige Wälder aus Baumfarnen flattert«. Aber das Aussterben ist ein unentbehrlicher Teil der Evolutionsmaschinerie, und es ist ebenso unvermeidlich wie die Entstehung der Arten.

Der Naturschutzbewegung ist es zu verdanken, daß man solche Katastrophen heute nicht mehr übersehen kann. Die Besorgnis der Öffentlichkeit über das Schicksal unseres Planeten leidet am Übermaß. Nachdem schon seit zwanzig Jahren über die bevorstehende Katastrophe lamentiert wird, hat sich allgemein die Ansicht breitgemacht, die Lage könne nicht so schlimm sein, wie sie dargestellt wird. Viele, die früher wegen der Umwelt beunruhigt waren, teilen heute die Empfindungen Voltaires, wonach man der Krise am einfachsten entgeht, indem man den letzten Panda mit dem Darm des letzten Blauwals erwürgt. Die heutige Katastrophe unterscheidet sich nicht von vielen anderen (und sie ist viel kleiner als manche unvorhergesehene Vorfälle, die das Leben in der Urzeit heimsuchten). Nur die wenigsten Pflanzen und Tiere bleiben über lange Zeit erhalten. Unsere heutige Welt besteht aus den Nachkommen sehr weniger Arten, die sich durch die natürliche Selektion gewandelt haben. Manche Überlebenden schaffen es, Zigmillionen Jahre lang unverändert zu bleiben, aber bei den meisten folgt auf die Geburt schon bald der Tod.

Warum geht es mit Pflanzen- oder Tierarten zu Ende? Die Antwort: Wenn sie durch den langsamen Prozeß der natürlichen Selektion entstehen, warum sollen sie nicht auch durch denselben Prozeß wieder verschwinden? Wenn alle Gebiete bereits vollständig mit Bewohnern ausgestattet sind und wenn dann der Bestand einer von der Selektion begünstigten Form zunimmt, müssen sich die weniger begünstigten Formen verringern und selten werden. Entstehen besser angepaßte Nachfolger, werden andere in die Ecke gedrängt. Sie werden wieder zu dem großen Kampf um das Leben gezwungen, bis sie am Ende nicht mehr da sind. Wie die British Motor Company wurden sie von ihren besser angepaßten Nachfolgern in den Ruin getrieben.

Die Belege finden wir in den Fossilien. Es gab zwar in der Vergangenheit einige große Wellen, die zu bestimmten Zeiten mehr neue Formen hervorbrachten, aber das große Bild ist einheitlich. Während der letzten fünfhundert Millionen Jahre mit all ihren ökologischen Krisen und Umwegen sind neue Arten immer mit fast gleichbleibender Geschwindigkeit entstanden. Aus einer großangelegten Untersuchung an mehreren zehntausend Meerestieren aus diesem Zeitraum ergab sich eine Rate von vierhundertfünfzig neuen Arten pro Jahr. Die Welt ist mehr oder weniger gefüllt. Jede neue Form muß einen Vorgänger verdrängen – nur dann hat sie eine Chance, und zu gegebener Zeit wird sie selbst wiederum verdrängt werden.

Manchmal bleiben einige Überlebende einer früheren Zeit zurück und bilden Reste einer uralten Form. Die Lungenfische tauchten schon vor vierhundert Millionen Jahren zum erstenmal auf. Sie bildeten eine lebhafte, vielgestaltige Gruppe und paßten sich an alles an, was ihnen begegnete. Ein jüngerer Zweig der Familie spielte eine wichtige Rolle für den Übergang der Wirbeltiere vom Wasser zum Land. Und dann, ganz plötzlich, verlangsamte sich die Evolution der Lungenfische, während sich die der anderen Wirbeltiere explosionsartig beschleunigte. Heute ist nur noch ein halbes Dutzend Arten übrig. Sie führen ein unscheinbares Leben in den Seen und Flüssen Afrikas, Südamerikas und Australiens, wo sie sich für den größten Teil des Jahres im Schlamm verbergen. Als lebende Fossilien erinnern sie uns an eine gewaltige Fülle von Organismen, die heute zum größten Teil ausgestorben sind.

Jede Form, die nur mit wenigen Individuen vertreten ist, wird allein durch die jahreszeitlichen Schwankungen oder durch die wechselnde Zahl ihrer natürlichen Feinde mit beträchtlicher Wahrscheinlichkeit völlig aussterben. Wenn sich im Laufe der Zeit durch natürliche Selektion neue Arten bilden, werden andere seltener. Von nun an spielen Glück oder Pech eine wichtige Rolle. Zumeist fallen sie zwar der Zeit und dem allmählichen Auftauchen neuer, besserer Formen zum Opfer, aber der Zufall ist ebenfalls von Bedeutung. Die Dickhornschafe in den Rocky Mountains werden schon seit über hundert Jahren untersucht, und in dieser Zeit sind alle Gruppen, die fünfzig oder weniger Tiere umfaßten, ausgestorben. Beim Glücksspiel mit der Natur zahlt sich Stärke aus.

Über das Aussterben etwas Sicheres zu sagen ist schwierig. Schließlich schreibt niemand in der Zeitung über den letzten Kuckuck des Frühlings. Das jüngste Fossil der Quastenflosser, einer Gruppe von Fischen, der früher eine große Bedeutung für die Entstehung der Landtiere zugeschrieben wurde, ist achtzig Millionen Jahre alt, und man glaubte, die Abstammungslinie sei für alle Zeiten verschwunden. Dann, 1938, wurde vor der Küste Südafrikas ein Exemplar dieser bemerkenswerte Tiere gefangen. Eine Zeitlang sah es so aus, als bestünde die Population der Quastenflosser nur aus wenigen hundert Tieren, die vom Aussterben bedroht waren; aber sechzig Jahre später führte ein Exemplar, das auf einem Markt in Indonesien zum Verkauf angeboten wurde, zur Entdeckung vieler weiterer Quastenflosser, die Tausende von Kilometern entfernt vor der Küste von Sulawesi lebten. Möglicherweise ist die Gruppe im ganzen Pazifik verbreitet.

Die gleiche Unsicherheit besteht auch an anderer Stelle. Es sind etwa eine halbe Million Käferarten bekannt; die meisten von ihnen wurden jedoch entdeckt, indem man tropische Bäume mit Gas behandelte, und deshalb sind viele von ihnen nur von einem einzigen Ort bekannt. Wenn sie bei einem zweiten Besuch fehlen, muß das nicht heißen, daß sie verschwunden sind, sondern unter Umständen befinden sie sich auch nur auf einem anderen Baum. Oft tauchen Arten wieder auf, die bereits als ausgestorben galten. In Kalifornien, wo man sich um den Verlust von Mittelmeerpflanzen große Sorgen machte, war die Zahl derer, die man ausgestorben glaubte und dann wiederentdeckte, sogar größer als die Zahl der tatsächlich verschwundenen Arten. Dennoch: Hinsichtlich der Zerstörung dessen, was die Evolution hervorgebracht hat, leben wir in einer interessanten Zeit. Sie liefert den Beweis, wie schnell die Selektion ihre grausige Arbeit ausführen kann, sobald sie die Gelegenheit dazu erhält. Überall auf der Welt wurden Lebensformen hinweggefegt wie von einer mörderischen Seuche. Diese Seuche ist der Mensch mit seinem Zubehör.

In jedem beliebigen Augenblick schweben hunderttausend Menschen über dem Atlantik. Manche von ihnen schmuggeln Pflanzen und Tiere aus anderen Ländern, aber viel mehr haben Samen, Insekten und anderes in ihren Hosenumschlägen oder im Gepäck. Andere blinde Passagiere reisen in Blumenerde und Verpackungskisten, oder sie werden als Nahrung oder zur Verzierung eingeführt. Viele dieser Wanderer finden in ihrer neuen Umgebung ein Zuhause und verdrängen die einheimischen Arten. Am schlimmsten sind diejenigen, die – wie Menschen, Ratten oder Igel – viele verschiedene Dinge fressen können. Wenn sie sich entschlossen haben, die Eier eines seltenen Vogels zu plündern, lassen sie diesen unter Umständen aussterben, während sie sich selbst mit anderer Nahrung am Leben erhalten. Die

Katzen auf der Marion-Insel in der Subantarktis töteten jährlich vierhunderttausend Seevögel, bevor sie selbst von einem Virus ausgerottet wurden. Auf Stephens Island in der Cook-Straße brachte die Katze des Leuchtturmwärters das erste Exemplar des bis dahin unbekannten Stephens-Island-Zaunkönigs nach Hause; ihre Nachkommen fraßen den restlichen Bestand.

Als die Europäer 1535 zum erstenmal auf die Galapagosinseln kamen, war der Archipel unbewohnt. In den Lavaröhren, von denen die Landschaft übersät ist, fand man eine halbe Million versteinerte Reptilien- und Vogelknochen. In den achttausend Jahren, bevor die Spanier landeten, gingen auf jeder der Inseln höchstens drei der einheimischen Wirbeltierarten verloren. Seit vor vierhundert Jahren das Gemetzel begann, ist die Aussterberate um das Hundertfache angestiegen. Katzen, Hunde, Ziegen, Schweine und Ameisen richteten gewaltige Schäden an. Wespen wurden in den neunziger Jahren eingeführt und breiteten sich aus. Im Jahr 1998 gab es auf den Inseln fünfhundert verschiedene fremde Pflanzenarten. Die Guave ist ebenso zu einer Plage geworden wie eine Ranke, die man »Fluch Indiens« nennt. Brombeeren und Passionsblumen sind auf dem Vormarsch. Wenn sie heranwachsen, nehmen sie den botanischen Pendants der Darwin-Finken das Licht. Die Inselgruppe besitzt einzigartige Kakteen, aber viele davon wurden durch die Ranken erwürgt. Das wiederum schädigt die Riesenschildkröten und die Landechsen, die sich von den Kakteen ernähren. Der Floreana-Flachs, der sich nur auf einer einzigen Insel entwickelte, ist heute noch mit acht Wildpflanzen und drei weiteren im künstlichen Anbau vertreten. Da die menschliche Bevölkerung um zehn Prozent im Jahr wächst, sieht die Zukunft düster aus.

Und der Notstand beschränkt sich keineswegs auf die Galapagosinseln. Weltweit dürfte die Hälfte aller Vogelarten während der kommenden dreihundert Jahre verschwinden, eine Aussterberate, die tausendmal größer ist als jene, die sich in den meisten Fossilfunden abzeichnet. Etwa ein Zwanzigstel aller Menschen, die es jemals gegeben hat, sind heute noch am Leben, im Vergleich zu nur einem Tausendstel aller verschiedenen Tier- und Pflanzenarten. Das Schicksal der Verschwundenen zeugt ebenso von der Kraft der natürlichen Selektion wie der Triumph der Überlebenden. Biologen klagen häufig über die ökologische Krise – über den Verlust des Kabeljaus, der Wale oder der Dodos –, als sei sie etwas, das völlig außerhalb der normalen

Evolution steht. Aber das stimmt nicht: Für die Wissenschaft ist sie eine reizvolle Gelegenheit. In den Jahren seit Darwin erleben wir ein Evolutionsexperiment; es zeigt uns, wie besser angepaßte Formen immer diejenigen verdrängen, die mit den Verhältnissen weniger gut fertig werden.

Divergenz des Charakters. Da alle Tiere mit ihren Verwandten konkurrieren müssen, begünstigt die Evolution diejenigen Eigenschaften, in denen sie sich voneinander unterscheiden. Je mehr dies möglich ist, desto weniger sind ihre einzelnen Schöpfungen auf knappe Güter angewiesen. Je vielgestaltiger die Nachkommen einer einzelnen Art in Körperbau und Gewohnheiten sind, desto besser können sie sich in der Gemeinschaft der Natur an vielen unterschiedlichen Orten behaupten.

Im Westen Kanadas sind Seen und Flüsse voller Stichlinge. Sie können hier erst seit kurzer Zeit heimisch sein, denn noch vor wenigen tausend Jahren war ganz Kanada von Eis bedeckt. Die meisten derartigen Fische leben im Meer oder in den Mündungsgebieten der Flüsse, und das Süßwasser wurde bei vielen unabhängigen Gelegenheiten besiedelt. Es gibt zwei Formen der Süßwasserstichlinge, die manchmal im selben See vorkommen. Die erste hat einen gedrungenen Körper und lebt im seichten Wasser, wo sie sich von Maden ernährt. Die andere wird länger und hat ein kleineres Maul, das sich für das offene Wasser und das Fressen von Wassertieren an der Oberfläche eignet. Die beiden Formen leben auf verschiedenen Steinen eines ökologischen Mosaiks. Jede gedeiht viel besser in ihrem ursprünglichen Lebensraum, und jede ist vor nicht allzu langer Zeit in einem eigenen Gewässersystem entstanden. Die Fische der beiden Typen kreuzen sich nicht mehr: Wenn sie noch keine getrennten Arten sind, so befinden sie sich doch zumindest auf dem Weg zu einer eigenen Identität.

Die Fische in kleinen Seen mit nur einer Stichlingsart gehören zu einer Zwischenform. Setzt man sie dem Wettbewerb mit den Spezialisten aus, versagen sie. Sobald sich für die Stichlinge die Gelegenheit ergibt, entwickeln sie sich zu zwei Formen auseinander, die jeweils ihre eigene seltsame Lebensweise und Struktur haben, so daß sie mehr von dem nutzen können, was der See ihnen bietet. Auch der kanadische Blaurückenlachs kommt in mehreren Formen vor; der *sockeye* wandert vor dem Laichen ins Meer, der kleinere *kokanee* bleibt während seines ganzen Lebens im Süßwasser. *Sockeyes*, die in einen noch nicht besiedelten See gebracht werden, entwickeln sich sehr schnell zu einer neuen, kleineren Form, die ebenfalls im heimischen Gewässer bleibt – wiederum ein Beleg, daß Druck zur Aufspaltung führt.

Dieses Prinzip der Divergenz ist der natürlichen Selektion inhärent: Es sorgt für zunächst kaum merkliche Unterschiede, die sich stetig verstärken, bis die Nachkommen sich in ihren Eigenschaften sowohl untereinander als auch von der gemeinsamen Ausgangsform unterscheiden. Fast in einer Momentaufnahme kann man das Prinzip bei einem Vorgang beobachten, der sich manchmal bei Schnecken, Wasserflöhen und Pflanzen abspielt: Eine Variationsbreite, die sich durch eine ganze Population zieht, spaltet sich in eine Reihe ungeschlechtlicher Abstammungslinien auf. Eine zunächst vielgestaltige Gruppe teilt sich in eine Anzahl unterschiedlicher Klone, von denen jeder einen Teil der Vielfalt der sexuellen Ausgangsform enthält.

Eine bestimmte Art neuseeländischer Süßwasserschnecken kommt sowohl in einer geschlechtlichen als auch in einer ungeschlechtlichen Form vor. Die sexuelle Variante wird in einem See von mehreren Dutzend Tochterklonen begleitet. Außerdem findet man die sexuelle Form in ihrer ganzen Vielfalt an den meisten Orten, während sich die einzelnen Klone jeweils auf einen eigenen, eng begrenzten Lebensraum – in einer bestimmten Tiefe und an bestimmten Pflanzen – beschränken. Sie sind an ganz bestimmte Stellen gebunden und nicht in der Lage, in die ebenso dicht besetzte Nachbarnische einzudringen. In ihrem engen Leben spiegelt sich die Tatsache wider, daß die heftigste Konkurrenz in der Regel zwischen denjenigen Formen herrscht, die in Lebensweise und Körperbau am nächsten verwandt sind. Die Schnecken zeigen uns, wie fein der Evolutionskuchen aufgeteilt sein kann.

Nach Europa wurde die Schnecke in den achtziger Jahren des neunzehnten Jahrhunderts eingeschleppt; sie kam mit einer Ladung Schiffsballast, die ungefähr in der Gegend der heutigen trostlosen Vorstadt Thamesmead in die Themse geworfen worden war. Von dort breitete sie sich auf die meisten Seen, Flüsse und Bäche Europas aus. Ihr fehlt jede Art von Sexualität; es gibt nur die drei Klone, die eingeschleppt wurden, und nicht die vielen hundert, die man in ihrer Heimat findet. Sie teilen den verfügbaren Platz fein säuberlich unter sich auf, und jede besetzt ein breites Spektrum von Lebensräumen, von Teichen bis zu

Flußmündungen. Ohne die zahllosen Konkurrenten können sie es sich leisten, sich auszubreiten, ohne daß sie von ihren Verwandten in immer kleinere Nischen gequetscht werden. Wie jedes Wirtschaftsunternehmen, so muß auch das Leben seine Produktion diversifizieren, sonst hat es keinen Erfolg. Deshalb muß die Evolution – wie der Kapitalismus – ständig laufen, nur um am gleichen Ort zu bleiben. Wenn die Kinder ihre Eltern überholen, haben diese keine andere Wahl, als eine andere Branche zu finden oder zu sterben.

Diese brutale Tatsache setzte die industrielle Revolution in Gang und ist auch heute noch eine Triebkraft der Wirtschaft. Geschäftlicher Erfolg ist wie das Leben selbst auf einen ständigen Zustrom von Energie angewiesen. Im heutigen London oder Manchester kommt er nicht mehr aus den kohlebefeuerten Heizkesseln, welche die Menschen der viktorianischen Zeit und ihre Schmetterlinge vergifteten, sondern aus Brennern, die mit Uran, Gas oder Öl gespeist werden. Aber die Evolution läßt sich nicht narren. Der Strom wird von Hochspannungsmasten über Land transportiert. Diese Masten sind durch eine Zinkschicht geschützt, von der bei Regen kleine Mengen auf den Boden tropfen. Zink ist – wie Kupfer oder Blei – für Pflanzen giftig, aber manche Exemplare besitzen Gene, die damit fertig werden. Die natürliche Selektion hat immer und immer wieder die gleiche Antwort gegeben. Unter den meisten Hochspannungsmasten befindet sich ein Stück Wiese mit Genen für Zinktoleranz. Manchen Populationen fehlen die richtigen Gene, und dann können sie dort nicht wachsen, während sie an den meisten anderen Orten ohne weiteres zurechtkommen. In der Inselwelt aus Stahl, die sich durch alle Städte zieht, hat sich das Experiment viele tausendmal wiederholt.

Das Zink stellt die Evolution nicht vor neue Probleme. Der Mensch verteilt schon seit langem seine Gifte. Die Bleiproduktion erreichte vor viertausend Jahren einen Spitzenwert, an den sie erst in der industriellen Revolution wieder herankam. Wie man an alten Eis- und Torfschichten erkennen kann, war der Bleigehalt der Luft im Jahr 1979, auf dem Höhepunkt der Verwendung des Metalls im Benzin, fünfzehnhundertmal höher als die Hintergrundkonzentration. Die Folge: Jede Straße ist von einem Streifen bleitoleranter Pflanzen gesäumt. Viele Böden sind ohnehin voller Metalle. Dutzende von Pflanzen haben sich in der Evolution so entwickelt, daß sie damit fertig werden – manche Arten vertragen das Sechzigfache einer Konzentration, die für andere tödlich wäre. Ein Hochspannungsmast ist für die Selektion nur eine geringfügige Herausforderung.

Städte sind wie Hochspannungsmasten nicht von Dauer. Die erste wurde vor nur zehntausend Jahren gegründet, und seitdem sind viele entstanden und wieder im Staub versunken. Manchmal ist Evolution das einzige Indiz, daß es sie gegeben hat. Im vierzehnten Jahrhundert gab es in Afrika eine Kultur, die sich auf Kupfer gründete; es wurde aus den – noch immer weltweit größten – Vorkommen gewonnen, die im heutigen Zaire und Sambia liegen. An den Standorten der Bergwerke und Kupferhütten ist der Boden so voller Metall, daß nur Pflanzen mit Genen für eine entsprechende Toleranz überleben können. Eine davon, die Kupferblume, wächst in dunkelvioletten Büscheln auf den am stärksten verschmutzten Böden.

Auf Bestände dieser Pflanze stößt man fernab jeder menschlichen Behausung. Sie sind die Grabsteine der verlorenen Dörfer, die Überreste einer vergessenen industriellen Revolution. Unter den violetten Blumen sind Hunderte von Kupferkreuzen vergraben, die den Bergleuten als Geld dienten. Die Gene der Kupferblume sind ein Denkmal für jene, die die Münzen herstellten: Alles andere ist verschwunden. Sie erinnern uns daran, wie flüchtig die Wünsche und Anstrengungen des Menschen sind, wie knapp bemessen seine Zeit ist und was für armselige Produkte er deshalb hervorbringt, verglichen mit jenen, welche die Natur in erdgeschichtlichen Zeiträumen anhäuft.

Die natürliche Selektion ist schlicht und einfach eine Maschine. Was sie herstellt, hängt davon ab, mit welchem Material sie arbeiten muß und wo sie anfängt. Die Evolution erfüllt ihre Aufgabe so gut, wie es notwendig ist, aber mehr tut sie nicht. Manchmal, etwa beim zahlenmäßigen Gleichgewicht zwischen den Geschlechtern, schafft sie etwas Gutes, aber häufig ist sie auch mit Dingen zufrieden, die wie Pfusch aussehen. Die meisten ihrer Produkte bleiben nicht erhalten. Wer hätte jemals ein Baumkänguruh konstruieren können? Das Tier mag schwerfällig erscheinen, aber es ist unendlich viel besser an höchst komplizierte Lebensverhältnisse angepaßt und trägt ganz offensichtlich die Zeichen einer weitaus höheren Handwerkskunst als alles, was der Mensch zuwege gebracht hat.

In der Industrie wird die Überlegenheit der Natur allmählich zur Kenntnis genommen. So gewinnt man jedes Jahr Kupfer im Wert von einer Milliarde Dollar nicht mit Schmelzöfen, sondern mit Bakterien, die das Erz aufschließen und das Metall freisetzen können. Ihre Energie verschaffen sich diese Einzeller auf chemischem Wege, und es ist gut möglich, daß sie die Schmelzöfen in Zukunft überflüssig machen. Tolerante Pflanzen können ein Hundertstel ihres eigenen Gewichts an Zink oder Nickel ansammeln; gibt man ihnen genügend Dünger, könnten sie in Afrika zu einer Nutzpflanze werden, die doppelt so wertvoll ist wie Weizen. Es ist sogar denkbar, Pflanzen anzubauen, die auf Goldadern gedeihen, und dann ihre Schätze zu ernten.

Die Menschen bedienen sich in ihren Kupfer- oder Waschmittelfabriken mittlerweile ebenfalls des Instruments, das der biologischen Welt ihre Gestalt gibt, aber im Vergleich zu den Leistungen der Natur war ihr Erfolg bisher gering. Trotz Otto Lilienthals großartigem Werk *Der Vogelflug als Grundlage der Fliegekunst* und der langen – und tödlichen – Reihe vogelähnlicher Gleit- und Flatterapparate, die darauf folgten, haben die heutigen Flugzeuge keine Federn. Ein paar nützliche Ideen hat der Mensch der Natur geklaut: Der Erfinder des Schildvortriebs im Tunnelbau nahm sich den Holzwurm zum Vorbild, der das Holz kaut und die Reste durch seinen Körper schleust, und in dem Patent für Stacheldraht aus dem Jahr 1874 heißt es, die Erfindung solle aussehen wie eine Dornenhecke. Wie die Dornengewächse selbst, so entwickelte sich auch das neue Produkt auseinander – zu Griswold's Savage, Blake's Body Grip, Brink's Stinger und vielen anderen. Der Patentinhaber hätte fast seine Millionen verloren, weil seine Konkurrenten behaupteten, er habe überhaupt nichts erfunden, sondern nur die Welt des Lebendigen nachgeäfft.

Aber die Natur beginnt an einem ganz anderen Ausgangspunkt und benutzt ganz andere Materialien als jene, die dem Menschen zur Verfügung stehen. Sie kann weder Kupfer schmelzen noch Kreuze herstellen, aber mit dem, was sie hat, wirkt sie Wunder. Der Mensch mit seinen Maschinen und Darwins Idee im Kopf könnte es fast ebenso gut machen – wenn er ein paar Millionen Jahre Zeit hätte.

Zusammenfassung des Kapitels. Wenn während der langen Zeitalter und unter sich ändernden Lebensbedingungen die organischen Wesen in beinahe allen Teilen ihres Baues individuelle Verschiedenheiten darbieten, was nicht bestritten werden kann; wenn ferner wegen des geometrischen Verhältnisses ihrer Vermehrung alle Arten in irgendeinem Alter, zu irgendeiner Jahreszeit oder in irgendeinem Jahre einen heftigen Kampf um ihr

Dasein zu kämpfen haben, was sicher nicht zu leugnen ist: dann meine ich, – in Anbetracht der unendlichen Verwicklung der Beziehungen aller organischen Wesen zueinander und zu ihren Lebensbedingungen, welche es verursacht, daß eine endlose Verschiedenartigkeit der Organisation, Konstitution und Lebensweise ihnen vorteilhaft sein kann, – daß es eine ganz außerordentliche Tatsache sein würde, wenn nicht jeweils auch eine zu eines jeden Wesens eigener Wohlfahrt dienende Abänderung vorgekommen wäre, wie deren so viele vorgekommen sind, die dem Menschen vorteilhaft waren. Wenn aber solche für ein organisches Wesen nützliche Abänderungen jemals wirklich vorkommen, so werden sicherlich die dadurch ausgezeichneten Individuen die meiste Aussicht haben, in dem Kampfe ums Dasein erhalten zu werden, und nach dem mächtigen Prinzip der Vererbung werden diese wieder danach streben, ähnlich ausgezeichnete Nachkommen zu erzeugen. Dies Prinzip der Erhaltung oder des Überlebens des Passendsten habe ich der Kürze wegen natürliche Zuchtwahl [*selection*] genannt.

Die natürliche Zuchtwahl kann nach dem Grundsatze, daß Eigenschaften auf entsprechenden Altersstufen vererbt werden, eben so leicht das Ei, den Samen oder das Junge wie das Erwachsene modifizieren. Bei vielen Tieren wird die geschlechtliche Zuchtwahl noch die gewöhnliche Zuchtwahl unterstützt haben, indem sie den kräftigsten und geeignetsten Männchen die zahlreichste Nachkommenschaft sicherte. Geschlechtliche Zuchtwahl vermag auch solche Charaktere zu verleihen, welche den Männchen allein in ihren Kämpfen mit anderen Männchen nützlich sind.

Ob nun aber die natürliche Zuchtwahl zur Anpassung der verschiedenen Lebensformen an die mancherlei äußeren Bedingungen und Wohnorte wirklich mitgewirkt habe, muß nach dem allgemeinen Sinn und dem Werte der in den folgenden Kapiteln zu liefernden Beweise beurteilt werden. Doch haben wir bereits gesehen, daß dieselbe auch Aussterben verursacht; und die Geologie zeigt uns klar, in welch ausgedehntem Grade das Aussterben bereits in die Geschichte der Welt eingegriffen hat. Auch führt natürliche Zuchtwahl zur Divergenz der Charaktere; denn je mehr die Wesen in Struktur, Lebensweise und Konstitution abändern, desto mehr kann eine große Zahl derselben in einem und demselben Gebiete nebeneinander bestehen, – wofür man die Beweise bei Betrachtung der Bewohner eines kleinen Landflecks oder der naturalisierten Erzeugnisse findet. Je mehr daher während der Umänderung der Nachkommen einer jeden Art und während des beständigen Kampfes aller Arten um Vermehrung ihrer Individuenzahl jene Nachkommen differenziert werden, desto besser wird ihre Aussicht auf Erfolg im Ringen ums Dasein sein. Auf diese Weise streben die kleinen Verschiedenheiten zwischen den Varietäten einer und derselben Spezies dahin, stets größer zu werden, bis sie den größeren Verschiedenheiten zwischen den Arten einer Gattung oder selbst zwischen verschiedenen Gattungen gleichkommen.

Wir haben gesehen, daß es die gemeinen, die weit verbreiteten und allerwärts zerstreuten Arten großer Gattungen sind, die am meisten abändern; und diese streben dahin, auf ihre abgeänderten Nachkommen dieselbe Überlegenheit zu vererben, welche sie selbst jetzt in ihrem Vaterlande zu herrschenden machen. Natürliche Zuchtwahl führt, wie soeben bemerkt worden ist, zur Divergenz der Charaktere und zu starkem Aussterben der minder vollkommenen und der mittleren Lebensformen. Aus diesen Prinzipien läßt sich die Natur der Verwandtschaften aller organischen Wesen erklären. Es ist eine wirklich wunderbare Tatsache, obwohl wir das Wunder aus Vertrautheit damit zu übersehen pflegen, daß alle Tiere und Pflanzen durch alle Zeiten und allen Raum so miteinander verwandt sind, daß sie Gruppen bilden, die anderen subordiniert sind, so daß nämlich, wie wir allerwärts erkennen, Varietäten einer Art einander am nächsten stehen, daß Arten einer Gattung weniger und ungleiche Verwandtschaft zeigen und Untergattungen und Sektionen bilden, daß Arten verschiedener Gattungen einander viel weniger nahe stehen, und daß Gattungen, mit verschiedenen Verwandtschaftsgraden zu einander, Unterfamilien, Familien, Ordnungen, Unterklassen und Klassen bilden. Die verschiedenen einer Klasse untergeordneten Gruppen können nicht in einer Linie aneinandergereiht werden, sondern scheinen vielmehr um gewisse Punkte und diese wieder um andere Mittelpunkte gruppiert zu sein, und so weiter in fast endlosen Kreisen. Wäre jede Art unabhängig von der andern geschaffen worden, so würde keine Erklärung dieser Art von Klassifikation möglich sein; sie wird aber, soweit es mir zu beurteilen möglich ist, erklärt durch die Erblichkeit und durch die verwickelte Wirkungsweise der natürlichen Zuchtwahl, welche Aussterben und Divergenz der Charaktere verursacht.

Die Verwandtschaften aller Wesen einer Klasse zueinander sind manchmal in Form eines großen Baumes dargestellt worden. Ich glaube, dieses Bild entspricht sehr der Wahrheit. Die grünen und knospenden Zweige stellen die jetzigen Arten, und die in vorangehenden Jahren entstandenen die lange Aufeinanderfolge erloschener Arten vor. In jeder Wachstumsperiode haben alle wachsenden Zweige nach allen Seiten hinauszutreiben und die umgebenden Zweige und Äste zu überwachsen und zu unterdrücken gestrebt, ganz so wie Arten und Artengruppen andere Arten in dem großen Kampfe ums Dasein überwältigt haben. Die großen in Zweige geteilten und in immer kleinere und kleinere Verzweigungen abgeteilten Äste sind zur Zeit, wo der Stamm noch jung war, selbst knospende Zweige gewesen;

und diese Verbindung der früheren mit den jetzigen Knospen durch sich verästelnde Zweige mag ganz wohl die Klassifikation aller erloschenen und lebenden Arten in anderen Gruppen subordinierter Gruppen darstellen. Von den vielen Zweigen, welche munter gediehen, als der Baum noch ein bloßer Busch war, leben nur noch zwei oder drei, die jetzt als mächtige Äste alle anderen Verzweigungen abgeben; und so haben von den Arten, welche in längst vergangenen geologischen Zeiten lebten, nur sehr wenige noch lebende und abgeänderte Nachkommen. Von der ersten Entwicklung eines Baumes an ist mancher Ast und mancher Zweig verdorrt und verschwunden, und diese verlorenen Äste von verschiedener Größe mögen jene ganzen Ordnungen, Familien und Gattungen vorstellen, welche, uns nur im fossilen Zustande bekannt, keine lebenden Vertreter mehr haben. Wie wir hier und da einen vereinzelten dünnen Zweig aus einer Gabeltheilung tief unten am Stamme hervorkommen sehen, welcher durch irgend einen Zufall begünstigt an seiner Spitze noch fortlebt, so sehen wir zuweilen ein Tier, wie *Ornithorhynchus* oder *Lepidosiren*, welches durch seine Verwandtschaften gewissermaßen zwei große Zweige der belebten Welt miteinander verbindet und vor einer verderblichen Konkurrenz offenbar dadurch gerettet worden ist, daß es irgendeine geschützte Station bewohnte. Wie Knospen durch Wachstum neue Knospen hervorbringen und, wie auch diese wieder, wenn sie kräftig sind, sich nach allen Seiten ausbreiten und viele schwächere Zweige überwachsen, so ist es, wie ich glaube, durch Zeugung mit dem großen Baume des Lebens ergangen, der mit seinen toten und abgebrochenen Ästen die Erdrinde erfüllt, und mit seinen herrlichen und sich noch immer weiter teilenden Verzweigungen ihre Oberfläche bekleidet.

FÜNFTES KAPITEL

GESETZE DER ABÄNDERUNG

Vererbung: Mythen und Irrtümer • Wirkungen des Gebrauchs und Nichtgebrauchs; Vererbung als Gedächtnis • Vererbung von Vorrechten • Akklimatisierung an Wärme und Gifte • Atavismus und das Versagen des Durchschnittlichen • Gene als Teilchen, nicht als Flüssigkeiten • Mendel und die stoffliche Grundlage der Vererbung • Mutationen und die Geschwindigkeit der Evolution • Wachstumskorrelationen: Gene und Entwicklung • Die Einfachheit der Mendelschen Gesetze und die Komplexität der wirklichen Welt • Genetik als Grundlage der Evolutionstheorie • Zusammenfassung

George Spencer hatte das Pech, daß er in Connecticut zu einer Zeit lebte, als die puritanische Sexbesessenheit ihren Höhepunkt erreichte. Er hatte als Kind bei einem Unfall ein Auge verloren. Als in der Stadt ein einäugiges Schwein geboren wurde, schien klar zu sein, wer der Schuldige war: Spencer wurde wegen Sodomie angeklagt. Verängstigt (es handelte sich um ein Kapitalverbrechen) gestand er zunächst, aber später widerrief er. Nach dem Gesetz waren zwei Zeugen notwendig. Die Obrigkeit war so darauf aus, ihn am Galgen hängen zu sehen, daß man sein Geständnis als den ersten und das Schwein als den zweiten anerkannte.

Sexualität und Verwirrung gingen lange Zeit Hand in Hand. Während der zehntausend Jahre, in denen Pflanzen- und Tierzüchter Erfolge hatten, war die Praxis der Sexualität völlig von ihrer Theorie getrennt. Die Gesetze der Vererbung waren ganz und gar unbekannt und Vorstellungen, die uns heute absurd erscheinen – wie beispielsweise die Übertragung eines Auges vom Menschen auf ein Schwein – allgemein verbreitet. Vielfach handelte es sich um völlig irrige Ideen, aber manche enthielten auch so viel Wahrheit, daß sie eine Erklärung – und vielleicht auch eine Entschuldigung – für den Morast bieten, in dem sich die Biologie so lange suhlte.

Seltsame Ansichten über die Vererbung weiterzuerzählen (und sich darüber lustig zu machen) ist einfach. Darwin war beunruhigt, daß er über das Thema sowenig wußte, und das veranlaßte ihn im höheren Alter, seine Vorstellungen von der Evolution komplizierter zu machen und durcheinanderzubringen. Heute gibt es eine Wissenschaft, die unsere gemeinsame Phantasie fesselt wie keine andere: die Genetik. Sie erscheint in der Öffentlichkeit als etwas wunderschön Einfaches, aber das ist sie sicherlich nicht.

Die Gesetze der Genetik sind im Kern ebenso elegant wie die der natürlichen Selektion. Mendel begründete eine Wissenschaft, die bis heute auf seinen einfachen Regeln basiert. Wie die Evolutionslehre, so ist auch die Genetik seit ihren Anfängen immer komplizierter geworden, und daß Darwin so verwirrt war, erscheint heute plausibler als vor fünfzig Jahren. Viele seiner Schwierigkeiten wirken heute wie der ehrliche Versuch, hinter komplizierten Beobachtungen einfache Prinzipien zu finden. Dieses Kapitel hält sich weniger streng an sein Vorbild als andere, allerdings nur deshalb, weil Darwin völlig falsch lag. Dennoch weist *Die Entstehung der Arten*, rückblickend betrachtet, im Zusammenhang mit der Vererbung auf Probleme hin, die man auch heute noch kaum versteht.

Wirkungen des Gebrauchs und Nichtgebrauchs. Die Vorstellung von der Vererbung erworbener Merkmale macht jede Evolutionstheorie überflüssig. Bei den schwarzen Schmetterlingen entstanden die besser getarnten Jungen demnach »durch wirksame Eindrücke auf die Weibchen während der wichtigsten Periode ihres Lebens, nämlich der der Fortpflanzung, in Verbindung mit dem instinktiven Bedürfnis, die zukünftigen Nachkommen zu schützen«. Der italienische Botaniker Odoardo Beccari ging noch einen Schritt weiter: Er spekuliert über eine »plasmative Epoche«, eine Phase, in der die Natur formbar gewesen sein soll: »Hätte sich der Mensch während der plasmativen Epoche mit dem Hund zusammengetan, dann, davon bin ich überzeugt, wären wegen des Ausdruckes auf unserem Gesicht und des Klanges unserer Stimme und wegen der Aufmerksamkeit, mit welcher der Hund uns zuhört und beobachtet, bei diesem analoge Bewegungen seiner Stimmorgane entstanden, so daß er, anstatt sich mittels inartikulierter Laute auszudrücken, sprechen und eine Sprache lernen könnte.« Unser eigener Traum vom Fliegen ist demnach ein Überbleibsel aus einer Zeit, als alle Tiere solche Phantasien hatten, und manchen gelang es tatsächlich: Sie wurden Vögel. Den gleichen Regeln sollten auch die Menschen folgen: Um ihrem Sohn die Erbfolge zu sichern, behauptete die adlige Madeleine d'Auvermont, sie sei in Abwesenheit ihres Gatten schwanger geworden, weil sie ganz heftig an ihn gedacht habe.

Vor Mendel war Vererbung gleichbedeutend mit Gedächtnis. Es sah nach einer völlig plausiblen Idee aus: Der Strauß ist einer Gefahr ausgesetzt, der er sich nicht durch Fliegen entziehen kann, aber er kann sich mit Fußtritten seiner Feinde und aller kleineren Vierbeiner erwehren. Man kann sich ausmalen, daß der älteste Vorfahre des Straußenvogels die Gewohnheiten einer Trappe hatte, und während Körpergröße und -gewicht im Laufe der Generationen durch die natürliche Selektion zunahmen, benutzten die Strauße ihre Beine immer häufiger und die Flügel immer seltener, bis sie schließlich nicht mehr zum Fliegen in der Lage waren. Ein solches Bild kann man leicht zeichnen; aber es ist falsch.

Es gibt in der Natur viele Fälle von Gebrauch, Nichtgebrauch und Vererbung. Hufschmiede haben dickere Arme als Bankkassierer, aber Zugvögel stellen sie beide in den Schatten. Manche Vögel werden vor ihrer Wanderung doppelt so groß (und anders als bei Menschen nimmt das Volumen ihrer Hoden im Frühjahr um das Hundertfache zu). Derartige Eigenschaften als solche werden nicht an die nächste Generation weitergegeben. Die Jungen erben nicht die großen Organe selbst, sondern die Fähigkeit, große Organe auszubilden. Dicke Eltern haben in der Regel dicke Kinder, aber nicht weil das Übergewicht in den Genen festgeschrieben ist, sondern weil sie ihre Nachkommen genauso ernähren wie sich selbst. Dicke Menschen haben auch dicke Katzen; dafür macht niemand die DNA verantwortlich.

Es bedarf nur eines kurzen Nachdenkens, um zu erkennen, daß die Vererbung erworbener Merkmale häufig vorkommen muß. Eltern und Junge haben fast immer nicht nur die gleiche DNA, sondern auch die gleiche Umwelt. Züchtet man genetisch identische Pflanzen in Töpfen mit Erde, die von nur wenige Zentimeter voneinander entfernten Stellen im Wald stammt, können die unterschiedlichen Lebensräume für beträchtliche Veränderungen von Größe und Form sorgen. Wenn Samen in der Nähe der Elternpflanzen zu Boden fallen, hängt das Aussehen der jungen Pflanze sowohl von ihrem Erbgut als auch von dem Untergrund ab, auf dem sie wächst. Solche Effekte bleiben zwar nur über wenige Generationen hinweg erhalten, aber die Biologen sind heute sehr vorsichtig damit, Wirkungen ausschließlich auf die Gene zurückzuführen. Zumindest hat der Konflikt zwischen Genen und Umwelt in ihren Augen viel von seiner Bedeutung verloren. Die Eigenschaften, die aus der Perspektive der Evolution am interessantesten sind – etwa Größe, Form oder Verhalten –, werden von beidem beeinflußt. Diejenigen, die als erste weitreichende Fragen nach dem Ursprung der Arten stellten, scheiterten unter anderem deshalb, weil die Antwort zu einem großen Teil in der kleineren Frage nach der Vererbung innerhalb jedes einzelnen Individuums lag.

Die Vorstellung, ein Tier könne durch etwas, das der französische Evolutionsforscher Lamarck als ìnervous fluidî bezeichnete, ein in seiner Lebenszeit erworbenes Merkmal weitergeben, galt früher als Anathema und wurde in der ersten Stunde jeder Genetikvorlesung mit einer Geschichte über Juden und Vorhäute ad absurdum geführt. Heute ist sie allgemein anerkannt, aber sie ist ein Detail am Gebäude der Genetik und nicht sein Fundament.

Kinder übernehmen von ihren Eltern viel mehr als nur die Gene. Der Gesang der Vögel und die Teamarbeit der Löwen werden durch Erziehung an die nächste Generation weitergegeben. Die Gesellschaft der Makaken beruht auf einer Rangordnung. Jedes Affenweibchen kennt seinen Platz (wobei es allerdings hin und wieder heimlich einen Aufstiegsversuch unternimmt). Den Rang erbt das Weibchen von seiner Mutter, denn sie hilft den Töchtern, über diejenigen zu herrschen, die in der Hackordnung tiefer stehen. Jedes Weibchen aus einer hochrangigen Abstammungslinie, und sei es auch noch so schwächlich, steht höher als die Angehörigen der niedrigen Gesellschaftsschichten. Der Rang ist nicht in den Genen angesiedelt, sondern im Geist. Die durch Gewohnheitsrecht entstandene Hierarchie kann jahrelang erhalten bleiben – und sie wirkt sich nicht nur auf den Geist, sondern auch auf den Körper aus: Die niedriger stehenden Tiere leiden häufiger an Herzerkrankungen. Das alles sieht nach einer unbedeutenden Ausnahme von der großen Mendelschen Wahrheit aus, aber in Wirklichkeit ist es ein kleiner Teil aus dem riesigen Spektrum erworbener Merkmale, die in irgendeiner Form an die nächste Generation vermittelt werden.

Mit Ei oder Samen werden Nährstoffe weitergegeben, Krankheiten können vor der Geburt ausbrechen, und die Ernährung der Mutter beeinflußt die Jungen. Wie die Kultur, so werden auch chemische Substanzen von Generation zu Generation transportiert (das weiß jeder Arzt, der schon einmal mit dem Neugeborenen einer heroinsüchtigen Mutter zu tun hatte). Verabreicht man einer neugeborenen weiblichen Maus eine große Dosis des Schilddrüsenhormons, unterdrückt man damit die Fähigkeit des Organismus, das Hormon selbst in der richtigen Menge herzustellen – und die Wirkung wird an ihre Nachkommen weitergegeben, die in ihrem geschädigten Körper heranwachsen.

Durch Kreuzung großer oder kleiner Mäuse in Verbindung mit ganz gewöhnlicher Selektion kann man eine Abstammungslinie erhalten, deren Exemplare doppelt so groß sind wie die anderer. Die Körpermaße einer Maus hängen aber auch von ihrer Ernährung ab. Ein gut gefüttertes Tier wird größer als sein Zwillingsgeschwister, das nur Hungerrationen erhält. Bei vielen Jungtieren spielt deshalb der Ernährungszustand der Mutter die größte Rolle. Die Umwelt beeinflußt ihr Schicksal. Wie nicht anders zu erwarten, haben große, wohlgenährte Muttertiere bei Inzuchtmäusen mehr Junge als ihre genetisch identischen, aber kleinen und hungrigen Schwestern. Allerdings sind die Jungen großer Mütter in der Regel klein, weil sie in der Gebärmutter unter beengten Verhältnissen heranwachsen und auch um die Milch kämpfen müssen. Aber da sie so winzig sind, wachsen ihre eigenen wenigen Nachkommen weniger beengt und wohlgenährt heran – und sie werden groß. Die Gene einer Maus mögen noch so gut sein, die Umwelt behält dennoch die Oberhand. Die gegensätzlichen Kräfte von Genetik und Umwelt begrenzen die Größe der Jungen. Derart komplizierte Verhältnisse haben jene verwirrt, die aus den Erfahrungen der Züchter die Gesetze der Vererbung ableiten wollten.

Bei den Pflanzen ist es ganz ähnlich. Behandelt man Flachspflanzen mit Dünger, wachsen sie schneller heran, und sie haben mehr Zweige mit größeren Blättern. Daran ist nichts Besonderes; pflanzt man aber die Nachkommen solcher Pflanzen neben anderen, deren »Eltern« es in ihrem Leben weniger gut erging, sind sie ebenfalls stärker verzweigt und mit größeren Blättern ausgestattet. Die Wirkung bleibt mehrere Generation lang erhalten. Das hat einen einfachen Grund: Ist eine Pflanze gut ernährt, vervielfachen sich bestimmte Gene, damit sie die großen Nährstoffmengen besser verarbeiten kann. Ein Teil dieser Genkopien gelangt auch in die Eizelle und damit in die nächste Generation, die dann ebenfalls vom üppigen Leben der Stammpflanzen profitiert.

Gene können sich auch daran erinnern, woher sie stammen. Manchmal ist es ein Unterschied, ob sie über das Männchen oder das Weibchen weitergegeben werden. Jedem Vater ist sehr daran gelegen, daß seine Partnerin soviel wie möglich in seine Kinder investiert; das vorrangige Interesse des Weibchens besteht aber darin, den Aufwand für jedes Kind so gering wie möglich zu halten, denn sie nährt in sich die Hoffnung, daß sie später – vielleicht mit einem anderen Partner – noch mehr Kinder haben kann. Ist bei Mäusen ein bestimmtes Gen defekt, beeinträchtigt es die Fähigkeit der Mutter, sich um ihre Jungen zu kümmern. Dabei ist die schädliche Wirkung größer, wenn es durch den Vater weitergegeben wird. Vielleicht kennzeichnet er das Gen, um damit eine möglichst gute Versorgung der Jungen zu gewährleisten, und jedes Weibchen, das es aufnimmt, entfernt die Kennzeichnung wieder und entledigt sich damit der Belastung durch die übermäßige Verantwortung für den Nachwuchs. Das alles und vieles andere spricht gegen die Vorstellung, Gene seien etwas Unantastbares, das vor den heimtückischen Wirkungen der Außenwelt geschützt sei.

Akklimatisierung. Heizt man einer Taufliege zu sehr ein, stirbt sie vielleicht: Wenn man aber zuläßt, daß sie sich erholt, und dann erneut die Temperatur steigert, wird sie mit dem zweiten Schock besser fertig. Auch Pflanzen sind widerstandsfähiger gegen Hitze oder Kälte, wenn man sie vor der eigentlichen Belastung schon einmal erwärmt oder abgekühlt hat. Sie passen sich an die neuen Bedingungen mit besonderen Proteinen an, die den Streß bekämpfen. Diese werden aktiviert, wenn Gefahr droht, und wenn die Bedrohung ihr volles Ausmaß erreicht, stehen sie bereit.

Nicht alle Abwehrmechanismen müssen ständig in voller Alarmbereitschaft gehalten werden. Die natürliche Selektion hält einen großen Teil ihrer Waffen im Hintergrund: Wie bei einer Reservearmee stehen viele Soldaten nicht unter Waffen, solange sie nicht gebraucht werden. Eine gebräunte Haut ist zu Weihnachten nicht von Nutzen, aber im Frühjahr ist nicht viel Sonnenlicht erforderlich, damit der Organismus sich auf die heißen Tage vorbereitet. Ein Sonnenanbeter, der nach einem langen, nüchternen Winter den ersten kräftigen Kick genießt, schaltet damit eine Reihe von Enzymen ein, die ihn verarbeiten – und das heißt, daß im Laufe der Zeit immer mehr »Stoff« notwendig ist, bis er in die richtige Stimmung kommt. Das gleiche geschieht beim ersten Zug an einer Zigarette – und die Raupe des Tabakspinners, eines der wenigen Insekten, die die Pflanze fressen können, rollt sich vor Entsetzen zusammen, wenn sie als junges Tier zum erstenmal von den bitteren Blättern kostet. Erst wenn ihre Nikotinabwehrenzyme eingeschaltet sind, findet sie sich mit ihrer natürlichen Ernährung zurecht. Der Tabak aktiviert seinerseits als Abwehrmaßnahme eine ganze Reihe von Giftstoffen, sobald ein Blatt beschädigt wurde, und warnt damit spätere Blattfresser.

Das alles hat keinen großen Nutzen, solange keine Belastung vorhanden ist; und die Fähigkeit, nur dann zu reagieren, wenn es notwendig ist, wurde zweifellos von der natürlichen Selektion gestaltet. Wer sich beispielsweise für die Vererbung bronzefarbener Haut interessiert und nichts über die Bedeutung des Sonnenlichtes weiß, könnte nur schwer herausfinden, warum manche Menschen braun sind und andere nicht. Sogar auf den Körperbau wirkt sich die Akklimatisierung aus: Fliegen, die man im Puppenstadium kurzfristig einer hohen Temperatur aussetzt, zeigen als erwachsene Tiere viele Fehlbildungen. Solche Schäden sind eine Nebenwirkung. Die Proteine, die den durch Hitze belasteten Zellen zu Hilfe kommen und sie für einen zweiten Temperaturschub bereit machen, haben noch eine zweite Aufgabe: Sie schirmen den Körper auch gegen die Auswirkungen genetischer Schäden ab. Während der Entwicklung des Organismus dienen sie als Gerüst und sorgen mit kleinen Bruchstellen dafür, daß eine richtig geformte Fliege entsteht. Wenn in Gefahrensituationen eine Akklimatisierung erforderlich ist, fällt diese Stützfunktion weg, und die angeborenen Schwächen des Körpers kommen zum Vorschein.

Verschiedene Arten zeigen analoge Abänderungen; und eine Varietät einer Spezies nimmt oft die Charaktere einer verwandten Art an oder kehrt zu einigen Charakteren eines frühen Vorläufers zurück. Kinder sind in den meisten Eigenschaften der Durchschnitt ihrer Eltern; ein dickes Schwein, das man mit einem dünnen paart, hat in der Regel Junge von mittlerer Größe. Aber es gibt Ausnahmen von dieser in jeder anderen Hinsicht überzeugenden Theorie. Überraschend war die Tatsache, daß Eigenschaften wiederauftauchen können, nachdem sie viele, vielleicht Hunderte von Generationen lang verloren schienen. Aber wenn eine Rasse nur einmal mit einer anderen gekreuzt wurde, zeigen die Nachkommen gelegentlich die Neigung, zu den Eigenschaften der fremden Rasse zurückzukehren. Diese kleine Beobachtung – das erneute Auftauchen eines verloren geglaubten Merkmals in einer Abstammungslinie – war die Grundlage der wissenschaftlichen Genetik.

Genetik ist für die Biologie, was die Atomtheorie für die Physik ist. Sie hat ein klares Grundprinzip: Vererbung basiert nicht auf Flüssigkeiten, sondern auf Teilchen. Es mischen sich nicht die Wesensformen der beiden Eltern, so daß jedes Kind ein Gemisch aus seinen Erzeugern ist, sondern es wird Information in Form einer Reihe von Einheiten weitergegeben. Die aufeinanderfolgenden Generationen transportieren diese Einheiten mit ihren Körpern. Deshalb kann ein längst verloren geglaubtes Merkmal bei einem entfernten Nachkommen wiederauftauchen, und die Gene selbst sind unter Umständen älter als die Spezies, die sie trägt.

Einerseits war Mendel ein Genie, und andererseits hatte er Glück. Sein Glück wurde durch seinen vorbereiteten Geist begünstigt – durch die kluge Einsicht, daß er einfache Eigenschaften an einem einfachen Lebewesen untersuchen mußte, wenn er die Vererbung verstehen wollte. Als Untersuchungsobjekte wählte er die Erbsen, die ein seltsames, aber nützliches sexuelles System besitzen. Wie viele Gartenpflanzen kommen sie in Form verschiedener Inzuchtfamilien vor, die man auch »reine Linien« nennt. Diese werden schon seit so langer Zeit untereinander gekreuzt, daß alle Pflanzen innerhalb einer Linie genau gleich sind, während es zwischen den Linien Abweichungen gibt. Die Linien unterscheiden sich in vielen Merkmalen, so in Blütenfarbe, Wuchshöhe, Form und Farbe der Erbsen. Außerdem sind Erbsenpflanzen männlich und weiblich zugleich, und sie können sich (im Gegensatz zu vielen anderen, ähnlichen Arten) selbst befruchten.

Mendels Experimente erscheinen uns heute einfach, aber in den zehntausend Jahren der Landwirtschaft hatte sie vor ihm noch nie jemand durchgeführt. Er nahm die männlichen Geschlechtszellen – Pollen – einer reinen Linie und befruchtete damit die Eizellen einer anderen. Dabei achtete er auf die verschiedenen Merkmalspaare, an denen man die Linien unterscheiden konnte. So waren die Erbsen zum Beispiel in verschiedenen Linien entweder gelb oder grün.

Kreuzte er eine Pflanze aus einer gelben reinen Linie mit einer anderen, in der alle Erbsen grün waren, entstanden ausschließlich Nachkommen mit gelben Erbsen. Schon das war bemerkenswert. Es widerlegte sofort die Vorstellung von der Vererbung durch Vermischung, denn alle Samen sahen aus wie die eines Elternteils und entsprachen nicht dem Durchschnitt aus beiden. Den nächsten nützlichen Befund brachte die Kreuzung dieser Nachkommen unter sich selbst. In der folgenden Generation tauchten sowohl grüne als auch gelbe Erbsen auf; was auch immer die Pflanzen grün gemacht hatte – es war wiederhergestellt, nachdem es zuvor in einer Pflanze mit gelben Samen verborgen gewesen war. Der Faktor der Vererbung – das Gen – besaß anscheinend ein eigenes Dasein, das von dem seines Trägers, der Pflanze, getrennt war.

Mendel erhielt (läßt man die Zufallsmomente seiner Stichproben außer acht) immer die gleichen Zahlenverhältnisse: In der zweiten Generation kamen drei gelbe Erbsen auf eine grüne. Daraus schloß er, es müsse zwei Formen oder »Allele« der Erbeinheiten geben. Jede Körperzelle enthält für jedes Merkmal zwei Allele, in den Pollen- oder Eizellen dagegen liegt jeweils nur eines. Das dominante Allel kann seinen rezessiven Partner verdecken. Ein rezessives Allel zeigt sich nur dann, wenn es in zwei Exemplaren vorliegt, und alle grünen Erbsen besitzen zwei grüne Allele.

Die gelben Erbsen in Mendels erster Generation stammten von unterschiedlich gefärbten Eltern ab. Jede von ihnen mußte ein Exemplar des Allels für Gelb besitzen, zu dem ein Exemplar des Allels für Grün paßte. Wurden diese Hybridpflanzen unter sich gekreuzt, ergab sich nach den Regeln der Arithmetik ein Verhältnis von einem Viertel mit zwei gelben Allelen, einem Viertel mit zwei grünen Allelen und der Hälfte mit jeweils einem der beiden Allele, was zu einer Verteilung von drei Pflanzen mit gelben und einer mit grünen Erbsen führte. Damit, so glaubte er, war die Vererbung erklärt.

Mendels Prinzipien trafen auf sämtliche Eigenschaften zu, von der Blütenfarbe bis hin zur Größe der Pflanzen. Und was noch besser war: Das Vererbungsmuster jeder Eigenschaft war von dem der anderen unabhängig. Für die Drei-zu-eins-Regel mit den gelben und grünen Erbsen war es ohne Bedeutung, ob sich die beiden Linien auch in der Blütenfarbe unterschieden. Genetik schien etwas Einfaches zu sein. Ihre Grundlage waren eigenständige Teilchen, von denen jedes eine einzige Eigenschaft festlegte und auf seinem eigenen Weg über die Generationen weitergegeben wurde. Diese Vorstellung erklärte auch, warum ein längst verloren geglaubtes Merkmal wiederauftauchen konnte: Es war hinter dem zugehörigen Exemplar des dominanten

Allels versteckt. Dieses Schicksal widerfährt fast jedem seltenen rezessiven Allel, denn nur in den wenigen Fällen, in denen beide Eltern die versteckte Form des Gens tragen, besteht die Aussicht, daß es bei ihren Nachkommen wieder sichtbar wird.

Mendel erkannte, wie wertvoll seine Arbeiten für die Evolutionstheorie waren (das geht aus den Randbemerkungen in seinem Exemplar der *Entstehung der Arten* hervor). Obwohl seine Forschungen vielen Biologen seiner Zeit bekannt waren, wurden sie leider ignoriert – man glaubte, sie seien bestenfalls für Erbsenfachleute interessant. Später wandte er sich der Vererbung beim Habichtskraut zu, aber dort verblüffte ihn die (damals noch unbekannte) Fähigkeit der Pflanze, sich ohne Sexualität fortzupflanzen, und er erhielt nicht so elegante Ergebnisse wie bei den Erbsen. Entmutigt gab er schließlich auf und widmete sich der Verwaltung seines Klosters.

Einmal hätte Darwin es fast geschafft. Er bemerkte, daß die Nachkommen einer Kreuzung zwischen zwei verschiedenen Taubenrassen gleich aussahen, daß sich aber kaum noch zwei von ihnen glichen, wenn er die Mischlinge über mehrere Generationen hinweg weiter kreuzte. Dabei sind, die wir heute wissen, Mendels Prinzipien wirksam: Die Rassen unterscheiden sich in mehreren Genen, die später in unterschiedlichen Kombinationen zusammentreffen. Aber diesmal versagte Darwins Erkenntnisfähigkeit.

Erst im Jahr 1900 erkannten Wissenschaftler endlich, wie wichtig Mendels Prinzipien sind. Schon bald wurden zahlreiche verschiedene Pflanzen und Tiere gekreuzt, und in den meisten Fällen lief die Vererbung nach den Mendelschen Gesetzen ab. Es schien, als sei alles ganz einfach. Natürlich stimmt das nicht, und es ging wie so oft in der Biologie: Je mehr man wußte, desto mehr erkannte man, daß vieles noch zu erforschen blieb. Die Mendelschen Prinzipien sind noch heute die Grundlage der Genetik, aber auf diesem festen Fundament ist ein kompliziertes und oftmals rätselhaftes Gebäude entstanden.

Manchmal verändern sich die Zahlenverhältnisse. Aus einer Kreuzung zwischen zwei Manxkatzen geht in der nächsten Generation kein Verhältnis von drei zu eins hervor, sondern man erhält jeweils zwei Tiere ohne und eines mit Schwanz. Dieses Verhältnis ergibt sich, weil zwei Exemplare des Manx-Allels (im Gegensatz zu der doppelten Menge des Allels für die Gelbfärbung von Erbsen) für die junge Katze, die das Pech hat, sie zu erben, tödlich sind. Andere seltsame Zahlenverhältnisse entstehen, weil verschiedene Gene verbunden sind, was notwendig ist, damit ein lebendes Geschöpf entstehen kann. Manche Gene machen auch die Wirkungen einer ganzen Reihe anderer Gene zunichte. Eine weiße Katze besitzt wie ein menschlicher Albino oder ein weißer Wal einen biochemischen Defekt. Er verdeckt Gene, die sonst ein gemustertes Fell oder dunkle Augen entstehen lassen würden. In anderen Fällen konkurrieren die Gene nicht, sondern sie kooperieren. Perserkatzen haben ein so elegantes Fell, weil ein bestimmtes Gen dafür sorgt, daß ein anderes weniger intensive Farbstoffe ablagert. Wenn es um Eigenschaften wie Größe, Form oder Verhalten geht, sind viele Gene mit größeren und kleineren Wirkungen beteiligt.

Schon bald nach der Wiederentdeckung von Mendels Arbeiten zeigte sich, daß es eine wichtige Ausnahme von seinen Gesetzen gibt. Manche Eigenschaften sind ganz offensichtlich nicht voneinander unabhängig; vielmehr wandern bestimmte Merkmalskombinationen bevorzugt gemeinsam durch die Generationen. Manchmal wird die Verbindung zwischen diesen Reisegefährten unterbrochen, aber eine – wenn auch unvollständige – Verknüpfung zwischen ihnen bleibt bestehen. Jedes Gen gehört zu einer von mehreren Gruppen, die auf diese Weise gemeinsam weitergegeben werden. Nur Gene aus unterschiedlichen Gruppen gehorchen der Mendelschen Unabhängigkeitsregel.

Diese Entdeckung war der Schlüssel zum physischen Apparat der Vererbung. In Kreuzungen zeigte sich, daß Taufliegen vier solcher »Kopplungsgruppen« besitzen. Sie entsprechen den vier Paaren der Chromosomen, dunkler Körperchen im Zellkern, die sich als das sichtbare Zeichen von Mendels magischen Partikeln erwiesen. Liegen zwei Gene auf demselben Chromosom, können sie gemeinsam weitergegeben werden; ist dies nicht der Fall, werden sie als unabhängige Einheiten vererbt. Es handelt sich aber nicht um eine unbedingte Verbindung, denn auch die Chromosomen selbst zerbrechen und verknüpfen sich in neuen Kombinationen, und zwar jedesmal, wenn eine Samen- oder Eizelle entsteht. Wie man schon bald darauf erkannte, liegen zwei Stellen auf den Chromosomen um so dichter benachbart, je stärker ihr Verhalten von der unabhängigen Vererbung abweicht. Nun stellte man die erste genetische Karte auf, indem man verglich, wie oft solche Paare im Laufe der Generationen zusammenbleiben.

Chromosomen sind komplizierte Gebilde, die aus Hunderten von Molekülen bestehen. Einer dieser Bestandteile, die DNA, wurde lange

Zeit für ungeeignet gehalten, als Träger der Vererbung zu dienen. Sie besteht nur aus vier verschiedenen Bausteinen (den »Basen«), und deshalb tat man sie als »dummes Molekül« ab. Daß sie die entscheidende Substanz ist, zeigte sich in einem kühnen Experiment, bei dem DNA zwischen Bakterien übertragen wurde, die unterschiedlich geformte Kolonien bildeten. Die Geschichte der berühmten Doppelhelix und des Codes für die Proteinstruktur gehört zum kulturellen Erbe des zwanzigsten Jahrhunderts.

Heute setzt die Forschung eine Menge raffinierter technischer Mittel ein, um die in der DNA gespeicherte Information zu lesen. Aus ihrer Sequenz läßt sich die Struktur von Proteinen ableiten, und dies wiederum liefert Hinweise darauf, was die Proteine bewirken. Bei vielen Lebewesen ist heute die Reihenfolge der Basen ermittelt. Schon viele Viren und Bakterien, aber auch Hefezellen, mußten ihre genetische Botschaft offenlegen. Auch bei einem kleinen Wurm – der in seinen grundsätzlichen Eigenschaften dem Menschen oder einer Eiche ähnelt – hat man alle siebenundneunzig Millionen Bausteine gelesen. Die Genkarte des Menschen, die drei Milliarden Basen umfaßt, wird drei Jahre nach der Jahrtausendwende (und nur fünfzig Jahren nach der Entdeckung der Doppelhelix) komplett sein.

Die DNA-Karten der meisten Lebewesen, die komplizierter gebaut sind als Bakterien, ähneln nur entfernt einem Diagramm, wie man es aus Kreuzungen gewinnt. Die Gene sind voll von Unsinn und Redundanz. Manche sind durch Abschnitte unterbrochen, die anscheinend keine Information kodieren. Das alles ist vielleicht nicht besonders bemerkenswert für Wissenschaftler, die nicht (wie viele Pioniere des Fachgebiets) aus der Physik oder Chemie kommen, sondern aus der Biologie. Wer das Durcheinander und den Müll der Evolution gewohnt ist, die ihre Produkte über die Erdzeitalter hinweg je nach ihrer Zweckmäßigkeit zusammenstoppelt, ist nicht besonders überrascht darüber, daß sich auch in den Genen selbst die gleiche Vergangenheit mit zweifelhaften Kompromissen niederschlägt. Das Genom ist so kompliziert, behelfsmäßig und unvollkommen wie die Geschöpfe, die es entstehen läßt.

Genetik ist die Wissenschaft der Unterschiede. Die Vielfalt ist der Rohstoff der Evolution, der im Laufe der natürlichen Selektion verwendet wird. Ist er aufgebraucht, kommt die darwinistische Maschine zum Stillstand. Erneuert wird die Vielfalt durch chemische Fehler –

Mutationen –, die beim Kopieren der DNA auftreten. Früher waren die Genetiker von den Mutationen so beeindruckt, daß sie vermuteten, neue Formen entstünden nicht durch die Anhäufung kleiner Unterschiede, sondern durch große Sprünge. Demnach käme Evolution durch die Instabilität der Gene zustande, eine Lehre, die vielleicht Darwins Idee zerstört hätte.

Aber das geschah nicht: Mutationen sind nicht der Motor, sondern der Treibstoff des biologischen Fortschritts. An dem ganzen Vorgang sind Mechanismen beteiligt, die sich die Forscher in der Frühzeit dieser Wissenschaft nicht hätten träumen lassen.

Manche Mutationen sind einfach, nichts weiter als schlichte Veränderungen in dem genetischen Alphabet, durch die ein Gen andere Eigenschaften bekommt oder seine Aktivität ganz und gar einstellt. Eine einzige Veränderung kann dazu führen, daß ein wachsendes Proteinmolekül vorzeitig gestoppt wird, und das wiederum kann eine starke Abwandlung oder sogar den Tod des betreffenden Lebewesens zur Folge haben. Andere Mutationen entstehen, weil ein Stück des genetischen Materials oder sogar ein ganzes Chromosom verdoppelt wird oder verlorengeht.

Früher konnte man Mutationen nur an Bakterien oder Taufliegen untersuchen. Heute sind genetische Veränderungen des Menschen der Analyse ebenso zugänglich wie die anderer Arten. Die Knochen der russischen Zarenfamilie, die 1917 getötet wurde, identifizierte man anhand der Übereinstimmung ihrer Mitochondriengene mit denen heutiger Adliger (einschließlich des Duke of Edinburgh). Peinlich, aber wahr: Die DNA des Zaren selbst paßte nicht genau zu der seiner angeblichen Verwandten, denn er trug zwei unterschiedliche Typen. Einer davon muß während seines eigenen Lebens entstanden sein. Die Armee der Vereinigten Staaten führt Aufzeichnungen über die Gene ihrer Soldaten, und manchmal hat sie Anlaß, Vergleiche mit denen der Angehörigen vorzunehmen. Auch dabei werden häufig Veränderungen festgestellt – bei einem von vierzig Vergleichen zwischen Eltern und Kind ergibt die Analyse eine Mutation in den Mitochondrien.

Viele dieser genetischen Schäden gehen auf das Konto von Alter und Sexualität. Männer sind dadurch definiert, daß sie ein ganz bestimmtes Gen besitzen, das die bescheidene Aufgabe hat, den Embryo in der Frühzeit seiner Entwicklung zu besonders schneller Zellteilung zu veranlassen. Dieser frühzeitige Reiz lenkt ihn auf den Weg zur

Männlichkeit. Das Gen liegt auf dem Y-Chromosom, das darüber hinaus kaum eine Funktion hat. Es ist so klein, daß es die Gene auf seinem Gegenstück, dem X-Chromosom, nicht verdecken kann. Frauen besitzen zwei X-Chromosomen, und die verhalten sich wie alle anderen. Bei Männern dagegen zeigt jedes Gen auf dem einzelnen X-Chromosom – ganz gleich, ob es bei Frauen dominant oder rezessiv ist – seine Wirkungen. (Das ist der Grund, warum mehr Männer als Frauen farbenblind sind: Das entsprechende Gen liegt auf dem fraglichen Chromosom und ist rezessiv.)

Die Folge ist, daß sich neue Mutationen, die in einem Mann auftreten, häufig nicht auf seine Söhne (die nur sein Y-Chromosom erben) am stärksten auswirken, sondern auf seine Töchter, die eines ihrer beiden X-Chromosomen von ihm erhalten. Hier finden wir einen ersten Hinweis auf den Zusammenhang zwischen Sexualität und Alter. In den europäischen Königshäusern sterben die Töchter älterer Väter früher als die jüngerer. Der Unterschied beträgt im Vergleich zwischen einem dreißigjährigen und einem fünfzigjährigen Vater volle zwei Jahre. Bei den Söhnen spielt das Alter des Vaters keine Rolle.

Männer, so scheint es, sind nicht nur die Überträger der Gene zwischen den Frauen, sondern sie sind auch für die meisten Mutationen verantwortlich. Das starke Geschlecht produziert ständig Samenzellen, während die Eizellen der Frauen schon früh entstehen und später bei Bedarf freigesetzt werden. Deshalb finden zwischen den Samenzellen in zwei aufeinanderfolgenden Generationen mehr Zellteilungen statt als zwischen einer Eizelle und der nächsten. Beim Menschen ist die Eizelle einer Mutter nur wenige Dutzend Zellteilungen von der Eizelle entfernt, aus der die Mutter selbst hervorgegangen ist. Die Samenzellen eines Vaters dagegen sind Hunderte von Generationen von der männlichen Keimzelle entfernt, der er seine Existenz verdankt. Und die Fehlerwahrscheinlichkeit nimmt jedesmal zu, wenn sich eine Zelle teilt.

Bei älteren Vätern (deren ältere Samenzellen viele Teilungen hinter sich haben) liegt die Fehlerrate zwanzigmal höher als bei Frauen. Männer liefern demnach einen großen Teil des Rohmaterials für die Evolution. Beim Vergleich der Männchen und Weibchen verwandter Säugetierarten zeigt sich, daß sich das Y-Chromosom, das in den Männchen einsam sein Dasein fristet, viel schneller verändert als das X-Chromosom. Bei Vögeln dagegen (bei denen nicht die Männchen, sondern die Weibchen eine Entsprechung zum Y-Chromosom besitzen) verläuft die Evolution des Y-Chromosoms mit normaler Geschwindigkeit. An den weiblichen Vögeln zeigt sich also, daß die Anhäufung genetischer Veränderungen nicht durch die Art der Geschlechtsbestimmung entsteht, sondern durch die Männlichkeit als solche.

Mutationen sind keine bloßen Fehler in einer starren Ausstattung mit Befehlen, sondern ein wandlungsfähiges, unbeständiges System, das nach seinen eigenen Regeln funktioniert. Die meisten Lebewesen besitzen eine komplizierte Ausstattung mit Enzymen, die DNA reparieren; diese hat nämlich so lange Moleküle und ist so instabil, daß sie ohne ständige Hilfe schnell zerfallen würde. Die Reparaturenzyme haben sich eigentlich entwickelt, um die Mutationsrate zu senken: Wenn die natürliche Selektion könnte, würde sie den ganzen Apparat eliminieren und die Evolution zum Stillstand bringen.

Trotz des offenkundigen Chaos in der DNA verändern sich die meisten Gene nur recht selten, nämlich mit einer Wahrscheinlichkeit von eins zu einer Million pro Generation. Das sieht nach einer winzigen Zahl aus, aber in Wirklichkeit ist sie ziemlich groß. In London gibt es ungefähr zwei Millionen Katzen, und jede davon hat rund siebzigtausend Gene. Demnach dürften allein unter den Katzen dieser Stadt jedes Jahr hunderttausend genetische Veränderungen stattfinden. Weltweit betrachtet, kommt es mit ziemlicher Sicherheit zu jeder möglichen Mutation. Ist sie nützlich, wird sie sofort von der natürlichen Selektion aufgegriffen, und dann breitet sie sich aus.

Begrenzen genetische Unfälle die Geschwindigkeit der Evolution? In mancherlei Hinsicht muß es so sein. Schließlich sind Schweine nicht so mutiert, daß sie Flügel bekommen hätten. Manchmal verbessert eine Steigerung der Mutationsfrequenz die Fähigkeit, mit Herausforderungen fertig zu werden. Die Pflanzenzüchter wissen das und bestrahlen ihre Samen in der Hoffnung, daß dabei neue, nützliche Varianten auftauchen. Auch Taufliegen sprechen besser auf die Selektion an, wenn Gene eingeschleust werden, welche die Mutationsrate nach oben treiben.

Aber trotz der Vielzahl von Abwandlungen, durch die Populationen sofort auf die zufälligen Veränderungen ansprechen können, muß die Evolution manchmal abwarten, bevor sie an die Arbeit gehen kann. Wenn sich keine Mutation ereignet, kann die natürliche Selektion nichts ausrichten. Tsetsefliegen sind für die meisten Insektizide empfindlich, weil sie nicht die richtigen Gene entwickelt haben, um sich gegen sie zu behaupten. Auch manchen Krankheitserregern ist es nicht gelungen, einen Weg zur Umgehung des medizinischen Fortschritts zu entwickeln, aber eines Tages könnte das geschehen. Die Syphilis war viele Jahre lang mit Penicillin ohne weiteres zu behandeln, aber jetzt ist in Afrika ein resistenter Stamm aufgetaucht. Er wird sich zweifellos ausbreiten.

Die heute allgegenwärtige Insektizidresistenz setzte erst einige Jahre nach der ersten Benutzung von DDT ein. Daß es einen kurzen Aufschub gab, bevor die Schädlinge zurückschlugen, hatte einen einfachen Grund: Es dauert eine gewisse Zeit, bis die notwendigen Mutationen entstehen, an denen die Selektion ihre magischen Kräfte entfalten kann. Sobald eine solche Veränderung auftaucht, breitet sie sich aus – und zeigt damit, daß die Evolution tatsächlich durch ihr Fehlen verhindert wurde. Bei einer Mücke entstand plötzlich eine Resistenz gegen ein bestimmtes Insektizid. Von ihren Milliarden widerstandsfähigen Nachkommen, von Pakistan bis nach Kalifornien, trägt jeder einzelne die gleiche genetische Veränderung mit den gleichen DNA-Abschnitten darum herum. Jedes Exemplar muß von demselben einzelnen Fehler abstammen; und sobald die Chance da ist, ergreift die Selektion sie mit blitzartiger Geschwindigkeit.

Aber Mutation allein reicht nicht. Wenn auf einem Bauernhof ein Dutzend Pestizide verspritzt werden, hilft es nicht sonderlich, durch neue Gene gegen eines oder zwei – oder auch elf – geschützt zu sein. Zwölf Mutationen hintereinander in der gleichen Abstammungslinie – das ist selbst bei Insekten zuviel verlangt, aber die Rettung erwächst aus dem grundlegenden Gesetz der Variation: der Sexualität. Genetik ist zum größten Teil nichts anderes als die wissenschaftliche Untersuchung dieses schrulligen Zeitvertreibs. Mittels Sexualität entstehen Nachkommen, die neue Genkombinationen enthalten und deshalb keinem der beiden Eltern genau gleichen. Durch sie kann sich eine nützliche Veränderung, die in einer Familie aufgetreten ist, mit einer zweiten aus einer anderen Familie verbinden. Ohne sie müßte jede Abstammungslinie lange warten, bis sich die zweite Mutation ereignet. Bei einer ausschließlich aus Weibchen bestehenden Mückenart wären nur diejenigen Individuen nicht gefährdet, die von dem ersten vom Glück begünstigten Weibchen abstammen, aber nicht die vielen anderen, sonst nicht mit ihm verwandten Tiere, auf die sie sich durch die Sexualität ausbreiten kann. Durch den ungehinderten Austausch zwischen den Familien sind manche Insekten heute widerstandsfähig gegen zwanzig Giftstoffe. Damit schlagen sie auch den besten Leistungen der chemischen Industrie ein Schnippchen.

Wachstumskorrelationen. In der Vererbung gibt es eine Fülle von Verbindungen zwischen ganz unterschiedlichen Merkmalen. Das fiel schon Darwin auf, aber er war durch eine Reihe scheinbar widersprüchlicher Tatsachen verwirrt. Was könnte seltsamer sein als der Zusammenhang zwischen blauen Augen und Taubheit bei Katzen oder zwischen der Schildpattfärbung und dem weiblichen Geschlecht oder zwischen Haaren und Zähnen beim türkischen Nackthund? Daß die beiden Säugetierordnungen, welche die ungewöhnlichste Körperbedeckung besitzen – einerseits die Wale und andererseits die Gürteltiere, die schuppenbesetzten Ameisenesser und so weiter – gleichzeitig auch besonders anomale Zähne haben, kann kaum Zufall sein.

In der *Entstehung der Arten* ebenso wie in Goethes Schriften kommt klar zum Ausdruck: Was die Natur auf einer Seite ausgibt, muß sie auf der anderen einsparen. Niemand kann alles. Werden Tiere und Pflanzen zur Zucht verwendet, die aus einem Grund nützlich sind, führt dies häufig dazu, daß sie auf einem anderen Gebiet versagen. Ein Versuch, Mäuse von Rattengröße zu züchten, begann in den dreißiger Jahren und wurde dreißig Jahre lang fortgesetzt. Als man ihn aufgab, waren die Tiere noch nicht einmal doppelt so groß wie eine normale Maus, denn die Variante, die man so dringend suchte, war unfruchtbar. Viel später schleuste man mit gentechnischen Methoden die Gene für das Wachstumshormon in Mäuse ein, und die rattengroße Maus wurde Realität. Daß die Mäusezüchter gescheitert waren, lag an einem unerwarteten Zusammenhang zwischen den Genen für Größe und Sexualität, und das erinnert uns daran, wie wenig wir über solche Merkmale wissen.

Alle diese Zusammenhänge zeigen auf unterschiedliche Weise, wie sich durch eine einzige Mutation mehrere Merkmale gleichzeitig verändern können. In den vierziger Jahren wurde in Rußland eine Ziege ohne Vorderbeine geboren. Sie lernte, aufrecht zu stehen, und entwikkelte kräftige Hinterbeine, eine gebogene Wirbelsäule mit veränderten Muskelansätzen, einen ovalen Brustkorb und einen dicken Hals. Die

Ursache aller dieser Veränderungen war ein einziger Fehler während der Entwicklung. Ob Gene für das Schicksal der unglücklichen Ziege eine Rolle spielten, weiß niemand, aber es gibt in der DNA eine Fülle kleiner Veränderungen, die gewaltige, überraschende Wirkungen haben können.

Oft ereignet sich ein solcher Fehler schon früh. Blauäugige Katzen sind taub, weil die beiden Merkmale, die auf den ersten Blick nicht zusammenhängen, in der Embryonalentwicklung auf einem gemeinsamen Weg entstehen. Das betreffende Gen sorgt für die Herstellung des Melanins, des dunklen Farbstoffs, der die Tönung der Haut hervorruft. Melanin kommt aber auch in vielen anderen Körperteilen vor, so in Gehirn, Augen und Ohren. Schwarze Katzen besitzen viel davon, helle Tiere weniger. Solche ganz ohne Pigment sind völlig weiß und haben blaue Augen. Eine überraschende Rolle spielt Melanin aber auch im Gehirn: Dort steuert es die Zellen, die für viele Nervenbahnen verantwortlich sind, an den richtigen Platz. Deshalb hat eine Katze ohne Melanin ein weißes Fell und blaue Augen – und sie ist taub.

Einen anderen Teil der genetischen Geschichte erzählen die haar- und zahnlosen türkischen Hunde. Daß Haare und Zähne gemeinsam verlorengehen, kommt bei vielen Tieren vor (so auch bei dem chinesischen Nackthund, der früher aus symbolischen Gründen bei Stripteasetänzerinnen beliebt war). Darwin selbst beschrieb fünfzehn Jahre nach der *Entstehung der Arten* eine »Hindu-Familie in Scinde, in der zehn Männer im Verlaufe von vier Generationen, beide Kiefer zusammengenommen, mit nur vier kleinen, schwachen Schneidezähnen sowie mit acht hinteren Backenzähnen ausgestattet waren. Die derart betroffenen Männer hatten sehr wenig Haare am Körper und bekamen schon früh eine Glatze. Außerdem leiden sie bei warmem Wetter sehr, weil ihre Haut äußerst trocken ist ... Obgleich die Töchter der oben genannten Familie nie betroffen sind, geben sie die Anlage an ihre Söhne weiter: Und es ist kein Fall vorgekommen, in dem ein Sohn sie an seine Söhne vererbt hätte.«

Zu dem Problem kommt es, weil Zähne und Haare vom selben Gewebe abstammen: Wird es beschädigt, leiden beide darunter. Betroffen sind auch die Schweißdrüsen, und das ist der Grund, warum sich Menschen mit dieser Krankheit bei warmem Wetter sehr unwohl fühlen. Das Gen stellt ein Protein her, das während der Entwicklung für den Austausch von Signalen zwischen den Hautzellen sorgt. Der gleiche Fehler kommt offensichtlich bei gescheckten Mäusen vor, und auch bei einem haarlosen Hund hat man ihn entdeckt. Darwins Leistung bestand darin, daß er das Vererbungsmuster dieser seltsamen Mischung von Merkmalen bemerkte. Sie werden durch die Weibchen weitergegeben, treten aber meist bei Männchen zutage. Wie wir heute wissen, ergibt sich diese Verteilung, weil das Gen auf dem X-Chromosom liegt. Die haarlosen Söhne von Scinde sind ein weiterer Hinweis, wie nahe Darwin dem Mechanismus der Vererbung gekommen ist.

Auch das Rätsel der von ihm beobachteten Verbindung zwischen der Schildpattfärbung und dem weiblichen Geschlecht bei Katzen ist heute gelöst. Das Gen beeinflußt die Haarfarbe und kodiert entweder für Orange oder Schwarz. Es liegt auf dem X-Chromosom. Ein Männchen, das nur ein Exemplar dieses Chromosoms besitzt, trägt entweder das Orange- oder das Schwarz-Allel und ist ein ganz unauffälliges Tier. Viele Weibchen tragen sowohl die Schwarz- als auch die Orange-Version des Gens. Sie sind nicht, wie man vielleicht erwarten würde, rein orange oder rein schwarz gefärbt, sondern in manchen Hautzellen ist das schwarze Allel eingeschaltet, in anderen sein Pendant. Auf diese Weise entsteht das Schildpattmuster mit unterschiedlich gefärbten Haaren. Es hat seine Ursache wieder einmal in der Embryonalentwicklung: In jeder weiblichen Zelle wird nach dem Zufallsprinzip nur eines der beiden X-Chromosomen eingeschaltet.

Heute, da ein so großes Zutrauen in die Macht der Gene herrscht, ist die Öffentlichkeit hinsichtlich der Wunder der DNA ebenso leichtgläubig wie seinerzeit angesichts des einäugigen Schweins von Connecticut. Die meisten volkstümlichen Ansichten und viele Ideen, die vor Mendel im Schwange waren, sind schlicht und einfach falsch. Andererseits haben aber viele alte Vorstellungen über die Vererbung – Gebrauch und Nichtgebrauch, Akklimatisierung, der Zusammenhang zwischen verschiedenen Teilen desselben Tieres, das Wiederauftauchen längst verlorener Merkmale – auch aus der Perspektive der modernen Biologie einen wahren Kern. Trotz aller Kompliziertheiten und Ausnahmen, von denen die Genetik geprägt ist, bleibt sie doch der Fels, auf dem das ganze Gebäude der Evolutionstheorie ruht.

Zusammenfassung. Wir sind in tiefer Unwissenheit über die Gesetze, wonach Abänderungen erfolgen. Nicht in einem von hundert Fällen dürfen wir behaupten, den Grund zu kennen, warum dieser oder jener Teil mehr oder weniger stark von demselben Teil der Eltern abweicht. Doch, wo immer wir die Mittel haben, eine Vergleichung anzustellen, da scheinen bei Erzeugung der geringeren Abweichungen zwischen Varietäten derselben Art wie in Hervorbringung der größeren Unterschiede zwischen Arten derselben Gattung die nämlichen Gesetze gewirkt zu haben. Die äußeren Lebensbedingungen wie Klima, Ernährung und so weiter, haben offenbar zu einigen geringfügigen Abwandlungen geführt. Wesentliche Wirkungen dürften Angewöhnung an eine bestimmte Lebensweise auf das Hervorrufen von Eigentümlichkeiten der Konstitution, Gebrauch der Organe auf ihre Verstärkung und Nichtgebrauch auf ihre Schwächung und Verkleinerung gehabt haben. Homologe Theile sind geneigt, in gleicher Weise abzuändern, und streben, unter sich zu verwachsen. Modifikationen in den harten und in den äußeren Teilen berühren zuweilen weichere und innere Organe. Wenn sich ein Teil stark entwickelt, strebt er vielleicht anderen benachbarten Teilen Nahrung zu entziehen: und jeder Teil des organischen Baues, welcher ohne Nachteil für das Individuum erspart werden kann, wird erspart. Veränderungen der Struktur in einem frühen Alter können die sich später entwickelnden Teile affizieren; unzweifelhaft kommen aber noch viele Fälle von korrelativer Abänderung vor, deren Natur wir durchaus nicht imstande sind, zu begreifen. Vielzählige Teile sind veränderlich in Zahl und Struktur, vielleicht deshalb, weil dieselben durch natürliche Zuchtwahl für einzelne Verrichtungen nicht genug spezialisiert sind, so daß ihre Modifikationen durch natürliche Zuchtwahl nicht besonders beschränkt worden sind. Aus demselben Grunde werden wahrscheinlich auch die auf tiefer Organisationsstufe stehenden Organismen veränderlicher sein als die höher entwickelten und in ihrer ganzen Organisation mehr differenzierten. Rudimentäre Organe bleiben ihrer Nutzlosigkeit wegen von der natürlichen Zuchtwahl unbeachtet und sind deshalb veränderlich. Spezifische Charaktere, solche nämlich, welche erst seit der Abzweigung der verschiedenen Arten einer Gattung von einem gemeinsamen Erzeuger auseinander gelaufen, sind veränderlicher als generische Merkmale, welche sich schon lange vererbt haben, ohne in dieser Zeit eine Abänderung erlitten zu haben. Wir haben in diesen Bemerkungen nur auf die einzelnen noch veränderlichen Teile und Organe Bezug genommen, weil sie erst neuerlich variiert haben und einander unähnlich geworden sind; wir haben jedoch schon im zweiten Kapitel gesehen, daß das nämliche Prinzip auch auf das ganze Individuum anwendbar ist; denn in einem Bezirke, wo viele Arten einer Gattung gefunden werden, d.h., wo früher viele Abänderung und Differenzierung stattgefunden hat oder wo die Fabrikation neuer Artenformen lebhaft gewesen ist, in diesem Bezirke und unter diesen Arten finden wir jetzt durchschnittlich auch die meisten Varietäten oder beginnenden Arten. Sekundäre Sexualcharaktere sind sehr veränderlich, und solche Charaktere sind in den Arten einer nämlichen Gruppe sehr verschieden. Veränderlichkeit in denselben Teilen der Organisation ist gewöhnlich mit Vorteil dazu benutzt worden, die sekundären Sexualverschiedenheiten für die zwei Geschlechter einer Spezies und die Artenverschiedenheiten für die mancherlei Arten der nämlichen Gattung hervorzubringen. Irgend ein in außerordentlicher Größe oder Weise entwickeltes Glied oder Organ, im Vergleich mit der Entwicklung desselben Gliedes oder Organes in den nächstverwandten Arten, muß seit dem Auftreten der Gattung ein außerordentliches Maß von Abänderung durchlaufen haben, woraus wir dann noch begreiflich finden, warum dasselbe noch jetzt in viel höherem Grade als andere Teile variabel ist; denn Abänderung ist ein langsamer und langwährender Prozeß, und die natürliche Zuchtwahl wird in solchen Fällen noch nicht die Zeit gehabt haben, das Streben nach fernerer Veränderung und nach dem Rückschlag zu einem weniger modifizierten Zustande zu überwinden. Wenn aber eine Art mit irgend einem außerordentlich entwickelten Organe Stamm vieler abgeänderter Nachkommen geworden ist, was nach meiner Ansicht ein sehr langsamer und daher viele Zeit erheischender Vorgang ist, dann mag auch die natürliche Zuchtwahl imstande gewesen sein, dem Organe, wie außerordentlich es auch entwickelt sein mag, schon ein festes Gepräge aufzudrücken. Haben Arten nahezu die nämliche Konstitution von einem gemeinsamen Erzeuger geerbt und sind sie ähnlichen Einflüssen ausgesetzt, so werden sie natürlich auch geneigt sein, analoge Abänderungen darzubieten, oder es können diese selben Arten gelegentlich auf einige der Charaktere ihrer früheren Ahnen zurückschlagen. Obwohl neue und wichtige Modifikationen aus dieser Umkehr und jenen analogen Abänderungen nicht hervorgehen mögen, so tragen solche Modifikationen doch zur Schönheit und harmonischen Mannigfaltigkeit der Natur bei.

Was aber auch die Ursache des ersten kleinen Unterschiedes zwischen Eltern und Nachkommen sein mag, und eine Ursache muß für einen jeden da sein, so ist es doch nur die durch natürliche Zuchtwahl verursachte stete Häufung der für das Individuum nützlichen Verschiedenheiten, welche alle jene bedeutungsvolleren Abänderungen der Struktur einer jeden Art in Bezug zu deren Lebensweise hervorgebracht hat, durch welche Struktur die unzähligen Lebewesen auf dem Antlitz der Erde untereinander kämpfen können, wobei die am besten angepaßten überleben.

SECHSTES KAPITEL

SCHWIERIGKEITEN DER THEORIE

Schwierigkeiten der Theorie einer Deszendenz mit Modifikationen • Abwesenheit oder Seltenheit der Übergangsvarietäten • Das Schicksal der Hybriden • Übergänge in der Lebensweise und der Ursprung der Flugfähigkeit • Ein Wechsel der Ernährung und ein neues Dasein • Organe von äußerster Vollkommenheit • Organe von scheinbar geringer Wichtigkeit, von Höhlen bis zum Mount Everest • Die Theorie der Neutralität in der molekularen Evolution • Der verblüffende Aufbau des Genoms • Partielle, verschwenderische und promiskuitive DNA • Die Konföderation des Lebens

Schon lange bevor wir bei diesem Teil meines Buches angelangt sind, werden Sie, verehrte Leserinnen und Leser, auf eine Menge Schwierigkeiten gestoßen sein. Die meisten davon haben die Gegner der Evolutionstheorie bemerkt (und benutzt), seit es das Thema überhaupt gibt. Das Fehlen von Übergangsformen zwischen den Arten, Gruppen mit Formen, die sich stark von ihren Verwandten unterscheiden, Tiere und Pflanzen mit seltsamen, einzigartigen Lebensgewohnheiten – all das, so scheint es, ist mit einer Theorie des langsamen, graduellen Wandels nur schwer zu erklären. Und was noch schlimmer ist: Es haben sich auch Strukturen entwickelt, die für den Organismus scheinbar keine Rolle spielen, und – ein weiteres Problem – es gibt komplizierte Organe, die fehlerlos zu sein scheinen. Können Instinkte durch natürliche Selektion erworben und abgewandelt werden? Was sollen wir beispielsweise von dem großartigen Instinkt halten, der die Bienen zum Bau von Waben veranlaßt und damit praktisch die Entdeckungen kluger Mathematiker vorwegnimmt? Und wie können wir erklären, daß Arten, die man kreuzt, unfruchtbar sind oder unfruchtbare Nachkommen hervorbringen, während die Fruchtbarkeit bei der Kreuzung von Varietäten nicht beeinträchtigt wird? Verhalten und Unfruchtbarkeit verdienen jeweils ein eigenes Kapitel; aber alle diese vermeintlichen Schwierigkeiten, die vielfach als Munition für die kreationistische Hetze verwendet wurden, sind in Wirklichkeit Belege für die Evolution.

Fehlende oder seltene Übergangsvarietäten. Das Lebendige ist in viele Formen unterteilt, und so war es anscheinend schon kurz nach seinem Ursprung. Warum ist die Natur kein völliges Durcheinander – warum also sind die Arten, wie sie sich heute darstellen, gut gegeneinander abgegrenzt? Die Ursuppe war wahrscheinlich eine einfache Flüssigkeit, aber heute ähnelt sie eher einer Minestrone. Warum ist das Leben so voller Klumpen?

Die Gegner der Evolutionstheorie sagen: Niemand hat jemals gesehen, wie eine Spezies entstanden ist. Das trifft, nebenbei bemerkt, keineswegs zu, aber es läßt sich schwer leugnen, daß sich offenbar die wenigsten Tiere im Übergang zwischen einer Form und der nächsten befinden. Wie kommt das? Die Antwort: Es liegt an der natürlichen Selektion und an der Art, wie Altes durch Neues ersetzt wird.

Die meiste Zeit über heißt Evolution, sich an seinem Stammplatz zu behaupten. Die schlimmsten Feinde eines Tieres befinden sich unter seinen Verwandten und Nachkommen, denn die brauchen die gleichen Dinge und haben unter Umständen bessere Methoden entwickelt, um sie sich zu verschaffen. Können Eltern mit ihren Kindern nicht mehr mithalten, ist ihr Schicksal besiegelt. Die meisten sind dazu nicht in der Lage und verschwinden. Deshalb sind an jedem Evolutionsbaum immer nur die Astspitzen zu sehen. Die Äste wurden durch etwas Besseres ersetzt. Da die Vergangenheit von der jeweiligen Gegenwart ausgelöscht wurde, gibt es in der Regel keinen Anhaltspunkt, wie das Schicksal der früheren Formen ausgesehen haben könnte. Wo sind in der heutigen Welt die Tiere, die auf halbem Weg zwischen Walen und Flußpferden oder zwischen Stuben- und Taufliegen stehen? Es muß unzählige Übergangsformen gegeben haben – aber warum finden wir sie nicht in gewaltiger Zahl, eingebettet in die Erdkruste?

Zum Teil ergibt sich das Problem der fehlenden Bindeglieder daraus, daß nur schwer zu erkennen ist, was sie sein sollen. Der Dinosaurier, aus dem die Vögel hervorgingen, hatte vielleicht nur geringfügig längere Arme als seine untergegangenen Vettern – und das gleiche gilt zweifellos auch für irgendein Organ irgendeines heutigen Vogels, der vielleicht einen Schritt in Richtung einer neuen, andersartigen Lebensform der Zukunft vollzogen hat. Dennoch sind weder die Fossilfunde noch das heutige Leben voller Geschöpfe, die gerade im Begriff stehen, ihre Lebensweise zu ändern. Wie kommt das, wo doch so viele einen solchen Übergang durchlaufen haben müssen?

Biologen hören die Kritik nur allzu oft: Ein Teil eines Auges oder eines Ohres sei nicht von Nutzen, und damit sei die Evolutionstheorie widerlegt. Diese Argumentation spricht auch der Plattenkamera, dem Kohlemikrofon oder dem Maniac-Computer aus den fünfziger Jahren, der mit einem Zimmer voller Elektronenröhren kaum mehr leistete als eine heutige Digital-Armbanduhr, die Nützlichkeit ab. Daß die heutigen Modelle nützlicher sind als die früheren, besagt wenig darüber, welchen Wert sie zur Zeit eines Daguerre, Edison oder Alan Turing hatten. In der Biologie ist das Problem der Zwischenformen verwikkelter: Das Auge, die Stimme oder das Gehirn wurden nicht von Grund auf neu konstruiert, sondern mußten Schritt für Schritt von dem bereits Vorhandenen ausgehen und dabei immer ihre Funktion – worin auch immer sie bestand – erfüllen.

Manchmal kann es schwer sein, von einer Form zur anderen zu gelangen, wenn es nicht einen Mittelsmann gibt, der auf halbem Weg zwischen den beiden Aufgaben steht und die alte schlechter erfüllt, auch wenn seine Nachkommen in der neuen vielleicht besser sind. Es ist das Problem des Bergsteigers. Nur die wenigsten Gipfel lassen sich auf geradem Wege stürmen. Meist muß der Kletterer die hart erarbeitete Höhe wieder preisgeben und ein Tal durchqueren, um die nächste Anhöhe zu erreichen. Viele wohlschmeckende Schmetterlinge schützen sich vor natürlichen Feinden, weil sie fast hundertprozentig die leuchtenden Warnfarben einer ganz anderen Spezies nachahmen, die voller Gift ist. Auf diese Weise gedeihen sie, aber wie könnte ihr gut getarnter Vorfahre den ersten Schritt in Richtung dieses falschen, aber überzeugenden Signals getan haben? Jedes Gen, durch das ein schmackhaftes Insekt leichter zu sehen ist, muß, so scheint es, ein Nachteil gewesen sein, auch wenn es im Laufe der Zeit zu einer neuen Form des Schutzes geführt hat. Wie die Insekten dieses Tal des Todes überrundet haben – ob durch einen plötzlichen Sprung, mit einem einzigen Gen, das sie den größten Teil des Weges zur Mimikry voranbrachte, oder durch geringfügige Veränderungen, die fast zufällig in einer kleinen Population zusammentrafen –, ist nicht geklärt. Sicher ist aber, daß es den Zwischenformen schlechter erging als ihren getarnten Vorfahren und ihren die Kunst der Täuschung beherrschenden Nachkommen; deshalb mußten sie in jedem Fall verschwinden.

Von Zeit zu Zeit liefert ein Experiment der Natur einen Hinweis, wie der Untergang einer solchen Form aussieht. Arten, die sich erst vor relativ kurzer Zeit auseinanderentwickelt haben, bilden manchmal Hybriden, Tiere, die in ihrer äußeren Erscheinung zwischen den beiden gut angepaßten Formen stehen. An ihnen erkennt man, wie gefährlich es ist, veraltet zu sein: Sie sind zu einem stark eingeschränkten Dasein verdammt, weil alles andere ihnen verwehrt wird. Angenommen, es sind drei Formen von Schafen erhalten geblieben: Die eine ist an eine große Gebirgsregion angepaßt, die zweite an ein kleines, hügeliges Gebiet und die dritte an die weiten Ebenen am Fuße der Gebirge. Die Nachkommen der Gebirgs- und Flachlandbewohner werden sich schneller verbessern, und deshalb werden diese Stämme sehr schnell den Platz der weniger verbesserten Form auf den Hügeln einnehmen. Zwischenformen, ob Schafe oder sonst irgend etwas, werden verdrängt.

Nehmen wir beispielsweise die Krähe, einen Bewohner von Gebirgen und Ebenen (die außerdem gern die Augen von Lämmern frißt). Die meisten Krähen sind schwarz; sie gehören zu den Aaskrähen – »jenen abscheulichen Bestien, die gegen den Regen anschreien« – und sind in großen Teilen Europas zu Hause. Die Krähen in Schottland, Skandinavien und Osteuropa, die Nebelkrähen genannt werden, unterscheiden sich von ihren abscheulichen Vettern durch ihre blaßgrauen Körperseiten. Von diesem Merkmal abgesehen, ähneln die Nebelkrähen weitgehend ihren dunklen Verwandten (allerdings bevorzugen sie andere Orte).

Wo die beiden Vogelarten aufeinandertreffen, kreuzen sie sich, und es entsteht ein Gebiet mit Vögeln, die in der Mitte zwischen Aas- und Nebelkrähen stehen. Die Hybriden beschränken sich aber auf einen schmalen Streifen zwischen ihren verbesserten Nachkommen. In Schottland bewohnen die Nebelkrähen höher gelegene Gegenden, die Aaskrähen besiedeln das Flachland, und die Zwischenform beschränkt sich wie die Schafe des Hügellandes auf einen schmalen Streifen dazwischen. Sie haben keine Chance, an die Stelle einer der beiden häufigeren Formen zu treten.

Die englische Grafschaft Cambridgeshire war in viktorianischer Zeit voller Nebelkrähen (darauf hat Charles Kingsley hingewiesen, der erste, der den Darwinismus zu theologischen Zwecken nutzte). In *The Water Babies* töten die Krähen eine aus ihrer Mitte, weil sie keine Eier stiehlt: »Sie sind wahre Republikaner, diese Nebelchen ... denn was die Freiheit der Meinungsäußerung, der Gedanken oder der

Handlungen angeht, welche unter ihnen erlaubt sind, könnten sie ebensogut amerikanische Bürger der neuen Schule sein.« In den fünfziger Jahren hatten sich diese radikalen Vögel bis nördlich einer Linie von Glasgow nach Aberdeen zurückgezogen. Weitere vierzig Jahre später waren sie sogar bis nach Inverness zurückgedrängt. Je mehr die Aaskrähen ihr Verbreitungsgebiet erweitern, desto stärker ziehen sich die Nebelkrähen zurück, vielleicht weil die beiden Arten sich so ähnlich sind, daß sie nicht zusammenleben können. Das Gebiet mit den Hybriden wandert ebenfalls, aber es bleibt so schmal wie immer und beschränkt sich wie seit jeher auf die Vorgebirge. In der Zwischenform wird das Schicksal einer alten, verdrängten Vogelart wieder lebendig. Sie hat keine Zukunft, weil schon Aas- und Nebelkrähen sich in ihren Bedürfnissen so ähnlich sind, daß sich kein anderes Tier dazwischendrängen kann.

Wie sieht es mit den größeren Schritten auf der Straße der Evolution aus? Warum gibt es nicht nur zwischen niedriger und höher gelegenen Gebieten, sondern auch zwischen Boden und Luft sowenig Übergangsformen? Auch hier hat die Selektion ihr unerbittlich Werk verrichtet und die Zwischenformen beseitigt. Wenn ein Körperteil, beispielsweise die Flügel zum Fliegen, für eine bestimmte Lebensweise vervollkommnet wurde, dann werden – das sollten wir uns immer vor Augen halten – Tiere mit den ersten Übergangsstufen dieses Körperteils nur in den seltensten Fällen bis heute existieren, gerade weil sie durch den Prozeß der natürlichen Selektion verdrängt werden. Jede neue Form wird in der Regel den Platz ihrer weniger verbesserten Vorfahren einnehmen und diese letztlich auslöschen. Handelt es sich um eine große Verbesserung, wird der Übergang vom alten zum neuen Modell nicht lange dauern. Vorfahren haben stets nur eine geringe Überlebenschance.

Die meisten Tiere, die fliegen können, sind darin sehr geschickt. Diejenigen, die an der Grenze zu dem neuen Medium gezögert haben, sind verschwunden, aber man kann Vermutungen darüber anstellen, wie sie aussahen. Bei Fledermäusen oder Vögeln ist das einfach. Ihre Flügel waren abgewandelte Arme. Viele Tiere verhalten sich so, wie es auch die Vorväter des Adlers oder der Vampirfledermaus getan haben müssen. Sie gleiten von höher zu tiefer gelegenen Stellen, um Energie zu sparen und die Gefahren am Erdboden zu meiden. Echsen, Frösche, Nagetiere und sogar ein bemerkenswerter fliegender Lemur (der zunächst fälschlich nicht als Primat, sondern als Fledermaus eingestuft wurde) machen es auf diese Weise. Eine Hautfalte zwischen Vorder- und Hinterbeinen, vergrößerte Füße oder ein abgeflachter Körper – das alles kann dabei helfen. Schon eine kleine Tragfläche, selbst wenn sie nur aus riesengroßen Zehen besteht, ist von gewaltigem Nutzen. Eine Vorderextremität zu einem Flugorgan umzuformen ist keine sonderlich schwierige Aufgabe. Zu jedem Knochen in den Flügeln eines Vogels oder einer Fledermaus gibt es eine Entsprechung im Vorderbein des Kaninchens oder in den Flossen eines Wals.

Heute sieht kein Lebewesen so aus, als stünde es auf halbem Weg zum Vogel oder zur Fledermaus. Die Moleküle zeigen, daß Fledermäuse mit den Kaninchen verwandt sind, einer eindeutig bodengebundenen Gruppe, doch nichts weist darauf hin, wie eine frühere Kaninchenfledermaus ausgesehen haben könnte. Aber in der Familie der Eichhörnchen finden wir eine feine Abstufung von Tieren mit nur geringfügig abgeflachtem Schwanz und solchen mit anliegender Haut an den Körperseiten bis hin zu den sogenannten Flughörnchen, bei denen die Gliedmaßen durch eine breite Hautfalte verbunden sind, die ihnen als Fallschirm dient, so daß sie über erstaunliche Entfernungen hinweg von einem Baum zum nächsten durch die Luft gleiten können. An der Flügelhaut der Fledermaus sind noch Spuren des Apparates zu erkennen, der ursprünglich zum Gleiten konstruiert war. Wenn man eine solche Abfolge vom bodengebundenen Leben zum geschickten Fliegen sogar bei heute lebenden Tieren findet, warum sollte es dann eine derartige graduelle Veränderung nicht auch unter den Vorfahren der heutigen Fledermäuse und Vögel gegeben haben? Innerhalb ihrer Abstammungslinien dürfte sich jede Verbesserung der Gleit- oder Flatterfähigkeit schon bald im Vergleich zu einem weniger geschickten Vorgänger ausgezahlt haben.

Manche Wirbeltiere versuchten auf anderen Wegen, sich in die Luft zu erheben. 1910 fand ein deutscher Bergmann ein wunderschönes Fossil eines hühnergroßen fliegenden Reptils. Ein Fachmann, dem das unwahrscheinlich erschien, entfernte die Flügelknochen, weil er sie für Überreste eines Fisches hielt. In Wirklichkeit handelte es sich aber tatsächlich um das erste flugfähige Wirbeltier. Es bediente sich einer unvollkommenen, aber genialen Methode, und das, zwanzig Millionen Jahre bevor sich das nächste Tier in die Lüfte erhob. Knochenstäbe dienten zur Versteifung zweier gebogener Flügel, die aus Hautlappen bestanden. Sie öffneten sich wie ein japanischer Fächer und versetzten das Tier in die Lage, über das Hundertfache seiner eigenen Körperlänge durch die Luft zu schweben, und zwar nach einem ganz anderen Verfahren als Fledermäuse oder Vögel. Die ersten abgewandelten Vordergliedmaßen, die durch Gelenke und Muskeln am Skelett befestigt waren, besaßen das Potential, sich zu eleganten Antriebsorganen zu entwickeln und dabei alle früheren Formen zu verdrängen. Der japanische Fächer führte nirgendwohin – für ihn gab es, im Gegensatz zu dem abgewandelten Arm, kaum noch Möglichkeiten, sich weiterzuentwickeln.

Die meisten Flugtiere sind keine Vögel, sondern Insekten. Wie den Engeln wachsen ihnen Flügel, ohne daß sie die Arme verlieren. Der Bau der Insektenflügel liefert keine Anhaltspunkte, die darauf hindeuten, wie ihr gemeinsamer Vorfahre ausgesehen haben könnte, und es gibt auch keine Entsprechung zu den Flughörnchen, aus der sich schließen ließe, was sie durchgemacht haben.

Die ersten fliegenden Insekten, die in Fossilfunden aus der Zeit vor über dreihundert Millionen Jahren auftauchten, waren bereits mit hervorragenden Flügeln ausgestattet: Sie enthielten schon die meisten Verstrebungen und Tragflächen, die auch die heutigen Libellen zu so geschickten Fliegern machen. Die entfernten, unbekannten Vorfahren dieser Luftakrobaten besaßen vermutlich einfache Hautfalten, mit denen sie gleiten konnten, oder Haarbüschel, die sie in der Schwebe hielten. Vielleicht führte der erste Schritt auch über einen biologischen Zentralheizkörper. Hält man eine glatte Fläche in die Sonne, nimmt sie Energie auf, dreht man sie in die andere Richtung, gibt sie die Energie wieder ab. Irgendwann wurde diese Solarzelle in anderer Hinsicht nützlich. Die ersten Flügel könnten sich aus Hautlappen entwikkelt haben, mit denen wasserlebende Insekten Sauerstoff aufnahmen und die später von der Evolution als Hilfsmittel zum Fliegen mit Beschlag belegt wurden – aber wie erhebt sich ein Tier, das im Wasser lebt, auf einmal in die Luft?

Zu allen diesen Wegen in eine neue Welt gibt es auch heute etwas Analoges – das ist der Fluch der Evolution. Heuschrecken springen hoch und gleiten wieder zu Boden. Für winzig kleine Insekten ist die Luft so zähflüssig, daß die Tiere, nur von Borstenbüscheln getragen, durch den Sommerhimmel schweben können. Schmetterlinge dagegen entfalten die Flügel in Richtung Sonne, wärmen sich auf und heben dann ab. Jedes Organ, das zu so etwas in der Lage ist, dürfte ansatzweise das Fliegen ermöglicht haben, aber über die Frage, welches davon die Aufgabe tatsächlich erfüllte, kann man mangels Zwischenformen nur spekulieren.

Der Schlüssel zu der Frage nach den ersten Flugtieren sind die Gene. Entfernte Verwandte der Insekten sind die Krabben. Eine Gruppe von Genen in ihrer DNA gleicht fast vollständig denjenigen, mit denen die lange Abfolge von Schritten zu den Flügeln einer Taufliege beginnt. Bei den Krebsen sind diese Schalter der Entwicklung nicht nur in der Körperwand aktiv (was mit der Gleiter-, Ballonfahrer- oder Zentralheizungstheorie übereinstimmen würde), sondern auch in spezialisierten Gliedmaßen, die als Kiemen dienen. Sie zeigen, daß jeder Flügel aus einem mit Gelenken versehenen Bein hervorgegangen sein muß. Es diente anfangs nicht zum Winken, sondern verhinderte, daß sein Besitzer ertrank. Bei einigen Tieren hat sich die alte Lebensweise erhalten. Diese sehr einfachen Lebewesen, die Steinfliegen, wachsen in Wasserläufen heran und steigen, wenn sie aufgewachsen sind, an die Oberfläche. Mit Körperanhängen, die sich von Kiemen ableiten, segeln oder rutschen sie auf dem Wasser entlang, bis sie das trockene Land erreichen. Ganz ähnlich sahen zweifellos die ersten Flügel aus, und hier, bei den Steinfliegen, ist diese unwahrscheinliche Zwischenstation auf dem Weg zum Fliegen erhalten geblieben.

Über den Ursprung und die Übergangsformen organischer Wesen mit seltsamen Gewohnheiten und Strukturen. Die natürliche Selektion kann neue Organe und Formen hervorbringen, die an die Stelle des Vorherigen treten. Die Evolutionstheorie muß noch mehr leisten. Sie muß erklären, wie manche Tiere Gewohnheiten annehmen, die sich stark von denen ihrer Verwandten unterscheiden. Es scheint, als könnten solche dramatischen Veränderungen nicht durch allmählichen Wandel zustande kommen: Wie sollen die vielen Merkmale, durch die sich die alte Form von der neuen unterscheidet, alle gleichzeitig wechseln?

Manchmal begegnen uns bei einzelnen Exemplaren einer Art besondere Gewohnheiten, die sich stark von denen anderer Individuen unterscheiden; die Erwartung liegt nahe, daß aus solchen Individuen gelegentlich neue Arten mit anomaler Lebensweise hervorgehen, wobei ihr Körperbau entweder nur geringfügig oder auch stärker von dem des eigentlichen Typus abweicht. Viele Tiere ergreifen bei ihrer Entstehung die unwahrscheinlichsten Gelegenheiten. Sich aufgrund des wunderlichen Verhaltens eines einzelnen Bären vorzustellen, die ganze Art könne im Laufe der Zeit immer mehr zu einer Lebensweise im Wasser übergehen, bis schließlich ein so gewaltiges Geschöpf wie ein Wal entsteht, ginge ein wenig zu weit. Dennoch kann sich eine kleine Verhaltensänderung stark auf die entwicklungsgeschichtliche Zukunft jener Lebensformen auswirken, die sie vollzogen haben. Was die Veränderung des Lebensraumes angeht, braucht man nur die vielen britischen Insekten zu erwähnen, die sich heute von exotischen Pflanzen ernähren. Jedes von ihnen mußte sich an die neue Nahrung anpassen, aber auch an den neuen Ort, an dem es lebt und sich paart.

Die Europäer, die sich in den Vereinigten Staaten niederließen, erkannten genau, welche Chancen sich dort boten. Überall, wo Apfelbäume gedeihen konnten, wurden sie angepflanzt, und schon bald entwickelten sich daraus riesige Obstplantagen. In den sechziger Jahren des neunzehnten Jahrhunderts wurden die Nutzpflanzen im Tal des Hudson von einem neuen Schädling angegriffen: der Apfelfliege. Zunächst glaubte man, sie sei aus Europa eingeschleppt worden, aber in Wirklichkeit handelte es sich um eine einheimische Art, die ihre Lebensweise geändert hatte. Ein heimisches Insekt hatte es geschafft, innerhalb eines Jahrhunderts eine neue Art der Ernährung zu entwikkeln. Heute richten die Fliegen in jedem Jahr Schäden von vielen Millionen Dollar an.

Der Apfelschädling ist eine abgewandelte Form der Weißdornfliege. Als diese Tiere zum erstenmal die neue Wirtspflanze heimsuchten, fanden sie die Nahrung bergeweise vor. Eine einfache Veränderung führte zu einer langen Kette von Folgen, und schließlich entstand eine neue Spezies mit eigener Identität. Sie war die letzte der vielen Arten in ihrer Familie. Irgendwo vollzog eine Fliege den entscheidenden Wechsel, und Milliarden Nachkommen profitierten davon.

Heute paaren sich die Fliegen da, wo sie auch fressen – und damit sind die Apfelschädlinge von ihren Vorfahren abgeschnitten. Sie standen einer neuen Herausforderung gegenüber und mußten sich daran anpassen. Äpfel unterscheiden sich in vielfacher Hinsicht vom Weißdorn. Sie entwickeln sich früher im Jahr, die Frucht braucht den ganzen heißen Sommer, um reif zu werden, und sie besitzt ihre eigenen Abwehrsubstanzen. Das alles stellt ein Insekt, das an eine andere Ernährung gewöhnt ist, vor neue Schwierigkeiten. Andererseits ist aber eine Made, die sich tief in einem Apfel versteckt, in Sicherheit vor den parasitischen Wespen, von denen ihre Verwandten auf den kleinen Früchten des ursprünglichen Wirtes angegriffen werden, und zusätzlich nützt es ihr, daß sie nicht mit den vielen einheimischen Insekten konkurrieren muß, die sich ebenfalls am Weißdorn gütlich tun. Unter den Nachkommen der ersten Weißdornfliege, die zu der neuen Ernährung überging, spielte sich also eine Menge Evolution ab, und heute sind die Apfelschädlinge so stark verändert, daß sie fast nie mehr mit ihren Vorfahren zusammentreffen. Wenn sie die Wahl haben, fliegen sie nicht zum Weißdorn, sondern zum Apfelbaum, und obwohl die Apfelfliege sich genetisch kaum von ihrem Vorfahren unterscheidet, schlüpft sie zwei Wochen früher. Damit vermindern sich die Aussichten, daß zwischen beiden Formen Sexualität stattfindet (im Labor fallen sie allerdings nach wie vor begeistert übereinander her).

Auch bei anderen, weiter entfernten Verwandten sind Anhaltspunkte für eine ähnliche Vergangenheit zu erkennen. Eine solche Art, die Hartriegelfliege, paart sich zumindest im Labor mit der Apfelfliege, in der Natur hingegen aber nicht. Die Blaubeerfliege geht überhaupt keine Verbindung mit anderen Arten mehr ein, und künstliche Hybriden sind nicht lebensfähig. Und noch eine andere Fliege lebt auf Lorbeerbäumen, kann sich mit keinem ihrer Verwandten kreuzen und besitzt auch Gene, die man bei keinem von ihnen findet. Bei allen Arten in dieser Gruppe war eine kleine Veränderung der Lebensgewohnheiten der erste Schritt zur eigenen Identität. Heute probiert die Weißdornfliege aus, ob sie auf Kirschen leben kann. Gelingt es ihr (und das US-Landwirtschaftsministerium tut alles, um das zu verhindern), wird dieser amerikanische Ureinwohner wiederum eine neue Persönlichkeit annehmen.

Viele Insekten haben sich parallel zu den Pflanzen entwickelt, von denen sie sich ernähren. Tatsächlich war pflanzliche Ernährung bei vielen Insekten die Triebkraft, durch die sie sich auseinanderentwickelt haben. Dreihundertdreißigtausend Käferarten sind bekannt, weitaus mehr als in jeder anderen Gruppe. Sie ernähren sich vorwiegend von Blütenpflanzen, die ihrerseits von blütenlosen Vorfahren abstammen. Ein auf die Gene gegründeter Stammbaum zeigt, daß die Käfer ihrer Nahrung gefolgt sind. Diejenigen, die an der Wurzel des Stammbaums stehen, ernähren sich auch heute noch von Nadelgehölzen oder

Cycadeen, uraltten, kaum veränderten Pflanzen, die viele älter sind als solche mit Blüten. Während der ersten hundertfünfzig Millionen Jahre ereignete sich in der Geschichte der Käfer nicht viel. Erst als die Pflanzen sich veränderten und zu blühen begannen, entwickelten sich auch die Lebensgewohnheiten der Käfer auseinander, und ein Gewirr von Evolutionswegen nahm seinen Anfang.

Manchmal sind die Spuren des entscheidenden Individuums, das die neue Lebensweise annahm, in seinen Nachkommen noch zu erkennen. Wie das Rad oder die Elektronenröhre zeigen sie, wie eine einzige Idee zu einer ganzen Palette neuer Modelle führen kann.

Die Welt ist voller Giftstoffe. Jeder Pastinak, jede Lauchpflanze, jede Orange ist voll davon. Andere Substanzen (beispielsweise das Nikotin im Tabak) haben wir liebengelernt. Auch unser Körper erzeugt Abfallstoffe, die unschädlich gemacht werden müssen. Diese Aufgabe erledigt eine spezialisierte Gengruppe, und sie begannen damit bei dem ältesten aller Gifte. Vor etwa zwei Milliarden Jahren tauchte in der Atmosphäre der Sauerstoff auf. Er war für die Lebewesen jener Zeit tödlich (wie er es auch heute noch für diejenigen Bakterien ist, die in der Evolution nicht gelernt haben, mit ihm umzugehen). Alles, was für die Beseitigung des tödlichen Gases sorgen konnte, wurde von der natürlichen Selektion aufgegriffen. Schon bald entwickelte sich ein Protein, das die Sauerstoffmoleküle an andere Substanzen ankoppelte und damit ihre schädliche Wirkung verringerte.

Dann, ebenfalls schon vor langer Zeit, kehrte sich die Logik der Evolution um. Der Sauerstoff wurde zum Freund, und die meisten Lebewesen nutzten ihn, um ihre Lebensvorgänge anzutreiben. Das Abwehrprotein diente nun nicht mehr dazu, den Sauerstoff unschädlich zu machen, sondern es heftete ihn an schädliche Substanzen und bremste damit ihre gefährliche Wirkung. Eine einzige Veränderung der Lebensgewohnheiten brachte eine Familie von Genen hervor, die sich zu Tausenden verschiedener Formen auseinanderentwickelten. Jedes Säugetier besitzt mindestens zweihundert Versionen dieser Gene, bei Insekten sind es noch viel mehr. Ohne einen solchen Abwehrmechanismus würden sie sofort der Welt der Chemikalien zum Opfer fallen, in der sie leben.

Manche der neuen Proteine sind das Produkt eines Rüstungswettlaufs zwischen Tieren und Pflanzen. Jedem neuen Pflanzengift begegneten die Tiere mit einem Molekül, das sich angepaßt hatte und damit fertig wurde; sobald eine Seite ihre Lebensgewohnheiten änderte, stellte sich der Gegner darauf ein. Manchmal sind die Pflanzen in dem Wettlauf einen Schritt voraus (deshalb essen wir keine Rharbarberblätter), aber manche Tiere können auch die Produkte einer Pflanze verarbeiten, die anderen verwehrt bleibt, und sie deshalb angreifen. Der Tabakwickler kann Nikotin abbauen und gedeiht auf Tabakpflanzen – an einem einzigen Blatt davon würde ein Mensch sterben.

Schwalbenschwanzschmetterlinge sind auffällige Tiere: Ihre leuchtenden Farben erhellen die Düsternis des Waldes und verschönern das Sonnenlicht in der Savanne. Jede der zweihundert verschiedenen Arten hat ihre eigene Wirtspflanze und bleibt dort mehr oder weniger unter sich, weil andere Insekten sie meiden. Alle Wirtspflanzen stellen einen Giftstoff namens Kumarin her. Er hält die meisten Pflanzenfresser fern, aber die Schwalbenschwänze haben in ihrer Evolution eine Veränderung durchgemacht, durch die sie damit fertig werden. Das Indiz für diesen Wandel in alter Zeit liegt in der DNA. Teile der betreffenden Genstruktur haben sich zwar gewandelt, aber der Abschnitt, der es seinem Träger ermöglicht, das Kumarin zu verarbeiten, ist seit Jahrmillionen unverändert geblieben. Eine einfache Abwandlung bei einem Schmetterlingsvorfahren öffnete das Tor zu einer Bastion der Evolution. Sie ließ mehrere hundert neue Arten entstehen, die durch natürliche Selektion ganz neue, vielfältige Lebensbedingungen ausnutzten.

Ganze Tiergruppen erleben unerwartete Wandlungen ihrer Lebensweise und entwickeln sich dann in eine ganz andere Richtung als ihre Vorfahren. Gibt es ein überzeugenderes Beispiel für Anpassung als den Specht, der an Bäumen hinaufklettert und in den Ritzen der Rinde nach Insekten stochert? Aber in Nordamerika leben auch Spechte, die sich vorwiegend von Früchten ernähren, und andere mit verlängerten Flügeln, die Insekten in der Luft verfolgen; in den Ebenen von La Plata dagegen, wo kein einziger Baum wächst, gibt es einen Specht, der mit jedem entscheidenden Teil seines Körperbaues, ja sogar mit seiner Färbung, dem rauhen Ton seiner Stimme und seinem ungeschickten Flug seine nahe Verwandtschaft mit der bei uns verbreiteten Spezies verrät, und doch klettert dieser Specht in seinem ganzen Leben nie auf einen Baum.

Schwalbenschwänze, Spechte und viele andere Lebewesen zeigen gleichermaßen, wie sich die Natur auf ganz willkürliche Weise verändern kann. Für jedes von ihnen hält die Welt heute eine Reihe von Produkten bereit, von denen sie nicht wußte, daß sie gebraucht wurden. Sobald die Evolution eine Lücke sieht, stößt sie hinein. Und wenn kein anderer es schafft, um so besser. Eine sonderbare Gewohnheit oder ein neuer Körperteil eröffnet eine Welt der Möglichkeiten, die sich auf unzählige Arten nutzen lassen.

Organe von äußerster Vollkommenheit und Kompliziertheit. Die Vollkommenheit des Lebendigen diente oft als Argument dafür, daß es einen Schöpfer gibt. Das legte auch Griffith Hughes, der Geistliche der Kirche St. Lucy's auf Barbados, 1750 in seinem Buch *Natural History of Barbados* dar. In den Tieren der Insel erkannte er »die Handwerkskunst einer göttlichen Architektur ... ohne Makel, ohne Überflüssiges, genau passend und fähig, die verschiedenen Zwecke ihres Schöpfers zu erfüllen, dem Entzücken und dem Wohle des Menschen zu dienen und zur Schönheit und Harmonie des allgemeinen Systems beizutragen – zum Beispiel die Kartoffellaus, welche so klein ist, daß man sie kaum erkennen kann! ... und doch findet man in jeder einzelnen wahrlich jeden Teil, der zum Leben eines Tieres notwendig ist, genau wie in jedem Behemoth oder Leviathan ... Was sonst als unendliche Weisheit und Macht könnte eine winzige Menge Materie, welche fast zu klein ist, als daß man sie mit bloßem Auge zu sehen vermag, zu einer solch unendlichen Vielfalt formen?«

Die Vorstellung, das Leben sei so fehlerlos, daß es einen Gestalter geben müsse, war in viktorianischer Zeit vielfach verbreitet und wird auch heute noch gepredigt. Es ist eine leere Logik. Vollkommenheit ist etwas Relatives, und sie ist bei der Kartoffellaus und allem anderen oft von subjektiven Urteilen abhängig. Das Auge, das Ohr – ja selbst die Zehennägel – widerlegen das »Gestaltungsargument«, wie die Behauptung Hughes' und seiner vielen Nachfolger genannt wird.

Über die Ansicht, ein so vollkommenes Organ wie das Auge könne von der natürlichen Selektion hervorgebracht werden, ist allerdings wohl jeder zunächst einmal verblüfft. Aber hier gilt das gleiche wie bei jedem anderen Organ: Wenn wir eine lange Reihe der abgestuften Komplexität kennen, ist es logisch durchaus nicht unmöglich, daß jedes nur vorstellbare Maß der Perfektion durch natürliche Selektion erreicht wird.

Der amerikanische Politiker William Jennings Bryan, 1925 Sieger im Prozeß gegen John Scopes, in dem dieser verurteilt wurde, weil er die Evolutionstheorie gelehrt hatte, machte sich gern über das Thema lustig: »Manche sagen, auf der Haut eines Tieres, das keine Augen hatte, sei ein Stück Pigment oder ein Fleck aufgetaucht. Dieses Stück Pigment oder dieser Fleck habe die Sonnenstrahlen auf die Stelle gezogen, und als das kleine Tier dort die Wärme spürte, wandte es ihn der Sonne zu, um noch mehr Wärme zu bekommen. Die zunehmende Hitze reizte die Haut – so vermuten die Evolutionisten –, und dann tauchte da ein Nerv auf, und aus dem Nerv entstand das Auge ... Wer bietet mehr? Und es geschah nicht nur einmal, sondern zweimal!«

In Wirklichkeit ereignete sich das Auge nicht nur zweimal, sondern fünfzigmal, und die Aufgabe, aus dem Licht Information zu gewinnen, wurde auf ein Dutzend Arten gelöst. Das Auge ist so kompliziert, wie es sein muß, mehr nicht. Seine scheinbare Vollkommenheit widerlegt die Evolutionstheorie nicht, sondern stützt sie. Es gibt bei verschiedenen Lebewesen viele Entwicklungsreihen von Augen, und jede von ihnen zeigte die Stadien, die selbst ein so kompliziertes Organ wie das unsere durchgemacht hat, bevor es die bescheidenen Fähigkeiten erlangte, die es heute für sich beanspruchen kann.

Viele Tiere besitzen in ihrem Auge eine einzige Linse und stellen damit das Licht auf einer Platte scharf, die es in Nervenimpulse umwandeln kann. Menschen, Würmer, Quallen, Schnecken und Spinnen erfüllen die Aufgabe auf die gleiche Weise. Und jeder Paparazzo weiß: Je größer die Linse, desto besser kann man damit sehen; Mäuse haben im Verhältnis zum Körpervolumen größere Augen als wir. Aber schon ein sehr kleines Hilfsmittel leistet eine ganze Menge. Das einfache Auge einer Spinne kann wie das komplexe Organ der Maus auf eine Entfernung, die dreißigmal so groß ist wie die Körperlänge seines Besitzers, Freund und Feind unterscheiden.

In allen Augen spiegelt sich wider, was die Vergangenheit von ihnen verlangte, und sie beschränken sich auf das, was ihnen geboten wurde. Das menschliche Auge ist recht kompliziert: Es enthält hundert Millionen Stäbchen, die im Dämmerlicht benutzt werden, und drei Millionen Zapfen für das Farbensehen. In jedem Stäbchen befinden sich viele tausend Proteinmoleküle, und sie wandeln das Licht über ein Molekül, das die Membran siebenmal im Zickzack durchspannt, in Signale um. Drei farbempfindliche Pigmente nehmen die roten, grünen und blauen Bestandteile der Umgebung auf. Dennoch ist unser Auge unvollkommen; wir sind schlicht an das gewöhnt, was es nicht kann. Die Welt ist voll von weißen Blumen, aber nur für uns. Bienen sehen ultraviolett, und für sie sind solche Pflanzen voller Muster. Jede Kamera korrigiert den farbigen Rand, der ein Bild umgibt, wenn es durch eine Linse fällt: Unser Auge umgeht das Problem mit einer geringeren Zahl von Rezeptoren für blaues Licht im Zentrum des Sehfeldes (diese Tatsache fiel schon den Impressionisten auf, und sie malten ihre blauen Blüten unscharf).

Trotz solcher Anpassungen führt die natürliche Selektion nicht zur absoluten Vollkommenheit, und soweit wir dies beurteilen können, entsprechen auch wir von Natur aus nicht immer diesem hohen Maßstab. Alles wurde für seinen derzeitigen Zweck abgewandelt, aber es wurde nicht vervollkommnet. Jede Struktur, die eine Evolution durchmacht, muß sich mit ihrer Vergangenheit herumschlagen. Da die Organisation aller Lebewesen zum größten Teil schlicht und einfach auf Vererbung beruht, ist es in den meisten Fällen unmöglich, vom einen zum anderen zu gelangen. Was ein Tier kann, wird immer durch das eingeschränkt, von dem es ausgegangen ist.

Diesem unerbittlichen Gesetz unterliegt auch das Auge. Es hat bei Säugetieren eine Schwäche, die es seit seinen Anfängen verfolgt. Zu Beginn war es eine glatte Zellschicht, und später bildete sich daraus ein Becher oder eine Kamera. Dies hat zur Folge, daß das Licht die »Drähte« durchdringen muß, die dem Gehirn die Information übermitteln, und erst dann die Netzhaut erreicht. Eine Kamera, bei der die lichtempfindliche Seite des Films auf der falschen Seite läge, wäre unverkäuflich. Jeder Konstrukteur könnte sie verbessern (deshalb haben wir Brillen und Mikroskope).

Insekten würden über unser Sehvermögen staunen. Ihre Augen sind nicht aus einer, sondern aus vielen hundert Linsen aufgebaut, die das Licht jeweils auf einen Sensor konzentrieren. Eine solche Anordnung winziger, billiger Kameras zeigt uns eindringlich, wozu die Evolution nicht in der Lage ist. Wegen ihres Ursprungs sind die Insektenaugen auf das beschränkt, was sie heute sind. Sie haben sich auf das große Bild spezialisiert, geben aber Einzelheiten nicht gut wieder. Insekten sind Opfer der Natur. Da jede Bewegung für sie den Tod bedeuten kann, sehen sie die Welt aus der Vogelperspektive, und jedes Objekt in ihrem Blickfeld, jede Aktivität wird sofort wahrgenommen. Aber auch das aufmerksamste Insekt hat eine zehnmal geringere Fähigkeit, die Feinheiten eines Gegners zu erkennen, als eine Spinne mit ihrem gröberen, aber leistungsfähigeren Sehorgan.

Als ein Wissenschaftler die ersten Fotos durch Insektenaugen aufnahm, bezeichnete er das Bild, das sie von der Welt lieferten, als »ungefähr so, als würde man es in einem recht groben Strickmuster ausführen und aus einer Entfernung von dreißig Zentimetern betrachten«. Bei allen Beschränkungen durch das Ausgangsmaterial hat die natürliche Selektion das Sehvermögen so weit verbessert, wie es möglich war. Nachtaktive Insekten besitzen große Linsen, so daß ihre Lichtempfindlichkeit um das Hundertfache steigt, und Libellen haben mehr Kameras, wobei eine Reihe kleiner Einheiten so dicht gepackt ist, daß sie die Beute vor dem Hintergrund des Himmels sehen können. Bienen unternehmen lange Ausflüge und haben einen senkrechten Streifen aus Sensoren, der an die vertikale Welt der Bäume und Zweige angepaßt ist. Die Welt der Wasserläufer dagegen ist flach, und ein horizontaler Streifen in ihren Augen eignet sich für die Wasserfläche, auf der sie schwimmen. Auch die Sexualität kommt dabei ins Spiel. Männliche Fliegen können scharf sehen und eine potentielle Partnerin ausmachen, für die ihr Geliebter jedoch nur ein entfernter, verschwommener Fleck ist. Sogar die Moleküle ändern sich so, daß sie passen. Licht sorgt dafür, daß Ionen durch eine Membran fließen, und setzt auf diese Weise eine Impulsfolge in Gang, die zum Gehirn weitergeleitet wird. Bei schnellen Fliegern, auf die ständig neue Informationen einströmen, spricht ein solcher Ionenkanal sofort an, bei Insekten mit ruhigerer Lebensweise ist er langsamer.

Wenn sich die Insekten mit der Verbesserung einer kümmerlichen Konstruktion herumschlagen, tut die Evolution ihr Bestes; aber dieses Beste ist nicht sonderlich beeindruckend. Das Auge der Libelle oder des Wasserläufers hat die Oberhand behalten, aber nur weil alle Konkurrenten noch schlechter sind. Was das Sehen angeht, liegt die ausgezeichnete Leistung im Auge des Betrachters.

Im Zusammenhang der Evolution ist Vollkommenheit nicht notwendig. Wäre das Auge nur ein Lobgesang auf die großartige Macht einer Gottheit namens natürliche Selektion, hätte es als Beweis keine größere Überzeugungskraft als die berühmte Uhr, mit der William Paley die Existenz Gottes beweisen wollte. Er zählte in seinem Buch viele Beispiele für fehlerlose Konstruktionen auf, und da er sich nicht vorstellen konnte, woher sie kamen, griff er auf einen großen Konstrukteur zurück. Aber zu seinem Pech gibt es im Lobgesang auf das Auge viele Mißklänge. Sie zeigen, daß es nicht das Werk eines großen Komponisten ist, sondern das Produkt eines gefühllosen Arbeitstieres: Wie alle anderen Organe ist es ein Instrument, das nicht von einem ausgebildeten Ingenieur, sondern von einem Bastler zusammengebaut wurde.

Organe von scheinbar geringer Wichtigkeit. Die natürliche Selektion kann äußerst komplizierter Organe (wie beispielsweise die Augen) hervorbringen und hat das auch oft getan. Jede Verbesserung der Sehfähigkeit ist nützlich und wird sofort aufgegriffen. Aber wie steht es mit Organen, die anscheinend kaum zu etwas nütze sind? Wie kann man mit der Evolution die Entstehung der einfachen Teile erklären, die ganz offensichtlich nicht so wichtig sind, daß sie zur Erhaltung aufeinanderfolgender, unterschiedlicher Individuen führen?

Ein Teil der Antwort lautet: wichtig für wen? Unter Umständen erkennen wir das Entscheidende an einer Struktur nicht, obwohl sie für ihren Besitzer entscheidend ist. Die Giraffe hat einen winzig kleinen Schwanz, der wie eine künstliche Fliegenklatsche aussieht. Zunächst erscheint es unglaublich, daß er sich durch aufeinanderfolgende, geringfügige Abwandlungen an seine derzeitige Verwendung angepaßt hat, den beiläufigen Vorgang des Vertreibens von Fliegen.

Fliegen saugen Blut und übertragen Parasiten. Wegen der Tsetsefliege kann man in großen Teilen Süd- und Zentralafrikas keine Rinder halten. Sie greift das Vieh so heftig an, daß die Menschen früher überall in Afrika gezwungen waren, ihre Lasten selbst zu tragen, weil kein Packtier überlebte. Noch heute richten die Fliegen jedes Jahr Schäden in Milliardenhöhe an. Ob eine Kuh schwarz, cremefarben oder gefleckt ist, mag zunächst bedeutungslos erscheinen – aber manche Rassen sind den Angriffen stärker ausgesetzt, weil die Tsetsefliegen durch große, einheitlich gefärbte Objekte angezogen werden und gemusterte Tiere meiden. Selbst der begrenzte Schutz durch eine Fliegenklatsche bringt einen gewissen Nutzen. Der Schwanz, das Fell, sogar die Augenlider der Kuh oder der Giraffe sind unentbehrliche Verteidigungsmittel, auch wenn sie uns trivial erscheinen.

Wissenschaftler tun Organe häufig als unwichtig ab, weil sie sich nicht die Mühe gemacht haben, ihre Funktion aufzuklären. Viele Hormondrüsen unseres Organismus – die Zirbeldrüse im Gehirn oder die

Thymusdrüse im Hals – bezeichnete man früher schulterzuckend als nutzlose Überbleibsel, obwohl sie in Wirklichkeit den ganzen Körperhaushalt steuern. Selbst dem Auge kommen Funktionen zu, die niemand vorhergesehen hat. Es dient zum Sehen, aber das ist bei weitem nicht alles. Viele Höhlentiere sind blind. Was könnte also nutzloser sein als ein Auge an einem Ort, wo es kein Licht gibt? In der Dunkelheit wird es sofort zu einem unwichtigen Organ – so könnte es jedenfalls scheinen. In Wirklichkeit zeigen sich in der Dunkelheit Verwendungsmöglichkeiten, die sonst nicht zu erkennen sind. Der israelische Blindmull hat von allen Säugetieren die kleinsten Augen; sie sind unter der Haut verborgen, sehen aber noch ganz wie Augen aus. Die Gehirnteile, die sich vorwiegend mit dem Sehen beschäftigen, sind stark zurückgebildet. Warum haben diese Tiere die Überreste ihrer Sehorgane behalten, obwohl sie in ihrem Lebensraum nichts sehen können?

Manche von den Augen kommenden Nerven laufen nicht zu den Sehzentren des Gehirns, sondern zum Hypothalamus, einer Region, die bei der Steuerung von Körpertemperatur, Nahrungsaufnahme und Sexualität eine große Rolle spielt. Seine »innere Uhr« wird bei Mäusen durch einen einzigen, drei Sekunden langen Lichtreiz justiert, und bei den Mullen fällt in den kurzen Augenblicken, wenn sie die Erde aus ihrem Bau werfen, so viel Licht durch die Augenlider, daß sie wissen, wie lang der Tag ist und ob die Jahreszeit für die Paarung gekommen ist. Selbst Blinde brauchen offenbar einen Überrest der Struktur, die ihnen früher das Sehen ermöglichte. Wird ein blindes Auge zerstört, geht der Lebensrhythmus verloren; das Organ verfügt über Fähigkeiten, die sich erst nach vielen Generationen in der Dunkelheit zeigen.

Dennoch besitzen zahlreiche Höhlentiere die Überreste von Augen, die offensichtlich keinerlei Nutzen haben. Bei vielen Fischen ist die Nervenverbindung zum Gehirn nicht mehr vorhanden. Manche Krabben haben noch den Ansatz für das Auge, aber das Auge selbst ist verschwunden: Das Stativ für das Teleskop ist da, aber das Teleskop mit seinen Linsen fehlt. Solche Organe dürften echte, heute bedeutungslose Überreste sein; aber wie läßt sich beweisen, daß sie keinen Nutzen mehr bringen?

Am leichtesten übersieht man den Wert einer Struktur in der DNA selbst. Dort erfüllen offenbar lange Abschnitte keine Funktion, und es gibt in dem Molekül viele Millionen Stellen, die sich von einem Individuum zum nächsten nach dem Zufallsprinzip unterscheiden – so scheint es jedenfalls. Es ist einfach (und dürfte oft auch richtig sein), die meisten Veränderungen in der DNA im Hinblick auf die Evolution als witzlos zu betrachten. Können sich die Millionen Unterschiede zwischen zwei Mäusen oder zwei Taufliegen – oder die noch viel größere Zahl der Abweichungen, die Insekten und Säugetiere trennen – wirklich durch den Kampf ums Dasein entwickelt haben? Vielleicht, so sagen manche Fachleute, ist der größte Teil der DNA ein Organ von geringer Bedeutung, das von Darwins Apparat überhaupt nicht zur Kenntnis genommen wird. Wenn das stimmt, ist das Leben in weiten Bereichen neutraler Boden, auf dem die natürliche Selektion nur ihre wenigen Kämpfe inszeniert.

Für diese Ansicht spricht eine überraschende Tatsache: Von Individuum zu Individuum unterscheiden sich diejenigen Körperteile am stärksten, die anscheinend am wenigsten wichtig sind. Blutgerinnsel entstehen aus kleinen Proteinmolekülen, die sich als Reaktion auf eine Schädigung verbinden. Die meiste Zeit schwimmen diese Bausteine einzeln im Blutplasma; ihre Fähigkeit, aneinander anzukoppeln, wird durch einen kurzen Molekülabschnitt unter Kontrolle gehalten, der die entscheidende Stelle blockiert. Nach einer Verletzung wird dieser »Bremsklotz« abgeschnitten, das Molekül verbindet sich mit anderen, und das Gerinnsel entsteht. Der größte Teil des Proteinmoleküls enthält keinerlei Abweichungen, aber in dem Bremsklotz, der eine so einfache Aufgabe erfüllt, findet man eine große Strukturvielfalt. Die Abweichungen in dem Teil des Moleküls, das die anspruchsloseste Aufgabe hat, werden mit Sicherheit nicht von der natürlichen Selektion aufrechterhalten. Viele dieser Veränderungen wirken sich auf die Funktion vermutlich nicht aus und sammeln sich einfach im Laufe der Zeit an. Betrachtet man die DNA als Ganzes, gibt es in den Teilen, die kein Protein herstellen, mehr Unterschiede als in jenen, die eine solche Aufgabe erfüllen, und je unentbehrlicher ein Protein für den Apparat der ganzen Zelle vermutlich ist, desto geringer ist die Variationsbreite. Vielfalt baut sich offenbar nur da auf, wo sie keinen Schaden anrichtet; an Stellen, wo sie Probleme bereiten könnte, bleibt sie aus.

Daß sich die meisten Abwandlungen in der Natur auf den Zuschauerrängen des Evolutionsschauspiels vollziehen, ist für manche Vertreter des Darwinismus ein schmerzhaftes Eingeständnis. Heute ist diese Vorstellung aber allgemein anerkannt, ja sie gilt fast als selbstverständlich. Die molekulare Uhr und die Stammbäume, die weitläufig verwandte Lebewesen verbinden, gehen davon aus, daß die Veränderungen in der DNA nichts anderes messen als den verstrichenen Zeitraum. Und da die meisten Uhren und Stammbäume zumindest bis zu einem gewissen Grad sinnvoll sind, dürfte diese Annahme möglicherweise richtig sein.

Die Uhr selbst weist aber auch darauf hin, daß es wahrscheinlich ein Fehler ist, den größten Teil der Variationen in der DNA als sinnlos abzutun. Die meisten Säugetiere erfreuen sich eines eigenen Parasiten. In den Vereinigten Staaten gibt es viele Arten von Taschenratten, und jede davon hat ihre eigene Laus. Wirt und Untermieter haben sich in der Evolution gemeinsam entwickelt, aber die Abweichungen in der DNA sind von Laus zu Laus zehnmal größer als von Taschenratte zu Taschenratte. Tiere und Pflanzen messen ihre Lebensdauer nicht in Jahren, sondern in Generationen; daß die Uhr bei der Laus schneller läuft, hängt auch damit zusammen, daß sie in einen kurzen Zeitraum mehr Sexualität hineinpreßt als ihr Wirt. Das erklärt den Unterschied zum Teil, aber nicht ganz. Bei den Haien, einer entwicklungsgeschichtlich trägen Gruppe, tickt die Uhr sehr langsam, bei Knochenfischen mit der gleichen Generationszeit läuft sie schneller – und bei den Primaten (einschließlich unserer selbst) ist sie aus irgendeinem Grund gebremst. Irgend etwas hat die Uhren abgewandelt – aber was, weiß niemand.

Selektion – des Verhaltens, der Farbe oder der Struktur von Proteinen – wirkt letztlich immer auf die DNA. Wo sie in diesen riesigen Molekülen gerade ansetzt, wissen wir fast nie. Der größte Teil des genetische Materials erfüllt Aufgaben, die noch völlig im dunkeln liegen, und mit unserem Unwissen können wir den Wert jeder Abweichung ebenso leicht abtun, wie wir uns über den Schwanz der Giraffe lustig machen. Aber manchmal stimmen Struktur und Funktion eines Moleküls überein, und dann zeigt sich, wie gefährlich es unter Umständen ist, einem Merkmal die Nützlichkeit abzusprechen, solange man es nicht im einzelnen untersucht hat. Das Hämoglobin, der rote Blutfarbstoff, hat viele Aufgaben. Die wichtigste besteht darin, den Sauerstoff in der Lunge aufzunehmen und durch den Körper zu transportieren. Das Molekül besteht aus zwei Paaren von Proteinketten, die umeinandergefaltet sind. Das Sauerstoffmolekül paßt in eine Spalte zwischen ihnen und entweicht, wenn sich die Ketten verschieben.

Die Streifengans zieht jedes Jahr über den Himalaya. Sie überfliegt den Gipfel des Mount Everest und steigt dabei bis auf acht Kilometer über dem Meeresspiegel, eine Höhe, in der Menschen innerhalb weniger Stunden sterben. In den Anden leben Vögel den größten Teil des Jahres unter ähnlich harten Bedingungen. Das Hämoglobin aller dieser Vögel behält seine sauerstoffbindende Form noch bei, lange nachdem es bei anderen Tieren schon »umgesprungen« ist. Bei der Streifengans ist zu diesem Zweck ein einziger Buchstabe in der DNA verändert. Dadurch verschwindet eine entscheidende Kontaktstelle zwischen den Proteinketten, und das Hämoglobin bindet den Sauerstoff fester. Bei der Andengans ist die gleiche Verbindungsstelle abgewandelt, und auch die Wirkung ist die gleiche, aber die Veränderung befindet sich in der anderen Molekülkette. Die Geier in den Anden besitzen ebenfalls solche lebenspendenden Moleküle, die aber ganz andere Veränderungen enthalten. Jede dieser drei kleinen genetischen Abwandlungen ist eine ebenso unmittelbare Reaktion auf die natürliche Selektion wie die Flügel der schwarzen Schmetterlinge. Ohne genaue Kenntnisse über das Hämoglobin würde man sie leicht als zufälligen Hintergrund abtun.

Dennoch unterscheidet sich eine Streifengans von der anderen oder von ihren Vettern in den Anden in Millionen Stellen ihrer DNA. Sind sie alle Produkte der Selektion? Das erscheint nicht plausibel. Meist muß die Selektion nicht als Architekt, sondern als Polizist tätig werden. Sie paßt nicht jedes Molekül an jede Veränderung der Umwelt an, sondern sorgt für die Beseitigung von Mutationen, die das reibungslose Funktionieren des Körpers beeinträchtigen. Schließlich wird eine Vorrichtung, die bereits gut arbeitet, durch eine zufällige Veränderung nur in den wenigsten Fällen verbessert. Wenn man mit dem Hammer auf eine Herz-Lungen-Maschine einschlägt, führt das nur selten zu einer besseren Sauerstoffversorgung (ausgeschlossen ist es aber nicht). Die meisten Veränderungen in der Evolution sind von Nachteil, und Hauptaufgabe der natürlichen Selektion ist es, Modifikationen nicht zu fördern, sondern zu verhindern.

Eine Polizeitruppe in Alarmbereitschaft zu halten – und alles zu beseitigen, was ihren Maßstäben nicht genügt – ist aufwendig. Würden die vielen Millionen ererbten Unterschiede alle die Überlebensfähigkeit beeinflussen, hätte fast jeder mit dem Los, das er zieht, Pech: Ein einziges Gen würde die Prüfung nicht bestehen, und alle anderen würden dafür mit Tod oder Unfruchtbarkeit bezahlen. Angesichts einer derart strengen Anwendung der Regeln wäre es für eine Population unmöglich, sich am Leben zu erhalten. Deshalb gehen viele Biologen davon aus, daß Abweichungen, die weder nützlich noch schädlich sind, von der natürlichen Selektion nicht beeinflußt werden und ein Element des Wechsels bleiben. Nach dieser neutralen Weltanschauung ist die Vielfalt zu einem großen Teil nur Schaum auf dem darwinistischen Meer: zufälliges »Rauschen« in einem System, dessen wichtige Teile von der natürlichen Selektion fein abgestimmt werden.

Aber, so entgegnen andere, wenn die Selektion auf Merkmale wirkt, die auf den ersten Blick trivial erscheinen wie das Auge der Blindmulle, warum kann sie dann nicht die gesamte Vielfalt beeinflussen, auch wenn deren Bedeutung noch so gering erscheinen mag? Bisher gibt es dafür (abgesehen von seltsamen Ausnahmen wie den Blutproteinen von Gebirgsvögeln) und auch dagegen kaum Belege. Früher wurde die Wirkung der Selektion bei so geringfügigen Dingen wie der Farbe von Schmetterlingsflügeln oder der Struktur des Hämoglobins geleugnet. Heute gelten diese als Beweis für ihre Kraft. Vielleicht wird es eines Tages mit allen Veränderungen in der DNA ebenso gehen – vielleicht aber auch nicht.

Das Hämoglobin besagt eine Menge über die Evolution. Es ist von Bedeutung für alle angeblichen Schwierigkeiten der Abstammung mit Abwandlung und zeigt, daß die meisten davon nur Hirngespinste sind. Aber das Molekül wirft auch Probleme auf, die scheinbar nur schwer in einem darwinistischen Rahmen unterzubringen sind. In ihrer Mehrzahl sind es vielleicht nur Scheinprobleme, und wenn es sich um echte handelt, sind sie nicht tödlich: Aber die Naturgeschichte der DNA erfordert Erklärungen, die über *Die Entstehung der Arten* hinausgehen. Trotz allen Geredes über angebliche Schwächen ist es diesem großen Werk sehr gut gelungen, die Vielfalt der Pflanzen und Tiere zu erklären. Schlechter sind seine Leistungen aber, wenn es um die Struktur der Gene geht.

Die DNA eines Wals besteht aus dreitausend Millionen Basen, aber bei einem bestimmten Salamander, der nur etwa zwei Zentimeter lang ist, sind es zwanzigmal so viele. Andere Tiere, die sich auf den ersten Blick kaum von solchen mit Nukleinsäure vollgestopften Arten unterscheiden, haben diesen genetischen Überfluß völlig abgelegt. Beim Kugelfisch sind alle Gene auf einem Stück DNA zusammengedrängt, das nur ein Achtel der Länge unserer eigenen Erbsubstanz hat. Andere

Meeresbewohner zeigen, wie weit man eine Zelle abspecken kann. Kleine Grünalgen – vollständige Zellen mit einem Zellkern und dem ganzen biochemischen Apparat – enthalten eine DNA aus nur dreihundertachtzigtausend Basen. Ihre Gene sind eng zusammengedrängt und überlappen sich sogar, wobei das Ende des einen den Anfang des nächsten kennzeichnet. So sieht offenbar das Minimum aus, das zur Herstellung einer Zelle notwendig ist. Warum braucht ein Säugetier zehntausendmal soviel und der Salamander nochmals zwanzigmal mehr? Salamander sind zwar viel komplizierter als Seetang, aber so groß ist der Unterschied sicher nicht.

Offenbar gibt es einen Druck, der für Veränderungen in den Genen selbst sorgt. Früher sah es so aus, als sei die Arena der Evolution eine malthusianische Welt mit »harter Arbeit ... Ausschweifungen aller Art ... Kriegen, Seuchen und Hungersnot«. Die Sprache wurde zwar an die Sphäre der Pflanzen und Tiere angepaßt, aber natürliche Selektion beinhaltet – wie beim Menschen – den Kampf ums Dasein oder die Sexualität zwischen den Individuen. Heute richtet sich die Aufmerksamkeit in der Biologie immer stärker auf den Krieg unter der Haut, auf die Gene selbst. Die DNA, so scheint es, hat ihre eigenen Ziele, die unter Umständen mit den Interessen ihres Trägers in Konflikt geraten. Manche molekularen Kämpfe lassen sich mit den vertrauten Begriffen erklären, andere laufen aber auch nach Regeln ab, die dem Darwinismus auf den ersten Blick fremd zu sein scheinen.

In den sechziger Jahren bemerkten die Genetiker bei ihren Kreuzungen ein seltsames Ergebnis. Paarte man Taufliegen aus den Vereinigten Staaten mit solchen aus Europa, waren die Töchter unfruchtbar, die Söhne würfelten ihre Gene wild durcheinander, und viele neue Mutationen tauchten auf. Das gleiche geschah, wenn man amerikanische Bestände, die man dreißig Jahre zuvor gefangen und seitdem im Labor gehalten hatte, mit neuen Fliegen aus derselben Gegend kreuzte. Noch seltsamer war, daß es ein sexuelles Ungleichgewicht gab: In Kreuzungen zwischen amerikanischen (oder älteren) Weibchen mit europäischen (oder neueren) Männchen zeigte sich der Effekt, bei der umgekehrten Kombination geschah jedoch nichts. Das alles war, wie sich nach und nach herausstellte, die Folge eines Aufruhrs in den Tiefen der Gene.

In die amerikanische Population war ein zusätzliches Stück DNA eingedrungen – ein sogenanntes transponierbares Element von dreitausend Basen Länge. Es sprang umher und beschädigte manchmal andere Gene. Fliegen, die dem Eindringling schon länger ausgesetzt waren, kamen damit besser zurecht als solche, die er erst vor kurzem angegriffen hatte. Da die Elemente Schäden anrichten, kann ihre Zahl auf nicht mehr als etwa fünfzig pro Zelle steigen, und die meisten davon bleiben an einer Stelle, weil sie einen Teil ihrer Struktur verloren haben.

Manche der vielen Eindringlinge führen ein Eigenleben, andere verharren in trägem Schweigen und erinnern daran, daß DNA ein Medium und nicht zwangsläufig ein Inhalt ist. Manche werden von RNA kodiert, andere von DNA. Manche sind in der Lage, Kopien ihrer selbst herzustellen, andere sind so verstümmelt, daß sie überhaupt nichts mehr können. Der genetische Tumult nützt seinem Träger zum größten Teil nichts. Bei Mäusen ist jede zehnte Mutation auf solche beweglichen DNA-Elemente zurückzuführen, und ein bestimmtes Mausgen liegt nur in einer einzigen funktionsfähigen Kopie vor – aber in zweihundert nutzlosen Exemplaren, die durch Eindringlinge geschädigt und vervielfältigt wurden. Bei den meisten Säugetieren besteht ein Fünftel der DNA aus Genruinen und den Elementen, von denen sie zerstört werden. Das muß zumindest bei der Verdopplung lästig sein.

Nur ein Dreißigstel unserer eigenen DNA stellt Proteine her. Der Rest besteht zu einem großen Teil aus tausend- oder millionenfach wiederholten Sequenzen, die im Laufe der Zeit durch Zufallsereignisse geschädigt wurden. Viele Mutationen entstehen beim Menschen (wie bei der Taufliege) durch den schädlichen Einbau eines beweglichen Elements in einen funktionierenden DNA-Abschnitt. Gene, so scheint es, sind nur Bedeutungsoasen in einer Wüste der Sinnlosigkeit.

Auch die Gene selbst tragen die Spuren früherer Eindringlinge. Bei vielen von ihnen ist der Code für die Proteinketten durch Abschnitte unterbrochen, die keinen Inhalt haben. Diese sinnlosen Abschnitte werden zunächst abgelesen und hinterher herausgeschnitten; auf die Proteine wirkt sich das genetische Kauderwelsch also nicht aus. Es ist das Fossil eines DNA-Eroberers; seine Ruinen sind als Fehler in den fein gestalteten Produkten der natürlichen Selektion geblieben. Neunzehn von zwanzig Säugetiergenen enthalten solche Unterbrechungen, und in manchen Fällen ist das nutzlose Material viel umfangreicher als die kodierenden Abschnitte. Andere Lebewesen besitzen keinen solchen Schrott und haben damit offenbar keinerlei Schwierigkeiten.

Das Gen des Kugelfisches, das dem menschlichen Gen für die zu einer Schädigung der Nerven und frühzeitigem Tod führenden Huntington-Krankheit entspricht, ist weitaus kleiner als sein Gegenstück beim Menschen, das eine Fülle überflüssiger DNA enthält. Fliegen besitzen in ihren Genen weniger Eindringlinge, und bei Bakterien fehlen sie ganz.

Das alles ist mit einer abgewandelten Version der orthodoxen Theorie durchaus zu vereinbaren. Schließlich hat ein Lebewesen mit einer verkehrt herum angeordneten Netzhaut kein Recht, sich über Seltsamkeiten in seinen Genen zu beschweren. Sowohl Augen als auch Gene entwickeln sich durch eine Reihe von Kompromissen. Bandwürmer bringen den Apparat des Darms unter ihre Kontrolle, und der muß dann mit dem unerwünschten Besucher zurechtkommen – warum sollten transponierbare Elemente nicht das gleiche auch mit der Zelle tun?

Der Darwinismus wird durch die bewegliche DNA nicht ad absurdum geführt, aber es besteht noch eine Menge Erklärungsbedarf. Der genetische Kampf ums Dasein ist ein Evolutionskonflikt, der meist unter der sichtbaren Oberfläche tobt. In der Physik ließen sich Atom, Apfel und Universum nicht mehr mit Newtons rationalen Begriffen erklären, nachdem Einstein die allgemeine Relativitätstheorie aufgestellt hatte. Auch in der Genetik verbergen sich Umwälzungen, die möglicherweise nach neuen Antworten verlangen. Der Evolutionstheorie fehlt ihr Einstein – und manche sagen, er sei nicht notwendig –, aber ihre gesicherten Erkenntnisse, so erfolgreich sie in der Vergangenheit waren, werden durch die Naturgeschichte der Gene einer harten Prüfung unterworfen.

Manche Abschnitte der DNA haben eine eingebaute Neigung, ihre Zahl zu verändern. Auch dieser Vorgang hat oft einen darwinistischen Sinn. Blattläuse werden resistent gegen Insektizide, indem sie die Zahl der Gene, mit denen sie diese Chemikalien abbauen, gewaltig steigern – die Folge der ganz normalen natürlichen Selektion. Die Verdopplung von Genen wird auch deshalb begünstigt, weil sich dann ein Exemplar auf die jeweils anstehende Aufgabe konzentrieren kann, während das andere seiner eigenen Wege geht. Die Gene für Hämoglobin bilden ganze Familien, abgewandelte Versionen eines ursprünglichen Gens, die jetzt jeweils auf eine andere Aufgabe spezialisiert sind. Vor langer Zeit gab es ein einziges Transportmolekül. Es ähnelte dem Myoglobin, das heute in den Muskeln den Sauerstoff speichert. Das Ausgangsgen verdoppelte sich mehrere Male, so daß zwei große Gengruppen entstanden. Jeweils ein Mitglied bildet das Hämoglobin, das man bei Erwachsenen findet, während von anderen produzierte Formen für das ungeborene Kind nützlich sind, das seinen Sauerstoff aus dem Blut der Mutter gewinnen muß. Sie alle stammen von einem Ursprungsgen ab, und alle zeigen trotz ihrer unterschiedlichen Funktionen noch die Spuren ihres gemeinsamen Vorfahren.

Manchmal jedoch bringt die Vervielfachung offenbar überhaupt keinen Nutzen, sondern sie ergibt sich aus der Instabilität der DNA. Die Zahl mancher ihrer Buchstaben nimmt zu und ab, ohne daß ihr Besitzer etwas davon hat. Damit schaffen sie die einzigartigen »DNA-Fingerabdrücke«, mit denen man Verbrecher identifiziert. Ihre Information bedeutet überhaupt nichts, und doch bilden solche Wiederholungen lange Abschnitte in dem gesichtslosen »Müll«, der die Gene trennt.

Die Theorie der Abstammung mit Abwandlung sagt voraus, daß sich zwei Gruppen, die viele Jahre lang getrennt sind, sich im Durchschnitt stärker unterscheiden werden als zwei andere, die noch nicht so lange isoliert waren. Auf Knochen, Verhalten oder Blutproteine trifft diese Regel gut zu. In manchen sich wiederholenden DNA-Abschnitten versagt sie dagegen so kläglich, daß auch Darwins überzeugteste Fürsprecher innehalten.

Nehmen wir zum Beispiel die Geburtshelferkröte, die zu zweifelhaftem Ruhm gelangte, weil der Versuch scheiterte, mit ihrer Hilfe Mendels Regeln zu widerlegen: Die Vererbung eines erworbenen Merkmals (eines schwarzen Fußes) war, wie sich herausstellte, auf die heimliche Tinteninjektion eines betrügerischen Biologen zurückzuführen. Heute ist die Kröte zum Heiligenbild für diejenigen geworden, die den Darwinismus hinter sich lassen wollen.

Die Kröte besitzt eine Genfamilie, die einen Teil des Apparates für die »Übersetzung« der Information in der DNA produziert. In jedem Tier gibt es mehrere hundert Kopien davon, die alle genau die gleiche DNA-Sequenz haben (was angesichts der Neigung jedes vervielfachten Gens, Mutationen anzuhäufen und sich von seinen Nachbarn wegzuentwickeln, seltsam ist). Die Geburtshelferkröte hat eine enge Verwandte, die Nördliche Geburtshelferkröte, die fast genauso aussieht. Auch sie besitzt eine Genfamilie mit der gleichen Aufgabe, und dies gilt auch für die meisten anderen Frösche und Kröten, die alle zweifellos vom selben Vorfahren abstammen.

Aber die gemeinsamen Gene zeigen eine völlig unerwartete Verteilung. Bei der Geburtshelferkröte haben alle Exemplare des vielfach wiederholten Gens genau die gleiche Struktur; die Nördliche Geburtshelferkröte besitzt ebenso viele Kopien, und sie sind ebenfalls alle gleich – aber sie unterscheiden sich von denen ihrer engen Verwandten. Wie kann dieses Muster – völlig identische Wiederholungen innerhalb einer Art, aber immer die gleichen Unterschiede zwischen den Arten – durch einfache, im Laufe der Zeit erfolgende Veränderungen entstehen? Warum gibt es keine Abweichungen zwischen den Kopien der Geburtshelferkröte oder ihrer Verwandten, obwohl sie sich doch seit der Auseinanderentwicklung der beiden Arten stark verändert haben? Das alles ist nicht nur eine Besonderheit bei den Kröten. Die beiden am weitesten verbreiteten europäischen Mäusearten enthalten jeweils zwanzigtausend Exemplare eines bestimmten DNA-Abschnitts. Sie sind bei jeder Art bis in die letzte Einzelheit genau gleich, unterscheiden sich aber zwischen den Arten, obwohl diese ihre Verwandtschaftsbeziehungen erst vor wenigen tausend Jahren gelockert haben. Es scheint, als habe es unter den Genen eine Art ethnische Säuberung gegeben. Unabhängig davon, was in den verschiedenen Arten geschieht, darf innerhalb einer Art jeweils nur eine Version erhalten bleiben.

Die Dissidenten können auf vielerlei Weise eliminiert werden, unter anderem auch durch Zwangsbekehrung. Die DNA ist von einer Priesterschaft aus Enzymen umgeben, die nur darauf warten, auch kleinste Fehler zu korrigieren. Ohne sie könnte die DNA ihre Aufgabe schon bald nicht mehr erfüllen. Haben die Reparaturenzyme einseitige Vorstellungen darüber, wie die richtige Botschaft aussehen soll, muß diese Version des genetischen Glaubensbekenntnisses schon bald die Oberhand gewinnen. Durch andere Vorgänge der genetischen Reinigung wird die DNA-Sequenz vereinheitlicht. An Stellen, wo eine Reihe von Buchstaben in vielen Exemplaren vorliegt, neigen die Abschnitte zu Fehlpaarungen, ganz ähnlich wie die Zähne eines Reißverschlusses, den man zu schnell zuzieht. Unter Umständen hat dabei eine Version die Neigung, sich auf Kosten einer anderen zu vermehren und diese zu verdrängen.

Teilweise kann man solche Vorgänge in eine darwinistische Zwangsjacke pressen, aber manche lassen sich nur schwer einordnen, was den Verdacht nahelegt, daß Gene ihren eigenen Evolutionsimpuls besitzen. Vielleicht sind Arten für die DNA nichts anderes als ein Wohnort, Kontinente aus Tieren, die durch Sexualität verbunden sind. Verschiedene Arten – beispielsweise die Südlichen und die Nördlichen Geburtshelferkröten – mögen gleich aussehen, aber aus der Sicht der Moleküle ist jede eine Insel, die von ihren Nachbarn durch eine sexuelle Schranke getrennt ist und sich deshalb nach ihren eigenen, inneren Regeln weiterentwickelt. Vielleicht ist das der Grund, warum die DNA-Menge auch unter engen Verwandten so stark schwankt – bis um das Dreifache bei zwei Salamanderarten, die man sonst kaum auseinanderhalten kann.

Schon das ist verblüffend, aber es gibt noch überraschendere Gesetzmäßigkeiten. Manche Gene machen große Sprünge durch die Welt des Lebendigen. Sogar das Hämoglobin taucht an ganz unerwarteten Stellen auf. Einige Insekten (zum Beispiel die Mückenlarven, die man in stehenden Gewässern findet) besitzen eine Version dieser Moleküle und sind deshalb in der Lage, ganz andere Lebensgewohnheiten anzunehmen als ihre Verwandten. Wie konnte ein Säugetierprotein in einen Insektenkörper gelangen? Die Stammbäume der Taufliegen und ihrer springenden Gene beweisen, daß die Elemente aus einer weit entfernten tropischen Fliegenart in die Laborfliegen eingedrungen sind. Da sich beide Arten nicht begegnen konnten, bevor die Neue Welt sich mit Europäern (und ihren Fliegen) füllte, kann diese Besiedlung erst in jüngerer Zeit stattgefunden haben. Vielleicht wanderte auch das Hämoglobin vor langer Zeit durch einen ähnlichen Zufall als Mitreisender auf einem DNA-Element von einem Säugetier in die Mücken.

Auch unter den Wirbeltieren ist die DNA seltsam verteilt. Einen bestimmten Abschnitt findet man bei Schafen, Ziegen und Kühen – aber auch bei mehreren Schlangen und einer Reihe von Echsen. Etwas Ähnliches gibt es bei keinem anderen Tier. Vermutlich war ein Vorfahre von Boa constrictor, Viper und Klapperschlange der Ausgangspunkt, von dem dieses wandernde Gen vor etwa vierzig Millionen Jahren in die Urahnen der heutigen Haustiere gelangte. Unter den Schlangen und Säugetieren passen seine Veränderungen zu den üblichen Gesetzmäßigkeiten der Verwandtschaft, das heißt, die Übertragung kann nur einmal stattgefunden haben. Aber solche Vorgänge bei Klapperschlangen und Schafen erscheinen blaß, wenn man sie denen bei Pflanzen vergleicht. Ein bewegliches Stück DNA, das sich in dem Gen für einen Teil des Stoffwechselapparates verbirgt, hat ein breites Spektrum von Pflanzenarten angegriffen. Sein Ausgangspunkt war ein Pilz, aber es ist in über tausend Blütenpflanzen, vom Kaffee über den Fingerhut bis zur Banane, eingedrungen, die es sich nach dem Zufallsprinzip unter den dreihunderttausend blütentragenden Pflanzenarten ausgesucht hatte.

Die Vorstellung, daß Gene zwischen so unterschiedlichen Umgebungen hin und her wechseln können, ist schon überraschend genug. Tatsächlich gibt es solchen Austausch über große Entfernungen überall. Der Übergang von Genen für Medikamentenresistenz aus Darmbakterien in gefährliche Krankheitserreger ist nur das neueste Beispiel für den häufigen Austausch zwischen ganz unterschiedlichen Teilen der Lebenswelt.

Jede Tier- und Pflanzenzelle besitzt viele Mitochondrien, mit denen sie ihre Energie erzeugt. Mitochondrien haben eigene Gene, die sich von denen im Zellkern unterscheiden. Bei Tieren ist diese Mitochondrien-DNA kein langes Molekül aus vielen Millionen Basen, sondern ein kleiner, geschlossener Ring. Sie gehört im großen Stammbaum der Evolution nicht in die gleiche Gruppe wie die Tiere, sondern in den Bereich der Bakterien – bei denen die Gene ebenfalls in einem Ring angeordnet sind. Deshalb ähneln die Mitochondrien eines Elefanten den Bewohnern seines Darmes stärker als dem größten Teil seiner eigenen Gene.

Wie man an den Genen erkennt, stammen die Zellen der Elefanten und aller anderen höher entwickelten Lebewesen von einer uralten Lebensgemeinschaft zweier Partner ab. Die Mitochondrien ähneln in ihrer genetischen Struktur stark dem Erreger des Typhus, einer Krankheit, an der zur Zeit des Ersten Weltkrieges zwanzig Millionen Menschen starben. Typhus wird von Läusen übertragen, und der Erreger kann nur innerhalb von Zellen leben. Wie die Mitochondrien ist er nicht in der Lage, seine eigenen Aminosäuren herzustellen, sondern er bezieht sie von seinem Wirt. Vor langer Zeit legten die beiden einfachen Lebewesen offenbar ihre Meinungsverschiedenheiten bei, um in Eintracht zu leben. Im Laufe der Zeit reifte das Abkommen zu einer unauflöslichen Bindung, und nun kam kein Partner mehr ohne den anderen aus.

Was zunächst wie ein einfaches Bündnis aussah, verfestigt sich zu einer Föderation. Die verschiedenen Teile der Zellen in Bäumen oder Tigern lassen sich mit ihrer Abstammung auf eine breite Palette früherer Lebewesen zurückführen. Die peitschenförmigen Gebilde, mit denen die Zellen vorwärts rudern, stammen von einer anderen Bakteriengruppe (nämlich von den Vorfahren des Syphiliserregers). Und die grünen Elemente der Pflanzenzellen sind die Nachkommen von Bakterien, die ihre Energie aus dem Sonnenlicht beziehen konnten. Andere Teile des Zellapparates, darunter auch ihre inneren Rohrleitungen, waren früher selbständig, auch wenn sie ihre eigenen Gene heute an den Zellkern abgegeben haben. Vielleicht war sogar der Zellkern selbst einst ein eigenständiges Lebewesen, das von einem anderen verschlungen wurde. Immerhin enthält er sowohl DNA als auch die RNA, die heute vielen Organismen als einziges genetisches Material dient.

Erste Indizien dafür, wie weit eine solche Konföderation des Lebendigen gehen kann, lieferten Bakterien. Von einem verbreiteten Darmbakterium ist heute die Reihenfolge aller viereinhalb Millionen DNA-Bausteine bekannt. Große Abschnitte davon sprechen eine ganz andere Sprache als der Rest: Bei ihnen läßt die Mischung der Basen in der DNA auf einen eigenständigen Ursprung schließen. Offensichtlich stammt ein Fünftel der Gene dieses Bakteriums aus anderen Mikroorganismengruppen.

Wie die Befunde der neuen molekularen Anatomie gezeigt haben, war der Austausch von Genen vor dreihundert Millionen Jahren und mehr allgemein verbreitet. Alle Genome aller höheren Lebewesen sind ein Mosaik aus Teilen, die ursprünglich von verschiedenen Stellen stammen, und die Spuren dieser vielfältigen Vorfahren sind aus den ältesten Zeiten erhalten geblieben. Bei siebenhundert Genen kennt man die Struktur aus einem breiten Artenspektrum von Archaea über Bakterien bis hin zu Hefezellen, so daß man ihre Vergangenheit nachvollziehen kann. In dem großen Stammbaum der Pflanzen, Tiere, Bakterien und sonstigen Lebewesen sind die Gene nicht nach ihren Trägern einzuordnen, sondern nach dem, was sie tun. Die Gene aus einer derartigen Gruppe organisieren, handhaben und korrigieren die in der DNA enthaltene Information. Andere erfüllen alltägliche Aufgaben wie Instandhaltung, Nahrungsverwertung, Abfallbeseitigung und Bewegung. Die Gene, welche die Information bearbeiten, ähneln dem genetischen Material einfacher Bakterien, die Methan abgeben; die anderen stammen zum Teil ebenfalls aus dieser Gruppe, aber auch aus mehreren anderen Quellen im Reich der Bakterien und ihrer Verwandten. Gene für Funktionen des Zellhaushalts springen seit Anbeginn des Lebens zwischen den Ästen des Evolutionsstammbaumes hin und her, solche für Datenverarbeitung dagegen sind weniger beweglich (vielleicht weil sie in Austausch mit anderen treten müssen, um ihre Aufgabe zu erfüllen). Dennoch ist das Leben viel munterer, als es früher den Anschein hatte. Bäume zum Beispiel haben nach den meisten Definitionen einen Stamm, doch gibt es zahlreiche Ausnahmen von dieser Regel. Bei den Banyanbäumen zum Beispiel sind viele Stämme zu einer wirren Masse verflochten. Ganz ähnlich sehen auch Evolutionsstammbäume aus. Nicht nur die Zelle ist ein Bündnis; auch die Gene selbst stammen von unterschiedlichen Urahnen ab und wurden auf eine Weise durcheinandergewürfelt, wie man es sich vor dem Zeitalter der Molekularbiologie nicht vorstellen konnte.

Die Struktur der DNA wirft für die Evolutionstheorie so große Probleme auf, daß man kaum darüber nachdenken kann, ohne sich zu wundern. Aber die Genetik zeigt auch, wie der Darwinismus erklären kann, was auf den ersten Blick unerklärlich erscheint. Sie ruft uns eine nützliche Erkenntnis in Erinnerung: Wissenschaft ohne Schwierigkeiten ist überhaupt keine Wissenschaft.

Zusammenfassung des Kapitels. Wir haben in diesem Kapitel einige von den Schwierigkeiten und Einwendungen erörtert, welche meiner Theorie entgegengestellt werden könnten. Viele derselben sind ernster Art; doch glaube ich, daß durch ihre Erörterung einiges Licht über mehrere Tatsachen verbreitet worden ist, welche nach der Theorie der unabhängigen Schöpfungsakte ganz dunkel geblieben sein würden. Wir haben gesehen, daß Arten in einer bestimmten Periode nicht ins Endlose abändern können und nicht durch zahllose Übergangsformen untereinander zusammenhängen, teils weil der Prozeß der natürlichen Zuchtwahl immer sehr langsam ist und in jeder bestimmten Zeit nur auf sehr wenige Formen wirkt, und teils weil gerade dieser selbe Prozeß der natürlichen Zuchtwahl auch die fortwährende Verdrängung und Erlöschung vorausgehender und mittlerer Abstufungen schon in sich schließt. Nahe verwandte Arten, welche jetzt auf einer zusammenhängenden Fläche wohnen, müssen oft gebildet worden sein, als die Fläche noch nicht zusammenhängend war und die Lebensbedingungen nicht unmerkbar von einer Stelle zur andern abänderten. Wenn zwei Varietäten an zwei Stellen eines zusammenhängenden Gebietes sich bildeten, so wird oft auch eine mittlere Varietät für eine mittlere Zone passend entstanden sein; aber aus den angegebenen Gründen wird die mittlere Varietät gewöhnlich in geringerer Anzahl als die zwei durch sie verbundenen Abänderungen vorhanden gewesen sein, welche letztere mithin im Verlaufe weiterer Umbildung sich durch ihre größere Anzahl in entschiedenem Vorteil vor der weniger zahlreichen mittleren Varietät befanden und mithin gewöhnlich auch imstande waren, sie zu ersetzen und zu vertilgen.

Wir sind in vielen Fällen viel zu unwissend, um behaupten zu können, daß ein Teil oder Organ für das Gedeihen einer Art so unwesentlich sei, daß Abänderungen seiner Bildung nicht durch natürliche Zuchtwahl mittelst langsamer Häufung hätten bewirkt werden können. Doch dürfen wir zuversichtlich annehmen, daß selbst solche Bildungen später mit Vorteil benutzt und unter neuen Lebensbedingungen weiter zum Besten einer Art modifiziert worden sind. Wir dürfen ferner glauben, daß ein früher hochwichtiger Teil (wie der Schwanz eines Wassertieres von den davon abstammenden Landtieren) später beibehalten worden ist, obwohl er für dieselben von so geringer Bedeutung ist, daß er in seinem jetzigen Zustande nicht durch natürliche Zuchtwahl erworben sein könnte, eine Kraft, welche ausschließlich durch die Erhaltung nützlicher Abänderungen im Kampfe ums Dasein wirkt.

Natürliche Zuchtwahl kann bei keiner Spezies etwas erzeugen, das zum ausschließlichen Nutzen oder Schaden einer andern wäre, doch kann sie Teile, Organe und Exkretionen herstellen, welche zwar für eine andere Art sehr nützlich und sogar unentbehrlich oder andererseits in hohem Grade verderblich, aber doch in allen Fällen zugleich nützlich für den Besitzer sind. Natürliche Zuchtwahl wirkt in jeder wohlbevölkerten Gegend durch die Konkurrenz der Bewohner untereinander und kann folglich auf Verbesserung und Kräftigung für den Kampf ums Dasein lediglich nach dem für diese besondere Gegend gültigen Maßstab hinwirken. Daher müssen die Bewohner einer, und zwar gewöhnlich der kleinen Gegend oft vor denen einer andern und gemeiniglich größeren zurückweichen. Denn in der größeren Gegend werden mehr Individuen und mehr differenzierte Formen existiert haben, wird die Konkurrenz stärker und mithin das Ziel der Vervollkommnung höher gesteckt gewesen sein. Natürliche Zuchtwahl wird nicht notwendig zur absoluten Vollkommenheit führen, und diese ist auch, soviel wir mit unseren beschränkten Fähigkeiten zu beurteilen vermögen, nirgends zu finden.

Nach der Theorie der natürlichen Zuchtwahl läßt sich die ganze Bedeutung des alten Glaubenssatzes in der Naturgeschichte »Natura non facit saltum« verstehen. Dieser Satz ist, wenn wir nur die jetzigen Bewohner der

Erde berücksichtigen, nicht ganz richtig, muß aber nach meiner Theorie vollkommen wahr sein, wenn wir alle, bekannten oder unbekannten, Wesen vergangener Zeiten mit einschließen.

Es wird allgemein anerkannt, daß alle organischen Wesen nach zwei großen Gesetzen gebildet worden sind: Einheit des Typus und Bedingungen der Existenz. Unter Einheit des Typus begreift man die Übereinstimmung im Grundplane des Baues, wie wir ihn bei den Gliedern einer und derselben Klasse finden und welcher ganz unabhängig von ihrer Lebensweise ist. Nach meiner Theorie erklärt sich die Einheit des Typus aus der Einheit der Abstammung. Der Ausdruck Existenzbedingungen, so oft von dem berühmten Cuvier betont, ist in meinem Prinzipe der natürlichen Zuchtwahl vollständig mit inbegriffen. Denn die natürliche Zuchtwahl wirkt dadurch, daß sie die veränderlichen Teile eines jeden Wesens seinen organischen und unorganischen Lebensbedingungen entweder jetzt anpaßt oder in längst vergangenen Zeiten angepaßt hat. Diese Anpassungen können in vielen Fällen durch den vermehrten Gebrauch oder Nichtgebrauch unterstützt, durch direkte Einwirkung äußerer Lebensbedingungen leicht affiziert werden und sind in allen Fällen den verschiedenen Wachstumsgesetzen unterworfen. Daher ist denn auch das Gesetz der Existenzbedingungen in der Tat das höhere, indem es vermöge der Erblichkeit früherer Abänderungen und Anpassungen das der Einheit des Typus mit in sich begreift.

SIEBENTES KAPITEL

INSTINKT

Angeborene und erlernte Instinkte • Konflikt, Kooperation und Kompromiß • Sklavenhalterinstinkt • Natürliche Instinkte bei Kuckuck und Strauß • Einfache Regeln führen zu kompliziertem Verhalten: Wabenbau und Sozialverhalten der Honigbiene • Allmählicher Übergang zu neuen Gesellschaftsformen • Kannibalismus • Geschlechtslose oder unfruchtbare Vögel, Ratten und Insekten • Evolution des Verhaltens durch natürliche Selektion und Verwandtschaft • Zusammenfassung

Der American Kennel Club legt als Standard für den chinesischen Shar-Pei fest, das Tier solle »königlich, aufmerksam, intelligent, würdevoll, vornehm, ernst, nüchtern und snobistisch« sein. Für den Rottweiler dagegen fordert er die Eigenschaften »ruhig, vertrauenerweckend und mutig ... mit selbstbewußter Zurückhaltung, die sich nicht für sofortige, unterschiedslose Freundschaften hergibt«.

Hunderassen sind unterschiedlich empfindlich, schnappen bei Kindern unterschiedlich oft zu und bellen unterschiedlich gern. Wenn es aber darum geht, wie leicht sie irgendwo einbrechen oder wieviel Spaß ihnen schlichte Zerstörung macht, sind sie alle ungefähr gleich. Daß Terrier reizbar sind, daß Pitbulls beißen und daß alle jungen Hunde auf den Teppich pinkeln, weiß jeder. Temperament liegt denn wie Größe oder Aussehen in den Genen. Es ist bekannt, daß Mut und Ausdauer der Windhunde über viele Generationen hinweg durch die Kreuzung mit einer Bulldogge beeinflußt wurden, und eine Kreuzung mit einem Windhund brachte eine ganze Familie von Schäferhunden hervor, die gern Hasen jagen.

Als instinktiv bezeichnen wir in der Regel Handlungen, von denen man eigentlich annehmen sollte, sie seien nur mit entsprechender Erfahrung möglich, die aber von einem Tier – insbesondere von einem sehr jungen – ohne jede Erfahrung und von vielen Individuen auf die gleiche Weise ausgeführt werden, ohne daß sie den Zweck kennen.

Instinkte sind für jedes Tier von allergrößter Bedeutung. Sie zeigen eine bemerkenswerte Anpassung – der Vogelzug, die Vorliebe der Bienen für bestimmte Blüten, die Fähigkeit bestimmter Ameisenkasten, Sklaven zu halten. Wenn Verhalten veränderlich ist und vererbt wird, muß es zwangsläufig auch eine Evolution durchmachen. Scheinbar wundersame, komplizierte Verhaltensweisen von Tieren erfordern keine anderen Erklärungen als jene, die auch auf die Tiere selbst zutreffen. Allerdings zeigt sich die Wirkung der natürlichen Selektion im Verhalten oft auf andere Weise als in der bloßen äußeren Erscheinung.

Können Gewohnheiten oder Instinkte, so verwickelt und wandelbar sie auch sein mögen, den gleichen Gesetzmäßigkeiten der Evolution unterliegen wie Farbe, Körperbau oder Größe? Das mag zunächst nicht plausibel erscheinen, denn Verhalten ist häufig erlernt oder wirkt wie eine automatische Reaktion auf einen äußeren Reiz. Letztlich aber ist jede Handlung jedes Tieres ein Produkt seiner Gene, sosehr die Umwelt auch darüber bestimmt, was die Gene hervorbringen. Daran ist nichts Geheimnisvolles. Verhalten entspringt dem Gehirn; und das Gehirn wird wie Herz oder Nieren von Genen erzeugt. Thomas Henry Huxley behauptete in einem kühnen Urteil über den Menschen, das Gehirn scheide Gedanken aus wie die Leber Galle. Unser Gehirn besteht aus vielen Millionen Zellen, und jede davon gehorcht den Informationen in ihrer DNA. In ihnen ist die Hälfte aller Gene unseres Organismus bei der Arbeit, und diese Gene sind dem Wandel ebenso zugänglich wie andere mit weniger vornehmen Aufgaben. Gene erzeugen Gehirne; und Gehirne erzeugen Verhalten. Instinkte werden also über die Generationen hinweg weitergegeben.

Bei vielen Tieren lassen sich ererbte Verhaltensunterschiede beobachten. Selbst Bakterien haben ihre eigenen »Verhaltensweisen« im Umgang miteinander, mit ihrer Nahrung oder mit ihrem Wirt. Manche Mikroorganismen sind dabei ziemlich raffiniert. Ein im Boden lebender Einzeller sammelt sich zu Schwärmen, und wenn die Bedingungen ungünstig sind, bilden die Zellen einen Fruchtkörper; aus ihm heraus verteilen sich dann einige Zellen und bilden eine neue Kolonie. Das ist wie bei jagenden Löwen oder einem Starenschwarm echtes Sozialverhalten: Es erfordert die Kooperation verschiedener Einzelorganismen, von denen jeder die Möglichkeit hat, seine eigenen Gene weiterzugeben. Innerhalb einer Spezies kann Verhalten ebenso schwanken wie Körperbau oder Größe. Manche wilden Mäuse haben ein Gen für »Neophobie« – für die Angst vor Neuem, ganz gleich ob Nahrung oder Schlupfloch –, das bei ihren Verwandten nicht vorkommt. Unterschiedlich gefärbte Schnecken verbringen mehr oder weniger Zeit im Tageslicht, weil sich dunkle Individuen in der Sonne stärker aufheizen, und die schwarzen Schmetterlinge sitzen lieber an schattigen, gut getarnten Orten als ihre hellen Vettern. Solche Merkmale kann die natürliche Selektion ebenso heranziehen wie die Resistenz gegen Kupfer oder eine bessere Fähigkeit, Sauerstoff zu binden.

Aber nicht alle Verhaltensweisen liegen in den Genen: Sie werden auch durch Gewohnheiten abgewandelt. Jeder Hund kann lernen, auf den Hinterbeinen zu stehen. Daß er es nicht besonders gut schafft, liegt nur daran, daß der aufrechte Gang einem uralten Wunsch, auf allen vieren zu gehen, aufgezwungen wird. Vögel können noch viel mehr: Eine amerikanische Art aus der Vogelgattung der Nußknacker legt im Laufe eines Jahres einen Vorrat von bis zu dreißigtausend Samenkörnern an, jedes davon in einer eigenen Baumritze. Der Vogel erlernt schnell die Landkarte seiner Heimat und findet, sechs Monate nachdem er einen Samen versteckt hat, zu ihm zurück. Auf die gleiche Weise kann man Papageien das Sprechen beibringen und Affen lehren, in einer unnatürlichen, entfernten Nachahmung der menschlichen Grammatik mit Zeichen umzugehen. Selbst bei Tieren, die auf der Leiter der Natur sehr weit unten stehen, ist ein geringes Maß an Urteilsvermögen oder Vernunft im Spiel.

Betrachten wir beispielsweise die Seeanemone, ein Tier, dem die meisten Formen von Geist mit Sicherheit fehlen, weil es kein Gehirn besitzt. Seeanemonen gehören zu den einfachsten Tieren überhaupt: Sie sind nur ein Gewebesack mit einem Kranz aus Fangarmen. Ihre Larven geben sie ins Wasser ab. Dort setzen sie sich fest, teilen sich und wachsen zu Kolonien identischer Partner heran. Eine im Pazifik heimische Art lebt in Gruppen oder Klonen, die durch Streifen aus nacktem Gestein voneinander getrennt sind. Innerhalb einer solchen Kolonie ist alles friedlich, aber zwischen ihnen tobt ein ständiger Krieg.

Alle Seeanemonen besitzen Nesselzellen (und manche scheiden ein Gift aus, das einen Menschen töten kann). Der Krieg der Klone ist nie zur Ende. Jede Gruppe hat ihre eigene Persönlichkeit. Manche sind aggressiv, andere verhalten sich ruhiger, reagieren auf Angriffe aber sofort. Manche Klone schlagen nicht zurück, sondern werfen statt dessen mehr Soldaten an die Front, wenn ihre Mitglieder ums Leben kommen. Eine Kolonie kann sich nur in der Nähe solcher Gruppen niederlassen, gegen die sie im Kampf eine Chance hat. Mit der Zeit entwickeln sich eine Hierarchie und ein mürrischer Waffenstillstand; erscheint ein Neuling auf der Bildfläche, flammt der Krieg sofort wieder auf.

Die Gesellschaft der Anemonen zeigt bei aller Hirnlosigkeit, daß selbst die einfachsten Tiere ein Dasein führen, das über die in der DNA festgeschriebene Information hinausgeht. Manche Lebewesen werden in ihrem Verhalten zum größten Teil von Gewohnheiten bestimmt. Jede der dreizehn Finkenarten auf den Galapagosinseln wird mit einer festgelegten Vorliebe für seine eigene Nahrung geboren, die eine für Früchte, die andere für Samen oder Insekten, die von der Erde oder Zweigen gepickt oder mit einem Kaktusstachel aus Löchern gestochert werden. Eine Art ist ein Vampir: Diese Finken hacken in den Rücken von Seevögeln und saugen Blut. Alle Individuen einer Art zeigen mehr oder weniger das gleiche Verhalten, unabhängig davon, wie es im einzelnen aussieht. Die Finken auf den Kokosinseln haben in ihrer Heimat, fünfhundert Kilometer vor der Küste Südamerikas, eine andere Lebenseinstellung. Hier unterscheiden sich die einzelnen Vögel in ihrer Ernährung fast ebenso stark wie die verschiedenen Arten ihrer berühmten Verwandten. Manche fressen Insekten, andere bevorzugen Nektar, Früchte oder Samen, ja sogar Schnecken und kleine Echsen. Und jeder bleibt bei dem, was er am liebsten mag.

Auf der Kokosinsel gibt es, anders als auf den Galapagosinseln, nur eine einzige Finkenart; aber diese Tiere verfügen über gute Entdeckerfähigkeiten. Jeder Vogel entwickelt in den ersten Lebenstagen seine Geschmacksvorliebe. Er ahmt seine Eltern nach, und da er an seiner Gewohnheit festhält, muß er sich nicht an sonderlich viel erinnern. Er erbt kein festgelegtes System von Verhaltensweisen, sondern die Fähigkeit, sich an viele Verhaltensweisen anzupassen. Durch eine Veränderung ihrer Gewohnheiten füllen die Tiere einer einzigen Spezies ebenso viele Lücken im Haushalt der Natur wie eine ganze Artengruppe auf den Galapagosinseln.

Lernen, Wissen, Gewohnheit, Tradition – oder wie man es auch sonst nennen will – können vererbt werden. Die Buckelwale leben den größten Teil des Jahres in zwei getrennten Populationen um die Pole, aber zur Paarung wandern sie alle zum Äquator. Wenn die Gruppen aus dem Norden und dem Süden in den tropischen Gewässern umhertollen, paaren sie sich wahllos, aber die Jungen folgen der Mutter nach

Norden oder Süden und lernen, sich in ihrer neuen Heimat zu ernähren. Eine Vergangenheit, die nicht in den Genen, sondern im Geist festgehalten ist, teilt sie an den beiden Enden der Erde auf.

Manchmal kann man zusehen, wie eine neue Gewohnheit entsteht. Irgendwo öffnete eine Blaumeise zum erstenmal den Verschluß einer Milchflasche, und an einem japanischen Strand wusch ein Makak vor etwa vierzig Jahren zum erstenmal sein sandiges Futter, bevor er es fraß. Beide Ideen verbreiteten sich, und ebenso ging es mit vielen anderen. Mit ihrer Hilfe konnten diejenigen, die sie nutzten, in neue Gebiete des ökologischen Haushaltes eindringen. Kulturelle Schäden können ebenso groß sein wie solche, die durch Genmutationen entstehen. Als im brasilianischen Regenwald wieder Goldkopflöwenäffchen angesiedelt wurden, nahmen die Tiere an, alle Zweige könnten ihr Gewicht tragen (wie sie es von den Seilen im Zoo gewohnt waren), und – noch schlimmer – die winzigen Affen hatten in ihrer neuen Heimat keine Angst vor Schlangen. Die Kultur der Blaumeisen oder der Löwenäffchen erwächst aus ihrer Vergangenheit und ihrer Lernfähigkeit. Ihr Verhalten baut auf dem auf, was die Evolution ihnen mitgegeben hat (und das ist, wenn man das Gehirn des Affen betrachtet, eine ganze Menge). Bei Menschen macht die Biologie sogar noch mehr möglich, aber es gelten die gleichen Regeln. Hätte Mozart nicht mit drei Jahren und herrlich wenig Üben Klavier gespielt, sondern eine Melodie völlig ohne Üben geschaffen, hätte man wirklich sagen können, es sei Instinkt gewesen. Natürlich war es das nicht. Seine Fähigkeit, das Klavierspiel zu lernen, stammte von seinen Vorfahren; daß er so spielte, lag an ihm selbst. Gene setzen selbst dem Genie Grenzen. Zwar läßt sich der Begriff »Genie« auf Tiere nicht anwenden, aber auch was sie tun, wird durch das beschränkt, was sie erben. Selbst ein Gehirn, das im Vergleich zu dem Mozarts winzig ist, kann Erstaunliches leisten.

Sklavenhalterinstinkt. Einer der stichhaltigsten Belege für die natürliche Selektion ist die Beobachtung, daß die Instinkte jeder Art gut für sie selbst sind; dagegen sind sie, soweit wir beurteilen können, nie ausschließlich zum Wohle anderer entstanden. Manche Tiere sind scheinbar barmherzige Samariter, aber in Wirklichkeit stimmt das nie. Selbst die vielen Fälle von Kooperation – Pflanzen und die Tiere, die sie bestäuben, die grünen Algen, die im Innern von Korallen leben, die

Mitochondrien in allen Pflanzen- und Tierzellen – haben sich durch gegenseitige Manipulation entwickelt. Immer wird die Kosten-Nutzen-Bilanz ausgerechnet, und während viele Lebewesen unter den Händen (oder Zähnen) ihrer Feinde leiden, hilft kein einziges selbstlos seinen Freunden.

Manche Parasiten gestehen ihre niedere Stellung ein und kriechen wie die Bandwürmer mit Bedauern in den Körper ihres Wirtes. Andere überzeugen den Beobachter, daß sie in Wirklichkeit eine edle Rolle spielen – daß sie keine Ausbeuter, sondern Helden sind und ihr Opfer nicht manipulieren, sondern beherrschen. Wieder andere bilden Gesellschaften, in denen zwei oder noch mehr Arten von Lebewesen scheinbar harmonisch zusammenleben. Solche Lebensweisen mögen sehr unterschiedlich erscheinen, aber alle befinden sich irgendwo auf dem Weg, der Konflikt und Kooperation verbindet. Wohin sie am Ende gelangen, hängt von einem Kampf zwischen Instinkten ab, der ebenso heftig ist wie der gegen die Elemente.

Malthus' Theorie verdammte zwar die Armen unerbittlich zum Hungern, räumte aber dem Gemeinwohl einen höheren Stellenwert ein als dem Egoismus. Darwins Ansicht war einfacher und erbarmungsloser: Für die Evolution gibt es kein Gemeinwohl; entscheidend ist nur der Egoismus. Er hatte recht. In der Natur gibt es keine Nächstenliebe.

Vieles davon wird an den Ameisen deutlich. Sie durchlaufen die ganze Stufenleiter vom Konflikt über die Eroberung bis zur scheinbaren Kooperation. Manche schleichen sich in eine andere Kolonie, um deren Bewohnern kostenlose Mahlzeiten abzuschwatzen. Da sie nichts zu tun haben, werden diese Nassauer schwächlich: Haut und Mund bilden sich zu Röhren zurück. Manche entwickeln sich zu einem flohähnlichen Erscheinungsbild, zu winzigen blinden Passagieren auf der Haut größerer Ameisen. Andere zeigen mehr Selbstvertrauen. Manche Ameisen überfallen die Nester fremder Arten und machen sich ihre Bewohner zu Sklaven. Solche Ameisen sind auf ihre Diener ganz und gar angewiesen; ohne ihre Hilfe würde die Spezies mit Sicherheit innerhalb eines Jahres aussterben. Die Männchen und die fruchtbaren Weibchen arbeiten nicht. Die Arbeiter, sterile Weibchen, sind zwar beim Sklavenfang höchst energisch und mutig, aber andere Tätigkeiten führen sie auch nicht aus. Sie sind nicht in der Lage, selbst ein Nest zu bauen oder die Larven zu füttern. Wird ihnen ihr altes Nest unbequem, so daß sie wandern müssen, legen ihre Sklaven die Wanderungsrichtung fest und tragen die Herren sogar in ihren Kiefern.

So energisch und mutig diese Sklavenhalter scheinen mögen – auch sie sind Parasiten: ohne ihre Lakaien könnten sie nicht leben. Mit ihren furchteinflößenden Kiefern sehen sie eher wie Sieger denn wie Bettler aus, aber in Wirklichkeit sind sie von ihren Opfern ebenso abhängig wie ihre schwächlichen Verwandten.

Unter den Sklavenhalterameisen gibt es einige, die ihre eigenen Artgenossen unterjochen. Honigameisen zum Beispiel greifen vielfach ihre Nachbarn an und entführen deren Arbeiter. Häufiger ist aber der Raub bei anderen Arten: Amazonenameisen (die in großen Teilen Europas verbreitet sind) bestehlen beispielsweise die Gemeinen Roten Waldameisen in ihrer Umgebung. Sie greifen die Kolonie an, töten die Wächter und schleppen die Puppen nach Hause. Die jungen Ameisen, die dort schlüpfen, arbeiten für ihre Herren und merken überhaupt nicht, daß sie zur Weitergabe fremder Gene beitragen. Manche Sklavenhalter sind noch schlauer. Sie riskieren nicht den Angriff, sondern sprühen einen chemischen Alarmstoff auf die Kolonie, und wenn die Wächter dann in panischer Angst flüchten, stehlen sie die Puppen, oder sie nehmen den Duft ihrer Opfer an, so daß diese sie für Mitglieder der eigenen Familie halten. Eine amerikanische Art von Sklavenhaltern bedient sich sogar zweier Nachbarn: Eine kleine Art dient als Arbeiter, eine größere stellt die Soldaten. Etwas Ähnliches gibt es auch in Europa, aber hier kämpfen die Sklaven gegeneinander, und die stärkere Art verdrängt die schwächere.

Zwischen Parasiten und Wirten oder Sklaven und ihren Herren besteht ein offensichtlicher Interessenkonflikt, denn der eine bereichert sich auf Kosten des anderen. Es gibt aber auch Beziehungen, die auf den ersten Blick gutartig wirken. Ameisen und Blattläuse haben in der Evolution eine gegenseitige Abhängigkeit entwickelt: Die Ameisen profitieren von den süßen Sekreten der Blattläuse (und »melken« sie sogar, um sich die Substanz zu verschaffen), und die Blattläuse dieser Spezies, die selbst keine Soldaten haben, vertrauen auf die Ameisen, die ihnen mit ihren Kiefern die Feinde vom Leib halten. In Wirklichkeit ist keine Seite altruistisch. Die Blattläuse liefern nicht nur Zucker, sondern auch lebenswichtige Nährstoffe, die den Ameisen sonst fehlen würden. Ihre Ausscheidungen – das »Manna« der Bibel – bestehen zu neun Zehnteln aus Zucker (und da auch Bienen sich von dem bedienen, was die Ameisen übriglassen, besteht ein großer Teil des Honigs, den wir essen, aus den Exkrementen von Blattläusen). Die Beziehung zwischen Ameisen und Blattläusen ist so eng, daß manche Ameisenköniginnen bei der Gründung einer neuen Kolonie sogar Blattläuse mitnehmen, um die Nährstoffversorgung zu sichern. Die Blattläuse tragen ihrerseits Bakterien im Darm, die ihnen bei der Verdauung der Nahrung helfen. Tötet man die Mikroorganismen mit Antibiotika, sterben auch die Blattläuse – und ihre Ameisen.

Ameisen haben noch andere Verbündete. Manche Pflanzen helfen ihnen mit abgewandelten Stacheln, in denen sie nisten können, und dafür halten die Ameisen mit ihren Bissen andere Insekten fern, die hinter den Blättern her sind. Ein System scheinbarer Freundlichkeit ist in Wirklichkeit ein kompliziertes Geflecht der gegenseitigen Ausbeutung.

Auch den Übergang von der Sklaverei zur Domestikation haben die Ameisen vollzogen. In der Neuen Welt gibt es Hunderte von Arten, die sich seit fünfzig Millionen Jahren Pilzgärten anlegen. Die Insekten haben zu ihren Nutzpflanzen eine enge Beziehung: Sie düngen die Pilze in ihren Bauten, und Unkraut wird gejätet oder mit Herbiziden gespritzt. Wenn sich eine Königin aufmacht, um eine neue Kolonie zu gründen, nimmt sie ein Paket Pilze mit, um ihren eigenen Garten einzurichten. Die Bauern sind so von ihrer Ernte abhängig, daß sie selbst keine Magenenzyme mehr besitzen: Die Pilze müssen ihre Nahrung verdauen. Wie man an den Genen erkennt, besitzt jede Ameisenkolonie ihren eigenen Pilzklon, der sich von dem der Nachbarn unterscheidet, und in manchen Fällen benutzen unterschiedliche Ameisenarten auch die gleichen Klone. Obwohl die Beziehung uralt ist, erscheint sie frei und offen, weil beide Seiten von ihr profitieren. Manche Pilze gleichen anderen, die frei leben, in jeder Hinsicht – sie wurden offensichtlich erst vor kurzem von den Ameisen dienstbar gemacht.

Freundschaft ist von ihrem Wesen her unaufdringlich. Leben beide Seiten einträchtig zusammen, braucht keine von beiden davon viel Aufhebens zu machen, und die Beziehung bleibt unter Umständen unbeachtet. Die Flechten, Lebensgemeinschaften aus einer Alge und einem Pilz, galten lange als ein einziges Lebewesen. Erst wenn die Beziehung zerbricht oder wenn die beiden Parteien ständig darum streiten, wer die Oberhand behält, richtet sich unsere Aufmerksamkeit auf den endlosen Konflikt. Überwiegen die Posten der Kooperation gegenüber dem

Nutzen, bricht eine Gesellschaft unter Umständen schnell zusammen. Die Bodenbakterien, die in ihrer eigentlichen Heimat so harmonisch leben, kann man auch im Labor in Flüssigkeitskulturen zur Vermehrung veranlassen. Nach tausend Generationen finden sich die Einzeller nicht mehr zum Fressen zusammen und bilden keine gemeinsamen Strukturen für die Fortpflanzung, sondern leben hartnäckig als Individualisten und sind zufrieden damit, sich selbständig fortzupflanzen. Die Gene für Kooperation wurden bei ihnen durch andere ersetzt, welche die gleiche Aufgabe mit weniger Aufwand erfüllen.

Aber warum unterwirft sich ein Sklave seinem Herrn, und warum läßt ein Pilz zu, daß er zum Grundnahrungsmittel gemacht wird? Das Gleichgewicht ist fein austariert. Eine Ausgangskolonie gibt an Neugründungen Klone identischer Pilze weiter, so daß sich die Konfliktgefahr in einem gut eingestellten System vermindert. Beide Seiten haben aufgrund der gegenseitigen Abhängigkeit geringere Möglichkeiten und können sich nur schwer aus der Beziehung lösen. Bei manchen Lebewesen scheint es sich um eine Dauerbeziehung zu handeln; so haben zum Beispiel die Wespen, die Feigenbäume bestäuben, fast den gleichen Stammbaum wie ihre Wirtspflanzen, das heißt, ihre Stammbäume stimmen – anders als bei Ameisen oder Menschen – genau überein: Hunderte von Feigen- und Wespenarten haben eine parallele Evolution durchgemacht. Warum die Wespen (die sich viel schneller paaren als ihre Feigen) diese Beziehung eingehen, ist nicht ganz geklärt, aber sie währt schon vierzig Millionen Jahre.

Sklaverei gibt es bei weitem nicht nur unter den Ameisen. Viele Tiere veranlassen andere, ihre Jungen großzuziehen. Etwa eine von hundert Vogelarten legte ihre Eier in fremde Nester (und manche Fische deponieren ihre Eier sogar im Mund einer anderen Art, die dann für sie sorgt). Zwischen Ausbeuter und Ausgebeutetem tobt ein Kampf – eine Miniaturversion vieler anderer Kämpfe; dabei gewinnt einmal die eine Seite die Oberhand, dann wieder die andere. Da er nicht zu einer Entscheidung führt, liefert er Hinweise auf die Taktik, und schließlich wird ein Kompromiß geschlossen. Die Gewohnheit ist in der Evolution bei mindestens einem halben Dutzend verschiedenen Abstammungslinien entstanden (Kuckucksenten bedienen sich zum Beispiel der Möwen). Der Wirt zahlt unter Umständen einen hohen Preis – oft wird seine gesamte Brut aus dem Nest geworfen oder von einem spitzen Schnabel totgestochen. Manche Brutparasiten, beispielsweise die in Afrika und Nordamerika heimischen Kuhstärlinge, legen ihre Eier bei Dutzenden anderer Arten ab und können fast jedes Nest mit unerwünschten Besuchern füllen. Andere, so die Kuckucke, sind raffinierter und konzentrieren sich auf wenige Opfer.

Hat das winzige Teichrohrsängerweibchen es mit einem Kuckuck zu tun, füttert es ein Junges durch, das viel größer ist als es selbst. Es beugt sich den Wünschen des fremden Jungvogels, der keine Ähnlichkeit mit den eigenen Jungen hat. Die eigenen Jungen hören auf zu betteln, wenn sie satt sind; der Kuckuck ist hartnäckiger und zwingt sie, die Nahrungsversorgung aufrechtzuerhalten. Wenn der fremde Vogel nach Futter verlangt, macht er ganz andere Geräusche als die Jungen des Teichrohrsängers: Sie ähneln stärker dem Geschrei, das aus einem ganzen Nest von dessen Jungvögeln dringt.

Wie bei den Ameisen und ihren Pilzen, so läuft der Rüstungswettlauf der Evolution auch hier auf vollen Touren. In Nordamerika gibt es nur einen verbreiteten parasitischen Vogel, in Afrika sind es dreißig oder mehr. Fast alle seßhaften Vögel Afrikas können fremde Eier erkennen (und aus dem Nest werfen), von ihren amerikanischen Verwandten dagegen ist fast keiner dazu in der Lage. Das Ganze funktioniert auch umgekehrt. Der Textorwebervogel wehrt in seiner afrikanischen Heimat die meisten Kuckuckseier ab, aber nachdem er seit dem achtzehnten Jahrhundert in der Karibik heimisch wurde (wo es keine Kuckucke gibt), hat er seine Urteilsfähigkeit verloren. Auch die Erziehung spielt eine Rolle: Vögel, die zum erstenmal Eltern werden, lassen sich leichter ein Kuckucksei unterschieben als ihre abgebrühten älteren Artgenossen, die schon einmal eine Brut ohne einen solchen Eindringling großgezogen haben.

Die Parasiten können auch zurückschlagen – mit einer ganzen Palette von Eiern, die denen des von ihnen gewählten Wirtes ähneln. Die große Spezies des Gemeinen Kuckucks umfaßt von Afrika bis Asien mehrere Dutzend Rassen, die jeweils darauf spezialisiert sind, ganz bestimmte Eier hervorzubringen. Manche Wirte erkennen das fremde Ei dennoch und werfen es aus dem Nest oder verlassen das Gelege, während andere (beispielsweise die Heckenbraunelle, die sogar schwarze und weiße Eier kaum auseinanderhalten kann) weniger wählerisch sind. In den meisten Fällen ahmt der Kuckuck seinen Wirt nach, zum Beispiel mit blauen Eiern für den Rotschwanz oder grau gesprenkelten für den Teichrohrsänger.

Manchmal richtet sich die Aufmerksamkeit der Parasiten auf das nächstliegende Opfer. So ist es durchaus nichts Ungewöhnliches, daß Vögel gelegentlich ihre Eier in das Nest von Artgenossen legen. Das ist möglicherweise der Grund, warum sich bei den Straußenvögeln ein einzigartiger Instinkt entwickelt hat: Mehrere Weibchen tun sich zusammen und legen zunächst in das eine, dann in das andere Nest einige Eier. Aber dieser Instinkt der amerikanischen Strauße – der Rheas – ist noch nicht ganz ausgereift: Erstaunlich viele Eier liegen einfach auf dem Boden verstreut. Ein halbes Dutzend Weibchen teilt sich das Nest, eine einfache Bodenmulde im Revier des Männchens, das etwa zweieinhalb Quadratkilometer groß ist. Ein Weibchen ist der Chef. Sie paart sich mit dem Männchen, legt die Eier ab und bewacht sie. Dann kommen die anderen Weibchen – von denen sich einige ebenfalls mit dem glücklichen Männchen gepaart haben – und tragen zu dem Eierhaufen bei. Dabei handeln sie wie riesengroße, flugunfähige Kuckukke, denn an der Brutpflege nehmen sie keinerlei Anteil. Oft sind sie so fleißig, daß das Nest schließlich bis zu vierzig Eier enthält – weit mehr, als daß ein einsames Weibchen sich um alle kümmern könnte.

Aber dieses Weibchen ist nicht dumm. Sie kann ihre eigenen Eier von denen der Nassauer unterscheiden und legt sie in die Mitte des Haufens, während die anderen an die Seite geschoben werden. Für die fremden Eier bedeutet dies einen hohen Preis: Nur aus der Hälfte von ihnen schlüpfen Junge, während die Produkte der Nestbesitzerin fast zu hundert Prozent heranreifen. Ein Straußenei ist mit seinen eineinhalb Kilo eine gute Mahlzeit, und viele von ihnen werden gefressen. Diejenigen, die am Rand liegen, sind dabei zuerst dran, denn nicht einmal ein hungriger Schakal schafft mehr als eines. Die heimatlosen Weibchen legen ihre Eier einfach ab, weil es ihnen nicht gelungen ist, ein Revier zu finden, oder weil sie ihr eigenes Nest verloren haben. Deshalb zahlt sich dieses Verhalten für sie aus, selbst wenn ein Großteil ihrer Eier gefressen wird. Die Nestbesitzerin läßt ihre Zuwendung nicht wegen der gemeinsamen Gene zu, sondern weil es ihren eigenen Eiern nützt. Nächstenliebe ist nicht erforderlich.

Honigbienen und ihr Zellenbauinstinkt. Der Bienenstock ist eine Metapher für die menschliche Gesellschaft. Er beeindruckte schon Shakespeare:

So tun die Honigbienen, Kreaturen,
Die durch die Regel der Natur uns lehren
Zur Ordnung fügen ein bevölkert Reich.
Sie haben einen König und Beamte
Von unterschiednem Rang, wovon die einen
Wie Obrigkeiten, Zucht zu Hause halten,
Wie Kaufleut andre auswärts Handel treiben,
Noch andre, wie Soldaten, mit den Stacheln
Bewehrt, die samtnen Sommerknospen plündern
Und dann den Raub mit lustgem Marsch nach Haus
Zum Hauptgezelte ihres Kaisers bringen;
Der, emsig in der Majestät, beachtet,
Wie Maurer singend goldne Dächer baun,
Die stillen Bürger ihren Honig kneten,
Wie sich die armen Tagelöhner drängen
Mit schweren Bürden an dem engen Tor;
Wie, mürrisch summend, der gestrenge Richter
Die gähnende und faule Drohne liefert
In bleicher Henker Hand.

Viel Geist brauchen Bienen oder andere Tiere nicht, um komplizierte oder sogar elegante Tätigkeiten auszuführen. Erforderlich sind nur drei einfache Regeln: Variation, Vererbung und natürliche Selektion. Die Variation kann in den Genen oder in früheren Erfahrungen liegen, und das Mittel der Vererbung kann DNA oder Gedächtnis sein; unabhängig vom Mechanismus entwickelt sich schon bald ein kompliziertes Verhaltensmuster. Darüber hinaus zeigt die Gesellschaft der Bienen, wie die einfachen wirtschaftlichen Regeln durch Verwandtschaft abgewandelt werden können; dabei entsteht ein Verhalten, das auf den ersten Blick die Gesetzmäßigkeiten der Evolution zu verletzen scheint.

Shakespeare erzählt die Geschichte des Bienenstockes besser als viele andere. Einen Fehler macht er nur beim Geschlecht des Monarchen. Der Herrscher des Bienenstockes ist kein Männchen, sondern ein einziges Weibchen – eine Tatsache, die man erst kurz vor Shakespeares Tod erkannte: »Wir dürfen die Königin nicht ›Rex‹ nennen; der Bienenstaat ist ein Amazonen- oder Weiberreich.« Der Hofimker des Königs Charles II. lehnte diese Erkenntnis mit der Begründung ab, sie leugne das gottgegebene Recht der Könige.

Die Herrscherin, die als einzige Eier legt, wird von mehreren tausend Arbeiterinnen unterstützt, und hinzu kommt gelegentlich noch eine geringere Zahl von Männchen, Drohnen genannt. Die Königin ist hinsichtlich ihrer Ernährung auf die Arbeiterinnen angewiesen. Sie kann zweitausend Eier pro Tag ablegen. Die Arbeiterinnen bauen das Nest und füttern die Jungen entweder mit den Sekreten einer besonderen Drüse oder aber mit Honig oder Pollen. Manche von ihnen sind Bauarbeiterinnen, andere arbeiten als Bestattungsunternehmer und transportieren Verstorbene ab. Stirbt die Königin, wird eine andere herangezüchtet: Die Arbeiterinnen füttern sie mit Gelée royale, das den Zustand der glücklichen Larve verändert. Einmal im Jahr haben die Männchen eine Chance zur Sexualität. Haben sie ihre Aufgabe erfüllt, gelten sie als nutzlos, und dann werden sie getötet oder aus dem Nest geworfen.

Für Bienen und andere Insekten zahlt sich Sozialleben aus. Nur zwei von hundert Insektenarten bilden solche Gruppen, aber wenn sie es tun, gedeihen sie gut. Im brasilianischen Regenwald machen Ameisen (eine höchst soziale Gruppe) ebensoviel Biomasse aus wie Vögel, Säugetiere, Schlangen und Echsen zusammen. Ihre Gewohnheiten sind recht neu. Die ersten Insekten tauchten vor etwa einer halben Milliarde Jahre auf, aber sie blieben Einzelgänger, bis etwa dreihundert Millionen Jahre später die Termiten auf der Bildfläche erschienen. Ameisen entstanden vor etwa hundert Millionen Jahren. Aber obwohl die Gesellschaften der Bienen und Ameisen so alt sind, kann ihr Gleichgewicht sofort zugunsten der einen oder anderen Seite kippen, wenn die Umstände es zulassen.

Wie in Adam Smith' hypothetischer Stecknadelfabrik (in der jeder Arbeiter eine ganz bestimmte Aufgabe erfüllt, was zu einer erheblichen Steigerung der Produktivität führt), so gibt es auch im Ameisenhaufen, im Termitenhügel oder im Bienenstock die Arbeitsteilung. Den hervorragenden Aufbau einer Bienenwabe, der so wunderschön an ihren Zweck angepaßt ist, kann man kaum untersuchen, ohne in begeisterte Bewunderung zu verfallen. Wie konnte ein so seltsames Verhalten in der Evolution entstehen? Elefanten vergessen nie – aber Bienen? Sie haben ein winziges Gehirn: Wieso sind sie so schlau?

Karl Marx hatte (wie üblich) mehr oder weniger recht: »Was aber von vorneherein den schlechtesten Baumeister vor der besten Biene auszeichnet, ist, daß er die Zelle in seinem Kopf gebaut hat, bevor er sie in Wachs baut.« Diese Aussage macht deutlich, wie pragmatisch die Evolution verläuft, sei es im Bienenstock oder sonstwo. Die Gesellschaft der Bienen hat keine Pläne. Sie bezieht ihre Komplexität vielmehr aus einigen Grundregeln. Erforderlich ist nur, daß jede Biene weiß, was in ihrer Umgebung vorgeht, daß sie diese Information an andere weitergibt und daß ein Schwellenwert existiert, oberhalb dessen sie von einer Verhaltensweise zur anderen wechselt. Der Bienenstock ist eine Informationsgesellschaft. Jede Tätigkeit erzeugt eine Rückkopplung, und daraus erwächst sehr schnell ein System, das weit über die Handlungen seiner einzelnen Mitglieder hinausgeht.

Solche Regeln bestimmen den Aufbau der Kolonie. Auch ein geschickter Arbeiter, so eine häufige Bemerkung, hätte selbst mit passenden Werkzeugen und Meßinstrumenten große Schwierigkeiten, aus Wachs Zellen von der gleichen Form herzustellen, obwohl es einer Masse Bienen im völlig dunklen Bienenstock ohne weiteres gelingt. Man kann Instinkte unterstellen, soviel man will: Immer erscheint es zunächst völlig unbegreiflich, wie die Bienen alle erforderlichen Winkel und Ebenen feststellen, ja, wie sie überhaupt wahrnehmen, ob alles richtig hergestellt wurde. In Wirklichkeit ist die Schwierigkeit aber nicht annähernd so groß, wie es zunächst scheint. Es läßt sich nachweisen, daß alle diese wunderschönen Arbeiten aus einigen sehr einfachen Instinkten erwachsen.

Jeder Bienenstock mit seinen hunderttausend Waben hat drei konzentrische Bereiche. Ein zentraler Brutbereich mit den Larven ist von einem Ring aus Waben voller Pollen umgeben, und außen liegt eine Wand aus Waben, die mit Honig gefüllt sind. Die Konstruktion könnte durch einen verborgenen Bauplan vorgegeben sein, der tief im Gehirn jeder Biene verankert ist und besagt, wie ein Bienenstock aussehen sollte. In Wirklichkeit wird aber vom Geist der Insekten sehr viel weniger verlangt.

Steckt man eine leere Wabe in einen Bienenstock, werden ihre Zellen zunächst nach dem Zufallsprinzip gefüllt. Aber im Laufe der Zeit stellt sich eine gewisse Ordnung ein. Die Königin wandert umher und legt ihre vielen tausend Eier ab. Dabei geht sie nach einer einfachen Regel vor – sie legt jeweils ein Ei in der Nähe einer bereits gefüllten Zelle –, und das mit einer solchen Regelmäßigkeit, daß nach wenigen Stunden siebzig Prozent ihrer Produkte jeweils neben einer besetzten Zelle untergebracht sind. Dies hat schon bald zur Folge, daß der Großteil der Eier in der Mitte liegt, weil sich ihre Wege dort am häufigsten kreuzen.

Die Arbeiterinnen unterliegen eigenen Gesetzen. Sie lagern Pollen und Honig nach dem Zufallsprinzip, entnehmen sie aber schneller aus Zellen, in deren Nähe sich eine Larve befindet. Pollen wird dabei zehnmal so häufig verwendet wie Honig, und an Stellen, wo sich mehr Brutzellen befinden, geht er schneller zur Neige. Das führt in den Zellen mit Pollen zu einem höheren Umsatz. Die honiggefüllten Zellen, die als Langzeitreserve dienen, sind schon bald blockiert. Damit bleibt für neu angelieferten Pollen nur noch der Platz in der Nähe der Brut, wo sich die einzelnen Zellen durch den Verbrauch schnell leeren und wiederverwendet werden können. Deshalb ist für die dreischichtige Konstruktion des Bienenstocks nur eines erforderlich: Jede Biene muß den Inhalt der Nachbarzelle untersuchen. Daraus erwächst schnell eine Struktur, die gut geplant erscheint, in Wirklichkeit aber ohne Plan entsteht. Wegen ihrer einfachen Gesetze führen kleine Abweichungen im Verhalten zu großen Veränderungen des Gesamtsystems.

Die Nahrungssuche zeigt, wie Informationen und Dummheit durch ihr Zusammenwirken etwas entstehen lassen, das wie Intelligenz aussieht. In einem Bienenstock leben Tausende von Kundschaftern, die viele Kilometer weit durch die Umgebung streifen. Es gibt zwei Typen von ihnen. Die Kundschafterinnen schwirren allein umher, und bei Bedarf schwärmen, vom Tanz der Kundschafterin gelenkt, die in größerer Zahl vorhandenen Sammlerinnen aus. Ist eine reichhaltige Nahrungsquelle gefunden, taucht dort wie von Zauberhand eine Riesenmenge Bienen auf, während ein nicht so üppiger Futterplatz von weniger Tieren angesteuert wird. Das alles geschieht nach einfachen Regeln. Findet eine Kundschafterin beim Umherfliegen eine kleine Nahrungsmenge, frißt sie diese und setzt dann ihren Weg fort. Ist die Nahrungsmenge groß genug, kehrt sie nach Hause zurück und teilt ihren Kameradinnen durch ihren berühmten Schwänzeltanz mit, wo sich das Futter befindet. Die anderen Bienen reagieren darauf, und wenn noch mehr Kundschafterinnen mit der gleichen guten Nachricht zurückkehren, gesellen sich ganz automatisch immer mehr Bienen dazu. Ist die Nahrungsquelle erschöpft, läßt ihre Anziehungskraft nach, der Tanz wird beendet, die Menge zerstreut sich, und die Suche beginnt aufs neue.

Je reichhaltiger die Nahrungsquelle ist, desto länger setzt sich der

Schwänzeltanz fort. Eine lange Tanzvorstellung zieht mehr Sammlerinnen an, eine kurze dagegen veranlaßt nur wenige Bienen, den Stock zu verlassen. In mageren Zeiten sind die Kundschafterinnen weniger wählerisch und führen dann auch bei wenig Nahrung einen langen Tanz auf. Das alles macht die Kolonie effizient und flexibel zugleich.

Die Abläufe in einem Bienenstock können recht kompliziert werden. Die Arbeiterinnen teilen sich die Arbeit nach Alter und Erfahrung. Junge Bienen säubern die Zellen und versorgen die Larven. Manche von ihnen werden später Leichenbestatter und beseitigen tote Artgenossen, andere wagen sich zur Nahrungssuche nach draußen. Manche der Sammlerinnen konzentrieren sich auf Nektar, andere auf Pollen. Jede Biene hat ihre festgelegten Aufgaben, die sich mit fortschreitendem Alter ändern. Wenn die Sammlerinnen älter werden, wechselt ihre geschmackliche Vorliebe von dem süßen Nektar zum raffinierteren Aroma des Pollens. Schon geringfügige Veränderungen im Verhalten einzelner Bienen wirken sich stark auf die gesamte Gesellschaft aus. Die Leichenbestatter nehmen ihre Beschäftigung im mittleren Alter auf, aber wenn sich eine Katastrophe ereignet hat, helfen ihnen Jüngere beim Aufräumen. Ist Pollen knapp, kümmern sich auch Jungtiere darum, so daß er in größeren Mengen gesammelt wird. Finden die Bienen nicht genügend Nektar, bleiben auch ältere Exemplare bei den Gewohnheiten ihrer Jugend und suchen weiterhin nach dem süßen Stoff.

Auch die Gene spielen dabei eine Rolle. In manchen Kolonien paart sich die Königin mit mehreren Männchen. Warum sie das tut, ist nicht geklärt (es könnte allerdings zum Schutz gegen Krankheiten beitragen, an denen die genetisch gleichen Tiere einer Kolonie sonst ausnahmslos sterben würden). Deshalb sind mehrere Abstammungslinien vorhanden. Wie aus DNA-Untersuchungen hervorgeht, unterscheiden sich Kundschafterinnen und Sammlerinnen, das heißt, ihr Verhalten wird sowohl vom Instinkt als auch von Gewohnheiten bestimmt.

Die Bienengesellschaft, die so komplex erscheint, unterliegt einfachen Regeln. Sie ermöglichen es jeder Kolonie, effizient zu funktionieren und anpassungsfähig zu bleiben. Durch einen Wechsel der Vorlieben stellt sich ihr Haushalt auf alles ein, womit er konfrontiert wird. Wegen der genetischen Vielfalt kann die Evolution jede Gelegenheit ergreifen, sobald sie sich bietet. Der Instinkt der Honigbienen – der erstaunlichste, den wir kennen – läßt sich also dadurch erklären, daß die natürliche Selektion zahlreiche aufeinanderfolgende, geringfügige Abwandlungen einfacher Instinkte ausgenutzt hat.

Für die Bienen zahlt sich Kooperation unter wirtschaftlichen Gesichtspunkten mit Sicherheit aus – aber reicht das als Begründung für die bemerkenswerteste Eigenschaft, die man bei manchen Arten findet: daß nämlich nur ein einziges Weibchen Sexualität betreibt? Diese Eigenschaft kennzeichnet die am höchsten entwickelten Tiergesellschaften. Die Königinnen profitieren erheblich von ihrer herausgehobenen Stellung. Sie gehören zu den langlebigsten und fruchtbarsten Insekten – manche Ameisenköniginnen werden dreißig Jahre alt. Die Königin der afrikanischen Treiberameise bringt bis zu dreihundert Millionen Nachkommen hervor, fast ausschließlich sterile Arbeiterinnen, die durch den Wald streifen und Nahrung heranschaffen. Jede Königin erzeugt auch einige Männchen und ein paar junge Königinnen, die dann davonfliegen und eine neue Heimat suchen – eine Mission, bei nur die wenigsten Erfolg haben.

Für die Königin steht alles zum besten, aber wie verhält es sich mit den Arbeiterinnen? Wie kann natürliche Selektion die Unfruchtbarkeit begünstigen, die doch ganz offensichtlich die schlimmste aller Evolutionssackgassen darstellt? Das ist eine besondere Schwierigkeit, die zunächst vielleicht unüberwindlich scheint und dann tatsächlich für die ganze Theorie tödlich wäre. Aber glücklicherweise hat die Natur uns einige Hinweise geliefert, auf welche Weise sich Kinderlosigkeit auszahlen kann. Die Antwort ergibt sich zum größten Teil wiederum aus wirtschaftlichen Überlegungen, die zusätzlich durch Familieninteresse beeinflußt werden.

An die Schritte, über die der Weg vom alleinlebenden Insekt zur wimmelnden Welt des Bienenstocks verlief, erinnert eine Reihe von Stadien, die vom Egoismus bis zur Kooperation reicht. Von den zwanzigtausend verschiedenen Bienenarten leben neunzehntausend nicht in Kolonien, sondern in stolzer Unabhängigkeit. Sie bewohnen Höhlen im Schlamm, leere Schneckengehäuse oder die Stengel von Pflanzen. Jede Holzbiene baut sich beispielsweise ein kleines Nest in einem Zweig oder Schößling, legt ein Ei hinein und versorgt es mit einem Klumpen Nahrung. Je größer der Klumpen, desto besser die Zukunftsaussichten für die hungrige Larve.

Zwingt man zwei Weibchen, sich ein Nest zu teilen, wird die Angelegenheit kompliziert. Auf einmal tritt Kooperation an die Stelle der

Unabhängigkeit. Die Aufgaben im Haushalt werden geteilt: Eine Biene bleibt beim Nest und bewacht es, während sich die andere – für die es zu Hause nichts zu tun gibt – mit der Suche nach Vorräten beschäftigt. Sind Bienen wirklich so schlau? In Wirklichkeit ist das nicht der Fall, aber Arbeitsteilung erfordert kein großes Nachdenken. Notwendig ist nur, daß sich im Geiste der Biene sofort eine neue Aufgabe stellt, sobald die vorherige erledigt ist. Hat einer der Partner auf einem bestimmten Gebiet – zum Beispiel beim Bewachen des Nestes – einen Vorsprung, kümmert sich der andere um das, was noch übrigbleibt. Die Regel, immer das noch nicht Erledigte zu tun, veranlaßt die Bienen ohne bewußte Anstrengung, zum Wohle der Larve zu kooperieren. Wer auf die Jagd geht und wer den Wächter spielt, hängt unter Umständen von winzigen Unterschieden in Körpergröße oder Gewohnheiten ab, aber sobald die Entscheidung gefallen ist, ergibt sich alles andere von selbst. Aus einer Reihe solcher Entscheidungen erwächst schon bald eine Gesellschaft.

Die Weibchen einer Holzbienenart aus Israel bauen die Nester meistens zu zweit. Die Partnerinnen sind fast immer Mutter und Tochter. Hinsichtlich der Fortpflanzung hat die Mutter das Sagen. Sie frißt die Eier, die ihre Tochter gelegt hat, und diese hat nur die Aufgabe, ihre kleinen Schwestern großzuziehen. Das System stützt sich auf Eigentumsrechte und soziale Konventionen, denn die Biene, die zuerst da ist, spielt sich gegenüber der nächsten als Herrscherin auf. Aber wie kann sich das Verhalten der Töchter durchsetzen? Sie könnten durch eine kleine genetische Veränderung eigene Junge haben. Tatsächlich begeben sich die Töchter in manchen Jahren in die Unabhängigkeit. Aber warum sind sie in den meisten Fällen so selbstlos?

Das alles hat mit der Verwandtschaft zu tun und auch damit, daß Orte zum Leben knapp sind. Selbst in den besten Jahren sind gute Nistplätze nur schwer zu finden, und jede Behausung ist durch Angriffe von Konkurrenten gefährdet. Ein Wächter bietet mehr Sicherheit, und deshalb bringt ein solches Nest im Durchschnitt mehr Junge hervor. Die Tochter profitiert davon, obwohl sie keine Aussichten auf eigenen Nachwuchs hat, denn durch ihre Hilfe verschafft sie der Mutter die Gelegenheit, ein weiteres Ei zu legen. Das wiederum nützt den Kopien ihrer eigenen Gene, die ja auch in ihrer kleinen Schwester enthalten sind.

Die Evolution begünstigt die Teamarbeit, aber nicht durch guten

Willen, sondern weil sie die Effizienz der DNA-Vermehrung steigert. Die Selektion wirkt immer über das Medium der Gene. Und da Mutter und Tochter so viele Gene gemeinsam haben, führt das Gleichgewicht von Nutzen, Kosten und Gefahren in den meisten Fällen dazu, daß es sich für die Tochter mehr auszahlt, wenn sie der Mutter hilft, anstatt es auf eigene Faust zu versuchen. Ändert sich das wirtschaftliche Gleichgewicht (wie es in besonders guten Jahren geschieht), verläßt sie die Mutter sofort und gründet ihren eigenen Hausstand.

Die Gesellschaft der Honigbienen mit ihrem einzelnen, beherrschenden Weibchen entwickelte sich aus ganz ähnlichen Anfängen, wobei die Eigentumsrechte, die der Bienenstock als Behausung zukünftiger Generationen repräsentiert, noch hinzukamen. Wird Kapital vererbt, ist eine komplizierte Gesellschaft sinnvoll. Die ersten Weibchen, die von ihr Besitz ergreifen, können ihre Verwandten beherrschen und sie zwingen, ihre Jungen zu versorgen.

Die Bienen erinnern uns daran, daß das Individuum nur ein Teil der Evolutionsgleichung ist. Da es am Ende immer stirbt, ist das Schicksal der Gene losgelöst von dem seiner Überträger. Die meisten Mitglieder der meisten biologischen Arten sind schon vor langer Zeit dahingeschieden. Ihre Aufgabe als Weg, auf dem die Gene wandern, haben sie erfüllt. Die natürliche Selektion wirkt über das Medium der DNA und nicht über den Körper derer, die sie tragen. Mit anderen Worten: Sie interessiert sich für Verwandtschaft.

Tierzüchter wissen das genau. Sie benutzen zur Zucht am liebsten die besten Tiere – beispielsweise das dickste Schwein. Ein Schwein kann aus zwei Gründen dick sein: durch gute Ernährung oder durch gute Gene. Zur Zucht ein Tier zu verwenden, das seinen Umfang nur durch gute Ernährung erworben hat, ist Zeitverschwendung. Wie die Erfahrung zeigt, sucht man sich am besten nicht das fetteste Schwein von allen aus, sondern Tiere von eher bescheidenem Umfang, die aus einer fetten Familie stammen. Zu einer solchen Sippe gehören vielleicht nicht die umfangreichsten Exemplare von allen, aber als Gruppe sind sie mit Genen besser ausgestattet als die meisten anderen. Die Brüder und Schwestern eines mäßig gemästeten Schweins sind selber vielleicht nicht übermäßig groß, aber wenn man sie weiterzüchtet, macht man eher Fortschritte, als wenn man nur die wenigen Riesenexemplare unter vielen heraussucht. Entscheidend ist nicht die Selektion der Individuen, sondern die Selektion der

Gene: Ein dünnes Schwein aus einer guten Familie könnte durchaus Gene für einen großen Körperumfang besitzen, die sich alle Mühe geben, zutage zu treten.

Der Schlüssel zum Erfolg liegt – bei Bienen ebenso wie bei Schweinen – im Blut. Je enger die Verwandtschaft ist, desto mehr sagt der Wert eines Individuums über den eines anderen aus. Ein Vetter zweiten Grades eines dicken Schweins ist, was seine genetischen Vorzüge angeht, ein weniger glaubwürdiger Kandidat als der Bruder. Die Verwandtenselektion, wie man sie nennt, ist in freier Wildbahn ebenso wichtig wie auf dem Bauernhof. Sie ist die Erklärung für so seltsame Verhaltensweisen wie die im Bienenstock, die in ihrer Eigenart oft noch übertroffen werden.

Wegen der Verwandtschaft kann es sich für ein Individuum auszahlen, wenn sich seine eigenen Chancen vermindern, weil sich gleichzeitig die Aussichten für andere Mitglieder seiner Familie ausreichend stark erhöhen. Das führt zur Evolution von Tieren, die unfruchtbar sind oder ihre eigenen Artgenossen töten. Solche Verhaltensweisen scheinen aus oberflächlicher oder kreationistischer Sicht wie ein Schlag ins Gesicht der Vernunft zu sein, ein Beleg gegen die ganze Evolution. Aber auch wenn solche Instinkte seltsam aussehen: Kein einziger davon ist ausschließlich zum Nutzen anderer Tiere entstanden. Wäre das der Fall, ließen sie sich mit der Evolutionstheorie nicht erklären. Großzügigkeit und Egoismus erwachsen aus den gleichen Selektionskräften, die auch den Haushund oder die schwarzen Schmetterlinge gestaltet haben. Richtet man die Aufmerksamkeit auf die Gene und nicht nur auf ihre Träger, erscheint auch seltsames Verhalten völlig sinnvoll.

Leben besteht nicht nur aus Verwandtschaft. Manche Tiere kümmern sich nur wenig um das Schicksal derer, mit denen sie ihr Erbe teilen. Das Neunbinden-Gürteltier bringt stets eineiige Vierlinge zur Welt, aber die verhalten sich untereinander trotz ihrer genetischen Ähnlichkeit nicht anders als gegenüber jedem anderen Gürteltier. Echsen, die schon vor langer Zeit die Sexualität aufgegeben haben, sind gegenüber ihren Klongeschwistern ebenso aggressiv wie sexuell aktive Echsen, die nicht sonderlich eng verwandt sind; und sogar manche Bienen behandeln ihre Angehörigen genauso wie jeden anderen. Vielleicht leben diese Tiere an Orten, wo nicht viel Hilfe notwendig ist; möglicherweise hat sich aber auch nie die Gelegenheit zum Teilen ergeben. Wohltätigkeit setzt ebenso ein Gen voraus wie die Färbung der Flügel. Entsteht es nicht, entwickelt sich auch kein entsprechendes Verhalten.

Die Gesetze der Tierwelt können erbarmungslos sein. Viele Eltern bringen ihre Kinder um und viele Kinder ihre Geschwister. Für sie steht der wirtschaftliche Aspekt der Überlegungen im Vordergrund: Wenn nur einer überleben kann, spielen gemeinsame Gene keine Rolle. Manchmal schaffen es drei oder vier; dann verhalten sich die ehemaligen Mörder auf einmal ganz normal – zumindest gegenüber denen, mit denen sie ihr Blut teilen.

Viele Lebewesen wachsen zusammen mit ihren Geschwistern auf – in einem Nest, im Kadaver einer Maus, in der ein Aaskäfer seine Eier abgelegt hat, an den vielen Zitzen der gemeinsamen Mutter oder als Samen in derselben Frucht. Sehr häufig hat eine Mutter so viele Nachkommen, daß nicht alle am Leben bleiben können. In einem Ausnahmejahr wäre das vielleicht möglich; vielleicht sterben auch einige durch Unfälle, und dann treten Brüder oder Schwestern an ihre Stelle. Meist aber ist es das Schicksal der Überzähligen, daß sie ihren glücklicheren Geschwistern als Mahlzeit dienen, und dann ist die Kinderstube keine Zuflucht, sondern eine Falle. Die überzählige Jungen sind eine biologische Lebensversicherung, und in guten Zeiten tut es den Eltern um die Prämie leid. Die Erstgeborenen sind häufig vom Augenblick der Geburt an bevorzugt – oder auch schon früher. Bei manchen Säugetieren sind einzelne Teile der Gebärmutter besser mit Blutgefäßen ausgestattet, so daß die Embryonen sich dort schneller entwickeln können. Vögel übertragen Testosteron auf ihre Eier, und diejenigen, die mehr von dem Hormon mitbekommen haben, wachsen als Küken schneller heran. Kleine Schweine werden mit scharfen Zähnen geboren. Zitzen, die näher am Kopf der Mutter liegen, geben mehr Milch und werden von den größeren Jungen mit Beschlag belegt, die dann ihre Geschwister abwehren. Auch hier bestimmen die erbarmungslosen Regeln von Kosten und Nutzen darüber, wer am Leben bleibt und wer stirbt. Beides ist wichtig, aber entscheidend ist häufig die Vererbung. Bären, Löwen und Brüllaffen ziehen viele Junge groß, die dann auch überleben – es sei denn, ein anderes Männchen übernimmt die Vorherrschaft in der Gruppe: Dann werden die meisten Jungen von dem Eindringling umgebracht.

Tiere sind aus vielen Gründen gezwungen, mit ihren Verwandten zusammenzuleben. In den meisten Fällen ist die Ökologie schuld. Wenn man nirgendwohin gehen kann, hat man nur die Wahl, zu Hause zu bleiben. Für eine Termite oder einen Borkenkäfer ist dieses Zuhause ein Stück vermodertes Holz. Es mag schon übervölkert sein, aber sich ins Unbekannte aufzumachen in der Hoffnung, man könne einen neuen Zweig der Familie gründen, ist gefährlich. Andere Tiere leben in Behausungen, für deren Bau sie viele Jahre brauchen, oder in einer Kolonie mit Tausenden von Arbeiterinnen, und dann hat ein Pionier so gut wie keine Aussicht auf eine eigene Wohnung.

Wenn man so auf die eigene Sippe angewiesen ist, spielen Verwandtschaft und Reichtum eine große Rolle. Wie Familien, die sich zu Weihnachten treffen, so stehen auch gesellschaftsbildende Tiere im Spannungsfeld zwischen Kooperation und Konflikt. Je entfernter die verwandtschaftliche Bindung und je billiger das Geschenk ist, desto größer ist die Wahrscheinlichkeit, daß es zum Streit kommt. Eine entfernte Tante heißt man gern willkommen, wenn sie reich genug ist, aber ein Cousin wird zurückgewiesen, wenn er mehr trinkt, als er mitbringt.

Gemeinsames Blut kann eine große Hilfe sein, um Gene weiterzugeben – und um einige ihrer Träger dazu zu veranlassen, daß sie im höheren Interesse Opfer auf sich nehmen. Ein gutes Beispiel sind die Blattläuse. Sie leben während der meisten Zeit im Zölibat. Sexualität spielt sich nur einmal im Jahr auf einem Baum ab. Die befruchteten Weibchen mancher Arten legen ihre Eier in eine Galle, eine Wucherung des Holzes, die als Unterschlupf dient; dort entwickeln sich die ungeschlechtlichen Nachkommen – genaue Kopien der Mutter. Bei wärmerem Wetter vermehren sich diese Tiere ohne Mitwirkung der Männchen zu Millionen Schädlingen.

Blattläuse mögen harmlos erscheinen, aber manche Arten haben Soldaten, die ihr Zuhause bewachen. Diese Tiere besitzen Kiefer, Hörner, Klauen oder scharfe Mundwerkzeuge. Trotz ihrer geringen Größe sind sie so wild, daß sie Mäuse vertreiben und sogar die Haut eines Menschen durchbeißen können. Sie sind alle unfruchtbar. In Sachen Fortpflanzung haben sie ihre eigene Zukunft aufgegeben, um die der Mitbewohner in ihrer Galle zu schützen.

Die Erklärung kommt aus der Genetik. Alle Nachkommen eines Weibchens sind genetisch exakt identische Zwillinge. Da ein Soldat also seine sämtlichen Gene mit seinen Schützlingen teilt, ist es für ihn völlig sinnvoll, wenn er sich opfert, vorausgesetzt, er steigert damit die Überlebensaussichten seiner Geschwister. Die Soldaten sind wie die Zähne des Tigers ein Verteidigungsorgan, ein spezialisierter Teil einer Masse genetisch gleicher Zellen. Bei anderen Blattläusen enthält eine einzige Galle die Produkte mehrerer Weibchen. Solche Arten haben niemals Soldaten. Das hätte keinen Sinn: Warum sollte sich ein Organismus für einen anderen opfern, der nicht die eigene DNA trägt?

Nicht immer ist völlige Gleichheit eine Voraussetzung für die Aufopferung. Viele Tiere verzichten auf die eigene Zukunft, um Brüdern, Schwestern, Eltern oder entfernteren Verwandten zu helfen. In einer abgeschlossenen Gemeinschaft sind gemeinsame Vorfahren die Regel. Jedes Tier, das abgeschieden lebt – in einem Alpendorf oder in einem heruntergefallenen Stück Holz –, hat keine andere Wahl, als sich mit seinen Verwandten zu paaren, einfach weil sonst niemand da ist. Setzt sich dieser Vorgang – wie in Mäuse-Inzuchtlinien – lange genug fort, werden die Angehörigen der Gemeinschaft einander fast so ähnlich wie die Mitglieder eines Blattlausklons. Dann kann die Selektion den Wert ihrer Objekte anhand der Gene, die sie tragen, beurteilen und sie im Verhältnis zu anderen bewerten.

Eine höchst unattraktive Gesellschaft haben die Nacktmulle. Diese kleinen Nagetiere leben in trockenen Gebieten Südafrikas in Kolonien mit bis zu dreihundert Individuen unter der Erde. Der Boden ist dort so hart, und die Pflanzenwurzeln, von denen die Mulle sich ernähren, sind so weit verstreut, daß kein Tier als Einzelgänger überleben könnte. In jeder Kolonie pflanzt sich nur ein einziges Weibchen fort. Sie ist die größte Bewohnerin und betreibt Sexualität mit einigen besonders großen Männchen. Ihre Mitbewohner, ob männlich oder weiblich, ziehen die Jungen groß und graben Tunnel; eine besondere Gruppe von Kämpfern greift (oft um den Preis des eigenen Lebens) räuberische Schlangen und fremde Mulle an. In guten Jahren, wenn der Boden durch den Regen weich wird, bringt die Mullkönigin zwanzig Junge auf einmal zur Welt, und die Arbeiter können in einem Monat fast einen Kilometer Tunnel graben.

Trotz der Gefahren bei der Geburt von Jungen lebt die Königin (wie auch ihre Lieblingsmännchen) viele Jahre lang. Das gleiche gilt für die Arbeiter, wenn man sie im Zoo in Ruhe läßt. In freier Wildbahn sterben die meisten von ihnen schon früh. Sie führen ein streßreiches Leben – nicht nur wegen der Schlangen und weil sie soviel graben müssen, sondern auch weil sie von der Königin und ihren Partnern gepiesackt werden. Der Gruppendruck ist so stark, daß die Hormone, die für die Geschlechtsreife notwendig sind, abgeschaltet werden. Ein Tier, das aus der Kolonie entnommen wird, erlangt sofort die Fortpflanzungsfähigkeit – seine Pubertät dauert nur eine Woche. Auf die gleiche Weise wird auch eine verstorbene Königin schnell durch die größte ihrer weiblichen Untertanen ersetzt. Aber während der meisten Zeit hält sie ihre Mitbewohner in einem Zustand der ständigen, unerwünschten Jugend. Die Erklärung liegt wieder einmal in der DNA. Sie zeigt, daß alle Bewohner einer Nacktmullkolonie enge Verwandte sind. Ihre Gesellschaft ist eigentlich eine Großfamilie. Indem die Arbeiter und Kämpfer ihren Verwandten helfen, fördern sie die Verbreitung ihrer eigenen Gene.

Meist haben Tiere die gleiche Zahl von Söhnen und Töchtern, weil beide die Gene mit derselben Effizienz weitergeben. Aber unter bestimmten Umständen kann sich das Gleichgewicht verschieben: Manchmal ist es aufwendiger, Söhne zu haben, oder Töchter überleben besser, oder die Nachkommen eines bestimmten Weibchens finden besonders gut einen Partner.

Um für die richtige Mischung zu sorgen, gibt es einen ganz einfachen Weg. Mütter töten ohne Zögern die Nachkommen mit dem Geschlecht, das ihre Gene weniger gut weitervererbt. Die Beutelmaus, ein kleiner, wilder, in Australien beheimateter Fleischfresser, hat ein interessantes Sexualleben. Die Männchen werden nur ungefähr ein Jahr alt und sterben nach der Paarung an Erschöpfung. Weibchen, die ein weiteres Jahr überleben, sind dann alt und müde, so daß sie schlechtere Mütter abgeben als in ihrer Jugend. Im ersten Jahr töten die Mütter alle Töchter außer einer, um ihren wohlgehegten, aggressiven Söhnen eine Chance zu geben. Im zweiten Jahr jedoch bringen die Mütter ihre Söhne um, weil diese jetzt schwächlich sind und ihrer Aufgabe, die Gene weiterzugeben, nicht mehr so gut erfüllen wie die relativ gesunden Töchter.

Andere Tiere betreiben eine raffiniertere Familienplanung. Papageien, die man im Käfig hält, haben hintereinander zwanzig Söhne oder zwanzig Töchter, und Lemuren, die man in Gruppen unterbringt, bringen bevorzugt Söhne zur Welt. Wie – oder warum – sie das tun, weiß niemand. Die Rangfolge dürfte dabei eine Rolle spielen, denn Mütter, die in der Hierarchie weit oben stehen, können sich aussuchen, welches Geschlecht ihre Gene am besten weitergibt. Wespenweibchen, die ihre Eier in Raupen ablegen, bevorzugen Töchter, wenn sie das Glück haben, eine ungewöhnlich große Larve zu finden – denn eine große Tochter hat eine bessere Überlebenschance als ein großer Sohn; Rothirschmütter von hohem Rang dagegen haben mehr Söhne, weil diese mit ihrem großen Geweih so viele potentielle Partnerinnen beeindrucken können.

Die Seychellen sind ein Inselparadies, und wie der wirkliche Garten Eden wurden sie von ihren Bewohnern mißbraucht. Viele ihrer einheimischen Tiere sind ausgestorben. Zu den Überlebenden gehört ein kleiner Vogel, der den – ein wenig phantasielosen – Namen Seychellen-Grasmücke trägt. Im Jahr 1988 waren nur noch knapp vierhundert Exemplare übrig, alle auf der unwirtlichen Insel Cousin. Dann brachten Forscher eine kleine Gruppe zu dem üppigeren Eiland Aride.

Auf Cousin sind die Männchen zahlreicher als die Weibchen. In den neuen Kolonien dagegen gab es mehr weibliche Vögel als männliche. Auf der neuen, fruchtbaren Insel haben die Eltern mehr Töchter als Söhne; müssen sie dagegen in ihrer ursprünglichen Heimat hungern, sind die männlichen Nachkommen zahlreicher. Wieder geht es um die Weitergabe der Gene. Junge weibliche Seychellen-Grasmücken suchen nicht selbst nach Partnern, sondern bleiben wie die Holzbienen in der Nähe ihrer Eltern und helfen ihnen, deren Junge (die, das braucht nicht betont zu werden, ihre eigenen Brüder und Schwestern sind) großzuziehen. Steht reichlich Nahrung zur Verfügung, ist das nützlich. Die Eltern legen mehr Eier, und davon profitieren die Gene der selbstlosen Töchter. Aber wenn Nahrung knapp ist, verschiebt sich das Gleichgewicht. Jetzt werden die hilfsbereiten alten Jungfern zu einer Belastung. Sie fressen mehr, als sie zurückgeben können – und die Eltern wehren sich. Bei reichem Nahrungsangebot ist es besser, Töchter zu zeugen, die einem zur Seite stehen. Bei Knappheit ist die Investition in Söhne aussichtsreicher, weil diese davonfliegen und selbst eine Partnerin finden. In einem günstigen Lebensraum sind neun von zehn Vogeljungen weiblich, in Hungergebieten dagegen ist es nur jedes fünfte. Die Vögel, die man aus der ärmlichen Umgebung auf Cousin in den Überfluß von Aride brachte, änderten sofort ihre sexuelle Vorliebe zugunsten der Töchter.

Ein Wespennest, ein Bienenstock oder ein Ameisenhügel enthält viel mehr Weibchen als Männchen. Die meisten von ihnen begehen scheinbar, wie die Grasmücken, entwicklungsgeschichtlichen Selbstmord. Sie haben keine eigenen Nachkommen, sondern helfen anderen bei der Fortpflanzung. Es sind mehrere Formen solcher unfruchtbaren Kasten entdeckt worden. Bei manchen Ameisen gibt es eigene Gruppen mit einem riesigen, scheibenförmigen Kopf, deren Aufgabe darin besteht, den Eingang des Nestes für Eindringlinge zu verschließen; andere haben gewaltige Kiefer. Wenn die Evolution auf ererbte Unterschiede in der Fähigkeit, die Gene zu vermehren, angewiesen ist, wie können dann solche sterilen Formen entstehen, und wie kann sich bei ihnen ein so breites Größen- und Formenspektrum entwickeln?

Entscheidend ist auch hier das Gleichgewicht von Aufwand und Verwandtschaft: Eine Mutter investiert in das Geschlecht, das ihre Gene am stärksten vermehrt. Das Schicksal der kinderlosen Individuen ist weniger bedeutsam als das, was sie für diejenigen, die Kinder haben, leisten können. Auch das Paradox der Unfruchtbaren löst die natürliche Selektion, manchmal mit Hilfe seltsamer Verwandtschaftsbeziehungen. Sie kann zur Sterilität führen, zur Evolution auch bei Tieren, die keine Nachkommen haben, und zu Individuen, die ihre Anstrengungen in die Unterstützung anderer stecken.

Bienen – aber auch Ameisen und Wespen – entscheiden auf ungewöhnliche Weise darüber, wer als Männchen und wer als Weibchen geboren wird. Die Mutter kann über ihre Nachkommen entscheiden, und das führt zu unerwarteten Verwandtschaftsbeziehungen. Sie sind der Grund dafür, daß es sich manchmal lohnt, die Sexualität aufzugeben, sich zum Sklaven der eigenen Artgenossen zu machen oder sie auch – hin und wieder – umzubringen.

Anders als Nacktmulle (und Menschen) besitzen männliche Bienen von jedem Chromosom nur ein Exemplar, Weibchen dagegen zwei. Deshalb hat ein Weibchen von jedem Gen doppelt so viele Versionen wie ein Männchen. Das Geschlecht der Bienen wird nach einer einfachen Regel bestimmt. Jedes Individuum mit zwei unterschiedlichen Formen eines bestimmten Geschlechtsgens ist ein Weibchen; hat es nur ein Exemplar davon, handelt es sich um ein Männchen. Jedes Tier mit einem einfachen Chromosomensatz ist also zur Männlichkeit verdammt.

Die Königin kann sich das Geschlecht ihrer Nachkommen aussuchen. Sie speichert die Samenzellen und entscheidet, ob sie sich ihrer bedient oder nicht. Unbefruchtete Eier werden zu Söhnen (die ausschließlich die Gene der Königin tragen); werden sie hingegen befruchtet, so daß sie Gene der Königin und ihrer Partner enthalten, entstehen Töchter. Auf diese Weise bestimmt die Mutter über das Ausmaß der Verwandtschaftsbeziehungen. Ein Weibchen hat mit seinen Töchtern weniger Gene gemeinsam als mit seinen Schwestern.

Es ist eine einfache Logik. Beim Menschen haben Brüder und Schwestern zur Hälfte die gleichen Gene. Zwei Bienenschwestern dagegen haben alle Gene gemeinsam, die von ihrem Vater stammen, aber die Wahrscheinlichkeit, daß ein Gen von der Mutter kommt, liegt bei fünfzig Prozent. Schwestern haben also nicht die Hälfte ihrer Gene gemeinsam, sondern drei Viertel (nämlich alle vom Vater und die Hälfte von der Mutter). Eine weibliche Biene ist also mit ihrer Schwester enger verwandt als mit ihrer Tochter. Nach den ehernen Regeln der Verwandtschaft kann es sich deshalb für sie auszahlen, wenn sie bei der Aufzucht dieser Schwestern hilft, anstatt selbst Töchter zu haben. Der Fortpflanzungssuizid einer Arbeiterin entspringt dem genetischen Egoismus.

Solche seltsamen Verwandtschaftsgesetze verlagern das wirtschaftliche Gleichgewicht, verursachen aber selbst keine Unfruchtbarkeit. Das zeigt sich an den Termiten. Sie sehen wie Ameisen aus (obwohl sie nicht sonderlich eng mit ihnen verwandt sind) und leben in riesigen Kolonien, deren Mitglieder zum größten Teil sterile Arbeiterinnen sind. Manchmal wird eine solche Kolonie von einem einzelnen Weibchen beherrscht, und die Gesellschaftsordnung ist noch starrer als in einem Bienenstock. Eine Termitenkönigin kann fünfzig Jahre alt werden und legt dreißigtausend Eier am Tag.

Das Geschlecht der Nachkommen wird aber bei den Termiten nach einem ganz ähnlichen Prinzip bestimmt wie bei uns Menschen: Männchen und Weibchen unterscheiden sich nur in einem einzigen Chromosom. Deshalb gibt es in einem Termitenbau sowohl Arbeiter als auch Arbeiterinnen. Nur wenn die Blutsbande verschoben sind wie bei Ameisen oder Bienen, fallen allein die Weibchen dem Schicksal der Unfruchtbarkeit anheim. Im Gegensatz zu den Bienen, bei denen sich dieses Verhalten viele Male entwickelt hat, sind alle Termiten gesellschaftsbildende Arten, das heißt, diese Lebensweise entstand bei ihnen schon vor langer Zeit und blieb bestehen. Vielleicht machen die seltsamen Verwandtschaftsgesetze zwischen Mutter und Nachkommen es alleinlebenden Bienen leichter, zu sozialen Tieren zu werden, wenn es notwendig ist.

Anders als Äsop meinte, ist ein Bienenstock kein Ort der Süße und des Lichts. Dort herrscht nicht nur Unfruchtbarkeit, sondern auch Mord und Kannibalismus. So bedauerlich es auch für jene ist, die ihre Urteile aus der Natur ableiten: Dieses Verhalten trägt dazu bei, ihre Evolution zu verstehen. Freundlichkeit ist, wie jeder Börsenmakler weiß, schwer zu analysieren. Wie verliert ein Spender, und wie gewinnt der Empfänger? Mit der Habgier ist es einfacher. Häufig büßt der Verlierer alles ein, und der Gewinner nimmt alles mit – damit wird es einfacher, die Bilanz zu erstellen.

Das alles macht der bequemen Idee ein Ende, die Natur sei in Wirklichkeit doch nicht rot an Zähnen und Klauen. Tausende von Tierarten betreiben Kannibalismus, und vielfach ist die Ermordung durch Artgenossen die wichtigste Todesursache. Manche Fische fressen neunzig Prozent von ihresgleichen. Eine Art amerikanischer Barsche, die in Seen leben und bei Anglern beliebt sind, verzehren sich gegenseitig vom Schwanz her und bilden ganze Ketten eifrig fressender Tiere. Das Wort »Kannibalismus« kommt von den Canibales, einem Stamm in der Karibik. In einigen der etwa sechzig Kulturkreise, in denen es bekanntermaßen Menschenfresserei gab, waren Leichen die zweitwichtigsten Fleischlieferanten. Für diese Beschäftigung gibt es viele Entschuldigungen, und eine davon ist die Verwandtschaft. Für die meisten Kannibalen ist Blut dicker als Wasser. Wenn sie die Wahl haben, halten sie sich selbst, ihre Verwandten und ihre Gene auf Kosten anderer am Leben. Den Verlierern mag es nicht bewußt sein, aber sie machen die Logik des Märtyrertums deutlich: sterben, damit andere leben können.

Viele Tiere schätzen ab, was es genetisch kostet, Unschuldige abzuschlachten. Viele Männchen töten und fressen die Jungen jedes ungeschützten Weibchens. Eine trächtige Maus, die mit einem neuen Männchen in Kontakt kommt, macht aus der schlechten Situation das Beste: Sie ermordet mit einem vorsorglichen Schlag ihre Jungen, resorbiert die Embryonen und sichert sich durch dieses vorgeburtliche Festmahl die Nährstoffe, statt sie dem hoffnungsvollen Männchen zu überlassen. An den Nacktschnecken kann man erkennen, wie Kosten und Nutzen von der Verwandtschaft abhängen. Diese Tiere sind zwar Zwitter, aber die Sexualität läuft häufig auf abgemilderte Weise ab: Die Tiere befruchten sich gegenseitig. Aus ein paar nicht verwandten Nacktschnecken, die zusammen in eine Kiste gesteckt werden, entsteht eine unappetitliche Suppe, weil wenige Überlebende sich von den Leichen der anderen ernähren. Inzuchttiere dagegen nehmen Rücksicht auf die eigenen Gene in ihren Artgenossen und verzichten auf die makabre Mahlzeit.

Solche Regeln führen auch zum Mord im Bienenstock. Sowohl die Königin als auch die Arbeiterinnen investieren in die nächste Generation: Sie legen Eier oder tragen dazu bei, die Larven großzuziehen. Wegen der ungleichen Beziehung zwischen den Geschlechtern haben herrschende und arbeitende Klasse unterschiedliche Einstellungen gegenüber den Jungen. Zwei Schwestern haben drei Viertel ihrer Gene gemeinsam; ein Bruder dagegen hat über die Verbindung durch die Mutter nur ein Viertel des Erbteils seiner Schwestern. Für eine Arbeiterin (ein unfruchtbares Weibchen) ist es deshalb die beste Strategie, den Schwestern dreimal soviel zu geben wie den Brüdern. Dann werden ihre Gene mit der gleichen Effizienz über beide Geschlechter weitergegeben. Die Bienenkönigin dagegen ist mit Söhnen und Töchtern im selben Maße verwandt. Für sie ist es sinnvoll, in beide die gleiche Investition zu stecken, weil alle Jungen die mütterlichen Gene mit der gleichen Effizienz weitertragen.

Mit anderen Worten: Söhne sind in der Kolonie mehr wert als Brüder. Es liegt im Interesse der Königin, daß der Bienenstock genauso viele Männchen wie Weibchen enthält, aber aus der Sicht der Arbeiterinnen sollte der Anteil der Männchen niemals über ein Viertel hinausgehen. Meist geht es nach dem Willen der Arbeiterinnen, denn sie sind in großer Zahl vorhanden und verfügen über die meisten Waffen. Sie töten und fressen, was unter den Brüdern in ihren Augen zuviel ist. Damit steigern sie ihre eigenen genetische Aussichten, und gleichzeitig springt bei dem Handel noch eine kostenlose Mahlzeit heraus. Das Leben im Bienenstock kann recht barbarisch werden. Manche Königinnen ärgern sich über die Angriffe auf ihre Investitionen und wehren sich gegen die Macht der Arbeiterinnen. Sie produzieren Gelege, die nur Männchen enthalten, oder bringen, nicht um Tricks verlegen, Söhne zur Welt, die dem gewaltsamen Tod entgehen, weil sie sich als Weibchen tarnen.

Das Problem der Unfruchtbarkeit löst sich also auf, wenn man es unter dem Gesichtspunkt der gemeinsamen Erbinformation betrachtet. Eine weitere große Schwierigkeit für die Vorstellung, durch natürliche Selektion finde ein allmählicher Wandel statt, liegt aber in der

Tatsache, daß sich die Arbeiterinnen sowohl von den Männchen als auch von den fruchtbaren Weibchen in ihrem Körperbau stark unterscheiden. Da sie aber völlig unfruchtbar sind, können solche später erworbenen Abwandlungen in Körperbau oder Instinkt nie an Nachkommen weitergegeben worden sein. Bei mehreren Ameisenarten unterscheiden sich die geschlechtslosen Individuen nicht nur von den fruchtbaren Weibchen und Männchen, sondern auch untereinander, und das manchmal in einem fast unglaublichen Ausmaß. Deshalb werden sie in zwei oder sogar drei Kasten eingeteilt. Außerdem gehen die Kasten in der Regel auch nicht stufenlos ineinander über, sondern sind ganz genau abgegrenzt. Bei den Honigameisen der amerikanischen Wüste gibt es Arbeiterinnen, die nur eine einfache Aufgabe haben: Sie hängen wie große Eimer voller Zuckerwasser von der Decke und werden bei Bedarf angezapft. Daß sich bei unfruchtbaren Tieren eine solche Formenvielfalt entwickeln kann, mag seltsam erscheinen, aber auch das ist eine indirekte Folge der natürlichen Selektion.

Das Problem ist in mancherlei Hinsicht nicht schwieriger – oder einfacher – zu lösen als die Frage nach der Entwicklung der Soldaten bei den Blattläusen oder der Zähne bei den Tigern. Sind in einem Organismus alle Gene gleich (auch wenn sie sich auf das Innere einer Galle beschränken und nicht in einen Mantel aus Fleisch gehüllt werden), verlagert sich das Schwergewicht von der Evolution auf die Entwicklung: Zellen mit den gleichen Genen können unterschiedliche Organe wie Zähne und Zehennägel oder Pflanzensaftsauger und Soldaten hervorbringen. Das alles ist nur eine Frage der Arbeitsteilung.

Die unfruchtbaren Kasten der Bienen oder Ameisen haben nicht alle ihre Gene mit ihrer Mutter gemeinsam. Die Übereinstimmungen sind aber so groß, daß die Kolonie – die ebensowenig zu bewußten Anstrengungen in der Lage ist wie der entstehende Embryo eines Tigers – anhand von Signalen über Ort, Zeit und Nützlichkeit das Wachstum ihrer Mitglieder steuern kann. Manche Kasten führen ein gefährliches Leben. In einigen Fällen stirbt jede Stunde ein Zwanzigstel der Bewohner, weil sie von anderen Ameisen angegriffen werden; das gleiche gilt aber auch für die Hautzellen eines Tigers, die sich abschilfern. Manche Kasten haben wie die Zähne der Tiger eine andere Größe. Bei den südamerikanischen Blattschneiderameisen gibt es Individuen, die sich im Körpergewicht um das Dreihundertfache unterscheiden – von winzigen Pilzgärtnern bis zu gewaltigen Soldaten. Diese Kämpfer sind sehr aufwendig und erscheinen erst auf der Bildfläche, wenn die Kolonie mindestens hunderttausend Tiere stark ist. Wie ein Jungtier, so muß auch die Kolonie mit ihren gemeinsamen Genen die ersten Tage ihres Lebens der Nahrungssuche und nicht der Verteidigung widmen. Das ist zwar riskant, aber unvermeidlich. Erst wenn die umfangreiche Familie Fuß gefaßt hat, erlangen die Töchter der Königin die Fähigkeit, zu Zähnen und Klauen heranzuwachsen.

Der Bienenstock oder Ameisenhügel, eine scheinbar von Kooperation geprägte Gesellschaft, steckt in Wirklichkeit voller Kompromisse und Täuschungsmanöver; das Ganze wird ständig von der genetischen Polizei überwacht, und wer ihre Gesetze bricht, wird bestraft. Es ist ein Mikrokosmos der Evolution. Der Wert jedes einzelnen Tiers wird genau geprüft, die wirtschaftlichen Verhältnisse werden analysiert, und die natürliche Selektion wählt aus, was der Genübertragung am besten dient. Manche Individuen geben ihre eigene Zukunft auf, weil sie in der eines anderen enthalten ist, und andere töten, damit ihr Erbe bestehenbleibt. Egoismus und Nächstenliebe liegen enger zusammen, als es den Anschein hat. Sie unterliegen biologischen Gesetzmäßigkeiten, und diese unterscheiden sich letztlich nicht von denen, die auch über die Evolution der Bienen, Ameisen und Mulle selbst bestimmt haben.

Das ethische Dilemma, das Ameisen oder Kuckucke aufwerfen – und das für die Gutgläubigen, die in die Natur menschliches Verhalten hineinlesen, so nützlich ist –, stellte sich schon vor langer Zeit. Auf die shakespearesche Mode, in der Gesellschaft einen Bienenstock zu sehen, folgte die sonderbare Laune, sie mit einem abgewandelten Affenhaus zu vergleichen. George Romanes, ein Freund Darwins, stellte für die geistige Leistungsfähigkeit eine Skala mit fünfzig Punkten auf. Würmer kamen darin auf achtzehn Punkte, weil sie »Überraschung oder Furcht verspüren können«, Hunde und Affen brachten es auf achtundzwanzig wegen ihrer »unendlichen Moralität, verbunden mit der Fähigkeit, Scham, Reue, Falschheit und das Lächerliche zu erleben«. Der *Homo sapiens* mit seiner ethischen Vielfalt besetzte die Stufen neunundzwanzig bis fünfzig.

Wenn man aus der Natur überhaupt ethische Lektionen ableiten kann, nahmen sie ihren Anfang schon vor langer Zeit. Die Dinosaurier hatten eine ebenso seltsame Gesellschaftsordnung wie die heutigen Vögel. Manche Arten waren Kannibalen: Im Brustkorb eines zweihundert Millionen Jahre alten Fossils fand man das Skelett eines jungen Artgenossen. Andere waren so selbstlos wie die Seychellen-Grasmücke. Große Herden aus achtzig und mehr riesigen Pflanzenfressern, Brontosaurier und Ornithopoden, hinterließen Spuren, die auf ein Leben wie bei den Elefanten hindeuten – mit wenigen Erwachsenen und vielen Jungen. Die Brutpflege ist schon sehr alt. Die ersten Dinosauriereier fand man 1859 in Frankreich, und mittlerweile sind auf der ganzen Welt welche ausgegraben worden. Die Jungen mancher Arten wurden in großen Brutkolonien, die über Jahrtausende bestanden, von den Eltern gefüttert; andere flüchteten sofort aus dem Nest und lebten als Einzelgänger. Einige Arten legten ihre Eier unter Haufen aus verrotteten Pflanzenteilen ab, so daß sie durch die Kompostierungswärme ausgebrütet wurden. Die heutigen Vögel mit den gleichen Gewohnheiten – die Großfußhühner – haben sich im Vergleich zu den Dinosauriern, von denen sie abstammen, kaum verändert. Manche Arten bauen Hügel von zehn Metern Durchmesser, andere geben sich mit kleinen Haufen aus abgerissenen Grashalmen zufrieden. Einige leben in riesigen Kolonien auf Vulkanen und lassen ihrer Eier von der Wärme der Erde ausbrüten. In manchen Fällen helfen zwei Brüder in gemeinsamer Arbeit einem Weibchen, seinen Bruthügel zu bauen. Genauso selbstlos dürften auch die Dinosaurier gewesen sein.

Zwar gibt es diese großartigen Tiere nicht mehr, aber sie unterlagen den gleichen Regeln von Instinkt und Gewohnheit wie ihre Nachkommen. Zweifellos konnten sie Überraschung und Furcht verspüren, und vielleicht besaßen sie auch eine gewisse Fähigkeit zu Scham, Reue oder sogar Falschheit. Genau werden wir das nie wissen: Niemand wird jemals die Gedanken eines Dinosauriers (oder auch eines Großfußhuhns) lesen können. Da die Gesetze der Abstammung mit Abwandlung für das Verhalten ebenso gelten wie für die Knochen, hat der Instinkt – wenn nicht sogar die Seele – der Dinosaurier und aller übrigen Tiere ebensoviel biologischen Sinn wie alles andere in ihrem Leben.

Zusammenfassung. Ich habe in diesem Kapitel kurz zu zeigen versucht, daß die Geistesfähigkeiten unserer domestizierten Tiere abändern, und daß diese Abänderungen vererbt werden. Und in noch kürzerer Weise habe ich darzutun mich bemüht, daß Instinkte im Naturzustande ein wenig abändern. Niemand wird bestreiten, daß Instinkte von der höchsten Wichtigkeit für jedes Tier sind. Ich sehe daher keine Schwierigkeit, warum unter sich verändernden Lebensbedingungen die natürliche Zuchtwahl nicht auch imstande gewesen sein sollte, kleine Abänderungen des Instinktes in einer nützlichen Richtung in jeder beliebigen Ausdehnung zu häufen. In vielen Fällen haben Gewohnheit oder Gebrauch und Nichtgebrauch wahrscheinlich mitgewirkt. Ich behaupte nicht, daß die in diesem Abschnitte mitgeteilten Tatsachen meine Theorie in einem irgend bedeutenden Grade stützen; doch ist nach meiner besten Überzeugung auch keine dieser Schwierigkeiten imstande sie umzustoßen. Auf der andern Seite aber haben wir die Tatsachen, daß Instinkte nicht immer absolut vollkommen und selbst Irrungen unterworfen sind, – daß kein Instinkt aufgeführt werden kann, welcher zum ausschließlichen Vorteil eines andern Tieres entwickelt ist, wenn auch Tiere von Instinkten anderer Tiere Nutzen ziehen, – daß der naturhistorische Glaubenssatz »Natura non facit saltum« ebensowohl auf Instinkte als auf körperliche Bildung anwendbar und nach den vorgetragenen Ansichten ebenso erklärlich wie auf andere Weise unerklärbar ist: und alle diese Tatsachen sind wohl geeignet, die Theorie der natürlichen Zuchtwahl zu befestigen.

Diese Theorie wird noch durch einige andere Erscheinungen hinsichtlich der Instinkte bestärkt; so durch die alltägliche Beobachtung, daß einander nahe verwandte, aber sicherlich verschiedene Spezies, wenn sie entfernte Weltteile bewohnen und unter beträchtlich verschiedenen Existenzbedingungen leben, doch oft fast dieselben Instinkte beibehalten. So z. B. läßt sich aus dem Erblichkeitsprinzip erklären, warum die südamerikanische Drossel ihr Nest mit Schlamm auskleidet, ganz so wie es unsere europäische Drossel tut: warum das Männchen des amerikanischen Zaunkönigs (Troglodytes) ein besonderes Nest für sich baut, ganz wie das Männchen unserer einheimischen Art: Alles Sitten, welche bei anderen Vögeln gar nicht vorkommen. Endlich mag es wohl keine auf dem Wege der Logik erreichte Folgerung sein, es entspricht aber meiner Vorstellungsart weit besser, solche Instinkte, wie die des jungen Kuckucks, der seine Nährbrüder aus dem Neste stößt, wie die der Ameisen, welche Sklaven machen, oder die der Ichneumoniden, welche ihre Eier in lebende Raupen legen, nicht als eigentümliche oder anerschaffene Instinkte, sondern nur als unbedeutende Folgezustände eines allgemeinen Gesetzes zu betrachten, welches zum Fortschritt aller organischen Wesen führt, nämlich: Vermehrung und Abänderung, die Stärksten siegen und die Schwächsten unterliegen.

ACHTES KAPITEL

BASTARDBILDUNG

Sexualität und Marktwirtschaft • Gesetze der Unfruchtbarkeit • Was Arten trennt • Natürliche Selektion steht der Bastardbildung entgegen • Unfruchtbarkeit von Kreuzungen innerhalb der Arten und zwischen ihnen • Identitätskennzeichen • Regeln der Entfremdung vom Gehirn bis zum Gen • Sexualität und Arten: männliche Wollust und weibliche Diskretion • Fruchtbarkeit miteinander gekreuzter Varietäten • Gesetze der Unfruchtbarkeit und die Genetik der Artschranken • Promiskuität und neue Pflanzentypen • Grenzüberschreitung • Die Arten der Zukunft

Adam und Eva erlagen der Versuchung und aßen die Tomate vom Baum der Erkenntnis. So war es tatsächlich, jedenfalls wenn man die himmlische Botanik aus europäischer Sicht betrachtet. In den meisten Staaten der Alten Welt galt die Tomate als eine so exotische Frucht, daß sie eine edle Bezeichnung verdiente. Die Franzosen nennen sie *pomme d'amour*, bei den Italienern heißt sie *pomo d'oro* – goldener Apfel – und in Kroatien *paradis* (ein Name, der sich selbst erklärt). Lächerlich, vielleicht, aber was für eine Frucht es im Garten Eden auch gewesen sein mag, ein Apfel (der in der Levante selten ist) war es sicher nicht; im Mittelalter wurde sie als Tomate, Orange oder Feige gemalt, und auf diese Früchte folgte in der sakralen Kunst eine Zeitlang die Banane.

Tomaten, Feigen, Orangen und Bananen haben unterschiedliche Namen, weil sie unterschiedliche Gene haben. Oft wachsen sie dicht nebeneinander, und deshalb hätten sie zumindest die Möglichkeit, sich zu paaren, ihre DNA auszutauschen und zu einer Art Mischpflanze zu verschmelzen. Das tun sie nicht – aber warum nicht?

Sexualität, der Fallstrick, über den die Bewohner des Gartens Eden stolperten, ist ein biologischer Markt. Jede Spezies ist mehr oder weniger eine sexuelle Republik. In ihrem Innern ist freizügiger Austausch die Regel, und jeder Bewohner hat die Chance, seine DNA gegen jede andere einzutauschen. Die Welt als Ganzes ist jedoch durch Schranken für den genetischen Freihandel in Fürstentümer – Arten – unterteilt.

Um die Entstehung der Arten zu begreifen, müssen wir wissen, was das für Schranken sind und wie sie entstehen.

Die Unterschiede zwischen Äpfeln und Tomaten (oder allem anderen) kann man an der DNA messen. Die meisten Veränderungen sind seit der Abgrenzung der sexuellen Beziehungen durch einfache Abstammung mit Abwandlung aufgetaucht, oder es handelt sich um Überreste eines gemeinsamen, entfernten Vorfahren. Die eigentlichen Hindernisse für die Vermehrung von Tomate und Apfel sind genetischer Natur, aber das läßt sich unmöglich überprüfen, weil die beiden sich niemals paaren. Das ist Darwins Dilemma. Es verwehrt den Biologen das wichtigste Hilfsmittel ihres Berufes. Ganz ähnlich wie bei Staaten, die es nicht einmal schaffen, ihre Meinungsverschiedenheiten zu erörtern, läßt sich wegen des mangelnden Austausches zwischen den Arten auch nur schwer nachweisen, was sie eigentlich trennt.

Daß sich verschiedene Arten nicht kreuzen, ist keine magische Eigenschaft, sondern ergibt sich aus der Abstammung mit Abwandlung. Irgendwie hat ein kontinuierlicher Prozeß – die natürliche Selektion – diskontinuierliche Einheiten entstehen lassen, die wir Arten nennen. Wie das geschieht, war früher ein Rätsel; heute bringt die Genetik in der Frage, was Arten sind und wie sie entstehen, allmählich die Wahrheit ans Licht.

Unfruchtbarkeit als solche kann nicht durch Selektion entstehen, denn wenn dies geschähe, wäre die betreffende Abstammungslinie am Ende. Sie kann aber (wie bei den Bienen, wo sich das Ausbleiben der Fortpflanzung auszahlt, weil es anderen hilft, Gene weiterzugeben) aus anderen Veränderungen erwachsen, die durch Evolution entstehen. Die Unfruchtbarkeit gekreuzter Arten ist ebenfalls eine Folge indirekter Selektion, in diesem Fall der Art und Weise, wie die Evolution Lebewesen konstruiert, die mit allen Widrigkeiten der Umwelt fertig werden.

An dieser lebenswichtigen Aufgabe wirken viele Gene mit. Die Selektion verlangt innerhalb einer Art an verschiedenen Orten unterschiedliche Mischungen von Mutationen für die jeweiligen Aufgaben, und sehr oft paßt eine solche Kombination nicht sonderlich gut zu einer anderen. Manchmal – beispielsweise bei den beiden Genen, die für das graue Fell der Perserkatzen sorgen – kennt man die entscheidende Wechselwirkung, aber in den meisten Fällen bleibt sie unbekannt. Können zwei durch Anpassung entstandene Kombinationen überhaupt nicht mehr zusammenwirken, wird es für die betroffenen Populationen unmöglich, Gene auszutauschen, und damit wird jede von ihnen zu einer neuen Art.

Da DNA sich nicht völlig ohne Fehler – Mutationen – verdoppeln kann, wird Evolution zu einer Zwangsläufigkeit. Die natürliche Selektion tut nichts anderes, als aus dieser Tatsache Kapital zu schlagen. Auch Arten sind ein Nebenprodukt des Mendelschen Apparates. Sie erwachsen aus den Vererbungsmechanismen, aus der Art, wie Gene zur Erfüllung ihrer Aufgaben kooperieren. Wenn Gene für Eigenschaften wie Größe, Körperbau oder Verhalten nur in der richtigen Kombination zusammenwirken, ist die Entstehung neuer Arten unvermeidlich, weil sich an verschiedenen Orten unterschiedliche Mischungen zusammenfinden. Sind sie einmal vorhanden, können sie eine weitere Evolution durchmachen, aber im Kern sind Arten zufällige Ereignisse.

Gesetze der Unfruchtbarkeit bei der ersten Kreuzung und der Unfruchtbarkeit der Bastarde. Im Ausbildungshandbuch für Maultiere der US-Armee heißt es in der ersten Zeile: »Erregen Sie als erstes die Aufmerksamkeit des Tieres, indem Sie ihm mit einem kräftigen Stock leicht zwischen die Ohren schlagen.« Maultiere, die Nachkommen einer Kreuzung zwischen Esel und Pferd, sind für ihren Starrsinn bekannt. Sie sind unfruchtbar, und deshalb ist ein Maultier keine echte Bedrohung für den Bestand der beiden Ausgangsarten. Andere wilde Lebewesen verschiedener Arten paaren sich jedoch und haben fruchtbare Nachkommen, wenn sie in Gefangenschaft dazu verleitet werden. Enten tun es, Gänse tauschen mit Begeisterung ihre Gene aus, und durch Kreuzung von Fasanen ist eine breite Palette von Farben und Formen entstanden. Die Schranken zwischen ihnen haben nichts Endgültiges, sondern lassen sich vom Menschen leicht beseitigen. Entweder müssen wir den Glauben aufgeben, verschiedene Tierarten seien bei Kreuzungen fast immer unfruchtbar, oder die Unfruchtbarkeit als Merkmal betrachten, das durch Domestikation beseitigt werden kann.

Aber auch wenn biologische Grenzen manchmal wandelbar sind, haben sie ihre eigene Identität, die über einfache Verschiedenheit hinausgeht. Mit ein wenig Phantasie kann man aus Zutaten von unterschiedlichen Lebewesen seltsame Mischungen herstellen. Die Sprossen bestimmter Pflanzen lassen sich auf die Wurzeln einer anderen aufpfropfen – beispielsweise Aprikose auf Eiche –, und die Herzklappe eines Schweins kann man mit einer Reihe medizinischer Kunstgriffe auf einen Menschen übertragen. Solche Genmischungen überleben ganz gut, aber sie entstehen ohne die Vorteile der Sexualität. Ob sie Erfolg haben oder versagen, hängt nur in geringem Maße davon ab, wie eng die beteiligten Arten verwandt sind; die Schweineherzklappe funktioniert besser als die von einem Kaninchen, obwohl das Kaninchen enger mit uns verwandt ist.

Daß Gene durch Paarung so leicht übertragen werden können, paßt dagegen – wie die Evolution selbst – zu einer Hierarchie des biologischen Wandels. Unwillkürliche Sexualität führt dazu, daß auch ein nicht gerade wünschenswerter Partner widerwillig akzeptiert wird, so daß es in seltenen Fällen zu einer Verbindung mit einem unwahrscheinlichen Partner und zum völligen Mißerfolg bei der Fortpflanzung kommt. Nur ein kleiner Anteil aller Arten – vielleicht eine unter hundert – nimmt Gene einer anderen auf. In vielen Gruppen ist jedoch das Ausmaß der Unfruchtbarkeit bei Kreuzungen so unterschiedlich und unmerklich abgestuft, und die Fruchtbarkeit der reinen Arten wird so leicht durch die verschiedensten Umstände beeinflußt, daß sich unter allen praktischen Gesichtspunkten nur sehr schwer sagen läßt, wo die hundertprozentige Fruchtbarkeit endet und die Unfruchtbarkeit beginnt.

Der Braune Bachsalamander ist in den südlichen Appalachen beheimatet und bleibt gern zu Hause. Die Tiere halten sich viele Jahre lang in den gleichen Schlupfwinkeln auf, und jede Population entwickelt sich nach ihren eigenen Gesetzmäßigkeiten. Exemplare aus einem Umkreis von etwa fünfzehn Kilometern paaren sich untereinander ohne weiteres, aber wenn sie die Wahl zwischen einem Partner aus der Nähe und einem aus größerer Distanz haben, entscheiden sie sich fast nie für den Fremden. Auch Pflanzen bevorzugen häufig einen Nachbarn gegenüber einem weiter entfernten Exemplar, das an andere Umstände angepaßt ist (die Entscheidung besteht bei ihnen allerdings im Wachstum des Pollens in Richtung der Eizelle und nicht in der Abweisung eines aufdringlichen Verehrers).

Manchmal wird jedoch die falsche Wahl getroffen, und es entstehen Bastarde. Manche von ihnen sind unfruchtbar oder so schwächlich, daß sie fast augenblicklich sterben. Geschieht dies lange genug, geht eine Art in einer anderen auf. Oft sind daran Eingriffe des Menschen schuld. Als John Constable die Wiesen malte, die sich zu dem Fluß

Stour hinunterziehen, sah er dort jede Menge Klatschmohn und Disteln. Die Kühe und Schafe, die das Heu im Winter fraßen, mußten auch mit diesem alles andere als nahrhaften Teil ihres Futters zurechtkommen. Heute sind dieselben Felder vielfach nicht mit roten oder blauen, sondern mit gelben Blüten übersät, und die gehören zu Giftpflanzen. Sie stammen zum Teil von Pflanzen ab, die 1794 aus Sizilien eingeschifft und in den botanischen Garten von Oxford gebracht worden waren. Sie hatten in Großbritannien bereits einen nahen Verwandten, das Kreuzkraut; in ihm fand das Oxforder Greiskraut bei seiner Ausbreitung entlang der neuen Eisenbahnlinien, die mit ihrem Schotter seiner vulkanischen Heimat in mancher Hinsicht ähnelten, einen neuen Paarungspartner im Exil. Zwei Jahrhunderte später waren die Bastarde zu einer eigenen Identität gelangt und zu einer großen Plage geworden. Auch viele von Constables großen englischen Eichen wurden von Hybriden zwischen der einheimischen und einer vom Kontinent eingewanderten Art abgelöst. Sie mögen Bastarde sein, aber offensichtlich kommen sie in ihrer neuen Heimat gut zurecht.

So robust solche Hybriden auch sein mögen – manchmal, wenn das Leben zu schwierig wird, fallen sie in der Prüfung der Natur durch. Auf der Galapagosinsel Daphne Major gibt es vier Arten von Grundfinken – den Kleinen, den Mittleren und den Großen Grundfinken sowie den Kaktusfinken. Die beiden ersten sind mit jeweils mehr als hundert Exemplaren vertreten, vom Großen Grundfinken gibt es nur ein paar Dutzend, und die Zahl der Kaktusfinken ist noch geringer. Wie sie leben, beobachten Ornithologen schon seit über zwanzig Jahren. Diese Vögel sind das Musterbeispiel in allen Lehrbüchern über Evolution. An ihnen erkennt man, warum Arten, die an unterschiedliche Lebensweisen angepaßt sind, getrennt bleiben: Ihre Bastarde überleben die strenge Musterung der natürlichen Selektion nicht.

Die Schranken zwischen den Finken sind manchmal durchlässig. Etwa eine von fünfzig Paarungen findet zwischen Vögeln unterschiedlicher Arten statt (und auf manchen Inseln paaren sie sich sogar mit Vögeln, die überhaupt nicht zu den Darwin-Finken zählen). Dieses illegitime Verhalten ist aus der Verzweiflung geboren. Da es auf Daphne Major nur ein halbes Dutzend Kaktusfinken gibt, müssen sich manche von ihnen an andere Arten halten, wenn sie Aussichten auf Sex haben wollen. Finken erkennen einander an der Form des Schnabels und am Gesang. Wie Kühe oder Schafe lernen sie durch das Vorbild der Eltern, einander zu erkennen. Aber diese freudsche Beziehung funktioniert nicht immer fehlerfrei: Manche Männchen greifen nicht den Gesang des Vaters auf (vielleicht weil das Nest, in dem sie geboren wurden, zu dicht bei dem eines lautstarken Fremden lag) und machen dann dem falschen Weibchen den Hof. Die verblüffte Partnerin akzeptiert den Fremden und bringt eine Mischform von Jungen zur Welt.

Solchen Nachkommen scheint es auf den ersten Blick nicht schlechter zu gehen als denen aus einer legitimen Verbindung: In den meisten Jahren überleben sie und pflanzen sich fort wie alle anderen. Würden die vier Finkenarten auf Daphne längere Zeit so weitermachen, wären sie schon bald zu einer Art Durchschnittsvogel verschmolzen. Die Fossilien zeigen jedoch eindeutig, daß die Finken seit vielen tausend Jahren getrennt sind. Die natürliche Selektion benachteiligt die Übergangsformen und hat die Vereinheitlichung verhindert. Sie läßt Tiere, die nicht an ihren Platz im Haushalt der Natur passen, verkümmern und sorgt so dafür, daß die Lebewesen in getrennten Bereichen bleiben.

Alle paar Jahre ändern die Pazifikwinde ihre Richtung. Sie treiben das warme Wasser nicht mehr nach Westen in Richtung Australien, sondern lassen tropisches Wasser östlich nach Südamerika und im Norden bis nach Kalifornien vordringen. Diese Strömung, El Niño (Christkind) genannt, tritt ungefähr um die Weihnachtszeit auf. Sie sorgt in Amerika für Regen und Stürme, in Australien für Dürre. Das warme Wasser steigt entlang der amerikanischen Küste um fünfzehn Zentimeter an, und da es viel weniger Sauerstoff und Nährstoffe enthält als die übliche kalte Strömung, geht die Zahl der Fische und der Vögel, die sich von ihnen ernähren, rapide zurück.

Das alles führt zu Unannehmlichkeiten und mehr. Der El Niño von 1998 war der stärkste des zwanzigsten Jahrhunderts. Er verursachte Schäden im Wert von fünfzehn Milliarden Euro. In Ostafrika schwemmte der Regen Dörfer und Bauernhöfe weg, in Indonesien führte die Trockenheit zu gewaltigen Waldbränden. Sogar Microsoft mußte wegen der Stürme an der kalifornischen Küste seine alljährliche Gründungsfeier absagen.

Auf den Galapagosinseln läßt El Niño die Niederschläge stark ansteigen – bis auf das Siebenfache der normalen Jahresmenge. Das Meer erwärmt sich und verliert einen großen Teil seiner Nährstoffe. An Land kommt es zu explosionsartigem Wachstum. Die Pflanzen sind dick und üppig, die Finken paaren sich mehrere Male hintereinander, und die Bastardbildung nimmt zu. Die Folge: Es tauchen viele Vögel auf, die zwischen den Arten stehen.

Wenn El Niño abebbt, folgt Trockenheit auf die sintflutartigen Regenfälle. Die meisten Vögel sterben, und sofort geht die Selektion wieder an die Arbeit. Die größte Bestrafung spart sie sich für die Bastarde auf. Große Grundfinken ernähren sich nach einer Trockenheit vorwiegend von Erdstachelnüssen, Früchten, ganz ähnlich jenen eisernen Stachelkugeln, mit denen Krieger in mittelalterlichen Schlachten die Pferde zu Fall brachten. In solchen schwierigen Zeiten finden Finken, deren Größe durch eingewanderte Gene eines kleineren Verwandten geschrumpft ist, nicht genügend weiche Nahrung, weil diese bereits von einer noch kleineren Form gefressen worden ist. Ebenso schlecht ergeht es den Nachkommen der Paarung mit einer größeren Art, denn ihre Schnäbel sind nicht kräftig genug, um mit dem umzugehen, was ihre besser angepaßten Verwandten übriggelassen haben.

Wie Ausgrabungen in Peru offenbaren, wurden Fischer schon vor zwölftausend Jahren durch einen El Niño aus ihren Lagerstellen geschwemmt, und seither gab es alle paar Jahrhunderte größere Katastrophen. Eine davon führte in den achtziger Jahren des achtzehnten Jahrhunderts in Europa zu Mißernten und gab Marie Antoinette den Anlaß zu ihrer abfälligen Bemerkung: »Dann sollen sie doch Kuchen essen.« Was wir an den Finken über die unerbittliche Kraft der Evolution gelernt haben, hat sich – wie die Lektion für den Adel – viele Male wiederholt. Jede Spezies hat sich so entwickelt, daß sie mit dem Leben in einem abgegrenzten Bereich zurechtkommt. In guten Zeiten sind die sexuellen Grenzen manchmal durchlässig, aber früher oder später werden die vagabundierenden Gene durch den Tod ihrer Träger aufgehalten.

Ursachen der Unfruchtbarkeit bei der ersten Kreuzung und der Unfruchtbarkeit der Bastarde. Sexualität und Arten haben eine Menge Gemeinsamkeiten. Ungeschlechtliche Pflanzen und Tiere sind der Alptraum der Systematiker, denn bei ihnen gibt es häufig ein breites Spektrum von Formen, die ganz allmählich ineinander übergehen. Beim Löwenzahn kann man Tausende verschiedener Typen unterscheiden, die jeweils zu ihrem Standort passen und sich zu einer fast ununterbrochenen Reihe verbinden. Die Botaniker geben dann in vielen Fällen auf und bezeichnen solche Gruppen als »Aggregat« oder »Komplex«.

Geschlechtliche Arten sind einfacher abzugrenzen. Sie lassen sich mit genetischen Begriffen kennzeichnen – als voneinander getrennte Fortpflanzungseinheiten. Bei ihnen gibt es die Partnerwerbung, eine Reihe von Annäherungsversuchen und Reaktionen darauf. Innerhalb einer Spezies besteht zumindest die Chance, daß ein Männchen seine Partnerin dazu veranlassen kann, sein Geschenk anzunehmen. Will ein Gen dagegen von einer Art auf die andere übergehen, läßt es sich auf ein Hindernisrennen ein, in dem es – im ersten Schritt oder ganz am Ende – auf eine unüberwindliche Schranke stößt. Es sind im Prinzip die gleichen Hindernisse, denen auch ein arttreues Männchen gegenübersteht, aber wenn die Partnerin zur falschen Spezies gehört, sind sie nicht zu überwinden. Das Spektrum reicht von der räumlichen Entfernung über Vorlieben, die von den Eltern erlernt wurden, bis zu genetischen Schranken, die in der DNA festgeschrieben sind. In allen diesen Fällen versagt dabei auf diese oder jene Weise die genetische Teamarbeit, die notwendig ist, damit eine Beziehung entsteht, eine Eizelle befruchtet wird, oder gesunde Nachkommen entstehen.

Naturgeschichte ist zu einem großen Teil die wissenschaftliche Erforschung von Paarungshindernissen, und wie die Vogelbeobachtung verkommt sie leicht zu einer Mechanik des Auflistens. Arten sind voneinander durch viele raffinierte Schranken getrennt – durch Raum, durch Zeit, durch besondere Vorlieben bei der Paarung, durch die Unfähigkeit, eine Eizelle zu befruchten oder ein Junges hervorzubringen, oder durch die Unfruchtbarkeit der Nachkommen. Die Hürden, über die solche sexuellen Athleten stolpern, sind so vielfältig wie das Leben selbst. Bastarde haben keinen Erfolg, weil die herkömmliche Partnerwerbung fehlschlägt, so daß der Genaustausch verhindert wird. Vielleicht haben sie zu unterschiedlichen Zeiten Spaß an der Paarung. Männchen und Weibchen unterschiedlicher Arten treffen unter Umständen nie aufeinander, oder sie paaren sich – mit mehr oder weniger Begeisterung –, ohne daß jedoch eine fruchtbare Eizelle entsteht. Wird die Eizelle befruchtet, kann sie sterben oder eine Mißbildung hervorbringen. Geografische Grenzen sind manchmal auf wenige Zentimeter genau gezogen wie zum Beispiel zwischen verschiedenen Orchideen, von denen sich bestimmte Bienen ernähren und die sich niemals paaren. Oder der Zeitpunkt ist entscheidend: Manche

Fliegen paaren sich morgens, andere am Abend; und zwei nordamerikanische Zikadenarten schlüpfen und paaren sich alle dreizehn beziehungsweise alle siebzehn Jahre. Wegen dieses Unterschiedes treffen sie fast nie aufeinander (nur alle paar Jahrhunderte tritt eine gewisse Verwirrung ein).

Wer als Partner in Frage kommt und wer nicht, bestimmen Farbe, Gesang, Duft und viele andere Merkmale. Manchmal sind die Unterschiede auch für das menschliche Auge und Ohr leicht zu erkennen (was den Vogelbeobachtern nützt), aber sehr oft bemerken wir sie nicht. Manche Heuschrecken zirpen ganz unterschiedlich und auf eine Weise, die ihren Artgenossen und auch uns attraktiv erscheint, während andere ihre Identität mit Geräuschen kennzeichnen, die für das menschliche Gehör zu tief sind.

Auf ein mutiges Spermium, das es so weit geschafft hat, warten weitere Schranken. Manche Weibchen greifen Samenzellen, die als fremd erkannt werden, regelrecht an; andere bevorzugen das näherliegende Produkt, wenn sie sich sowohl mit einem Männchen ihrer eigenen Art als auch mit einem Fremden gepaart haben. Das gleiche kommt auch bei Pflanzen vor: Die weibliche Blüte erlaubt es den Pollenschläuchen nicht, die entscheidende Gewebewand zu durchstoßen und die Eizelle zu erreichen.

Häufig geben die Geschlechtszellen selbst den entscheidenden Hinweis. Die Eizellen vieler Meerestiere, von den Seeohren bis zu den Seeigeln, besitzen eine Schutzhaut, die von der ersten erfolgreichen Samenzelle durchlöchert wird. Jede Art hat ihren eigenen Rezeptor. Zu jeder Veränderung bei den Weibchen paßt ein Gegenstück bei den Männchen. Bei den Seeohren ist das Schloß eine mehrfach wiederholte DNA-Sequenz, die sich mit großer Geschwindigkeit verändert. Sie bindet viele Moleküle der Verbindung, die der Samenzelle ihre Identität verleiht. Die sieben Seeohrenarten in den Gewässern Kaliforniens sehen zwar fast völlig gleich aus, aber die Rezeptoren ihrer Eizellen unterscheiden sich stark. Die Weibchen entwickeln sich weiter, die Männchen müssen ihnen notgedrungen folgen, und die Wahrscheinlichkeit einer falschen sexuellen Paarung wird sehr gering.

Die Signale, durch die sich Arten unterscheiden – Farbe, Duft oder Gesang –, dienen den Männchen in ihrem Kampf um die Weibchen häufig als Ausdruck besonderer Leistungsfähigkeit. Viele Pflanzen müssen ein bestäubendes Tier – eine von dreihunderttausend verschiedenen Arten – dazu veranlassen, ihnen als Gehirn und bewegliches Geschlechtsorgan zu dienen. Zu diesem Zweck ziehen sie Bienen, Fliegen, Vögel, Lemuren und Baumkänguruhs heran. Die Pflanze schließt mit ihren Botschaftern einen Tauschhandel ab. Als Belohnung erhalten die bestäubenden Tiere Nahrung, einen Aufenthaltsort (beispielsweise im Lotus, der seine Blüte mit der Wärme aus seinem Stoffwechsel heizt, während die Käfer in ihrem Inneren kopulieren) oder ein sexuelles Signal (so zum Beispiel die Bienen, die an Orchideen ihre eigenen Geschlechtsmerkmale wiedererkennen). Die Pflanzen wollen, daß ihre Bestäuber fleißig, hungrig und zuverlässig sind, während die Gegenseite es vorzieht, von ihrem Wirt mit möglichst geringem Aufwand möglichst viel zu profitieren.

Jeder Fehlschlag bei der Paarung beruht auf einem Zusammenbruch der Kommunikation in der biologischen Konversation, die wir Sexualität nennen. Wie an jedem Zwiegespräch sind daran zwei Seiten beteiligt (und bei Pflanzen kommt noch ein Vermittler hinzu); sprechen sie unterschiedliche Sprachen, kommen sie nicht sehr weit.

Hin und wieder ist es einfach eine Frage des Erkennens. Manche Vögel folgen – wie Schafe – dem ersten Objekt, das sie sehen, ob Mutter, Aufziehspielzeug oder Biologe, und machen es zum Bezugsobjekt. Solche Tiere – zum Beispiel Enten, Tauben und Finken – sind meist in viele verschiedene Arten gegliedert. Für junge Möwen ist die Farbe des Flecks auf dem Schnabel der Eltern der entscheidende Hinweis. Läßt man Silbermöweneier von Heringsmöwen – die keinen roten, sondern einen gelben Schnabelfleck haben – ausbrüten, betrachten die Jungen sich selbst als Heringsmöwen und paaren sich als ausgewachsene Tiere auch bevorzugt mit diesen. Man konnte Mitglieder vieler verschiedener Vogelarten dazu bringen, sich zu paaren, und die Nachkommen waren gesund. Bei ihnen entstehen die Grenzen weniger durch eine tief verwurzelte Unverträglichkeit als vielmehr durch die begrenzte Fähigkeit, einander zu erkennen. Das dürfte auch der Grund sein, warum sich Vögel in ihren Genen nur so geringfügig unterscheiden. Der durchschnittliche genetische Unterschied zwischen verwandten Vogelarten von den Adlern bis zu den Meisen ist nur halb so groß wie der zwischen Säugetieren und sogar geringer als zwischen Echsen.

Solche Grenzen mögen unsicher erscheinen, weil sie nur im Geist bestehen, aber auch sie können sehr solide sein. In manchen afrikanischen Seen leben mehrere hundert Arten von Cichliden, die auch als

Buntbarsche bezeichnet werden. Männliche Buntbarsche sind leuchtend gefärbt, die Weibchen dagegen unauffällig. Jede Spezies hat ihr eigenes Signal. Im klaren Wasser vieler großer afrikanischer Seen werden solche Signale von einem Fisch zum nächsten weitergegeben, und die Arten bleiben getrennt. Obwohl die Grenzen ausschließlich durch die jeweilige Vorliebe aufrechterhalten werden, machen sie es möglich, daß Dutzende verschiedener Arten zusammenleben. In klaren Seen gibt es mehr Arten als in solchen mit schlammigem Wasser. An Stellen, wo Verwechslungsgefahr besteht, unterscheiden sich die Markenzeichen am stärksten, und ein Buntbarschweibchen mit roten Männchen teilt sich in der Regel einen Küstenabschnitt mit anderen, deren Männchen blau sind.

Setzt man blaue und rote Barsche zusammen in ein Aquarium, bleiben sie streng getrennt. Die Weibchen halten sich zuverlässig an ihre eigene Art – solange sie erkennen können, wer dazugehört. Bei rotem Licht, das die Unterscheidung der Farben schwierig macht, nimmt ein Weibchen jedes Männchen, das ihm den Hof macht, und es herrscht allgemeine Konfusion. Wenn das Zusammenspiel der beiden Seiten – des männlichen Signals und der weiblichen Entscheidung – nicht mehr funktioniert, werden die bisher getrennten Arten im besten Fall zu Varietäten derselben Spezies. Dieses Schicksal ereilte viele Buntbarsche im Victoriasee. Als die Wälder rund um den See abgeholzt wurden und Bauern sich niederließen, wurde Erde in den See geschwemmt. Das Wasser war nicht mehr durchsichtig, und die Fische waren verwirrt. Arten, die seit vielen tausend Generationen getrennt waren, vermischten sich zu einer einzigen Gruppe.

Paart sich – bei Buntbarschen wie bei vielen anderen Tieren – ein Weibchen mit dem falschen Partner, das heißt mit einem schwächlichen Artgenossen oder einem Angehörigen der falschen Spezies, zahlt es dafür einen hohen Preis: Die Nachkommen besitzen dann nicht die richtigen Gene. Männchen haben beim Sex mit einer Fremden weniger Bedenken, denn für sie erfordert der einzelne Akt so wenig Aufwand, daß es sich lohnt, Samen auf kargem Boden zu vergeuden, wenn sich dafür die Chance bietet, hin und wieder Erfolg zu haben.

Deshalb besteht ein Zusammenhang zwischen der Zahl der Arten in einer Gruppe und ihren sexuellen Gewohnheiten. Pflanzen und Vögel, die sexuell reichlich Auswahl haben, gliedern sich in der Regel in viele Arten. Treuere Lebewesen kommen in weniger Formen vor. Auf jede Landpflanze ohne Blüten kommen sieben Blütenpflanzen. Jede Blüte zieht eine begrenzte Zahl von Besuchern an, und je genauer beide zusammenpassen, desto leichter wird es für die Pflanze, ihre Identität zu wahren. Die Enten, deren Männchen und Weibchen sich aufgrund sexueller Selektion stark unterscheiden, sind allein in Großbritannien mit zwei Dutzend Arten vertreten. Bei den Schwänen dagegen, deren Paare sich für das ganze Leben binden (und bei denen sich die Geschlechter sehr ähneln), sind es weit weniger.

Wenn es um die Entstehung solcher Arten geht, haben die Weibchen – mit ihrer in der Evolution entstandenen Fähigkeit, sich einen Partner auszusuchen – das Steuer in der Hand. Wird es von den Männchen übernommen, vermindert sich der Drang zur Aufspaltung. Ein Männchen, das auf jene losgelassen wird, die nicht die Fähigkeit erworben haben, sich bei solchen Angriffen zur Wehr zu setzen, kann die Grenzen oft überwinden. Ein Beispiel ist wiederum der Kuckuck. Der Gemeine Kuckuck mit seinem sich ständig wiederholenden Ruf ist von Japan bis Irland und von Afrika bis Norwegen zu Hause. Dieser Vogel mit seiner weiten Verbreitung hat der Versuchung widerstanden, sich in zahlreiche Arten aufzuspalten, wie es bei vielen anderen Nistparasiten geschehen ist. Das ist seltsam angesichts der Tatsache, daß Kukkuckweibchen zu verschiedenen Rassen gehören, die jeweils die Eier eines anderen Wirtes nachahmen können.

Die Lösung liegt in der Vielweiberei des Kuckucks: Die Männchen paaren sich mit jedem Weibchen, ganz gleich, ob es zu der Rasse gehört, mit der sie aufgewachsen sind, oder nicht. Die Weibchen binden sich viel stärker als die Männchen an einen bestimmten Wirt, ob Rotschwanz oder Grasmücke. Deshalb kann ein Kuckuck, der selbst von Grasmücken großgezogen wurde, zum Vater eines Eies werden, das in einem Rotschwanznest landet. Die Färbung der Eier wird in der weiblichen Linie vererbt, und deshalb bleiben die Weibchen bei dem Vogel, von dem sie als Junge ernährt wurden. Die männliche Promiskuität ist der Grund, warum sich der Kuckuck nicht in viele Arten aufgespalten hat, die alle jeweils eine andere Art foppen.

Ganz anders die Finken in Afrika, die ihre Eier in fremde Nester schmuggeln. Von ihnen gibt es Dutzende von Arten, die jeweils an einen ganz bestimmten Wirt gebunden sind und sich in ihrem Aussehen überhaupt nicht ähneln. Alle diese Parasiten sind enge Verwandte, und ihr Evolutionsstammbaum ist ganz anders geformt als der ihrer

Opfer. Sie sind jeweils auf eine einzige Art spezialisiert, und ihre Jungen ahmen die leuchtenden Farbmarkierungen am Mund, das Zwitschern und die Bewegungen der Kinder ihrer unfreiwilligen Stiefeltern nach. Die Schranken entstehen durch die frühen Erfahrungen der Finken. Der männliche Parasit lernt den Gesang seiner Pflegemutter, und dieses Identitätsmerkmal nutzen die Weibchen seiner eigenen Art: Sie paaren sich nur mit einem Partner, der richtig singt. Die derart erzwungene Treue hat zur Folge, daß sich die Finken in viele Arten aufgespalten haben und nicht durch männliche Paarungslust als Gruppe zusammengehalten werden.

In den Vereinigten Staaten werden jedes Jahr mehr als eine Million Stockenten freigelassen, damit alle Jäger in den Genuß des Tötens kommen, das zu den Rechten jedes Amerikaners gehört. Das Männchen mit dem metallisch grünen Kopf und der roten Brust ist ein vorwitziger Vogel. Manche weiblichen Enten, beispielsweise ihre engen Verwandten, die Spießenten (deren eigene Männchen mit langem Schwanz und braunem Kopf ganz anders aussehen), leben schon lange damit und können mit der aufdringlichen Art der Stockentenmännchen umgehen. In Gefangenschaft kann man die beiden Arten zwar zur Kreuzung veranlassen, aber in freier Wildbahn zeigt sich ein Spießentenweibchen niemals einem Stockentenmännchen geneigt. Wohin die männlichen Stockenten auch kommen (und sie sind über die ganze Welt verbreitet), überall bringen sie ihre Absichten deutlich zum Ausdruck. Die australische Dunkelente, die neuseeländische Grauente, die Fleckente in Florida und die Hawaiiente, sie alle hatten unter ihren Annäherungsversuchen zu leiden; und alle – getrennte Arten, die sich in ihren Genen von der Stockente stärker unterscheiden als die Spießente – vermischen sich inzwischen mit den Eindringlingen. Bald werden sie in ihrer Spezies aufgehen und aus den Vogelbüchern verschwinden.

Das führte zu der Forderung nach einem massenhaften Gemetzel. Tierschützer brachten das Ansinnen zwar als »Vogeleugenik« in Mißkredit, aber es wurde von der Königlich-Britischen Gesellschaft für Vogelschutz unterstützt. Vogelbeobachter haben strenge Ansichten über das Leben: Was man nicht in eine Schublade stecken kann, muß man erschießen. Die Erkenntnis über die Evolution ist so klar wie Entenbrühe: Zur Entstehung von Arten kann es durch den Kampf der Geschlechter ebenso kommen wie durch den Kampf gegen die Elemente.

Wegen der gemeinsamen Wirkung der Gene, die auf die Anforderungen der natürlichen Selektion reagieren, wird jeder, der einen Partner mit den falschen Genen an sich heranläßt, bestraft. Wenn die Differenzen wachsen, zahlt es sich allmählich für jede Seite aus, bei ihresgleichen zu bleiben – sind Verhandlungen zum Scheitern verurteilt, bricht man sie besser ab, anstatt sich dem ganzen schmerzlichen Prozeß der Partnerwerbung zu unterziehen. Die Bastardbildung selbst wird anstrengend, und die Schranken werden von selbst immer höher.

In der Nähe von Bergwerken gibt es Pflanzen wie die afrikanische Kupferblume, die auch an Stellen wachsen können, wo ihre Nachbarn eingehen würden. Eine solche Art ist das Gras, das frisch gemähtem Heu seinen Duft verleiht. Sein innerer Haushalt verändert sich durch die Metalltoleranz auf vielerlei Weise, und die entsprechenden Populationen sind nur in der Nähe der Bergwerke konkurrenzfähig. Dort behalten sie die Oberhand, weil ihre Nachbarn vergiftet werden. Gräser tauschen Gene mit Hilfe des Windes aus. In einem wilden Tal in Wales ist eine alte Bleimine von nicht vergifteten Wiesen umgeben. Wenn der Wind über die Anlagen heult, weht er Pollen von der nicht toleranten Population über das Bergwerk, und die männlichen Geschlechtszellen der Pflanzen über der Mine verteilen sich in Windrichtung über ein großes, kegelförmiges Gebiet. Beide Genausstattungen gedeihen aber nur auf ihren eigenen Gebieten gut. Die Selektion vermindert den Austausch. Die Pflanzen über dem Bergwerk blühen eine Woche früher als ihre Nachbarn; damit besteht eine geringere Wahrscheinlichkeit, daß eine der beiden Pollensorten eine Partnerzelle findet, deren Nachkommen nicht lebensfähig wären. Die Pflanzen haben den ersten Schritt zu einer eigenständigen Identität hin vollzogen. Sollte sich die Trennung fortsetzen, werden sie nach einiger Zeit nicht mehr in der Lage sein, ihre Gene gegenseitig aufzunehmen, und damit wäre zumindest in einem gewissen Sinne eine neue Spezies entstanden.

Den Vögeln ergeht es genauso. Der britische Trauerschnäpper ist ein auffälliger, schwarzweißer Vogel, und er ähnelt in vieler Hinsicht seinem osteuropäischen Verwandten, dem Halsbandschnäpper. Werden die beiden in einem Vogelgehege gekreuzt, sind die Nachkommen unfruchtbar. In Tschechien jedoch, wo sich die Populationen überschneiden, erleiden beide einen Identitätsverlust. Die Federn des Trauerschnäppermännchens nehmen eine dunkelbraune Färbung an, und sein Vetter mit dem Halsband wird fast weiß. Damit vermindert sich die Gefahr einer falschen Paarung, denn die Weibchen im Überschneidungsgebiet haben eine Vorliebe für ihren eigenen Typus. Da es nicht zur Bastardbildung kommt, bleiben die Arten getrennt, und wenn es in dem Kampf nicht um Paarungspartner, sondern ums Dasein geht, sind sie gezwungen, sich auf unterschiedliche Teile des Naturhaushalts zu spezialisieren.

Fruchtbarkeit miteinander gekreuzter Varietäten und ihrer Blendlinge. Die Ecke Friedrichstraße/Zimmerstraße in Berlin ist eine ganz normale Kreuzung mit ungehindert fließendem Verkehr. Noch in den achtziger Jahren befand sich hier der Checkpoint Charlie, eine der wenigen Öffnungen in der sonst unüberwindlichen, hundertfünfzig Kilometer langen Mauer. Aber selbst eine so klar definierte Grenze wie die Berliner Mauer kann durch kluge Schachzüge Löcher bekommen oder zusammenbrechen; das gleiche gilt auch für die Grenzen zwischen den biologischen Arten. Deshalb bemühen sich Evolutionsforscher heute mehr und mehr, nicht nur die äußeren Zeichen zu verstehen, an denen sie Arten auseinanderhalten können, sondern auch die beteiligten Gene. Hin und wieder, so scheint es, sind neue Formen entstanden, weil genetische Systeme, die – wie die Regierungen der Bundes- und der Demokratischen Republik – mit unterschiedlichen Herausforderungen konfrontiert gewesen waren, nach ihrer Vereinigung nicht gut zueinander paßten.

Für Arten gilt das gleiche wie für Staaten: Wenn sich die Populationen auseinanderentwickeln, baut die Abstammung mit Abwandlung fast wie in einem nachträglichen Einfall neue Hindernisse auf. Durch die fortschreitende Selektion entstehen genetische Domänen, die sich nur noch widerwillig mit ihren früheren Partnern austauschen. Jede von ihnen enthält ihre eigenen Gene, die sich ausschließlich in ihrer eigenen Umgebung bewähren mußten. Je länger die beiden Gesellschaften getrennt waren, desto stärker haben sie sich auf die jeweiligen Bedingungen eingestellt und desto größer ist die Wahrscheinlichkeit, daß sie nicht mehr zueinander passen. Je größer die durch Zeit und Umstände erzwungenen Abgrenzungen sind, desto geringer ist die Aussicht, daß sich ein neues Gen in der Gesellschaft anderer zu Hause fühlt. Der Prozeß gewinnt an Eigendynamik, und schon bald entwickeln sich lokale Körperschaften zu richtigen Staaten; wenn es soweit ist, kommt der Austausch zwischen ihren Bürgern völlig zum Erliegen.

Die Taufliegen machen deutlich, wie frühere Abneigung dazu beiträgt, die Tugend einer Art zu schützen. Vertrautheit führte bei ihnen zu Streit. Wie lange es her ist, daß zwei Fliegenarten ihren letzten gemeinsamen Vorfahren hatten, kann man am Ausmaß der Unterschiede in ihrer DNA erkennen. Manche Paare spalteten sich vor nicht allzu langer Zeit, andere sind schon seit vielen Millionen Generationen getrennt. Laboruntersuchungen zufolge zeigen Arten mit erst kürzlich entstandener Identität eine stärkere Abneigung, sich mit ihren Verwandten zu paaren, wenn sie in der gleichen Gegend leben; treffen sie nur in einer Laborglasflasche zusammen, ist der Widerstand geringer. Die natürliche Selektion benachteiligt Fliegen, die bei der Partnerwahl einen Fehler machen, und das führt schon bald dazu, daß sich das sexuelle Versagen zu einer echten Abneigung auswächst. Dabei spielen nur Hindernisse für die eigentliche Paarung eine Rolle, nicht aber solche für die Entwicklung oder die Fruchtbarkeit der Hybriden. Diese ersten Hürden in dem Hindernislauf verstärkten sich offensichtlich, weil sie so oft von hoffnungsfrohen Männchen geprüft wurden, die ihre unerwünschte Aufmerksamkeit auf eine verwandte Art richteten.

Die meisten der genetischen Unterschiede zwischen den Arten lassen sich nicht analysieren, denn sie bestehen zwischen Gruppen, die sich untereinander nicht kreuzen. Deshalb sind die wenigen Arten, die man dazu veranlassen kann, die Reinheit ihrer Fortpflanzung aufzugeben und einen fremden Partner zu akzeptieren, für diese Aufgabe ein entscheidendes Hilfsmittel.

Die Pflanzengruppe der Gauklerblumen mit ihren auffälligen gelben Blüten hat sich in mehrere Arten aufgespalten, von denen manche große Kupfermengen vertragen, andere dagegen nicht. Die Kreuzung zwischen einer toleranten und einer nichttoleranten Pflanze führt zu Nachkommen, die selbst auf normalem Boden krank werden und sterben. Wie sich herausstellte, ist das Gen für die Toleranz schädlich, wenn es unter die Gene einer nichttoleranten Population gerät; die Nachkommen der beiden Formen haben keine Überlebenschance. Die tolerante Art hält fremde Gene auch dadurch fern, daß sie zur Selbstbefruchtung übergegangen ist. Selektioniert wird zwar im Hinblick auf die Fähigkeit, auf vergiftetem Boden zu wachsen, aber als Nebenwirkung der anderen erworbenen Unterschiede entsteht auch die Unfruchtbarkeit. Werden die Gene aber gemeinsam auf den Prüfstand gestellt, erhält jeder Typus sofort seine eigene Identität.

Am besten kann man Gene, die neue Arten entstehen lassen, an den Taufliegen verfolgen. Diese Tiere paaren sich vergnügt in Glasgefäßen und bringen innerhalb weniger Wochen Nachwuchs zur Welt. Ihre Chromosomen sind im Mikroskop zu sehen, und man hat mehrere tausend Gene dingfest gemacht. Außerdem – und das ist noch besser – besteht die Gruppe aus vielen Arten, von denen sich manche im Labor untereinander kreuzen lassen.

Die Gesetzmäßigkeiten der Genetik liefern Anhaltspunkte, welche Gene an der Artbildung beteiligt sind. Männliche Fliegen besitzen ein einziges X-Chromosom, und sein Gegenstück ist ein kleines Y. Deshalb treten bei den Männchen alle Gene auf dem X-Chromosom in Erscheinung, unabhängig davon, ob sie bei Weibchen rezessiv sind oder nicht. Das gleiche gilt für Säugetiere, deren Männchen ein X- und ein davon abweichendes Y-Chromosom besitzen, während es beim Weibchen zwei X-Chromosomen sind. Bei Schmetterlingen und Vögeln dagegen liegen die Verhältnisse genau andersherum: Hier ist die (eigentliche) Konstellation bei Weibchen XY und bei Männchen XX. Wie man an der DNA-Struktur erkennen kann, sind die beteiligten Chromosomen bei den einzelnen Gruppen jedoch unterschiedlichen Ursprungs. Dennoch funktioniert die Geschlechtsbestimmung im wesentlichen bei allen auf die gleiche Weise, wenn auch genau umgekehrt.

Kreuzt man zwei Arten, gilt immer die gleiche Gesetzmäßigkeit. Wenn unter den Nachkommen ein Geschlecht fehlt oder unfruchtbar ist, handelt es sich fast immer um dasjenige mit zwei unterschiedlichen Geschlechtschromosomen – um die Männchen bei Mäusen oder Taufliegen, um die Weibchen bei Vögeln und Schmetterlingen. Dieses Prinzip wird nach seinem Entdecker als Haldane-Regel bezeichnet. Da beide Geschlechter betroffen sein können, hat die Regel ihre Ursachen nicht einfach darin, daß Männchen in Sachen Sexualität empfindlicher wären, sondern sie spiegelt eine tiefer liegende genetische Wahrheit wider. Sind zwei Arten (nach den genetischen Unterschieden zu urteilen) erst seit kurzer Zeit getrennt, ist das von der Regel vorausgesagte Phänomen das erste Anzeichen für eine sexuelle Schranke. Es ist der allgemein übliche Schritt auf dem Weg zu einer neuen Identität.

Auch die Haldane-Regel spricht für die Vorstellung, daß ein Gen, das in seiner ursprünglichen Heimat nützlich ist, in der Mischung mit fremden Genen Schaden anrichten kann. Die falsche Mischung führt zur Katastrophe, vor allem wenn die Gene eines Partners freigelegt werden, wie es in der Hälfte der Fälle den Genen auf dem X-Chromosom widerfährt. Das Entscheidende ist die Aufdeckung verborgener Gene in einem Umfeld unpassender Nachbargene. Bei Taufliegen kann man durch geeignete Manipulationen dafür sorgen, daß zwei unterschiedliche X-Chromosomen – aus zwei verschiedenen Arten – in einem einzigen Weibchen zusammentreffen. Ein solches Weibchen ist fruchtbar, obwohl die Übereinstimmung des fremden X-Chromosoms mit seinen anderen Chromosomen nicht größer ist als bei einem (unfruchtbaren) Hybridmännchen. Bei einem solchen Weibchen sind die nicht zusammenpassenden Gene »maskiert«, beim Männchen dagegen treten sie zutage und können Schlimmes anrichten. Die meisten Gene, die gefährlich werden können, wenn man sie aus dem Zusammenhang reißt, bleiben durch einfache Dominanz verborgen; bei männlichen Säugetieren dagegen (oder bei Vogelweibchen) zeigt sich ihre Unfähigkeit, mit den Nachbarn zurechtzukommen.

Aus vielen verwandten Fliegenarten haben Wissenschaftler im Labor Hybriden hergestellt; man hoffte, auf diese Weise ließen sich die Gene identifizieren, die für die Trennung der Arten sorgen. Allgemein ergibt sich ein eindeutiges Bild: Es sind viele Gene beteiligt, die allein jeweils nur eine geringe Wirkung haben, aber heftig in Wechselwirkung treten, wenn sie mit den Genen des Verwandten kombiniert werden – genau damit rechnet man, wenn Arten gut aufeinander eingestellte Gengemeinschaften sind und von einem Eindringling, der ihre Gewohnheiten nicht kennt, gestört werden. In manchen Fällen sind für diese Unfruchtbarkeit der Bastarde wahrscheinlich nur wenige Abweichungen in der DNA erforderlich. Manchmal kann man die Mischlinge retten, indem man in einen Elternteil ein einziges Gen einschleust. Wie ein solcher Kunstgriff die Nachkommen den Klauen des Todes oder der Unfruchtbarkeit entreißt, ist nicht bekannt, aber wenn ein einziges Gen diese Aufgabe erfüllen kann, liegt die Vermutung nahe, daß es sich um eine recht einfache Blockade handelt.

Auch die beiden europäischen Mausarten *Mus musculus* und *Mus domesticus* kann man dazu veranlassen, Hybriden zu bilden. Fast alle Laborstämme stammen von Vorfahren der Spezies *domesticus* ab. Kreuzt man sie mit wilden Exemplaren von *musculus*, bringen manche von ihnen sterile Junge zur Welt, aber vielfach sind sie auch in der Lage, sich zu paaren und gesunden Nachwuchs hervorzubringen. Vielleicht sind an der sexuellen Schranke wie bei den Fliegen nur wenige Gene beteiligt, und manche Stämme haben diese Gene durch Zufall geerbt, andere dagegen nicht. Bei einer Kreuzung mit einer weitläufiger verwandten Art ist ein an der frühen Entwicklung beteiligtes Gen nicht in der Lage, seine Wirkung in dem fremden Umfeld zu entfalten. Wegen dieser Unverträglichkeit entstehen keine Ei- und Samenzellen mehr.

Man hat zwar viele Gene kartiert, die an der Artbildung beteiligt sind, aber so gut wie keines liefert Anhaltspunkte, wie sie wirken. Die Evolution führt jedoch zu unwahrscheinlichen Verbindungen und kann überraschende Nachkommen hervorbringen. Teilweise stammen die Erkenntnisse über die Artbildung aus der Krebsforschung.

Krebs ist eine genetische Erkrankung der Körperzellen. Er entsteht durch einen Fehler in dem Apparat, der die Zellteilung steuert. Wird das System nicht gebremst, läuft es Amok. »Krebs« ist eine Sammelbezeichnung für viele Krankheiten; jede davon entsteht durch eine Veränderung an einer anderen Stelle in den vielen Befehlsfolgen, die über Leben und Tod der Zellen bestimmen. Die Zellteilung hat wie die Verfassung der Vereinigten Staaten viele Prüf- und Ausgleichsinstanzen. Manche Gene beschleunigen den Vorgang, andere bremsen ihn. Sie tauschen Signale darüber aus, wann und wo sie tätig werden sollen. Durch dieses Gleichgewicht zwischen Unterdrückung und Anregung kann unser Körper wachsen und sich instand halten, aber wenn sich ein Zellteilungsförderer aus irgendeinem Grund weigert, auf ein Stoppsignal zu reagieren, kommt es zu dem unkontrollierten Zellwachstum, das wir Krebs nennen.

Schwertträger und Papageienplatys, zwei tropische Fische, sind jeweils mit einer Reihe reizvoller schwarzer Flecken geschmückt. Setzt man sie zusammen in ein Aquarium, können sie Hybriden bilden (was sie allerdings in freier Wildbahn niemals tun). Bei den Nachkommen eines solchen Mischlings und eines seiner Elternteile verwandeln sich die eleganten Flecken in Melanome – große, tödliche, schwarze Klumpen. Die Ursache: Die Hybriden erben von einem Elternteil ein Gen für ein Molekül, das für starkes Wachstum sorgt, und von dem anderen seinen Gegenspieler, der übermäßiges Wachstum verhindert. Bei den Hybriden kann das zweite Gen das erste nicht mehr unterdrücken: Die wachstumsfördernden Moleküle werden in zu großer Menge gebildet, und Krebs entsteht. Befinden sich beide Gene schon seit langem in der gleichen Art, wirken sie im Einklang zusammen; werden sie aber in der falschen Kombination vererbt, kommt es zu Konflikten. Durch diesen Kampf sterben die Mischlinge, und die Arten bleiben getrennt.

In der Evolution haben sich die Gene für die Zellteilung aber nicht entwickelt, um verschiedene Fischarten voneinander abzugrenzen. Das ist vielmehr eine Nebenwirkung der Evolution innerhalb der Arten. Entsprechungen zu den betreffenden Genen gibt es auch beim Menschen, und sie sind für die Medizin von großem Interesse (deshalb wissen wir soviel über sie). Sie besagen auch etwas über Grenzen. Seit sich Schwertträger und Papageienplatys getrennt haben, entwickeln sich auch ihre Apparate für die Steuerung der Zellteilung auseinander. Zwei Gene – die jeweils in ihrem eigenen Umfeld völlig friedlich, in Kombination aber tödlich sind – reichen aus, um die Reinheit der Arten zu erhalten.

Bei Pflanzen gelten andere Regeln als bei Tieren. Sie sind eher bereit, einen fremden Paarungspartner aufzunehmen, und bei den Nachkommen einer solchen Verbindung kommt es sehr häufig zu Genkombinationen, die hervorragend zusammenwirken; solche Hybriden gedeihen dann sogar auf Kosten ihrer Eltern. Anders als bei Tieren ist die Hybridbildung hier keine Lücke mehr, durch die Gene sickern und die Zukunftsaussichten einer hoffnungsvollen Spezies verschlechtern, sondern ein Abkürzungsweg zu einem neuen Dasein. An den Chromosomen zeigt sich auf den ersten Blick, daß viele höhere Pflanzen, darunter Weizen und Reis, auf diese Weise entstanden sind; sie besitzen die vollständige Genausstattung von zwei Vorfahren, die sich vor langer Zeit vereinigten und dann feststellten, daß sie harmonisch zusammenwirken und gedeihen können. Andere Pflanzen entstehen durch die Kreuzung von zwei Arten, die dann ihre Gene durcheinanderwürfeln, so daß eine neue, dritte Spezies entsteht. Eine im Westen Amerikas beheimatete wilde Sonnenblume ist, wie ihre Genen offenbaren, ein Mischling aus zwei anderen Arten. Sie sieht ein wenig anders aus und lebt an trockeneren Standorten, aber in jeder anderen Hinsicht ist sie eine Mischung ihrer Eltern. Bei der Tochter sind die alten Gene in großen Gruppen erhalten geblieben, denn die neue Art bildete sich so schnell heraus, daß sie nicht durch Sexualität getrennt werden konnte, bevor die neue Pflanze ihre eigene Identität erlangte. Aus der Kreuzung der Eltern im Gewächshaus gehen Pflanzen hervor, die nach nur fünf Generationen der Hybridform gleichen. Pflanzenarten können offensichtlich recht schnell entstehen, ganz ohne die lange Erprobung, die für die meisten Formen tierischen Lebens erforderlich ist. Ihre Gene sind anscheinend eher als die der Tiere bereit, in neuen Kombinationen zusammenzuwirken.

Bastarde und Blendlinge, unabhängig von ihrer Fruchtbarkeit miteinander verglichen. Blendlinge – Produkte der Kreuzung zwischen bloßen Varietäten – sind etwas Ungewisses, eine Mischung aus den Eigenschaften ihrer Eltern. Sie erregen wenig Aufmerksamkeit. Hybriden dagegen, die durch die Paarung zwischen unterschiedlichen Arten entstehen, waren immer etwas Besonderes, mit rätselhaften Merkmalen, die von der Evolution geprüft werden konnten. Schon lange bevor man wußte, daß es sich bei manchen Pflanzen um Hybriden handelt, äußerte Aristoteles die Ansicht, ein Kamel könne sich mit einem Panther kreuzen, und daraus werde eine Giraffe entstehen; Oppian, ein radikalerer Denker, meinte sogar, durch Kreuzung eines Vierbeiners mit einem Spatzen könne man einen Straußenvogel erzeugen. Das ist reine Phantasie, aber die Entwicklung vom Blendling zum Hybriden und darüber hinaus übersteigt sogar das Vorstellungsvermögen von Botanikern und Griechen. Sie wirft neues Licht auf das Wesen der biologischen Arten.

Nehmen wir beispielsweise die Tomate. Früher schätzte man die Frucht gering, weil man sie für giftig hielt, und ihre Blätter sind tatsächlich voll von der schädlichen Verbindung Solanin. Der lateinische Name *Lycopersicon* bedeutet »Wolfsapfel«, und die Pflanzen wurden einst ausschließlich zur Verzierung gezüchtet. Seit dem Ersten Weltkrieg ist die Produktion auf acht Millionen Tonnen pro Jahr gestiegen. Heute erscheint uns die Tomate als einfaches, fast banales Lebensmittel, doch damit tun wir ihr unrecht, denn durch künstliche Selektion ist eine überwältigende Größen-, Formen-, Farben- und Geschmacksvielfalt erzeugt worden. Kultivierte Tomatensorten unterscheiden sich untereinander stärker als ihre wilden Verwandten. Und wie die Haustiere besagen sie etwas darüber, wie biologische Arten entstehen.

Die Tomaten (von denen es viele Arten gibt) sind ursprünglich in Südamerika zu Hause. Sie gehören zu einer variantenreichen und vielseitigen Pflanzengruppe. Zu ihren Verwandten zählen der tödliche Nachtschatten und der Alraun (der für seine aphrodisierende Wirkung, seine an einen Menschen erinnernde gegabelte Wurzel und seinen »Aufschrei« beim Ausreißen bekannt ist). Auch Tabak und Kartoffel sind in der Verwandtschaft nicht weit entfernt. Wilde Tomaten pflanzen sich sexuell fort, nehmen aber ausschließlich Gene eines Individuums der gleichen Art auf. Die kultivierte Form befruchtet sich selbst, und damit steht sie hinter einer Schranke. Warum soll sie etwas Fremdes akzeptieren, wenn der eigene Pollen zur Verfügung steht?

Daß die Tomate und ihre Verwandten bereitwillig Hybriden bilden, ist schon seit langem bekannt. Der große Naturforscher Kolreuter, dessen genaue Beobachtungen durch alle späteren Befunde bestätigt wurden, wies etwas Bemerkenswertes nach: Eine Varietät des Gemeinen Tabaks ist in der Kreuzung mit einer weit entfernten Art fruchtbarer als die anderen Varietäten. Durch solche Kreuzungen gelang es, einige Gene dingfest zu machen, die in der Familie der Tomate die Sexualität verhindern. Wie man an ihnen erkennt, ist an dem entscheidenden Übergang zur Selbstbefruchtung bei der kultivierten Pflanze nur ein einziges Gen beteiligt, das gleichzeitig auch über Zahl, Form und Größe der Blüten bestimmt. Da die Pflanzen in freier Natur durch den Erfolg des Pollens und die Formen der Blüten getrennt bleiben, dürfte die genetische Schranke zwischen den Tomaten einfach durch Wechselwirkungen zwischen diesem und anderen Genen entstehen.

Die vielen Dutzend wilden Tomatenarten lassen sich anhand ihrer Blüten und Früchte in drei große Gruppen einteilen. Viele von ihnen gedeihen an Orten, an denen ihre domestizierten Verwandten eingehen würden. Die Botaniker sind von Peru bis nach Chile und auf die Galapagosinseln gereist, um neue Arten zu finden, die Widerstandsfähigkeit gegen die größten Probleme verleihen: gegen Welke, Rost, Mehltau, Fäule, Fleckenkrankheit, Blattläuse, Nematoden, Kälte, Trockenheit und Salz. Ihre Gene wären in der Landwirtschaft von großem Nutzen.

Das Landwirtschaftsministerium der Vereinigten Staaten startete einen Angriff auf die Tomate und (nebenbei) auch auf die Gesetze der Hybridbildung. In Gewächshäusern und im Freiland prüfte man die Fähigkeit der Pollen- und Eizellen wilder Tomaten, sich mit kultivierten Pflanzen zu kreuzen. Von den vielen tausend Versuchen führte fast keiner zum Erfolg. Meist entstanden überhaupt keine Pflanzen, und in den wenigen Fällen, wo das gelang, waren die Nachkommen steril. Nur in ganz wenigen Experimenten tauchte eine fruchtbare Hybridpflanze auf. Diese seltenen Individuen hatten von ihren Eltern durch Zufall eine ungewöhnliche Kombination von Genen geerbt, die nicht wie bei den meisten ihrer Vettern in Konflikt gerieten und die Hybriden töteten, sondern zusammenzuwirken vermochten. Einige Gene sind, losgelöst von ihren eifersüchtigen Kameraden, bereit, in einem fremden Umfeld zu kooperieren. Solche Gene sind in der Tat überaus nützlich.

Jeder fruchtbare Hybride ist ein Grenzposten zwischen sexuellen Republiken. Durch die Kreuzung mit einem der beiden Eltern ermöglicht er den Übergang der DNA. Dutzende von Genen für Krankheitsresistenz, die Farbe der Früchte oder der Zuckergehalt sind auf diese Weise aus dem Wildwuchs in die Landwirtschaft gelangt. Viele der neuen Gene vermischen sich vergnügt mit denen ihres domestizierten Wirts, so daß in späteren Generationen eine noch bessere Kombination entsteht. Ein derartig beschränkter Freihandel hat bereits zu spektakulären Erfolgen geführt. Durch selektive Züchtung steigt der Ertrag bei landwirtschaftlich genutzten Tomaten um ein paar Prozent im Jahr; Gene von wilden Sorten können ihn um die Hälfte nach oben treiben. Selbst wenn die Wildpflanze im Vergleich zu ihrem verbesserten Vetter schwächlich wirkt, enthält sie unter Umständen Gene, die in der neuen Umgebung Wunder wirken. Wildtomaten sind nicht rot, sondern grün, aber manche besitzen in dem biochemischen Syntheseweg für den Farbstoff ein sehr wirksames Enzym, das in Verbindung mit anderen, domestizierten Genen dieser Reihe eine leuchtend dunkelrote Frucht entstehen läßt. Gene verschiedener Arten können gemeinsam häufig mehr als jedes von ihnen allein; wenn sie die Gelegenheit haben, erzeugen sie keine Konflikte mit nachfolgender Unfruchtbarkeit, sondern sie kooperieren.

Durch botanische Diplomatie sind die Gene weit gekommen. Eine Gruppe wilder Tomaten unterscheidet sich von den domestizierten Sorten so stark, daß auch durch noch so viele Versuche keine Kreuzung zustande kommt. In eine andere wilde Tomate können ihre Gene jedoch übergehen, und dieser Überträger läßt sich dann dazu verleiten, sich mit der landwirtschaftlich genutzten Sorte zu paaren. So gelangen die Gene über eine Kette von Verbindungen zu einem Ziel, das weit von ihrer ursprünglichen Heimat entfernt ist. Ein Evolutionsforscher wundert sich darüber kaum. Alle Tomaten haben einen gemeinsamen Vorfahren, und wenn die Züchter ihren Stammbaum zurückverfolgen, tun sie nichts anderes, als die Geschichte ihrer Arten umzukehren.

Heute gibt es einen echten gemeinsamen Markt der Biologie. Grenzen werden nicht durch Sexualität, sondern mittels Technik überwunden. Damit wurde das Wesen der Blendlinge, der Hybriden und sogar der Arten in Frage gestellt. Läßt man Zellen von Kartoffeln und Tomaten im Reagenzglas verschmelzen, werden ganze Chromosomen auf einmal bewegt. Aus den Hybridzellen geht eine neue Pflanze hervor: eine Tomoffel, wie es sie noch nie gab. Die Gentechnik schafft noch viel mehr. Durch technische Kunstgriffe – die DNA wird an Viren angehängt oder mit winzigen Goldkügelchen in ihre neue Umgebung geschossen – lassen sich einzelne Gene aus ihrem ursprünglichen Umfeld herauslösen und von jedem beliebigen Ort an jeden beliebigen anderen versetzen. Manchmal ruft eine solche umgesiedelte DNA die Entstehung eines Proteins hervor, aber in den meisten Fällen tut sie das nicht – ein Beleg dafür, daß Gene mit anderen Genen aus ihrer eigenen Population zusammenarbeiten können, nicht aber mit solchen aus einer fremden Umgebung; dennoch sind mittlerweile ganz unerwartete Hybriden etwas Alltägliches. Sie mögen unfruchtbar sein, aber wen kümmert das noch in dieser neuen, durchlässigen Welt?

Tomaten waren Vorreiter der neuen Freiheit. Die Exemplare aus dem Supermarkt sehen gut aus, schmecken aber nach nichts. Früchte, die an der Staude gereift sind, haben einen guten Geschmack, sind aber weich und lassen sich nur schwer transportieren. Die Firma Calgene veränderte das Gen, das für die Reifung verantwortlich ist, so daß die Tomaten einige entscheidende Tage länger am Strauch bleiben und Zucker aufnehmen können. Die Früchte namens Flavr-Savr kann man ernten, wenn sie nicht mehr grün, sondern schon rot sind, und sie schmecken, wie Tomaten schmecken sollen. Die Arznei- und Lebensmittelbehörde der Vereinigten Staaten bestätigte 1994, sie seien ebenso ungefährlich wie Tomaten, die auf herkömmliche Weise gezüchtet würden, obwohl ihnen ein fremdes DNA-Stück eingepflanzt worden sei. Sie brauchten nicht einmal eine besondere Kennzeichnung: Die Sorte Flavr-Savr, so hieß es, »besitzt nach wie vor die entscheidenden Merkmale einer auf herkömmliche Weise entwickelten Tomate«. Aber stimmt das? Handelt es sich bei der neuen Frucht mit ihren neuen Genen noch um die gleiche Spezies wie zuvor?

Ein immer wiederkehrender mittelalterlicher Mythos ist die Sage vom Borametz, dem tartarischen Lamm. Es ist Tier und Pflanze zugleich. Die einer Melone ähnelnde Frucht eines Baumes platzt und gibt ein kleines Lamm mit beispiellos weißem Fell frei. Sein Nabel hängt an einer Wurzel in der Erde, und soweit sie es erlaubt, streift es umher, bis es alles Gras gefressen hat; dann stirbt es. Sogar Erasmus Darwin sang ein Loblied auf dieses Geschöpf: »Die Augen voll stummer Zärtlichkeit suchen die ferne Mutter / Als wollte es blöken – das Pflanzenlamm.«

Nicht einmal in der mittelalterlichen Tartarei paarten sich Schafe mit Melonen (und das Borametz war vermutlich Platons »Wollbaum«, der heute unter dem Namen Baumwolle bekannt ist). Aber betrachten wir einmal die heutige Tomate und ihre vielen Verwandten. Die Gentechniker haben ihnen nicht nur Gene für die Reifung eingeschleust, sondern auch eines für Frostschutz, das von einem Fisch aus der Antarktis stammt. Über diese Pflanze müßten eigentlich alle glühenden Verfechter der freien Märkte entzückt sein, ist doch mit ihr eine zuvor scheinbar unüberwindliche Handelsschranke gefallen. Oscar Wilde hatte eine Schwäche für grüne Nelken, aber er mußte sich künstlicher Farbe bedienen, um die gewünschte Wirkung zu erzielen. Heute gibt es eine blaue Sorte dieser Blume, die durch die Einschleusung eines Petuniengens in die normalerweise rosa, rot oder gelb blühende Pflanze erzeugt worden ist. Andere Pflanzen enthalten Bakteriengene, die sie widerstandsfähig gegen Insekten machen, und in Viren sind Gene für Skorpiongifte eingebracht worden, um Raupen abzutöten. Pflanzenlämmer gibt es vielleicht noch nicht, aber die Wissenschaftler haben schon ganze Schafherden mit menschlichen Genen gezüchtet. Die Technik hat die Schranke der Sexualität überwunden; das Borametz ist nicht nur das Phantasieprodukt, das es früher war, und die Unterscheidung zwischen Blendlingen und Hybriden ist für immer dahin. Die Bioingenieure haben die Gene globalisiert und DNA an Orte gebracht, an die sie früher nie hätte gelangen können.

Aber die Biotechnologie mit ihren Fähigkeiten des einundzwanzigsten Jahrhunderts beruft sich in der Frage, was Arten sind, auf Ansichten aus dem achtzehnten. Ihre Vertreter sind sich ihrer Produkte so sicher, daß sie darin nichts anderes sehen als eine willkürliche Genmischung. Ein Protein – beispielsweise für den Gefrierschutz –, das sich für den Menschen als unschädlich erwiesen hat und dann in eine bekanntermaßen nährstoffreiche Pflanze gebracht wird, braucht in seiner neuen Umgebung nicht einmal mehr untersucht zu werden: Nach Ansicht der Behörden ist die neue Pflanze der alten »im wesentlichen gleichwertig«, eine Auffassung, die nicht berücksichtigt, daß eine Art auch eine Gruppe interagierender Gene ist, wobei die Eigenschaften eines Gens häufig von den anderen abhängt, zwischen denen es sich befindet – die Krebsgeschwüre der Hybridfische zeigen dies nur allzu deutlich. Unter noch größerer Mißachtung des Darwinismus behaupten diejenigen, die unnatürlich schmackhafte Tomaten oder herbizidresistente Nutzpflanzen vermarkten, ihre neuen Produkte seien neuartig, stabil und frei vom Austausch mit anderen, so daß eingeschleuste Gene nicht wieder heraussickern könnten. Die Besorgnisse der Öffentlichkeit über ihre Freisetzung (und die sind echt, vor allem in Deutschland, wo die Wissenschaft aus berechtigten historischen Gründen in schlechtem Ansehen steht) seien irrational, heißt es, denn von den neuen Produkten gehe nicht die geringste Gefahr aus.

Die Gentechniker leugnen die zentrale Tatsache der Evolution: Die Wirkung eines Gens kann davon abhängen, in welcher Art es sich befindet, und alle Arten waren anfangs Varietäten, das heißt, die Grenzen zwischen ihnen können in vielen Fällen überwunden werden. Schon heute sind Gene für Herbizidresistenz, die in Ölsaatraps eingebracht worden waren, auf wilde Rettiche übergegangen. Viele andere Kandidaten für die Genmanipulation – darunter Rüben und Reis – werden sich sicher mit ihren nicht domestizierten Verwandten paaren und fremde Gene an überraschende Stellen übertragen.

Die Erfahrungen mit der Tomate legen den Verdacht nahe, daß der Optimismus hinsichtlich des Wesens biologischer Arten unbegründet ist. Wer die Schranken der Hybridbildung niederreißt, wird schon bald an die Wirkung der Evolution erinnert werden.

Zusammenfassung des Kapitels. Erste Kreuzungen sowohl zwischen Formen, welche hinreichend verschieden sind, um für Arten zu gelten, als auch zwischen ihren Bastarden sind sehr allgemein, aber nicht immer, unfruchtbar. Diese Unfruchtbarkeit findet in allen Abstufungen statt und ist oft so unbedeutend, daß die erfahrensten Experimentatoren zu mitunter schnurstracks entgegengesetzten Folgerungen gelangten, als sie die Formen danach ordnen wollten. Die Unfruchtbarkeit ist bei Individuen einer nämlichen Art von Haus aus variabel, und für die Einwirkung günstiger und ungünstiger Bedingungen außerordentlich empfänglich. Der Grad der Unfruchtbarkeit richtet sich nicht genau nach systematischer Verwandtschaft, sondern wird von mehreren merkwürdigen und verwickelten Gesetzen beherrscht. Er ist gewöhnlich ungleich und oft sehr ungleich bei wechselseitiger Kreuzung der nämlichen zwei Arten. Er ist nicht immer von gleicher Stärke bei einer ersten Kreuzung und bei den aus dieser Kreuzung entspringenden Nachkommen.

In derselben Weise, wie beim Pfropfen der Bäume die Fähigkeit einer Art oder Varietät bei anderen anzuschlagen, mit meist ganz unbekannten Verschiedenheiten in ihren vegetativen Systemen zusammenhängt, so fällt bei Kreuzungen die größere oder geringere Leichtigkeit einer Art, sich mit einer andern zu verbinden, mit unbekannten Verschiedenheiten in ihren Reproduktionssystemen zusammen. Es ist daher nicht mehr Grund vorhanden, anzunehmen, daß von der Natur einer jeden Art ein verschiedener Grad von Sterilität in der Absicht, ihr gegenseitiges Durchkreuzen und Ineinanderlaufen zu verhüten, besonders verliehen sei, als zu glauben, daß jeder Baumart ein verschiedener und etwas analoger Grad von Schwierigkeit, beim Verpfropfen auf anderen Arten anzuschlagen, verliehen sei, um zu verhüten, daß sie nicht alle in unseren Wäldern miteinander verwachsen.

Bei ersten Kreuzungen zwischen reinen Arten, welche ihre Fortpflanzungssysteme vervollkommnet haben, scheint die Sterilität von verschiedenen Umständen abzuhängen: in einigen Fällen zum hauptsächlichsten Teile vom frühzeitigen Absterben des Embryos. Die Unfruchtbarkeit der Bastarde mit unvollkommenen Reproduktionssystemen hängt augenscheinlich davon ab, daß ihre ganze Organisation durch Verschmelzung zweier Arten in eine gestört worden ist; die Sterilität ist derjenigen nahe verwandt, welche so oft reine Spezies befällt, wenn sie neuen und unnatürlichen Lebensbedingungen ausgesetzt werden. Diese Ansicht wird noch durch einen Parallelismus anderer Art nachdrücklich unterstützt, daß nämlich erstens geringe Veränderungen in den Lebensbedingungen für Gesundheit und Fruchtbarkeit aller organischen Wesen vortheilhaft sind, und zweitens, daß die Kreuzung von Formen, welche unbedeutend verschiedenen Lebensbedingungen ausgesetzt gewesen sind, die Lebenskraft und Fruchtbarkeit ihrer Nachkommen begünstigt. Es ist nicht überraschend, daß der Grad der Schwierigkeit, zwei Arten miteinander zu kreuzen und der Grad der Unfruchtbarkeit ihrer Bastarde einander in den meisten Fällen entsprechen, selbst wenn sie von verschiedenen Ursachen herrühren, denn beide hängen von dem Maße irgendwelcher Verschiedenheiten zwischen den gekreuzten Arten ab. Ebenso ist es nicht überraschend, daß die Leichtigkeit, eine erste Kreuzung zu bewirken, die Fruchtbarkeit der daraus entsprungenen Bastarde und die Fähigkeit wechselseitiger Aufeinanderpfropfung, obwohl diese letzte offenbar von weit verschiedenen Ursachen abhängt, alle bis zu einem gewissen Grade mit der systematischen Verwandtschaft der Formen, welche bei den Versuchen in Anwendung gekommen sind, parallel gehen; denn mit dem Ausdrucke »systematische Affinität« will man alle Arten von Ähnlichkeit bezeichnen.

Erste Kreuzungen zwischen Formen, die als Varietäten gelten oder sich hinreichend gleichen, um dafür angesehen zu werden, und ihre Blendlinge sind sehr allgemein, aber nicht (wie sehr oft behauptet wird) ohne Ausnahme, fruchtbar. Doch ist diese nahezu allgemeine und vollkommene Fruchtbarkeit nicht befremdend, wenn wir uns erinnern, wie leicht wir hinsichtlich der Varietäten im Naturzustande in einen Zirkelschluß geraten, und wenn wir uns ins Gedächtnis rufen, daß die größere Anzahl der Varietäten im domestizierten Zustande durch Zuchtwahl bloßer äußerer Verschiedenheiten hervorgebracht wurden und nicht durch Unterschiede im Fortpflanzungssystem. Abgesehen von der Frage ihrer Fruchtbarkeit besteht zwischen Bastarden und Blendlingen in allen übrigen Beziehungen die engste allgemeine Ähnlichkeit. Endlich scheinen mir die in diesem Kapitel aufgezählten Tatsachen doch nicht mit der Ansicht im Widerspruch zu stehen, daß zwischen Spezies und Varietäten keine grundsätzliche Verschiedenheit besteht.

NEUNTES KAPITEL

UNVOLLSTÄNDIGKEIT DER GEOLOGISCHEN URKUNDEN

Über das Fehlen heutiger und fossiler Zwischenformen • Zerfall • Riesige Zeiträume, abgeleitet aus Ablagerung und Denudation sowie auf andere Weise • Die Kraft des Wassers • Mittel der Erhaltung • Plötzliches Auftauchen ganzer Artengruppen • Lücken in den Urkunden, aufgedeckt durch die Gene • Die kambrische Explosion und die Zeit davor • Die verlorene Geschichte alter Zeiten • Das Schicksal der Toten

Ein Mordopfer wird zu einem eigenen Ökosystem. Wenn eine Leiche in einem Wald versteckt wird, legen Schmeißfliegen schon nach wenigen Stunden ihre Eier rund um Augen und Mund. Bald darauf kommen Aasfliegen hinzu, die ihre Larven auf die Haut fallen lassen. Während die Maden sich eingraben, dringen die Darmbakterien nach außen. Der Darm platzt, und sein Inhalt greift andere Organe an. Der Leichnam verflüssigt sich. Schon bald beginnt er zu gären, was mit einem durchdringenden Käsegeruch verbunden ist. Dieser zieht fleischfressende Käfer an, aber auch eine Fliege, die aus ebendiesem Grund Käsefliege genannt wird (und deren Larven die seltsame Gewohnheit haben, bei Störungen in die Höhe zu springen), beteiligt sich an dem Festmahl. Drei Monate nach dem Tod tun sich fünfhundert Insektenarten an der Leiche gütlich.

Die grausigen Einzelheiten sind davon abhängig, was für Wetter herrscht und ob die Leiche verscharrt wurde. Für die Polizei sind sie interessant, denn mit ihrer Hilfe kann man den Todeszeitpunkt feststellen. Sind noch Schmeißfliegenlarven vorhanden, ist der Mord im Laufe der vorangegangenen Woche geschehen. Käsefliegen weisen darauf hin, daß das Verbrechen länger zurückliegt.

Mit Hilfe der forensischen Entomologie sind viele Morde aufgeklärt worden. Ein chinesisches Buch aus dem dreizehnten Jahrhundert mit dem Titel *Die Auswaschung des Bösen* beschreibt, wie Fliegen sich auf einer bestimmten Sichel niederließen und damit bewiesen, daß sie die Mordwaffe war. Heute gehört die Untersuchung von Verwesungsprozessen zur Naturwissenschaft. An der Anthropological Research Facility im US-Bundesstaat Tennessee werden Leichen in Drahtkäfigen auf eine Betonplatte gestellt oder in unterschiedlichen Tiefen vergraben, um die Geschichte des Todes nachzuzeichnen. Es gibt fünf Stadien der Verwesung: frisch, aufgedunsen, aktive Verwesung, beendete Verwesung und trockene Überreste. Ein Säugling wird in nur sechs Sommertagen zum Skelett, bei einem Erwachsenen dauert es drei Wochen. Die Knochen selbst können viel länger erhalten bleiben, aber nach einigen Jahren ist mit großer Wahrscheinlichkeit nicht mehr viel übrig. Der Totengräber im Hamlet hat recht: »Wie lange kann wohl ein Mensch in der Erde liegen, bis er verfault? ... Wenn er nicht schon faul ist, eh' er stirbt, so kann er euch acht bis neun Jahre dauern.« Die Rückkehr zum Staub geht nicht nur für ein Mordopfer schnell, sondern für alle Kadaver, ob menschlich oder nicht. Deshalb ist das meiste von dem, was die Evolution hervorgebracht hat, vermodert.

Tod, Verwesung und Auflösung tragen dazu bei, ihr größtes Rätsel zu lösen. Bei den Fossilien gibt es – als wollten sie Darwins ganzer Idee des allmählichen Wandels hohn sprechen – häufig große Sprünge von einer Form zur nächsten. Die Funde offenbaren keineswegs die Vielzahl der Zwischenformen, die aufgrund der natürlichen Selektion und des aus ihr erwachsenden langsamen Fortschritts zu erwarten wäre, sondern viele Arten tauchen ohne Vorwarnung auf, bleiben in einer festen Form erhalten und verschwinden schließlich wieder, ohne Nachkommen zu hinterlassen. Die Geologie zeigt uns mit Sicherheit keine fein abgestufte Kette des Lebendigen; das ist der sinnfälligste und schwerwiegendste Einwand, der sich gegen die Evolutionstheorie vorbringen läßt.

Aber die überraschenden Spuren des Lebens früherer Zeiten sind kein Beweis, daß die Vorstellung vom langsamen Wandel in ihrem Kern falsch ist. Die Gründe liegen zum größten Teil in den Spuren selbst. Nur wenige Knochen ruhen in Frieden, und die meisten Lebewesen verwesen unmittelbar nach ihrem Tod. Selbst die wenigen, die erhalten bleiben, werden bald fortgespült. Deshalb hinterlassen lange Zeiträume keinerlei Indizien, und auch dramatische Ereignisse werden nicht festgehalten. Das Archiv im Gestein ist eine Reihe von Momentaufnahmen, die in langen Abständen mit einer schlecht fokussierten Kamera aufgenommen wurden. Wie in einem Fotoalbum aus viktorianischer Zeit wirkt die Vergangenheit wie eine Abfolge scheinbar unzusammenhängender Bilder. Und was noch schlimmer ist: Die Bilder sind im Laufe der Zeit ausgeblichen, zerrissen, fleckig geworden, verlorengegangen und durcheinandergeraten. Selbst eine so bedeutende Persönlichkeit wie Charles Darwin, der überdies ein hohes Alter erreichte, hat etwa ein Jahrhundert nach seinem Tod nur etwa ein Dutzend Bilder von sich hinterlassen. Über das Leben der meisten seiner Zeitgenossen existieren keinerlei Aufzeichnungen.

Doch gibt es in diesem traurigen Bild ein paar Ausnahmen. Die Geologen haben ganze Albumseiten aus der Vergangenheit ans Licht geholt. Die Dinosaurier aus dem Westen Amerikas und den versteinerten Vogel Archaeopteryx, bei dem sogar die Federn in allen Einzelheiten erhalten sind, kennt jeder. Es gibt heute zwei Elefantenarten, aber von ihren ausgestorbenen Verwandten sind hundertsechzig Arten erhalten, viele davon als vollständige Skelette; sie bilden eine nahtlose Kette von Bindegliedern zwischen Vergangenheit und Gegenwart. Die Überreste unserer eigenen Vorfahren – sie waren zur Zeit der *Entstehung der Arten* noch nicht bekannt – beweisen eindeutig, daß wir von Affen abstammen. Jeder dieser Knochen ist ein stichhaltiger Beleg für die Evolution und reicht allein schon aus, um die Behauptungen der Kreationisten zu entkräften. Wenn Fachleute für die Welt des Lebendigen darüber klagen, wie unvollständig unsere Kenntnisse über diese längst verschwundenen Arten sind, übersehen sie in ihrer Selbstgefälligkeit häufig, wie wenig wir auch über die Gegenwart wissen, wenn, wie manchmal behauptet wird, bisher nur etwa eine von hundert Arten beschrieben ist.

Aber die vollendeten Tatsachen, die sich in den Überresten prähistorischer Lebewesen zeigen, lassen leicht vergessen, wie wenig solche Funde über den Mechanismus – im Gegensatz zur Verteilung – des vorzeitlichen Wandels aussagen. Das führt zu lautstarken (und öffentlichkeitswirksamen) Diskussionen zwischen den Experten für die alte und die heutige Zeit. Die meisten dieser Meinungsverschiedenheiten entstehen, weil jede Seite andere Fragen an die Vergangenheit stellt und mit anderen Antworten zufrieden ist. Von dem großen Stammbaum des Lebens, der mit seinen abgestorbenen und abgebrochenen Ästen die Erdkruste füllt, ist nicht viel übriggeblieben. Die heutigen Lebewesen sind seine dünnen Zweige; von den großen Ästen sind so wenige Überreste erhalten geblieben, daß wir wahrscheinlich nie herausfinden werden, wie ihr Wachstum gesteuert wurde, als sie selbst noch jung waren.

Daß Fossilien eine Botschaft aus der Vergangenheit übermitteln, ist schon seit langem anerkannt. Früher hielt man Haizähne für die versteinerten Zungen von Schlangen, die vom Himmel gefallen waren, und Bernstein für den festgewordenen Urin von Wildkatzen. Die spiralförmigen Fossilien, die man (nach dem ägyptischen Gott Ammon, der Hörner wie ein Widder hatte) als Ammoniten bezeichnet, galten als Schlangen, die von der heiligen Hilda enthauptet und in Stein verwandelt worden waren. In Whitby wurden sie mit einem aufgesetzten, geschnitzten Kopf verkauft.

In Wirklichkeit sind die Ammoniten keine steingewordenen Schlangen, sondern Verwandte der heutigen Tintenfische und Schiffsboote (Gattung Nautilus), aber ihre Finder konnten zu den Tieren ihrer eigenen Zeit keinen anderen Zusammenhang herstellen. Die Händler von Whitby erkannten, daß man die Vergangenheit nur dann mit der Gegenwart verbinden kann, wenn man die Einzelheiten ergänzt. Dies gilt auch heute noch. Es muß eine unvorstellbar große Zahl von Übergangsstufen zwischen allen lebenden und ausgestorbenen Arten gegeben haben. Von ihnen fehlt fast jede Spur (bei Elefanten oder den alten Schlangen mit Beinen sind allerdings die wenigen in ihrem Schweigen höchst beredt). Wo sind sie geblieben?

Ihr Schicksal ist eine Frage von Zeit und Zufall. Im Alten Testament erfahren wir aus dem Siegeslied Deboras: »Die Berge wankten vor dem Herrn.« Dieses lebhafte Bild aus biblischer Zeit sollte bekunden, daß Gott unangreifbar ist und daß vor Ihm selbst die Landschaft keinen Bestand hat. In entwicklungsgeschichtlichen Zeiträumen ist der Erdboden ein aufgewühltes Meer, und die Toten sind seinen unruhigen Bewegungen unterworfen. Ihre Überreste verschwinden sofort oder werden weit vom Ort des Todes fortgetragen. Unter Umständen sinken sie unter die Oberfläche und steigen später wieder empor, und sie vermischen sich mit den Resten von Tieren, die in großer Entfernung und vor langer Zeit zugrunde gingen. Die meisten Belege sind für alle Zeiten dahin. Wer hofft, er könne die Bruchstücke der Vergangenheit als Schlüssel benutzen, um die Mechanismen der Gegenwart zu verstehen, wird deshalb fast immer scheitern.

Länge der Zeiträume. In Äonen, die für den menschlichen Geist unvorstellbar lang sind, werden alle Gräber in Unordnung gebracht. Früher galt Zeit als etwas Vertrautes. Debora lebte im zwölften Jahrhundert vor Christus, recht kurz nach der Schöpfungswoche, die den Autoren des Alten Testaments als Anbeginn des Universums galt. Die verstrichenen Zeitalter konnte man mit einem einzigen Maßstab messen: mit der Lebenszeit eines Menschen. Zählte man die in der Heiligen Schrift aufgeführten Generationen (die im Anhang vieler Bibeln verzeichnet sind, so auch in Darwins Exemplar) zusammen, hatte man das Alter der Erde. Ihre Entstehung fiel nach einer berühmten Schätzung des Erzbischofs Ussher auf das Jahr 4004 vor Christus (das heißt, für die wirklich Gläubigen war das sechste Jahrtausend im Jahr 1997 vorüber).

Selbst diejenigen, die sich von solchen Vorstellungen distanzierten, hatten keine Ahnung, wie weit sie auf ihrer Suche nach dem Gestern gehen mußten. Dem großen französischen Naturforscher Georges Cuvier fiel auf, daß die fünftausend Jahre alten Mumien, die Napoleon aus Ägypten mitgebracht hatte, genau ihren heute lebenden Artgenossen glichen. Das zeigte nach seiner Überzeugung, daß sich Lebewesen nicht verändern können, denn fünf Jahrtausende, so schien es ihm, mußten den größten Teil der Erdgeschichte umfassen.

Der Vorstellung, man könne den Weltraum nach menschlichen Maßstäben messen, machten Kopernikus und Galilei ein Ende, und der Geologe James Hutton leistete das gleiche im Hinblick auf unseren Zeithorizont. Als er 1788 den Siccar Point in der Nähe von Edinburgh besichtigte, erkannte er, daß das Gestein weitaus älter war als alles, womit die Theologie sich befaßte. Eine Lage Sandstein ruhte auf der abgeschliffenen, schrägstehenden Kante einer noch älteren Schicht aus Schiefer und grobem Sand, die noch viel früher abgelagert und abgetragen worden sein mußte. »Dem Geist«, so schrieb er, »wurde ganz schwindlig bei diesem Blick in den Abgrund der Zeiten.« Es stellte sich heraus, daß die Erde sehr alt ist: Sie trug offenbar »kein Zeichen eines Anfangs – keine Aussicht auf ein Ende«. Seit jener Zeit hat die Geologie deutlich gemacht, wie unvorstellbar viele Jahre schon verstrichen sind.

Die Vorstellung, uralte Landschaften würden durch gemächlichen Wandel gestaltet, stieß zunächst auf Ablehnung. Solange man glaubte, die Erdgeschichte sei nur von kurzer Dauer gewesen, ließ sich auch die Vorstellung, biologische Arten seien unveränderliche Hervorbringungen, fast nicht vermeiden. Nur wenn für den allmählichen Wandel genügend Zeit zur Verfügung stand, konnte die Natur ihren Produkten nach und nach durch Selektion eine neue Form geben, ohne daß sie Sprünge machen mußte.

Wie alt sind die ausgestorbenen Erdbewohner? Da ihre Totenruhe so häufig gestört wurde, läßt sich nur schwer feststellen, in welcher Reihenfolge sie überhaupt zugrunde gingen, vom Zeitpunkt ihres Untergangs ganz zu schweigen.

Zunächst einmal gilt es, die Schichten richtig anzuordnen. Das sieht nach einer einfachen Aufgabe aus: Die obersten sind jung, und die ältesten liegen tief vergraben. Aber unser Planet wird von radioaktivem Feuer aufgeheizt und leidet seit jeher an Verdauungsstörungen. Was früher sein Darm war, liegt jetzt an der Oberfläche, und die einstige Haut wurde in die Tiefe gedrückt. Da die Erde sich von innen heraus gebildet hat, wurden Gesteine in die Höhe gehoben oder im Inneren begraben, die Schichten drehten sich, und ihre Reihenfolge kehrte sich um. Die Lizard-Halbinsel im Süden von Cornwall ist ein Stück des geschmolzenen Erdinneren, das an die Oberfläche geschoben wurde. Entsprechendes gibt es sonst nirgendwo in Europa. Und was noch schlimmer ist: Häufig wird jüngeres Material abgetragen, so daß die darunterliegenden alten Schichten zum Vorschein kommen. Die erste geologische Landkarte Großbritanniens aus dem Jahre 1815 zeigte nur einen dünnen Kalksteinstreifen namens Cornbrash, der sich quer durch den Süden Englands zog. Heute, nach langjährigen Forschungsarbeiten, kennen wir den Aufbau der ganzen Welt. Wir können einzelne Schichten mit anderen, weit entfernten in Verbindung bringen und so das Bild der Erde früherer Zeiten zeichnen.

Ein Blick auf eine beliebige geologische Karte zeigt, wie viel verlorengegangen ist. Manche Schichtungen kann man über viele tausend Kilometer hinweg verfolgen. An einigen Orten sind sie fast so dick wie zu der Zeit, als sie sich ablagerten, aber an anderen sind sie durch Abtragung dünner geworden oder sogar völlig verschwunden. Zählt man die weltweit größten Tiefen der einzelnen Schichten zusammen, kann man die Erde in einen hundertfünfzig Kilometer dicken Mantel aus Sedimentgestein hüllen. In Wirklichkeit hat der größte Teil dieses Mantels nur ein Tausendstel der Dicke, weil seine Geschichte, die in Sand geschrieben war, in Stücke gerissen wurde – und mit ihr auch die Fossilien.

Zeit können wir nur anhand von Veränderungen messen: an der Verwesung eines Leichnams, an der Spannung einer Uhrfeder oder an der Erde selbst. Beim ersten Versuch, ihr Alter zu bestimmen (anstatt nur die Seiten ihrer Biographie zu ordnen), verglichen Geologen den Salzgehalt der Meere und der Flüsse, die sie speisten. Wenn das Meer früher aus Süßwasser bestanden hatte und das Salz vom Festland stammte, sollte man herausfinden können, wie lange es gedauert hatte, bis die Ozeane salzig wurden. Die Schätzung – hundert Millionen Jahre – war ein tödlicher Schlag für alle, die Zeit menschlichen Maßstäben unterwarfen. Jetzt hatte man eine erste Ahnung, wie unvorstellbar alt das Lebendige ist.

Es war eine viel zu niedrige Schätzung, denn das Salz setzt sich auf dem Meeresboden in großen Lagern ab, und wenn das Land in die Höhe steigt, kehrt es wieder auf das Trockene zurück. Wir leben nicht hundert, sondern vier- bis fünftausend Millionen Jahre nach der Zeit, in der sich die Erde aus dem um die Sonne kreisenden Staub und Gestein gebildet hat. Hinweise darauf stammen nicht von unserem eigenen Planeten, sondern von seinem Begleiter. Der Mond riß sich nach einem gewaltigen Einschlag von der Erde los. Da er klein, kalt und ungestört blieb, vermittelt er ein besseres Bild der Vergangenheit als sein Mutterplanet. Die kurze Apollo-XI-Mission reichte aus, um sein Alter zu bestimmen. Auf der Erde machen es die vielen Umwälzungen schwieriger, die Entstehung nachzuzeichnen. Die ältesten Gesteine in Grönland und im Westen Australiens sind knapp vier Milliarden Jahre alt. Das höchste Alter in Großbritannien haben Schichten auf der Isle of Lewis; sie sind eine Milliarde Jahre jünger.

Wenn es um Lebewesen geht, liegt die Antwort auf Fragen nach der Zeit nicht in der Ablagerung, sondern im Zerfall, und sie wird nicht von Mordopfern gegeben, sondern von Atomen. Radioaktive Stoffe schleudern Teile ihrer Struktur in die Umgebung und verwandeln sich dadurch in andere Formen der Materie. Wie lange das dauert, wird anhand der »Halbwertszeit« gemessen – sie gibt an, wie lange es dauert, bis die Hälfte der ursprünglichen Substanz zu dem neuen Produkt geworden ist. Die Halbwertszeit schwankt zwischen viereinhalb Millionen Jahren für die Umwandlung von Uran-238 (der radioaktiven Form des Elements) in Blei und etwa zwölf Jahren für den Übergang vom Tritium (einer Form des Wasserstoffs) in Helium.

Manche Substanzen sind nützlich für die Altersbestimmung. Kalium, das zu Argon zerfällt, hat eine Halbwertszeit von etwas über einer Milliarde Jahren. Durch den Vergleich von Ausgangssubstanz und

Produkt kann man also feststellen, wann der Zerfall begann. Das chemisch inaktive Gas, das sich dabei bildet, läßt Rückschlüsse auf den Entstehungszeitpunkt des Gesteins zu (oder zumindest auf den Zeitpunkt, als das Gestein zum letzten Mal geschmolzen war und das Gas abgegeben hat). Kohlenstoff-14 – eine radioaktive Form des Elements, das auch die Grundlage des Lebendigen bildet – hat dagegen eine Halbwertszeit von nur 5730 Jahren. Er entsteht, wenn Stickstoff in den oberen Schichten der Atmosphäre mit kosmischer Strahlung bombardiert wird. Alle Pflanzen und Tieren nehmen Spuren von Kohlenstoff-14 auf, der dann sofort zerfällt. Sterben die Tiere, wird die seltene Form des Elements nicht mehr ausgetauscht, und der verbliebene Anteil gibt an, wann der Tod eingetreten ist.

Für die Erkundung der Vergangenheit sind feste Anhaltspunkte sehr nützlich. Eine große Hilfe sind beispielsweise Vulkane: Sie bedecken die Erde mit Asche, und an den Gesteinsschichten, die sich daraus bilden, kann man die Erdgeschichte wie auf Buchseiten ablesen. Als der Mount St. Helena 1980 ausbrach, spuckte er so viel Material aus, daß der Columbia River blockiert war und Schiffe in seinem Oberlauf festsaßen. Die Aschewolke umkreiste die ganze Erde. Fossilien werden entweder in die Ascheschichten selbst oder in das dazwischenliegende Gestein eingebettet. Eine der ältesten Hinterlassenschaften unserer eigenen Vorfahren ist eine zwei Millionen Jahre alte Reihe von Fußspuren: Sie stammt von zwei aufrecht gehenden Primaten, die über eine von weichem Vulkanstaub bedeckte afrikanische Ebene schlenderten, stehenblieben und nach Osten blickten. Auch der Boden von Seen gleicht einem Blatt Papier, auf dem die Vergangenheit aufgezeichnet ist. Jedes Frühjahr sammelt sich dort eine Schicht Schlick an. Das Flußbett des Green River im US-Bundesstaat Wyoming enthält zwanzig Millionen solcher Jahresschichten. Mit ihrer Hilfe kann man Fossilien sehr genau in die richtige Reihenfolge bringen.

Solche Befunde ließen die Erde immer älter erscheinen. Ihre vielen Schichtungen sind benannt und datiert. Zu achtzig Prozent liegt die Erdgeschichte im Präkambrium, einer Epoche, die man früher für eintönig hielt. Aber schon das eine Sechstel der Vergangenheit, in dem sich die meisten Fossilien zusammendrängen, stellt einen nach menschlichen Maßstäben völlig unvorstellbaren Zeitraum dar.

Derzeit gibt es Pläne, in einer abgelegenen Wüste eine »Uhr des langen Jetzt« zu bauen; als Antrieb soll ein Drehpendel dienen, das im

Wechsel von Tag und Nacht durch die Ausdehnung und Schrumpfung eines Metallstreifens bewegt wird. Die Zeiger sollen einmal im Jahr weiterrücken, einmal in hundert Jahren soll die Uhr läuten, und alle tausend Jahre springt ein Kuckuck heraus. Geologisch betrachtet, ist das eine Stoppuhr, und das »lange Jetzt« ist im Leben der Erde nur ein Augenblick.

Die Armut unserer paläontologischen Sammlungen. Das Londoner Natural History Museum besitzt sechs Millionen Fossilien von Meeresschnecken. Eine eindrucksvolle Sammlung, so könnte man meinen, aber das ist sie nicht. Auf einem Quadratmeter des Meeresbodens können sich jedes Jahr etwa hundert dieser unscheinbaren Tiere ansammeln, und in einer geologischen Epoche – ein paar Zigmillionen Jahre – könnten sich so viele Schneckenhäuser ablagern, daß alle Museen der Welt darunter ersticken würden. Die Erdkruste ist ein gigantisches Magazin; aber ihre Sammlungen wurden nur in unglaublich weit auseinanderliegenden Zeitabständen aufgebaut. Sie geben uns einen Eindruck davon, wie viele Produkte der Evolution verlorengegangen sind. Ein einzelner Ort enthält immer nur Bruchstücke der Vergangenheit – entweder einen großen Teil eines kleinen Zeitabschnitts, oder, häufiger, ein paar kleine Relikte einer viel längeren Periode.

Die größte Zerstörungskraft ist das Wasser. Amerikanische Bauunternehmen bewegen jedes Jahr acht Milliarden Tonnen Erde. Der Regen schafft viel mehr. Er frißt ländliche Gebiete und planiert große Gebirge. Wasser zerstört, aber es baut auch auf. Und dabei verändert es die Spuren der Vergangenheit.

Als *Die Entstehung der Arten* erschien, war der Goldrausch in Kalifornien in vollem Gange. In der Anfangszeit genügten den Goldsuchern fast die gleichen technischen Mittel, die schon die alten Griechen bei der Suche nach dem Goldenen Vlies verwendet hatten: Man fing kleine Goldkörner aus den Flüssen auf, und zwar nicht mit in die Strömung gehängten Tierhäuten, die das Metall ausfiltern sollten, sondern mit ein wenig Wasser, das man über den Kies in einer Pfanne laufen ließ. Ein guter Goldsucher konnte pro Tag einen Kubikmeter Sand und Kies verarbeiten und sich durch seine Bemühungen einen bescheidenen Reichtum verschaffen.

Im Jahr 1853 kam Edward E. Matteson auf die Idee, das Gold mit

Wasser unter hohem Druck aus dem Gebirge auszuwaschen. Damit hatte er aufsehenerregenden Erfolg. Jetzt konnten zwei Männer fünfzehnhundert Tonnen Erz am Tag aufschließen. Der *Nevada City Transcript* berichtete: »Die Bergleute sind in die tiefsten Höhlen der Gnome aufgebrochen, haben sich ihrer eingeschlossenen Schätze bemächtigt und schütten sie in goldenem Regen der zivilisierten Menschheit in den Schoß.« Mattesons fünf Meter lange Düsen trugen Namen wie Dictator, Monitor oder The Giant. Um sie zu speisen, baute man in fünf Jahren achttausend Kilometer Gräben und Kanäle. Als der Boom zu Ende war (und Matteson bankrott starb), waren fünfundzwanzig Millionen Unzen Gold aus dem kalifornischen Gestein gespült worden.

Der Abfall floß stromabwärts, bedeckte viele tausend Hektar Akkerland und verstopfte die San Francisco Bay. In fünf Jahren wurden die Sedimente eines Jahrhunderts aus dem Gebirge gespült und in der Ebene abgelagert. Noch heute erinnern kilometerbreite Gräben in der Sierra Nevada an ein einziges Jahrzehnt, in dem sich der Mensch die Energien der Natur zu einem winzigen Teil nutzbar machte. Heute sind die Goldsucher nach Alaska gezogen, und Geologen kämmen die Trümmer durch, die von den heutigen Monitors und Giants auf der Suche nach den Knochen ausgestorbener Säugetiere aus den Felsen gesprengt werden.

Auch das Meer, das an die Ufer donnert, beschädigt das Land. Die Japaner versuchen verzweifelt, die Reste der abgelegenen, verfallenen Insel Okinotorishima zu retten. Sie besteht bei Hochwasser aus zwei Korallenhügeln mit einem Durchmesser von jeweils knapp fünf Metern. Wegen dieser winzigen Landstücke kann Japan vor seiner Küste Anspruch auf eine Wirtschaftszone von fast vierhunderttausend Quadratkilometern inklusive aller Fische und Bodenschätze erheben. Mit einem Aufwand von vielen Millionen Dollar hat man rund um die Felsen eine Stahlbetonwand errichtet (die aber die Insel nicht berühren darf, denn dann würde es sich um ein künstliches Bauwerk handeln, das keine territorialen Ansprüche begründet). Das ist ein aussichtsloses Unterfangen angesichts der Kraft der Wellen. Schon bald wird Japan ein weiteres großes Stück seines früheren Imperiums verlieren, und wieder wird eine Seite aus dem Geschichtsbuch der Fossilien verschwinden.

Seine wahre Kraft zeigt das Wasser, wenn es sich in Eis verwandelt.

Die Goldsucher in Kalifornien lernten schnell, Wasser hoch oben in den Bergen tagsüber in Gesteinsspalten zu schütten und es über Nacht gefrieren zu lassen. Dabei übt es auf den Fels den gleichen Druck aus wie ein Vorschlaghammer, den zehn Männer mit aller Kraft schwingen. Man brauchte nur einen Eimer Wasser aus dem Bach zu holen und konnte damit große Erzblöcke zerkleinern.

Der Regen kann Gestein nicht nur sprengen, sondern auch auswaschen oder verflüssigen. Auf den Granitsäulen ägyptischer Tempel, die in der Wüste auf dem Boden liegen, sind die Inschriften noch fast so deutlich zu erkennen, als wären sie gerade erst in den Stein gemeißelt worden. Dreht man eine solche Säule um, ist sie auf der Unterseite glatt. Die Feuchtigkeit des Bodens hat mit dem Stein reagiert, ihn in Lehm verwandelt und seine Botschaft ausgetilgt. Im Jahr 1879 wurden zwei Obelisken, die dreitausend Jahre lang in den Ruinen von Theben gestanden hatten, nach New York und London gebracht, damit die Öffentlichkeit ihre Hieroglyphen bewundern konnte. Heute, ein Jahrhundert später, trägt der Stein von New York keine Verzierungen mehr (sein Zwillingsbruder in London allerdings, Kleopatras Nadel genannt, ist besser erhalten geblieben).

Die Pyramiden waren Zeitmaschinen: Sie sollten dazu dienen, die Persönlichkeit der Pharaonen in die Zukunft zu transportieren. Viel besser belegen sie aber, wie vergänglich sogar Stein sein kann. Sie haben einen gesicherten Platz in der Erdgeschichte. Herodot identifizierte alte Tiergehäuse, die im Mauerwerk der Pyramiden gefunden worden waren, als Überreste von Linsen, die Erbauer weggeworfen hatten. (Voltaire wiederum glaubte, in den Alpen entdeckte fossile Fische seien Überbleibsel des Reiseproviants von Pilgern.) Weniger gesichert ist ihr Aufbau. Die ältesten Grabstätten, zum Beispiel in Memphis, wurden aus Ziegeln errichtet und sind längst verschwunden. Ihnen folgten die eigentlichen Pyramiden – die erste wurde vor viereinhalbtausend Jahren gebaut. Bis zur Zeit Williams des Eroberers waren die meisten von ihnen mit poliertem Kalkstein verkleidet, der den Regen abstieß. Später entfernte man die Außenschicht, um Material für die Moscheen von Kairo zu gewinnen, und nun drang Wasser in ihr Inneres ein. Viele Pyramiden sind heute nur noch Stümpfe, bedeckt von ihrem eigenen Schutt. Die Große Pyramide hat über fünfzigtausend Kubikmeter Material – und unzählige Fossilien – verloren, seit die Verkleidung entfernt wurde.

Die Pyramiden sind jung im Verhältnis zu den Bergen, in denen ihre Steine gebrochen wurden. Gebirge wirken fast zeitlos, aber auch das ist eine Illusion. Meist entstehen sie, wenn Platten der Erdkruste aufeinandertreffen. Der Himalaya bildete sich erst vor fünfzig Millionen Jahren – damals waren die Dinosaurier schon tot –, weil sich Indien mit einer Geschwindigkeit von dreißig Zentimetern pro Jahr auf Asien zubewegte. Gebirge bestimmen ihr eigenes Schicksal, da sie ihr eigenes Klima erzeugen. Auf der indischen Seite des Himalaya, die Wind und Regen ausgesetzt ist, klaffen riesige Täler wie der Khumbu Ice Fall, an dem sich die ersten Bergsteiger in die Höhe kämpften; Tibet dagegen, das halb so groß ist wie die Vereinigten Staaten und zum größten Teil höher liegt als der höchste Punkt der USA, ist trocken, flach und kalt. Da es dort kaum regnet, hat es weniger von seiner Substanz verloren.

Gebirge schwimmen wie Eisberge auf dem Erdmantel, und der größte Teil ihrer Masse befindet sich kilometerweit unter der Oberfläche. Sie werden in einem Meer aus leichterem Material nach oben gedrückt, und ihre Gipfel erneuern sich von unten. Deshalb sind sie älter und dennoch weniger widerstandsfähig, als es den Anschein hat. Gletscher hobeln auf ihrem Weg Millionen Tonnen Material ab, so daß die Gipfel noch steiler in die Höhe ragen. Die Appalachen sind heute dreißig Zentimeter höher als zu der Zeit, da Europäer sie erstmals zu Gesicht bekamen, weil in den Tälern soviel Boden verlorengegangen ist; die Form der Berge ist mehr oder weniger unverändert geblieben, aber ihr Material wurde weggewaschen und von innen heraus erneuert.

Am Ende bleibt der Regen immer Sieger. Große Gebirge sind beliebt, aber selten. Die mittlere Festlandshöhe über Normalnull auf der ganzen Welt beträgt rund siebenhundertfünfzig Meter, und zum größten Teil sind die Kontinente flach. Wegen der Umwälzungen der Gipfel sind alle Lebewesen, die dort sterben, bald darauf verschwunden. Am stärksten erschöpft ist in dieser Hinsicht Australien: Seine niedrigen Hügel befinden sich im letzten Stadium der Zerfalls. Als Fossilien findet man dort Hochgebirgspflanzen, Überreste einer Vergangenheit mit größeren Höhen. Alles andere aus der Vergangenheit unserer Antipoden wurde ins Meer geschwemmt. Früher oder später wird es auch den Himalaya nicht mehr geben, und seine Bewohner werden ihm nachfolgen.

Die Reste wandern mit den Flüssen ins Meer. Ein langsam fließender Strom transportiert mehr Erde als Wasser. Jeder Fluß ist ein Ingenieur. Sein Schlick setzt sich als Sediment ab und bildet das Gestein, aus dem drei Viertel der Erdoberfläche bestehen. Diese Felsen werden ihrerseits wieder vom Regen in Mitleidenschaft gezogen. Der Schlamm, in den sie sich verwandeln, bildet neuen Boden. In Südamerika, wo Knochen von Riesenfaultieren tief unter der Erde gefunden worden waren, erfuhr Darwin, dies sei der Beweis, daß die Tiere in früheren Zeiten in Höhlen gelebt hätten. Eine reizvolle Idee, aber die Wirklichkeit ist einfacher. Betrachtet man das geologische Geschehen durch ein ausreichend großes Zeitfenster, fließen Gebirge – und Ebenen – wie Flüsse. Sie nehmen ihren Inhalt mit, zerstören ihn und lagern ihn als Abfall ab. Dann wird er wieder aufgerührt und erneut abgelagert – auf jeden Gewinn folgt der Verlust. Ständig werden die Reste der Landschaft bergabwärts gespült, und die Erdoberfläche wandelt ihr Gesicht.

Als 1970 der Assuan-Staudamm fertig war, begann sich hinter ihm der Nassersee zu füllen. Der Nil wurde langsamer und kam schließlich völlig zum Stillstand. Dabei lud er Sand, Schlick und Kadaver auf dem Boden des Stausees ab. Unterhalb des Damms floß das Wasser schneller und nahm mehr Schlick mit. Der Fluß reinigte das Flußbett, wobei auch fünfhundert Brücken und viele Quadratkilometer des Deltas verlorengingen. Der Damm störte das Gleichgewicht zwischen Ablagerung und Abtransport der Sedimente.

Kairo liegt über einer riesigen Schlucht – sie ist größer als der Grand Canyon –, die vom Nil in früheren Zeiten gegraben und dann mit Sedimenten aufgefüllt wurde. Der Grand Canyon selbst entstand ungefähr zur gleichen Zeit, weil sich der Colorado River durch die Erdkruste schnitt. Rundherum hob sich das Land, und es entstanden die kilometerhohen Klippen, die sich heute unserem Blick darbieten. Wie am Nil, so ist auch am Colorado das Wasser kostbar. Vor dreißig Jahren wurde der Fluß durch den Glen Canyon Dam domestiziert, um Los Angeles zu versorgen. Auch sein See füllt sich allmählich mit Schlamm. Stromabwärts, wo früher Sandbänke und Stromschnellen waren, stehen heute Dickichte aus Mesquitebäumen, und ein Kanal ist mit Felsbrocken verstopft. Durch solche Veränderungen beunruhigt, öffneten Ökologen eine Woche lang den Damm, um eine Überschwemmung auszulösen. Viele Millionen Liter Wasser flossen ab, und der Fluß stieg um sechs Meter an. Das hatte dramatische Folgen.

Riesige Felsbrocken wurden Hunderte von Metern weit verschoben, und Sandflächen verschwanden, um sich als Strände neu zu bilden. Nach Jahrzehnten des Niedergangs wurde der Canyon neu geboren. Heute fordert der Sierra Club, den dreihundert Kilometer langen See trockenzulegen, um der Natur die dauerhafte Wiederkehr zu ermöglichen.

Unter dem Treibgut waren auch viele tausend Knochen, von denen jeder im Laufe der Zeit zu einem Fossil hätte werden können. Sie wurden von der Flut durcheinandergeworfen, um sich als neue, willkürliche Mischung wieder abzulagern. Eine Überschwemmung von einer Woche brachte die Belege aus dreißig Jahren durcheinander. In der fünf Millionen Jahre währenden Geschichte des Grand Canyon muß es solche Fluten unzählige Male gegeben haben.

Naturwissenschaft ist manchmal von großartiger Einfachheit. Gibt es eine bessere Methode, die Bewegungen der unruhigen Erde zu untersuchen, als das Schicksal eines Riesenfaultiers zu simulieren, das seit fünfzigtausend Jahren tot ist? Man nimmt die Knochen geschlachteter Kühe, kennzeichnet sie und verteilt sie in der Landschaft. Nun wartet man etwa zehn Jahre, und dann sieht man nach, was noch übrig ist, wo und in welcher Gesellschaft die Knochen sich befinden. Dieses Experiment wurde in der Gegend der berühmten Fossilfundstellen am East Fork River in Wyoming durchgeführt. Das Ergebnis war eindeutig: Die meisten Knochen waren ein für allemal verschwunden. Von den verbliebenen waren viele gewandert und tief im Sediment vergraben. Die Überreste von Kühen, die in den siebziger Jahren gestorben waren, vermischten sich mit solchen von Tieren, die vor zehntausend Jahren zum letzten Mal das Sonnenlicht erblickt hatten. Ein Geologe der Zukunft hätte vom heutigen Amerika ein seltsames Bild – mit Rinderherden, die zwischen den Mammuts weiden.

Manchmal trägt auch das Leben zum Durcheinander der Landschaft bei. An manchen Stellen mischen sich die Gehäuse von Meeresschnecken mit den Knochen landlebender Säugetiere und Vögel. Die Schnecken waren nämlich die Beute von Seevögeln, die sich ihre Nahrung aus dem Meer holten und die Reste rund um ihre Nester hinterließen. Selbst das Kind von Taung, ein berühmtes menschliches Fossil, war so mit den Knochen anderer Tiere vermischt, daß man vermutet hat, es sei die Beute eines Raubvogels gewesen, der es an seine Jungen verfüttert habe.

Wegen der Gesteinsbewegungen liegen die Fossilien nicht säuberlich geordnet übereinander, sondern zeigen die Spuren vielfältigen Wandels. In Nordamerika war noch zur Zeit des Bürgerkrieges die Wandertaube heimisch. Als die *Mayflower* landete, gab es neun Milliarden Exemplare, mehr als alle Vögel, die heute noch in Amerika leben. Ein einziger Schwarm soll eine Meile breit und zweihundert Meilen lang gewesen sein. Die Vögel waren so dumm und ihre Verfolger so erbarmungslos, daß die letzte Wandertaube, ein Weibchen namens Martha, 1914 im Zoo von Cincinnati starb. Fossile Knochen von Wandertauben hat nie jemand gesehen. Ohne schriftliche Aufzeichnungen wüßten wir nicht, daß es sie jemals gegeben hat. Und unzählige andere Arten sind ihr in die Vergessenheit gefolgt. Es waren einfach viel zu viele, als daß alle hätten erhalten bleiben können.

Ob ein Leichnam überdauert, hängt auch davon ab, um was für ein Lebewesen es sich handelte und wie und wo es starb. Manche Orte geben den Toten eine Chance, andere verweigern ihnen diesen letzten Dienst. Fast alle Fossilien bestehen nicht aus dem Körper der Tiere, sondern sind nur Abdrücke. Ihre Knochen oder Gehäuse verändern sich nach dem Tod: Sie werden mit Mineralstoffen gesättigt und verwandeln sich in Stein. Konserviert wird nicht das Objekt selbst, sondern sein Abbild, und um dem Verfall zu entgehen, muß es relativ schnell versteinern. In viktorianischer Zeit waren steinerne Hüte ein beliebtes Souvenir bei Höhlenbesichtigungen. Man braucht nur einige Monate lang kalkhaltiges Wasser auf einen Hut tropfen zu lassen, dann bleibt seine Form erhalten. Schon ein halbes Jahrhundert nachdem diese seltsamen Kopfbedeckungen aus der Mode gekommen waren, gab es fast ebenso viele Exemplare aus Stein wie aus Filz. In tausend Jahren werden es noch viel mehr sein.

Ein Tier, das im Schlamm erstickt, wird die Zeiten besser überdauern als sein Vetter, der vom Feuer verzehrt wird, und in einem kalkhaltigen Meer sind seine Aussichten, der Nachwelt seine Existenz zu bezeugen, besser als in einem sauren Sumpf. Eine der ältesten fossilführenden Schichten, der Burgess-Schiefer (den man zuerst in den kanadischen Rocky Mountains entdeckte), wurde vor etwa einer halben Milliarde Jahre eingeschlossen. Weicher Ton drang in die Tiere ein und schuf perfekte Abbilder ihrer Körperteile. Ganze Lebensgemeinschaften wurden nach einer Überschwemmung auf dem Meeresboden in einer Schlammwelle einbalsamiert. Der *Archaeopteryx* dagegen starb auf dem Trockenen. Er wurde in ein sauerstoffarmes Meer gespült und dort zusammen mit vielen Pflanzen und Tieren, unter denen er lebte, in allen Einzelheiten konserviert.

Manchmal triumphiert auch das Zerbrechliche, und der Körper des Lebewesens selbst bleibt erhalten. An menschlichen Überresten aus Torfmooren sind noch Haare, Kleidung und ein von Schmerz gezeichneter Gesichtsausdruck zu erkennen. Die Säuren im Boden ließen das weiche Gewebe dunkel werden, die Knochen aber lösten sich auf, und zurück blieben nur leere Hautsäcke. Gelegentlich fielen Tiere in Teergruben wie die La Brea Tar Pits bei Los Angeles, oder sie blieben im Baumharz stecken, das zu Bernstein wurde. Alle Hausmittel gegen die Verwesung – tiefgefrorene Mammuts, in salzigen Sümpfen marinierte spanische Wollflußpferde, Faultiere in Südamerika, die durch langsames Austrocknen zu Dörrfleisch wurden – tragen dazu bei, diese Mona Lisas der Fossilfunde zu bewahren.

Für manche Tiere besteht eine größere Aussicht auf fossile Unsterblichkeit als für andere. Ein Krebs hat eine größere Chance, zum Denkmal zu werden, als die Seeanemone auf seinem Rücken. Würmer und Quallen verwesen sofort; bei Schnecken, Korallen und ähnlichen Tieren stehen die Aussichten besser. Zwei Drittel der heutigen Meereslebewesen haben einen weichen Körper, und auch in der gesamten Erdgeschichte war es nicht anders. Als Fossil ist davon fast keines entdeckt worden. Man hat ein einziges Exemplar eines alten Krillkrebses gefunden (die Art, von der sich die großen Wale ernähren), obwohl manche Schwärme aus hundert Millionen Tonnen der winzigen Geschöpfe bestehen, soviel wie die gesamte jährliche Fangmenge an Fischen. Das erhaltene Exemplar war von einem Fisch gefressen worden und versteinerte in dessen Inneren.

In der österreichischen Stadt Klagenfurt steht ein in Stein gehauener Brunnen aus dem Jahr 1590. Er stellt ein geflügeltes, feuerspeiendes Fabeltier dar. Sein Kopf ähnelt seltsam stark dem des vorzeitlichen europäischen Nashorns. Als Vorbild dienten dem Bildhauer angeblich Fossilien, die man im Umkreis der Stadt gefunden hatte. Der Brunnen von Klagenfurt ist eine von vielen Rekonstruktionen der Vergangenheit, in denen künstlerische Phantasie Vorrang vor wissenschaftlichen Tatsachen hat. Die Überreste im Burgess-Schiefer waren so zerfallen und verstreut, daß man anfangs häufig ein einzelnes Tier für mehrere hielt. Eines ging beispielsweise als Qualle, Seescheide und krebsähnliches Tier in die Annalen der Wissenschaft ein. Erst nach dem Fund eines vollständigen Exemplars stellte sich heraus, daß es keiner heute lebenden Gattung ähnelte, und es erhielt den Namen *Anomalocaris*.

Die Teergruben von La Brea oder der deutsche Steinbruch, in dem die Reste des *Archaeopteryx* entdeckt wurden, sind großartige Museen unserer Vorfahren. Beide Stellen halten wie der Louvre oder die Eremitage nur wenige Augenblicke des Evolutionsvorgangs fest. Vom *Archaeopteryx* sind insgesamt nicht mehr als sieben Skelette (und außerdem eine einzelne Feder) gefunden worden. Wie in einem Museum vermitteln die Zufälligkeiten der Erhaltung einen unausgewogenen Eindruck der Vergangenheit mit zu vielen goldenen Verzierungen und zu wenigen Tongefäßen. Wie repräsentativ eine Sammlung ist, läßt sich anhand der heutigen Lebewesen prüfen. Wie viele Exemplare der einzelnen modernen Gruppen findet man als Fossilien?

In manchen Fällen unterscheidet sich die Versammlung der Toten kaum von der Zusammensetzung der Überlebenden. In Kalifornien, wo der Meeresboden sich gehoben und Terrassen entlang der Küste gebildet hat, findet man zwei Drittel der Meeresschnecken von der heutigen Uferlinie auch in den Fossilschichten, die demnach ein vernünftiges Bild von den früheren Verhältnissen vermitteln. Aber im allgemeinen sind die Toten keine repräsentative Stichprobe der Lebenden. Die Knochen von drei Vierteln der großen Säugetiere in den Savannen Ostafrikas bleiben mindestens ein Jahr lang erhalten, aber kleinere Lebewesen verschwinden praktisch sofort. Lebende Spitzmäuse sind weitaus stärker verbreitet als ihre riesigen Nachbarn, aber diese Tatsache spiegelt sich in den Fossilien nicht wider; in der afrikanischen Landschaft sind die Elefanten mit ihren verstreuten Knochen im Vergleich zu den Spitzmäusen fünfhundertfach überrepräsentiert. In den Museen sind die Fossilien nicht deshalb knapp, weil die Kuratoren faul wären, sondern weil sie sich eine so schwierige Aufgabe gestellt haben. Was sie besitzen, erlaubt nur einen flüchtigen Blick auf die erstaunliche Welt der Vergangenheit, und nur allzuoft ist er so bruchstückhaft, daß er kaum Aufschlüsse darüber liefert, wie der frühere Kosmos des Lebendigen wirklich ausgesehen hat.

Plötzliches Erscheinen von Artengruppen. Die Tatsache, daß ganze Artengruppen in bestimmten Gesteinsformationen sehr plötzlich auftreten, ist häufig als schlagender Einwand gegen die Vorstellung von der Wandlungsfähigkeit der Arten angeführt worden. Wenn viele Arten, die zu denselben Gattungen oder Familien gehören, gleichzeitig das Licht der Welt erblicken, wäre das ein stichhaltiges Argument gegen die Theorie der Abstammung mit langsamer Abwandlung.

Fachleute für Seepocken, Knochenfische, Säugetiere und Vögel – sie alle haben irgendwann einmal behauptet, das plötzliche Auftauchen ihrer Lieblingstiere im Gestein beweise, daß sich der Ursprung einer Art nicht allein mit allmählicher Veränderung erklären lasse. Immer wurden sie widerlegt, weil man Formen fand, die viel älter waren als die angeblichen Pioniere. Heute tragen die Gene – die nun einmal aus einer viel ferneren Vergangenheit stammen als jedes Fossil – dazu bei, die Lücken zwischen den Funden zu schließen. Sie zeigen sehr häufig, wie sich in den Kulissen hinter einem plötzlichen Auftritt viele Jahre des versteckten Daseins verbergen. Wir überschätzen regelmäßig die Vollständigkeit der geologischen Befunde, und wenn dann diese oder jene Gattung oder Familie unterhalb einer bestimmten Schicht nicht gefunden wurde, ziehen wir den falschen Schluß, es habe sie vor der entsprechenden Epoche nicht gegeben.

Der *Archaeopteryx* wurden nur zwei Jahre nach dem Erscheinen der *Entstehung der Arten* entdeckt. Er war als erstes »fehlendes Bindeglied« eine Sensation und wurde sofort als Beweis angeführt, daß die Vögel in einem einzigen Schritt entstanden sein mußten. Tatsächlich tauchen seine Nachkommen, die heutigen Vögel, unmittelbar nach dem Aussterben der Dinosaurier als gut ausgeprägte, vielgestaltige Gruppe auf. Aber in Wirklichkeit ist der *Archaeopteryx* nicht so einzigartig, wie es zunächst schien. Spätere Funde zeigten, woher er kam und wohin er auf dem gemächlichen, unauffälligen Weg zu den heutigen Vögeln ging. Sein unmittelbarer Vorfahre war ein kleiner Fleischfresser, der wie *Velociraptor* (bekannt geworden durch seine Rolle in dem Film *Jurassic Park*) aufrecht auf zwei Beinen ging. Aber zwischen solchen landlebenden Tieren und dem *Archaeopteryx* selbst klaffte bis Ende der neunziger Jahre des zwanzigsten Jahrhunderts eine riesige Lücke. Erst 1997 fand man in Patagonien eine Zwischenform, und sie belegte die Verbindung zwischen Vögeln und Dinosauriern endgültig. *Unenlagia* (»halber Vogel« in einer Sprache jener Gegend) lebte vor neunzig Millionen Jahren, also lange nach seinem berühmten Verwandten. Sein Schultergelenk zeigte nicht nach unten, sondern zur Seite; damit war *Unenlagia* noch größtenteils an die Erde gebunden, und Federn besaß er auch nicht, aber er konnte die Vordergliedmaßen vollständig aufwärts bewegen.

Kurz nach der Entdeckung von *Unenlagia* fand man einen truthahngroßen, fleischfressenden Dinosaurier mit kurzen Armen. Er war zwanzig Millionen Jahre jünger als der *Archaeopteryx*, und aus seinem Schwanz ragte unverkennbar ein Fächer aus Federn mit Fahne und allem Zubehör. Da keine Flügel vorhanden waren, konnte er sie nicht zum Fliegen benutzt haben; möglicherweise dienten sie ihm zur Partnerwerbung oder sogar als Wärmeisolierung für sein Hinterteil. Der Schwanz war kurz und mit dem Becken verwachsen, eine Eigenschaft, die später in der Luft nützlich werden sollte. In praktisch jeder anderen Hinsicht ist das Tier ein Dinosaurier. Nicht einmal den Besitz von Federn können die Vögel also ausschließlich für sich beanspruchen, ganz zu schweigen von einer Identität, die plötzlich vollständig ausgebildet in den Fossilfunden auftaucht.

Aber immer noch blieb vor den heutigen Vögeln eine große Lücke. Bei den Tauchern hatte man schon seit langem wegen ihres Verhaltens und ihrer Anatomie den Verdacht, daß es sich um eine sehr alte Vogelgruppe handelt; auch als Fossilien treten sie früher in Erscheinung als ihre Vettern. Die meisten modern gestalteten Vögel erscheinen ungefähr zur gleichen Zeit und etwas später als die Taucher auf der Bildfläche, nämlich vor fünfundsechzig Millionen Jahren – hundert Millionen Jahre nach dem *Archaeopteryx*. Als erstes findet man Kormorane, Eulen und Gänse, dann folgen die ersten Pinguine, die ersten Papageien und schließlich die Überreste einer ganzen Palette gefiederter Lebewesen. Trotz ihrer edlen Vorfahren scheint es, als träten die modernen Vögel sehr plötzlich auf der Bühne der Fossilien auf. Ein paar Hinweise auf ihre längst vergessene Vergangenheit sind geblieben. An den sandigen Küsten der Urmeere hallten vor hundert Millionen Jahren die Schreie der Sumpfvögel wider, die zum Andenken ihrer Existenz nur Fußspuren hinterlassen haben. Diese Vögel ähnelten stark den heutigen Austernfischern, und sie lebten vierzig Millionen Jahre vor den ersten fossilen Sumpfvögeln.

Die verschwundenen Vögel, die damals durch den Sand spazierten, hinterließen biologische Fußspuren in den Genen ihrer Nachkommen. Mit ihrer Hilfe können wir die heutigen Verwandtschaftsverhältnisse aufklären und abschätzen, wann sich die Gruppen trennten. Der neue Stammbaum der Vögel stützt sich auf eine Reihe von Genen, die mit der Zellteilung zu tun haben und eine langsame Evolution durchmachen; er zeigt, wieviel verschwunden ist. Pinguine und Albatrosse sind eng verwandt und gehören in die gleiche Gruppe wie die Sturmtaucher und die alten Tauchvögel. Damit wird der gemeinsame Vorfahre dieser vier Gruppen in eine Zeit verlegt, die weiter zurückliegt als die ersten fossilen Taucher und auch viel weiter als das Aussterben der Dinosaurier. Rhea, Strauß und Moa unterscheiden sich (wie auch das Haushuhn) genetisch so stark von anderen Vögeln, daß ihr Zweig der Vogelfamilie sogar noch früher seinen Anfang genommen haben muß. Bei solchen Lücken sind Fossilsammler immer skeptisch; überzeugt wurden sie, als man in Wyoming einen Papagei aus einer Zeit entdeckte, in der die Dinosaurier noch quicklebendig waren. Vögel in ihrer vertrauten Form gab es anscheinend schon hundert Millionen Jahre vor dem ersten modern aussehenden Vogelfossil.

Vögel sind Tiere der südlichen Erdhalbkugel: Die meisten ihrer Vorfahren findet man auf den Überresten des großen zerbrochenen Kontinents Gondwana (aus dem Australien, die Antarktis und Südamerika hervorgingen). Die ältesten Fossilien von Straußen, Papageien, Tauben, Singvögeln, Tauchern und Pinguinen sind ausschließlich auf dieser Landmasse entdeckt worden. Auf den noch wenig erforschten südlichen Erdteilen gab es offenbar gefiederte, fliegende Nachkommen der Dinosaurier mit unterschiedlichen Lebensgewohnheiten, die um ihre riesigen Vettern am Erdboden herumschwirrten. Über ihre Fossilien und die der meisten anderen Lebewesen haben wir offenbar nur skizzenhafte Kenntnisse; wer darauf eine Lehrmeinung über die Abfolge der Lebewesen in der ganzen Welt aufbauen wollte, wäre ebenso voreilig wie ein Naturforscher, der an einer öden Stelle in Australien fünf Minuten lang mit dem Schiff anlegte und dann Zahl und Verbreitung der örtlichen Lebewesen erörterte.

Plötzliches Erscheinen ganzer Gruppen verwandter Arten in den untersten fossilführenden Schichten. Geologisch betrachtet, begann das Leben mit einem Schlag. Die ältesten Fossilien, die 1859 – und bis in die vierziger Jahre des zwanzigsten Jahrhunderts – bekannt waren, stammten aus dem kambrischen Gestein, das es seit etwa 545 Millionen Jahren gibt. Die meisten großen Kategorien des heutigen Tierreiches – die Stämme – tauchten kurz nach Beginn des Kambriums auf. Die Spuren aus der Zeit davor sind spärlich. Wie konnten so viele

Formen auf einmal das Licht der Welt erblicken, wenn Evolution doch ein allmählicher Vorgang ist?

Das neunzehnte Jahrhundert mit seiner Abneigung gegen Dramatisches berief sich auf eine alte, untergegangene Welt, in der sich diese Gruppen entwickelt haben sollten, aber keine Reste hinterlassen hatten. Aus älteren Zeiten gab es kaum Belege, und was damals an Lebendigem existiert hatte, schien den heutigen Formen überhaupt nicht zu ähneln. Stromatolithen sind Hügel aus Kalkstein. Manche von ihnen sind riesig – ihr Durchmesser beträgt bis zu hundert Meter. Vor zwei Milliarden Jahren bildeten sie große Riffe. Dann verschwanden sie, scheinbar ohne Nachkommen zu hinterlassen. Heute hat man einige ihrer stark zurückgedrängten Erbauer lebend an der Küste Westaustraliens gefunden: Ein Stromatolith ist kein Individuum, sondern ein wenige Zentimeter großes Ökosystem aus Mikroorganismen. Darüber hinaus ist aus der Zeit vor dem Kambrium offensichtlich nicht viel geblieben, und die Geschichte der heutigen Gruppen läßt sich nicht weiter als auf jene Zeit zurückführen.

Wahrscheinlich steckte die Erde damals mitten in einem großen Evolutionsabenteuer, der »kambrischen Explosion«. In nur fünf Millionen Jahren erscheinen in den Fossilfunden Schnecken, Seesterne und Tiere, die mit Gelenken versehene Gliedmaßen besaßen (zu deren Nachkommen die Insekten, Spinnen und Krebse gehören). Vielleicht spiegelt sich darin eine entscheidende Veränderung der DNA wider. Immerhin können manche Mutationen auch die Antenne einer Taufliege mit einem Schlag in ein Bein verwandeln. Wurde vielleicht eine große Welle von genetischen Fehlern zur Triebkraft einer kambrischen Schöpfung, bei der die Welt von heute geboren wurde?

Diese Idee gewann an Gewicht, als man während der vierziger Jahre in den südaustralischen Ediacara-Bergen einige unwirkliche, rätselhafte Fossilien entdeckte. Sie stammten aus einer Zeit vor jener berühmten Epoche und waren die Überreste von Organismen mit weichem Körper, die keiner heutigen Lebensform ähnelten – vielleicht ein weiterer Beleg für ein Feuerwerk der Neuerungen im Kambrium. Später wurden solche Tiere überall auf der Erde gefunden. Die jüngsten von ihnen stehen kurz vor dem Beginn des Kambriums, die ältesten gehen auf eine Zeit vor bis zu sechshundert Millionen Jahren zurück.

Zu jener Zeit hatte die Evolution zweifellos viel zu tun. In der märchenhaften Landschaft tauchten seltsame Lebewesen auf, deren Namen – *Anomalocaris* oder *Hallucigenia* – Zeugnis von ihrem seltsamen Aussehen ablegen. *Opabinia*, ein Bewohner des Burgess-Schiefers, hatte fünf Augen und eine lange Düse – ein Körperbauplan, wie man ihn seither nicht mehr gesehen hat. Aber war es eine Phase einzigartiger Innovation, in der so viele neue Gruppen plötzlich ins Dasein traten, daß die Selektion sie niemals hätte schaffen können? Die Antwort lautet mit ziemlicher Sicherheit: nein. Erstens sind die Tiere aus dem Burgess-Schiefer weniger seltsam, als manchmal behauptet wird. *Hallucigenia* mit ihren seltsamen Stacheln auf dem Rücken war, wie sich herausstellte, auf dem Kopf stehend gezeichnet worden. Sie hat Verwandte unter einer Gruppe unauffälliger Würmer, die auch heute noch in moderndem Holz auf der Südhalbkugel häufig vorkommen, und unterscheidet sich von anderen Tieren mit gegliederten Extremitäten nicht stärker als die heutigen Seepocken.

Die sogenannte kambrische Explosion beruht nicht auf dem Versagen der darwinistischen Mechanismen, sondern auf dem der geologischen Funde. In ihren grundlegend neuen Tiergruppen spiegelt sich weniger eine Abfolge außergewöhnlicher Ereignisse wider als vielmehr etwas ganz Banales: Zum erstenmal tauchten Tiere mit Körperteilen auf, die erhalten bleiben konnten. Zuvor gab es nur weiche Lebewesen, die nach ihrem Tod sofort zerfielen. Warum so plötzlich harte Gehäuse auf der Bildfläche erschienen, ist nicht geklärt. Vielleicht hatten sich die ersten Räuber entwickelt, so daß ihre Opfer veranlaßt wurden, aufwendige Rüstungen anzulegen; vielleicht konnten die Tiere wegen eines plötzlichen Anstiegs der Sauerstoffmenge so groß werden, daß sie ein Skelett brauchten. Was auch immer der Grund gewesen sein mag: Das Kambrium kennzeichnet den Beginn fossiler Belege, aber nicht den Beginn des heutigen Lebens.

Ein Beispiel sind die Trilobiten, Berühmtheiten der Evolution, die als erste Tiere über gegliederte Extremitäten verfügten. Sie stehen nahe an der Wurzel eines Baumes, der später so auffällige Zweige wie die Insekten und ein lebendes Fossil namens Pfeilschwanzkrebs hervorbrachte. Wenn die Trilobiten – wie die Funde vermuten lassen – innerhalb von fünf Millionen Jahren zu Beginn des Kambriums ins Dasein traten, hätte ein kurzer Vorgang die gesamte Richtung der Evolution verändert. Aber in Wirklichkeit erkennt man bei näherem Hinsehen, daß es sich schon bei den ersten erhaltenen Exemplaren um viele verschiedene Typen handelt. Diese Vielgestaltigkeit zeigt, daß die Trilobiten eine Vergangenheit hatten, die weit über jene berühmte Epoche hinaus zurückreicht. Daß sie wie etwas Neues aussehen, liegt nur an ihrem Skelett. Ihre Vorgänger waren gestorben und zerfallen, aber nur die härter gebauten Nachkommen blieben zu Millionen erhalten. Das Kambrium war für die Trilobiten eine lebhafte Zeit, aber es stellt nicht ihre Kinderstube dar, sondern ihre besten Jahre.

Heute erschließt sich uns endlich die Frühzeit der Lebenswelt. Neu entdeckte Fossilien weisen auf eine weit ältere Vergangenheit hin, als man sie sich mit einer Phantasie, die beim Kambrium beginnt, ausmalen könnte. Stück für Stück wurden unsere Kenntnisse über das Leben in immer fernere Vergangenheit vorangetrieben; und jede Entdeckung ist ein neues Indiz für die unzähligen Milliarden verschwundenen Lebewesen.

Als Phosphorite bezeichnet man Gesteine, die in seichten Meeren abgelagert werden. Sie werden heute vielfach zur Düngemittelherstellung abgebaut, und an manchen Stellen sind in ihnen Fossilien mit weichem Körper in allen Einzelheiten erhalten geblieben. Große Schichtungen befinden sich rund um die Schluchten des Jangtse in China; dort bergen sie Reste von Lebewesen, die sogar noch älter sind als die Ediacara-Fauna.

Ihre urzeitliche Welt war voller Vielfalt. Die Gesteinsschichten in China sind fünfhundertsiebzig Millionen Jahre alt und enthalten Reste von Schwämmen, die schon lange als sehr primitive Tiere gelten. Zur Verblüffung ihrer Entdecker sind aber auch Embryonen anderer Tiere erhalten geblieben, bei denen jede Zelle in allen Einzelheiten zu erkennen ist. Diese ältesten Embryonen ähneln stark denen der heutigen Insekten oder Würmer, jener Tiere, bei denen linke und rechte Seite symmetrisch sind. Wie schon die ersten Fossilien zeigen, entwickelte sich dieses Merkmal sehr frühzeitig, aber es blieb völlig unbemerkt, bis es zu einem entscheidenden Fund kam.

Die größte Überraschung waren die Meeresalgen. Obwohl sie weich sind, findet man diese Pflanzen in großer Zahl in den Phosphoritschichten. Ihr Formenreichtum ist fast ebenso groß wie bei der entsprechenden heutigen Gruppe, und sie müssen demnach eine verborgene Verwandtschaft haben, die lange vor den Gesteinsschichten am Jangtse beginnt. Eine von ihnen gleicht fast völlig einem modernen Seetang, so daß dieses unangenehme Lebewesen den längsten aller Stammbäume für sich beanspruchen kann. Für Meeresalgen aus früherer Zeit gab es immer nur spärliche Belege, aber allein diese Ansammlung zeigt, daß sie noch viel unvollständiger waren, als der schlimmste Pessimist zuvor befürchtet hatte. Im Gegensatz zu den Ediacara-Tieren, die heute keine Entsprechung haben, zeigen solche Fossilien, wie viel uns aus der Frühgeschichte des Lebendigen fehlt.

In Zentralindien gibt es einige mehrere Milliarden Jahre alte Felsen, die auf ihrer Oberflächen gewundene Rillen tragen; sie sehen ganz ähnlich aus wie heute der Abdruck von Würmern, die am Boden eines schlammigem Tümpels kriechen. Vielleicht handelt es sich tatsächlich um die Spuren solcher Organismen, die selbst nicht mehr vorhanden sind. Um sich durch Schlamm zu graben, braucht ein Lebewesen Muskeln und eine innere, mit Flüssigkeit gefüllte Körperhöhle; manche Geologen werfen die Frage auf, ob ein so weit entwickeltes Tier in so ferner Vergangenheit existieren konnte. Wenn das der Fall war, zeigt sich damit in unseren Kenntnissen über die Geschichte der Würmer eine Lücke, die so lang ist wie die gesamte Zeit vom Kambrium bis heute.

Ein paar Entdeckungen aus einem unbekannten Land beweisen, daß das vermeintliche Vorwort der Biologie, das Kambrium, in Wirklichkeit mitten in ihre Handlung gehört. An Belegen für frühere Zeiten herrschte ein solcher Mangel, daß niemand etwas von ihrer Existenz ahnte. Noch weiter reichen die Einzeller zurück. Das Gleichgewicht von Isotopen, die in Grönland vor 3,8 Milliarden Jahren in Kohlenstoff eingefangen wurden, ähnelt dem heutiger Bakterien, die von Methan leben. Sie entstanden, als die Erde noch in ihren Anfängen steckte, und sie zeigen auch, daß die Entwicklung einer Zelle mit einem Zellkern um ein Mehrfaches länger dauerte als die Entstehung des Lebens selbst. Fossilien aus drei Milliarden Jahren vor dem chinesischen Seetang warten noch auf ihre Entdeckung.

Auch bekanntere Orte liefern Hinweise, wieviel verlorengegangen ist. Am Südrand Londons liegen niedrige Hügel aus Kalkstein; sie sind heute durch Vorstadtsiedlungen aufgewertet, aber zu ihren Füßen verbirgt sich nach wie vor Darwins Wohnhaus. An diese sogenannten North Downs schließt sich eine bewaldete, abwechslungsreiche Landschaft namens Kentish Weald an, und nochmals dreißig Kilometer weiter folgt eine zweite Hügelkette, die South Downs. Sie reichen bei Beachy Head bis an den Ärmelkanal. Bei klarem Wetter kann man Frankreich sehen. Auch dort ist die Landschaft weiß; sie bildet die

Fortsetzung des Systems, aus dem Südengland besteht. Sogar der Kanaltunnel verdankt seine Existenz einem Streifen aus solidem Kalkstein unter dem Meer.

Vor langer Zeit hingen die North und South Downs – und auch die Bas Boulonnais in Frankreich – zusammen. Sie wurden in einem Zeitraum abgetragen, der uns wie eine lange Epoche erscheint, aber nach den Maßstäben der Evolution nur ein Augenblick war. Ihre Geschichte ist die Geschichte der Welt, eine Geschichte des Aufhäufens und Abtragens von Gestein, von Zeiten unter und über dem Meer und von großen Teilen der Erdkruste, die mit ihren Fossilien für immer verschwunden sind.

Auf den North Downs zu stehen und in die Ferne zu den South Downs zu blicken ist höchst aufschlußreich; wenn man daran denkt, daß sich die nördliche und die südliche Hügelkette nicht allzu weit entfernt im Westen treffen, kann man sich ohne weiteres die große Gesteinskuppel ausmalen, die noch vor relativ kurzer Zeit, nämlich in der letzten Phase der Bildung des Kalksteins, über dem Weald gelegen haben muß. Der Anblick trägt die Geschichte Südenglands in sich.

In dieser Chronik kommen flache Meere vor, die austrockneten und ihre Überreste hinterließen. Kent ist heute ein allseits von Kalksteinhügeln umgebener Kessel. Vor nicht allzu langer Zeit lag der Kessel andersherum: als Gipfel mit Böschungen, die sich bis zum Meer erstreckten. Er war durch eine Falte in der Erde von Kent entstanden, und zwar zur gleichen Zeit, als auch die Alpen sich zu heben begannen. Die Spannung in der Erdkruste warf eine ganze Reihe von Gesteinsschichten auf. Am Anfang liegt Kohle aus der Zeit vor über zweihundert Millionen Jahren. Kurz nach dem Ende der Kohlewälder senkten sich große Teile Westeuropas, und Kent war nun von einem großen Meer bedeckt, in dem sich Land und Ton ablagerten. Das Wasser sank und hob sich, und schließlich, vor hundert Millionen Jahren (ungefähr zu der Zeit, als Südamerika und Afrika auseinanderbrachen), senkte sich das Land erneut. Über den gesamten Meeresboden legte sich eine dicke Schicht aus kalkhaltigem Schlamm, der zu Kalkstein wurde.

Kalkstein enthält nicht einfach nur Fossilien – seine Fossilien, die Gehäuse winziger Tiere, die man Foraminiferen nennt, sind mit Milliarden kleinen Kalkplättchen vermischt, die von Meeresalgen ausgeschieden werden. Unter ihnen verstreut liegen die Zähne ausgestorbene Haie, die Gehäuse von Tieren der Gattung Nautilus, die Knochen des seltsamen Pterodactylus und viele Seeigel, die früher auf dem Meeresboden zu Hause waren. Außerdem gibt es in dem weißen Gestein auch ein paar etwa dreißig Zentimeter lange Brocken, die sich im Magen der Urzeitreptilien befanden und ihnen als Verdauungshilfe dienten. Von solchen Überresten abgesehen, ist das Gestein rein, denn von den trockenen Wüsten rund um das südenglische Meer wurde kaum etwas angespült.

Dann, als es mit den Dinosauriern zur Ende ging (der erste wurde übrigens im Weald gefunden), sank der Meeresspiegel, und das Land hob sich. Kent wurde zu einer Kalkinsel. Sein Gestein, aber auch die darunterliegenden Sand- und Tonschichten, wölbten sich nach oben. Vor fünf Millionen Jahren trocknete das Land zum letzten Mal aus, und dabei hob es sich noch weiter.

Heute ist der Kalkstein nur noch in Form der North und South Downs erhalten. Der mittlere Teil Kents besteht aus älterem Gestein: aus Kohle, Sandstein und Ton, die früher unter dem weißen Leichentuch lagen. Seine übrigen Teile sind nicht mehr da; das meiste davon verschwand innerhalb von nur zwei Millionen Jahren. In der Eiszeit zerbröckelte das weiche Gestein, weil Wasser in seinem Inneren gefror. Da der Untergrund so hart war, konnte der Regen nicht in die Tiefe sickern und bildete große Flüsse, die (heute ausgetrocknete) Täler in die Hügel schnitten. Der obere Teil der Kuppel wurde abgetragen, und dieser Vorgang setzt sich auch heute fort. Straßen verlaufen als Hohlwege mit steilen Wänden in Gräben, die sechs und mehr Meter tief sind. Sie entstanden durch die Pferde, Kühe und Wagen, die sich Wege durch das weiche Gestein bahnten, nachdem seine oberste Schicht nicht mehr vorhanden war. Immer noch stürzen die Klippen in Form großer Erdrutsche ins Meer; bei einem solchen Ereignis wurde 1915 ein Eisenbahnzug samt seiner Fahrgäste mitgerissen und landete fünfzig Meter weiter auf dem Strand von Folkestone.

Der Ärmelkanal selbst entstand, als das Festland vom Meer zerstört wurde. Die Brandung der Straße von Dover bricht sich am unteren Ende der Klippen und höhlt sie aus wie eine riesige Säge, bis das Gestein schließlich durch sein eigenes Gewicht abbricht. Ein paar Monate vor der Jahrtausendwende stürzten mehrere hunderttausend Tonnen Gestein von Beachy Head ab, und wo man früher mit dem Boot zum Leuchtturm fahren konnte, lag nun ein Gewirr aus Felsbrocken.

Der weiche Kalkstein bewegt sich recht schnell. Der Leuchtturm von Belle Tout wurde 1834 auf einer Klippe erbaut. Die Kante wich in hundert Jahren um fünfzehn Meter zurück (obwohl der Eigentümer versuchte, Kaninchen am Graben zu hindern und die Klippe damit zu retten), und schließlich befand sich der Abgrund nur noch drei Meter vor der Eingangstür. Mittlerweile hat man den Turm zwar mit gewaltigem Aufwand fünfzehn Meter landeinwärts verlegt, aber sein Schicksal innerhalb eines erdgeschichtlichen Augenblicks ist dennoch besiegelt.

Am Boden des Ärmelkanals lassen tiefe Gräben erkennen, daß vor einer halben Million Jahre die erste Bresche in die Landbrücke geschlagen wurde. Die Themse wurde von Gletschern nach Süden abgedrängt, so daß ihr Wasser hinter dem Bergrücken, der England mit Frankreich verband, einen gewaltigen See entstehen ließ. Schließlich brach der See durch und riß große Felsblöcke mit. Kurz darauf wurde das Klima kühler, der Meeresspiegel sank, und die Landbrücke tauchte wieder auf. Erst vor siebentausend Jahren stieg das Wasser erneut und schliff die Felsen ab, und nun entstand der heutige Ärmelkanal. Er bescherte Großbritannien die Straße von Dover als Grenze seiner nationalen Identität und als Schutz gegen Invasionen.

Die Landschaft von Kent und ihr Gegenstück auf der anderen Seite des Kanals zeigen, wie spärlich die Belege des Todes selbst während eines Augenblicks der Evolutionszeit sind. Das ist der Schlüssel zur großen Unregelmäßigkeit der Evolution, zu den Unterschieden im Verteilungsmuster von Vergangenheit und Gegenwart, von Fossilien und den heutigen Pflanzen und Tieren.

Fliegt man nachmittags über die Schlachtfelder in Belgien und Nordfrankreich, erkennt man aus dem Flugzeugfenster große Schattenseen in den Tälern, während die Hügel, obgleich nicht besonders hoch, in der Sonne erstrahlen. Vor achtzig Jahren entschied diese Differenz von wenigen Metern über Leben und Tod. Sie bestimmte darüber, wie die großen Schlachten des Ersten Weltkrieges – Ypern, Passchendaele und an der Somme – ausgingen. Passchendaele ist berüchtigt, weil dort zum erstenmal Giftgas eingesetzt wurde, und die zweite Schlacht an der Somme wurde als letzter Atemzug des Krieges bekannt. Beide waren außerdem auch paläontologische Experimente.

Die Schützengräben zu besuchen heißt, dem Schicksal der Toten nachzuspüren. Die Schlachtfelder zeigen, wie unvollständig der Bericht des Gesteins bleibt, selbst wenn er noch nicht einmal ein Jahrhundert alt ist.

Vor der dritten Schlacht von Passchendaele im Jahr 1917 hatte die deutsche Armee das höher gelegene Gelände besetzt, so daß sie die Linien der Alliierten überblicken konnte. Im März 1918, an der Somme, waren die Verhältnisse umgekehrt, und die britischen Linien hatten sich in einer Reihe niedriger Hügel eingegraben. Die Ebene von Passchendaele besteht aus Lehm, ihre Hügel sind aus Sand. Weiter südlich – wo die Schlacht an der Somme stattfand – herrscht Kalkstein vor. Es ist eine ganze ähnliche Landschaft wie im Weald und in den Downs.

Die Soldaten lernten die geologischen Verhältnisse schon bald kennen. Lehm saugt sich voll und ließ sie zu Tausenden versinken, und Sand gab nach, wenn sie ihre Gräben aushoben. Der Kalkstein war zuverlässiger: Hier konnte man riesige Vertiefungen graben und so den Granaten entgehen. Bei Passchendaele reichte eine Lehmschicht von den britischen Linien bis weit in das Gebiet des Feindes. Um sie zu durchstoßen, setzte man Mineure ein. Am 7. Juni 1917 gingen zwanzig gewaltige Sprengsätze auf einmal los. Die Detonation – es war die größte nichtnukleare Explosion aller Zeiten – riß ein Loch von sechzig Metern Durchmesser und zwölf Metern Tiefe. Zehntausende deutsche Soldaten kamen ums Leben, und die meisten übrigen flüchteten. Dann regnete es. Panzer versanken im Schlamm, und in der Schlacht trat wieder einmal ein beängstigendes Patt ein. An der Somme waren die Briten in der Defensive, und ihre Linien wurden durchbrochen. Die Einheiten zogen sich zurück, konnten den Feind aber einige Kilometer weiter aufhalten.

Bei Passchendaele wurde die Tafel der Geschichte fast völlig saubergewischt. Dem Besucher fällt kaum etwas auf, denn der weiche Boden hat die Gräben und fast alle Krater geschluckt. Der Ort der gewaltigen Explosion ist heute ein unscheinbarer Teich, der »See des Friedens« genannt wird. Hierher kommt kaum ein Tourist – es gibt so gut wie nichts zu sehen.

Statt dessen fährt man lieber an die Somme, wo der Kalkstein bessere Aufzeichnungen geführt hat. Dennoch ist von den kilometerlangen Gräben nur noch ein kleiner Teil vorhanden. An die Stelle der nüchternen militärischen Bauwerke von 1918 sind Gruben und Hügel getreten. Ihr Schicksal – und das derer, die in ihnen starben – ist das

Schicksal des Kalksteins, der einst auch Kent bedeckte. Die Erosion in Passchendaele entspricht dem Verschwinden des weicheren, älteren Gesteins im Weald. Schon recht bald wird sowohl von dem Schlachtfeld als auch vom Krieg kein Überrest mehr zu sehen sein, der Besucher an die Ereignisse erinnern könnte. In noch nicht einmal einem Jahrhundert wurde die Erdoberfläche so abgetragen, daß die Spuren der Vergangenheit fast völlig getilgt sind.

An der Somme wurden die meisten Toten geborgen und auf Friedhöfen beigesetzt. Der entsetzliche Lehm von Passchendaele dagegen speit noch immer Leichen aus. Sein Friedhof – Tyne Cot, der größte Soldatenfriedhof der Welt, benannt nach den vielen tausend Männern aus Northumbria, die hier ums Leben kamen – umfaßt zwölftausend Gräber. Dreimal so viele Menschen sind nur als »Soldat im Großen Krieg – verschollen« oder als Name auf einem gemeinsamen Denkmal verzeichnet; ihre Leichen waren so tief im Schlamm versunken, daß sie nicht mehr zu erkennen waren oder ganz verschwanden. Die Friedhöfe an der Somme sind fast ebensogut gefüllt, aber hier trägt ein größerer Anteil der Gräber einen Namen. Dennoch: Werden sie geöffnet, was manchmal in übergeordnetem Interesse geschieht, findet man oftmals nichts, was als menschlich zu erkennen wäre.

Seit es den *Homo sapiens* in seiner jetzigen Form gibt, haben sechzig Milliarden Menschen gelebt. Auch wenn wir jeden Friedhof – und jede fossilführende Stelle – auf der Welt ausgraben würden, fänden wir nur einen winzigen Bruchteil ihrer Überreste. Aus den verlorenen Armeen der Verstorbenen können wir für die Evolution eine Lehre ziehen. Sie erinnern uns daran, daß die Weltgeschichte in den geologischen Urkunden nur unvollständig und in wechselnden Dialekten aufgezeichnet ist; von diesem Geschichtsbuch besitzen wir nur den letzten Band, und aus diesem ist nur hier und da ein kurzes Kapitel erhalten; und von jeder Seite kennen wir nur ein paar Zeilen. So großartig die Denkmäler auch sein mögen und so fest der Glaube an ein ewiges Leben ist – in den Tiefen der Zeit hat ein Pharao in seiner Pyramide ebenso geringe Aussichten auf Unsterblichkeit wie ein Soldat, der in den Schlamm gestampft wurde. Die Geschichte des alten Ägypten, unseres eigenen Jahrhunderts – und des Daseins unserer Spezies wie auch fast aller anderen – wird bald für immer verloren sein.

ZEHNTES KAPITEL

GEOLOGISCHE AUFEINANDERFOLGE ORGANISCHER WESEN

Die große Wirkung allmählicher Veränderungen • Einmal untergegangene Arten kommen nicht wieder zum Vorschein • Katastrophen durch Erdbeben, Überschwemmungen und Himmelskörper • Allmähliche und plötzliche Veränderungen in den Fossilfunden • Die wahre Geschwindigkeit der Evolution und das Zeitgefühl • Fossile Gene und die Verbindung von Vergangenheit und Gegenwart • Entwicklungsstufe alter Formen • Aufeinanderfolge derselben Typen im nämlichen Ländergebiete • Zusammenfassung dieses und des vorhergehenden Kapitels

Drei Stunden braucht man für die rund zweihundertvierzig Autobahnkilometer von Thebes nach Memphis (und damit meine ich Memphis, Tennessee). Man kann die Strecke auch per Schiff auf dem Fluß zurücklegen, dann dauert die Reise einige Tage. Das Schiff ist langsamer, aber es muß auch die dreifache Entfernung überwinden, denn der anderthalb Kilometer breite Mississippi schlängelt sich mäanderförmig durch das Flachland. Der Fluß Mäander selbst, eine Wasserstraße in der Türkei, zwanzigmal kleiner als der Mississippi, nimmt den gleichen Verlauf. Selbst der Regen sucht sich nicht immer den kürzesten Weg, wenn er auf einer Straße bergab rinnt.

Schon Heraklit (der in der Nähe des Mäander lebte) sprach von Evolution: Kein Mensch, so sagte er, könne zweimal in denselben Fluß steigen. Der Wasserlauf – der immer gleich und doch ständig im Fluß ist – diente ihm als Metapher für das Leben. Auch in der Biologie kann langsamer Wandel große Folgen haben.

Wasserläufe erleben ihre Evolution durch ein Kräftegleichgewicht. Wenn sie ein Ufer abtragen und am anderen Sedimente ablagern, verschiebt sich ihr Bett. Es verkürzt sich, wenn Schleifen abgeschnitten werden und das Wasser einen kürzeren Weg bergab findet. Der Komplexität – den mäanderförmigen Windungen – steht die Einfachheit gegenüber, der kürzeste Weg zum Meer. Regentropfen, Mäander und Mississippi unterliegen den gleichen Regeln. Messungen an Dutzenden von echten Flüssen und Computersimulationen von vielen weiteren zeigen, daß das Verhältnis zwischen dem kürzestmöglichen Weg durch eine Ebene und ihrer tatsächlichen Länge immer das gleiche ist. Es wird durch die Zahl Pi beschrieben, das Verhältnis zwischen dem Umfang eines Kreises und seinem Durchmesser. Jeder Fluß, ganz gleich, wie groß er ist, legt ein wenig mehr als das Dreifache der Luftlinie zum Meer zurück.

Dabei muß er sich zwangsläufig verschieben. Als Paulus auf seiner Reise zu den Ephesern in Milet Station machte, lag die Stadt an der Mündung des Mäander. Heute fließt der Fluß daran vorbei. Selbst der Mississippi wird nur durch die Bemühungen des US Corps of Army Engineers in seinem Verlauf festgehalten. Ohne sie läge seine Mündung heute nicht mehr bei New Orleans, sondern bei Morgan City in Louisiana. Wer lange genug am Ufer steht, kriegt nasse Füße, denn der Fluß kommt unweigerlich. Wie lange das dauert (Sekunden bei einem Regenrinnsal, Jahre beim Mississippi), wird von einer einfachen, allgemeinen Gesetzmäßigkeit bestimmt.

Genauso beruft sich auch Darwins Theorie auf die Einheit von Raum und Zeit. Die Natur braucht keine plötzlichen Sprünge zu machen. Varietäten, Arten und die größeren Unterteilungen der Natur entstehen – wie Regentropfen und Flüsse – durch einen Vorgang, der ungeachtet der Größenordnung wirksam ist. Schon der vollständige Titel seines größten Werks – *Über die Entstehung der Arten durch natürliche Zuchtwahl, oder die Erhaltung der begünstigten Rassen im Kampfe ums Dasein* – verbindet den Ablauf der Veränderungen innerhalb einer Art mit jenem größeren Vorgang, durch den sich neue Formen bilden. Die DNA ist ein Fluß aus der Vergangenheit. Wenn das Rinnsal, das wir heute sehen, von der Selektion angetrieben wird, warum sollte sein majestätisches Strömen durch die Zeiten dann nicht den gleichen Regeln gehorchen?

Es gibt gute Gründe zu behaupten, daß sich alle großen, richtungweisenden Befunde der Paläontologie schlicht und einfach aus der Theorie der Abstammung mit Abwandlung ergeben. Alte Formen werden durch neue, verbesserte ersetzt; diese neuen Formen entstehen durch die Gesetze der Abänderung, die nach wie vor um uns herum wirksam sind, und werden durch die natürliche Selektion bewahrt. Wie das Bett eines großen Flusses, so ist auch der Verlauf der Evolution im Kern etwas Einfaches.

Wenn sich ein Fluß verlagert, verläßt er seinen früheren Weg. Warum sollte nicht auch die natürliche Selektion dazu geführt haben, daß die Angehörigen der einzelnen aufeinanderfolgenden Phasen der Geschichte dieser Welt ihre Vorgänger im Wettbewerb um das Leben besiegt haben? Wenn der eine sich verbessert hat, muß der andere den Preis dafür bezahlen. Nach dieser Vorstellung werden neue Formen durch denselben Vorgang zerstört, der sie auch hervorgebracht hat. Eine einmal verschwundene Art kann niemals wiederauftauchen, selbst wenn die gleichen – organischen und anorganischen – Lebensbedingungen wiederkehren sollten.

Das Gestein ist voll von Belegen, daß Formen, die sich nicht bis zu einem gewissen Grade wandeln und verbessern, zwangsläufig dem Untergang geweiht sind. Auch über unsere eigenen Wurzeln wußten wir bis vor wenigen Jahren kaum etwas, weil sie wie die meisten anderen Arten genau dieses Schicksal erlitten hatten. Früher sah es so aus, als hätten die Wirbeltiere – die Gruppe, zu der Säuger, Vögel und Fische gehören – eine klägliche Frühzeit durchgemacht. Die heutigen Formen ihrer Vorläufer – Lanzettfischchen und Inger – ernähren sich von weichem Material: Sie filtern Nahrungsteilchen aus dem Wasser, die Inger allerdings nur in ihrer frühen Lebenszeit, während sich erwachsene Exemplare mehr für das Fleisch toter oder verletzter Fische interessieren. Beide sind nicht gerade edle Vorfahren für die Krone der Schöpfung.

Heute hat sich das Bild unserer Vergangenheit gewandelt, und die vergessene Welt, aus der wir stammen, hat sich endlich offenbart. Der Schlüssel waren in großer Zahl vorhandene, aber rätselhafte Fossilien. Viele Kalksteinbrocken enthalten Tausende von winzigen, spitzen Objekten. Die Conodonten, wie man sie nennt, wurden im neunzehnten Jahrhundert in Rußland entdeckt, und seither hat man sie überall auf der Welt gefunden. Da sie so weit verbreitet sind und da sich ihre Form im Laufe der geologischen Zeiträume geändert hat, läßt sich häufig mit ihrer Hilfe feststellen, aus welcher Schicht ein bestimmtes Stück Gestein stammt. Aber das Tier, aus dem sie entstanden sind, war völlig unbekannt. Wie beim Zahn des Buddha von Kandy reichten die Reste nicht aus, um daraus das frühere Ganze zu rekonstruieren. Über sein Aussehen sind viele Vermutungen angestellt worden – eine Version sah ungefähr aus wie eine mit Rasierklingen besetzte Biskuitrolle. Alle waren im besten Fall nicht sonderlich plausibel.

Dann, 1982, fand man in Gestein von der Küste bei Edinburgh gut erhaltene Überreste des Tieres selbst. Es ähnelte einem Aal: Sein weicher, einige Zentimeter langer Körper war mit zwei großen Augen, einem steifen Stab im Rücken und Schwanzflossen ausgestattet. Die Conodonten waren nicht die Tiere, sondern deren Zähne.

Man fand ungefähr ein Dutzend Exemplare, und damit war endgültig die Herkunft der Zigmillionen Conodonten geklärt, die den Geologen schon seit über einem Jahrhundert bekannt gewesen waren. Zuvor hatte man geglaubt, das Skelett der Wirbeltiere sei aus einer Reihe von Platten hervorgegangen, die primitiven Fischen zur Verteidigung gedient hätten. Die ersten Wirbeltiere, so die Übereinkunft der Wissenschaftler, schienen keine Räuber, sondern Beute gewesen zu sein.

Diese Ansicht mußte natürlich revidiert werden, nachdem man die Conodonten vervollständigt hatte. Die Anfänge des Skeletts lagen offenbar in Wirklichkeit im Mund. Ein Gebiß, zusammengesetzt aus Conodonten, sieht aus, als habe es zum Zerteilen von Fleisch gedient. Die Conodonten gediehen und entwickelten sich auseinander, bevor sie schließlich verdrängt wurden. Später fand man an vielen Stellen von Wisconsin bis Südafrika weitere – und größere – Tiere mit Conodonten. Bei einem davon, ungefähr so groß wie ein kleiner Fisch, ist sogar das Augenpaar erhalten geblieben (das man zuerst für die Überreste einer Pflanze hielt). Die Conodonten deuten darauf hin, daß unsere Vorfahren nicht grasten, filtrierten oder saugten, sondern sich von Fleisch ernährten.

Heute sind die Conodontentiere verschwunden, und sie können niemals wiederkehren; ihre Nachkommen aber besitzen alle ihre Fähigkeiten und noch viele weitere: Gänse grasen, Wale filtrieren, Neunaugen saugen, und Hunde fressen Fleisch. Diese Tiere sind vielgestaltig und haben zu ihrem organischen und anorganischen Lebensumfeld an Land, im Meer und in der Luft eine kompliziertere Beziehung als ihre Vorgänger. Die Geschichte der Conodonten war lang und bunt, aber schließlich wurden sie ausgerottet. Die Umweltschützer erinnern uns immer wieder daran: Aussterben ist etwas Endgültiges, und selbst wenn alle Wirbeltiere eines Tages verschwinden sollten, wird es nie wieder etwas Ähnliches geben.

Für die Vorstellung von einem würdigen Ablauf mit Entstehung, Auseinanderentwicklung und Auslöschung spricht vieles, bei den Conodonten ebenso wie bei einer Fülle anderer ausgestorbener Lebewesen. In Wirklichkeit aber werden Flüsse oder Regentropfen – und auch Arten – häufig von der mathematischen Ideallinie abgelenkt. Etwas Unerwartetes kommt dazwischen, und der wunderschön einfache Zusammenhang zwischen ihrer tatsächlichen und der von der Theorie vorgezeichneten Geschichte löst sich auf.

Im Dezember 1811 wurde die Gegend zwischen Memphis und Thebes von einem gewaltigen Erdbeben heimgesucht. Es hatte die gleiche Kraft wie alle anderen Erdbeben, die sich seither in Nordamerika ereignet haben, zusammengenommen. Die Erschütterung war so stark, daß sie noch in Boston die Glocken läuten ließ. Aus dem Boden stiegen Säulen aus Kohlenstaub auf, und im Umkreis von dreihundert Kilometern blieb kaum ein Haus stehen. Die Besatzung des ersten Mississippi-Dampfschiffes hatte an einer Insel festgemacht. Als sie erwachten, war das Eiland verschwunden: »Die vielen großen Buchten ... hatten sich über ihr früheres Ufer erhoben ... auf der anderen Seite des Flusses, im Indianerland, hatte sich ein See gebildet ... es steht zu vermuten, daß es nur wenige Jahre dauern wird, bis der Mississippi zum größten Teil oder sogar ganz auf diesem Wege fließen wird.«

Aber obwohl an jenem Tag ein fünfzehn Quadratkilometer großer See auftauchte – der heutige Reelfoot State Park –, verschmähte ihn der Fluß als neues Bett. An vielen Stellen verlagerte sich sein Lauf aber tatsächlich, weil Inseln versanken und Steilufer abbrachen. Eine einzige Naturkatastrophe beeinflußte das Schicksal des Mississippi stärker als jahrhundertelanger allmählicher Wandel. Heute hat es der Fluß mit einer anderen Katastrophe zu tun: mit der Lenkung durch den Menschen. Die Staatsgrenze zwischen Arkansas und Mississippi mäandriert zwar immer noch im Bett eines aufgegebenen Flusses, aber das Wasser fließt in einem geraden, schmalen Kanal.

Auch das Lebendige hat seine Katastrophen. Warum sollten nicht auch sie zumindest teilweise über das Verteilungsmuster der Fossilfunde bestimmen? Allmähliche Selektion war für den Aufstieg und Fall vieler Lebewesen zweifellos von großer Bedeutung. Aber könnten nicht auch frühere geologische oder genetische Tragödien in manchen Fällen eine ähnliche Wirkung gehabt haben? Es gibt viele Belege für plötzlichen Tod wie auch für plötzliches Auftauchen. Manchmal liegt dies zweifellos nur daran, daß die Fossilfunde unvollständig sind, aber andere könnten auch eine biologische Entsprechung zu dem Erdbeben in Mississippi darstellen. Sind Katastrophen notwendig, und wenn ja, wie oft ereignen sie sich? Wirken sie nur zerstörerisch, oder können sie die Evolution auch unterstützen? Solche Fragen sind der Kern der Meinungsverschiedenheiten zwischen den Paläontologen und den Fachleuten für die heutigen Pflanzen und Tiere.

Aussterben. Viele Lebewesen verschwinden, weil sie von etwas Besserem verdrängt werden. Dieser Vorgang, der sich überall auf der Welt abspielt, ist allein schon ein Beleg für die natürliche Selektion. Im neunzehnten Jahrhundert neigte man eher zu der Ansicht, die Vergangenheit sei durch höhere Gewalt hinweggefegt worden. Katastrophen waren eine Ausrede, wenn man nicht nachdenken wollte. Charles Lyell spottete: »Man erzählt uns von allgemeinen Katastrophen und einer Abfolge von Sintfluten, von abwechselnden Phasen der Ruhe und der Unordnung, vom Erfrieren der Erde, von der plötzlichen Vernichtung ganzer Tier- und Pflanzenrassen und anderen Hypothesen. Darin sehen wir eine Wiederbelebung des alten Geistes der Spekulation und den Ausdruck des Bestrebens, den gordischen Knoten zu durchschlagen, anstatt ihn geduldig aufzulösen.«

Jeder Besucher der Galapagosinseln kann es mit eigenen Augen sehen: Zum Aussterben kommt es vielfach auf die darwinistische Weise – eine alte Ordnung macht einer neuen Platz. Aber häufig ist Leben auch mit einem Schlag verschwunden. Allgemeine Katastrophen hat es mit Sicherheit immer wieder gegeben; Störungen, die weit größer waren als das Erdbeben von Mississippi, löschten in vielen Gebieten der Erde gut gestaltete Produkte der Evolution aus. Jedes Tier, das in ein solches Geschehen gerät, hat alle Aussichten zu verschwinden, ganz gleich, wie gut es angepaßt ist. Im Rahmen erdgeschichtlicher Betrachtung waren selbst die großen Eiszeiten (die uns lang vorkommen) plötzliche Ereignisse, und die Zerstörung großer Teile der nördlichen Erdhalbkugel im Laufe weniger tausend Jahre ereignete sich nach dem Maßstab der Gesteine in so kurzer Zeit, daß man darin eine unvermittelte Unterbrechung einer allmählichen Klimaentwicklung sehen kann.

Was Überschwemmungen angeht, liefert das Schwarze Meer weitere Aufschlüsse. Es war früher ein kleiner Süßwassersee, und der Bosporus war nicht mehr als ein trockener Bergkamm zwischen zwei Gewässern. Dann grub ein Fluß im Norden ein Tal, und im Süden entstand durch eine Verschiebung der Erdoberfläche ein tiefer Fjord. Vor fünfeinhalbtausend Jahren stieg der Meeresspiegel, das Mittelmeer durchbrach die Landenge, und mit einem Wasserfall, der so groß war wie zweihundert Niagarafälle, füllte sich das Schwarze Meer. Das Donnern war noch fünfhundert Kilometer weit entfernt zu hören, und an manchen Stellen rückte das Wasser um mehr als einen Kilometer pro Tag vor.

Für die Evolution der Tiere in den Ebenen des Schwarzen Meeres war das Salzwasser eine Katastrophe, so gut sie auch an ihr bescheidenes Leben angepaßt waren. Fünfhundert Jahre später starb das Mittelmeer, und als Spur dieses Massensterbens blieb auf seinem Boden eine dünne Schicht aus verfaultem Material zurück. Kurz nach dem Aufstieg der Pharaonen gab es eine Zeit starker Niederschläge. Der Regen, der von dem kargen Land abfloß, bildete eine Decke – und Dichtung – aus Süßwasser auf dem Meer. Da sich die Wasserschichten nicht vermischten, konnte kein Sauerstoff hindurchdringen. Wie das heutige Schwarze Meer (in dem eine Lage aus sauerstoffreiem Salzwasser unter einer weniger salzhaltigen Schicht liegt) war das Mittelmeer in größerer Tiefe tot. Der ganze Vorgang dauerte sechzig Jahre und vernichtete Tausende von Arten. Bei der heutigen Wasserverschmutzung könnte das Meer ebensoschnell erneut sterben.

Legenden, die von Überschwemmungen handeln, sind im Nahen Osten weit verbreitet. Die älteste steht im Gilgamesch-Epos und geht auf die Zeit zurück, als das Schwarzmeerbecken überflutet wurde. Die biblische Sintflut, von Evolutionsexperten so häufig belächelt, dürfte eine jener plötzlichen Wendungen gewesen sein, die den Entwicklungskurs ihres Forschungsgegenstandes verändert haben.

Am Freitag, dem 9. Oktober 1992, beschädigte ein Meteorit den rechten hinteren Kotflügel eines Chevrolet Malibu, Baujahr 1980, der Michelle Knapp aus Peekskill im US-Bundesstaat New York gehörte. Der Stein wurde für neunundfünfzigtausend Dollar verkauft, das Auto inklusive des Schadens für zehntausend.

Die Wahrscheinlichkeit, daß ein Himmelskörper echten Schaden anrichtet, scheint äußerst gering. Trotz der Drohung in der Offenbarung (»es fiel ein großer Stern vom Himmel, der brannte wie eine Fackel«) ist ein direkter Treffer nur in einem einzigen Fall belegt: In Alabama wurde in den fünfziger Jahren eine schlafende Frau von einem Meteoriten an der Hüfte verletzt.

In Wirklichkeit ist die Katastrophe unvermeidlich. Eine Billion Kometen umkreisen die Sonne. Jeder von ihnen zieht einen Schwanz aus Geröll hinter sich her, der sich beim Eintritt in die Erdatmosphäre als Meteorschauer bemerkbar macht, durch dessen Staub das Gewicht der Erde um eine Tonne pro Stunde zunimmt. In unserer Nachbarschaft kreisen zweitausend Asteroiden, die groß genug sind, um unsere Zivilisation zu zerstören. Betrachtet man die Wahrscheinlichkeit eines solchen Treffers während der Lebenszeit eines Menschen im Verhältnis zur Sicherheit von Flugzeugen unter Berücksichtigung der Tatsache, daß nur wenige Menschen fliegen, ist die Chance, durch einen Kometen ums Leben zu kommen, für einen Angehörigen der Weltbevölkerung größer als die Gefahr, bei einem Flugzeugabsturz zu sterben. Früher oder später wird die Apokalypse garantiert eintreten. Die US-Regierung setzte sogar die von dem damaligen Vizepräsidenten T. Danford Quayle geleitete Kommission ein, die herausfinden sollte, wie ein Himmelskörper gelenkt oder zerstört werden könnte, wenn dieser Anzeichen machte, ausgerechnet das Hoheitsgebiet der Vereinigten Staaten zu bedrohen. An die Gefahr werden wir immer wieder erinnert. 1996 verfehlte ein Asteroid die Erde nur um etwa vierhunderttausend Kilometer. Ein direkter Treffer hätte die gleiche Wirkung wie die gleichzeitige Explosion aller Atomwaffen auf der Erde. Voltaire schrieb über ein solches Ereignis: »Welche Katastrophe wäre es für unsere Erde ... die Vorstellung von zwei Granaten, welche in der Luft zusammentreffen und explodieren, liegt unendlich weit unterhalb dessen, was wir bei einer solchen Begegnung zu gewärtigen hätten.«

Der Meteor Crater in Arizona wurde erst 1929 als solcher erkannt und ließ in Verbindung mit dem Börsenkrach an der Wall Street eine Welle kosmischer Ängste entstehen. Der größte Krater der Welt liegt weiter südlich in der Nähe von Progreso auf der mexikanischen Halbinsel Yucatán. An der Oberfläche ist dort kaum etwas von dem neun Kilometer großen Brocken zu erkennen, der vor fünfundsechzig Millionen Jahren mit der Gewalt von fünf Milliarden Hiroshimabomben einschlug. Seine Spuren liegen unter anderthalb Kilometern Kalkstein. In einer Schicht früheren Meeresbodens in New Jersey fand man genau aus dieser Zeit eine acht Zentimeter dicke Schicht aus glasigen Kugeln – Überreste des flüssigen Gesteins, das aus dem Krater geschleudert wurde. Gestein aus jener Zeit enthält überall auf der Welt nicht nur viel Ruß, sondern auch eine hohe Konzentration des Elements Iridium (das möglicherweise aus einem Meteor stammt).

Der chinesische Philosoph Li Ch'un Feng schrieb im siebten Jahrhundert: »Kometen sind entsetzliche Sterne. Jedesmal, wenn sie erscheinen ... geschieht etwas, wodurch das Alte hinweggefegt wird und das Neue an seine Stelle tritt.« Die Katastrophe von Yucatán beseitigte ein altes System ein für allemal und trug dazu bei, die Welt von heute zu schaffen. Unter der Schicht, die diesem Ereignis entspricht, findet man die Reste winziger Dinoflagellaten und Foraminiferen, Tiere mit hartem Gehäuse, die zu Milliarden in den Ozeanen lebten; darüber sind sie alle verschwunden. Viele tausend Jahre lang erschienen keine neuen Meerestiere auf der Bildfläche: Nach dem großen Knall waren die Ozeane so gut wie tot. Auch die Dinosaurier verschwanden ungefähr zur gleichen Zeit.

Dieses Massensterben hatte seinerseits einen geringeren Umfang als die Katastrophe vor zweihundertzwanzig Millionen Jahren, die das Ende des Paläozoikums kennzeichnet: Damals verschwanden sechsundneunzig Prozent aller Arten von Meeresbewohnern. Es war das Ende der Trilobiten, die bis dahin die Herren der Ozeane gewesen waren, und auch die Ammoniten (die später eine bescheidene Erholung erlebten) wären fast vernichtet worden. In jüngerer Zeit gab es ebenfalls Katastrophen. Der fünftgrößte Einschlagkrater der Welt befindet sich in Zentralsibirien. Er ist, nach dem losgeschlagenen Gestein zu urteilen, sechsunddreißig Millionen Jahre alt. Ungefähr zur gleichen Zeit schlug ein anderer Komet an der späteren Ostküste der Vereinigten Staaten ein und ließ die Chesapeake Bay entstehen. Diese beiden großen Detonationen führten dazu, daß die Antarktis sich mit Eis bedeckte und das größte Aussterben seit dem Verschwinden der Dinosaurier einsetzte. Sie kennzeichnen die Grenze zwischen zwei geologischen Epochen, als die ersten einfachen Pferde, Hirsche und Wale neuen Säugetieren Platz machten, die den heutigen Arten ähnelten.

Drei Aussterbeereignisse zur Zeit eines Kometeneinschlags – das kann kein Zufall sein. Aber wie plötzlich kam es zum Knall – oder war es ein Donnern oder vielleicht nur ein weit entferntes Grummeln? In manchen Fällen setzte er tatsächlich ganz abrupt ein. Bei dem berühmten Einschlag von Yucatán war innerhalb einer Sekunde alles Leben im Umkreis von anderthalb Kilometern sofort tot. Innerhalb der nächsten Minute wurde ganz Amerika von Erdbeben erschüttert, und neun

Minuten später brachen in den meisten Wäldern des Kontinents Brände aus. Im weiteren Verlauf desselben Tages wurden riesige Gebiete auf der ganzen Welt von Flutwellen verwüstet, und als die Sonne unterging, begann durch Rauch und Staub eine neunmonatige Nacht. Voltaire hatte die unangenehmen Auswirkungen, die schon ein kleiner Meteor mit sich bringt, völlig unterschätzt.

Dennoch bedeutete der Komet für die meisten Lebewesen nur eine Widrigkeit und nicht den Tod. Bis alle Dinosaurier verschwunden waren, vergingen hunderttausend Jahre, und die letzten Ammoniten hielten sich noch einmal so lange. Ungefähr zur gleichen Zeit verschwanden auch viele Zweischalentiere (Muscheln und ihre Verwandten) – aber ihr Massensterben setzte schon Jahrtausende vor dem Einschlag ein. Sogar die Dinosaurier selbst befanden sich bereits im Niedergang, als ihr Schicksal (vielleicht) durch die Einwirkung aus dem Weltraum besiegelt wurde. Landpflanzen und Fische blieben von der Explosion offenbar unbeeinflußt: Ihre Geschichte setzte sich auch während dieser unruhigen Zeiten mehr oder weniger normal fort. Und damit nicht genug: Manche Meerestiere erhoben sich sogar wie Lazarus lange nach dem Kometeneinschlag wieder aus dem Grab. Sie waren allem Anschein nach tot, kamen aber dann wieder ans Licht – ein Anzeichen für die Unvollständigkeit der Funde, aber nicht für göttliche Hilfe.

Daß die Erde vor fünfundsechzig Millionen Jahren von einem ungewöhnlichen Ereignis betroffen war, ist gesichert. Zwei Millionen Jahre dauerte es, bis wieder normale Verhältnisse eintraten, und die neue Normalität unterschied sich deutlich von der alten: Viele neue Arten nahmen den Platz der Verschwundenen ein. Der Fortschritt der Evolution (wenn es ein Fortschritt ist) wurde nicht unterbrochen. Eine Katastrophe in einer Größenordnung, wie wir sie in unserer eigenen Geschichte nicht kennen, spielte dabei eine wichtige Rolle. Ob sie nicht nur tödliche, sondern auch konstruktive Wirkungen hatte, ist eine andere Frage. Manchmal wird behauptet, die massenhafte Zerstörung habe zu einer Welle der biologischen Neuerungen geführt, weil die Überlebenden sich weiterentwickelten und die Lücken füllen konnten. Wenn das stimmt, sind Katastrophen ebenso eine Triebkraft des Wandels wie die langsame Abwandlung. Manche Verteilungsmuster der Fossilien legen mit Sicherheit die Vermutung nahe, daß der Gradualismus allein nicht ausreicht und daß der Strom des Lebens mehrere verschiedenartige Erdbeben erlebt hat.

Fast gleichzeitige Veränderungen der Lebensformen auf der ganzen Erde. Eine Welt, die von einem Physiker (oder einem Gott) konstruiert wurde, könnte einfach anfangen, allmählich komplizierter werden und am Ende zur Vollkommenheit gelangen. So war das Lebendige nie. Ein Jahr nachdem *Die Entstehung der Arten* erschienen war, erkannte John Phillips bei den Fossilien drei Höhepunkte der Vielgestaltigkeit, auf die jeweils ein plötzliches Aussterben und ein allmählicher Wiederanstieg folgte. In den Funden gibt es lange Abschnitte, in denen nicht viel passiert, und dann folgen jeweils Episoden des schnellen Wandels.

Bei allen Meinungsverschiedenheiten in der Frage, wie flach die Ebenen und wie hoch die Gipfel waren, sind die meisten Geologen tatsächlich übereinstimmend der Ansicht, daß es drei Höhepunkte der Vielfalt gab. Sie liegen in der Blütezeit des Kambriums vor etwa einer halben Milliarde Jahren, im Paläozoikum vor etwa vier- bis zweihundert Millionen Jahren und in der heutigen Zeit, die durch die reichhaltigste Artenmischung der Erdgeschichte gekennzeichnet ist. Wie kam es zu solchen Abweichungen von der göttlichen (oder zumindest arithmetischen) Vollkommenheit?

Die Vorstellung, Vögel und Säugetiere hätten auf das Hinscheiden der Dinosaurier warten müssen, bevor sie selbst ihre Blüte erleben konnten, ist falsch. Wie aus den Genen hervorgeht, hatten beide schon zigmillionen Jahre lang nützlichen Wandel hinter sich, als der Komet einschlug. Alle heutigen Gruppen waren schon vor diesem wahrhaft weltbewegenden Ereignis ein ganzes Stück auf ihrem Entwicklungsweg vorangekommen. Dennoch tauchen die meisten Abstammungslinien in den Funden ganz plötzlich auf. Ein typisches Beispiel ist eine Schicht mit Fossilien von Meerestieren im US-Bundesstaat New York: Sie erstreckt sich über hundert Millionen Jahre; alle in ihr enthaltenen Arten bleiben mehrere Jahrmillionen lang gleich, und dann ändern sich die meisten im Laufe weniger hunderttausend Jahre. Bei Meeresfossilien, deren Geschichte lang genug ist – Korallen, Schnecken und kleine Bewohner des Meeresbodens –, sehen neun Zehntel aller Befunde so aus: Auf ein plötzliches Erscheinen folgen Millionen langweilige Jahre, bis die Abstammungslinie entweder verschwindet oder unverändert bis auf den heutigen Tag erhalten bleibt. Einige wenige verändern sich langsam und auf wirkliche darwinistische Weise – ein Beweis, daß dem Verteilungsmuster bei den anderen nicht ein Fehler der Stichprobe zugrunde liegt, sondern daß das allgemeine Bild des Lebendigen meist tatsächlich ein Bild der Ruhe ist. Eine Art von Rückenschalern (Verwandte der Krebse) war so gleichförmig, daß sie heute noch denselben lateinischen Namen trägt wie ihre Vorfahren, die vor hundertachtzig Millionen Jahren lebten; dennoch kommt sie in der heutigen Welt so gut zurecht, daß sie auf bewässerten Reisfeldern zum Schädling geworden ist.

Alle Vertreter der Theorien allmählichen Wandels, der Stabilität und der Revolution können für ihre Ansichten überzeugende Belege anführen. Im Gestein ist keine allgemeingültige Gesetzmäßigkeit zu erkennen, und heute, da wir über die Fossilien soviel besser Bescheid wissen als früher, können die Evolutionsforscher auch nicht mehr die Unvollständigkeit als einziges Alibi für diese Tatsache anführen. Manche Abstammungslinien verändern sich in scheinbar nichtdarwinistischer Weise: nicht allmählich, sondern mit Phasen des Wandels, die durch ruhige Zeiten unterbrochen sind. Ob sich in dieser Erhaltung des Bestehenden ein innerer Widerstand gegen Anpassungen manifestiert oder ob sie nur zeigt, daß nicht viel Evolution notwendig ist, weil die Herausforderungen der Natur häufig die gleichen bleiben, wissen wir nicht. Sosehr die Nachfolger Darwins auch protestieren mögen (und dies auch tun): Millionen Generationen der Trägheit passen kaum zu seinem Bild von einem Leben, das ständig auf dem Sprung ist, um sofort auf jede Herausforderung zu reagieren. Die Diskussion zwischen den Anhängern einer Evolution als gemächlicher viktorianischer Fortschritt und jenen mit der modernen Ansicht, Geschichte sei eine durch Panik gelinderte Langeweile, ist noch nicht entschieden.

Teilweise liegt das daran, daß eine solche Frage von den Fossilfunden, die durch die Unwägbarkeit der Zeiten so mitgenommen sind, zuviel verlangt; zum Teil sind es aber auch Meinungsverschiedenheiten über die Bedeutung von Wörtern. Was versteht man unter »allmählich«, und was bedeutet »augenblicklich«? Als Tschiang Kai-schek nach seiner Ansicht über die Französische Revolution gefragt wurde, erwiderte er: »Es ist noch zu früh, etwas darüber zu sagen.« Er hatte für geschichtliche Prozesse eine sehr langfristige Sehweise, die nach abendländischem Verständnis unverhältnismäßig erscheint. Das nationalistische Regime in China besetzte damals gerade einmal ein paar Jahrzehnte in einem politisch-historischen Kontinuum, das viertausend Jahre zuvor bei der Shang-Dynastie begonnen hatte. Wie sein

Führer erkannte, waren die Ereignisse seit der Erstürmung der Bastille, so dramatisch sie den Beteiligten auch erscheinen mochten, in der Geschichte nur ein Augenblick, und vielleicht ein nicht sonderlich bemerkenswerter. Es ist alles eine Frage der Größenordnung. In der Debatte, ob sich in den Fossilfunden ein langsamer oder ein schneller Wandel zeigt, hängt vieles davon ab, was man mit solchen Begriffen meint.

Das Turkanabecken in Ostafrika beherbergt die Reste vieler urzeitlicher Primaten, darunter auch die unserer eigenen werkzeugnutzenden Vorfahren. Sie alle haben sich in Schichten erhalten, die durch Lagen von Vulkanasche mit gut bekanntem Alter getrennt sind. Es mögen aufsehenerregende Knochen sein, aber sie sind selten und sagen über allmähliche oder unterbrochene Evolution wenig aus.

In denselben Schichtungen von Koobi Fora haben sich auch Millionen Gehäuse von etwa zwanzig verschiedenen Süßwasserschneckenarten erhalten. Ihre Fossilien sind seit der Zeit, als sie abgelagert wurden, praktisch unberührt geblieben. Auf den ersten Blick zeigen sie keineswegs das Verteilungsmuster, mit dem bei langsam aufeinanderfolgenden Abwandlungen zu rechnen wäre. Statt dessen offenbaren sie das gleiche wie viele andere Fossilien von Meeresbewohnern: Lange Phasen der Stabilität sind von plötzlichen Wellen des Wandels unterbrochen. Eine neue Form taucht auf, bleibt unverändert erhalten und verschwindet schließlich ebenso schnell wieder, wie sie gekommen ist. Das kann nicht nur an unzureichenden Funden liegen, denn die Bewohner dieser Seen sind in gewaltiger Zahl erhalten geblieben. Dennoch treten Zwischenformen nur in einem winzigen Teil der Geschichte jeder Abstammungslinie auf. Wie ist das möglich, wenn die Natur keine Sprünge macht?

Das Problem erwächst auch hier, wie in der Erkenntnis von Tschiang Kai-schek, aus dem Zeitgefühl. Wer in die Tiefen der Vergangenheit blickt, kann die Dinge kaum im richtigen Verhältnis sehen. Wenn ein Schiedsrichter im Wettlauf der Natur an eine Stoppuhr gewöhnt ist, der andere aber an Big Ben, muß man mit Meinungsverschiedenheiten rechnen. Was für den Paläontologen nur ein Augenblick ist, erscheint Forschern, die sich mit den heutigen Lebensformen befassen, als eine unendlich lange Zeit. Die »Zwischenformen« in den Fossilien von Turkana überdauerten nur einen winzigen Bruchteil der Lebenszeit ihrer Vorfahren und Nachkommen. Deshalb wirken sie im Stammbaum der

Schnecken wie der klassische Fall eines plötzlichen Evolutionssprunges, wie ein Phänomen, das man bei langsamen, aufeinanderfolgenden Abwandlungen in keinem Fall erwartet.

In Wirklichkeit umfaßt ein solcher Augenblick aber in den einzelnen Abstammungslinien zwischen fünf- und fünfzigtausend Jahre. Schnecken erleben eine bis zwei Generation im Jahr. Wenn ein Paläontologe mit dem Auge blinzelt, erfaßt er also etwa zwanzigtausend Weichtiergenerationen. Bei Hunden entspricht das vierzigtausend Jahren, viel mehr als die Zeit, in der sich durch herkömmliche Selektion der Chihuahua aus dem Wolf entwickelte. Warum soll man im Fall der Schnecken irgend etwas anderes unterstellen?

Die natürliche Selektion schafft es mit Sicherheit, eine Schnecke in eine andere zu verwandeln. Aber wenn sie dazu in der Lage ist, warum beschränkt sie ihre Energie dann auf ein so kurzes Stück in der Entwicklungsgeschichte der einzelnen Arten? Und warum tut sich bei den Schnecken über so lange Zeit gar nichts, wenn sie doch die Fähigkeit zur Weiterentwicklung besitzen? Ist über die natürliche Selektion hinaus noch etwas anderes vonnöten, um solche unerwarteten Verteilungsmuster zu erklären? Diese Ansicht vertritt die Theorie der »unterbrochenen Gleichgewichte«, wonach Evolution aus Phasen der »Stasis« besteht, die durch plötzlichen Wandel unterbrochen werden: Vielleicht, so die Vermutung, erwächst ein solcher Ablauf aus inneren Eigenschaften eines Lebewesens und nicht aus der Umwelt, in der es zu Hause ist. Es geht um die große Diskrepanz zwischen dem, was das Lebendige kann, und jenem, was es im Verlauf der Evolution tatsächlich tut.

Glücklicherweise gibt es für die Geschwindigkeit der Evolution ein allgemeingültiges Maß, das man bei Taufliegen im Labor über wenige Wochen hinweg ebenso anwenden kann wie bei Dinosauriern über die Jahrtausende. Eine Evolutionseinheit je Million Jahre bezeichnet man als »ein Darwin«. Es gibt an, um wieviel sich die durchschnittliche Größe irgendeines Merkmals (im Verhältnis zur absoluten Größe seines Trägers) im Laufe der Jahre ändert.

Bei Fliegen kann man in Laborexperimenten zu Werten von über hunderttausend Darwin gelangen, und auch bei der Selektion auf dem Bauernhof ergeben sich häufig Geschwindigkeiten von mehreren zigtausend. Umsiedlungsexperimente (zum Beispiel der Versuch mit den Guppys, die aus einem gefährlichen in einen ruhigeren Fluß verpflanzt wurden) führen zu einer Veränderungsgeschwindigkeit von bis zu fünfzigtausend Darwin. Englische Sperlinge wurden vor hundert Jahren in den Vereinigten Staaten ausgesetzt und haben sich seither über den ganzen amerikanischen Kontinent verbreitet. Dabei entwickelte sich ein ganz ähnliches Verteilungsmuster wie in der Alten Welt: Im kalten Norden leben gedrungene Vögel mit kurzen Gliedmaßen, in heißen Gegenden sind die Tiere leichter und zierlicher. Im warmen Süden verlängerten sich die Beine der Vögel um etwa hundert Darwin (das entspricht ungefähr fünf Prozent in einem Jahrhundert). Inwieweit die Veränderung im Körperbau der Sperlinge tatsächlich auf Gene zurückgeht und nicht eine direkte Reaktion auf die Umwelt darstellt, ist zwar nicht erforscht, aber bei einer derartigen Geschwindigkeit würde die Evolution in nur zehntausend Jahren einen Sperling mit den Beinen eines Straußes entstehen lassen.

Bei den Fossilien ist die Evolutionsgeschwindigkeit viel geringer. Ein klassisches Beispiel für schnelle Abwandlung sind die Pferde: Ihre Zähne veränderten sich, um der Umstellung von weichen Blättern auf hartes Gras gerecht zu werden. Sie wandelten sich im Laufe von mehreren Millionen Jahren um ein zehntel Darwin – das heißt, es dauerte mehrere Millionen Generationen, bis sich die Durchschnittsgröße der Zähne vom geringsten bis zu dem höchsten Wert verschoben hatte, der in einer Population zu einem beliebigen Zeitpunkt vorkam. In noch fernerer Vergangenheit – einschließlich der hundertfünfzig Millionen Jahre der Dinosaurier – verlief die Evolution von Körperbau oder Größe wiederum mehrere tausend Male langsamer. Offensichtlich hat das Lebendige viel weniger Evolution erlebt, als eigentlich möglich gewesen wäre.

Über die Verwandtschaft erloschener Arten unter sich und mit den lebenden Formen. Die heutigen Gene verbinden alle Tiere und Pflanzen, aber gleichzeitig sind sie auch der Beleg für eine ununterbrochene Kette von Vorfahren, die aus der fernen Vergangenheit bis zu uns reicht. Mittlerweile besagen sie aber auch noch mehr: Manche Lebensmoleküle sind selbst als Fossilien erhalten geblieben.

Jedes Kohlebergwerk ist eine Schatzkammer vergangener Lebenswelten, angefüllt mit den Überresten alter Baumstämme und Blätter. Erdöl ist ein Abbauprodukt des grünen Pflanzenfarbstoffes Chlorophyll. Etwa ein Fünfzigstel aller Gesteine – Kalkstein, Kreide und so weiter –, die als Sedimente in den Ozeanen abgelagert werden, besteht aus biologischen Überresten. Insgesamt enthält dieses Gestein zehntausendmal mehr organisches Material als alle heutigen Lebewesen zusammen. Ein Teil dieses alten Materials hat seine Struktur beibehalten. Chitin, der harte Bestandteil des Insektenskeletts, wurde schon in fünfundzwanzig Millionen Jahre alten Überresten vom Boden eines Sees gefunden, und die Aminosäuren in den Gehäusen von Kammmuscheln können hundertfünfzig Millionen Jahre überdauern.

Auch Schneckengehäuse enthalten genetische Aufzeichnungen aus der Vergangenheit. Ihr Muster bleibt über Jahrtausende hinweg erhalten. Solche Tiere waren unbemerkt unter die Erde geraten, als prähistorische Bauern im Süden Englands die großartigen Bauwerke von Silbury Hill und Avebury Trusloe errichteten, und bei den Ausgrabungen fand man sie nur einen Meter unter ihren Nachkommen. In Zeiten mit kühlem Klima waren die Populationen dunkler gefärbt: Das ist von Vorteil, sobald es sich lohnt, die Sonnenwärme zu absorbieren.

Berühmt wurde die Idee, prähistorische DNA könne erhalten bleiben, durch den Film *Jurassic Park*, in dem mit Hilfe fossiler DNA neue Dinosaurier geschaffen werden. Die Moleküle können den Tod mit Sicherheit überstehen. Zum erstenmal fand man sie in einem Quagga (einem ausgestorbenen Zebra) aus dem neunzehnten Jahrhundert, das in einem Museum stand. Auch in einer zweitausend Jahre alten Mumie, die im Sand Ägyptens ausgetrocknet war, wurde DNA entdeckt (zur großen Aufregung der Kopten, die nun ihre Behauptung überprüfen wollten, sie stammten von den Pharaonen ab). Weiteren Berichten zufolge sollte sie auch noch in zwanzig Millionen Jahre alten Magnolienblättern aus einem Sumpf in Iowa vorhanden sein, ebenso wie in einem hundertzwanzig Millionen Jahre alten, in Bernstein eingeschlossenen Rüsselkäfer und sogar in Dinosaurierknochen.

Das war der Traum eines jeden Evolutionsforschers. Was konnte es Besseres geben, als die Gene vergangener Zeiten mit denen von heute zu vergleichen? Aber schon bald wurden die Fachleute auf den Boden der Realität zurückgeholt: Wie sich herausstellte, stammte die sogenannte prähistorische DNA in fast allen Fällen aus Verunreinigungen mit modernem Material (ein echtes Problem angesichts der höchst empfindlichen Nachweismethode). Das Molekül bleibt nicht lange unversehrt. Den Maßstab für seine Zerbrechlichkeit liefern die Proteine. Sie zerfallen nach dem Tod in ihre einzelnen Bausteine, die Aminosäuren. Diese Verbindungen gibt es in zwei spiegelbildlichen Molekülformen, doch haben Lebewesen eine große Vorliebe für die »linksdrehende« Version. Die »Linkshändigkeit« geht nach dem Tod allmählich verloren, und ein langsamer chemischer Übergang zu einer ausgewogenen Mischung der beiden Formen setzt ein. Je geringer der chemische Drall in einem Fossil ist, desto älter muß es demnach sein. DNA zerfällt ungefähr ebenso schnell wie ein Protein. Deshalb muß in jedem Fossil, dessen Aminosäuren nicht mehr ihre natürliche Linkstendenz aufweisen, aus einfachen chemischen Gründen auch sämtliche DNA zerfallen sein.

In dieser Prüfung fällt fast die gesamte angeblich prähistorische DNA durch. Schon der Totengräber in *Hamlet* wußte: »Es ist nichts, das einem toten Körper eher den Garaus macht als Wasser.« Ganz gleich, woher sie stammt: Die DNA in einem Kadaver, der an einer feuchten Stelle liegt, wird sofort zerstört. Eis dagegen kann sie durchaus haltbarer machen (deshalb suchten Pathologen in den gefrorenen Überresten von Fischern aus Alaska nach den Genen des Grippevirus von 1918). Echte (allerdings stark zerstückelte) DNA wurde in den Knochen der Riesenfaultiere gefunden, derentwegen Darwin die Pampas als »ein einziges großes Grabmal dieser ausgestorbenen, riesigen Vierbeiner« bezeichnete. Einer ihrer nordamerikanischen Verwandten aus der Zeit vor zwanzigtausend Jahren hinterließ Exkremente voller DNA aus seiner letzten Mahlzeit, die aus mit Minze gewürzten Weintrauben bestand. Die noch einmal vierzigtausend Jahre älteren, gefrorenen Mammuts aus Sibirien waren ihren Genen zufolge offenbar mit den afrikanischen Elefanten näher verwandt als mit den asiatischen.

Auch wenn solche Überreste selten sind, hat die DNA doch eine Fülle eher indirekter Indizien hinterlassen, die Rückschlüsse auf ihre Vergangenheit gestatten; die Moleküle selbst bleiben zwar in der Regel nicht erhalten, aber ihre Spuren sind in den Knochen noch zu erkennen. Lungenfische sind lebende Fossilien, Tiere mit einer bewegten, kreativen Vergangenheit, die heute tief in die Unveränderlichkeit versunken sind. Ihre Weiterentwicklung verlangsamte sich schon vor langer Zeit, und jetzt haben sie sich seit Hunderten von Jahrmillionen nicht mehr gewandelt, während sich die Evolution bei ihren Verwandten stetig fortsetzte.

Knochen enthalten viele Zellen, und jede von ihnen besitzt einen Zellkern. Die harte Knochensubstanz preßt sie zusammen, so daß ihre

Größe ein Maß für ihren früheren DNA-Gehalt darstellt. In der Geschichte der Lungenfische nahm die Größe des Zellkerns – und damit auch die Menge des genetischen Materials – anfangs allmählich zu. Schon bald besaßen die Tiere hundertmal soviel DNA wie die meisten Säugetiere. Gleichzeitig verlangsamte sich die Evolution. Heute sind Lungenfische mit DNA vollgestopft (der größte Teil davon ohne erkennbare Funktion), und ihre Evolution ist völlig zum Stillstand gekommen. Der Zusammenhang zwischen DNA-Gehalt, einer trägen Lebensweise und entwicklungsgeschichtlicher Faulheit hat sich in der Natur vielfältig materialisiert. Die DNA zu verdoppeln erfordert Energie. Bakterien, die kein überflüssiges genetisches Material besitzen, sind in dieser Hinsicht sehr behende, während die Evolution der mit Genen angefüllten Salamander wie gelähmt verharrt. Auch bei Pflanzen gibt es eine enge Beziehung zwischen Lebensweise und DNA-Gehalt. Unkräuter haben stets ein kleines Genom, besser eingeführte Arten dagegen sind mit DNA vollgepackt, wachsen langsam und brauchen unter Umständen einen Monat, um eine einzige Eizelle hervorzubringen. Ob eine gemächliche Lebensweise für das genetische Material die Möglichkeit zur Vermehrung schafft oder ob die zusätzliche DNA ihrerseits die Evolution bremst, ist nicht bekannt.

Die Fossilien zeigen, daß sich das gleiche auch bei den Lungenfischen abspielt. Was auch immer die Ursache der Verlangsamung gewesen sein mag: Bei einer prähistorischen Art belegen die Spuren, die ihre Gene in den Knochen hinterlassen haben, eine enge Verwandtschaft mit ihren Nachkommen. Wie üblich verwirklicht das Leben auch hier nicht alles, wozu Hollywood in der Lage ist, aber die Tragödie der Lungenfische stellt eine Verbindung zwischen den Nukleinsäuren der heutigen und einer längst vergangenen Zeit her.

Über die Entwicklungsstufe alter Formen. Die Idee, die Gegenwart befinde sich im Vergleich zur Vergangenheit im Niedergang, ist seit Anbeginn der Geschichte im Schwange. Homer und Vergil beklagten die abnehmende Größe des Menschengeschlechts, und griechische Schauspieler in der Rolle von Sagenhelden standen auf Stelzen. Auch Fossilien sprachen für solche Vorstellungen. Als man im vierzehnten Jahrhundert in Sizilien die Knochen des Ungeheuers Polyphem fand, hingen in den Kirchen schon viele andere Gebeine und bezeugten die Behauptung der Genesis, in jener Zeit hätten Riesen auf der Erde gelebt. Polyphems Knochen gehörten in Wirklichkeit zu fossilen Elefanten. Sein einziges gewaltiges Auge (er war der Anführer der Zyklopen und wurde von Odysseus, den es an die Küste Siziliens verschlagen hatte, geblendet) war die große Nasenöffnung in der Mitte des Elefantenschädels, die tatsächlich einer riesigen Augenhöhle ähnelt. Weitere prähistorische Elefantenknochen wurden, zu Heiligen zusammengesetzt, in ganz Europa zur Schau gestellt. Sie veranlaßten einen französischen Anatomen zu Berechnungen, wonach Adam angesichts der Schrumpfungsgeschwindigkeit seit der Schöpfung etwa dreiundvierzig Meter groß gewesen sein mußte.

Wenn es um Evolution geht, spielt Größe auch heute noch eine Rolle. Buffon hatte behauptet, Hunde würden in Amerika ihr Bellen verlieren und alle anderen Tiere seien kleiner. Selbst den Menschen fehle die Lebenskraft: Der amerikanische Indianer sei »schwächlich ... er hat kleine Zeugungsorgane ... und empfindet keinerlei Wollust für seine Frau ... indem die Natur ihm die Macht der Liebe verweigert, hat sie ihn schlechter behandelt und auf eine tiefere Stufe gestellt als jedes Tier«. Jefferson schickte Meßwerte von Bären und Bibern an Buffon, und als letzter Beweis diente ein ausgestopfter Elch; erst als in Paris das erste gesamtamerikanische Mastodon ausgestellt wurde, war der gute Ruf der Neuen Welt gerettet.

Auf die Vorstellung vom Niedergang folgte der Fortschrittsgedanke, die Vorstellung, die heutigen Pflanzen und Tiere seien höher entwickelt als ihre Vorfahren. Es schien, als schreite die Natur unausweichlich vom Mikroorganismus zum Menschen fort; Alexander Pope schrieb:

> Der Wesen Kette, die mit Gott begann,
> ätherisch hohe Wesen, Engel, Mann,
> Tier, Vogel, Fisch, Insekt, was Augen hier
> nicht sehen: Vom Unendlichen zu Dir.

Aber hat sich das Lebendige wirklich verbessert – sind die neueren Modelle besser als die früheren?

Die Evolutionstheorie beinhaltet im Gegensatz zu anderen Modellen der Vergangenheit keine innere Notwendigkeit eines Fortschritts. Richard Owen, der Erfinder des Wortes »Dinosaurier«, Gründer des Londoner Natural History Museum und staatlich-britischer Universalgelehrter, hatte unerschrockene Ansichten über den Zweck der Geschichte. Zu den Fischen meinte er: »Diese Arten, wie der nahrhafte Kabeljau, der schmackhafte Hering, der Lachs mit seinen reichen Aromen und der fleischige Steinbutt, hatten in der Periode, welche dem Erscheinen des Menschen unmittelbar vorausging und es begleitete, eine starke Vorherrschaft; sie waren jenen Arten überlegen, die sich viel weniger dazu eignen, der Menschheit eine wohlschmeckende, gehaltvolle Nahrung zu liefern.« Seine Überzeugung, das Leben wandle sich zum Vorteil des Menschen, steht in krassem Gegensatz zu Darwins prägnanter – und zutreffender – Warnung, kein Tier existiere zum Nutzen eines anderen. Die Evolutionsmaschine kann nichts anderes tun, als ihre Produkte an alles anzupassen, womit sie sich im jeweiligen Augenblick auseinandersetzen müssen. Sie hat keine eingebaute Richtung – weder vorwärts noch rückwärts oder zur Seite.

In Italien war die Macht der Gewohnheit so groß, daß die Leute noch 1923 in der Stadt auf der linken Straßenseite fuhren, auf dem Land dagegen rechts. Auch der darwinistischen Maschine kann man nur schwer die umgekehrte Richtung aufzwingen, wenn sie einmal in Gang gekommen ist. Fortschritt mag im Leben knapp sein, aber es gibt eine Fülle von Trägheit. Der Auerochse, der europäische Urahn der Hausrinder, wurde eifrig gejagt. Das letzte Exemplar starb 1627 in Polen. Es war schwarz, 1,80 Meter groß und hatte furchterregende Hörner. Es gab viele Versuche, ihn durch eine Kreuzung zwischen Kampfstieren und anderen Rassen wiederzubeleben. Diese Tiere ähneln zwar ihrem edlen Vorgänger, sind aber nur eine schlechte Kopie: fast gleich in der Gestalt, aber ganz anders in den Genen. Einen Weg durch das Labyrinth der Abstammung zurückzugehen ist unmöglich.

Evolution gerät häufig in eine Einbahnstraße. Die meisten Lebewesen pflanzen sich sexuell fort. Einige von denen, die sich diesen Zeitvertreib zu eigen gemacht haben, können auch zu paradiesischer Unschuld zurückkehren, wenn sich die Gelegenheit dazu bietet, aber viele andere haben auf der Straße der Sexualität einen unumkehrbaren Schritt vollzogen. Kiefern halten daran fest, weil die Chloroplasten (die grünen biologischen Fabriken, die Sonnenlicht als Energiequelle nutzen) über den Pollen weitergegeben werden. Fische und Amphibien müssen sich weiterhin Männchen halten, weil die Samenzelle den Apparat für die Zellteilung liefert. Die Jungferngeburt ist bei Säugetieren unbekannt, weil das Männchen den Genen, die über die Samenzelle weitergegeben werden, seinen Stempel aufdrückt. Manche Lebewesen versuchen unter großen Mühen, bei der Fortpflanzung ihrem Schicksal zu entgehen. Eine bestimmte Fischart bedient sich der Samenzellen einer anderen Spezies, um eine Eizelle zu aktivieren, aber auch sie steckt im Gefängnis der Sexualität: Die Gene des Männchens sind zwar nicht erforderlich, aber es muß immer noch die entscheidende Samenzelle produzieren. Einem Entwicklungszustand zu entkommen, der von den ältesten Formen herrührt, ist offenbar schwer.

Dennoch müssen die neueren Formen in einem ganz bestimmten Sinne höher entwickelt sein, denn jede neue Spezies entsteht ja dadurch, daß sie gegenüber anderen, älteren Formen einen Vorteil im Kampf ums Dasein hat. Nachdem sich die Produkte Europas in letzter Zeit auf so bemerkenswerte Weise in Neuseeland verbreitet haben, liegt die Vermutung nahe, daß viele einheimische Arten im Laufe der Zeit durch die Vielzahl der britischen Formen ausgerottet werden. Unter diesem Gesichtspunkt kann man behaupten, die Produkte Großbritanniens seien höher entwickelt als jene aus Neuseeland. Aber anhand einer Untersuchung der Arten aus den beiden Ländern allein hätte auch der fachkundigste Naturforscher dieses Ergebnis nicht vorhersagen können.

Manche Trends in der Natur lassen tatsächlich auf Fortschritt schließen, allerdings nur in begrenztem Umfang. Die winzigen Würmer, die als Spuren ihrer früheren Jagden kleine, später versteinerte Tunnel im Schlamm zurückließen, suchten ihre Nahrung anfangs nur nach dem Zufallsprinzip, aber vierhundert Millionen Jahre später krochen sie stärker zielgerichtet auf dem Gewässerboden hin und her. Bei den Säugetieren sind die meisten prähistorischen Arten kleiner als ihre heute lebenden Verwandten. Nach dem Ende der Dinosaurierzeit hatte das größte Säugetier die Ausmaße einer Katze, heute dagegen gibt es den Elefanten und den Wal. Die Dinosaurier selbst wuchsen in wenigen Millionen Jahren von katzengroßen Tieren zu Giganten von achtzig Tonnen heran. Aber solche riesigen Geschöpfe waren nicht von Dauer. Nicht nur die Dinosaurier gingen unter. Ebenso verschwanden die amerikanischen Riesenfaultiere und Mastodonten (und die meisten Wale) von der Bildfläche; die heutige Schachtelhalme und Moose sind winzig im Vergleich zu ihren Vorfahren in den Steinkohlewäldern, und allen fossilen Spuren von Fortschritten im Verhalten zum Trotz treiben sich viele Würmer auch heute noch rein zufällig auf dem Boden von Seen herum. Evolution ist keine Rolltreppe zu Höherem, weder im Hinblick auf Klugheit noch in bezug auf Größe.

Die Vorstellung von der Evolution als Leiter ist tot (zumindest sollte sie es sein), aber mit Sicherheit ist das Leben seit seinen Anfängen komplizierter geworden. Die heutigen Bakterien unterscheiden sich kaum von denen, die vor zwei Milliarden Jahren lebten; aber heute gibt es außerdem Tiere und Pflanzen. Manche Organe sind raffinierter geworden. Die Gliedmaßen der Insekten haben sich von einfachen, mit Gelenken versehenen Rohren zu Zangen, Paddeln und anderem entwickelt, und das Gehirn der Säugetiere ist stärker gefurcht als früher – aber bei anderen Körperteilen, so beim Schädel (der beim Menschen aus weniger Knochen besteht als bei prähistorischen Fischen), war das nicht der Fall. Viele Tiere entwickeln sich rückwärts, und das Männchen lebt als Parasit im Innern des Weibchens. Bei den Parasiten selbst ist alles verschwunden außer den Verdauungs- und Geschlechtsorganen.

Komplexität ist doppeldeutig. Die ersten Schwämme bestanden nur aus einem halben Dutzend Zelltypen, beim Menschen sind es Hunderte. Dennoch hat die Kompliziertheit, nach diesem Maßstab gemessen, über viele Millionen Jahre hinweg kaum zugenommen: Bei den Fischen sind es ungefähr ebenso viele wie bei uns. Schwämme bilden im Vergleich zu ihrer Anfangszeit mehr Kolonien, aber die Korallen, die fast ebensoalt sind, leben heute vereinzelter als früher. In der Wirtschaft sind wir, wie Keynes sagte, langfristig alle tot. Auch die Biologie denkt nie an die Zukunft: Das Entscheidende geschieht jetzt, in einem ökologischen Augenblick, und ohne großartige Planung.

Nur allzu oft dient der Fortschrittsbegriff als Umschreibung für die Vollkommenheit, für die große Seinskette in neuem Gewand. Er sollte behutsam verwendet werden. Manche Fachleute sehen in der Biologie einen Zeitpfeil wie in der Physik, aber in umgekehrter Richtung – eine erbarmungslose Tendenz zur Verbesserung, entsprechend dem inneren Trend des Universums in Richtung Chaos und Unordnung. Das ist zu optimistisch. Manche Abstammungslinien werden komplizierter, andere einfacher, und große Teile der Lebenswelt müssen darum kämpfen, ihren Stand zu halten. Wenn alles in Evolution begriffen ist, kann es sich niemand leisten stehenzubleiben, und es könnte durchaus einen ständigen Wandel geben, ohne daß sich insgesamt ein Fortschritt einstellt. Die Lebewesen sind in den letzten vier Milliarden Jahren zwar komplizierter geworden, aber welche Formen höher oder niedriger stehen, hängt in der Regel davon ab, wer diese Frage stellt. Die Evolution braucht keinen Fortschritt. Schließlich werden alle ihre Schöpfungen, vom Zeitpfeil durchbohrt, in absehbarer Zeit tot sein.

Über die Aufeinanderfolge derselben Typen innerhalb gleicher Gebiete während der späteren Tertiärperioden. In der Science-fiction sieht die Welt früherer Zeiten im wesentlichen genauso aus wie heute, nur mit Dinosauriern. Für die Biologie stellt die Vergangenheit ein fremdes Land dar, eine Geschichte nicht nur andersartiger Lebewesen, sondern auch anderer Welten.

Evolution ist wie die Geschichte ein Drama, in dem verschiedene Schauspieler nacheinander dieselbe Rolle spielen. Es gibt auf der Welt ungefähr fünfzig große Raubtierarten – Löwen, Wölfe, Schakale, Bären und andere. Unabhängig davon, wo sie zu Hause sind, lassen sie sich immer in vier Gruppen mit unterschiedlicher Lebensweise einteilen. Manche, unter ihnen die Großkatzen, ernähren sich ausschließlich von Fleisch. Andere, beispielsweise die Hyänen, fressen Fleisch und zermalmen auch Knochen. Schakale und Füchse haben einen vielseitigeren Geschmack – ihre Ernährung besteht zur Hälfte aus Wurzeln und Pflanzenteilen; und die Bären schließlich sind auf dem Weg zur vegetarischen Lebensweise noch weiter vorangekommen. Bei jeder Gruppe ist der Schädel anders gebaut, und deshalb kann man an jedem Schädel sofort erkennen, zu welcher Gruppe er gehört.

Viele Wege führen zum Glück. Im heutigen Yellowstone-Nationalpark waren vor fünf Millionen Jahren alle Gruppen vertreten, aber die Rollen wurden von anderen Tieren gespielt. Hyänen gab es noch nicht; an ihrer Stelle zermalmten große Hunde die Knochen. Auch bärenähnliche Tiere streiften durch die Landschaft. Es waren aber keine echten Bären, sondern riesige Waschbären, die nicht nur an Fleisch, sondern auch an Beeren und Wurzeln Geschmack fanden. Obwohl viele Arten ausstarben und durch neue Formen ersetzt wurden, blieben die vier Gruppen, die zu unterschiedlichen Zeiten durch ganz verschiedenartige Tiere – Bärenhunde, Bären-Waschbären und eine Gruppe katzenähnlicher Fleischfresser, die man als Nimraviden bezeichnet – vertreten waren, über viele Millionen Jahre hinweg bestehen. Die gleiche Einheitlichkeit ist auch bei Vögeln zu erkennen. Die heutigen Geier in Amerika und Afrika gehören zu drei Kategorien, jede davon mit charakteristischem Kopf und Schnabel. Sie zerreißen, schlingen oder kratzen ihre Nahrung; und Reißer, Schlinger und Kratzer haben sich auch bei einer ganz anderen Vogelgruppe aus den Teergruben von La Brea erhalten.

Das Schauspiel läuft über so lange Zeit, daß es in seiner Handlung zwangsläufig Veränderungen geben mußte. Vor fünfhundert Millionen Jahren enthielt die Luft zwanzigmal soviel Kohlendioxid wie heute. Das führte zu einem natürlichen »Treibhauseffekt«, der sich zweihundert Millionen Jahre später, als die Konzentration des Gases sank, wieder umkehrte. Auch die Sauerstoffmenge schwankte von einem Extrem zum anderen. Als sie doppelt so hoch war wie heute, konnten riesige Pflanzen heranwachsen, Spinnen hatten die Größe eines gebundenen Buches, und Skorpione waren dreißig Zentimeter lang. Ein späterer Anstieg führte zur Entwicklung fliegender Reptilien wie *Quetzalcoatlus* mit einer Flügelspannweite von zwölf Metern. Wegen der hohen Sauerstoffkonzentration konnten die Tiere durch Verbrennung so viel Energie erzeugen, daß sie sich in die Lüfte erhoben. In der heutigen, verdünnten Atmosphäre könnte kein derart schweres Tier die Schwerkraft überwinden. Selbst die Tage haben sich auf der Erde geändert. Da der Mond unserem Planeten Rotationsenergie entzieht, verlangsamt sich die Erddrehung. Korallen machen tägliche und jährliche Wachstumsschübe durch, und die von ihnen übriggebliebenen Bruchstücke aus der Zeit vor vierhundert Millionen Jahren lassen erkennen, daß ein Jahr damals vierhundert Tage hatte. In welchem Entwicklungsstadium das Leben zu jener Zeit auch gewesen sein mag: Auf jeden Fall lief es an derart kurzen, energiegeladenen Tagen schneller ab als heute.

Die letzte Instanz für alle Evolutionstheorie sind die geologischen Befunde. Zwar diskutieren die Biologen noch darüber, wie der Vorgang im einzelnen abläuft, aber daß er abgelaufen ist, kann heute wegen der Fossilien niemand – ob Biologe oder nicht – mehr leugnen. Als Cuvier vor einem Haufen Knochen ausgestorbener Tiere aus dem Pariser Becken stand, sagte er: »Wir werden das nehmen, was wir aus der vergleichenden Anatomie der lebenden Formen gelernt haben, und werden es als Leiter zum Abstieg in die Vergangenheit benutzen.« Heute bilden die Fossilien selbst vielleicht keine Leiter, aber eine Reihe schwankender Stufen durch die Zeitalter, und sie sind der Beweis für eine Vergangenheit, die dramatischer gewesen ist als alles, was Cuvier sich vorstellen konnte.

Die Zeiten, als Fossilsammler wie Ahnenforscher nach fehlenden Bindegliedern suchten, sind ein für allemal vorüber. Die Funde vorzeitlicher Lebewesen sind der nachdrücklichste Hinweis, was Evolution leisten kann. Vor hundert Jahren stand die Geologie im Mittelpunkt der Konflikte zwischen Naturwissenschaft und Glauben. Ihre Gesetzmäßigkeiten schienen eine Zeitlang so stark von denen unserer Tage abzuweichen, daß sie den Anlaß zu wissenschaftlichen Diskussionen von fast theologischer Hitzigkeit bot. Die Meinungsverschiedenheiten gibt es immer noch, aber heute, wo die Fachleute für alte und moderne Lebensformen die gleiche Sprache sprechen, werden sie wohl eines Tages beigelegt.

Zusammenfassung des vorigen und dieses Kapitels. Ich habe zu zeigen gesucht, daß die geologische Urkunde äußerst unvollständig ist; daß erst nur ein kleiner Teil der Erdoberfläche sorgfältig geologisch untersucht worden ist; daß nur gewisse Klassen organischer Wesen zahlreich in fossilem Zustande erhalten sind; daß die Anzahl der in unseren Museen aufbewahrten Individuen und Arten gar nichts bedeutet im Vergleiche mit der unberechenbaren Zahl von Generationen, die nur während einer einzigen Formationszeit aufeinandergefolgt sein müssen; daß an mannigfaltigen fossilen Spezies reiche Formationen, mächtig genug um künftiger Zerstörung zu widerstehen, sich beinahe notwendig nur während der Senkungsperioden ablagern konnten und daher große Zeitzwischenräume zwischen den meisten unserer aufeinanderfolgenden Formationen verflossen sind; daß wahrscheinlich während der Senkungszeiten mehr Aussterben und während der Hebungszeit mehr Abändern organischer Formen stattgefunden hat; daß der Bericht aus diesen letzten Perioden am unvollständigsten erhalten ist; daß jede einzelne Formation nicht in ununterbrochenem Zusammenhang abgelagert worden ist; daß die Dauer jeder Formation wahrscheinlich kurz war im Vergleich zur mittleren Dauer der Artformen; daß Einwanderungen einen großen Anteil am ersten Auftreten neuer Formen in irgendeinem Lande oder einer Formation gehabt haben; daß die weit verbreiteten Arten am meisten variiert und am öftesten Veranlassung zur Entstehung neuer Arten gegeben haben; und daß Varietäten anfangs nur lokal gewesen sind. Alle diese Ursachen zusammengenommen werden dazu beigetragen haben, daß die geologischen Urkunden äußerst unvollständig sind, und sie werden es zum großen Teile erklären, warum wir nicht endlose Varietätenreihen die erloschenen und lebenden Formen in den feinsten Abstufungen miteinander verketten sehen.

Wer diese Ansichten von der Unvollkommenheit der geologischen Urkun-

den verwerfen will, muß auch folgerichtig meine ganze Theorie verwerfen. Denn vergebens wird er dann fragen, wo die zahlreichen Übergangsglieder geblieben sind, welche die nächstverwandten oder stellvertretenden Arten einst miteinander verkettet haben müssen, die man in den aufeinanderfolgenden Lagern einer und derselben großen Formation übereinander findet. Er wird nicht an die unermeßlichen Zwischenzeiten glauben, welche zwischen unseren aufeinanderfolgenden Formationen verflossen sein müssen; er wird übersehen, welchen wesentlichen Anteil die Wanderungen, – die Formationen irgendeiner großen Weltgegend wie Europa für sich allein betrachtet, – gehabt haben; er wird sich auf das offenbare, aber oft nur scheinbar plötzliche Auftreten ganzer Artengruppen berufen. Er wird fragen, wo denn die Reste jener unendlich zahlreichen Organismen geblieben sind, welche lange vor der Bildung des silurischen Systems abgelagert worden sein müssen? Diese letzte Frage kann ich aber nur hypothetisch beantworten mit der Annahme, daß unsere Ozeane sich schon seit unermeßlichen Zeiträumen an ihren jetzigen Stellen befunden haben, und daß da, wo unsere auf und ab schwankenden Kontinente jetzt stehen, sie sicher seit dem Beginn des silurischen Systems gestanden haben; daß aber die Erdoberfläche lange vor dieser Periode ein ganz anderes Aussehen gehabt haben dürfte, und daß die älteren Kontinente, aus Formationen noch viel älter als irgend eine uns bekannte bestehend, sich jetzt nur in metamorphischem Zustande befinden oder tief unter dem Ozean versenkt liegen.
Doch sehen wir von diesen Schwierigkeiten ab, so scheinen mir alle anderen großen und leitenden Tatsachen in der Paläontologie wunderbar mit der Theorie der Deszendenz mit Modifikation durch natürliche Zuchtwahl übereinzustimmen. Es erklärt sich daraus, warum neue Arten nur langsam und nacheinander auftreten, warum Arten verschiedener Klassen nicht notwendig zusammen oder in gleichem Verhältnisse oder in gleichem Grade sich verändern, daß aber alle im Verlaufe langer Perioden Veränderungen in gewisser Ausdehnung unterliegen. Das Erlöschen alter Formen ist die fast unvermeidliche Folge vom Entstehen neuer. Wir können einsehen, warum eine Spezies, wenn sie einmal verschwunden ist, nie wieder erscheint. Artengruppen wachsen nur langsam an Zahl und dauern ungleich lange Perioden; denn der Prozeß der Modifikation ist notwendig ein langsamer und von vielerlei verwickelten Momenten abhängig. Die herrschenden Arten der größeren und herrschenden Gruppen streben danach, viele abgeänderte Nachkommen zu hinterlassen, welche wieder neue Untergruppen und Gruppen bilden. Im Verhältnisse als diese entstehen, neigen sich die Arten minder kräftiger Gruppen in Folge ihrer von einem gemeinsamen Urerzeuger ererbten Unvollkommenheit dem gemeinsamen Erlöschen zu, ohne irgendwo auf der Erdoberfläche eine abgeänderte

Nachkommenschaft zu hinterlassen. Aber das gänzliche Erlöschen einer ganzen Artengruppe ist oft ein langsamer Prozeß gewesen, da einzelne Arten in geschützten oder abgeschlossenen Standorten kümmernd noch eine Zeitlang fortleben konnten. Ist eine Gruppe einmal vollständig untergegangen, so erscheint sie nie wieder, denn die Reihe der Generationen ist abgebrochen.

Wir können einsehen, woher es kommt, daß die herrschenden Lebensformen, welche weit verbreitet sind und die größte Zahl von Varietäten ergeben, die Erde mit verwandten jedoch modifizierten Nachkommen zu bevölkern streben, denen es sodann gewöhnlich gelingt, die Plätze jener Artengruppen einzunehmen, welche vor ihnen im Kampfe ums Dasein unterliegen. Daher wird es denn nach langen Zwischenräumen aussehen, als hätten die Bewohner der Erdoberfläche überall gleichzeitig gewechselt.

Wir können einsehen, woher es kommt, daß alle Lebensformen, die alten wie die neuen, zusammen nur ein großes System bilden. Es ist aus der fortgesetzten Neigung zur Divergenz des Charakters begreiflich, warum, je älter eine Form ist, sie um so mehr von den jetzt lebenden abweicht; warum alte und erloschene Formen oft Lücken zwischen lebenden auszufüllen geeignet sind und zuweilen zwei Gruppen zu einer einzigen vereinigen, welche zuvor als getrennte aufgestellt worden waren, obwohl sie in der Regel einander nur etwas näher rücken. Je älter eine Form ist, um so öfter hält sie in einem gewissen Grade zwischen jetzt getrennten Gruppen das Mittel; denn je älter eine Form ist, desto näher verwandt und mithin ähnlicher wird sie dem gemeinsamen Stammvater solcher Gruppen sein, welche seither weit auseinandergegangen sind. Erloschene Formen halten selten direkt das Mittel zwischen lebenden, sondern stehen in deren Mitte nur in Folge einer weitläufigen Verkettung durch viele erloschene und abweichende Formen. Wir ersehen deutlich, warum die organischen Reste dicht aufeinanderfolgender Formationen einander näher verwandt sind als solche aus weit entfernten Formationen; denn sie hängen durch Zeugung eng miteinander zusammen. Wir vermögen endlich einzusehen, warum die organischen Reste einer mittleren Formation auch in ihren Charakteren intermediär sind.

Die Bewohner der Erde aus einer jeden der aufeinanderfolgenden Perioden ihrer Geschichte haben ihre Vorgänger im Kampfe ums Dasein besiegt und stehen insofern auf einer höheren Vollkommenheitsstufe als diese, und ihr Körperbau ist im Allgemeinen mehr spezialisiert worden; dies kann die allgemeine Annahme so vieler Paläontologen erklären, daß die Organisation im Ganzen fortgeschritten sei. Ausgestorbene und geologisch alte Tiere sind in gewissem Grade den Embryonen neuerer zu denselben Klassen gehöriger Tiere ähnlich; und diese wunderbare Tatsache erhält aus unserer

Theorie eine einfache Erklärung. Die Aufeinanderfolge gleicher Organisationstypen innerhalb gleicher Gebiete während der letzten geologischen Perioden hört auf geheimnisvoll zu sein und wird nach dem Grundsatz der Vererbung verständlich.
Wenn daher die geologische Urkunde so unvollständig ist, wie ich glaube (und es läßt sich wenigstens behaupten, daß das Gegenteil nicht erweisbar ist), so werden die Haupteinwände gegen die Theorie der natürlichen Zuchtwahl in hohem Grade abgeschwächt, oder sie verschwinden gänzlich. Andererseits scheinen mir alle Hauptgesetze der Paläontologie deutlich zu beweisen, daß die Arten durch gewöhnliche Zeugung entstanden sind. Frühere Lebensformen sind durch neue und vollkommenere Formen, die durch Variation erzeugt und durch natürliche Zuchtwahl erhalten wurden, ersetzt worden.

ELFTES KAPITEL

GEOGRAFISCHE VERBREITUNG

Geografie und Wandel • Die gegenwärtige Verbreitung der Organismen läßt sich nicht aus Verschiedenheiten der physikalischen Lebensbedingungen erklären • Die fünf mediterranen Gebiete: Eindringlinge und Bewohner • Wichtigkeit der Verbreitungsschranken • Mittel der Verbreitung: zu Land, zu Wasser und in der Luft; Veränderungen des Klimas • Zentren der Evolution • Die Zerstreuung während der Eisperiode • Die unruhige Erde und die Geografie des Lebendigen

Anfang der neunziger Jahre wurde in der Wüste von Arizona eine Insel gebaut. Die Biosphere Two, wie man sie nannte (Biosphäre 1 war die Erde selbst), sollte völlig von den Schadstoffen und Widrigkeiten ihrer Umgebung getrennt sein. Man wollte eine Welt schaffen, wie es sie noch nie gegeben hatte – einen unverfälschten Ort, an dem Mensch und Natur im Einklang leben konnten. Acht Bionauten bildeten eine selbstgenügsame Lebensgemeinschaft, ein System im Gleichgewicht, wie es ihren Behauptungen zufolge einst die ganze Natur gewesen war. Das riesige Gewächshaus war luftdicht abgeschlossen, ein zweihundert Millionen Dollar teurer Mikrokosmos der biologischen Vielfalt von der Wüste über einen Wald bis zu einem Ozean von einigen Millionen Litern.

Nach einem Jahr mußten die Bewohner der Wirklichkeit ins Auge sehen. Mikroorganismen im Boden ließen die Kohlendioxidmenge in die Höhe schießen, und die Sauerstoffkonzentration sank auf einen Wert wie auf dem Gipfel des Montblanc. Rankenpflanzen erdrosselten ganze Sektionen der Biosphäre, und andere Pflanzen starben aus. Noch weniger Erfolg hatten die Tiere. Von fünfundzwanzig Wirbeltierarten gingen neunzehn zugrunde, und das gleiche widerfuhr auch allen bestäubenden Insekten (und das hieß, daß auch die meisten Pflanzen zum Untergang verdammt waren). In der »Wüste« wuchs Gras, und das Wasser konnten die Bionauten nur sauberhalten, indem sie große Algenmatten zerschnitten. Im Jahr 1994 wurde die Biosphäre aufgegeben.

Die Ziele, an denen sich das große Gewächshausexperiment ausrichtete, haben auch bei der Gründung der Vereinigten Staaten Orientierung gegeben. Sie waren eine neue Welt, abgeschieden von den Übeln der alten; sie bot die Chance, im Einklang mit der Natur von vorn anzufangen. Vieles von dem, was die Pioniere sahen, war ihnen vertraut. Lorbeer, Walnuß und Efeu, Rotkehlchen, Amsel und Lerche – alles war da.

Das neue England sah aus wie das, was die Einwanderer zurückgelassen hatten, aber so war es nicht. Der amerikanische Lorbeer ist eine giftige Heidepflanze, die mit den europäischen Arten gleichen Namens nicht verwandt ist, und das Rotkehlchen ist in Wirklichkeit eine Drossel. Die Siedler stützten sich bei der Namensgebung nicht auf Biologie, sondern auf Nostalgie. Jede Kolonie – ob unter Glas oder unter Gott – stand der gleichen ungenießbaren Wahrheit gegenüber: Leben, das isoliert ist, wandelt sich.

Die Entstehung der Arten beginnt mit einem Reisebericht: »Als ich an Bord der ›Beagle‹ als Naturforscher Südamerika erreichte, überraschten mich gewisse Tatsachen in hohem Grade, die sich mir in Bezug auf die Verbreitung der Bewohner ... dieses Weltteils darboten.« Das ist ein bedeutungsschwerer Satz. Er wurde zum Ausgangspunkt für eine eigene Wissenschaft. Darwin erkannte es deutlich: Um die Tatsache der Evolution zu beweisen, braucht man sich nur an einen anderen Ort zu begeben. Ihm wurde klar, daß einige der besten Belege aus Landkarten stammen, daß die Geografie des Lebens »ein großes Schachspiel mit der Welt als Brett« ist.

In den Gesetzen des Lebendigen gibt es zu allen Zeiten und an allen Orten verblüffende Parallelen: Die Aufeinanderfolge früherer Zeiten unterliegt fast den gleichen Prinzipien, die heute auch für die Unterschiede an verschiedenen Orten gelten. Warum ist Australien das einzige Gebiet, wo es Känguruhs gibt? Brauchen wir den heiligen Patrick, wenn wir erklären wollen, warum in Irland keine Schlangen leben? Und warum findet man in der Antarktis Kohle, den Überrest tropischer Wälder? Das alles erscheint sinnvoll, wenn das Leben sich bei seinen Wanderungen gewandelt hat. Geografie ist ein Ausweg aus der traurigen Erkenntnis, daß wir (abgesehen von Fossilien) nicht in die Vergangenheit reisen können.

Wenn wir die Verteilung der Lebewesen auf dem Globus betrachten, fällt als erstes auf, daß sich weder die Ähnlichkeiten noch die

Unterschiede der Bewohner verschiedener Gebiete mit dem jeweiligen Klima oder anderen physikalischen Bedingungen erklären lassen. Es gibt in der Alten Welt kaum eine klimatische oder sonstige Bedingung, die in der Neuen keine Parallele hätte. Und trotz dieser Übereinstimmung der Umstände in Alter und Neuer Welt sind ihre lebenden Hervorbringungen doch so verschiedenartig!

Am Weinregal jedes Supermarktes (außer in Frankreich) kann man erkennen, wie unterschiedliche Gegenden die gleichen Lebensformen nähren können, wenn man ihnen die Möglichkeit dazu bietet. Da sind vielleicht zwanzig verschiedene Chardonnays im Angebot. Sie schmecken fast gleich, auch wenn der eine vielleicht rauchig ist und der andere an Butter, Pfirsiche oder Passionsfrüchte erinnert – geringfügige Abweichungen, aber wichtig für diejenigen, die reich genug sind, ihrer Lieblingsdroge ein edles Mäntelchen umzuhängen. Manche Flaschen sind teuer – ein Chablis kann hundert Euro kosten –, andere sind so billig, wie südafrikanische oder chilenische Arbeitskräfte sie machen können. Wer sie kauft, ist unmodern, und in Großbritannien gibt es sogar einen »Bloß kein Chardonnay«-Club, der nur gegründet wurde, um den allgegenwärtigen Eindringling zu vertreiben.

In weit voneinander entfernten Teilen der Erde gibt es Millionen Reben, an denen diese Traube wächst. Selbst ein Kenner hat kaum eine Chance, das beste französische Produkt dieses Namens vom – beispielsweise – besten australischen zu unterscheiden. Sogar die Flaschen sehen fast gleich aus. Wie teuer sie auch sind und woher sie auch kommen, das Etikett zeigt Ziegelhäuser und Weinberge zwischen buschbestandenen Hügeln. Von Frankreich (der Heimat des Chardonnay) über Chile, Kalifornien und die westliche Kapregion bis nach Westaustralien (wo die Rebe erst seit zwanzig Jahren angebaut wird) sind Klima und Landschaft ähnlich. Auch wenn die Weinfreunde es leugnen: Die Winzer stellen in allen Gebieten genau das gleiche Produkt her.

Die Chardonnay-Rebe gedeiht an diesen weit verstreuten Orten, weil überall die gleichen Wetter- und Bodenbedingungen herrschen. Es sind die fünf großen mediterranen Ökosysteme der Erde. Alle liegen ungefähr in der gleichen Entfernung vom Äquator, in allen ist der Winter feucht und der Sommer trocken. Die Reben, die zuerst rund um das Mittelmeer domestiziert wurden, wachsen heute in allen Gebieten, die mit dem gleichen Wetter gesegnet sind.

Auch wenn die Reben vieles verdrängt haben, hat doch jedes der fünf Gebiete seine eigene, einheimische Pflanzenwelt – Macchia oder Garrigue im Mittelmeerraum, Fynbos in Südafrika, Chapparal in Kalifornien, Mattoral in Chile, Kwongan in Australien. Wie sie auch heißt, immer besteht sie aus harten, dürren Sträuchern, die widerstandsfähig gegen Feuer sind. Durch Macchia, Kwongan oder Fynbos zu wandern heißt, beim Gesang der Vögel den berauschenden Duft der Natur einzusaugen und dabei von Dornen zerstochen zu werden. Solche Ökosysteme gehören überall da, wo es sie gibt, zu den vielgestaltigsten Lebensgemeinschaften der Erde. Allein am Mittelmeer gibt es mehr als zwanzigtausend Arten höherer Pflanzen (ein Zehntel der gesamten weltweiten Artenvielfalt). Die fünf Lebensgemeinschaften enthalten zusammen eine größere Pflanzenvielfalt als das gesamte tropische Afrika und Asien. Auch die Vögel sind großartig. Dreihundertfünfzig Arten von ihnen brüten rund ums Mittelmeer, fast ebenso viele wie im gesamten übrigen Europa. Feuchte Winter und heiße, trockene Sommer sind aus irgendeinem Grund der biologischen Vielfalt äußerst förderlich.

So ähnlich die einheimischen Pflanzen und Tiere der fünf Gebiete auch scheinen mögen: In Wirklichkeit sind sie ganz verschieden. Alle müssen sich im wesentlichen mit den gleichen Bedingungen auseinandersetzen – das ist schließlich auch der Grund, warum die Reben so gut gedeihen. Dennoch ist ihre Ähnlichkeit – ob Dornen oder Gesang – nur oberflächlich. Vergleicht man große Landstriche in Australien, Südafrika und dem Westen Südamerikas, findet man in allen Bedingungen große Ähnlichkeiten, und doch ist ihre Tier- und Pflanzenwelt so unterschiedlich, wie man es sich nur vorstellen kann. Diese natürlichen Lebensgemeinschaften und ihre Entsprechungen im Mittelmeerraum und in Kalifornien zeigen biologisch so gut wie keine Verwandtschaft. Jede hat ihre eigenen Bewohner, die von Vorfahren aus der gleichen Gegend abstammen und sich an ein System mit Feuer und schwierigen Weidebedingungen angepaßt haben. In Südeuropa wird diese Aufgabe von Stechpalmenblättrigen Eichen wahrgenommen, in Südafrika herrschen Heidekrautgewächse vor, und in Australien handelt es sich bei den Bäumen meist um Akazien. In Chile gehören die Dornen ebensooft zu Kakteen wie zu Sträuchern. Die meisten dieser Pflanzen stammen von Vorfahren aus dem Regenwald ab, die vor der letzten Eiszeit gediehen.

Die Tätigkeit der Natur steht in krassem Gegensatz zu unserer eigenen. Die einheimischen Pflanzen sehen ähnlich aus, sind aber in Wirklichkeit verschieden; die Weine schmecken gleich, weil sie das gleiche sind. Angesichts derselben Bedingungen, die sich für die Ausbeutung durch die engstirnige, kommerziell ausgerichtete Phantasie der Menschen eignen, hat die Biologie ganz unterschiedliche Typen von Bewohnern gestaltet. Die Ähnlichkeit zwischen den einheimischen Arten besteht nur an der Oberfläche, und bei genauer Betrachtung der Schauspieler in den einzelnen ökologischen Dramen stellt sich heraus, daß sie zwar alle analoge Rollen spielen, daß aber jeder seine eigene Geschichte hat. In der Ähnlichkeit von Fynbos, Kwongan, Mattoral, Chapparal und Macchia spiegeln sich fünf unabhängige Reaktionen auf die gleiche Kraft der natürlichen Selektion wider. Die einheimischen Bewohner sprechen – anders als die Weinreben – für die Evolution.

Rund und das Mittelmeer gibt es – außer in Gärten – keine Kakteen, und in Chile wachsen keine Akazien. Solche Pflanzen sind auf ihre Heimat beschränkt, weil sie sich hinter Schranken – der Sahara oder den Anden – befinden, die ihre weitere Ausbreitung verhindern. Alle Pflanzen und Tiere treffen auf Hindernisse und werden durch sie von Gegenden ferngehalten, in denen sie, wären sie dort, gut gedeihen könnten. In den Meeren gibt es kaum zwei unterschiedlichere Tierwelten als an der Ost- und Westküste Mittel- und Südamerikas: Sie haben kaum eine Fisch-, Muschel- oder Krebsart gemeinsam. Und das, obwohl diese großartigen Tierwelten nur durch die schmale, aber unüberwindliche Landenge von Panama getrennt sind. Jedes Lebewesen, ob Pflanze oder Tier, wird überall hinwandern, wenn es die Möglichkeit dazu hat. Sobald ein Hindernis beseitigt wird, rücken Pflanzen und Tiere vor, und dann zerstören sie die weniger gut angepaßten Formen, auf die sie treffen. Eine Schranke zu durchbrechen heißt, mit der Evolution zu experimentieren.

In den achtziger Jahren waren die Israelis gezwungen, das Baden im Meer aufzugeben. Ihre Strände waren von Einwanderern überfüllt – von giftigen Quallen, zwanzig Exemplare je Kubikmeter Wasser. Sie verstopften die Ansaugrohre von Kraftwerken und zwangen die Fischer, im Hafen zu bleiben, weil ihre Netze sich nur noch mit zerfallendem Gewebe füllten. Der Bösewicht war eine im Roten Meer heimische Art, die eine fünf Millionen Jahre alte Schranke überwunden hatte.

Das Mittelmeer hat eine erstaunliche Vergangenheit. Es bestand früher aus mehreren Meeren (und hin und wieder war es auch Wüste). Vor fünf Millionen Jahren lag es trocken, denn die letzte der vielen großen Verdunstungen hatte auf dem ehemaligen Meeresboden eine eineinhalb Kilometer dicke Salzschicht hinterlassen. Die erneute Überflutung kam einige Male aus dem Osten und brachte Warmwassertiere und -pflanzen aus dem Indischen Ozean mit, die an das lauwarme Wasser dieses tropischen Meeres gut angepaßt waren. Das heutige Mittelmeer wurde allerdings über den großen Wasserfall von Gibraltar vom Atlantik her aufgefüllt. Da es zuletzt von Westen her vollief, ist es ein warmes Meer, aber es ist voller Nachkommen von Pflanzen und Tieren aus dem kalten Atlantik. Am Ende der letzten Eiszeit, vor nur achtzehntausend Jahren, gab es in Südfrankreich Pinguine, und selbst heute leben in dem Meer (neben einem winzigen Rest der früher großen Zahl von Robben) noch über dreitausend Blauwale.

Der Suezkanal wurde 1869 eröffnet. Er war der Nachfolger mehrerer früherer Verbindungen zum Roten Meer – die erste hatte schon Ramses II. von Ägypten (der Erbauer der Tempel von Abu Simbel, ihrerseits geflutet von heutigen Ingenieuren) vor dreitausend Jahren hergestellt. Der heutige, einhundertsechzig Kilometer lange Kanal ist an manchen Stellen etwa achthundert Meter breit. Da sein Wasser vom Roten Meer zu dem jüngeren Nachbarmeer bergab fließt, wirkt er wie ein riesiger neuer Mississippi. Durch die neue Verbindung zwischen den Meeren konnten auch ihre Tiere wandern, die zuvor jahrtausendelang eingeschränkt waren.

Es war eine Einbahnstraße. Dreihundert einheimische Arten aus dem Roten Meer schafften den Weg ins Mittelmeer, in der Gegenrichtung war es fast keine. Die Wanderung setzt sich auch heute noch mit etwa zehn neuen Arten pro Jahr fort, und die Neuankömmlinge gedeihen auf Kosten der bisherigen Bewohner. In Israel besteht heute ein Drittel aller gefangenen Fische aus Arten des Roten Meeres, und die Welle der Neulinge hat mittlerweile Sizilien erreicht. Die einheimischen Krabben sind fast völlig verschwunden, und die Bestände vieler Fische gehen zurück. Die Überlebenden bleiben nur deshalb erhalten, weil sie für die Eindringlinge noch Platz lassen. Meeräschen aus dem Roten Meer leben beispielsweise in seichterem Wasser als ihre neu eingetroffenen Verwandten.

Die Einwanderer hatten Erfolg, weil sie an das heutige Mittelmeer besser angepaßt sind als seine ursprünglichen Bewohner. Diese hatten noch nicht die Zeit, sich den Herausforderungen zu stellen, die seit dem letzten Auffüllen des Meeres durch das warme, salzige Wasser erwuchsen. Deshalb wurden sie schon bald von den subtropischen Neuankömmlingen verdrängt. Nachdem die Schranke gebrochen war, konnten die Tiere den neuen Lebensraum besetzen. Irgendwann werden sie ihn ganz ausfüllen – soweit sie dazu in der Lage sind und nur so lange, bis sie durch die Kälte oder durch andere, an die örtlichen Bedingungen besser angepaßte Lebewesen ausgebremst werden. Jede Art – ganz gleich, wo sie entsteht und wie sie sich fortbewegt – wandert so lange, bis sie durch irgend etwas aufgehalten wird. Dabei trifft sie auf neue Bedingungen, und sie muß sich weiterentwickeln, oder sie geht zugrunde.

Deshalb entwickelt sich auf jedem Kontinent eine eigene Mischung von Bewohnern. Verschiedene Gruppen von Lebewesen, die klare Unterschiede zeigen und doch eindeutig verwandt sind, lösen einander ab. In den Ebenen des La Plata sehen wir Agutis und Viscachas, Tiere, die fast die gleichen Lebensgewohnheiten haben wie Hasen und Kaninchen, aber eindeutig einen amerikanischen Körperbau zeigen. Wir blicken ins Wasser und sehen nicht Biber oder Bisamratten, sondern Biberratten und Capybaras, Nagetiere des amerikanischen Typs. In diesen Tatsachen erkennen wir eine tiefgreifende natürliche Verbindung, die über Raum und Zeit, über die gleichen Land- und Wasserflächen hinweg und unabhängig von ihren physikalischen Bedingungen erhalten geblieben ist. Dem Naturforscher, der nicht herausfinden möchte, was das für eine Bindung ist, würde es wahrhaftig an Neugier mangeln.

Diese Verbindung ist die Vererbung, abgewandelt durch natürliche Selektion. Eine solche Abstammungsgemeinschaft breitet ihre Netze weit aus. Man kann die Welt in große Provinzen einteilen – Arktis und Tropen in der Neuen Welt, ihre Entsprechung in der Alten Welt, Afrika, der Ferne Osten und Australien sowie einige weitere Bereiche am Meeresboden. Jeder hat seine eigene Identität, die nicht nur den Säugetieren eigen ist, sondern auch den Insekten, Schnecken, Würmern und Bäumen. Es sind keine absoluten Unterschiede, und viele Lebewesen sind über mehr als eine Provinz verbreitet, aber daß es überhaupt solche riesigen Gebiete der Verwandtschaft gibt, ist ein Beleg für eine gemeinsame Vergangenheit.

Mittel der Verbreitung. Wenn Pflanzen und Tiere sich erst einmal entwickelt haben, werden sie durch einen ständigen Kampf gegen den Druck ihrer eigenen Zahl vorangetrieben. Sie wandern aus eigener Kraft oder mit der Hilfe anderer, so weit wie sie können. Manche legen zu Land, zur See oder in der Luft riesige Entfernungen zurück, andere können sich nicht bewegen und bleiben auf den Ort beschränkt, an dem sie entstanden sind.

Häufig trifft ein hoffnungsvoller Wanderer auf eine unüberwindliche Schranke. Das Meer zu überqueren ist Landtieren definitiver verwehrt als allen anderen Lebewesen; entsprechend finden wir auch keine unerklärten Fälle von gleichen Säugetieren, die weit voneinander entfernte Gebiete der Erde bewohnen. Für andere Tiere ist das Meer eine Autobahn. Pytheas von Massalia wagte sich als erster Seemann über die Säulen des Herkules hinaus (und er war auch der erste Grieche, der auf die Britischen Inseln kam). Bei seiner Entdeckungsreise entlang der spanischen Atlantikküste stellte er fest, daß der Ozean nach Süden strömte wie ein gewaltiger Fluß, ein *okeanos*. Sein Fluß setzt sich unter dem Namen Kanarenstrom fort und gehört zu einem großen Wassergürtel, der im Nordatlantik kreist. Der Golfstrom hat dreihundertmal soviel Kraft wie der Amazonas; er ist ein sechzig Kilometer breiter Fluß, der in einem Monat den Atlantik überquert, und einer der großen Treibriemen, die das Strandgut um die Welt schicken.

Jeder Ozean hat seine Ströme. Sie halten etwa ein Zehntel des Wassers ständig in Bewegung. Die meisten von ihnen fließen an der Oberfläche (allerdings gibt es auch langsame Tiefenströmungen, die tausend Jahre brauchen, um eiskaltes Wasser von der Antarktis zu den Galapagosinseln zu transportieren). Die obersten drei Meter der Ozeane speichern ebensoviel Wärme wie die gesamte Atmosphäre. Angetrieben werden die Bewegungen des Wassers durch Wärme, Wind und die Erddrehung. Da das Wasser am Äquator warm ist, dehnt es sich aus, was zur Folge hat, daß das Meer in der Karibik etwa siebeneinhalb Zentimeter höher steht als in Neufundland. Das warme Wasser fließt in Richtung der Pole bergab, und da die Erde sich dreht, wird es auf der Nordhalbkugel im Uhrzeigersinn abgelenkt (und auf der anderen Seite des Äquators in Gegenrichtung). Den gleichen Regeln gehorcht auch der Wind, und Stürme tragen ebenfalls dazu bei, daß die Meere rund um den Globus kreisen.

Manche Tiere lassen sich in eine neue Heimat treiben. Die Wasseroberfläche zwischen den Galapagosinseln trägt Dutzende von Insekten – Blattläuse, Heuschrecken, Ameisen und Mücken. Die meisten von ihnen ertrinken, aber ein paar überstehen die Reise. Andere lassen sich von den vielen vorüberkommenden Transportmitteln mitnehmen. Jeden Tag werden von Schiffen zehn Millionen Abfallteile – Flaschen, Tüten und Kunststoffolien – ins Wasser geworfen. Noch viel mehr gelangt vom Land ins Meer. Die Pitcairn-Insel ist viereinhalbtausend Kilometer vom nächsten Festland entfernt. Ihr bekanntestes Abfallprodukt waren die Meuterer der »Bounty«, die 1789 dort landeten. Die Insel war so abgelegen, daß man ihren Schlupfwinkel erst entdeckte, als alle außer einem bereits gestorben waren.

Heute sind die Strände der Insel ebenso verdreckt wie in Europa: Jeden Meter findet man ein Stück Abfall. Auch auf der Pitcairn-Insel ist es die europäische Mischung aus Bojen, Flaschen und Plastiktüten, Wegwerfwindeln sind dagegen relativ knapp. Die Whiskyflaschen lassen darauf schließen, daß viele hier ankommende Gegenstände aus Südamerika stammen. Nicht immer ist das Strandgut nutzlos: Die örtlichen Landkrebse benutzen Schuhe gern als Behausung, aber es ist eine trostlose Erinnerung, wie auch die abgelegensten Orte gezwungen sind, zur modernen Welt zu gehören.

Manches an den Abfällen aus dem Meer ist noch rätselhaft – warum werden in den Niederlanden doppelt so viele linke wie rechte Schuhe angespült, während es an schottischen Stränden genau umgekehrt ist? Das alles besagt etwas über die Evolution. Kein Ort ist wirklich isoliert. Sobald Pflanzen und Tiere die Möglichkeit dazu haben, werden sie schwimmen, fliegen oder durch die Luft treiben, um so die entlegensten Winkel der Erde zu erreichen.

Viele Tiere reisen per Floß (unter anderem auch auf Schuhen und Flaschen). Vor der Küste Kubas treiben beachtliche Inseln aus Pflanzen, die ausgewachsene Bäume tragen können. Auf der Weihnachtsinsel, fünftausend Kilometer von Nordamerika entfernt, dienen amerikanische Sequoia-, Tannen- und Walnußbäume als Feuerholz, weil so viele von ihnen angespült werden. Die Kanubauer auf den Korallenatollen mitten im Pazifik waren auf Baumstämme angewiesen, die die halbe Welt umrundet hatten. Durch komplizierte Sitten und Gebräuche war festgelegt, wer das größte Fundstück bekam. Die Steine für ihre Werkzeuge verschafften sich die Einheimischen ausschließlich aus den Wurzeln der angetriebenen Bäume, und die gleichen Steine waren auch eine kostbare Steuer für den König. Viele dieser unsinkbaren Vehikel trugen nicht nur Steine, sondern auch Tiere und Pflanzen. Etwa einhundertfünfzig Kilometer vom Festland entfernt fand man große Klumpen aus Seetang, die voller Küstentiere waren. Auch Gletscher setzen ihren Inhalt frei, wenn sie von den Eiskappen herabfließen. Große Felsbrocken auf dem Meeresboden vor Kapstadt wurden während der letzten zehntausend Jahre aus der Antarktis hierher transportiert. Mit ihnen kamen auch die Überreste von Pinguinen. Aber trotz solcher Hilfsmittel ist das Meer für viele Arten unüberwindlich. Die wenigsten Süßwasserfische können eine Meeresstraße überqueren, die mehr als ein paar Kilometer breit ist, Elefanten geben nach fünfzig Kilometern das Schwimmen auf, Schildkröten und Schlangen kommen höchstens achthundert Kilometer weit.

Ein Floß zu finden reicht nicht; die Reisenden müssen ihre Seefahrt auch überleben. Die meisten Landpflanzen werden nur schwer mit Meerwasser fertig. Ihre Samen haben es da viel besser. Wie widerstandsfähig sie sind, läßt sich anhand einiger einfacher Experimente zeigen. Am besten ergeht es oft getrockneten Samen. Man hat Stengel und Zweige vieler verschiedener Pflanzen mit reifen Früchten getrocknet und auf Meerwasser gelegt; wie sich dabei herausstellte, sanken die meisten von ihnen schnell zu Boden, aber einige, die im grünen Zustand nur kurze Zeit schwammen, blieben getrocknet viel länger an der Oberfläche; reife Haselnüsse sinken zum Beispiel sofort, aber getrocknet schwimmen sie neunzig Tage lang, und wenn man sie anschließend in die Erde steckt, sprießen sie. Da Meeresströmungen bis zu hundert Kilometer am Tag zurücklegen, könnten viele Pflanzen auf diese Weise weit über das Meer gereist sein; wenn sie dann strandeten und vom Wind an eine günstige Stelle landeinwärts geweht wurden, keimten sie.

Die Samen sind das genetische Gedächtnis der Pflanze, die sie trägt. Vielfach überleben sie nicht nur einige Wochen, sondern viele Jahre, und die Keimung wird erst durch eine Veränderung in der Umwelt in Gang gesetzt.

Die Leistungsfähigkeit der Samen wurde unfreiwillig auf die Probe gestellt, als man in Nordfrankreich nach dem wirtschaftlichen Zusammenbruch, der auf den Französisch-Preußischen Krieg von 1870 folgte, die Weizenfelder aufgab. Das Getreide war damals voller Unkraut. Überall wuchs Klatschmohn, denn diese Pflanze kann auf einem Quadratmeter dreißigtausend Samen hervorbringen. Die Bauernhöfe in Flandern wurden nach der Niederlage abgeweidet, und bis 1914 gab es dort keine Blumen. Dann wurde das Land wieder kultiviert – nicht mit dem Pflug, sondern mit Schwertern, Granaten und Blut. Nun wucherten ungestört Mohnblumen aus den seit langem vergrabenen Samen. Ein Vierteljahrhundert später, während der nächsten Runde menschlicher Verrücktheit, wurde das Londoner Natural History Museum bombardiert. Das Löschwasser ließ viele Samen keimen, darunter die einer Mimose, die man 1713 in China gesammelt hatte; zwei Jahrhunderte später und achttausend Kilometer entfernt wurde sie plötzlich wiederbelebt. Heute dient der Mohn vielfach als Symbol für die Zerstörungen des Krieges; er trägt aber auch eine hoffnungsvolle Botschaft in sich: Das Leben kann noch die größten Widrigkeiten überdauern.

Aufgrund der wachsenden Gefährdung, die heute ein Drittel aller Pflanzenarten bedroht, ist das Interesse an ihrer Erhaltung gewachsen. Daß die Samen so widerstandsfähig sind, ist dabei von großem Nutzen – und es erinnert an ihre Funktion als Genbehälter. Die Millennium Seed Bank in Kew verfolgt das Ziel, getrocknete und gefrorene Samen eines Zehntels aller Pflanzenarten der Erde (und zusätzlich der gesamten britischen Flora) aufzubewahren. Die meisten von ihnen dürften jahrhundertelang erhalten bleiben. Die Samen von Rüben, Reis oder Ulme überleben im getrockneten Zustand ein Jahrzehnt und mehr. Bei manchem Unkraut versetzen einige Gene die Pflanze in die Lage, auch in guten Zeiten den Spargang einzulegen. Sie schießen nicht auf einmal in die Höhe, sondern über Wochen oder Monate hinweg, und das ist nützlich, wenn es gilt, auf eine lange, gefährliche Reise zu gehen.

Viele Reisende schwimmen nicht, sondern sie fliegen um den Globus. Alle paar Jahre verschlägt ein Sturm über dem Atlantik eine Welle betäubter nordamerikanischer Vögel nach Europa. Die meisten von ihnen sterben, aber die Überlebenden bringen etwas mit. Der Kropf der Vögel scheidet keinen Magensaft aus und beeinträchtigt die Keimung der Samen nicht im geringsten; selbst nach zwölf oder achtzehn Stunden sind noch nicht alle Körner in den Muskelmagen gelangt. In dieser Zeit kann der Vogel ohne weiteres vom Wind über viele hundert Kilometer verweht werden, und Habichte halten bekanntermaßen nach müden Vögeln Ausschau. Manche Raubvögel und Eulen verschlingen ihre Beute im ganzen, und nach zwölf bis zwanzig Stunden würgen sie dann eine Kugel aus Überresten hervor; diese enthält, wie man in Experimenten im Zoo nachgewiesen hat, keimungsfähige Samen.

Heuschrecken steigen bei Sonnenuntergang auf und werden von den Winden der oberen Luftschichten in einer Nacht achtzig Kilometer weit transportiert. Sie sammeln sich an den Rändern von Wettersystemen, und wenn sie zur Erde absinken, werden sie zur Plage. Auch weniger auffällige Dinge bewegen sich – das weiß jeder, der an Heuschnupfen leidet. An der Costa del Sol geht im Sommer jeden Nachmittag eine Wolke von Marihuanapollen von den illegalen Feldern in Marokko nieder. Ein ständiger Regen von Pollen und Sporen aus Südamerika, gemischt mit den seltsamsten Samen und Insekten, fällt auf die Insel Signy am Rand der Antarktis. Auf dem Südpolkontinent selbst sind nur wenige Stellen so warm, daß dort Moose wachsen können, aber wo das möglich ist – um warme Quellen und ähnliches herum –, gedeihen sie auch, ein Beleg, daß kein Ort, und sei er noch so abgelegen, vor Einwanderern sicher ist. Daß die gleiche Form an weit voneinander entfernten Orten vorkommt, beweist nicht, daß sie zweimal erschaffen wurde, sondern daß sie wandern kann.

Die Zerstreuung während der Eisperiode. Vielfach kommen die gleichen Pflanzen und Tiere auf verschiedenen Berggipfeln vor, obwohl diese durch Hunderte von Kilometern Flachland getrennt sind, in dem die Hochgebirgsarten nicht existieren können. Das ist eines der verblüffendsten Beispiele, wie die gleiche Art an weit voneinander entfernten Stellen leben kann, ohne daß zu erkennen ist, wie sie von der einen zur anderen wandern konnte. Das Phänomen entsteht nicht, weil jeder Gipfel eine eigene Fabrik für das gleiche Produkt wäre, sondern weil ein brutaler Grundbesitzer die großen Domänen in der Welt des Lebendigen zerstückelt hat.

Ihre Bewohner sind Überbleibsel aus einer Zeit mit großen Eisflächen, die sich heute zurückgezogen haben. Die Gletscher waren der erste Anhaltspunkt, daß Wissenschaft und Bibel nicht übereinstimmen. Wie konnte man einerseits an die Sintflut glauben und andererseits die schottischen Felsbrocken erklären, die zu groß für jede nur vorstellbare Überschwemmung waren und dennoch in Wales auftauchten, wo Geologen große Stücke der Insel von Ailsa Craig gefunden hatten? Im Jahr 1840 überzeugte der junge Schweizer Geologe

Louis Agassiz auf einer Tagung in Glasgow die versammelten Skeptiker, daß diese »erratischen Blöcke« (die später zum Gegenstand eines berühmten Wortspiels wurden) nicht von Wasser, sondern von Eis verschoben worden waren. Heute weiß man, daß Gletscher die Erklärung für viele rätselhafte Verteilungsmuster sind.

Die meisten Landschaften, die uns heute vertraut sind, belegen die Kraft gefrorenen Wassers. Daß es in der Vergangenheit Eiszeiten gab, ist überall um uns herum zu erkennen. Die Ruinen eines vom Feuer zerstörten Hauses könnten ihre Geschichte nicht eindeutiger erzählen als die Berge von Schottland und Wales mit ihren eingekerbten Flanken, ihren glattpolierten Oberflächen und verstreuten Felsbrocken. Es ist die Geschichte der Eisströme, die einst ihre Täler ausfüllten.

Eis ist das häufigste »Gestein« im Sonnensystem. Selbst auf dem Mond gibt es unter der Oberfläche eine Menge davon, aber die Erde ist der einzige Planet, auf dem es neben dem flüssigen Wasser existiert. Das Gleichgewicht zwischen den beiden Formen schwankte immer wieder, und besonders heftige Umschwünge gab es während der letzten drei Millionen Jahre zwischen den Eiszeiten. Große Kältewellen kommen nicht häufig vor. Wellen der Vereisung setzten vor siebenhundert Millionen Jahren ein, und fünfhundert Millionen Jahre später gab es sie noch einmal, aber während des größten Teils ihrer Geschichte war die Welt wärmer als heute. Seit hundert Millionen Jahren kühlt sie sich ab. Als der letzte lange Winter begann, wuchsen im Norden Alaskas Farne und üppige Ginkgowälder, und an den Ufern des Themsedeltas stand ein subtropischer Wald; im Wasser schwammen Krokodile und Schildkröten.

Im Pleistozän gab es sechzehn Zyklen der Abkühlung und Erwärmung. Zu manchen Zeiten war über ein Viertel der Landflächen von Gletschern bedeckt. Jede Vereisung dauerte etwa einhunderttausend Jahre, und dann folgten jeweils kurze warme Zwischenphasen; in einer davon leben wir heute. Während der letzten Kälteperiode kam das Eis bis zum Missouri und zur Mitte Englands voran, während es in den Tropen kühler und trockener wurde. Das Wasser war in seiner festen Form fixiert. Der Meeresspiegel sank und legte viele tausend Quadratkilometer trockenes Land frei. Wasser ist schwer. Der See hinter dem Hoover-Staudamm drückte die Wüste in seiner Umgebung um fast zwei Meter nach unten. Auch der Eismantel ließ das Land absinken, und als es seine Last los war, stieg es wieder in die Höhe. Das arktische Kanada hob sich um dreihundert Meter und steigt auch heute noch um zweieinhalb Zentimeter im Jahr. In Schottland ging es mit der Hebung nicht so schnell, aber nachdem die Britischen Inseln von ihrer kalten Vergangenheit befreit waren, begannen sie zu kippen: Schottland steigt, während sich der Süden Englands ins Meer neigt.

Als die letzte Eiszeit vor nur einem Dutzend Jahrtausenden zu Ende ging, stieg die Temperatur im Sommer um acht Grad Celsius an – das ist der Unterschied zwischen London und Lagos. Größere Temperaturveränderungen, die sich in kürzeren Zeiträumen abgespielt haben, spiegeln sich in Baumringen, in Bohrkernen aus dem Eis und in den Sedimenten arktischer Seen wider.

Der Wechsel von Wärme und Kälte setzt sich fort, und in seinem Gefolge wandern Tiere und Pflanzen. Die »kleine Eiszeit«, die im sechzehnten Jahrhundert begann und bis zur Zeit der Königin Victoria dauerte, ist sowohl der Grund für die Dickenssche Weihnacht als auch für die Tatsache, daß Entdecker den Seeweg rund um Nordamerika nicht fanden. Dann kam der Umschwung zu der heutigen globalen Erwärmung. Auf einen Hitzerekord im Jahr 1945 folgte ein weiterer. In England fielen drei der fünf wärmsten Jahre (und die Aufzeichnungen reichen bis 1659 zurück) in die Zeit seit 1988. 1998 war das wärmste Jahr, das auf der Erde jemals gemessen wurde.

Wie man an Satellitenaufnahmen erkennt, beginnt der Frühling in den gemäßigten Zonen der nördlichen Erdhalbkugel heute eine Woche früher als in den sechziger Jahren des zwanzigsten Jahrhunderts. Die entscheidenden Ereignisse – die ersten Schneeglöckchen, die ersten Blüten an den Eichen, der erste Kuckucksruf – werden von gut organisierten Schulkindern aufgezeichnet. Damit folgen sie einer ehrwürdigen Tradition. Die Nachkommen von Thomas Marsham aus Norfolk hängten 1736 ein Diagramm über den Anbruch des Frühlings auf und führten es zweihundert Jahre lang weiter. Es zeigte, wie oft – und wie spät im Jahr – sich auf dem Nachtgeschirr eine Eisschicht befand. Gefrorener Urin gehörte im achtzehnten Jahrhundert häufiger zum Osterfest als heute.

Warum ist das Klima so instabil? Teilweise liegt das an der Bahn der Erde um die Sonne: Sie ist eine Ellipse, deren Form in einem Rhythmus von etwa einhunderttausend Jahren schwankt. In ihrer extremsten Form sorgt sie für kältere Winter und heißere Sommer, weil der Planet sich weiter von seiner Wärmequelle entfernt und sich ihr wieder stärker nähert. Eine Reihe kalter Winter reicht aus, um die Erde mit Frost zu überziehen. Diese Abfolge wird durch kürzere Zyklen abgewandelt, die auf die Schrägstellung und die Schwankungen der Erdachse zurückgehen. Wenn in einer Wärmephase die Wälder gedeihen – und später verwesen –, entweichen Kohlendioxid und Methan in die Luft. Die Gase lassen die von der Sonne abgestrahlte Energie durch, halten aber die langwellige Strahlung der Erde fest: Es entsteht ein »Treibhauseffekt«, der die Temperatur weiter in die Höhe treibt. Da Eis in einem Gletscher acht Kilometer pro Jahr vorankommen kann, ist kein großer Temperatursturz erforderlich, damit es relativ schnell über die Landschaft wandert, und ebenso schrumpfen die Eiskappen auch ohne starke Erwärmung.

Während der meisten Zeit steht das Klima auf der Kippe. Das Ende der letzten Eiszeit in Europa war durch zwei plötzliche Kälteschübe gekennzeichnet. Dabei kehrten die Gletscher jeweils ein paar Jahrhunderte lang in die Pyrenäen und die Alpen zurück. Erst vor 10 720 Jahren kamen sie endgültig zur Ruhe. Die kurze Wärmephase zwischen den letzten Atemzügen der Eiszeit dauerte nur einen Augenblick, aber sie reichte für Käfer aus dem Mittelmeergebiet aus, um sich in Großbritannien auszubreiten, bevor sie wieder hinweggefegt wurden. Auch Grönland erlebte mehrfach innerhalb weniger Jahrzehnte einen Temperaturanstieg um acht Grad, auf den jeweils eine plötzliche Abkühlung folgte. Die heutigen Sorgen um die Erwärmung werden eines Tages durch Befürchtungen wegen einer neuen Eiszeit abgelöst werden, wenn nämlich der Golfstrom von kaltem Süßwasser aus der früheren Eiskappe verdrängt wird, die in Grönland während nur eines Jahrzehnts um fast einen Meter dünner geworden ist. Die letzte große Zwischeneiszeit dauerte zehntausend Jahre und endete im Laufe von nur vier Jahrhunderten, als der große Treibriemen im Atlantik durch geschmolzenes Eis zum Stillstand gebracht wurde.

Als das Eis sich am Ende seiner letzten Vorherrschaft zurückzog, zwang es die Tiere und Pflanzen der kalten Klimazonen, ihm zu folgen. Die meisten wanderten weit nach Norden oder Süden, einige waren aber auch im Gebirge von der Außenwelt abgeschnitten und zogen in den Tälern weiter nach oben, als sich das Klima erwärmte. Heute hat jedes Gebirge seine Überreste aus der Zeit der Gletscher, und sie sind selbst in weit voneinander entfernten Gebieten gleich oder sehr ähnlich. Der Beleg der gemeinsamen Abstammung ist auch bei ihnen vorhanden, aber nur bruchstückhaft. Für uns sind sie höchst interessant, denn sie erinnern uns an die früheren Bewohner der umgebenden Niederungen. Wie man an ihnen erkennt, bereitet es keine allzu großen Schwierigkeiten, daran zu glauben, daß alle Individuen der gleichen Spezies, unabhängig davon, wo sie sich heute befinden, von den gleichen Vorfahren abstammen.

Die Belege für Klimaveränderungen finden sich nicht nur in den zerklüfteten Abhängen der Gebirge, sondern ebenso in den Genen ihrer Bewohner. Der Frühling in der Stadt wird durch die prächtigen Blüten der Magnolien verschönt. Die meisten ihrer achtzig wilden Formen sind im Osten Nordamerikas zu Hause, aber auch – Tausende von Kilometern weit weg – in Südostasien. Fossilien beweisen, daß sie früher auch in den Gebieten dazwischen verbreitet waren und dort später ausgelöscht wurden. Die Dreikronblättrige Magnolie mit ihren dunkelroten Blüten, die sich heute auf Amerika beschränkt, ist eine enge Verwandte asiatischer Formen und muß früher auf der ganzen Erde verbreitet gewesen sein.

Der Schneehase (der so heißt, weil er im Winter weiß ist) lebt in Skandinavien, im Norden Kanadas und in den Alpen. Auch Insekten folgen dem Eis. Aus der Zeit, als Großbritannien vereist war, kennt man zweitausend verschiedene Arten. Fast alle sind heute von den Inseln verschwunden, aber ganz ausgestorben sind noch nicht einmal zwanzig. Sie haben überlebt – allerdings nicht im heutigen, subtropischen England, sondern in Sibirien, der kanadischen Arktis oder dem europäischen Hochgebirge. Der früher häufigste englische Mistkäfer lebt heute in Tibet. Die Gene geben aber auch zu erkennen, daß viele andere, heute weit verbreitete Formen früher zerstückelte Verbreitungsgebiete hatten (und zwar ohne daß es Anhaltspunkte für eine Katastrophe gibt). In Europa offenbaren Eichen und Heuschrecken tiefe Trennungen: Große Abweichungen in der DNA aus Ost und West zeigen, daß sie isoliert waren und sich von Rückzugsgebieten in Spanien und der Türkei aus wieder verbreitet haben. Aus dem gleichen Grund tragen Pflanzen und Tiere des Nordens in ihren Genen weniger Abweichungen als ihre Verwandten im Süden. Als sie Europa Schritt für Schritt besiedelten, mußten sie ein Nadelöhr nach dem anderen durchqueren. Die Gene der wenigen, die übrigblieben, bestimmten über das Schicksal ihrer vielen Nachkommen.

Wälder sind ständig bereit zu wandern. Auf einem Kirchhof in der

Nähe von Edinburgh ist eine Gruppe von Bäumen zu Hause, die als »wandernde Eiben von Ormiston« bezeichnet werden. Der Legende zufolge sind sie mit ein wenig übernatürlicher Hilfe bei Gefahren von einem Ort zum anderen umgezogen. Und natürlich stimmt das auch. Überall, wo die Äste einer alten Eibe den Boden berühren, bilden sie neue Sprößlinge. Stirbt der alte Stamm, tritt ein solcher Ast an seine Stelle. Er wächst im Laufe der Zeit, mehrere Meter von der ursprünglichen Inkarnation entfernt, zu einer neuen Pflanze heran. Eines Wunders bedarf es dazu nicht.

Als die Gletscher schrumpften, rückten die Bäumen nach. In Nordamerika wanderten die Fichten als erste, und die Kiefern folgten ihnen. Sie bewegten sich mit erheblicher Geschwindigkeit – mit etwa einem halben Kilometer pro Jahrhundert. Nach ihnen kamen die Walnußbäume. Sie wanderten in würdevollerem Tempo, nämlich mit hundert Metern im Jahr, aber das ist für einen großen Baum mit schweren Samen schon höchste Eile. Birnam Wood mit seinen Kiefern hätte während der Lebenszeit von Macbeth durchaus in das (etwa fünfzehn Kilometer entfernte) Dunsiane wandern können.

Die Bewegung der Wälder geht auch heute weiter. Der Eisstrom in der Glacier Bay in Alaska hat sich seit 1750, als die Europäer ihn zum erstenmal zu Gesicht bekamen, um hundert Kilometer zurückgezogen. Nur ein Jahrhundert dauerte es, bis ein ausgewachsener Wald das Land bedeckte, das einst aus gefrorenem Wasser bestanden hatte. Währenddessen verlor er an Formenvielfalt, und wie in Europa gibt es bei Kiefern und Vögeln in Kanada geringere Unterschiede als bei ihren Vorfahren weiter südlich. Die Vögel, Mäuse und Insekten des Nordens kamen fast auf einen Schlag. Das Klima veränderte sich zu schnell, als daß sie sich durch weitere Evolution aus ihren Schwierigkeiten hätten befreien können; statt dessen wanderten sie.

Mit der Geografie des Lebens ist es wie mit der Geografie der Staaten. Daß die Grenzen eines Staates nach den Wünschen seiner Einwohner und seiner Nachbarn festgelegt werden, erscheint natürlich, aber diese Sicht verkennt die Tatsachen der Politik. Die meisten Briten haben das Glück, daß sie auf einem Gebiet leben, das sich selbst begrenzt – auf einer Insel. So gut haben es nur die wenigsten Länder – oder Tiere. Wie schwierig es sein kann, das Gelände aufzuteilen, zeigt die Geschichte nur allzu deutlich.

Arten und Staaten sind, was ihre Besitzungen angeht, sehr unterschiedlich. Der Todestal-Kärpfling besiedelt nur eine einzige Süßwasserquelle im kalifornischen Death Valley. Er fristet sein Dasein in einem Raum von den Ausmaßen eines großen Zimmers (und einmal schrumpfte sein weltweiter Lebensraum auf die Größe eines Eimers, weil seine eigentliche Heimat austrocknete und die Bewohner von einem aufmerksamen Naturschützer gerettet wurden). Der Blauwal dagegen durchstreift alle Ozeane der Erde. Und genauso ist Rußland, der größte Staat der Erde, einemillionmal größer als Nauru, der kleinste.

In den Tropen haben die meisten Vögel, Fliegen und Pflanzen kleinere Verbreitungsgebiete als weiter im Norden. Mit den Staaten ist es genauso: Sie haben in tropischen Gebieten nur ein Viertel der Fläche derer, zu denen die Arktis gehört. Die geografische Verteilung der Tiere und Pflanzen ist auf längst vergangene Notzeiten zurückzuführen. Als das Eis sich zurückzog, konnten ihm diejenigen folgen, die fähig waren, in der eisigen Landschaft zu überleben. Die Heimatgebiete dieser unauffälligen Vögel, der Grasmücken, schwanken in ihrer Größe um das Hundertfache. Die am weitesten verbreiteten Arten leben im Norden, weil sie mit den Birken- oder Kiefernwäldern zu wandern vermochten, die auf das Eis folgten. Dagegen bleiben Vögel, deren Lieblingsplätze (beispielsweise Rhododendrondickichte) nur in einem einzigen Gebirge (in diesem Fall dem Himalaya) vorkommen, zwangsläufig auf ein kleineres Gebiet beschränkt. Die meisten seltenen Pflanzen und Tiere findet man in den Tropen, denn dort stand ihnen zur Ausbreitung nicht soviel Raum zur Verfügung wie ihren widerstandsfähigeren Vettern.

Der Garten Eden wird auf Bildern immer als üppig-grüner, warmer Ort dargestellt. Das trifft durchaus zu; die Tropen sind aus biologischer Sicht eine große, uralte Stadt mit mehr Einwohnern, mehr Energie, mehr Wasser, mehr Produktion und – da das Land nicht von Gletschern kahlgefegt wurde – mehr Zeit für die Entwicklung von Spezialisten als im eisigen Norden und Süden. Ein Viertel aller Vogelarten der Erde lebt auf einem Zwanzigstel und ein Fünftel der Pflanzen auf einem Zweihundertstel ihrer Landflächen. Alle diese Zentren der Artentstehung liegen in den Tropen – in Madagaskar, Malaysia oder Mittelamerika. Ihre Hervorbringungen haben sich auf viele Gebiete verbreitet. In der kanadischen Arktis gibt es zehn Ameisenarten, auf der gleichen Fläche im tropischen Südamerika dagegen mehr als zweitausend. Und in Hongkong mit seinen rund tausend Quadratkilometern leben mehr Vogel-, Säugetier-, Insekten- und Pflanzenarten als auf den gesamten Britischen Inseln. Diese Abstufungen von den Polen zum Äquator sind so alt wie die Fossilien selbst. Das alles sind Beweise für Adam Smiths' Behauptung, die Arbeitsteilung sei der Nachfrage proportional. Ein Arbeiter, der ausschließlich Nägel herstellt, könnte in einem schottischen Dorf niemals überleben, aber in einer Großstadt würde es einem solchen Spezialisten gutgehen.

Die großen tropischen Lebensfabriken und die Widrigkeiten der letzten Eiszeit lassen darauf schließen, daß der Norden für alle seine Bewohner Neuland ist. Als Pflanzen und Tiere den Gletschern in Richtung der Pole folgten, füllten sie riesige Landstriche. Für viele bestand eigentlich keine Notwendigkeit einer Veränderung, denn ihre neue Heimat war nicht kälter als die, aus der sie kamen. Evolutionsforscher betrachten die Umwelt häufig als starr und das Leben als wandelbar. Die Geschichte der Eiszeiten zeigt jedoch, daß es sich in Wirklichkeit oftmals gerade umgekehrt verhält: Die Bedingungen ändern sich schneller als die Lebewesen, die unter ihnen leiden. Das Leben ist immer auf der Wanderung an einen bequemeren Ort. Zu wandern ist einfacher, als sich zu verändern. Die Wurzeln des Nordens liegen in südlichen Gefilden, und die Bewohner der halben Welt legen Zeugnis von einer Katastrophe ab, die sich erst vor zehntausend Jahren ereignet hat. Wer sich von seinen in Richtung des Äquators wohnenden Nachbarn abschneidet, beraubt sich unter Umständen im nächsten Kampf gegen die Kälte der Überlebenschance.

Manche Wanderungen erscheinen unglaublich. Warum gibt es in Afrika Straußenvögel, in Australien Emus und in Südamerika Rheas? Alle sind groß, aggressiv und – vor allem – flugunfähig. Ihre Gene zeigen, daß sie verwandt sind und von einem gemeinsamen, flügellosen Vorfahren abstammen. Wie konnten sie die Reise schaffen? Auch bei Bäumen findet man unerwartete Verteilungsmuster. Die südamerikanische Buche hat enge Verwandte in Australien, in Südafrika und sogar in der Antarktis, wo sie unter dem Eis erhalten geblieben sind. Zwischen diesen Gebieten liegen fünfzehntausend Kilometer, und doch gleichen sich ihre Wälder fast völlig. Bei Fasanen, Rebhühnern und Wachteln, bei elektrischen Fischen und Baumfröschen gibt es Verbindungen zwischen Arten in Australien, Südamerika und Neuguinea, und entferntere Verwandtschaftsverhältnisse reichen bis nach Europa; alle diese Gruppen sind nicht gerade gute Ozeanüberquerer. Fünftausend Kilometer Meer sind auch für einen Adler eine Schranke, ganz zu schweigen von den schweren Buchensamen, Baumfröschen oder Vögeln ohne Flügel.

Noch schwerer ist die geografische Verteilung in den Meeren zu verstehen. Manche ihrer Bewohner findet man am nördlichen und südlichen Ende der Erde, aber nirgendwo dazwischen. Ihre Verteilung hat sich seit zweihundert Millionen Jahren erhalten, und die einfache Vorstellung, sie seien mit irgendeinem Eisberg über den Äquator getrieben, läßt sich nicht aufrechterhalten. Miesmuscheln, Kammuscheln und Wellhornschnecken sind mit engen Verwandten in der kanadischen Arktis, Sibirien, Chile und der Antarktis vertreten. Wie ist das möglich?

Auf den ersten Blick scheint eine solche Verteilung vielleicht gegen die Abstammung mit Abwandlung zu sprechen. Daß völlig gleiche Individuen durch natürliche Selektion aus Eltern hervorgegangen sein sollen, die eindeutig unterschiedlich waren, kann man nicht glauben. Findet man die gleichen Pflanzen und Tiere isoliert voneinander an den entgegengesetzten Enden des Globus, könnte man zu der Folgerung gelangen, die gleiche Art sei zweimal erschaffen worden. Die Wahrheit ist einfacher, aber fast ebenso verblüffend.

Ende des neunzehnten Jahrhunderts fand man Fossilien der gleichen Farnart an weit voneinander entfernten Stellen in Südamerika, Indien, Australien, der Antarktis und Afrika. Bald darauf gab es weitere Indizien für eine überraschende Vergangenheit. Die ersten Reptilien, die in der Zeit vor etwa dreihundertfünfzig Millionen Jahren lebten, waren fast ausschließlich in Europa und Nordamerika zu Hause. Die ersten Dinosaurier lebten in großen Teilen der Nordhalbkugel, aber die meisten ihrer Nachkommen, so zum Beispiel einige hundert Millionen Jahre alte »Horngesichter«, sind auf Nordamerika beschränkt. Nach der heutigen Landkarte ist darin kein großer Sinn zu erkennen – aber vielleicht empfiehlt es sich, einen anderen Atlas zu benutzen.

Manche seltsamen Muster einer gemeinsamen Geologie legen die Vermutung nahe, daß hier eine frühere Ausgabe gefragt ist. Die Falten des Appalachengebirges im Osten der Vereinigten Staaten lassen sich mit ähnlichen Gesteinen in Irland und der Bretagne in Verbindung bringen. Auch Teile Indiens, Südafrikas und des tropischen Südamerikas tragen Narben, die ungefähr zur gleichen Zeit durch alte Gletscher entstanden sind.

Eine Zeitlang war viel von Landbrücken zwischen den Kontinenten die Rede, die den Buchen, Emus, Farnen und Dinosauriern auf ihren Weltreisen angeblich als Schnellstraßen dienten. Diese Verbindungen hoben sich und versanken fast nach Wunsch. Um die Verteilung der Tiere und Pflanzen zu erklären, brauchte man so viele Verbindungen zwischen weit entfernten Gebieten, daß die Meere voller theoretischer Atlantisse waren. Die Urheber der Landkarten überbrückten alle Ozeane und verbanden jede Insel mit irgendeinem Festland. Um die weite Verbreitung von Pflanzen und Tieren zu erklären, sah man noch in den abgelegensten Inseln die Überreste versunkener Kontinente. Die Wahrheit ist viel spannender: Nicht das Meer, sondern die Erde selbst ist in Bewegung. Die Kontinente gehörten früher alle zu einer einzigen Landmasse. Später teilten sie sich auf und nahmen ihre Bewohner mit – als große Archen aus festem Land, die um den Globus wandern und gelegentlich zusammenstoßen. Die früheren Bewegungen einer flüssigen Erde sind einer der wichtigsten Gründe für die heutige geografische Verteilung von Pflanzen und Tieren.

Die Bruchstücke früherer Kontinente bewegen sich nur ungefähr mit der gleichen Geschwindigkeit, mit der Fingernägel wachsen, aber das reicht aus, damit sie im Laufe der Zeit über große Entfernungen verschoben werden. Die Ausdehnung des Atlantiks hat man von Satelliten aus gemessen. Müßten die Pilgerväter ihre Atlantiküberquerung heute wiederholen, würden sie an der falschen Stelle herauskommen – aber nicht weil Puritanismus und Zylinderhüte in der heutigen amerikanischen Einheitsgesellschaft exzentrisch wirken, sondern weil Amerika selbst sich bewegt hat. Plymouth Rock, ihre Ankunftsstelle, liegt heute fünfzehn Meter weiter westlich als im Jahr 1620. Würde William Bradford heute an der gleichen Stelle wie damals aus der *Mayflower* steigen, bekäme er nasse Füße.

Leonardo da Vinci hatte bemerkt, daß die Kontinente wie Puzzleteile zusammenpassen. Für die Wiederbelebung der Idee sorgte der Franzose Antonio Snider-Pellegrini im Jahr vor der Veröffentlichung der *Entstehung der Arten* mit seinem vergessenen Werk *Creation and the Mysteries Revealed*. Er hatte Pech: Die Beobachtung diente ihm als Beweis für die Sintflut und nicht als Schlüssel, um den Aufbau der Erde zu verstehen. Im Jahr 1912 wurde der große Weltkontinent auf den Namen Pangäa (»ganzes Land«) getauft, lange bevor bewiesen war, daß er je existiert hatte. Ein Geologe – und sicher nicht nur er allein –

bezeichnete die Theorie als »hirnrissigen Schwachsinn«, denn welche Kraft, bitte schön, solle denn in der Lage sein, eine Landmasse um die Erde zu schieben? Zwar wurde behauptet, die Kontinente seien durch die Erddrehung vorangetrieben worden und durch den Meeresboden gepflügt, aber das war nicht plausibel.

In Wirklichkeit ist die Erde nicht so fest, wie es den Anschein hat. Der Kern tief in ihrem Inneren ist flüssig, und auf der Oberfläche gibt es Stellen, wo geschmolzenes Gestein hervorquillt – ganz ähnlich wie die Bewegungslinien in einem Topf mit kochendem Haferbrei. Die meisten von ihnen bilden die langen Ketten der unterseeischen Gebirge. Diese Mittelozeanischen Rücken wurden im neunzehnten Jahrhundert von Ingenieuren der Atlantic Telegraph Company entdeckt, die das erste Kabel zwischen Europa und Nordamerika verlegten. Sie waren davon ausgegangen, der Meeresboden sei flach, aber ihre Verbindung war schon nach wenigen Wochen unterbrochen, weil sie zwischen Berggipfeln hing, die höher waren als die Alpen.

Der sechzigtausend Kilometer lange Rücken kennzeichnet die Linien, wo das flüssige Erdinnere sich ins Meer ergossen hat. Wenn das frische Gestein fest geworden ist, wandert es nach außen und bildet neuen Meeresboden. Die Kontinente schwimmen auf dem flüssigen Mantel der Erde, in dessen Tiefen ihre Kiele verankert sind. Wenn sich der Meeresboden ausbreitet, werden sie auseinandergedrückt. Da die Bewegung von der Mitte nach außen verläuft, sind die Ränder der Ozeane kühler und dicker als die unterseeischen Bergrücken, und sie sinken in den darunterliegenden Mantel, wobei sie das jüngere Gestein hinter sich herziehen. Dieses ständige Kommen und Gehen des Gesteins hat zur Folge, daß der Meeresboden jünger als das Festland ist. In der Nähe der Bergrücken stammt es aus der Zeit vor etwa einer Million Jahre, an den Rändern der Kontinente dagegen ist es zweihundert Millionen Jahre alt. Der größte Teil des Meeresbodens ist jünger als die Dinosaurier.

Island hat das Pech, genau auf der Lavaquelle zu schwimmen, auf dem Mittelatlantischen Rücken selbst. Die Fläche des Landes nimmt ständig zu. Zum größten Teil ist die Insel – wie auch die Mitte des Atlantiks – noch nicht einmal zwanzigtausend Jahre alt. Im Jahr 1783 bildeten sich gewaltige Berge, weil zweihundertfünfzig Quadratkilometer neues Gestein von unten aufstiegen. Ein Geistlicher schrieb damals: »Welches Entsetzen uns überfiel, kann ich kaum beschreiben …

Inmitten der Feuersbrunst wurden große Klippen und Brocken aus Stein vorübergefegt; sie taumelten wie große, schwimmende, rotglühende Wale.« Jeder fünfte Isländer erstickte an den giftigen Gasen oder verhungerte. Der höllische Gestank drang bis nach Europa und weckte allgemein die Angst vor der bevorstehenden Verdammnis.

Wenn zwei tektonische Platten im Meer zusammenstoßen, gleitet die ältere, die auch kühler und schwerer ist, unter die andere. Ihre Masse taucht wieder in das flüssige Erdinnere ein, und sie zieht den Meeresboden hinter sich her. An der Linie, wo das Gestein versinkt, bildet sich ein unterseeischer Graben, und Vulkane brechen durch, so daß große Ringe aus Inseln entstehen. Eine solche Inselgruppe sind die Aleuten: Sie gehören zu dem »Feuerring«, der sich um den westlichen Pazifik zieht (einen Ozean, dessen Breite jedes Jahr um etwa zwölf Zentimeter zunimmt). Kollidieren zwei Kontinente, wird ein Gebirge in den Himmel geschoben. Deshalb besteht der Gipfel des Mount Everest – wie der des Snowdon – aus Gestein, das sich in einem seichten Meer gebildet hat.

Die Landkarte früherer Zeiten hält viele Überraschungen bereit. Um sie zu rekonstruieren, braucht man nur von der heutigen Karte den Teil des Meeresbodens abzuziehen, der seit dem fraglichen Zeitpunkt gebildet wurde. Der Schlüssel dazu liegt im Magnetfeld der Erde. Alle paar hunderttausend Jahre wird der Nord- zum Südpol, und beim nächsten Mal tauschen die Pole erneut in ihrem endlosen Tanz die Plätze. Der Wechsel wird im Gestein festgehalten: Man kann ihn an breiten Streifen des Meeresbodens mit entgegengesetzter magnetischer Orientierung ablesen. Streifen für Streifen verschwindet das ältere Material, so daß die Kontinente ihre frühere Lage erkennen lassen. Aus der Zeit vor mehr als einhundertachtzig Millionen Jahren gibt es keinen Meeresboden mehr, und Informationen müssen aus entsprechenden geologischen Sequenzen von unterschiedlichen Stellen auf dem Festland gewonnen werden.

Auch das trockene Land selbst trägt die Spuren seiner Wanderungen. Bei St. Martin im Westen und Manicougan im Osten Kanadas sowie bei Rochechouart in Frankreich befinden sich drei Kometenkrater aus der Zeit vor zweihundertvierzehn Millionen Jahren. Daß sie gleich alt sind, scheint zunächst Zufall zu sein. Ordnet man die Kontinente aber entsprechend ihrer Lage zur Zeit des Kometeneinschlags an, liegen sie auf einer geraden Linie – ein Beweis, daß der Komet kurz vor dem Auftreffen zerbrach und daß das Land, auf das er stürzte, langsamer zerfiel.

Leonardo hatte recht. Amerika und die Alte Welt waren früher verbunden. Das gleiche gilt für viele andere Gebiete. Vor fünfhundert Millionen Jahren gab es nur Pangäa, eine einzige Landmasse. Sie wurde später durch das Meer Tethys in zwei große Kontinente aufgespalten: Gondwanaland (mit großen Teilen des heutigen Indien, Südamerika, Afrika, Australien und der Antarktis) und Laurasia (das heutige Nordamerika, große Teile Süd- und Westeuropas und Asien); ein dritter, kleinerer namens Baltica bestand aus Nordeuropa. Vor hundert Millionen Jahren zerbrach auch Gondwanaland. Mehrere Teile machten sich selbständig und trieben nach Norden: Sie bildeten Teile Europas sowie Tibet und zwei Stücke von China. Manche Gebiete, beispielsweise Island, passen nicht in das globale Puzzlespiel; sie kamen erst später hinzu, vom Meeresboden emporgehoben durch Massen aus geschmolzenem Gestein.

Noch als die Dinosaurier ausstarben, hatte die Erde kaum etwas von ihrer heutigen Gestalt. Erst vor fünfzig Millionen Jahren trennte sich Australien von der Antarktis, und Europa, das von Grönland forttrieb, konnte seine Verbindung zu Asien endgültig festigen. Seither kann man sich auf der Erde mehr oder weniger mit einer modernen Landkarte orientieren.

Wenn die Kontinente wie langsame Schiffe dahintreiben, nehmen sie ihre Passagiere – die lebenden wie auch die längst verstorbenen – mit. Ein Tier, dessen Reise im heutigen Australien begann, hat vielleicht Verbindungen zu Arten in Afrika oder Südamerika. Pinguine und flugunfähige Vögel wie Strauß und Rhea sind auf Südamerika, Australien, Südafrika und die Antarktis verteilt, weil neue Ozeane ihre alte Heimat zerstückelt haben. Das gleiche gilt auch für elektrische Fische und Frösche. Die DNA zeigt, daß der südamerikanische Rhea und der Emu aus Australien einander viel stärker gleichen als dem Strauß. Genetik und Geologie besagen das gleiche, denn die Geschichte beider ist die Geschichte der Kontinente. Südamerika spaltete sich von Afrika ab, blieb aber über die Antarktis mit Australien in Kontakt.

Auch an der DNA lassen sich also die Bewegungen der Kontinente rekonstruieren. Die ältesten Fossilien von Vögeln und Säugetieren, die sich jeweils aus einer eigenen Gruppe von Reptilien entwickelt haben, sind von ihren modernen Formen durch eine riesige Kluft getrennt.

Eine Uhr, die sich auf die heutigen Gene stützt, verlegt ihre große Aufspaltung in die Zeit vor hundert Millionen Jahren, als sich Pangäa aufgeteilt hatte und die Welt stärker zerstückelt war als je zuvor. Europa, Amerika und Afrika waren jeweils in mehrere Inseln unterteilt. Auch Dinosaurier, Frösche und Kröten spalteten sich zu jener Zeit in vielfältige Formen auf. Die Geschichte des Lebens und die Vergangenheit der Kontinente sind enge Schicksalsgefährten.

Das unruhige Land diente nicht nur als Arche, sondern auch als Leichenschiff. Die Fossilien von Pflanzen und Tieren, die auf derselben Landmasse das Zeitliche segneten, bewegten sich weiter und bildeten posthume Verbindungen mit anderen, die erst viel später ausstarben. Sie erinnern uns daran, daß es auf der Erde – und unter ihren Bewohnern – von Anfang an drunter und drüber ging, und gleichzeitig sind sie der Beweis für tiefgreifende Veränderungen der Landkarte, lange bevor der Strauß sich von seinen flugunfähige Vettern abspaltete.

Und was bringt die Zukunft? Wenn die Kontinente sich weiterhin mit der derzeitigen Geschwindigkeit bewegen, wird sich Amerika in fünfzig Millionen Jahren in der Nähe Asiens befinden, denn der Atlantik erweitert sich, und der Pazifik wird schmaler. Australien wird nach Norden gleiten und mit Japan zusammenstoßen, und der östliche Teil Afrikas wird seine Unabhängigkeit erklären, weil das Rifftal zu einem Meer wird. Die Straße von Gibraltar wird sich schon bald schließen, und möglicherweise verwandelt sich das Mittelmeer durch Austrocknung wieder in eine Salzebene, bevor es ein für allemal verschwindet.

Die Landkarte war immer in Bewegung. Atlantis ist gekommen und gegangen, aber die Insel Buss mitten im Atlantik (die im sechzehnten Jahrhundert von der Frobisher-Expedition entdeckt wurde und so groß war, daß man drei Tage brauchte, um sie zu umsegeln) schrumpfte und wanderte, so daß spätere Seeleute sie nicht mehr fanden. Sie wurde zuerst zu einem Korallenriff degradiert und später zu der Legende, die sie immer gewesen war. Die Insel Maida, auf die Fischer etwa zur gleichen Zeit in der Nähe Neufundlands stießen, lag am Ende – auf einer Landkarte, die erst 1906 erschien – in der Karibik.

Landbrücken, Atlantis und alle anderen Mythen, die sich Menschen erträumt haben, um die Verteilung der Pflanzen und Tiere zu erklären, sind weniger spannend als die Wahrheit: Die Erde hat ebenso eine Evolution durchgemacht wie ihre Bewohner.

ZWÖLFTES KAPITEL

GEOGRAFISCHE VERBREITUNG (FORTSETZUNG)

Babys als Inseln • Neuland und seine Siedler • Die Bewohner ozeanischer Inseln und ihre Beziehung zum Festland • Evolution durch Zufall • Pflanzen und Tiere auf Hawaii • Süßwasserseen als Inseln • Die Empfindlichkeit der Insellebewesen und die große Vereinfachung des Lebendigen • Zusammenfassung dieses und des vorigen Kapitels

Wenn ein Baby zur Welt kommt, wird es sofort infiziert. Bei der Geburt ist sein Körper keimfrei – frei von den einzelligen Pilzen, Bakterien und Milben, die alle anderen Menschen besiedeln. Aus der Sicht eines Bakteriums ist das Kind eine große, fruchtbare und viel zuwenig genutzte Insel. Sie wird innerhalb weniger Augenblicke besiedelt. Manche Eindringlinge kommen aus dem Darm der Mutter, andere stammen von der Hebamme oder dem stolzen Vater. Diese Pioniere sind nur eine kleine Vorhut der vielen Millionen Bakterien, die sich in den Eingeweiden des Menschen tummeln. Im Darm des Säuglings geht es eine Zeitlang abwechslungsreich und unruhig zu. Das hat, wie alle Eltern wissen, dramatische Auswirkungen auf die Ökologie des Gebietes, in dem die Eindringlinge sich häuslich niederlassen.

Schon nach wenigen Tagen ist die Zahl der Bakterien in dem Kind zehnmal so groß wie die seiner eigenen Zellen. Ganz gleich, wie sauber es im Haushalt zugeht: Von seinen Mitmenschen kommt eine Flut von Einwanderern. Man sagt, Menschen sähen im Laufe der Zeit aus wie ihre Hunde. Aber was in Wirklichkeit jede Familie (einschließlich der Haustiere) am stärksten vereint, ist der Inhalt ihres Darms. Je kleiner ein Baby ist und je stärker es von einer Quelle neuer Bakterien isoliert wird, desto geringer – und charakteristischer – ist die Artenvielfalt in seinem Inneren. Jeder Archipel, seien es nun Innereien oder irgend etwas anderes, ähnelt im Laufe der Zeit immer stärker dem nächstliegenden Festland. In einer Großstadt haben viele Menschen den gleichen Darminhalt, zwischen abgelegenen Dörfern dagegen gibt es Unterschiede. Weit voneinander entfernte Städte – die riesige Bakterienkontinente sind – haben ihre eigene Flora, und das wird jedem, der von einer zur anderen reist, sehr schnell deutlich. Ein Dorfbewohner aus Suffolk ist über seinen Darm mit den Verdauungsorganen in London verbunden, der eines Bauern in Bangladesh ähnelt denen in der Großstadt Dacca.

In den unangenehmen Beschwerden von Reisenden und Babys spiegelt sich ein innerer Kampf ums Dasein wider, die Besiedlung neuer Gebiete von einem benachbarten Lebensraum aus. Wer dabei als erster ankommt, ist eine Frage des Zufalls; es hängt davon ab, wie weit die neue Insel vom Festland entfernt ist und wie gut die einzelnen Reisenden ihre Wanderung überstehen. Manche Bakterien behalten die Oberhand, weil sie sich so verändern, daß sie mit den neuen Umgebungsbedingungen zurechtkommen; andere unterliegen in dem Kampf und verschwinden. Im Laufe der Zeit wandeln sich die ökologischen Verhältnisse, und das Verdauungssystem kommt zur Ruhe. Aus diesem Vorgang kann man etwas über die Evolution lernen: Die Geschichte der Därme unterscheidet sich kaum von der Vergangenheit der Inseln, Gebirge oder großen Seen.

Je weiter eine Insel vom Festland entfernt ist, desto schwieriger wird es für neue Tiere und Pflanzen, sie zu erreichen. Deshalb enthält jede Insel nur einen Teil dessen, was auf dem Festland vorhanden ist. Die abgelegensten Landstücke sind gleichzeitig die am stärksten verarmten.

Für einen Krankheitserreger ist jeder Wirt eine Insel. Ist der Archipel der Opfer nur klein, verschwindet die Infektion unter Umständen von der Bildfläche. Island hatte bis nach dem Zweiten Weltkrieg zu wenige Einwohner, um einer Masernepidemie Nährboden zu bieten. Ist ein Gebiet zu abgelegen, kommt eine Krankheit unter Umständen nie dorthin – das ist der Grund, warum es in Großbritannien keine Tollwut gibt. Selbst auf dem europäischen Festland muß das Virus zwischen Inseln – Wirten – hin und her wechseln, damit es am Leben bleibt und ein neues Opfer erreicht, bevor das vorherige tot in den metaphorischen Wellen versinkt. Wo Füchse selten sind, ist jeder einzelne so isoliert, daß die Krankheit nicht Fuß fassen kann. Tollwut läßt sich durch stärkere Isolation unter Kontrolle halten. Wenn man Füchse erschießt – oder impft –, entfernt man jeden einzelnen Überlebenden noch weiter von der Infektionsquelle. Für einen Fuchs ist eine Stadt ein Kontinent, und die Tiere sind so zahlreich, daß weder Impfstoffe noch Kugeln sie vor der Besiedlung retten können.

Am Morgen des 27. August 1883 wurde die Welt von einer gewaltigen Explosion erschüttert. Der Knall war von Sri Lanka bis in die Mitte Australiens zu hören. Ihre Druckwelle raste viermal um die ganze Erde, und die Flutwelle kam bis nach Dover. Der Krakatau war ausgebrochen, und zwar mit der Gewalt von zehntausend Hiroshimabomben.

Der Vulkan liegt in der Sundastraße zwischen Sumatra und Java, auf einer Linie der Spannungen in der Erdkruste. Die Inseln drehen sich gegeneinander, und deshalb ist die Meerenge der Angelpunkt eines gewaltigen geologischen Hebels, und sie befindet sich ständig im Aufruhr. Das *Buch der Könige* aus Java berichtet von einer gewaltigen Eruption im Jahr 416 nach Christus. Zweifellos gab es noch viele andere. Vor dem großen Knall war die Insel Krakatau von Wald bedeckt. Kapitän Cook machte dort 1771 auf seiner ersten Reise mit der *Endeavour* fest: »Wir sahen, daß es auf Krakatau zahlreiche Häuser und viel Ackerbau gab, so daß ein Schiff vermutlich mit frischen Vorräten rechnen kann, wenn es sich entschließt, hier anzulegen.« Nachdem Cook in Hawaii gestorben war, kamen seine Kameraden noch einmal auf die Insel, und der Künstler der Expedition fertigte eine Skizze der üppigen Landschaft an.

Der Vulkanausbruch machte alldem ein Ende. Sein Ablauf läßt sich am Druckmesser des Gasometers von Jakarta ablesen. Am Tag der Eruption stieg und fiel er, als die Druckwelle vorüberlief. Dann zog das Meer sich zurück, der Himmel wurde dunkel, und es regnete Asche. In der Flutwelle ertranken dreißigtausend Menschen, und viele weitere verbrannten in dem Strom rotglühender Brocken, der das Meer zum Kochen brachte. Der Staub wurde um die ganze Welt getragen und führte zu aufsehenerregenden Sonnenuntergängen. In New York rief man die Feuerwehr, weil weit entfernt eine riesige Feuersbrunst zu wüten schien.

Eine Woche nach dem Ausbruch waren zwei Drittel der Insel nicht mehr da. Der Rest war von rotglühendem Bimsstein bedeckt. Der erste Besucher schrieb: »Trotz allen Suchens konnte ich kein Anzeichen pflanzlichen oder tierischen Lebens auf dem Land entdecken, ausgenommen eine ganz einsame kleine Spinnne; dieser seltsame Pionier der Wiederbelebung war gerade dabei, sein Netz zu weben.« Die Insel war fast keimfrei.

Aber es dauerte nicht lange, bis das Leben wiederkehrte. Am Ende des Jahrhunderts war Krakatau von mannshohem Gras und Schilf bedeckt. Einige Jahre später entdeckte man in einem mittlerweile sehr dichten Wald aus Feigenbäumen über achthundert verschiedene Tierarten. Heute wirkt das Leben auf Krakatau bei flüchtigem Hinsehen nicht anders als auf dem Festland.

Aber das stimmt nicht. Zwar gibt es Bäume voller Fledermäuse, Adler und Spechte sowie Pythons und Warane, aber es fehlen die Affen, Frösche, Eichhörnchen, Tupaias und Katzen, die fünfzig Kilometer weiter, auf Java, allgegenwärtig sind. Die einzigen Landsäugetiere sind Otter.

Anhaltspunkte, aus denen sich schließen läßt, welche Bewohner Krakatau vor der Katastrophe hatte, liefern eine kleine Schnecken- und Pflanzensammlung aus dem Jahr 1867 sowie die Skizze der Cook-Expedition. Heute gibt es auf der Insel zwar neunzehn Schnekkenarten, aber darunter ist keine von den fünf, die vor dem Ausbruch gesammelt worden waren. Von dem halben Dutzend Pflanzen fanden zwei nie mehr hierher zurück. Auf dem Bild der Expedition sind vier Pflanzen zu erkennen (ein Gras, ein Farn und zwei Bäume); nur drei von ihnen sind wiedergekehrt.

Zunächst kamen diejenigen, die schwimmen konnten. Auf die ersten Pflanzen folgten Würmer, die auf verwitterten Baumstämmen eintrafen, und die Warane (die man oft allein im Meer sieht). Grassamen erreichten die Insel zusammen mit einer Fülle von Orchideen und Farnen auf dem Luftweg. Dann folgten Vögel, den Darm voller Samen von Feigen- und anderen Bäumen, und Fledermäuse mit weiteren Samen, die an ihrem Fell klebten. Nach und nach entstand eine neue Lebensgemeinschaft.

Die Geschichte von Krakatau ist ein Evolutionsexperiment. Im Gegensatz zu anderen abgelegenen Inseln konnte der Mensch diesmal bei ihrer Geburt zusehen. Ihre entstellte Mischung aus Pflanzen und Tieren erscheint sinnvoll, weil wir ihre Vergangenheit kennen. Auf den meisten Inseln liegen die Anhaltspunkte für die Vergangenheit nur in der Gegenwart, in der Tatsache, daß ihre Lebensgemeinschaft im Vergleich zu anderen Gebieten ungewöhnlich aufgebaut ist. Nicht der heilige Patrick, sondern die Geografie ist schuld, daß es in Irland keine Schlangen gibt. Frösche fehlen auf allen ozeanischen Inseln – Hawaii, Madeira, den Galapagosinseln –, und die am stärksten verbreiteten Tiere (abgesehen von denen, die der Mensch mitbrachte) sind Fledermäuse. Aus den gleichen Gründen gibt es an solchen Stellen auch jede Menge Gräser, aber nur wenige Baumarten.

Wenn Frösche, Schlangen oder Gräser durch das Wirken eines wohlwollenden Baumeisters auf die Erde gelangten, warum sollte er sie dann nicht ebenso nach Hawaii oder Irland gebracht haben wie auf das Festland? Sie fehlen nicht, weil die Wege des Schöpfers unergründlich sind, sondern weil sie das Meer nicht überqueren können. Andererseits sind Inseln aber auch Brutstätten des Lebens. Betrachtet man – ganz willkürlich – Neuguinea als die größte Insel der Welt, machen solche Gebiete ein Dreißigstel der Landfläche aus, aber sie beherbergen ungefähr ein Sechstel der bekannten Arten. Inseln beweisen, wozu die Evolution fähig ist, und je isolierter sie liegen, desto bessere Indizien liefern sie.

Die Bewohner ozeanischer Inseln. Manche Inseln sind so abgelegenen, daß nur die hartnäckigsten Wanderer sie erreichen. Je größer der Abstand zu einer Quelle ist, desto langsamer werden sie besiedelt, und am Ende enthält ein Stück Land, das sehr weit von einem Kontinent entfernt liegt, erheblich weniger Lebensformen als eine entsprechende Fläche auf dem Festland. Aber während die Artenzahl auf ozeanischen Inseln oft kläglich ist, findet man dort andererseits häufig einen sehr großen Anteil endemischer Bewohner (das heißt solcher, die es sonst nirgendwo auf der Welt gibt). Vergleicht man beispielsweise die Zahl der endemischen Landschnecken auf Madeira oder der endemischen Vögel auf den Galapagosinseln mit den entsprechenden Zahlen für einen beliebigen Kontinent und setzt diese dann ins Verhältnis zur unterschiedlichen Fläche der Inseln und der Kontinente, so erkennt man leicht, daß es sich tatsächlich so verhält. Die Bewohner der am weitesten entfernten Inseln sind schon seit so langer Zeit isoliert, daß die Abstammung mit Abwandlung ihre Wirkung ungestört entfalten konnte. Sie boten Raum für Lebensformen – verwandt zwar mit denen des nächstgelegenen Festlandes, aber sich doch deutlich von ihnen unterscheidend –, die man sonst nirgendwo findet.

Bei weniger mobilen Lebewesen kann die Evolution auf Inseln sehr schnell voranschreiten. Madeira ist von einer großen Zahl eigentümlicher Landschnecken bewohnt, während sich von den Meeresschnecken keine einzige Art ausschließlich auf ihre Küste beschränkt: Wie Meeresschnecken sich verbreiten, wissen wir zwar nicht, aber daß ihre

Eier oder Larven sich an Seetang, schwimmende Holzstücke oder die Füße von Watvögeln anheften können und auf diese Weise ohne weiteres viel weiter transportiert werden als Landschnecken – nämlich über fünf- oder sechshundert Kilometer offenes Meer –, ist leicht zu erkennen.

Krakatau ist noch jung und nicht weit vom Herkunftsort seiner Einwanderer entfernt. Die Bewohner der Insel sind zwar kein repräsentativer Querschnitt der Arten auf Java, aber einzigartig ist auch keine von ihnen. Auf abgelegeneren Inseln dagegen findet man eine Fülle von Veränderungen. Die Evolutionstheorie entsprang Darwins Stirn nicht unmittelbar, nachdem er die Galapagosfinken gesehen hatte; damals konnte er nichts Besseres sagen als: »Die allgemeine Ähnlichkeit ihrer Merkmale und der Umstand, daß sie sich unterschiedslos in großen Schwärmen zusammenfinden, machten es fast unmöglich, die Gewohnheiten einzelner Arten zu untersuchen ... Es scheint, als ernährten sie sich von Samen.« Dennoch trugen sie dazu bei, daß sich seine späteren Gedanken entwickelten, und Inseln gehören bis heute zu den besten Anhaltspunkten für die Wirkungsweise der Evolution.

Es gibt sie in vielen Formen und Größen. Meist handelt es sich um Reste untergegangener – oder aufgestiegener – Kontinente. Auf dem Höhepunkt der letzten Eiszeit war so viel Wasser fest geworden, daß es ein Fünftel mehr trockenes Land gab als heute. Die Hebriden, die Isle of Wight, die Scilly-Inseln und viele andere entstanden erst, als das Meer wieder seinen alten Besitz beanspruchte. Frühere Gebirge wurden zu Inselgruppen. Die gleiche Vergangenheit haben auch Zypern, Kreta und Korsika. Als der Meeresspiegel sank, bildete sich an der Straße von Gibraltar eine Barriere, so daß das Mittelmeer austrocknete (und die afrikanischen Affen nach Gibraltar gelangten). Als der Atlantik wieder stieg, wurde die Straße zu einem Meereswasserfall, der das Meer innerhalb eines Jahrhunderts auffüllte. Andere Inseln dagegen stiegen auf, als das Eis verschwand. Der Meeresboden rund um Finnland – das heute eine verdünnte Lösung von Land in Wasser ist – hebt sich nach wie vor um etwa einen Zentimeter jährlich und bildet dabei neue Inselgruppen.

Solche Gebiete sind nichts anderes als Fragmente eines zerbrochenen Kontinents, und sie unterscheiden sich kaum von dem benachbarten Land, von dem sie stammen. Das gilt zum Beispiel für Madagaskar, die viertgrößte Insel der Welt, aber ihre Pflanzen und Tiere –

darunter die Lemuren – sind ganz anders als die in Afrika. Das Ausgangsland ist weit weg. Der Schädel eines neun Meter langen Dinosauriers, den man auf der Insel ausgegraben hat, ist achtzig Millionen Jahre alt. Mit seiner rauhen Oberfläche und dem auffälligen Horn ähnelt er Funden aus Südamerika und Indien. Tatsächlich ist Madagaskar ein Stück von Gondwana, und als es abbrach, hatte Afrika längst seine eigene Identität erlangt; die Insel, Teil einer verlorenen Welt, strandete dreihundert Kilometer vor einem fremden Land, während sein Herkunftsgebiet durch die Bewegungen der Erdkruste vernichtet wurde.

Als *Die Entstehung der Arten* erschien, hielt sich Alfred Russel Wallace gerade in Indonesien auf. (Von dort hatte er seinen berühmten Aufsatz »Über die Neigung der Varietäten, unbegrenzt von dem ursprünglichen Typus abzuweichen« geschickt, der Darwin veranlaßte, eilig den Druck in Angriff zu nehmen.) Er bemerkte bei den Tieren des asiatischen Landes ein seltsames Verteilungsmuster. Quer durch die Inselwelt verläuft eine Grenze – später sprach man von der Wallace-Linie –, die zwei biologische Welten trennt: Nördlich und westlich liegen die Philippinen, Borneo, Java und Bali, im Süden und Osten Lombok, Sulawesi und Neuguinea. Die eine Seite, mit Tigern, Haar- und Webervögeln, hat Verbindungen zu Asien, die andere gehört mit Kakadus, Honigessern und Känguruhs zu Australien. An manchen Stellen sind die beiden Gebiete nur durch fünfundzwanzig Kilometer Meer getrennt.

Wallace kam der Wahrheit sehr nahe. Über die Inselgruppe schrieb er: »Ich glaube, der westliche Teil ist ein abgetrenntes Stück des asiatischen Kontinents, der östliche dagegen eine bruchstückhafte Verlängerung eines früheren Kontinents im Pazifik.« Um die Verbindungen mit Madagaskar zu erklären, griff er auf den heute angeblich im Pazifik versunkenen Kontinent Lemuria zurück. In Wirklichkeit ist die Erklärung in der Vergangenheit von Gondwana zu finden. Die Gebiete östlich der Wallace-Linie gehörten zu diesem Kontinent, bevor er zerbrach, die im Westen dagegen waren Teile Asiens. Die uralte Teilung ist bis heute erhalten geblieben. Man braucht keinen versunkenen Kontinent, sondern nur einen, der sich bewegt. Wie Wallace richtig bemerkte, sind die Meerengen entlang seiner Linie sehr tief, und seichte Wasserstraßen sind selbst für Tiere, die nicht schwimmen können, kein Hindernis. Das liegt an der letzten Eiszeit. Seichte Gewässer sind nur mit Wasser gefüllte Täler, tiefere dagegen kennzeichnen die Ränder der alten Kontinente.

Manche Inseln haben keinerlei Verbindungen. Sie liegen allein in den Weiten des Ozeans und sind, keimfrei wie ein neugeborenes Kind, aus dem Meer aufgestiegen, weil unter ihnen die Lava kochte. Hawaii liegt über einem solchen heißen Punkt, einer Quelle flüssigen Gesteins, das aus dem Erdinneren quillt und auf seinem Weg an die Oberfläche schwankt wie eine Rauchfahne. Schiebt sich der Meeresboden darüber, brechen Vulkane durch. Jedes neue Stück des Bodens wird mit der Bewegung der tektonischen Platte nach Westen geschoben und dabei abgewetzt. Die Insel Hawaii ist der höchste Berg der Erde: Gemessen vom Meeresboden bis zum Gipfel des Mauna Loa, 4169 Meter über dem Meer, überragt er sogar den Mount Everest um mehr als anderthalb Kilometer. Er ist einer von fünfzig großen Vulkanen. Die am weitesten entfernten, Emperor Sea Mounts genannt, erstrecken sich fast bis nach Sibirien und sind abgetragene Stümpfe tief unter der Meeresoberfläche. Hawaii selbst ist noch nicht einmal eine Million Jahre alt; den am weitesten entfernten Berg im Meer gibt es seit über siebzig Millionen Jahren. Östlich von Hawaii ist ein weiteres, bisher unentdecktes Mitglied der Gruppe namens Loihi im Bau. Er wird in dreißigtausend Jahren die Meeresoberfläche durchstoßen. Mit ihrer Bewegung ist die Inselkette ein Treibriemen der Evolution.

Abgelegene Inseln haben unabhängig davon, wo sie sich befinden, viele Gemeinsamkeiten. Auf jeder von ihnen stehen die vom Festland stammenden Arten in einem anderen Gleichgewicht, und das ähnelt den Verhältnissen in Polargebieten stärker als denen auf dem nächstgelegenen Kontinent. Auf den Kanarischen Inseln zum Beispiel herrscht eher eine Atmosphäre wie am Mittelmeer (obwohl sie vor der Küste Afrikas liegen), und die Galapagosinseln sind eine Wüste im Vergleich zu den äquatorialen Wäldern, die auf der gleichen geografischen Breite in Südamerika sprießen. Inselpflanzen neigen stärker zu sexueller Fortpflanzung: Männliche und weibliche Exemplare sind bei viel mehr Arten getrennt als auf dem Festland. Bei den Tieren ist die Tendenz seltsamerweise genau gegenläufig: Hier geben viele Arten ihre Männchen auf und gehen zur Parthenogenese über. Über die Einzelheiten wissen wir nicht viel, aber alle abgelegenen Inseln haben eine gemeinsame Eigenschaft, die ihnen in Sachen Evolution eine Sonderstellung verschafft.

In unserem Zusammenhang ist vor allem eine Tatsache verblüffend: Die Bewohner solcher Inseln sind zwar mit denen des nächstgelegenen Festlandes verwandt, doch handelt es sich nicht um genau die gleichen Arten. Auf den Galapagosinseln, die achthundert bis tausend Kilometer vor der Küste Südamerikas genau auf dem Äquator liegen, tragen fast alle Lebewesen zu Lande und zu Wasser unverkennbar den Stempel des amerikanischen Kontinents. Zwischen den meisten Vögeln und amerikanischen Arten zeigt sich eine enge Verwandtschaft in Eigenschaften, Lebensgewohnheiten, Bewegungen und Stimme. Der Naturforscher, der die Bewohner dieser Vulkaninseln im Pazifik, mehrere hundert Kilometer vom Festland entfernt, betrachtet, hat dennoch den Eindruck, sich in Amerika zu befinden. Natürlich war es sehr wahrscheinlich, daß die Galapagosinseln von Amerika aus besiedelt und daß sich die Neuankömmlinge abwandeln würden, wobei die Vererbung nach wie vor ihre Herkunft verrät.

Die Arten auf den Inseln ähneln den Bewohnern des nächstgelegenen Festlandes und nicht denen weit entfernter, vergleichbarer Inseln. Die Tiere und Pflanzen auf den Kapverdischen Inseln erinnern an die in Afrika und nicht an die Bewohner der Galapagosinseln. Nicht die Insellage, sondern die Isolation ist die Ursache der Veränderung. Sie erfolgt durch Zufall und Notwendigkeit. Abgelegene Inseln sind – im Gegensatz beispielsweise zu dem zinkbeschichteten Archipel der Hochspannungsmasten, auf denen die Evolution überall gleich abläuft, weil sie die Reaktion auf die gleichen Umweltbedingungen darstellt – unterschiedlich, weil jede vom Festland ihre eigene Mischung von Einwanderern erhalten hat. Sie beweisen, daß Notwendigkeit – Evolution – das modelliert, was der Zufall gerade bietet.

Neue Inseln – Vulkane im Meer, Berggipfel, von denen sich das Eis zurückzieht, oder Seen, die sich durch die Bewegung der Erdkruste öffnen – werden immer nur von einer Auswanderergruppe besiedelt. Ist diese Gruppe klein (und das ist oft der Fall), sorgt das genetische Würfelspiel dafür, daß die Neuankömmlinge sich von den Zurückgelassenen unterscheiden, was durch die Zufälligkeiten der Reise zu sofortigen genetischen Veränderungen führt. Noch wichtiger ist, daß die ersten Generationen in einer neuen Heimat alles andere als zahlreich sind. Folglich gehen nach dem Zufallsprinzip weitere Gene verloren, weil ihre Träger sich nicht fortpflanzen.

Jede Population, die durch ein solches Nadelöhr geht, hat keine andere Wahl, als eine Evolution durchzumachen. Sehr deutlich ist das an den Katzen zu erkennen. Die Städte sind voller Katzenvielfalt – getigerte, schwarzweiße, orangefarbene, langhaarige, wie auch immer ausgestattete Tiere gehen dort ihren Geschäften nach. Auf Inseln ist das anders. In dem abgelegenen französischen Gebiet der Kerguelen im Süden des Indischen Ozeans haben alle Katzen ein schwarzes Fell (bei manchen gemildert durch weiße Einsprengsel) – zweifellos weil die wenigen Tiere, die dort ankamen, gerade diese Gene trugen. Auf der ebenfalls französischen Insel St. Pierre-Miquelon fünfundzwanzig Kilometer vor Neufundland sind die Katzen wiederum anders. Ihre Gene entsprechen nicht denen auf dem nahe gelegenen Festland, sondern einer kleinen Stichprobe derer im über dreitausend Kilometer entfernten Bordeaux.

In der Fremde am Leben zu bleiben ist nicht einfach. Das mußte man feststellen, als man in Neuseeland neue Vogelarten einführen wollte: Damit sie überlebten, brauchte man von jeder Art etwa hundert Exemplare. Die vielfach verkündete Vorstellung, eine ganze Lebensgemeinschaft könne von einem einzigen Samenkorn oder einem schwangeren Weibchen abstammen, ist nicht realistisch. Jede reisende Spezies, die einen sicheren Hafen erreichen kann, wird im Laufe der Zeit in einer gewissen Stückzahl dort eintreffen. Von dieser Regel gibt es Ausnahmen wie den einsamen (und ein wenig benommenen) Makaken, den man nach dem Ausbruch des Krakatau auf einem Stück Treibholz fand, aber bei den meisten Siedlern ist wie bei den Pilgervätern eine veritable Gruppe notwendig, damit eine gewisse Erfolgsaussicht besteht.

Betrachtet man Tiere – beispielsweise Hirsche, Wölfe, Mäuse, Vögel, Reptilien, Schlangen und Insekten –, die sowohl auf dem Festland als auch auf einer Insel vorkommen, so stellt sich heraus, daß die Populationen auf den Inseln meist weniger genetische Vielfalt aufweisen als ihre Vorgänger. Allerdings handelt es sich nur um einen bescheidenen Rückgang. Darwins Finken sind so vielgestaltig, daß sie aus einem harten Kern von Vögeln hervorgegangen sein müssen, der die Reise von Südamerika überstanden hatte. Die Vorstellung, daß ganze Arten an solchen Stellen fast zufällig entstehen – eine Art Evolution der Angebotsseite –, wurde eingehend von Mathematikern untersucht, die sich an den Rändern der Darwinistenbühne zusammenfinden. Die meisten Indizien sprechen dagegen. Notwendigkeit – natürliche Selektion –

formt die Bewohner der Inseln ebenso wie jene, die zu Hause geblieben sind. Ein leerer, abgelegener Vulkan bietet eine Fülle von Möglichkeiten. Tiere und Pflanzen nutzen sie und bringen neue Formen hervor, die es in der von Konkurrenz geprägten Welt ihrer Vorfahren wahrscheinlich schwer hätten.

Der Zufall ist von Bedeutung für das, was am Ende herauskommt. Die Echsen, die auf verschiedenen Karibikinseln in den Kronen oder an den Stämmen der Bäume leben, sehen fast gleich aus, sind aber nicht sonderlich eng verwandt. Wie man an der DNA erkennt, gehören die Kletterechsen einer Insel unter Umständen zu einer ganz anderen biologischen Familie als ihr Pendant auf einer anderen. Jede dieser Arten hat (wie die Rebhühner und Hasen, die im Winter weiß werden) unabhängig und von einem anderen Punkt aus die gleiche Lösung für eine ökologische Aufgabe entwickelt. Die ersten, die an einen neuen Ort kamen, füllten zweifellos eine Lücke und versperrten sie den Nachzüglern.

Die meisten Bäume auf dem Festland (abgesehen von Arten wie der Kokosnuß, deren Samen schwimmen) können nicht auf eine Seereise hoffen. Eine krautige Pflanze, die in Anbetracht ihres Körperbaus keine Chance hätte, mit einem ausgewachsenen Baum zu konkurrieren, kann aber auf einer Insel, wo sie sich festgesetzt hat und nur mit anderen Krautartigen konkurrieren muß, ohne weiteres einen Vorteil erlangen, so daß sie immer größer wird und die anderen Pflanzen übertrifft. Wenn das geschieht, trägt häufig auch die natürliche Selektion zu ihrem Bau bei: Sie verwandelt das Kraut zuerst in einen Busch und schließlich in einen Baum. Können Pflanzen auf diese Weise nach dem Himmel greifen, werden die unwahrscheinlichsten Arten groß und holzig, was ihnen in ihrer alten Heimat verwehrt geblieben wäre. Das Ganze ist eine beliebte Beschäftigung der Gänseblümchen, aber auch vieler anderer Pflanzen. Auf Madeira und den Kapverdischen Inseln wachsen Salatbäume, auf St. Helena gibt es Kohl-, Astern- und Sonnenbrautbäume, die Galapagosinseln warten mit baumförmigen Sonnenblumen und Flohkräutern auf, und der Baumsellerie ist auf vielen Inseln Makronesiens verbreitet. Die Berggipfel in Ostafrika – der Mount Kenya und der Mount Elgon – haben ihre eigenen Baumlobelien. Alle diese Pflanzen ragen über ihre Konkurrenten hinaus und stellen sie buchstäblich in den Schatten.

Da viele Insekten auf Inseln nicht fliegen können und andere – beispielsweise Schmetterlinge oder Bienen – nicht sehr häufig das Meer überqueren, müssen die Pflanzen sich an ein neues sexuelles Umfeld anpassen. Auf Hawaii gibt es nur ein halbes Dutzend Mottenarten, zwei Schmetterlinge und keine einzige Hummel. Selbst in den Tropen stellen die meisten Pflanzen auf Inseln ihre Blüten nicht so auffällig zur Schau wie auf dem Festland; sie sind eher klein und unauffällig. Die häufigsten Farben sind Weiß, Grün und Gelb – das gilt für so weit voneinander entfernte Länder wie Neuseeland und St. Helena gleichermaßen. Samen, die vom Wind transportiert werden, können – wie auch die bestäubenden Insekten – fortgeweht werden, und deshalb verkleinern viele Pflanzen die Flügel oder Fallschirme, mit denen ihre Vorfahren auf dem Festland die Samen verbreiten.

Die Vielgestaltigkeit nimmt an abgelegenen Orten explosionsartig zu, am allermeisten auf den Hawaii-Inseln. Fast tausend Blütenpflanzen sind auf der Inselgruppe heimisch, und neun Zehntel davon findet man sonst nirgendwo. Auch achthundert verschiedene Taufliegenarten leben hier, ein Drittel der weltweiten Gesamtzahl, und eine noch größere Vielfalt hat sich bei den Käfern entwickelt.

Kaui, die älteste heute noch vorhandene Insel, ist nur fünf Millionen Jahre alt. Die Kette der älteren, versunkenen Eilande im Westen zeigt, daß sich die Evolution der Inselgruppe zu einem großen Teil in Gebieten abgespielt hat, die heute unter dem Meeresspiegel liegen. Dennoch gibt es auf Big Island, der jüngsten Hawaii-Insel, achtzig endemische Pflanzenarten; sie alle müssen in der einen Million Jahre entstanden sein, seit die Insel sich über die Wogen erhoben hat. Eine Gruppe, die Lobelioiden, hat ein sehr breites Formenspektrum. Man kennt über hundert Arten, die ein Neuntel der gesamten einheimischen Flora der Hawaii-Inseln ausmachen. Keine von ihnen kommt irgendwo sonst auf der Erde vor, und die meisten sind auf eine einzige Insel beschränkt. Ihre DNA zeigt, daß sie alle enge Verwandte sind, aber Form und Größe variieren von niedrigen Rosetten über Ranken bis zu sechs Meter hohen Bäumen. Der nächste Verwandte eines kleinen, dickblättrigen Klippenbewohners, der seine Samen in den Wind streut, ist ein großer Baum, dessen Samen von Vögeln weitergetragen werden, nachdem sie seine Früchte gefressen haben.

Ihre Vielfalt ist ein Denkmal für andere einheimische Arten Hawaiis, die heute verschwunden sind. Hier haben viele Pflanzen – im

Gegensatz zu denen auf den meisten anderen Inseln – rote, violette, blaue, grüne oder weiße Blüten. Dieser auffällige Schmuck entwickelte sich, um bestäubende Tiere anzuziehen: die für Hawaii typischen Kleidervögel. Europäer berichteten über insgesamt dreiundzwanzig Arten, von denen fünfzehn bis heute überlebt haben. Die meisten besitzen einen langen, dünnen, gebogenen Schnabel. Sie ernähren sich von Nektar und sind jeweils auf ihre eigene Art süßer Blüten spezialisiert. Andere Vögel, die nur auf den Inseln vorkommen, haben zu ihren Pflanzen eine weniger freundschaftliche Beziehung. Die Blätter und Stengel mancher Lobelioiden sind bis auf Brusthöhe mit dicken Stacheln besetzt, die sie gegen Feinde schützen sollen. Heute gibt es keine grasenden Tiere mehr, aber noch vor nicht allzu langer Zeit besaß Hawaii seine eigenen pflanzenfressenden Riesenenten und -gänse. Die Dornen waren nur an den unteren Blättern erforderlich, denn die großen Vögel konnten nicht fliegen. Sie wurden zusammen mit vielen Kleidervögeln vor tausend Jahren von den ersten menschlichen Bewohnern der Inselgruppe ausgerottet.

Es gibt noch viele andere Inseln auf der Welt – Inseln aus Menschen, aus Land und sogar aus Wasser. Ein Drittel aller Fischarten lebt im Süßwasser, obwohl Seen und Flüsse nur ein Hundertstel der Wasserflächen auf der Erde ausmachen. Die meisten Seen und Teiche mögen zwar einen isolierten Eindruck machen, doch gehören sie in Wirklichkeit zu dem gleichen gemeinsamen Kontinent. Nur die echten Wasserinseln, genauso abgeschieden wie Inseln aus Land, waren Schmelztiegel der Evolution, und das aus den gleichen Gründen.

Die meisten Süßwasserfische führen ein gefahrvolles Leben, denn jede plötzliche Trockenheit kann ihr Zuhause zerstören. Bäche und Teiche sind temporäre Orte, die häufig austrocknen und sich neu bilden, während Täler abgetragen werden und der Regen kommt und geht. Ihre Bewohner sind sich an den meisten Stellen sehr ähnlich, auch wenn sie sich auf flüssigen, durch trockenes Land getrennten Inseln befinden, denn diese sind weniger isoliert, als es den Anschein hat. Bei Überschwemmungen können Fische von einem Fluß in den anderen gelangen, und durch eine veränderte Höhe des festen Landes können Flüsse zusammenfließen. Die meisten Süßwasserpflanzen und -tiere können gut wandern – als Sporen, angeheftet an die Beine von Vögeln, oder als ausgewachsene Tiere (einschließlich der Fische und Frösche, die von Wirbelstürmen abgeworfen werden). Wenn ein Reiher von einem Teich zum nächsten wandert, gelangt jedes Ei, das an seinen Beinen klebt, mit Sicherheit in eine günstige Umgebung. Wie ein aufmerksamer Gärtner hat die Natur ihre Samen aus einem Beet von ganz besonderer Art genommen und sie in einem anderen, ebenso geeigneten ausgesät.

Die Gemeine Wandermuschel ist ein bescheidenes Geschöpf – ein Süßwassertier von der Größe eines Daumennagels. Ihre Heimat sind die Buchten des Schwarzen und Kaspischen Meeres sowie des Aralsees. Dort sind die Muscheln allgegenwärtig. Ihre Larven lassen sich im Wasser treiben, oder sie heften sich an Treibgut oder die Beine von Vögeln. Wenn die Wolgaschiffer ihre Kähne stromaufwärts zogen, schleppten sie auch eine Menge Wandermuscheln mit. Mit der Zunahme des Handels wanderte die Art nach Westen. Sie hatte im Jahr 1800 die Donau und wenig später die Themse erreicht. 1988 fand man eine Kolonie in Nordamerika: im Lake Saint Clair in der Nähe von Detroit. Dorthin war sie als blinder Passagier gelangt, mit Wasser, das ein Schiff als Ballast mitführte (auf diese Weise werden jedes Jahr viele Millionen Liter von einem Hafen zum anderen transportiert). Die Wandermuschel gehörte zu den erfolgreichsten der vierhundert Tierarten, die man in den Tanks schon gefunden hat. In den siebziger Jahren befuhren mehrere hundert russische Schiffe die großen Seen in Nordamerika: Sie wurden mit dem Getreide beladen, das die Sowjetunion selbst nicht produzieren konnte. Und einige brachten Wandermuscheln mit. Nach zehn Jahren hatte sich das Tier über den gesamten Osten der Vereinigten Staaten verbreitet. Den Mississippi besiedelten die Muscheln fast von einem Tag auf den anderen und verdrängten auf ihrem Weg die einheimischen Konkurrenten.

Nur ein paar vereinzelte Seen waren vor solchen Einwanderern sicher und behielten ihre Identität. Sie sind uralt und abgelegen, voller einzigartiger Tiere und Pflanzen, echte Wasser-Hawaiis, die durch große Ozeane aus Land getrennt sind. Ihre Lebewesen sind seit Jahrmillionen isoliert. Wie die Bewohner anderer Inseln haben sie eine gewaltige Formenvielfalt hervorgebracht, und wie sie sind sie durch den talentiertesten aller Wanderer gefährdet.

Den Tanganjikasee sahen Europäer 1858 zum erstenmal: Damals kamen die britischen Forscher Burton und Speke auf ihrer Suche nach der Nilquelle an sein Ostufer. Er liegt wie seine Nachbarn, der Victoria- und der Malawisee, im Großen Rifttal. Seine trockenen Ufer sind die Heimat einiger Tiere, die zu den aufsehenerregendsten der Welt gehören: Sie führen ihren Kampf ums Dasein für ein Fernsehpublikum auf der ganzen Welt.

Eine weitaus größere Vielfalt würde die Kamera aber unter Wasser aufzeichnen. In jedem der großen Seen leben Tausende von Arten, die es sonst nirgendwo gibt. Sie sind der schönste Evolutionsmikrokosmos der Erde. Als längster und mit fast anderthalb Kilometern zweittiefster Süßwassersee der Welt (am tiefsten ist der Baikalsee, der ebenfalls eine ganz eigene, seltsame Tierwelt beherbergt), enthält der Tanganjikasee ein Sechstel des Süßwassers auf der Erde.

Er entstand, weil Flüsse in das Becken strömten, das zwei kontinentale Platten bei ihren Verschiebungen zurückließen. Gleichzeitig ist er einer der ältesten Seen: Zum erstenmal füllte er sich bereits vor zwölf Millionen Jahren. In Tiefen von mehr als hundert Metern ist das Wasser tot. Die Seiten des Sees ragen steil empor, und die meisten seiner Bewohner sind auf eine schmale Schicht an den Ufern beschränkt. Unter ihnen befinden sich fünfzehnhundert einzigartige Tier- und Pflanzenarten – Fische, Schwämme, Krebse, Schnecken und sogar eine Süßwasserqualle. Vielfach sehen sie aus wie Meereslebewesen, und der Gedanke, der See sei früher mit dem Ozean verbunden gewesen, gab den Anlaß zu der ersten Expedition. In Wirklichkeit spielte sich seine Evolution aber innerhalb seines eigenen Wassers ab.

Der See beherbergt fast so viele Arten von Süßwasserfischen wie ganz Nordeuropa. Welse, Aale und Barsche brachten in der Evolution eine gewaltige Fülle von Formen, Größen und Verhaltensweisen hervor. Obwohl nur ein kleiner Teil der Ufer erforscht ist, sind allein aus der Gruppe der Buntbarsche über zweihundert Arten entdeckt worden, die, abgesehen von fünf, ausschließlich im Tanganjikasee leben. Der Malawisee, der im wesentlichen die gleiche Vergangenheit hat, ist die Heimat von tausend verschiedenen Arten.

Unter den Fischen in den Seen befindet sich das Gegenstück zu den Elefanten, Löwen und Hyänen, die durch die umliegenden Ebenen streifen. Die Größe der Buntbarsche schwankt zwischen zweieinhalb und ungefähr sechzig Zentimetern. Manche kratzen Algen von den Felsen, andere ernähren sich von Schnecken oder von den Tieren am Seeboden. Einige filtern sogar fast wie Wale winzige Nahrungsteilchen aus dem Wasser. Die Mitglieder einer anderen Gruppe, zu der es an Land keine Entsprechung gibt, schnappen von hinten nach Fischen und reißen ihnen Schuppen vom Körper. Diese Fische kommen in zwei Formen vor: Die eine ist auf die linke Flanke spezialisiert, die andere auf die rechte. Alle Buntbarsche betreiben Brutpflege wie Löwen oder Elefanten. Bei manchen Arten hält das Weibchen den Nachwuchs im Maul fest (dann ist es eine leichte Beute für die Kuckucke unter den Fischen, die ihre eigenen Eier in den Rachen einer anderen Art legen). Andere nutzen verlassene Schneckengehäuse als Unterschlupf für ihre Jungen. Das Gehirn der Buntbarsche hat sich ebenso verändert wie ihr Körper: Die Fischfresser sind mit grauer Hirnmasse besser ausgestattet als Arten, die sich von Pflanzen oder Schnecken ernähren. Das alles zeigt, was die natürliche Selektion leisten kann, wenn man sie ungestört wirken läßt.

Die meisten Fische bewohnen Felsvorsprünge oder Stücke des Kiesbodens in der Nähe des Ufers. Sie sind recht seßhaft und wagen sich fast nie über den Sand hinweg, der ihre Lebensräume trennt. Im Grunde leben sie auf Inseln innerhalb der großen Insel des Sees. Selbst der kleine Nagubagosee, der als erster während der letzten anderthalb Jahrtausende durch einen Sandstreifen von dem großen Victoriasee abgetrennt wurde, beherbergt mehrere eigene Buntbarsche. Da der Wasserspiegel im Laufe weniger Jahre um bis zu viereinhalb Meter steigt und fällt, sind viele kleine Seen rund um die Ufer ihrer großen Eltern entstanden und wieder verschwunden. Sie gehörten wie die untergegangenen Inseln der Hawaiikette zu dem Motor, der ihre Vielfalt vorangetrieben hat.

Vor zwölftausend Jahren wäre der Tanganjikasee fast ausgetrocknet, und er teilte sich in drei kleinere Gewässer auf. Diese Unterteilung führte zu einer Welle der Evolution. Die früheren Unterbrechungen des Gewässers spiegeln sich in den heutigen Fischen wider: Sie zeigen verschiedene Abstammungslinien, die in dem kleineren alten See entstanden sind und sich in ihren winzigen Heimatgebieten weiter auseinanderentwickelt haben. Sie alle haben eigene Spezialisten hervorgebracht, die jeweils an die gebotenen Gelegenheiten angepaßt sind und ihre Nahrung abgrasen, zermahlen oder filtrieren. Der Victoriasee trocknete ungefähr zur gleichen Zeit völlig aus; seine dreihundert Buntbarscharten sind erst nach dieser Katastrophe entstanden.

Inseln sind die Werkstätten der Evolution, und ihre Produkte sind ein Mikrokosmos der einzelnen Stadien. Was dabei entsteht, ist empfindlich. Auf ihrem eigenen begrenzten Markt finden die Lebewesen sich gut zurecht, aber wenn sie mit den Widrigkeiten der übrigen Welt in Kontakt kommen, sterben sie schnell aus. Da Inselbewohner sich ohne äußere Einflüsse angepaßt haben, sind die meisten von ihnen wie die flugunfähigen Gänse aus Hawaii zum Untergang verurteilt. Ihr Schicksal erwächst aus einem einfachen wirtschaftlichen Gesetz: aus der Notwendigkeit der Konkurrenz. Die Produkte der Inseln können wie die Erzeugnisse anderer kleiner Fabriken in der Weltwirtschaft nur schwer überleben. Über die Hälfte der Säugetiere, die in historischer Zeit verschwanden, lebte in solchen Gebieten, und das gleiche gilt für neun Zehntel der ausgestorbenen Vögel.

Abgeschiedenheit fördert die Vielfalt, Integration zerstört sie. Inseln sind gefährdet, weil sie klein sind und allen Zufälligkeiten unterliegen. Jeder Verlust, für den es andernorts Ersatz gäbe, ist hier endgültig. Auf einem kleinen Stück Land wird öfter etwas schiefgehen als auf einer größeren Fläche; und man kann sich nirgendwo vor der Katastrophe in Sicherheit bringen. Alle Inselbewohner sind ständig durch ungehobelte Fremdlinge bedroht. Am schlimmsten von allen ist der Mensch. Die abgelegensten bewohnbaren Stellen der Erde besetzte er erst vor tausend Jahren, als die ersten Boote nach Neuseeland kamen. Und sobald die Menschen dort waren, hatten sie keinerlei Bedenken, das Gefundene auszunutzen.

Im Jahr 1609 schrieb William Strachey einen Bericht über den Schiffbruch, den er auf den Bermudas erlitten hatte. Sein Buch beeinflußte auch Shakespeare: Als dieser zwei Jahre später den *Sturm* schrieb, erwähnte er die »stürmischen Bermudas«. Strachey bemerkte einen Vogel, »welchen wir wegen seines Schreiens und Heulens die Meereule nannten ... Unsere Männer fanden einen hübschen Weg, sie zu fangen, welcher darin bestand, daß sie am Meere auf den Sanden oder Felsen standen, wo sie johlten und lachten und das seltsamste Geschrei ausstießen, zu welchem sie in der Lage waren: auf welchen Lärm hin die Vögel in Scharen an jenen Ort kamen und sich geradewegs auf den Armen und dem Haupte dessen, welcher gerufen hatte, niederließen.« Die Meereule gibt es nicht mehr.

Schon den ersten Entdeckern fiel auf, wie zahm die Vögel auf den Galapagosinseln waren. Aber das gilt nicht uneingeschränkt: Die Finken achten auf ihre bekannten Feinde und lassen sich auf einem Menschen nieder, wenn ein Falke über ihnen fliegt. Ihr in der Evolution entstandenes Zutrauen gegenüber dem Unbekannten war ein Fehler, und wie viele andere Inselbewohner bezahlten sie dafür einen hohen Preis. Auf der Marquesasinsel Ua Huku blieben von zweiundzwanzig Seevogelarten noch vier übrig, nachdem die Menschen vor zweitausend Jahren auf das Eiland gekommen waren. In Hawaii kann man an den Fossilien erkennen, daß mindestens achtzig einheimische Finken-, Enten-, Gänse- und Ibisarten ausgestorben sind. In Neuseeland vernichteten die ersten Siedler acht Arten von Moas sowie Papageien, Eulen und viele andere. In Polynesien verschwanden zweitausend einzigartige landlebende Rallenarten, und auf Wake Island wurde die letzte Ralle einer Spezies, die Lord Rothschild 1903 zum erstenmal beschrieben hatte, 1945 von japanischen Soldaten erschossen – eine Laufbahn von der Entdeckung bis zur Vernichtung in nur vier Jahrzehnten.

Auch uralte Seen mußten für ihr geschütztes Leben Tribut zahlen. Rund um den Tanganjikasee leben zehn Millionen Menschen, und jedes Jahr werden viele tausend Tonnen Fische gefangen. Der Nilbarsch, der in mehreren Seen des Rifttals als Speisefisch ausgesetzt worden ist, hat viele einheimische Buntbarsche ausgerottet. Heute wird er nach Europa exportiert; zweifellos wird man ihn überall einführen, wo er gedeihen kann, und bald wird es auch viele weitere, noch unbekannte Buntbarsche nicht mehr geben.

Zur Zeit der *Beagle* waren die meisten Inseln noch so isoliert wie eh und je. Heute ist alles anders. Die Landmassen der Erde sind – wie ihre Wirtschaft, die dafür sorgt, daß jedes Jahr Waren im Wert von fünf Billionen Dollar über die Meere transportiert werden – zu einer einzigen Einheit zusammengewachsen. Das gleiche ist ihren Tieren und Pflanzen widerfahren. Isolation ist heute ein seltenes Gut, und noch die abgelegensten Landflecken sind mit den Kontinenten verbunden. In den Vereinigten Staaten stammt jede zehnte Pflanzenart aus einem fremden Gebiet, in Großbritannien fast jede zweite – und auf der Atlantikinsel Ascension sind über achtzig Prozent der Pflanzen eingewandert. Die große Vereinfachung ist noch nicht abgeschlossen, aber sie wird es bald sein. Je größer eine Landfläche ist, desto mehr Arten beherbergt sie, aber die Zahl steigt nicht genau im Verhältnis zur Größe an. Aus dieser Tatsache folgt für die Zukunft eine schlechte Nachricht: Würden sich alle Inseln der Erde zu einem Superkontinent – einer neuen Pangäa – vereinigen, gäbe es auf dieser gewaltigen Landmasse angesichts des Verhältnisses zwischen der Größe der Inseln und ihrer Artenzahl nur halb so viele Tierarten wie heute.

Je kleiner die Welt durch den Reiseverkehr wird, desto mehr Schöpfungen der Evolution werden verschwinden. Würde Darwin heute die Erde umrunden, käme sie ihm wesentlich weniger bemerkenswert vor als auf seinen Reisen mit der *Beagle*.

Zusammenfassung dieses und des vorigen Kapitels. In diesen zwei Kapiteln habe ich nachzuweisen gestrebt, daß, wenn wir unsere Unwissenheit über alle Wirkungen der klimatischen und Niveauveränderungen der Länder, welche in der Jetztzeit gewiß vorgekommen sind, und noch anderer Veränderungen, die wahrscheinlich stattgefunden haben mögen, gebührend eingestehen und unsere tiefe Unkenntnis der mannigfaltigen merkwürdigen gelegentlichen Transportmittel anerkennen (ein Thema, zu dem kaum eigentliche Versuche angestellt wurden), und wenn wir erwägen (und dies ist eine bedeutungsvolle Betrachtung), wie oft eine oder die andere Art sich über ein zusammenhängendes weites Gebiet ausgebreitet haben mag, um später in den mittleren Teilen desselben zu erlöschen, so scheinen mir die Schwierigkeiten der Annahme, daß alle Individuen einer Spezies, wo sie auch immer vorkommen mögen, von gemeinsamen Eltern abstammen, nicht unüberwindlich zu sein; und so leiten uns verschiedene allgemeine Betrachtungen insbesondere über die Wichtigkeit natürlicher Schranken aller Art und die analoge Vertheilung von Untergattungen, Gattungen und Familien zu derselben Folgerung, welche viele Naturforscher mit dem Namen einzelner Schöpfungsmittelpunkte bezeichnet haben.
Was die verschiedenen Arten einer nämlichen Gattung betrifft, die nach meiner Theorie von einer Geburtsstätte ausgegangen sein müssen, so halte ich, wenn wir unsere Unwissenheit wie vorhin eingestehen und bedenken, daß manche Lebensformen nur sehr langsam abändern und mithin ungeheuer langer Zeiträume für ihre Wanderungen bedurften, die Schwierigkeit durchaus nicht für unüberwindlich, obgleich sie in diesem Falle, sowie hinsichtlich der Individuen einer nämlichen Art oft außerordentlich groß sind.
Um die Wirkung des Klimawechsels auf die Verbreitung der Organismen durch Beispiele zu erläutern, habe ich den bedeutungsvollen Einfluß der letzten Eiszeit nachzuweisen gesucht, welche nach meiner vollen Überzeugung die ganze Welt oder zumindest die großen südlichen Gürtel beeinflußte. Um zu zeigen, wie mannigfaltig die gelegentlichen Transportmittel sind, habe ich die Ausbreitungsweise der Süßwasserbewohner etwas ausführlicher erörtert.
Wenn sich die Schwierigkeiten der Annahme, daß im Verlaufe langer Zeiten die Individuen einer Art eben so wie die verschiedenen zu einer und derselben Gattung gehörigen Arten von einer gemeinsamen Quelle ausgegangen

sind, nicht als unübersteiglich erweisen, dann glaube ich, daß alle leitenden Erscheinungen der geographischen Verbreitung mittelst der Theorie der Wanderung (allgemein der stärker vorherrschenden Lebensform) und darauffolgenden Abänderung und Vermehrung der neuen Formen erklärbar sind. Man vermag alsdann die große Bedeutung der natürlichen Schranken, Wasser oder Land in Bezug auf die Scheidung der verschiedenen botanischen wie zoologischen Provinzen zu erkennen. Man vermag dann zu begreifen woher es komme, daß in verschiedenen geographischen Breiten, wie z.B. in Süd-Amerika, die Bewohner der Ebenen und Berge, der Wälder, Marschen und Wüsten, in so geheimnisvoller Weise durch Verwandtschaft miteinander wie mit den erloschenen Wesen verkettet sind, welche ehedem einen und denselben Weltteil bewohnt haben. Wenn wir erwägen, daß die gegenseitigen Beziehungen von Organismus zu Organismus von höchster Wichtigkeit sind, vermögen wir einzusehen, warum zwei Gebiete mit beinahe den gleichen physikalischen Bedingungen oft von sehr verschiedenen Lebensformen bewohnt sind. Denn je nach der Länge der seit der Ankunft der Kolonisten in einer der beiden oder in beiden Gegenden verflossenen Zeit, je nach der Natur des Verkehrs, welcher gewissen Formen gestattete und anderen wehrte, sich in größerer oder geringerer Anzahl einzudrängen, je nachdem diese Eindringlinge zufällig in mehr oder weniger unmittelbare Konkurrenz miteinander und mit den Urbewohnern gerieten oder nicht, und je nachdem dieselben mehr oder weniger rasch zu variieren fähig waren, müssen in zwei oder mehreren Gegenden, ganz unabhängig von ihren physikalischen Verhältnissen, unendlich vermannigfachte Lebensbedingungen entstanden sein, muß ein fast endloser Betrag von organischer Wirkung und Gegenwirkung sich entwickelt haben, und müssen, wie es wirklich der Fall ist, einige Gruppen von Wesen in hohem und andere nur in geringerem Grade abgeändert, müssen einige sich zu großem Übergewicht entwickelt haben und andere nur in geringer Anzahl in den verschiedenen großen geographischen Provinzen der Erde vorhanden sein.

Nach diesen nämlichen Grundsätzen ist es, wie ich nachzuweisen versucht habe, auch zu begreifen, warum ozeanische Inseln nur wenige, aber unter diesen verhältnismäßig viele endemische oder eigentümliche Bewohner haben und warum daselbst in Übereinstimmung mit den Wanderungsmitteln die eine Gruppe von Wesen lauter eigentümliche und die andere Gruppe, sogar in der nämlichen Klasse, lauter Arten darbietet, welche mit denen eines benachbarten Weltteils dieselben sind. Es läßt sich einsehen, warum ganze Gruppen von Organismen, wie Batrachier und Landsäugetiere, auf den ozeanischen Inseln fehlen, während die meisten vereinzelt liegenden Inseln ihre eigentümlichen Arten von Luftsäugetieren oder Fledermäusen besitzen.

Es läßt sich die Ursache einer gewissen Beziehung erkennen zwischen der Anwesenheit von Säugetieren von mehr oder weniger abgeänderter Beschaffenheit auf Inseln und der Tiefe der diese voneinander und vom Festlande trennenden Meeresarme. Es ergibt sich deutlich, warum alle Bewohner einer Inselgruppe, wenn auch auf jedem der Eilande von anderer Art, doch innig miteinander und, in minderem Grade, mit denen des nächsten Festlandes oder des sonst wahrscheinlichen Stammlandes verwandt sind. Wir sehen deutlich ein, warum in zwei, wenn auch noch so weit von einander entfernten Ländergebieten, sobald Varietäten oder zweifelhafte Arten vorhanden sind, auch beinahe immer einige identische Spezies vorkommen.
Wie der verstorbene Edward Forbes oft behauptet hat: es besteht ein auffallender Parallelismus in den Gesetzen des Lebens durch Zeit und Raum. Die Gesetze, welche die Aufeinanderfolge der Formen in vergangenen Zeiten geleitet haben, sind fast die nämlichen wie die, von denen in der Jetztzeit deren Verschiedenheiten in verschiedenen Ländergebieten abhängen. Wir erkennen dies aus vielen Tatsachen. Der Bestand jeder Art und Artengruppe ist der Zeit nach kontinuierlich; denn der scheinbaren Ausnahmen von dieser Regel sind so wenige, daß sie wohl am richtigsten daraus erklärt werden, daß wir die Reste gewisser Formen in den mittleren Schichten, wo sie fehlen, während sie darüber und darunter vorkommen, nur noch nicht entdeckt haben; so ist es auch in Bezug auf den Raum sicherlich allgemeine Regel, daß das von einer einzelnen Art oder einer Artengruppe bewohnte Gebiet kontinuierlich ist, indem die allerdings nicht seltenen Ausnahmen sich, wie ich zu zeigen versucht habe, dadurch erklären, daß jene Arten in einer früheren Zeit unter abweichenden Verhältnissen oder mittelst gelegentlichen Transportes gewandert oder daß sie in den zwischen inneliegenden Teilen ausgedehnter Gebiete erloschen sind. Arten und Artengruppen haben ein Maximum der Entwicklung in der Zeit wie im Raum. Artengruppen, welche in einem und demselben Zeitabschnitt oder in einem und demselben Raumbezirk zusammenleben, sind oft durch besondere auffallende, aber unbedeutende Merkmale, wie Skulptur oder Farbe, charakterisiert. Wenn wir die lange Reihe verflossener Zeitabschnitte und die räumlich weit von einander entfernten zoologischen und botanischen Provinzen über die ganze Erdoberfläche in's Auge fassen, so finden wir hier wie dort, daß einige Spezies aus gewissen Klassen nur wenig voneinander differieren, während andere aus anderen Klassen oder auch nur aus anderen Familien derselben Ordnung weit abweichen. In Zeit und Raum ändern die niedriger organisierten Glieder jeder Klasse gewöhnlich minder als die höheren ab; doch kommen in beiden Fällen auffallende Ausnahmen von dieser Regel vor. Nach meiner Theorie sind

diese verschiedenen Beziehungen durch Zeit und Raum ganz begreiflich; denn mögen wir die Lebensformen ansehen, welche in aufeinanderfolgenden Zeitaltern sich verändert, oder jene, welche nach ihren Wanderungen in andere Weltgegenden abgeändert haben, in beiden Fällen sind die Formen innerhalb jeder Klasse durch das nämliche Band der gewöhnlichen Zeugung miteinander verkettet; und je näher zwei Formen einander im Blute verwandt sind, desto näher stehen sie sich meist auch in Raum und Zeit; in beiden Fällen sind die Gesetze der Abänderung die nämlichen gewesen und sind Modifikationen durch die nämliche Kraft der natürlichen Zuchtwahl gehäuft worden.

DREIZEHNTES KAPITEL

GEGENSEITIGE VERWANDTSCHAFT ORGANISCHER WESEN; MORPHOLOGIE; EMBRYOLOGIE; RUDIMENTÄRE ORGANE

KLASSIFIKATION: die verborgene Ordnung des Lebendigen • Künstliche und natürliche Systeme • Kladistik und Ordnungsregeln • Vergleichende Anatomie und der neue Stammbaum des Lebens • Gleiche Gegenwart kann unterschiedliche Vergangenheit verbergen • MORPHOLOGIE: Thema und Variationen bei verwandten Lebewesen und ihren verschiedenen Teilen • Wachstumsschalter • Mißgebildete Tiere und Pflanzen • EMBRYOLOGIE: ihre Gesetze, nach denen der Embryo eine beim Erwachsenen verlorene Vergangenheit zeigt • RUDIMENTÄRE ORGANE: Kosten unerwünschter Strukturen und ihre Entstehung erklärt • Zusammenfassung

Eine berühmte chinesische Enzyklopädie aus dem zehnten Jahrhundert teilt Pflanzen und Tiere folgendermaßen ein: (a) solche, die dem Kaiser gehören, (b) einbalsamierte, (c) geübte, (d) milchsaugende Schweine, (e) Meerjungfrauen, (f) Fabelwesen, (g) streunende Hunde, (h) solche, die in dieser Einteilung enthalten sind, (i) solche, die zittern, als wären sie verrückt, (j) unzählbare, (k) solche, die mit einem feinen Kamelhaarpinsel gemalt sind, (l) andere, (m) solche, die gerade eine Blumenvase zerbrochen haben, (n) solche, die aus der Entfernung einer Fliege ähneln.

Dem Verfasser des *Himmlischen Warenhauses wohltätigen Wissens* – und vielleicht auch seinen Lesern – erschien dieser Katalog durchaus sinnvoll. Heute ist das schwer zu begreifen. Zwar mag es zwischen Tieren, die Blumenvasen zerbrechen oder wie verrückt zittern, durchaus eine Verwandtschaft geben, aber aus heutiger Sicht bilden sie viel weniger eine natürliche Gruppe als beispielsweise Schweine, die Milch saugen, streunende Hunde oder selbst diejenigen, die aus großer Entfernung wie Fliegen aussehen. Foucault bemerkte über die Liste: »Bei allem Erstaunen über diese Taxonomie zeigt der fremdartige Charme eines anderen Denksystems, wie beschränkt unser eigenes ist.« Die Biologie zeigt nach und nach, wie beschränkt auch unsere eigenen Vorstellungen von dem großen Warenhaus des Daseins waren.

Der Mensch teilt gern ein. Die Welt ist derart mit Objekten gefüllt, daß er ihre Zahl verringern muß, indem er sie in Gruppen anordnet. Sie lassen sich auf vielerlei Weise sortieren – rot oder blau, groß oder klein, ungefährlich oder gefährlich, in der Nähe oder weit entfernt. Man kann heute zusehen, wie das Gehirn arbeitet und Dinge in Schubladen steckt. Wenn Menschen an Werkzeuge, Namen oder Gemüsesorten denken, werden jeweils bestimmte Bereiche der grauen Hirnsubstanz aktiv. Für Bohrer, Hammer und Sandpapier sind die gleichen wenigen Zellen zuständig, um Tom, Alex und Harry kümmert sich eine andere Gruppe. Wer sich die Bezeichnungen für Werkzeuge nur schwer merken kann, hat das gleiche Problem auch mit Tiernamen, weil für die beiden Einteilungen dasselbe System zuständig ist.

Die Vorstellung, daß eine Wasserwaage und eine Feile in die gleiche Kategorie gehören, muß erlernt werden, denn eine Gruppe namens »Werkzeuge« hat nur im Zusammenhang einen Sinn. Abgesehen von ihrer Verwendung haben solche Gegenstände wenig Gemeinsamkeiten. Warum sollte demnach das Gehirn nicht auch Dinge, die dem Kaiser gehören, von den Besitztümern anderer Menschen trennen? In China konnte es dabei immerhin um Leben und Tod gehen. Dennoch sagt eine Einteilung nach Eigentümern sonst kaum etwas über einen bestimmten Gegenstand aus, sei es nun ein Palast, ein Pekinese oder eine Teekanne aus Porzellan. Sie sind durch eine einzige Eigenschaft vereint, die sich nicht mit anderen überschneidet.

Auch tausend Jahre nach der Liste aus dem Fernen Osten läßt sich das Lebendige immer noch auf vielerlei Weise einteilen. Mit einer Ausnahme sind alle diese Systeme zwar nützlich, aber auch einseitig, weil sie künstlich sind. Die katholische Kirche rechnete früher das Wasserschwein aus kulinarischen Gründen zu den Fischen (was für hungrige Reisende an einem Freitag durchaus sinnvoll ist, einem Experten für südamerikanische Säugetiere aber keinen großen Nutzen bringt). Tiere als eßbar, gefährdet oder niedlich zu definieren ist eine große Hilfe im Umfeld von Küche, Zoo oder Tierhandlung, aber die Mitglieder solcher Gruppen haben darüber hinaus kaum Gemeinsamkeiten.

Eine Einteilung jedoch, und nur eine, legt die Ordnung offen, die in der Natur verborgen ist. Diese Klassifikation ist offensichtlich nicht willkürlich wie das Zusammenfassen der Sterne zu Sternbildern. Hier ist mehr im Spiel als bloße Ähnlichkeit. Grundlage dieses Systems ist eine natürliche Struktur: die gemeinsame Abstammung aus einer fernen Vergangenheit. Deshalb zeigt es die Tatsache der Evolution auf eine Art und Weise, wie es kein anderes System vermag.

Sehr deutlich wird dieser Gegensatz in den naturkundlichen Museen von Paris. Das Zoologische Museum und das Museum für vergleichende Anatomie gehörten ursprünglich zum Jardin des Plantes, den Ludwig XIII. gegründet hatte. Sie waren während des größten Teils ihrer Geschichte Magazine der gegenwärtigen und früheren Natur: geordnet, vernünftig und auf logische Schlüsse gegründet, die Ausstellungsstücke aufgereiht nach den Regeln der biologischen Klassifikation. Beide strahlten die gleiche gewichtige Atmosphäre des neunzehnten Jahrhunderts aus wie *Die Entstehung der Arten* (auch wenn man in beiden Museen kaum ein Bild Darwins findet).

Das Zoologische Museum verfiel zusehends und wurde 1965 geschlossen, weil seine Ausstellungsstücke in ihren Vitrinen zerbröckelten. Dann, 1994, erlebte seine »Große Galerie der Evolution« eine Wiedergeburt im Rahmen der Neuerfindung der französischen Hauptstadt. Die ausgestopften Tiere, die früher in geordneter Grandezza zerfielen, sind jetzt als Abfolge von Schaubildern aufgebaut: die afrikanische Savanne, die ökologische Krise, Pflanzen und Tiere, die für den Menschen nützlich sind. Überall sind Scheinwerfer und bewegte Ausstellungsstücke, wie Kinder sie mögen.

Die neue Logik des Museums ist bei aller Pracht der Einrichtung die gleiche wie in der chinesischen Enzyklopädie. Die Bestandteile jeder ausgestellten Szene sind nur durch eine einzige Eigenschaft vereint: Alle leben in Afrika, alle wurden domestiziert, oder alle sind vom Aussterben bedroht. Das allein besagt aber noch nicht viel über sie. In einer Vitrine stehen ein Elefant und eine Heuschrecke nebeneinander, in einer anderen ein Kamel und eine Gans.

Das nicht weit davon entfernte Museum für vergleichende Anatomie und Paläontologie wurde nicht renoviert. An seinen Wänden reihen sich Hunderte von eingelegten Därmen aneinander, und in seinen staubigen Sälen stehen unzählige Knochen in einer Reihe von den Fischen bis zum Menschen (und zwar keinem Franzosen, sondern einem Italiener). Skulpturen aus Marmor und Bronze – *Ein Orang-Utan erwürgt in Borneo einen Eingeborenen, Der Mensch triumphiert über zwei Bären* – hämmern uns die Erkenntnis des Fortschritts ein (allerdings kriecht am Bein des Unglücklichen, dem der Orang-Utan das Lebenslicht ausbläst, aus irgendeinem Grund eine Schlange hoch). Das Gebäude mit seinen gußeisernen Trägern und seiner Beaux-Arts-Architektur hat Charme, steht aber meist wie verlassen da. Die Massen werden von den Attraktionen seines modernisierten Nachbarn angezogen.

Auch wenn es auf verlorenem Posten steht: Das Museum für Anatomie hat den wahren Geist der Evolution bewahrt. Es stellt seine Tiere je nach ihrer Verwandtschaft aus. Linnés System führt zu einer hierarchischen Ordnung – der amerikanische Wolf läßt sich beispielsweise so einordnen: Reich Animalia, Unterreich Metazoa, Stamm Chordata, Unterstamm Vertebrata, Überklasse Tetrapoda, Klasse Mammalia, Unterklasse Theria, Infraklasse Eutheria, Kohorte Ferungulata, Überordnung Ferae, Ordnung Carnivora, Unterordnung Fissipeda, Überfamilie Canoidea, Familie Canidae, Unterfamilie Caninae, Gattung *Canis*, Spezies *Lupus*, Unterspezies *occidentalis*. (Vielleicht ist es ein Glück, daß die Caninae – Hunde, Dingos, Füchse und Wölfe – im Gegensatz zu manchen anderen Gruppen nicht noch in verschiedene Tribus und die Gattung *Canis* – Hunde, Dingos und Wölfe – nicht in Untergattungen aufgeteilt ist.)

Linné erfand sein System nach Art eines Buchhalters: als Ablageschema für ähnliche Objekte. Gott hatte erschaffen, und Linné ordnete; wie er das tat, stieß von Anfang an auf Kritik. Die Einwände heutiger Kustoden vorwegnehmend, beklagte sich 1759 ein Rezensent, Hunde könnten nicht zu Füchsen und Wölfen, sondern nur zu Pferden gehören, weil beide auf Bauernhöfen anzutreffen seien.

Sein Schema hat die Zeiten gut überdauert (auch wenn Witzbolde Namen wie *Ba humbugi* für eine Schnecke oder *Agra vation* und *Agra phobia* für zwei Käferarten hineingeschmuggelt haben). Wie das Zoologische Museum ist es bis zu einem gewissen Grad willkürlich, insbesondere auf den höheren Hierarchiestufen. Die rund achttausend Vogelarten sind in hundertsechzig Familien eingeteilt, während sechzigtausend Arten parasitischer Wespen in ihrem Teil des Katalogs mit einer einzigen Familie vorliebnehmen müssen. Dennoch steckt in dem System eine große Wahrheit: Es gibt in der Welt eine Gesetzmäßigkeit. Linné zeichnete das große Bild des Lebendigen besser als die Fachkundigen bei den Naturvölkern, die verschiedene Vogelarten so gut erkennen. Ihre Kategorien werden oberhalb der taxonomischen Grundeinheit höchst seltsam. Für eine Gruppe gehören alle Vögel außer einem zusammen; nur der Kasuar paßt in dieser einfachen Vorstellung eher zu Ratten und Mäusen, weil er braun ist und keine Flügel hat. Linnés System dagegen ist nach einem umfassenden Plan aufgebaut und offenbart, daß alle Lebewesen seit den ersten Anfängen abgestufte Ähnlichkeiten aufweisen, so daß sie sich in Gruppen und Untergruppen einteilen lassen.

Deshalb sagt eine Taxonomie, die sich auf eine einzige Eigenschaft stützt, auch viel über die übrigen gemeinsamen Merkmale der betreffenden Gruppe aus. Alle Tiere, die Milch geben, haben auch Haare. Und bei allen, die (wie unter anderem die Insekten) ein hartes Außenskelett und Tracheen zum Atmen haben, sind die Gliedmaßen auch mit Gelenken ausgestattet; dagegen gibt es kein Tier, das Milch produziert und das Skelett auf der Körperaußenseite trägt. Analoge Übereinstimmungen findet man auch bei Pflanzen: Haben sie Blüten, liegen die Samen niemals frei, sondern sind immer in einer Frucht eingeschlossen. Bringt man auf diese Weise Ordnung in die Tiere und Pflanzen, zeigte sich eine lange Kette der Verwandtschaft – eine zuvor nicht erkennbare Verbindung – zwischen verschiedenen Lebewesen, so weit sie auch scheinbar voneinander entfernt sind.

Verwandtschaft aufgrund der Abstammung, die einzige bekannte Ursache für Ähnlichkeiten zwischen den Lebewesen – das ist die Verbindung, die durch mehr oder weniger starke Abwandlung zunächst verborgen ist und die wir mit unserer Klassifikation teilweise offenlegen. Jede echte Einteilung gründet sich auf die Vorfahren. Genau wie in einer Menschenfamilie mit ihren Brüdern, Schwestern, Cousins und Cousinen ersten und zweiten Grades läßt sie auf eine Abstammung von gemeinsamen Vorfahren schließen, die immer weiter in die Vergangenheit rücken. Das Schema, nach dem die Biologen ihre Welt einteilen, ist im Gegensatz zu dem des *Himmlischen Warenhauses* aus dem China des zehnten Jahrhunderts der Beleg für ein System, das nicht nur im Geist des Klassifizierers existiert.

Die Logik des Lebendigen ist auch dann zu erkennen, wenn man sich überhaupt nicht um Evolution kümmert. Linné war kein Evolutionsforscher, und ein Stammesangehöriger aus Neuguinea ist es auch nicht. Der schwedische Systematiker, sein Vetter bei den Papuas und die ganze naturhistorische Forschung bedienen sich der gemeinsamen

Abstammung als Ordnungsprinzip, ohne es sich klarzumachen. Für die Systematiker jeglicher Couleur ist die Verwandtschaft stets wichtiger als das bloße Aussehen. Männchen, Weibchen, ausgewachsene Tiere und Junge werden immer zu derselben Art gezählt, so unterschiedlich sie auch äußerlich erscheinen mögen. Manche Pflanzen sehen in ihren verschiedenen Wachstumsstadien so verschiedenartig aus, daß nur Fachleute sie erkennen können. Der Killarney-Haarfarn galt im neunzehnten Jahrhundert als ausgestorben. In Wirklichkeit ist er nach wie vor weit verbreitet – aber die meisten überlebenden Pflanzen befinden sich in einem anderen Stadium ihres Lebenszyklus und bilden grüne Matten auf feuchten Felsen. Als man das erkannt hatte, wurde ihm sofort die Einstufung als bedrohte Art entzogen.

Die Gemeinsamkeit der Haarfarne liegt nicht in Form, Größe oder Lebensweise – in dieser Hinsicht ähneln sich die einzelnen Stadien überhaupt nicht –, sondern in ihrer gemeinsamen Herkunft. Sobald die lückenlose Abstammungslinie – das Band, das alle Mitglieder einer Gruppe zusammenhält – nachgewiesen ist, kann man bloße Listen ähnlicher Objekte vergessen. Und wenn die Abstammung dazu dient, Angehörige einer Spezies unabhängig von ihrem Aussehen zusammenzufassen, muß auch ihre Einordnung in höhere Klassen, so unterschiedlich sie sein mögen, ein Element der gemeinsamen Abstammung einschließen. Damit ist die großartige Tatsache der Naturgeschichte, die uns so altvertraut ist und uns deshalb oft nicht genügend auffällt, nämlich die Einordnung von Gruppen in größere Gruppen, voll und ganz erklärt.

In der Logik des Lebendigen – und das ist die großartigste Tatsache – spiegelt sich ihre Vergangenheit wider. Schon seit dreihundert Millionen Jahren gibt es die Zikaden. Sie sind vor allem als Hintergrund des italienischen Sommers bekannt, aber ihr Zentrum lag immer in Australien: Dort werden die verschiedenen Arten – sie tragen Namen wie »greengrocer«, »double drummer« und »floury baker« – gern von Kindern gesammelt. An den Zikaden kann man erkennen, wie sich Gruppen im Laufe der Evolution in immer neue Gruppen aufspalten. Die Familie mit etwa tausend Insektenarten ist in den Tropen und Subtropen der ganzen Alten und Neuen Welt verbreitet, und dies schon seit fast dreihundert Millionen Jahren. Die einzelnen Gattungen (die zweitunterste Ebene in Linnés System) haben kleinere Verbreitungsgebiete: So sind beispielsweise drei Viertel der in Australien vorkommenden Gattungen auf diesen Kontinent beschränkt. Noch stärker ortsgebunden sind die Arten innerhalb einer Gattung: Von den zweihundertfünfzig Arten in Australien findet man zweihundertsechsundvierzig nur dort. Mit der Anordnung der Zikaden – in einer Museumsvitrine oder in der Sammlung eines Kindes – verfolgt man also ihre gemeinsame Abstammung zurück, ohne daß dafür bewußte Bemühungen erforderlich wären.

Für jede Klassifikation braucht man Regeln, die nicht von den willkürlichen Interessen eines Museumskurators abhängen. Es dauerte lange, bis sich diese Erkenntnis in der Biologie durchsetzte, aber heute ordnet man die Welt mittels statistischer Methoden, und man sucht über lange Zeiträume hinweg nach den logischen Verwandtschaftsverhältnissen.

Der neuen Wissenschaft der Kladistik zufolge sind alte Formen nicht nur Bindeglieder auf dem Weg in die heutige Zeit, die man an der richtigen Stelle in eine große Seinskette einordnen muß; vielmehr gehören ausgestorbene und lebende Arten in dasselbe System. Die Kladistik stellt Verwandtschaftsbeziehungen so unparteiisch wie möglich her. Dabei stützt sie sich auf ein einziges Prinzip: Wenn eine Gruppe gemeinsame Merkmale hat, die man bei anderen Gruppen nicht findet, muß sie von einem gemeinsamen Vorfahren abstammen. Je mehr Eigenschaften man dabei hinzunimmt, desto weiter verschiebt sich diese Wurzel in die Vergangenheit. Menschen und Wale sind verwandt, weil sie warmes Blut, vier (bei den Walen zu kleinen Resten geschrumpfte) Gliedmaßen und Haare besitzen. Wale, Menschen und Fische gehören zusammen, weil alle ein Rückgrat haben (Fische sind allerdings nicht behaart und zählen deshalb nicht zur engeren Familie des Menschen). Diese drei Lebewesen wiederum bilden eine gemeinsame Gruppe mit der Eiche, weil alle einen Zellkern haben, der von einer Membran umschlossen ist. Bakterien stehen selbst in einer derart umfassenden Anordnung im Abseits, weil ihre DNA im Gegensatz zu den anderen Arten frei in der Zelle schwimmt.

Die Kladistik, eine deutsche Erfindung, hat strenge Regeln und einen komplizierten Wortschatz. Man muß sie sehr gewissenhaft anwenden, damit sie nicht zu falschen Ergebnissen führt, und es gibt immer noch zahlreiche Diskussionen darüber, was man überhaupt in ihre Analysen einbeziehen soll. Dennoch hat sie unser Weltbild verändert.

Die Grundregel der neuen Wissenschaft lautet: Über Verwandtschaftsverhältnisse entscheiden ausschließlich gemeinsame Merkmale, die jeweils von demselben Vorfahren stammen. Deshalb sind die Merkmale der Vorfahren selbst nicht von Nutzen, wenn man herausfinden will, wer mit wem verwandt ist. Viele Tiere – Menschen, Schimpansen und Iguanas – haben fünf Finger, aber andere kommen mit weniger zurecht; Pferde haben zum Beispiel an jedem Fuß nur einen einzigen Zeh. Eine ganze Reihe gemeinsamer Merkmale – Haare, Milch und so weiter – zeigen aber, daß die fünf Finger zuerst da waren und daß die Pferde sie später verloren haben. Trotz der Hände sind die Menschen mit den Iguanas nicht näher verwandt als mit den Pferden, und deshalb ist die fünffingrige Hand für die Frage, wo sie einzuordnen sind, nicht von Nutzen. Dagegen haben alle Pferde im Gegensatz zu sämtlichen anderen Säugetieren einen einzigen Zeh. Bei ihnen ist der Huf ein gemeinsames, abgeleitetes Merkmal. Es macht aus ihnen eine Gruppe, die aus einem gemeinsamen Vorfahren hervorgegangen ist. Je weniger ein Körperteil mit besonderen Lebensgewohnheiten zu tun hat, desto wichtiger wird er für die Klassifikation. Deshalb sind Eigenschaften, die man nur bei einer einzigen Art findet – beispielsweise der einzelne Stoßzahn des Narwals – völlig nutzlos, denn sie liefern keine Aufschlüsse über die Abstammung.

Gelegentlich muß ein unparteiischer Richter hinzugezogen werden, um eine Verwandtschaftsfrage zu klären. Wer die Zusammenhänge in einer Artengruppe aufdecken will, ist manchmal gut beraten, wenn er auf ein Lebewesen zurückgreift, das von den fraglichen Tieren sehr weit entfernt ist; es kann dann als Bezugspunkt dienen, anhand dessen ihre Ähnlichkeiten und Unterschiede verglichen werden. Als Kapitän Cook zum erstenmal ein Känguruh sah, erkannte er: »Es hatte einen langen Schwanz, den es trug wie ein Windhund; kurz gesagt, hätte ich es für einen wilden Hund gehalten, wäre nicht seine Art zu gehen oder zu laufen gewesen, denn es hüpfte wie ein Hase oder Hirsch.« Noch verblüffender war das Schnabeltier. Es schien dem Naturforscher Thomas Bewick »eine dreifache Natur zu besitzen, die eines Fisches, eines Vogels und eines Vierbeiners, und es ist mit nichts verwandt, was wir bisher gesehen haben«. Eine Zeitlang herrschte zwar Verwirrung, weil man angeblich einen Fisch mit einem Beutel entdeckt hatte, aber heute haben die Tiere unserer Antipoden ihren Platz gefunden. Känguruhs und Mäuse bringen lebende Junge zur Welt; Schnabeltiere und Vögel legen Eier. Zieht man einen eindeutig weit entfernten Verwandten heran – beispielsweise einen Fisch oder Frosch –, so zeigt sich, daß das Eierlegen die ältere Lebensform ist und das Lebendgebären erst später kommt. Demnach sind Känguruhs und Mäuse untereinander enger verwandt als mit Vögeln oder Fischen, und das Schnabeltier gehört, wie weitere Merkmale erkennen lassen, trotz seines vogelähnlichen Schnabels (der eine umgewandelte Nase ist) zu einer Gruppe, deren älteste Mitglieder bereits den ersten Schritt auf dem Weg zum Känguruh getan hatten.

Eine weitere Ermunterung für die Kunst der Kladisten ist die vergleichende Anatomie der Gene. Die DNA liefert Millionen Verbindungen in die Vergangenheit, und manche davon lassen unerwartete Gesetzmäßigkeiten erkennen. Mit einer fluoreszierenden Sonde, die auf die Gene eines Tieres anspricht, kann man bei einem zweiten nach einer Entsprechung suchen. Überall, wo ein paar tausend Basen übereinstimmen, wird der Köder festgehalten, und an den Chromosomen zeigt sich ein gespenstisch leuchtender Fleck. Mensch und Schwein, aber auch Mensch und Kuh haben mehr als fünfzig lange Sequenzen gemeinsam. Sie alle sind ebenso überzeugende Hinweise auf eine gemeinsame Abstammung wie lebende Junge, Milch oder Haare.

Mittlerweile sind die Gene vieler Lebewesen von Anfang bis Ende abgelesen worden. Dabei geben sich, wie es sich kein früherer Naturforscher hätte träumen lassen, Gruppen innerhalb von Gruppen zu erkennen. Beim Menschen hat man die Positionen von dreißigtausend Genen bestimmt, und bei der Maus sind es fast ebenso viele. PIGMAP, die genetische Kartografie der Schweine, steht bei etwa sechshundert, gefolgt vom genetischen Atlas der Kuh. Selbst auf den Chromosomen der Katze konnte man schon mehr als hundert Gene anordnen. Das einzige Tier, dessen DNA-Buchstaben bereits vollständig gelesen worden sind, ein winziger Fadenwurm, besitzt insgesamt 19 099 Gene, die man alle dingfest gemacht hat. Auch die Gene mehrerer Bakterien und einzelliger Parasiten hat man bereits entziffert.

Ihre genetischen Landkarten haben viele Gemeinsamkeiten. Bei Mäusen und Menschen sind ganze Abschnitte gleich, und zu zweitausend menschlichen Genen gibt es bei der Maus eine genaue Entsprechung. Die mühseligen Wanderungen entlang der DNA zeigen, daß ein bestimmtes Chromosom der Maus in seiner Genanordnung mit einem unserer eigenen Chromosomen weitgehend identisch ist; und die Kühe sind uns sogar noch ähnlicher. Zu der Hälfte aller Pflanzengene gibt es eine Entsprechung bei den Mäusen. Der Fadenwurm hat ein Fünftel seines eigenen Erbmaterials mit der Hefe gemeinsam (von der er sich vor einer Milliarde Jahren trennte). Überraschende Parallelen findet man an weit entfernten Stellen. Ein Gen, das bei Menschen eine erbliche Erkrankung des Nervensystems hervorruft, hat bei der Hefe (die überhaupt keine Nerven besitzt) ein genau entsprechendes Gegenstück.

Die ganz unterschiedlichen Erkenntnisse über Knochen, Blätter und DNA lassen sich in einen gemeinsamen Rahmen stellen. Da im Kladismus so viele Merkmale und so viele Lebensformen gleichzeitig betrachtet werden, ist diese Wissenschaft, was die Statistik angeht, ein Alptraum. Wenn man nur elf verschiedene Arten vergleicht, sind fünfunddreißig Millionen Stammbäume möglich. Dennoch hat der Kladismus unser Verständnis vom Stammbaum des Lebendigen von seinen altvertrauten Ästen bis zu den tiefsten Wurzeln verändert.

Früher gab es in der Frage, wie die Säugetiere zusammengehören, unterschiedliche Ansichten. Manche davon waren offensichtlich Unsinn. So zählte man Igel, Maulwürfe und Spitzmäuse zu den Insektenfressern – sie wurden in dieselbe Schublade gesteckt, weil sie gern Insekten mögen, eine ähnliche Schädelform haben und in Südamerika nicht vorkommen. Andere Kategorien, etwa die der Fleischfresser (Hunde, Katzen und ähnliche Tiere), waren sinnvoller, und wieder andere (beispielsweise die gemeinsame Einordnung von Elefanten und Seekühen) erscheinen auf den ersten Blick seltsam, sind aber stichhaltig, wenn man eine ausreichende Zahl von Merkmalen untersucht. Die tieferen Wurzeln der Säugetierfamilie waren noch völlig unbekannt.

Mehr von der Wahrheit kommt ans Licht, wenn man Knochen und Moleküle objektiv einordnet. Dann verschwindet die Gruppe der Insektenfresser völlig, und ihre Mitglieder werden auf ganz andere Stellen verteilt. Der Igel sitzt auf einem sehr alten, getrennten Zweig der Säugetierfamilie, während Rüsselspringer, Goldmull und Erdferkel (die früher alle zu den Insektenfressern gezählt wurden) jetzt zu den Seekühen, Elefanten und Klippschliefern stoßen – alle gehören zu einer Gruppe von Säugetieren, die sich in Afrika entwickelte. Auch andere Säugetiere wechseln ihre Zugehörigkeit. Nicht nur die Wale gehören in dieselbe Gruppe wie die Flußpferde, sondern auch Hunde und Katzen kommen als entferntere Mitglieder ihrer Kategorie hinzu.

Menschen und Menschenaffen sind, wie sich allmählich zeigt, ganz eng mit Kaninchen und Fledermäusen verwandt.

Bevor es die Kladistik gab, glaubte man, alle vierbeinigen Wirbeltiere – Echsen, Känguruhs und Säugetiere – stammten von den urtümlichen Quastenflossern ab, die in ihrer Mehrzahl vor vierhundert Millionen Jahren verschwanden. Die Achse ihrer Flossen ist so gebaut, daß sich daraus Beine hätten entwickeln können. Als man in den dreißiger Jahren vor der afrikanischen Küste einen Angehörigen dieser Gruppe entdeckte, wurde er als »fehlendes Bindeglied« zwischen Fischen und uns gepriesen. Die Kladistik zeigte, daß dies nicht stimmt. Der Quastenflosser steht nicht auf demselben Ast des Stammbaums wie die Wirbeltiere mit vier Beinen. Diese Ehre gebührt vielmehr einer anderen großen Gruppe, die zur gleichen Zeit ihre Blüte erlebte. Ihre meisten heutigen Arten haben zwar überhaupt keine Flossen (und auch die Flossen ihrer Fossilien sehen überhaupt nicht nach Beinen aus), aber wenn man ihr Skelett nüchtern betrachtet, stehen sie uns näher. Das gleiche besagen mittlerweile auch die Moleküle: Der Quastenflosser ist von den heutigen Vierbeinern tatsächlich weiter entfernt als jeder Lungenfisch.

Manchmal wird die Vergangenheit durch die Kladistik auch einfacher. Beispielsweise stellt sich heraus, daß sämtliche Landpflanzen bei aller Vielfalt zu derselben Gruppe gehören, die (im Gegensatz zu den Tieren, die es mehrere dutzendmal taten) den Übergang vom Meer auf das trockene Land nur einmal vollzog, eine Tatsache, über die sich die Fossilien ausschweigen. Manchmal werden die Verhältnisse aber auch komplizierter. Die Reptilien sind, wie sich allmählich herausstellt, ebensowenig eine natürliche Gruppe wie die Kategorien in der chinesischen Enzyklopädie. Zu den Reptilien werden Echsen und Krokodile gezählt, aber an einer Fülle von Merkmalen ist zu erkennen, daß Krokodile den Vögeln (die natürlich nicht als Reptilien eingestuft werden) näherstehen als ihren angeblichen Vettern. Krokodile sind mit den Dinosauriern verwandt, und die Kladistik zeigt, daß Vögel nichts anderes sind als Dinosaurier, die Flügel bekamen und davongeflogen sind. Bei solchen Tieren aus früherer oder heutiger Zeit zu fragen, ob es sich um einen Vogel oder einen Dinosaurier handelt, ist gleichbedeutend mit der Frage: Ist es ein Apfel oder eine Frucht?

Noch heute haben die Vögel eine Verbindung zu ihren neu entdeckten Verwandten. Krokodile (wie zweifellos auch ihre Dinosauriervorfahren) legen ihre Eier in ein Nest, können zwitschern und determinieren ihr Geschlecht auf seltsame Weise. Wird ein Ei bei niedriger Temperatur ausgebrütet, entwickelt sich darin ein Männchen, bei höheren Temperaturen wird es ein Weibchen. Mit diesen neuen Erkenntnissen ausgerüstet, züchtete ein forscher Biologe Hühnereier bei höheren Temperaturen, und tatsächlich stieg daraufhin der Anteil der Weibchen – was bei einer Tierart, deren Männchen in ihrer Mehrzahl nicht gebraucht werden, für die Bauern von großem Interesse ist.

Die Grundregel der Evolution bleibt immer die gleiche, so bizarr ihre Produkte auch sein mögen. Das Prinzip der Vermehrung und allmählichen Auseinanderentwicklung der Merkmale verschiedener Arten, die von einem gemeinsamen Vorfahren abstammen, wobei gleichzeitig einige gemeinsame Eigenschaften durch Vererbung erhalten bleiben, ist die Erklärung für die äußerst komplizierten, immer weiter aufgefächerten Verwandtschaftsverhältnisse, durch die alle Mitglieder derselben Familie oder einer höheren Gruppe verbunden sind. Das weist auf eine gemeinsame Vergangenheit hin, die älter ist als alle Fossilien. Um derart weit entfernte Verbindungen zurückzuverfolgen und einen neuen Stammbaum des Lebens zu zeichnen, braucht man Eigenschaften, die fast allgemein verbreitet sind, und Gene, die so tief im Innern der Zelle wirken, daß sie sich fast allen Veränderungen widersetzen und noch Anhaltspunkte für ihren allerersten Ursprung enthalten. Die Suche nach Ähnlichkeiten zwischen dem guten Dutzend Genome, die heute in allen Einzelheiten erforscht, und in den vielen hundert weiteren, in denen bereits lange Abschnitte aufgeklärt sind, liefert den eigentlichen Rahmen des Daseins. Etwa tausend Gene sind allen Lebewesen gemeinsam, ganz gleich, wie einfach oder kompliziert sie gebaut sind. Obwohl sie sich schon seit über einer Milliarde Jahre auseinanderentwickeln, können wir immer noch einen Blick auf ihre gemeinsame Struktur werfen. Das zeigt, wie stark der große Plan des Lebens im Laufe der Evolution abgewandelt wurde.

Wie solche Gene offenbaren, stehen die Tiere mit einem Rückgrat nahe bei den Seesternen, und Würmer und Schnecken leben auf einem ganz anderen Zweig als Insekten und Fadenwürmer (die beide im Verlauf des Wachstums ihre äußere Hülle abwerfen). Die gemeinsame Wurzel liegt bei einem Vorfahren, der viele hundert Millionen Jahre früher lebte als alles, was im Gestein zu finden ist.

Die großen biologischen Unterteilungen scheinen auf den ersten

Blick selbstverständlich. Menschen und Schimpansen sind eng verwandt, beide stehen den Würmern weniger nahe, und Bananen und Bakterien liegen weit auseinander. Aber die neue Taxonomie hat aus dem Baum des Lebens eine exotische Pflanze gemacht. Menschen und Schimpansen stehen zwar tatsächlich in engerer Verwandtschaft als Menschen und Bananen, aber Primaten, Insekten und Pflanzen sind, wie aus den Genen hervorgeht, nur kleine Zweige desselben Astes. Der Stamm hat einige radikale Formveränderungen durchgemacht.

Früher wurden die Lebewesen in fünf mehr oder weniger gleich große Reiche eingeteilt: Tiere, Pflanzen, Pilze, Protozoen (zu denen die altvertraute Amöbe gehört) und Bakterien. Dabei nahmen letztere eine gewisse Sonderstellung ein, denn ihre Gene sind nicht in einem Zellkern eingeschlossen. Abgesehen davon schienen sie sich von den anderen Gruppen nicht stärker zu unterscheiden als Pflanzen von Tieren. Aber mittlerweile hat sich eine völlig neue Botanik entwickelt. Die Gene zeigen, daß Pflanzen und Tiere eng zusammengehören. Die Pilze verdienen einen eigenen Ast, der den Tieren nähersteht als den Pflanzen. Aber der größte Teil des Baumes gehört nicht den Herren der Schöpfung und noch nicht einmal den Pilzen, sondern den Bakterien und ihren zuvor unerkannten Verwandten. Damit steht auch die Menschheit an ihrem richtigen Platz – in der Nähe der Bananen.

Der Unterschied zwischen Menschen und Mäusen oder zwischen Mäusen und Pflanzen ist winzig im Vergleich zu der Kluft, der diese drei Gruppen von Lebewesen wie den Bakterien trennt. Die allgemein bekannten Zweige des Lebendigen (darunter auch der, zu dem Menschen, Mäuse und Pflanzen gehören) sind in Wirklichkeit unbedeutende Zweiglein. Wir brauchen nicht in weit entfernte Gegenden zu reisen, um außergewöhnliche Lebewesen zu sehen. In jedem zoologischen Lehrbuch steht, daß es unter den Insekten mehr Arten gibt als unter allen anderen Lebewesen. Zerdrückt man eine Fliege, quetscht man aus ihrem Darm Tausende von Mikroorganismen, die der Wissenschaft nicht bekannt sind. Ein Garten ist etwas Vertrautes, das der Mensch biologisch ganz und gar unter Kontrolle hat, und doch enthält jede Handvoll Erde aus einer Wohnsiedlung unzählige noch nicht beschriebene Bakterien, deren Gene ganz anders sind als die der Pflanzen und Tiere um sie herum.

Diese winzigen Lebewesen sind eine höchst vielfältige und bemerkenswerte Gruppe. Arten, die früher als ganz ähnlich galten (zum

Beispiel die Erreger von Botulismus und Milzbrand), sind, wie die Gene zeigen, so unterschiedlich wie Mensch und Mais. *Escherichia coli*, ein Bakterium, das zu Millionen in unserem Darm lebt (und die Ursache für Epidemien von Lebensmittelvergiftungen ist), trägt seine genetischen Anweisungen in einer DNA aus viereinhalb Millionen Bausteinen, die für ungefähr viertausend Proteine kodiert. Manche davon sind denen anderer Lebewesen ähnlich, aber etwa zur Hälfte sind sie ganz anders und liefern keinen Anhaltspunkt, wozu sie eigentlich gut sind.

Eine Gengruppe findet man überall. Sie dient dazu, die in der DNA kodierte Information umzusetzen und Proteine herzustellen. Diese Funktion ist so unentbehrlich, daß sich die betreffenden Gene im Laufe der Jahrmillionen kaum verändert haben. Wer sie durch die Mangel der Kladistik dreht, stellt fest, daß die Biologie früher einige grundlegende Abgrenzungen zwischen ihren Untersuchungsobjekten nicht erkannt hatte.

Der neue Stammbaum der Natur hat drei große Bereiche. Zu dem ersten gehören Lebewesen, deren Gene von einer Kernmembran umhüllt sind; hier stehen auch – ein wenig weiter weg – verschiedene einzellige Darmparasiten. Die beiden anderen bestehen aus den Bakterien und – ganz neu – den Archaea, winzigen Gebilden, die früher als eine Untergruppe der Bakterien gegolten hatten, die sich aber in Wirklichkeit stark von diesen unterscheiden. Ihre Domäne ist nicht nur in fünf Reiche unterteilt, sondern in Dutzende.

Manche von ihnen findet man an ganz überraschenden Stellen. Das Wasser der Octopus Spring in der Nähe des Geysirs »Old Faithful« im Yellowstone-Nationalpark ist heiß, klar und alkalisch. Es enthält die »rosa Filamente« – eine ganze neu entdeckte Gruppe. Sie brauchen zum Leben keinen Sauerstoff. Im nahe gelegenen Obsidian Pool, dessen Wasser voller Eisen, Schwefelwasserstoff und Kohlendioxid ist, lebt eine Fülle neuer Gruppen von Archaea. Allein in diesem einen Tümpel existieren ganze unentdeckte Organismenreiche. Sie sind so vielgestaltig, daß man ihnen bisher nur Nummern gegeben hat. An den großen Naturforscher Lionel Walter Rothschild erinnern die wissenschaftlichen Namen von achtundfünfzig Vögeln, achtzehn Säugetieren, drei Fischen, zwei Reptilien, hundertachtundfünfzig Insekten, drei Spinnen, einem Tausendfüßer und einem kleinen Wurm. Diese neuen Lebewesen werden eine Menge Rothschilds und ganze

Institute voller Systematiker brauchen, die ihnen die verdienten Titel verleihen.

Die Welt unter der Erdoberfläche war immer ein fremdes Land mit eigener Mythologie. Wer sang der Königin Victoria aus der Kanalisation unter dem Buckingham Palace die Nationalhymne vor? Was ist aus dem Plan geworden, ihren Inhalt durch Rohrleitungen in die Vorstädte zu leiten und sie dort in den Läden an der Ecke für die Benutzung im Garten zu verkaufen, oder aus Thelma Ursula Beatrice Eleanor, dem ersten Baby, das in einer U-Bahn das Licht der Welt erblickte? Wie alle Großstädte, so ist auch London eine riesige, seltsame dreidimensionale Welt, die den Bewohnern ihrer Oberfläche völlig unbekannt ist. Was sich dort unten angesiedelt hat, übersteigt die Phantasie jedes U-Bahn-Fahrgastes.

Das unterirdische London ist eine viktorianische Stadt; sie wurde gebaut, als sich das Leben in der Atmosphäre abspielte – einer Schicht, nicht dicker als der Lack auf einem Schulglobus – und als man sogar die Meere für tot hielt. Gegenstände, so glaubte man, würden durch ihr Gewicht nach unten gezogen, so daß eine Schicht untergegangener Kanonen unter gesunkenen Schiffen liegen mußte, die sich ihrerseits unter den Leichen ihrer Seeleute befanden. Die biologische Erforschung der Tiefen begann erst 1872 mit der Expedition der *Challenger*, die eine verborgene Welt unter den Wogen erschloß. Ein Jahrhundert später erfuhr unser Wissen über die Tiefsee – und das Erdinnere – einen großen Wandel. Unter unseren Füßen dehnt sich ein eigenartiger, vielgestaltiger Kosmos.

Eine ganz fremde Welt befindet sich rund um die heißen Quellen am Meeresboden. Im Jahr 1977 tauchte das U-Boot *Alvin* drei Kilometer tief in den Pazifik hinab. Dort quillt Lava aus dem Erdinneren. »Black Smokers«, mineralstoffreiche Strömungen aus überhitztem Wasser, ergießen sich in das Meer. Andere Quellen, »White Smokers« genannt, sind von Bakterienmatten umgeben. Sie fließen so schnell, daß das gesamte Volumen der Ozeane innerhalb von fünf Millionen Jahren durch die Erdkruste zirkuliert. Dabei bringt es Wärme und chemische Substanzen aus der Tiefe mit.

Solche Stellen beherbergen viele bizarre Lebewesen, unter anderem leuchtend rote, dreieinhalb Meter lange Röhrenwürmer. Die Fangarme dieser Vestimentifera (Würmer im Smoking, um ihren lateinischen Namen zu übersetzen) nehmen Schwefelwasserstoff aus dem heißen

Wasser auf und leiten ihn an dichte Bakterienmassen in ihrem eigenen Körperinneren weiter. Ein Smoker braucht vielleicht einen Smoking, aber Mund und Darm sind nicht unbedingt erforderlich.

Die DNA zeigt, daß diese Würmer wie Eichen nur abgewandelte Formen unserer selbst sind. Zu wahren Entdeckungen führt die Untersuchung ihrer mikroskopisch kleinen Helfer: Sie unterscheiden sich wie ihre winzigen Vettern rund um die Quellen völlig von Würmern, Eichen und der ganzen Welt der Oberfläche.

Eines dieser Archaea der unterseeischen Quellen lebt dreitausend Meter tief, bei einem Druck von zweihundert Atmosphären. Seine Gene liegen in drei ringförmig geschlossenen Molekülen und kodieren für siebzehnhundert Proteine, von denen die meisten, soweit man weiß, keinerlei Entsprechung zu anderen Lebewesen aufweisen. Zum Leben braucht es nur anorganische Verbindungen, und als Abfallprodukt produziert es Methan. Manche seiner Gene ähneln unseren eigenen stärker als denen der Bakterien, aber andererseits hat dieses neuartige Lebewesen auch viele ganz und gar ungewöhnliche Eigenschaften.

Die Enzyme solcher seltsamen Zellen müssen bei großer Hitze funktionieren. Man könnte sie unter Umständen gebrauchen, um Papier zu bleichen oder »Stone-washed«-Jeans herzustellen. Andere Archaea leben in ebenso großer Tiefe, aber in eisiger Kälte, beispielsweise als Matten auf den Knochen ertrunkener Wale (die erstmals von einem Marine-U-Boot während der Suche nach einer verlorenen Rakete entdeckt wurden). Das Skelett eines Wals kann mehr Lebensformen ernähren als die reichhaltigste unterseeische Quelle, und bis es zerfällt, vergehen unter Umständen zehn Jahre. Seine Bewohner bilden Enzyme, die in der Kälte aktiv sind, und das wiederum ist nützlich für Firmen, die sich für Niedrigtemperatur-Waschmittel interessieren. Sie suchen jetzt in den Tiefseegräben nach neuen Formen und hängen dazu tote Wale als Köder an Bojen.

Unter unseren Füßen sind noch mehr Seltsamkeiten verborgen. Sie machten sich bemerkbar, als die Kanalisation von Kairo zusammenbrach, kurz nachdem man sie gebaut hatte. Mikroorganismen eines neuen Typs hatten den Beton gefressen. Er war nur eine von vielen Arten. Drei Kilometer unter der Erde sind mittlerweile ganz neue Organismenreiche gefunden worden. Da manche derartigen Lebensformen eine Temperatur von hundertdreißig Grad Celsius überstehen, könnte es sie auch nochmals zwei Kilometer tiefer geben. Aus den unterseeischen Quellen ergießen sich tote Bakterien, ein Indiz, daß das Land auch unter den tiefsten Meeren noch lebendig ist. Einige einzigartige Lebewesen wurden bei der Ölsuche dreitausend Meter unter dem US-Bundesstaat Virginia entdeckt. Sie leben in einem früheren Wasserlauf, der seit zweihundert Millionen Jahren unter Sedimentschichten begraben ist. Von der übrigen Welt waren sie seit der Zeit der Dinosaurier isoliert.

Die Unterwelt ist eine ungemütliche Gegend – wie große Teile des Meeres, nur nicht kalt, sondern heiß. Ihre Bewohner verbrennen den Kohlenstoff in der Nahrung nicht mit Hilfe von Sauerstoff, sondern nutzen dazu Mineralien wie beispielsweise Eisenerz. Ihre Zahl ist einemillionmal geringer als in der obersten Bodenschicht, und sie teilen sich nicht alle zwanzig Minuten, sondern einmal in hundert Jahren. Dennoch enthält das neuentdeckte Land im Erdinneren ein Tausendstel der gesamten Masse des Lebendigen. Das unterirdische Universum mag abgelegen erscheinen, aber es hat auch Auswirkungen auf unseren eigenen Kosmos. Erdgas ist ein Produkt der Archaea, die in den tiefsten Bergwerken für Wandel und Zerfall sorgen (was diejenigen beunruhigen sollte, die an solchen Stellen Atommüll lagern wollen). Die Lebensformen unter der Erde sind zwar bisher nur wenig erforscht, aber sie erscheinen schon jetzt so anders als selbst ihre Verwandten am Meeresboden, daß die Kluft zwischen den Menschen einerseits und den Pflanzen und Tieren um uns herum andererseits im Vergleich dazu noch weiter zusammenschrumpfen wird.

Mit Hilfe der Gene läßt sich heute das gesamte Leben in ein einziges natürliches System einordnen. Evolutionsforscher sind besessen von Stammbäumen. Das Bestreben, solche Schemata aufzustellen – oft auf der Grundlage spärlicher Kenntnisse und mit dem Menschen auf dem obersten Zweig –, ließ sie häufig in Sackgassen laufen. Heute ist es aber tatsächlich möglich, eine Landkarte der Verwandtschaftsverhältnisse zu zeichnen, einen Plan aus der Vogelperspektive, der nichts darüber aussagt, wo der Weg des Lebendigen beginnt und wie hoch oder tief jeder einzelne Zweig steht. Wie in der Londoner U-Bahn, so ist auch hier vieles verborgen, aber das spielt für die Landkarte keine Rolle.

Auf dem Plan der Londoner U-Bahn wird die Metropole verzerrt dargestellt, damit sie zur Wahrnehmung der Fahrgäste paßt. Die Entfernungen zwischen den Stationen werden in gut bekannten Teilen auf Kosten der abgelegenen Außenbezirke übertrieben. Deshalb schrumpft ein Ort wie Wimbledon, der größer ist als das West End oder die Londoner City, zu scheinbarer Bedeutungslosigkeit zusammen. Für den Touristen scheint er kaum zu existieren. Der Plan der Pariser Métro dagegen ist ausgeglichener: Er zeigt, welche Abstände wirklich zwischen den Bahnhöfen liegen, wie weit die einzelnen Bezirke vom Zentrum entfernt sind und wie groß jeder Außenbezirk ist.

Bevor man etwas über die DNA wußte, war unser Bild von der Landkarte des Lebendigen so verzerrt wie das eines Touristen in der Londoner U-Bahn: Den altvertrauten Bezirken – den Tieren, Pflanzen und Pilzen – wurde zuviel Aufmerksamkeit gewidmet, und die abgelegenen Extreme kamen zu kurz. Die Gene leisten für das Leben das gleiche wie der *Plan du Métro* für Paris: Sie zeigen die wahren – und überraschenden – Umrisse der großen Daseinsstadt.

Das beigefügte Schema soll uns helfen, dieses verblüffende Thema zu verstehen. Es zeigt den Plan des Lebendigen, wie er sich in einer Gruppe höchst stabiler Gene zeigt: der Gene für den Apparat, der die Proteinmoleküle zusammenfügt. Das Gebiet des Lebendigen ist zum größten Teil von übervölkerten, unbekannten Vierteln bedeckt wie die Fläche einer großen Stadt von ihren Vororten. Zwei Bezirke, die Tiere und Pflanzen, kennt jeder. Dem Besucher erscheinen sie – wie Westminster oder Chelsea – groß, aber in Wirklichkeit sind sie nur ein kleiner Teil des Ganzen. Selbst die Pilze stehen auf demselben Ast wie diese berühmten Gebiete. Alles übrige ist viel weiter entfernt, als es dem unwissenden Reisenden scheint, und abgesehen von ein paar Kartografen (und denen, die dort leben) kennt sich auch kaum jemand in diesen Bezirken aus.

Auf der wahren Landkarte der Gene besetzen die Bakterien ein gewaltiges Lebens-Wimbledon – einen großen eigenen Außenbezirk –, und die Archaea sind im Nachbarvorort zu Hause. Drei weitere Gruppen, die Diplomonaden, Trichomonaden und Mikrosporidien, verteilen sich ebenfalls auf ein nahe gelegenes Viertel. Ihre Namen klingen ungewohnt, aber zu ihnen gehört der Darmparasit, der schwere Fälle der Reisediarrhöe hervorruft, und eine Art von Einzellern, die für Scheidenentzündungen verantwortlich ist. Alle diese Lebewesen besitzen zwar einen Zellkern, aber keine Mitochondrien.

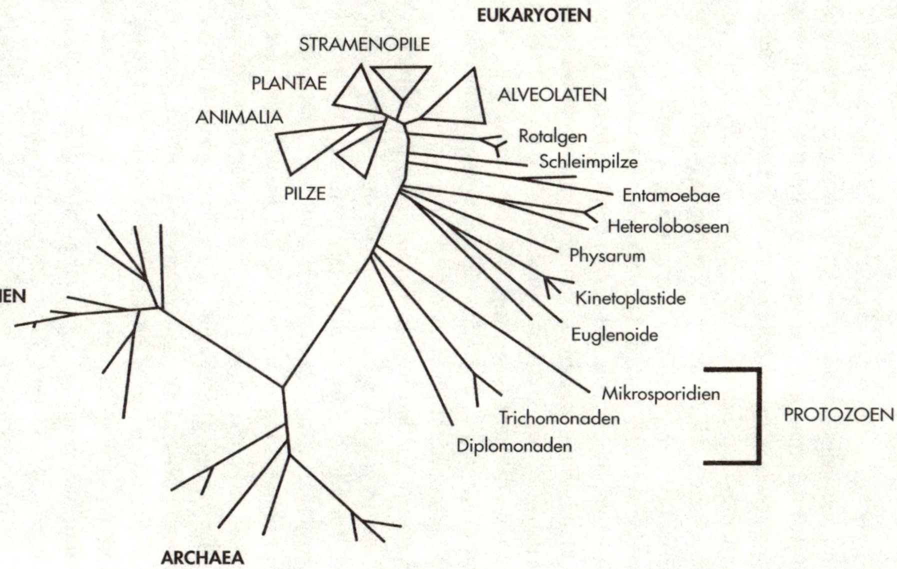

DIVERGENZ DER TAXA
(nach M. L. Sogin)

Die übrige Stadt ist mit Lebewesen angefüllt, die mit beiden nützlichen Strukturen gesegnet sind. Zu den Kinetoplastiden – einzelligen Tieren, die einen Schwanz besitzen und sich mit seinen peitschenden Bewegungen durch das Wasser bewegen – gehören der in Afrika beheimatete Erreger der Schlafkrankheit und die Trypanosomen, die sich Darwin möglicherweise in Südamerika zuzog und die ihn für viele Jahre zum Invaliden machten. Nebenan befinden sich eine gut gedeihende Gruppe amöbenähnlicher Lebewesen und zwei getrennte Gruppen von Schleimpilzen (die für die Erforschung der Embryonalentwicklung eine große Hilfe waren). Zu den Alveolaten gehören die Ciliaten (einzellige Tiere, die mit feinen, beweglichen Haaren bedeckt sind), der Malariaerreger und die Dinoflagellaten, die in die feste Hülle des in Südengland häufigen Kalksteins eingeschlossen sind.

Manche Gebiete, die traditionell als zusammengehörig galten, haben in Wirklichkeit – wie das Londoner East End – einen sehr vielfältigen Charakter. Die Algen – Seetang, Wasserpest und der grüne Überzug auf Baumstümpfen – bilden in Wirklichkeit drei getrennte Gruppen, die sich in ihrer Identität ebenso stark unterscheiden wie die Tiere von den Pflanzen. Zu den Rotalgen, einem eigenen Zweig, gehören der Seetang, der in Japan häufig gegessen wird, und auch einige andere Arten, die Riffe bilden. Die Gruppe der braunen Algen umfaßt bekannte Arten wie den Riesentang, aber sie bilden zusammen mit den Diatomeen, winzigen, mit einer Schale versehenen Lebewesen, die im Meer allgemein verbreitet sind, die Gruppe der Stramenopilen. Die Grünalgen, die in Süßwasserteichen leben, sind wieder etwas anderes: Sie stehen ganz in der Nähe der altvertrauten Pflanzen. Tiere, Pflanzen und Pilze sind unmittelbare Nachbarn in einem gut erforschten, aber kleineren Teil der Lebensmetropole.

Der U-Bahn-Plan zeigt nicht, wo eine Fahrt beginnt. Das Schema des Lebens legt jedoch die Vermutung nahe, daß es sich bei den ersten Genen um die der einfachen Unterweltbewohner handelte, der Archaea, die bis heute weder einen Zellkern noch Mitochondrien besitzen. Diese Vorstellung erscheint plausibel: Die Erdoberfläche wurde vor dreieinhalb Milliarden Jahren mit so großen Meteoriten bombardiert, daß die Ozeane möglicherweise verdampften, und die Ultraviolettstrahlung war so stark, daß sie einen Elefanten unfruchtbar gemacht hätte. Wenn das stimmt, stieg der Mensch – und fast die gesamte übrige Schöpfung – nicht aus dem Garten Eden herab, sondern erhob sich aus dem Hades. Die Genetik hat eine neue Landkarte der Hölle gezeichnet, und die Menschheit ist darauf eindeutig in einem Vorort angesiedelt.

Manchmal verschleiert die Evolution einen echten Stammbaum. Fliegen, Vögel und Fledermäuse in eine Gruppe einzuordnen, weil sie alle Flügel besitzen, wäre töricht. Ihre Ähnlichkeit ist nicht auf gemeinsame Abstammung zurückzuführen, sondern es handelt sich um getrennte Lösungen für dasselbe Problem. Die Ähnlichkeit ist höchst vordergründig: Sie betrifft nicht die wesentlichen Strukturen, sondern nur die äußere Erscheinung, und deshalb ist sie für die Taxonomie nicht besonders nützlich. Äußere Merkmale haben für die Klassifikation nur dann eine echte Bedeutung, wenn sie etwas über die Abstammung aussagen. Analoge oder der Anpassung dienende Eigenschaften sind zwar für das Wohlergehen des jeweiligen Lebewesens überaus wichtig, doch haben sie für den Systematiker so gut wie keinen Wert.

Manchmal liegt das auf der Hand. Die Weibchen einer bestimmten Schmetterlingsart und des afrikanischen Elefanten stellen den gleichen komplizierten Sexuallockstoff her. Dieses Pheromon zieht die Männchen beider Arten an (was für den Schmetterling gefährlicher sein muß als für die andere Seite in der Beziehung). Aus irgendeinem Grund sind seine Moleküle ein Hinweis auf Sexualität, den sich sowohl das Insekt als auch der Elefant auf unterschiedlichen Wegen zu eigen gemacht haben.

In der Evolution laufen parallele Linien häufig in einem Punkt zusammen, und dann verschleiern sie die wirklichen Verwandtschaftsverhältnisse. Eisbären, Insekten der Arktis und die Blätter der Pflanzen in nördlichen Breiten sind gleichermaßen mit Fell bedeckt, aber niemand würde sie wegen dieser gemeinsamen Vorliebe für einen Pelz als Verwandte bezeichnen. Die Fische der eisigen Gewässer zeigen, wie die natürliche Selektion mit ihrer verblüffenden Effizienz dafür sorgen kann, daß die Unterscheidung zwischen echter Verwandtschaft und eigenständigen Lösungen für dasselbe Problem nicht mehr zu erkennen ist.

Der Antarktisbarsch besitzt ein Gefrierschutzmittel; wegen dieses bemerkenswerten Proteins kann er bei –2 Grad Celsius leben, einer Temperatur, bei der sich die meisten Fische in Eisblöcke verwandeln würden. Das zuständige Gen ähnelt einem anderen, welches im Magen des Fisches für die Produktion eines Verdauungsenzyms sorgt. Diese Aufgabe erfüllte es als erste. Es diente dazu, den Magen vor dem Einfrieren zu bewahren, und nachdem die Substanz später auch in der Leber produziert wurde, verfügte der Antarktisbarsch über einen Gefrierschutz für seinen ganzen Körper.

Das gleiche Protein (oder ein anderes mit gleicher Struktur) findet man auch beim Arktiskabeljau, einem Fisch von der anderen Seite der Erde. Das ist verwunderlich, denn die beiden Arten sind nur entfernt verwandt. Alle anderen Indizien – aus Anatomie, Geologie und Geografie – weisen übereinstimmend darauf hin, daß sie sich schon vor vierzig Millionen Jahren trennten, lange bevor es in der Antarktis eisig kalt wurde. Sie unterscheiden sich sowohl im Körperbau als auch hinsichtlich vieler Gene.

In Wirklichkeit ist das Gefrierschutzprotein eine Anpassung, die sich bei den beiden Fischen getrennt entwickelt hat. Die beiden Proteine aus Arktis und Antarktis sind zwar spezialisiert und haben fast die gleiche Struktur, aber sie sind kein Indiz für eine gemeinsame Abstammung; wie bei dem Pelz von Eisbären und arktischen Pflanzen handelt es sich vielmehr um dieselbe Lösung für eine entwicklungsgeschichtliche Herausforderung. Die natürliche Selektion hat ihre Aufgabe so gut erfüllt, daß an den entgegengesetzten Enden der Welt die gleichen Moleküle entstanden sind. Ihre Übereinstimmung zeigt, wie sich Tiere aus ganz unterschiedlichen Abstammungslinien ohne weiteres an ähnliche Bedingungen anpassen können und sich deshalb äußerlich fast gleichen; solche Ähnlichkeiten zeigen aber nicht, zu welchen Abstammungslinien sie wirklich gehören, sondern verschleiern dies eher. Im Falle der beiden Gefrierschutzproteine verdeckt die identische Gegenwart eine unterschiedliche Vergangenheit.

Morphologie. Die Angehörigen derselben Klasse ähneln einander unabhängig von ihrer Lebensweise in ihrem allgemeinen Körperbauplan. Diese Ähnlichkeit wird häufig als »Einheit des Typus« bezeichnet, oder es heißt, die einzelnen Teile und Organe seien bei den verschiedenen Arten einer Klasse homolog. Das ganze Thema wird unter der allgemeinen Überschrift »Morphologie« eingeordnet. Sie ist das interessanteste Gebiet, ja, die Seele der Naturgeschichte. Was könnte spannender sein als beispielsweise die Hand, die beim Menschen zum Greifen und beim Maulwurf zum Graben dient, aber auch das Bein des

Pferdes, das Paddel des Delphins und der Flügel der Fledermaus, die alle nach dem gleichen Prinzip konstruiert sind und an den gleichen Stellen die gleichen Knochen enthalten?

Die heutigen Studenten betrachten die vergleichende Anatomie (wie die Erforschung solcher Strukturen genannt wird) mit Geringschätzung. Vielfach weigern sie sich – nach eigenen Angaben aus ethischen Gründen –, Tiere aufzuschneiden; auch für die anderen ist es ein langweiliges, unwichtiges Thema, und sie wenden sich erleichtert der Doppelhelix zu. Aber auch wenn es ihnen nicht klar ist: Sie praktizieren Anatomie, ohne ein Examen dafür zu haben. Im neunzehnten Jahrhundert bedienten sich die Forscher der Knochen, heute haben wir die Moleküle. Die moderne Biologie besteht zu großen Teilen schlicht und einfach aus der Untersuchung der Genstruktur bei verwandten Lebewesen. Statt Därme oder Schädel aufzuschneiden, sequenziert man die DNA, die sie entstehen läßt. Dabei zeigt sich, daß das Leben meist aus Themen mit Variationen besteht.

Alle komplizierten Lebewesen sind aus einer Reihe sich wiederholender, abgewandelter Segmente aufgebaut. Manchmal liegt das auf der Hand. Ein Regenwurm besteht aus mehreren Dutzend Abschnitten, von denen viele genau gleich aussehen; andere sind jedoch abgewandelt und enthalten Augen, Geschlechtsorgane und so weiter. Aus einem kleinen Stück des ursprünglichen Wurms kann sich der ganze Körper regenerieren. Eine solche Beobachtung wirft tiefgreifende Fragen auf. Der Schweizer Theologe Charles Bonnet war ernsthaft beunruhigt: »Müssen wir eingestehen, daß es in diesen Würmern ebenso viele Seelen gibt, wie diese selben Würmer Abschnitte haben?« Leichter als solche philosophischen Fragen sind die biologischen zu beantworten. Jedes Segment eines Regenwurms enthält den wesentlichen Bestandteil des gesamten Tieres, ein Beweis, daß alle Teile seines Körpers trotz ihrer äußeren Unterschiede nach dem gleichen Plan konstruiert sind. Die natürliche Selektion hat im langwierigen Verlauf der Abwandlung eine bestimmte Anzahl der ursprünglich ähnlichen Elemente aufgegriffen, vielfach wiederholt und an höchst unterschiedliche Zwecke angepaßt.

Einen Hinweis, wieviel Wiederholung es sogar bei den Säugetieren geben muß, liefert die seltsame Widerstandsfähigkeit der Mäuse. Bei ihnen können durch einen technischen Kunstgriff bestimmte Gene ausgeschaltet werden. Solche »unvollständigen« Tiere haben in manchen Fällen große Schwierigkeiten und sterben früh. Vielfach leben sie jedoch munter weiter, obwohl ein scheinbar unentbehrlicher Teil ihres Organismus – ein Gen für Kollagen, das Gerüstmaterial vieler Körperteile, oder für ein anderes Protein, das Signale in den Zellen weiterleitet – entfernt wurde. Verdopplung ist eine nützliche Rückversicherung gegen die Tricks der Genetiker; aber wie und warum sich die zusätzlichen Kopien in der Evolution entwickelt haben, weiß niemand.

Wiederholungen gibt es in der Biologie überall. Würmer, Insekten und Blutegel sind aus einer Reihe von Bausteinen zusammengesetzt, und selbst bei höheren Tieren sind die Elemente eines solchen Bauplans eindeutig zu erkennen. Vielfach wiederholte Teile neigen auffällig stark zu Schwankungen in Anzahl und Struktur. Ein Blick auf die Zähne eines beliebigen Wirbeltiers zeigt, wie ein einfaches, vielfach verdoppeltes Element abgewandelt wurde und nun beißen, reißen oder kauen kann. Andererseits besitzen die einzelnen Körperteile eines Säugetiers aber auch eine gewisse Individualität: Der Schädel einer Katze, so scheint es, hat mit der Spitze ihres Schwanzes nicht viel gemein.

Die Wirbeltiere – zu denen Menschen, Schlangen, Vögel und Frösche gehören – haben ein paar bescheidene Verwandte, beispielsweise die Neunaugen und das Lanzettfischchen. Ein Lanzettfischchen sieht aus wie ein blutleeres Sardellenfilet, hat aber keine Augen, keine Ohren, keine Kiefer, nicht einmal einen erkennbaren Schädel. Die Chinesen glaubten, es sei eine Made und entspringe dem Leichnam eines göttlichen Krokodils, das den Gott der Literatur in sich trage; viele abendländische Gelehrte behaupteten sogar, es besitze kein Gehirn. Zu der Zeit, als Studenten den Anblick von Blut noch ertragen konnten, wurden sowohl Neunaugen als auch Lanzettfischchen häufig seziert. Unterwirft man ihr Genom anstelle seiner Erzeugnisse der anatomischen Untersuchung, so erkennt man ihre historische Bedeutung, und man findet Hinweise, wie die Säugetiere zu ihrem Literaturorgan kamen.

Der Schädel der Säugetiere enthält eine Menge Knochen. Auge und Ohr sind Höhepunkte der Komplexität, und das Gehirn ist ein derart verwickeltes System, daß es sich – jedenfalls bisher – nicht selbst verstehen kann. Das Lanzettfischchen ist weniger hochtrabend. Es hat sich seit der Zeit jener alten Tiere, aus denen Menschen, Schlangen und Vögel hervorgegangen sind, kaum verändert. Der große deutsche Biologe Ernst Haeckel war überzeugt, es stehe den ältesten Wirbeltieren nahe. Er war sich der Bedeutung dieses Tieres so sicher, daß man ihm zu seinem sechzigsten Geburtstag Lanzettfischchen auf Kaviar servierte (allerdings enthält die Menükarte auch die rätselhafte Behauptung, als nächsten Gang habe es *Archaeopteryx* mit Sauerkraut gegeben).

Woher stammt unser Schädel, und warum ist unser Gehirn in eine Kapsel eingeschlossen, die aus so vielen ungewöhnlich geformten Knochenstücken besteht? Ist er ein abgewandelter Teil eines alten Körpers oder eine zusätzliche Struktur, die als Behälter für ein neues, gewaltiges Denkorgan an ein bewußtloses Gerüst angefügt wurde? Da den Lanzettfischchen diese edle Ausstattung (und sogar ein erkennbares Gehirn) fehlt, glaubte man lange, der Schädel habe sich bei den Wirbeltieren neu entwickelt, als eine Art Kopfschmuck, der Zeugnis von den Fähigkeiten des Apparates in seinem Inneren ablegte. Aber das Muster der Wiederholungseinheiten zeigt, daß Wirbeltiere einen alten Kopf auf jungen Schultern tragen.

Die Gene für die Mechanismen der Schädelherstellung sind in Gruppen angeordnet. Eine davon gibt es bei allen Wirbeltieren, vom Lanzettfischchen bis zum Menschen. Fische wie Menschen besitzen im Frühstadium ihrer Entwicklung eine Reihe regelmäßig angeordneter Gewebeblöcke, aus denen die kompliziert gebauten Knochen und Muskeln hervorgehen. Ihre einfache, immer wiederkehrende Struktur ist im ausgewachsenen Organismus verlorengegangen, aber die Gene zeigen, daß in jedem Individuum Teile davon vorhanden sind, die immer unähnlicher werden und unterschiedlichen Zwecken dienen.

Untersucht man ein junges Lanzettfischchen mit einer genetischen Sonde, welche die Schädelbaumechanismen der Säugetiere nachweist, so stellt sich heraus, daß das Tier trotz des fehlenden Kopfes die DNA besitzt, die später benutzt und erweitert wird, um ihn herzustellen. Und auch wenn es kein Gehirn zu haben scheint, sind in ihm die Gene wirksam, die bei anderen Lebewesen ein abgegrenztes Vorderhirn entstehen lassen. Jedes dieser Gene ist in demselben Stadium aktiv wie bei Mäusen oder Hühnern. Die Vorhut von Gehirn und Schädel war offenbar von Anfang an vorhanden. Verändert haben sich jedoch ein paar Einzelheiten. Das Lanzettfischchen besitzt an seiner Kopfspitze ein einziges lichtempfindliches Organ – aber das Gen, das dieses einsame Auge entstehen läßt, ist fast identisch mit dem für den Aufbau der beiden Säugetieraugen zuständigen Pendant. Unsere Vorfahren mögen Zyklopen gewesen sein, aber haushoch überlegen sind wir ihnen nicht.

Auf dem Weg zu den Säugetieren wurden noch andere Veränderungen notwendig. Damit eine Maus entsteht, ist mehr erforderlich als bei einem Lanzettfischchen; und sowohl Mäuse als auch Menschen besitzen von allen Genen des Lanzettfischchens zusätzliche Exemplare: Irgendwo in der Entwicklung ihres gemeinsamen Vorfahrens verdoppelte sich ihre Anzahl. Bei den Strahlenflossern, einer Gruppe der Fische, hat noch eine weitere Verdopplung stattgefunden, nachdem sie sich von der Linie, die zu den Säugetieren führte, abgespalten hatten.

Alle Gene müssen nicht nur wissen, *was* sie herstellen sollen, sondern auch, wo, wann und in welchen Mengen. Veränderungen von Zeit oder Ort können sich stark auf die Körperform auswirken, denn in solchen Fällen besteht die Gefahr, daß ein Organ auf der angeborenen Landkarte nicht den richtigen Weg findet. Manche Mutationen verändern nicht die äußere Gestalt oder Funktion eines Organs, sondern das Organ taucht plötzlich an anderer Stelle oder zu einem anderen Zeitpunkt auf. Auf diese Weise machen die alten Elemente darauf aufmerksam, daß sie noch vorhanden sind. Bei Taufliegen kann eine einzige genetische Veränderung bewirken, daß sich der mittlere Abschnitt des Körpers verdoppelt, so daß eine Fliege mit vier anstelle von zwei Flügeln entsteht. Damit sich der Brustteil der Fliege bildet, sind Tausende von Genen notwendig, aber diese ganze Armee kann offensichtlich durch einen einfachen Befehl in Marsch gesetzt werden. Die zusätzlichen Organe tauchen auf, weil ein solcher Befehl an der falschen Stelle gegeben wird und der örtliche Zellapparat ihm gehorcht.

Solche Steuerungsschalter für die Entwicklung werden Homöobox-Gene genannt. Sie sind jeweils ungefähr zu zehnt in einer Gruppe angeordnet. Wirbellose Tiere besitzen von jeder derartigen Gruppe ein einziges Exemplar, das sich in der DNA über etwa hunderttausend Basen erstreckt. Bei Säugetieren sind es vier Gruppen, und sie erfüllen im Embryo zahlreiche Aufgaben (und andere später im Erwachsenen; Mutationen in Homöobox-Genen führen zu Glatzenbildung, Versagen der Milchproduktion und sogar zu Leukämie). Die Strahlenflosser besitzen sieben oder acht Kopien der entscheidenden Gene. Zu ihrer Gruppe gehören etwa fünfundzwanzigtausend Arten vom Stör bis zum Lachs – so viele wie zu allen anderen Wirbeltieren zusammen. Säugetiere können sich vor der Vielfalt dieser Fischgruppe – mit Seepferdchen, Thunfischen, Anglerfischen, Flundern, Buntbarschen, Aalen, Rotfeuerfischen und vielen tausend anderen – nur ehrfurchtsvoll verneigen. Vielleicht schaffen die vielen Homöobox-Gene, die ihre Entwicklung beherrschen, die Möglichkeit zu Experimenten mit neuen, skurrilen Körperformen.

Die Schalter sind in Reihen angeordnet, und jeder ist für einen anderen Teil der körpereigenen Genarmee zuständig. Ihre Abfolge von vorn nach hinten ist die gleiche wie bei den Organen, für die sie verantwortlich sind. Deshalb haben die vorn liegenden Homöobox-Gene die Führungsrolle. Befinden sie sich näher am Kopf, können sie die Strukturen weiter hinten steuern, während weiter hinten gelegene Gene auf die vorderen Körperteile einen geringeren Einfluß haben. Durch Veränderungen in solchen Genen werden unterschiedliche Segmente veranlaßt, sich zu Kopf, Herz oder Schwanz zu entwickeln. Das Prinzip der zentralen Steuerung ist Mäusen, Taufliegen, Schnecken und allen anderen Tieren gemeinsam. Der Besitz eines Homöobox-Gens kann sogar ebensogut wie irgend etwas anderes dazu dienen, ein »Tier« zu definieren. Diese Gene entscheiden darüber, wie ihr Träger aussieht. Bei Glattwalen hat eines von ihnen eine kleine Abwandlung erfahren: In einem Teil des Mechanismus fehlen vier Basen der DNA. Überträgt man diese winzige Veränderung in einen Mäuseembryo, verlegt sie die Aktivität bestimmter Segmente vom Hals weiter nach hinten; vielleicht erklärt das, warum der Wal einen so großen Kopf hat und so rätselhaft lächelt.

Auch Pflanzen, vom Löwenzahn bis zum Mammutbaum, sind nach einem Mehrfachbauplan konstruiert. Die Stellung von Kelch- und Kronblättern, Staubfäden und Stempeln in einer Blüte sowie ihr verwickelter Aufbau werden verständlich, wenn man sie aus der Perspektive betrachtet, daß es sich um umgewandelte, spiralförmig angeordnete Blätter handelt. An mißgebildeten Pflanzen ist häufig unmittelbar zu erkennen, wie ein Organ in ein anderes umgewandelt werden kann. Was Mißbildungen leisten können, weiß jeder Gärtner: Die Rosen, im ursprünglichen Zustand einfache, unauffällige Blumen, sind dazu veranlaßt worden, ihre Kronblätter zu vervielfachen – bei Wildrosen sind es ungefähr fünf, bei Sorten wie »Elizabeth Taylor« oder »Blushing Bride« bis zu zehnmal so viele. Solche anomalen Formen entstehen wie die Taufliegen mit vielen Flügeln durch die Veränderung von Genen, die in einer zusammengesetzten Struktur die Zahl der Kopien steuern.

Das Wachstum der Blütenpflanzen ist eine einfache Angelegenheit: Es geht von einer Zellgruppe an der Spitze eines Sprößlings aus. Die Zellen teilen sich und bilden kleine, aktive Ansammlungen, aus denen jeweils ein Blatt oder ein Blütenblatt hervorgeht. Die Blüten von Löwenmäulchen und Rose mögen unterschiedlich aussehen – die eine ist spiegelsymmetrisch aufgebaut, die andere wie ein Rad mit Speichen konstruiert –, aber in einem frühen Wachstumsstadium gleichen sich beide Organe völlig. Weiterhin zeigt die Genetik, daß auch die komplizierten Teile einer Blüte aufgrund einfacher Anweisungen gebildet werden. Verschiedene Mutationen verändern Zahl und Lage von Blütenteilen wie Kelch- und Kronblätter, und manche von ihnen können eine zweiseitige Blüte veranlassen, eine runde Form anzunehmen. Die beteiligten Proteine haben in ganz verschiedenen Blüten eine weitgehend identische Struktur und ähneln denen, die von bestimmten Genen der Wirbeltiere produziert werden und (wie die Produkte der Homöobox-Gene) an die DNA binden können.

Durch Schädigung von nur zwei entscheidenden Genen kann man eine Blüte dazu veranlassen, ein einfaches Blatt hervorzubringen. Eine Mutation in einem anderen Gen dieses Steuerungstrios führt zu einer Verdopplung der gesamten Struktur. Der komplizierte Aufbau einer Rose hängt wie der eines Wurmes von einer Gruppe abgewandelter Wiederholungseinheiten ab, die von der natürlichen Selektion aus einfachen Teilen modelliert worden sind. Das Leben hat sich offensichtlich wie die Gattung der Oper entwickelt: vom einfachen Schäferspiel mit einem einzigen Motiv und einer geringen Zahl von Mitwirkenden bis hin zu den großen Musikdramen des Bauernhofes und des Waldes.

Nach und nach läßt die biologische Forschung auch innerhalb der Gene selbst ein kompliziertes System von Themen und Variationen erkennen. Viele Proteine sind aus einer Reihe von Bausteinen zusammengesetzt, und diese Bausteine teilen sie mit anderen, die ganz andere Aufgaben erfüllen. So bestehen die vielen Proteine, die bei der Blutgerinnung mitwirken, aus vier verschiedenen Abschnitten, die auf unterschiedliche Weise zusammengewürfelt werden und jeweils eine nützliche Struktur ergeben. Nicht alle Einheiten kommen bei allen Proteinen vor, die an diesen Reaktionsfolgen mitwirken, aber alle haben einige Teile gemeinsam. Manche Elemente des Blutgerinnungsapparates tauchen auch in Genen auf, die das Wachstum der Zellen steuern oder für die Verdauung von Fleisch sorgen. Sie zeigen, wie verborgene Motive in wahrhaft wagnerianischem Stil tief im Inneren der Zellhandlung auftauchen können und wie die komplizierten heutigen Strukturen – die Rose, der Regenwurm oder der Gesang der Rheintöchter beim Brand von Walhalla – eine einfachere Vergangenheit widerhallen lassen.

Embryologie. »Wir sahen, wie die Kaiser alle zusammengedrängt ein paar hundert Meter weit entfernt unter der Klippe standen. Das wenige Licht schwand schnell: Wir waren über die nahende, völlige Dunkelheit und den Anblick des Windes im Süden mehr erregt als über unseren Triumph. Nach unbeschreiblichen Mühen und Entbehrungen wurden wir Zeugen eines Wunders der Natur, und das als erste und einzige Menschen aller Zeiten; in unserer Reichweite lag Material, das sich für die Wissenschaft als äußerst wichtig erweisen sollte; mit jeder Beobachtung, die wir anstellten, verwandelten wir Theorien in Tatsachen – und wir hatten nur einen Augenblick Zeit.«

Soweit Apsley Cherry-Garrard in seinem außergewöhnlichen Buch (das sprachlich insgeheim von George Bernard Shaw verbessert wurde) *The Worst Journey in the World*. Es ist der Bericht über eine winterliche Reise durch die Antarktis im Jahr 1911, auf der Eier des Kaiserpinguins gesammelt werden sollten; sie war Bestandteil jener Expedition (schlecht vorbereitet, wie nur die Briten es hinkriegen), die den Pol nicht erreichte und mit dem Tod von Captain Scott endete – weil er wenige Meilen vor dem sicheren Ziel von seinen kostbaren Gesteinsproben zu Boden gezogen wurde.

Aber warum riskiert jemand das Leben, um sich in völliger Dunkelheit über das Eis zu quälen? Was war dieses »Material, das sich für die Wissenschaft als äußerst wichtig erweisen sollte«? Die Antwort steht in der *Entstehung der Arten*, und zwar in der Behauptung, jedes Tier durchlebe seine Frühgeschichte als Embryo noch einmal. Für die Biologen aus der Generation von Cherry-Garrard war die Entwicklung eines Individuums auch die Entwicklung der Art, zu der es gehörte. Die Erzählung zu lesen, die mit dem Zusammentreffen von Samen- und Eizelle beginnt und mit dem Tod endet, hieß, die Vergangenheit nachzuzeichnen. In den Eiern des Kaiserpinguins lag nach Cherry-Garrards Überzeugung der Anhaltspunkt für die Entstehung der Vögel: »Um diese drei Embryonen vom Cape Crozier … wurde gerungen, damit die Welt ein klein wenig mehr Kenntnisse haben möge, damit sie auf das aufbauen kann, was sie weiß, statt auf das, was sie denkt.«

Anders als in der Physik gibt es in der Biologie nur wenige Gesetze, und diejenigen, auf die sich Wissenschaftler einigen, werden bald darauf gebrochen. Haeckel formulierte 1866 sein »biogenetisches Gesetz«: Neue Formen, so schrieb er, seien das Ergebnis neuer Stadien, die zur Entwicklung des bereits Vorhandenen hinzukämen. Er veröffentlichte (ein wenig im Sinne seiner Idee verfälschte) Zeichnungen von Vogel-, Reptilien- und Säugetierembryonen, die seine Behauptung zu belegen schienen. Der Kaiserpinguin war nach seiner Ansicht die primitivste Form der Vögel, an die Ränder der Welt gedrängt durch die Konkurrenz mit neueren – und weiter fortgeschrittenen – Verwandten im Norden. Sein Embryo sollte Aufschlüsse über den Ursprung der Vögel liefern.

Nach vielen Schwierigkeiten und der hochmütigen Weigerung des Natural History Museum, die Funde von Cherry-Garrard anzunehmen, stellte sich schließlich heraus, daß die Eier in ihrem Wachstum weit fortgeschritten waren und nicht als Beweis für Haeckels Theorie taugten. Wie wir heute wissen, haben sich die Pinguine vor vierzig Millionen Jahren von einem geflügelten Vorfahren abgespalten und sind nicht primitiver als ein Albatros. Die wissenschaftlichen Erkenntnisse, auf die sich die Antarktisreisenden stützten, waren falsch, aber das Leben vor der Geburt sagt über die Evolution tatsächlich mehr aus, als sie sich hätten träumen lassen. Die Frage, die den Naturforschern jener Zeit so wichtig erschien – wie sich aus einem einfachen Ei ein komplizierter Organismus entwickeln kann –, steht mittlerweile kurz vor der Beantwortung.

In der *Entstehung der Arten* kommt der Begriff »Evolution« nicht vor, ein Wort, dessen Bedeutung seit seiner Entstehung einen vollständigen Kreis durchlaufen hat. Seine lateinische Wurzel bezeichnete das Ausfalten einer Schriftrolle. Von Cicero stammt der würdige Satz: *»Quid poetarum evolutio voluptatis affert«* – Welch Vergnügen bereitet das Lesen der Dichter! In der Biologie meinte man mit diesem Wort anfangs die Formveränderungen, die ein Embryo während seiner Entwicklung durchläuft. Erst viel später bezeichnete »Evolution« die allmähliche Umwandlung einer Form in eine andere. Heute sind beide Definitionen verschmolzen, und durch die Untersuchung der Entwicklung entfaltet sich auch die biologische Vergangenheit.

Wie wichtig das Ungeborene ist, erkannte man schon, fünf Jahre nachdem *Die Entstehung der Arten* erschienen war. *Die Wasserkinder* von Charles Kingsley ist die Geschichte eines jungen Schornsteinfegers, der ertrinkt, sich in einen Säugling verwandelt und von seinen Sünden reingewaschen wird. Als der ertrunkene Tom erwacht, »stellte er fest, daß er im Fluß schwamm ... seitlich am Rachen hatte er Kiemen wie ein Molch, die er fälschlich für ein Halsband hielt, bis er daran zog; da bemerkte er, daß es ihn schmerzte, und er gelangte zu dem Schluß, sie seien ein Teil seiner selbst«. Er durchlebt noch einmal seine unschuldige Vergangenheit als junger Molch und dann als sündiges Kind, um zuletzt in das Stadium nach der Evolution einzutreten, mit dem die Schriftrolle des Lebens zu Ende geht. Nicht zum letzten Mal waren Naturwissenschaft und Theologie völlig im Einklang.

In der heutigen Embryologie sucht man wie Charles Kingsley nach Ähnlichkeiten zwischen jungen Tieren, die im weiteren Verlauf der Entwicklung verlorengehen. Wie sich dabei herausstellt, ist der Embryo ein mehr oder weniger deutliches Abbild der gemeinsamen Ausgangsform für die großen Tiergruppen. Er läßt verborgene Verwandtschaftsverhältnisse erkennen, weil er vor der Notwendigkeit geschützt ist, sich an die Außenwelt anzupassen, so daß er mehr aus seiner Vergangenheit beibehalten kann als das ausgewachsene Tier.

Anders sieht die Sache aus, wenn ein Tier irgendwann in seiner Embryonalentwicklung bereits aktiv wird und selbst für sich sorgen muß. Dann setzt die natürliche Selektion ein: Sie wandelt schon das ganz junge Lebewesen ab, und seine Vergangenheit geht verloren. Die aktive Phase kann früher oder später eintreten; in jedem Fall paßt sich die Larve genauso wunderschön und vollkommen an ihre Lebensbedingungen an wie das ausgewachsene Tier. Ein Beispiel sind Austern und andere Muscheln. Sie sehen im ausgewachsenen Zustand alle gleich aus, aber ihre Larven unterscheiden sich stark. Manche treiben monatelang im Plankton, andere entwickeln sich im Körper der Mutter; manche sind aktive Jäger, andere vergraben sich im Fleisch der Fische. Wenn die Selektion gefordert wird, kann sie auf den Embryo ebenso heftig wirken wie in jedem anderen Lebensstadium.

Ein paar Tiere haben die Wahl, ob sie in den Erwachsenenzustand übergehen oder Jugendliche bleiben sollen. Tom entwickelt sich im Wasser zurück und bedient sich der »äußeren Kiemen«, mit denen er das Atmen von Luft aufgeben kann. Das Axolotl, ein nordamerikanischer Molch, macht es andersherum. Es lebt an manchen Stellen in Seen und Bächen, besitzt ebenso eindrucksvolle Kiemen wie jedes Wasserkind und pflanzt sich in diesem Zustand auch fort. In anderen Gebieten läßt es sein Jugendstadium hinter sich, die Kiemen verschwinden, und es klettert aufs Trockene, wo es ganz ähnliche Lebensgewohnheiten hat wie jeder andere Salamander. Die beiden Typen lassen sich im Labor kreuzen, und wie sich herausgestellt hat, ist für den Unterschied zwischen beiden ein einziges Gen verantwortlich.

Manche Axolotls kann man veranlassen, ihre kindliche Lebensweise aufzugeben, indem man ihnen eine Dosis Schilddrüsenhormon verabreicht; daraufhin wachsen Beine, und das Tier klettert an Land. Andere widersetzen sich dieser unerwünschten Reifung und bleiben selbst nach einer handfesten Menge des Wirkstoffes im Wasserkindstadium. Irgendwo in der Entwicklungskette befindet sich ein Schalter, der die biologische Fabrik zur Herstellung des Landaxolotls anwirft. Er macht deutlich, daß eine verborgene Hand über das Schicksal des Embryos bestimmt, und er zeigt, wie wenige DNA-Stücke eine ganze Reihe untergeordneter Mechanismen in Gang setzen, die dann Beine, Lungen und alle anderen Attribute eines Landtieres entstehen lassen.

Solche versteckten Möglichkeiten gibt es überall. Wie die neue Embryologie gezeigt hat, sind die meisten Gewebe der meisten Lebewesen in der Lage, sich zu ganz unerwarteten Strukturen zu entwikkeln. Das geschieht nur selten (auch wenn zahlreiche Lebewesen im höheren Alter ihre Lebensweise mindestens ebenso stark verändern wie das Axolotl), aber hin und wieder zeigen sie, was in ihnen steckt, und damit enthüllen sie ihre entwicklungsgeschichtliche Vergangenheit.

Die Nachkommen der ersten Herzoge von Habsburg herrschten im Laufe von sieben Jahrhunderten über Österreich, Spanien, Portugal, Ungarn, Holland, Luxemburg, Teile der späteren Staaten Deutschland, Polen, Jugoslawien, Frankreich und Italien sowie eine Zeitlang sogar über Mexiko. Die Palette der Staaten reichte von Beinahedemokratien bis zum revolutionären Chaos in Mittelamerika. Dennoch wurden sie alle von Angehörigen derselben Familie regiert, und alle befolgten mehr oder weniger begeistert die Anweisungen ihres Erbmonarchen. Solche Hierarchien althergebrachter Steuerungsmechanismen gibt es überall im Tierreich.

Die Augen von Mäusen und Taufliegen unterscheiden sich stark. Im einen Fall handelt es sich um eine Kamera mit einer einzelnen Linse, im anderen um eine große Zahl kleiner Vorrichtungen, die zu einem komplizierten Ganzen angeordnet sind. Sowohl bei Taufliegen als auch bei Mäusen gibt es Mutationen, die zum Verlust oder zu einer starken Verkleinerung der Augen führen. Obwohl die Organe bei Fliegen und Mäusen so unterschiedlich gebaut sind, hat das Gen, das für ihre Verkleinerung oder Beseitigung sorgt, bei beiden Tieren fast genau die gleiche Struktur.

Bei der Fliege ist durch eine bestimmte Mutation ein DNA-Abschnitt verändert, der – wie der Hauptschalter beim Axolotl – eine ganze Reihe von Genen für die Augenentwicklung aktiviert. Veranlaßt man dieses Gen, an einer falschen Stelle des Embryos wirksam zu werden, wachsen Augen an den unwahrscheinlichsten Orten, beispielsweise am Flügel oder am Bein. Was dabei besonders bemerkenswert ist: Gelangt die normale Form des Augenentwicklungsgens der Maus in einen Fliegenembryo, setzt es dort das Wachstum typischer Fliegenaugen in Gang, ganz gleich, in welchem Gewebe es sich befindet – in Beinen, Flügeln oder irgendwo sonst. Es schlüpft wieder in seine alte Befehlshaberrolle, und die Zellen seiner neuen Umgebung sprechen mit ihrer Entwicklung darauf an. Der Herrscher über die Augen ist bei Säugetieren und Insekten im wesentlichen der gleiche, obwohl diese beiden Gruppen schon vor einer Milliarde Jahren ihren letzten gemeinsamen Vorfahren hatten. Entweder schlug ein erstes Sehorgan – eine Gruppe lichtempfindlicher Zellen – in den beiden Linien, die zu Fliegen und Mäusen führten, unterschiedliche Entwicklungswege ein, oder zwei unterschiedliche Sehorgane entschlossen sich, dem gleichen Herrscher zu gehorchen. Wie die Vergangenheit auch aussah: Daß Fliegenaugen nach den Anweisungen eines Mausgens wachsen können, macht deutlich, welch universelle Geschichte sich vor der Geburt offenbart.

Wie weit das gemeinsame genetische Raster erreicht, zeigt sich an anderen Parallelen in der Entwicklung von Fliegen und Tieren mit einem Rückgrat. Wie das Auge, so hat auch das Ohr eine überraschende Vergangenheit. Taufliegen können kaum hören, sind aber sehr reizsensibel, weil sie mit Borsten besetzt sind, die Vibrationen wahrnehmen. Die gleichen Gene, die für ihre Entwicklung sorgen, sind auch im Innenohr von Fischen, Hühnern und Mäusen aktiv. Ganz ähnlich das Gen, das bei der Fliege über die Position des Hinterendes der einzelnen Körpersegmente bestimmt: Es erfüllt die gleiche Aufgabe auch beim jungen Lanzettfischchen, und die Gene, die bei der Fliege die Grenzen der Flügel festlegen, tun etwas ganz Ähnliches auch in Vogelembryonen. Andere werden an den Spitzen der neu entstehenden Gliedmaßen von Mäusen, Vögeln, Seesternen und Plattwürmern aktiviert. Auch das weist auf eine innige, uralte Verbindung hin, auf einen Entwicklungswettlauf der Füße, der bei den Flügeln, den schlauchförmigen Füßchen der Seesterne, den Hufen der Pferde und den hohlen Beinen der Krebse endete. Sie alle stammen von der gleichen einfach gebauten Extremität ab.

Eine der seltsamsten Ideen der alten Anatomie besagte, Menschen und ihre Verwandten seien umgedrehte Wirbellose. Der französische Biologe Geoffroy St. Hilaire (der in der *Entstehung der Arten* häufig genannt wird, in Frankreich aber vor allem als Wärter der ersten in das Land importierten Giraffe bekannt wurde) sah einmal einen sezierten Hummer auf dem Rücken liegen. Sofort fiel ihm die Ähnlichkeit zu einem auf dem Bauch liegenden Menschen auf. In beiden Fällen liegt das Rückenmark über dem Darm und die Speiseröhre über dem Herzen. Vielleicht, so dachte er, war das Leben auf dem Weg zu den Wirbeltieren einfach umgeklappt.

Die Idee erschien absurd: Wieder einmal war die französische Biologie auf ihrem eigenen skurrilen Weg und nicht mehr im Gleichschritt mit der übrigen Welt. Anderthalb Jahrhunderte später hatten die Forscher in den englischsprachigen Ländern allen Grund, peinlich berührt zu sein: Wie sich herausstellte, ist ein Gen, das in bestimmten Zellen eines Froschembryos für die Entstehung des Rückens sorgt, in der Entwicklung von Taufliegen auf der Körperunterseite aktiv. Auf dem Weg zum Menschen hat tatsächlich ein großer Purzelbaum stattgefunden.

Was Augen, Ohren, Gliedmaßen und die Frage nach oben und unten angeht, hat die Natur mit dem Embryo eine Art Abbild bewahrt, das den früheren, weniger stark abgewandelten Zustand der einzelnen Tiere wiedergibt. Dieses Bild ist ein Beweis für den Verlauf der Evolution, der weiter zurückreicht als das älteste Fossil.

Rudimentäre, verkümmerte und verschwundene Organe. Die Messe ist für Christen etwas Ewiges. Als Zwiegespräch mit Gott hat sie ihre Wurzeln in der Anfangszeit der Kirche. Wo der Gläubige sich auch befindet, immer ist er zu Hause und nimmt – abgesehen von den Sprachunterschieden, die auftauchten, nachdem das Latein aufgegeben worden war – an einer weltumfassenden Zeremonie teil.

Aber nicht in Äthiopien. Es war ein kleiner Triumph der komischen Prosa, als Evelyn Waugh (die das Land 1930 bereiste) die Reaktionen eines Fachmanns beschrieb, der dort zum erstenmal eine Messe miterlebte: »›Das war das Offertorium ... nein, falsch, es war die Wandlung ... ich glaube, das ist das geheime Evangelium ... die Epistel ... ich habe einige seltsame Abweichungen vom Kanon der Messe bemerkt ... insbesondere was den Friedenskuß angeht.‹ Dann begann die Messe.«

Aus dieser liturgischen Verwirrung kann man für die Biologie etwas lernen. Die äthiopische Kirche wurde vor tausend Jahren isoliert und war von den Reformen abgeschnitten, die sich in der übrigen Christenheit abspielten. Während ihre Riten über die Generationen weitergegeben wurden, schlichen sich immer mehr Fehler ein, bis ganze Teile selbst für diejenigen, die sie zelebrierten, keinen Sinn mehr hatten. Für Historiker sind sie von großem Interesse, denn sie offenbaren eine Geschichte, die andernorts durch den Vormarsch des Fortschritts weggefegt wurde.

Alle Eigenschaften degenerieren, wenn sie ihre Aufgabe erfüllt haben. Hört die Selektion auf, macht sich das Chaos der Natur breit, und die Evolution verliert ihre Richtung. Deshalb ist ein Überrest unter Umständen ein besserer Hinweis auf die Vergangenheit als die raffinierteste Anpassung.

Wer sich in der Welt umschaut, findet Zerfall allerorten: Parasiten sind zu einem Sack aus Darm und Geschlechtsorganen zurückgebildet, es gibt nutzlose Organe wie den Wurmfortsatz der Menschen, und lange Abschnitte der DNA erzeugen kein einziges Protein. Ein Wurm läßt sich nach einem aktiven Leben auf dem Meeresboden nieder, und dann schrumpft sein Gehirn wie bei einem Professor, der Beamter auf Lebenszeit geworden ist. Ganze Lebensgemeinschaften können der Degeneration anheimfallen. Über hunderttausend verschiedene Tierarten – Spinnen, Insekten, Fische und Salamander – sind in Höhlen zu Hause. Die meisten von ihnen sind ein blasses Abbild ihrer im Freien lebenden Verwandten: langsam, blind, ruhig und einsam, ganz im Gegensatz zur ihren Vettern, die das Tageslicht genießen.

Solche Eigenschaften, die den Stempel des Unnützen tragen, gelten schon seit langem als Bindeglieder zur Vergangenheit. Ein Tibetreisender erzählte von einer »Spezies von Menschen mit kurzen, geraden Schwänzen, die ihnen den Erzählungen zufolge äußerst unbequem waren, da sie erst Löcher in die Erde graben mußten, bevor sie den Versuch unternehmen konnten, sich hinzusetzen«. Dieses Organ (und gelegentlich wird tatsächlich ein Kind mit einem Schwanz geboren) wurde in der Zeit vor Darwin häufig als Verbindung zwischen Menschen und Affen angeführt. Ein Körperteil, der keinen Zweck mehr erfüllt, galt als Beweis für die Abstammung von einem Vorfahren, bei dem er noch nützlich war.

Eine komplizierte Struktur funktioniert nur auf eine Weise, kann aber auf viele Arten versagen. Aus der Kreuzung blinder Höhlenfische verschiedener Herkunft gehen Nachkommen hervor, deren Augen größer sind als die beider Eltern. In jeder Höhle ist ein anderer Teil des Apparates verlorengegangen, der die Augen entstehen läßt, und beide zusammen bewerkstelligen etwas Besseres als jeder einzelne allein. Auch andere rudimentäre Organe besitzen manchmal noch ihr Potential und entwickeln es nur nicht. Warum produziert nur die Hälfte der menschlichen Bevölkerung Muttermilch? Schließlich haben auch Männer Brustwarzen und die Möglichkeit, sie zu benutzen. Gibt man Männern bestimmte Wirkstoffe, produzieren sie ohne weiteres Milch. Die gleiche Wirkung kann sogar eine größere Dosis Alkohol haben, weil dann die Leber nicht mehr in der Lage ist, das geheime Sekret des Mannes – seine weiblichen Hormone – zu unterdrücken. Wenn halbwüchsige Jungen in dem natürlichen Wunsch, die Möglichkeiten ihres eigenen Körpers zu erforschen, mit ihren Brustwarzen spielen, kommt hin und wieder (und zweifellos zur Verblüffung ihres Trägers) Milch heraus. Das einzige Säugetier, das die logische Schlußfolgerung gezogen hat, ist der Dyak-Flughund: Seine Männchen säugen die Jungen. Da auch viele andere männliche Tiere viel Aufwand in die Brutpflege investieren, ist es eigentlich erstaunlich, daß sie nicht konsequent sind und auch die Nahrung selbst erzeugen.

Die neckischen, aber unnützen Brustwarzen des Mannes sind das wirkliche Kennzeichen seiner Nutzlosigkeit. Daß sie keine Funktion haben, liegt an der Evolution. Viele Männchen machen sich nach der

Befruchtung aus dem Staub und warten nicht, bis das Junge geboren wird. Ihre Energie investieren sie lieber in weitere Samenzellen und nicht in die Folgen einer früheren Affäre. Für ihre Milch gibt es keinen Markt. Das Weibchen dagegen ist bereits durch die aufwendige Schwangerschaft an das Kind gebunden, und deshalb zahlt es sich für sie nicht aus, den Nachwuchs aufzugeben und auf einen neuen Erfolg zu hoffen. Die Selektion hat sie zu einer Milchfabrik gemacht. Wenn das Männchen überhaupt eine Funktion hat, besteht sie darin, das Kind zu schützen, und gleichzeitig hält es die Augen nach einer neuen Gelegenheit offen. Die Brustwarzen erinnern nur daran, daß es aus der gleichen Wurzel stammt wie seine Partnerin.

Ein Organ, das ursprünglich zwei Zwecken dient, kann im Hinblick auf einen – und sogar den wichtigeren – verkümmern oder seine Funktion völlig verlieren, während es für den anderen weiterhin brauchbar bleibt. Im Innenohr der Säugetiere wirken winzige Knochen – Hammer, Amboß und Steigbügel, wie sie genannt werden – wie eine Reihe von Hebeln: Sie übertragen die Schallwellen, die auf das Trommelfell treffen, auf die Sinneszellen des Ohres. Ihre Evolution läßt sich auf Organe früherer Fische zurückführen, die in verschiedener Hinsicht nützlich waren, heute aber degeneriert sind. Die einfachsten Fische hatten noch keine Kiefer, sondern Stützstrukturen, die man als Kiemenbögen bezeichnet. Die ersten Kiefer waren zweckentfremdete Kopien dieser Strukturen, doch blieb der Rest als Gerüst für die Kiemen erhalten. Während sich die Fische zu Säugetieren weiterentwickelten, gingen die Bögen verloren, aber aus ihnen entstanden die winzigen Knochen, die sich im Mittelohr erhalten haben. Auch die anderen Teile der Ohren haben eine von Nützlichkeit bestimmte Vergangenheit. Fische besitzen das Seitenlinienorgan, ein System von Rezeptoren, das sich an den Körperseiten entlangzieht und Veränderungen des Wasserdrucks wahrnimmt. Der sensorische Teil unseres eigenen Ohres stammt von den alten Drucksensoren der Fische ab (und, wie die Gene zeigen, letztlich von einem gemeinsamen Vorfahren, der die reizsensiblen Haare der Fliegen besaß), aber sonst sind von ihnen keine Spuren mehr vorhanden.

Auch im Werdegang vieler Pflanzen gab es Veränderungen. Kletterpflanzen halten sich vielfach mit reduzierten Blättern (wie der Wein), Teilblättern (wie die Wurzelnde Glockenesche), paarigen Strukturen beiderseits des Blattansatzes (wie die Passionsblumen) oder Teilen der

Blüte (wie die Brombeeren) an ihrer Stütze fest. Jede Ranke und jeder Haken hat eine Funktion aufgegeben und dafür eine andere angenommen – ein Zeichen, wie angemessen die Evolution sich verhält, wenn sie auf eine Struktur trifft, die sie sich auf neue Weise nützlich machen kann. Sie greift ohne Zögern alles auf, was zur Verfügung steht, und macht es sich dienstbar; in den meisten Fällen ist Zerfall allerdings wirklich nur Zerfall, und das Leben hat mit einem erleichterten Seufzer alles aufgegeben, was es nicht braucht.

Rudimentäre Organe, beispielsweise die Zähne im Oberkiefer der Wale und Wiederkäuer, sind im Embryo häufig noch nachzuweisen, verschwinden später aber völlig. Der Kiwivogel hat im Ei, relativ gesehen, ebenso große Flügel wie der Embryo eines Albatrosses; sie wachsen aber nie heran. Die Anweisungen bleiben allerdings unter Umständen erhalten, auch wenn die Struktur selbst verlorengeht. Man kann bei einem Vogel dafür sorgen, daß in dem entstehenden Schnabel Zähne wachsen; dazu braucht man nur ein paar geeignete Mäusezellen in Schnabelnähe zu bringen, damit sie die seit langem schlummernden Gene einschalten. Wieder einmal geht es um Wirtschaftlichkeit. Da der Hauptaufwand für die Herstellung von Flügeln oder Zähnen erst später im Leben geleistet werden muß, hat die natürliche Selektion kein großes Interesse an der Beseitigung der falschen Information, weil sie damit keine nennenswerte Einsparung erzielen kann.

Wenn Ballast abgeworfen wird, sagt das für die Evolution etwas aus: Er ist schwer, und ihn zu tragen bedeutet Anstrengung. Wer unbelastet reist, kann seine Energie zu anderen Zwecken verwenden. Die schwerste Bürde wird zuerst abgelegt. Die Geschwindigkeit, mit der sie verlorengeht, entspricht dem Aufwand, sie zu tragen. H. G. Wells läßt seine Marsbewohner im *Krieg der Welten* zu bloßen Köpfen ohne Darm schrumpfen, die bei Männern und Frauen Blut saugen. Sie kommen von einem alten, trockenen Planeten, auf dem Sauerstoff knapp ist. Auf der Erde haben sie gegen die Schwerkraft zu kämpfen – einen »Mantel aus Blei«. Außer der Fähigkeit zu denken haben sie alles aufgegeben.

Ganz anderes das künstlichste aller Tiere: das Huhn. Es hat im Vergleich zu den Marsbewohnern genau den entgegengesetzten Weg eingeschlagen. Zum Haustier wurde es in Asien, wo es dazu diente, die Zukunft vorauszusagen (am verläßlichsten waren dabei die Eingeweide); erst viel später diente es den Römern als Nahrung. Da seine wilden Verwandten, die Großfußhühner, heute noch leben, läßt sich an den Haushühnern präzise nachvollziehen, wie die Evolution allen Ballast abgeworfen hat. Sie sind lebendige Maschinen, die Futter zu Fleisch verarbeiten – mit leichteren Knochen, schwächeren Muskeln und einem kleineren Gehirn als die wilden Vögel. Warum Energie auf das Denken verschwenden, wenn der Mensch es einem abnimmt? Das Gehirn wurde zugunsten des Darms geopfert: Der Verdauungskanal ist bei Haushühnern dreimal so lang und doppelt so effizient wie der ihrer Vorfahren, aber dafür ist die Intelligenz stark eingeschränkt.

Großfußhühner können im Gegensatz zu ihren Nachkommen noch fliegen. Flügel sind aufwendig und wurden immer wieder aufgegeben. Weibchen verlieren sie leichter als Männchen. Warum das so ist, zeigt ein einfaches, aber brutales Experiment. Schneidet man einer jungen Grille die Flügel ab, legt sie mehr Eier. Auch Vögel haben große Teile des Organs verloren, das sie auf dem Weg von ihren Vorfahren, den Dinosauriern, mit soviel Mühe erworben hatten. Manche von ihnen kommen nur auf Koralleninseln vor, die es erst seit hunderttausend Jahren gibt, und haben während dieser Zeit ihre Flügel abgelegt. Der Dodo, eine flugunfähige Taube von der Größe eines Truthahns, war auf diesem Evolutionsweg weiter vorangekommen als alles, was das Philoperisteron erreicht hatte. Madagaskar war früher voller Madagaskarstrauße, die nicht fliegen konnten; die meisten Pazifikinseln besaßen ihre eigenen Rallen, und auf den Galapagosinseln gibt es noch heute einen flugunfähigen Kormoran. In Neuseeland sind über dreißig Vogelarten an den Boden gefesselt – Moas, Kiwis, Enten, Gänse, Rallen, Krähen, Zaunkönige und ein Papagei. Sie hatten keine Feinde, vor denen sie fliehen mußten, und keinen Ort, an den sie fliehen konnten – warum also sollten sie fliegen?

Pinguine sind lebhafte Vögel; sie benutzen die Flügel zum Schwimmen, aber im Vergleich zu ihren geflügelten Verwandten sind die meisten flugunfähigen Formen schwerfällig. Kleine Inseln sind Orte des Hungers, und damit werden Tiere häufig nur fertig, wenn sie es langsam angehen lassen. Auf Inseln verlieren Vögel nicht nur die Flügel. Die meisten von ihnen sind kleiner als ihre Vettern auf dem Festland – manchmal nur halb so groß –, und sie verbrauchen nur ein Fünftel der Energie. Die Knochen verkleinerter Elefanten, die auf Zypern gefunden worden waren, brachten Jonathan Swift auf die Idee einer Insel voller Zwerge: Lilliput. Wer träge ist, braucht weniger Nahrung, und die Faulpelze überleben, wo energiegeladene Arten verhungern würden. Mammuts von sechs Tonnen schrumpften auf der Wrangel-Insel im Nordpolarmeer zu zwei Tonnen schweren Zwergen, und Rothirsche, die nach der Eiszeit auf Jersey abgeschnitten waren, schnurrten in nur sechstausend Jahren auf die Größe eines Bernhardiners zusammen. Sie mußten kleiner werden, sonst wären sie verhungert. Auch Sex ist ein aufwendiger Zeitvertreib. Als Klone gezüchtete Kartoffeln können noch blühen, aber ihre sexuelle Werbung ist im Vergleich zu der ihrer wilden Verwandten kläglich. Sich zur Schau zu stellen ist für die Kartoffelpflanzen teuer. Wenn ihre Schätze nicht von der natürlichen Selektion poliert werden, rosten sie schnell.

Auf molekularer Ebene verschwinden nutzlose Strukturen in der Regel schnell. Ein bestimmtes Virus kopiert sich mit Hilfe eines spezialisierten Proteinstücks selbst. Bringt man es zusammen mit seinen Rohstoffen in ein Reagenzglas, funktioniert das Gen noch. Dabei macht es eine Evolution durch, damit es zu seiner neuen Umgebung paßt, und nach dreihundert Generationen hat sich die Effizienz des Kopiervorgangs verfünfzehnfacht. Das Enzym strebt erbarmungslos nach immer höherer Taktfrequenz und legt dabei einen großen Teil seines eigenen Baumaterials ab, bis es nur noch ein Sechstel der ursprünglichen Länge hat. Ein solches stromlinienförmiges Virus, das nur noch ein Überrest seiner selbst ist, kann nicht mehr in neue Zellen eindringen, aber das ist im Reagenzglas ja auch nicht nötig.

Wo der Effizienz soviel Bedeutung beigemessen wird, ist es verwunderlich, daß in der DNA lange Abschnitte mit Wiederholungen und Degeneration vorkommen. Sie enthält nicht nur die gleiche Information in Tausenden von Kopien, sondern auch viele hundert verfallene Ruinen, die früher einmal funktionierende Gene waren. Solche Pseudogene, wie sie genannt werden, sind zumindest bei Säugetieren allgegenwärtig. Allein in der Familie der Hämoglobingene gibt es ein halbes Dutzend von ihnen, alle fast bis zur Unkenntlichkeit verstümmelt. Vor langer Zeit hat eine Mutation den Schalter zerstört, der das Gen aktiviert, oder eine neu eingefügte Anweisung hat dafür gesorgt, daß es seine Tätigkeit einstellte, oder die Fähigkeit zur Weiterverarbeitung seiner Information ist verlorengegangen. Manche Pseudogene sind Überbleibsel der Angriffe von Viren und wurden anhand einer veränderten Form der genetischen Information gewissermaßen rückwärts in die DNA eingefügt, so daß sie überall da verstreut sind, wo sie gerade hingerieten. Und plötzlich verlor die Evolution das Interesse an ihnen: Sobald ein Gen nicht mehr arbeitete, war es so gut wie unsichtbar. Solche Strukturen bleiben jahrmillionenlang erhalten und verfallen immer weiter, bis man ihre Gestalt kaum noch erkennen kann.

Warum überdauern solche vermodernden Gene so lange Zeiträume, und warum nimmt das Leben sie ohne weiteres in Kauf, während es sich doch von Flügeln oder Augen so schnell befreit? Vielleicht sind Gene billiger als das Fleisch und die Knochen, die sie entstehen lassen. Wie andere rudimentäre Organe, so enthalten auch Pseudogene mehr Merkmale ihrer Familienzugehörigkeit als solche, die noch von der natürlichen Selektion überprüft werden. Ein Stammbaum, der sich auf den Verfall stützt, legt die Abstammung mit Abwandlung besser offen als einer, in dem die meisten Veränderungen entfernt wurden. Deshalb zeigt sich die wahre Verwandtschaft häufig am besten an Merkmalen, die man als rudimentär oder zurückgebildet ansehen kann; das gilt für die DNA ebenso wie für die Beinknochen, an denen sich die Ähnlichkeit zwischen Walen und Hirschen offenbart. In ihren funktionstragenden Teilen sind die Gefrierschutzproteine des arktischen Kabeljaus und des Antarktisbarsches gleich. Über die Verwandtschaft der beiden Fische sagen sie nichts aus. Die Gene für diese Proteine enthalten jedoch DNA-Abschnitte, die kein Produkt entstehen lassen. Diese DNA, ein wahrhaft rudimentäres oder nutzloses Merkmal, verweist auf die wahren Verwandtschaftsverhältnisse. Sie sieht beim arktischen Kabeljau ganz anders aus als bei dem Fisch aus der Antarktis. Anders als das Protein selbst verknüpft sie ihn mit seinen wirklichen Verwandten, darunter Arten, die vom Menschen erbarmungslos gejagt werden.

Solche »verwitterten« DNA-Abschnitte gleichen Buchstaben in einem Wort, die in der geschriebenen Version noch vorhanden sind, zur Aussprache aber nichts beitragen; sie können als Hinweis dienen, wenn man nach der Herkunft des Wortes sucht. In einer Information, die zu Kauderwelsch geworden ist und wie die koptische Messe ohne Rücksicht auf ihre Bedeutung weitergegeben wird, hat sich mehr Vergangenes erhalten, als wenn sie für die natürliche Selektion erkennbar ist, den großen Redakteur, der alle Fehler und damit auch alle Geschichte entfernt.

Zusammenfassung. Ich habe in diesem Kapitel zu zeigen gesucht, daß die Anordnung aller organischen Wesen aller Zeiten in einander untergeordneten Gruppen, – daß die Natur der Beziehungen, nach welchen alle lebenden und erloschenen Wesen durch zusammengesetzte, strahlenförmige und oft sehr auf Umwegen zusammenhängende Verwandtschaftslinien in ein großes System vereinigt werden, – daß die von den Naturforschern bei ihren Klassifikationen befolgten Regeln und sich darbietenden Schwierigkeiten, – daß der auf die konstanten und bedeutungsvollen Charactere gelegte Wert, gleichviel ob sie für die Lebensverrichtungen von großer oder, wie die der rudimentären Organe, von gar keiner Wichtigkeit sind, – daß der außerordentliche Unterschied im Werte zwischen analogen oder Anpassungs- und wahren Verwandtschaftscharakteren: – daß alle diese und noch viele andere solcher regelmäßigen Erscheinungen sich naturgemäß aus der Annahme einer gemeinsamen Abstammung verwandter Formen und deren Modifikation durch Abänderung und natürliche Zuchtwahl in Begleitung von Erlöschung und von Divergenz des Charakters herleiten lassen. Von diesem Standpunkte aus die Klassifikation beurteilend, muß man sich erinnern, daß das Element der Abstammung allgemein berücksichtigt wird, wenn man die beiden Geschlechter, Alterszustände, und die anerkannten Varietäten, wie verschieden voneinander sie auch in ihrem Baue sein mögen, alle in eine Art zusammenordnet. Wenn wir nun die Anwendung dieses Elementes der Deszendenz als die einzige mit Sicherheit erkannte Ursache von der Ähnlichkeit organischer Wesen untereinander etwas weiter ausdehnen, so wird uns die Bedeutung des natürlichen Systems klarer werden; es ist genealogisch in seinen Anordnungsversuchen, und es werden die Grade der Verschiedenheiten, in welche die einzelnen Verzweigungen auseinandergelaufen sind, mit den Kunstausdrücken Varietäten, Arten, Gattungen, Familien, Ordnungen und Klassen bezeichnet.

Indem wir von dieser nämlichen Annahme einer Fortpflanzung mit Abänderung ausgehen, werden uns alle großen Haupterscheinungen in der Morphologie erklärlich: sowohl das gemeinsame Modell, wonach die homologen Organe, zu welchem Zwecke sie auch immer bestimmt sein mögen, bei allen Arten einer Klasse gebildet sind, als auch die Reihen- und seitlichen Homologien eines jeden Pflanzen- oder Tierindividuums.

Die großen leitenden Tatsachen in der Embryologie erklären sich aus dem Prinzip, daß sukzessive geringe Abänderungen nicht notwendig oder allgemein schon in einer sehr frühen Lebenszeit eintreten, und daß sie sich dann in entsprechendem Alter weitervererben: so die Ähnlichkeit der homologen Teile in einem Embryo, welche im reifen Alter in Form und Verrichtungen weit auseinander gehen, – und die Ähnlichkeit der homologen

Teile oder Organe in Verwandten, wenn auch sehr verschiedenen Arten, wenn sie auch in den erwachsenen Tieren den möglichst verschiedenen Zwecken dienen. Larven sind aktive Embryonen, welche in einem bedeutenderen oder geringeren Grade in Bezug auf ihre Lebensweisen speziell modifiziert worden sind und diese Modifikationen auf entsprechenden Altersstufen vererbt haben. Nach diesen nämlichen Prinzipien und in Anbetracht dessen, daß, wenn Organe in Folge von Nichtgebrauch oder von Züchtung in ihrer Größe reduziert werden, dies gewöhnlich in derjenigen Lebensperiode geschieht, wo das Wesen für seine Bedürfnisse selbst zu sorgen hat, und in fernerem Anbetracht des strengen Waltens des Erblichkeitsprinzips, bereitet uns das Vorkommen rudimentärer Organe keine unerklärlichen Schwierigkeiten; im Gegenteil: es hätte vorausgesehen werden können. Die Wichtigkeit embryonaler Charaktere und rudimentärer Organe für die Klassifikation wird aus der Annahme verständlich, daß eine natürliche Anordnung genealogisch sein muß.
Endlich scheinen mir die verschiedenen Klassen von Tatsachen, welche in diesem Kapitel in Betracht gezogen worden sind, so deutlich auszusprechen, daß die zahllosen Arten, Gattungen und Familien organischer Wesen, womit diese Welt bevölkert ist, allesamt und jedes wieder in seiner eigenen Klasse oder Gruppe insbesondere, von gemeinsamen Eltern abstammen und im Laufe der Deszendenz modifiziert worden sind, daß ich dieser Anschauungsweise ohne Zögern schon folgen würde, selbst wenn ihr keine sonstigen Tatsachen und Argumente weiter zu Hilfe kämen.

ZWISCHENSPIEL

FAST WIE EIN WAL?

Schwierigkeiten der Theorie vom Menschen als Affen • Beleg, daß der Mensch ein Erzeugnis der Evolution ist • Noch einmal: unter welchen Umständen wirkt die Selektion auf uns selbst? • Ursachen der allgemeinen Ansicht, der Mensch könne nicht mutieren • In welchem Maße läßt sich die Theorie der natürlichen Selektion ausweiten? • Auswirkungen ihrer Übertragung auf den Menschen • Abschließende Bemerkungen

Die beiden Knittelverse, mit denen dieses Buch beginnt, sind eine Parodie. Sie machen sich über das Werk *The Progress of Civil Society; A Didactic Poem in Six Books* lustig, das Richard Payne Knight (dessen Bruder, der Botaniker Andrew, zufällig auch in der *Entstehung der Arten* erwähnt wird) 1796 verfaßte. Sein Lehrgedicht ist eine umfassende – und allgemeingültige – Beschreibung der Menschheit in Begriffen aus der Tierwelt mit einem Apparat aus Anmerkungen, wie er der Gelehrsamkeit der Aufklärung entspricht. Hookham Freres Glosse schwingt sich von der fliegenden Makrele und dem Bären im feuchten Element zu einer Art groteskem Wahn auf (»Ach, wer sah den Hummer steigen / gepanzert und doch fliegend in der Luft? / Wann stieß die Eule zu dem Reigen / Und fraß die Blume samt dem Duft? / Wann stürzte sich das Kalb mit zarten Gliedern / In salz'ge Wogen, um zu schwimmen wie ein Fisch?«). Nebenher sagt sie etwas Wichtiges über die Grenzen der Biologie als Wissenschaft vom Menschen.

Die Parodie enthält Randbemerkungen und Fußnoten, passend zu den Dutzenden von Anmerkungen, die Payne Knights vergeblichen Versuch zieren, mit Hilfe der Naturwissenschaft das Offensichtliche zu erklären. Der Kommentar zur ersten Zeile (in der eine gefiederte Spezies in bleiernen Versen die Luft durchpflügt) lautet einfach: »Vögel fliegen.«

Die Menschen sind eine Fußnote der Biologie. Die Evolution gilt häufig als Fortschritt in Richtung Bürgergesellschaft, als Ouvertüre zum *Homo sapiens*. Diese Ansicht läßt das Wesentliche am Leben zugunsten der Details, von denen wir ein kleiner Teil sind, außer acht.

Das letzte Kapitel der *Entstehung der Arten* faßt in einfachen und sogar drängenden Worten das »lange Argument« des Buches zusammen. Es kehrt in fast poetischer Dichte zu den Spechten, Wespen und Eichen zurück, mit denen Darwin seine Aussage belegt, und sein berühmtester Satz lautet: »Licht wird auf den Ursprung der Menschheit und ihre Geschichte fallen.« Sein Resümee erscheint wie ein Anhang zum vorliegenden Werk.

Mein eigenes letztes Kapitel ist im Gegensatz zum Vorbild keine Zusammenfassung des Ganzen, sondern ein historisches Detail, eine Untersuchung der Frage, inwieweit unsere eigene Vergangenheit durch die Evolutionstheorie beleuchtet wird; unterliegt auch der Mensch den Regeln, die für den Wal und das Aidsvirus gelten?

Als Wallace von Darwin wissen wollte, ob *Die Entstehung der Arten* auch Überlegungen zum Ursprung des Menschen enthalten solle, antwortete dieser: »Ich glaube, ich werde das ganze Thema vermeiden, weil es so stark von Vorurteilen umgeben ist; aber ich räume durchaus ein, daß es sich um die größte und interessanteste Frage für den Naturforscher handelt.« Er hatte recht. Im Jahr 1859 war noch kein einziges menschliches Fossil bekannt, während inzwischen Tausende gefunden worden sind. An den Genen sind die wahren Verwandtschaftsverhältnisse von Menschen, Völkern und Primaten zu erkennen. Wir können heute seine gesamte Argumentation anhand der Menschheitsgeschichte aufrollen und *Die Entstehung der Arten* mit Belegen aus unserer eigenen Evolution neu formulieren. Variation, Existenzkampf, natürliche Selektion, Fossilien, Embryonen, Geografie, vergleichende Anatomie und Instinkt – alle Elemente sind vorhanden. Wir wissen über unsere eigene Biologie so viel, daß wir aus dem Fortschritt (wenn es denn einer ist) in Richtung des Tieres, das eine zivilisierte Gesellschaft bildete, für die Evolution als Ganzes etwas lernen können. Dabei gilt die gleiche Logik wie in der *Entstehung der Arten* selbst: Man kann die Evolution des Menschen in allen Einzelheiten untersuchen und dazu die Prinzipien von Darwins »langem Argument« benutzen, das sich auf alle Lebewesen außer uns selbst stützt.

Seine Überlegungen beginnen bei den Tieren und Pflanzen auf dem Bauernhof, aber zum großartigsten Haustier von allen ist der Mensch selbst geworden. Ein Fünftel der Erdoberfläche ist von Nutzpflanzen oder Städten bedeckt – ein Beweis, in welchem Ausmaß die Welt zwangsweise domestiziert wurde. Es war kein einfacher Übergang. Die Kühe profitierten zwar von dem Wechsel zum Ackerbau, aber für eine Spezies bedeutete die Landwirtschaft eine verminderte Lebensqualität. Bevor es sie gab, aßen die Bewohner des Nahen Ostens hundertfünfzig Pflanzenarten, danach nur noch etwa ein halbes Dutzend. Die Menschen, die das Land bestellten, waren kleiner und weniger gesund als ihre Vorfahren; sie hatten schlechte Zähne, und ihre Knochen lassen Anzeichen von Anämie erkennen. Die Ellenbogen der Frauen waren durch das ständige Mahlen von Getreide ruiniert, und die Männer zahlten Tribut in Form sozialer Belastungen: Eine weit größere Zahl von ihnen als früher wurde totgeschlagen oder erstochen.

Die üblen Auswirkungen der Landwirtschaft (zumindest was die Körpergröße betrifft) sind fast vorüber. Die Europäer sind seit dem Zweiten Weltkrieg durchschnittlich alle zehn Jahre um mehr als einen Zentimeter größer geworden. In Großbritannien mißt jeder vierte Mann über 1,80 Meter. In fünfzig Jahren wird das voraussichtlich der Durchschnitt sein, und wir werden zwar nicht die Psyche, aber den Körperbau der Jäger und Sammler wiedererlangt haben. Menschen, die Jäger oder Fischer geblieben sind – beispielsweise die Bewohner mancher Inseln im Pazifik –, kommen heute nur schwer mit der üppigen westlichen Ernährung zurecht und leiden an Diabetes. Durch die Domestikation haben sich die Gene des Menschen ebenso verändert wie die seiner Pflanzen und Tiere.

Die Städte richteten bei ihren Erbauern weitere Schäden an und boten der natürlichen Selektion eine ganz neue Arena. Im Nahen Osten lebten die Jäger in Siedlungen von wenigen hundert Personen. Die erste Großstadt entstand vor neuntausend Jahren, vor der großen Überflutung des Schwarzen Meeres. Catal Hüyük in der Türkei hatte zehntausend Einwohner; die winzigen Häuser, in denen sie sich zusammendrängten, zierten Bilder von Vulkanen und von Männern ohne Kopf, die von Geiern angegriffen wurden, und die Vorfahren wurden unter ihrem Fußboden begraben. Zum erstenmal fand die Pest einen Pool von Menschen vor, in dem sie sich halten konnte, und wie man an deren Nachkommen erkennt, reagierten die Gene entsprechend. Die Krankheit griff im Laufe der Jahrtausende so stark um sich, daß selbst London seine Einwohnerzahl während des größten Teil seiner Geschichte nur durch Zuzug vom Land aufrechterhalten konnte. Heutige Leiden wie die Cystische Fibrose werden möglicherweise durch die Überreste von Genen hervorgerufen, die vor langer Zeit, als die Cholera durch die neuen Seuchenbrutstätten fegte, einen gewissen Schutz boten.

Aber der Mensch mag noch so stark domestiziert sein, er ist auch (im Gegensatz zu den meisten von ihm domestizierten Arten) noch voller Vielfalt. Unsere natürliche Variationsbreite ist so groß, daß wir sehr wohl in der Lage sind, eine Person von einer anderen zu unterscheiden. Francis Galton, Darwins Cousin, hatte sich vorgenommen, in den Kensington Gardens ein typisch englisches Gesicht zu finden – sozusagen den Otto Normalverbraucher jener Tage. Es gelang ihm nicht, weil sich die Menschen, die er sah, sowenig ähnelten. An ein abweichendes Gesicht erinnert man sich besser als an andere – Prinz Charles fällt stärker auf als Tony Blair. Die Unterschiede sind zu einem großen Teil erblich, und wenn man die Gesichter in einzelnen Familien untersucht, so stellt sich heraus, daß daran nur relativ wenige Gene beteiligt sind.

Die Vielfalt liegt in Gesichtern, auf Zellen und in der DNA. Die Abschnitte, die für nützliche Proteine kodieren – beispielsweise für die Augenlinse oder das Gerüst der Zellen –, unterscheiden sich überhaupt nicht; in anderen, so in den kurzen Abschnitten, die den »DNA-Fingerabdruck« bilden, sind die Abweichungen so stark, daß sie sich bei zwei Menschen, die irgendwann einmal gelebt haben (oder leben werden), niemals gleichen. Früher hatte die Molekulargenetik das gleiche Bild vom Menschen wie Linné: Man glaubte, man brauche nur ein einziges Exemplar zu untersuchen, um seine Natur zu ergründen. Erst recht spät durfte die Evolution ins Spiel kommen, und zögerlich wurden die ersten Schritte zu einer Weltkarte der molekularen Abweichungen veranlaßt. In der menschlichen DNA gibt es ungefähr drei Millionen variable Stellen. Derzeit sind Wissenschaftler dabei, ein Raster von hunderttausend Punkten aufzubauen und auf diese Weise jene Teile des Genoms zu finden, die sich auf Krankheitsanfälligkeit auswirken.

Solche Gene sind bei den Menschen ebenso allgemein verbreitet wie bei ihren Hunden und können im wesentlichen auf die gleiche Weise ausfindig gemacht werden. Wenn Menschen sexuelle Verbindungen mit Verwandten eingehen, entstehen daraus ungesunde Kinder. Die Überlebenswahrscheinlichkeit liegt für Kinder von Cousin und Cousine um drei bis vier Prozent unter dem Durchschnitt. Sie hatten in der biologischen Lotterie Pech, denn sie haben Gene, die nichts gewinnen, in doppelter Ausfertigung geerbt. Eine einfache Addition, die sich auf die Gesundheit von Kindern in Verwandtenehen stützt, zeigt es: Jeder Mensch trägt eine einzelne Kopie von einem oder zwei Genen, die in doppelter Ausführung tödlich wirken würden. Hier gilt das gleiche wie bei Haustieren und Nutzpflanzen: Inzucht offenbart eine verborgene Vielfalt menschlicher Variationsmöglichkeiten.

Der größte Teil dieser Vielfalt besteht zwischen einzelnen Menschen. Manchmal handelt es sich aber auch um Unterschiede zwischen Bevölkerungsgruppen. Das Zentrum der Vielfalt liegt für die meisten Gene in Afrika, und quer durch Europa und Asien bis hin zu den kleinen Inseln im Pazifik und zur Neuen Welt nimmt sie immer mehr ab. In Afrika leben so unterschiedliche Gruppen wie die Pygmäen in Zaire und die großen Bewohner des Nilgebietes. Europa dagegen hat nicht mehr zu bieten als den Unterschied zwischen Griechen und Schweden. Afrika ist, was Völker und Orte angeht, etwas Besonderes. Zwei Afrikaner sind sich im Durchschnitt weniger ähnlich als zwei Europäer, und zwei Dörfer auf dem Schwarzen Kontinent, die nur wenige Kilometer voneinander entfernt sind, können sich so stark unterscheiden wie anderswo zwei Staaten. Im Vergleich zu Afrika ist die übrige Menschenwelt ziemlich eintönig.

Überhaupt ist der Mensch in der Schar der Säuger eine langweilige Kreatur, die von einem Ort zum anderen nur geringe Abweichungen zeigt. Die Welt wird zwar durch die Politik geteilt, aber die Gene vereinigen sie. Es gibt zwei Arten von Schimpansen – den Gemeinen Schimpansen und den Zwergschimpansen oder Bonobo –, und bei den Gorillas werden die Arten aus Gebirge und Flachland unterschieden; Menschen und Erdferkel dagegen sind die einzigen Säugetierarten, die einsam und allein in einer Gattung stehen. Unsere Verwandten haben eine stärkere Evolution durchgemacht als wir, weil es sie schon viel länger gibt. Die Menschen sind Nachzügler und konnten in der zur Verfügung stehenden Zeit noch nicht die Vielfalt der Schimpansen und Gorillas entwickeln. Unser auffälligstes Merkmal ist unsere Gleichförmigkeit.

Wie jeder Schimpanse weiß, ist der Mensch auch unglaublich weit verbreitet. Er hat sich vom Kampf ums Dasein befreit. Die Häufigkeit einer Art von Lebewesen steht immer in Relation zur Körpergröße: Es gibt viel weniger Wale als Mäuse. Dieser Zusammenhang gilt ausnahmslos, und fast alle Säugetiere, von der Maus bis zum Wal, liegen dabei auf einer Geraden (Autos sind übrigens der gleichen Gesetzmäßigkeit unterworfen: Der Renault Clio ist häufiger als der Laguna). Der Mensch dagegen ist in zehntausendmal größerer Zahl vorhanden, als es nach seiner Größe zu erwarten wäre. Durch die Zivilisation wurden die Beschränkungen beseitigt, denen alle anderen Tiere unterliegen. Trotz vieler Behauptungen, die Ressourcen seien nahezu erschöpft (1865 ging Großbritannien angeblich die Kohle aus, 1951 und 1972 sollten die Ölvorräte der Welt nur noch für zehn Jahre reichen), stehen die meisten Bodenschätze noch in großen Mengen zur Verfügung, und die Preise sinken. In den siebziger Jahren gab es Weltuntergangsprophezeiungen über Hungersnöte, die nicht eintraten; die Nahrungsmittelproduktion steigt weiter, und Getreide wird – meistens – billiger. Dennoch: Schon heute verbraucht der Mensch fast die Hälfte der gesamten pflanzlichen Produktion, und irgendwann muß er an eine Grenze stoßen. Unter ökologischen Gesichtspunkten haben die Amerikaner die meiste Evolution hinter sich: Jeder von ihnen verbraucht mehr Energie als ein Pottwal. Ihr Land ist so hoch entwickelt, daß zwei komplette Erdplaneten nötig wären, um alle Menschen auf dem Niveau der Vereinigten Staaten zu ernähren.

Befänden sich die Menschen auf der Kurve, die Mäuse mit Elefanten verbindet, läge die Weltbevölkerung nicht bei sechs Milliarden, sondern bei etwa einer halben Million. Die Bevölkerungsexplosion begann mit der Landwirtschaft und verstärkte sich durch die Industrie. Zwar hat sich die Steigerungsrate inzwischen abgeflacht, aber mit ziemlicher Sicherheit wird sich unsere Zahl noch einmal verdoppeln, bevor sie allmählich wieder sinkt. Die derzeitige Aussetzung des malthusianischen Kampfes wird nicht von Dauer sein.

Eine Erholung von der natürlichen Selektion gab es nie. Ständig wird überprüft, ob die Gene noch mithalten können, und bei dieser Prüfung fallen viele Menschen durch. In den Industrieländern stirbt nur etwa eines von hundert Babys an einer offensichtlichen genetischen Erkrankung, und angesichts einer Überlebensrate von achtundneunzig Prozent bis zum dreißigsten Lebensjahr mag es so aussehen, als stünde der natürlichen Selektion nur noch wenig Ausgangsmaterial zum Herumspielen zur Verfügung. Aber noch vor hundert Jahren waren die Gene an viel mehr Todesfällen beteiligt. Während des größten

Teils der Menschheitsgeschichte starb die Hälfte aller Kinder an Kälte, Hunger oder Infektionskrankheiten. Dabei mögen elende Lebensverhältnisse die unmittelbare Ursache gewesen sein, aber hinter den Kulissen war die DNA eifrig an der Arbeit: Manche Kinder gingen aufgrund ihres Erbteils zugrunde, andere hatten Erfolg.

Kälte, Hunger und Krankheiten sind auch heute höchst wirksam. Bei Kindern ereignen sich neunzehn von zwanzig Todesfällen in der Dritten Welt, verglichen mit der Hälfte bei den Siebzigjährigen. Die Pocken sind zwar vor zwanzig Jahren verschwunden, und in zehn Jahren dürfte auch die Kinderlähmung ausgerottet sein, aber so gut sind nicht alle Nachrichten: In Südamerika hatte es seit hundert Jahren keine Cholera mehr gegeben, heute sind es eine Million Fälle im Jahr. Viele Gesellschaften leben auf Messers Schneide. In Westafrika sterben Kinder, die während der »Hungersaison« in der Regenzeit geboren werden, im Alter zwischen zehn und zwanzig Jahren zehnmal häufiger als andere, weil sie sich von der frühkindlichen Entbehrung nie mehr erholen. Da die Gene das Überleben beeinflussen und da der Tod in der Kindheit viel schwerer ins Gewicht fällt als im höheren Alter, ist ihr Untergang eine Triebkraft für die Selektion.

Viele weltweite Abstufungen in Größe, Gestalt und Aussehen der Menschen dürften die natürliche Selektion früherer Zeiten widerspiegeln, aber selbst bei so auffälligen Unterschieden wie der Hautfarbe wissen wir peinlich wenig darüber, um was für Vorgänge es sich eigentlich handelte. Noch größer ist unsere Unkenntnis bei anderen Verteilungsmustern wie etwa dem Fehlen der Blutgruppe B in der Neuen Welt. Manchmal gibt es Indizien, die darauf hindeuten, wo die Wahrheit möglicherweise liegt. Manche Menschen können Giftstoffe aus der Natur nicht abbauen und bekommen deshalb Krebs. Die dabei beteiligten Gene ähneln jenen, mit deren Hilfe Insekten von giftigen Pflanzen leben können; in der modernen Welt tauchen sie in neuem Gewand wieder auf. Bei einem Zehntel aller Europäer fehlt eines dieser Gene. Solche Menschen können Herzmedikamente nur schwer abbauen, und eine Dosis, die normalerweise hilft, wirkt bei ihnen tödlich. Wieder einmal ist die natürliche Selektion am Werk, aber ob und wie stark sie sich auf die gewaltige Vielgestaltigkeit von den Fingerabdrücken bis zur DNA auswirkt, ist beim Menschen – und auch bei anderen Lebewesen – bisher nicht bekannt.

Das gleiche gilt für die sexuelle Selektion. Zwanzig Jahre vor der

Entstehung der Arten wog Darwin in einem Brief das Für und Wider einer Eheschließung ab: »Kinder – (so Gott will) – eine ständige Gefährtin (und Freundin im hohen Alter), die sich für einen interessiert – ein Gedanke, mit dem zu spielen sich lohnt. Besser als ein Hund, das ohnehin … aber ein entsetzlicher Zeitverlust – kann abends nicht mehr lesen – Fettleibigkeit und Müßiggang – weniger Geld für Bücher etc. – wenn viele Kinder, ist man gezwungen, das Brot zu verdienen … Verbannung und Degradierung zum trägen, nichtsnutzigen Tor.« Am Ende siegte die treue Ergebenheit über die Literatur, und er heiratete seine Cousine (die das Darwinsche Erbe an zehn Kinder weitergab). Auch beim Menschen wirkt die Selektion auf den sexuellen Erfolg ebenso stark wie auf das Überleben, wobei Kosten und Nutzen für beide Parteien der Fortpflanzungsdiskussion ausgeglichen sind.

Bei See-Elefanten und Blumen haben die männlichen Exemplare unter stärkeren Schwankungen des sexuellen Erfolgs zu leiden als die Weibchen: Hier bestehen zahlreiche Gelegenheiten für Konkurrenz unter den Männchen und für die Auswahl durch die Weibchen. Auch Männer bevorzugen junge, attraktive und gleichzeitig treue Frauen; diese suchen bei ihrem Partner nach den gleichen Eigenschaften, aber ein gut gepolstertes Bankkonto ist ebenfalls hilfreich. Diese Offenbarung stammt aus der neuen Wissenschaft der Soziobiologie, und es wurde behauptet, die Ursache sei sexuelle Selektion. Ohne einen Beleg für genetisch bedingte Unterschiede in Aussehen oder Reichtum läßt sich aber kaum etwas darüber aussagen, ob die Regeln, denen See-Elefanten folgen, auch für den Menschen gelten. Das Verhalten der Menschen wird mit Sicherheit durch Veränderungen im Gleichgewicht der Geschlechter beeinflußt. Chinesische Frauen bringen wegen selektiver Abtreibung hundertvierzehn Jungen pro hundert Mädchen zur Welt. Das führte zu einer ganzen Generation frustrierter Junggesellen – und zu einem höheren Wert für die Frauen, die nun entweder zur Ehe gezwungen oder mit einer hohen Mitgift angelockt werden. Gewiß wird der Reiz, Söhne zu bekommen, im Laufe der Zeit nachlassen, wenn sie gezwungen sind, später allein zu bleiben.

Was die Vererbung anging, folgte auf eine Zeit der Verwirrung die scheinbare Klarheit. Siebzig- bis hunderttausend Gene sind notwendig, damit ein Mensch entsteht (ungefähr die gleiche Zahl von Teilen, die man auch zum Bau eines bescheidenen Privatjets braucht), und das Human Genome Project – das Vorhaben, die Reihenfolge aller Basen in der DNA aufzuklären – dürfte 2003 abgeschlossen sein, nur fünfzig Jahre nach der Entdeckung der Doppelhelix. Ein einziges Labor kann heute mehrere Millionen Buchstaben im Jahr entziffern, und sie werden (zumindest von manchen Instituten) ins Internet eingespeist, um sie vor jenen zu schützen, die Gene gern patentieren möchten. In der westlichen Welt sterben zwei von drei Menschen aus Gründen, die mit ihren Genen zu tun haben (meist weil sie eine nicht so gut entwickelte Fähigkeit geerbt haben, sich mit ihrer Umwelt – Tabak, Alkohol, Salz, Zucker oder Streß – auseinanderzusetzen). Die Genetik ist in der Medizin mittlerweile so wichtig und so ausgetüftelt, daß die Untersuchung von Menschen häufig das erste (und nicht wie früher das letzte) Mittel ist, wenn es gilt, wissenschaftliche Fragen zu klären. Deshalb verdeutlichen unsere eigenen angeborenen Schwächen die offenkundigen Schwierigkeiten der Evolutionstheorie besser als alles andere.

Jedes Jahr sterben zwei Millionen Menschen an Malaria (und eine halbe Milliarde weiterer Infizierter leiden an der Krankheit). Ihr Erreger ist ein einzelliger Parasit, der durch Mücken übertragen wird. Alle Beteiligten – Mensch, Mücke und Parasit – wurden von der natürlichen Selektion beeinflußt. Unter den Mücken findet man überall Insektizidresistenz. Die Resistenz gegen Medikamente beim Parasiten hatte zur Folge, daß die Sterblichkeit auf das Zehnfache angestiegen ist und die Medizin in manchen Gegenden nur noch einen Wirkstoff weit von der Niederlage entfernt ist. Allen großen Hoffnungen auf Impfstoffe oder neue Therapiemethoden zum Trotz können sich große Teile Afrikas, eines Kontinents, wo manche Staaten die Hälfte ihrer Mittel für Waffen ausgeben, nicht einmal die Eindämmung der Insekten leisten.

Auch der Mensch hat angesichts der Malaria eine beträchtliche Evolution durchgemacht. Ihr Ablauf zeigt, daß viele angebliche Probleme des Darwinismus in Wirklichkeit keine sind.

Was früher wie ein einziges Leiden aussah, sind in Wirklichkeit vier verschiedene Krankheiten, und die Parasiten, die sie verursachen, sind untereinander nicht sonderlich eng verwandt. Alle richten ihre Schäden an, indem sie in die roten Blutzellen eindringen und sich dann auf Leber und Gehirn ausbreiten; das führt zu Fieber, Anämie und Schlimmerem. Manche Bevölkerungsgruppen sind für die Infektion besonders anfällig. Als die Krankheit in der Neuen Welt Einzug hielt, wurde ein Stamm der Ureinwohner innerhalb eines Jahrhunderts von fünfzehntausend auf siebzig Menschen dezimiert. Auch in Afrika, dem Ursprungskontinent der Malaria, kommen manche Menschen – und manche Völker – mit der Krankheit viel besser zurecht als andere.

Schuld ist wieder einmal die Evolution. Malaria ist eine große Überprüfung des Darwinismus. Sie zeigt, wie die scheinbaren Schwächen der Theorie ihr in Wirklichkeit die solidesten Stützpfeiler liefern. Ein sich ständig wandelnder Feind wird mit allem bekämpft, was gerade zur Verfügung steht, und die einzelnen Völker erreichen dieses Ziel mit unterschiedlichen Mitteln. Oft tritt das gleiche Gen an verschiedenen Orten auf und nimmt Aufgaben wahr, die mit Krankheit nichts zu tun haben. Manchmal ist die Resistenz für die Betroffenen eine entsetzliche Last; aber das spielt überhaupt keine Rolle, wenn der Aufwand für die Abwehr durch ihren Nutzen aufgewogen wird.

Der Parasit verbringt einen großen Teil seines Lebens im Innern der roten Blutzellen und ernährt sich dort von Hämoglobin. Eine Strukturveränderung in diesem Molekül kann seinem Dasein ein Ende setzen. Die in diesen Vorgang involvierten Gene schützen all jene, die nur eine Kopie davon geerbt haben; gleichzeitig verursachen sie aber auch die häufigste Erbkrankheit der Welt, denn in doppelter Ausführung schädigen sie ihren Besitzer. Weltweit trägt einer von fünfzehn Menschen ein Exemplar des veränderten Hämoglobingens, und viele Millionen zahlen mit ihrem Leiden den Preis für den Vorteil, den solche Gene ihren Verwandten verschaffen.

Die Symptome der Sichelzellanämie wurden 1670 zum erstenmal beschrieben. Ihre Ursache ist eine einzige Veränderung in der DNA; eine einzige Base ist ausgetauscht, und das führt zu einer veränderten Stabilität des Sauerstofftransportmoleküls. Bei Menschen, die zwei Exemplare dieses Gens besitzen, fallen die roten Blutzellen zu einer Halbmondform zusammen, wenn Sauerstoff knapp ist. In den solcherart verbogenen Zellen sterben die Parasiten; die sichelförmigen Zellen verstopfen aber auch kleine Blutgefäße und verursachen Schmerzen, Nierenversagen, Herzbeschwerden und anderes. Das Gen bleibt erhalten, weil Kinder, die es nur in einer Kopie erben, nicht an Malaria erkranken und ansonsten gesund sind. Ihre erkrankten Verwandten – jene Unglücklichen, die durch Mendels Gesetze dazu verdammt waren, zwei geschädigte Exemplare des Hämoglobingens zu erben – bezahlen den Preis für das Überleben ihrer zahlreicheren Angehörigen. Die Verbreitung des Sichelzellgens hängt von einem Verwandtschaftsgleichgewicht ab, in dem Kosten und Nutzen ebenso erbarmungslos und mit ebensowenig bewußter Anstrengung gegeneinander aufgerechnet werden wie im Bienenstock.

Viele Millionen Afrikaner können ihre Abstammung auf die eine Person zurückführen, bei der sich die Mutation vor langer Zeit ereignete. Die Sichelzellanämie kommt auch in Indien vor, aber dort weist die DNA im Umfeld der entscheidenden Stellen darauf hin, daß ihr Ursprung nicht in Afrika, sondern in alter Zeit in Asien lag. Beim Sichelzellgen verschleiert die identische Gegenwart an weit voneinander entfernten Orten (wie beim Gefrierschutzprotein der Fische in Arktis und Antarktis) die unabhängige Vergangenheit.

Im Hämoglobingen gibt es noch Hunderte anderer Veränderungen, die auf unterschiedliche Weise ebenfalls zur Bekämpfung des Parasiten beitragen. Bei manchen handelt es sich um den einfachen Austausch von Molekülbausteinen, bei anderen fehlen längere Abschnitte der Proteinketten. Abwandlungen in ganz anderen Genen führen zu einem veränderten inneren Haushalt der Blutzellen, der es den Eindringlingen schwerer macht. In einigen Fällen steigt die Empfindlichkeit gegen Abfallstoffe, so daß die infizierten Zellen – und mit ihnen auch ihre ungebetenen Besucher – zugrunde gehen. Auch die Moleküle, die auf den weißen Blutzellen der Identitätskennzeichnung dienen, schützen gegen die schlimmsten Auswirkungen der Malaria, denn manche Formen von ihnen ermöglichen es dem Immunsystem, die Parasiten zu zerstören, bevor sie ins Gehirn eindringen. Manche Menschen sind auch, aus weitgehend unbekannten Gründen, unempfindlich gegen Malaria. Im Sudan leben die Fulani zerstreut unter den Rimaibe (die früher ihre Sklaven waren). Jeder Mensch wird dort mindestens einmal pro Nacht gestochen – aber die meisten Fulani bleiben von der Krankheit verschont, während sich ihre Nachbarn fast ohne Ausnahme anstecken.

Die Duffy-Blutgruppen kommen in zwei Formen vor, und eine davon dient dem Malariaerreger als Anheftungsstelle. Die andere, weit verbreitet in Westafrika, schützt vor der Krankheit. Bei der afrikanischen Form fehlt die entsprechende Struktur auf den Blutzellen, und der Erreger läuft ins Leere. In allen anderen Geweben ist dieser »Duffy-Rezeptor« vorhanden, nur die roten Blutzellen haben ihn abgeschaltet. Das Protein erfüllt noch einen anderen Zweck: Im Gehirn hilft es mit, neue Zellen an die richtigen Stellen zu dirigieren. Bei den

Westafrikanern ist es in seiner Funktion als Anheftungsstelle verstümmelt oder völlig deaktiviert, aber seine andere Aufgabe kann es uneingeschränkt erfüllen. Auch die Geschichte über die Embryonalentwicklung kommt hier ins Spiel: Manche Menschen, deren Hämoglobin geschädigt ist, produzieren als Ausgleich eine Form des Moleküls, die sonst nur im frühen Embryonalstadium gebildet wird.

Diese vielfältigen Anpassungen bei ein und derselben Spezies sind nur ein Teil des Kampfes gegen Infektionen. Manche Gene, die gegen Malaria schützen, wurden nur deshalb entdeckt, weil sie auch selbst Krankheiten hervorrufen. Menschen afrikanischer Herkunft sind anfällig für hohen Blutdruck, weil ihr Organismus das Salz nicht gut ausscheiden kann. Wie allmählich deutlich wird, schützt ein hoher Salzgehalt des Blutes gegen den Parasiten. Viele Patienten leiden an hohen (und oft tödlichen) Eisenwerten in der Leber. Eisen tötet den Malariaerreger ebenfalls ab; die Krankheit ist eine Nebenwirkung. Das alles weist darauf hin, daß es noch viele unbekannte Zusammenhänge gibt: Wenn ein Teil des Ganzen abgewandelt wird und wenn sich solche Abwandlungen durch natürliche Selektion ansammeln, verursachen sie weitere, häufig höchst unerwartete Veränderungen.

In manchen Gegenden – so in den englischen Grafschaften Norfolk und Suffolk, in den Vereinigten Staaten und rund um das Mittelmeer – wurde der Parasit verdrängt. Die schützenden Gene dagegen gibt es noch, und sie werden lange erhalten bleiben (vielleicht sogar bis die Krankheit völlig von der Erde verschwunden ist). Dann wird man sie als übriggebliebene Merkmale betrachten, als Spuren des Kampfes gegen einen mittlerweile besiegten Feind. Manche werden sich wie das Sichelzellgen als scheinbare Schwachpunkte erweisen, die durch das Netz der natürlichen Selektion geschlüpft sind. Da wir jedoch die Geschichte der Krankheit kennen, können wir in solchen Genen statt dessen einen Hinweis darauf sehen, wie beängstigend gut sie in der Lage sind, einen Nutzen gegen die Kosten abzuwägen.

Im gesellschaftlichen Leben ist es ganz ähnlich. Das menschliche Verhalten wurde zweifellos von der Evolution geprägt, und unsere angeborenen Instinkte sind ebenso stark wie bei jedem Tier. Lange Zeit galten wir als Spezies von Affen, die durch das Denken umgestaltet worden sind. Ein Experte meinte dazu: »Die Vorfahren der Gorillas und Schimpansen haben den Kampf um die geistige Überlegenheit aufgegeben, weil sie mit ihren Lebensbedingungen zufrieden waren.« Die Menschen waren es anscheinend nicht. Das Gehirn macht uns zu dem, was wir sind. Seine Größe hat sich in den letzten zwei Millionen Jahren verdoppelt. Es war keine bruchlose Entwicklung: Manche unserer Vorfahren hatten ein größeres Gehirn als wir (allerdings auch in einem kräftigeren Gehäuse). Der Körper wurde kleiner, aber das Gehirn tat es ihm nicht gleich. Vielleicht erwächst unser Geist nicht, wie wir uns selbst gern schmeicheln, aus dem größeren Gehirn, sondern vielmehr aus dem kleineren Körper.

Das meiste von dem, was Primaten zu Primaten macht, liegt im Schädel. Unsere Verwandten sind ziemlich schlau – aber warum? Vielleicht weil die früchtetragenden Bäume, die viele von ihnen so gern haben, weit verstreut stehen, so daß eine geistige Landkarte nötig ist, um sich zu erinnern, wo sie sich befinden. Auch für das Sozialleben braucht man die grauen Zellen, damit man weiß, wer wer ist und wie man sich zu verhalten hat. Die vergleichende Anatomie liefert Hinweise auf die Vergangenheit. Je größer die Gruppe ist, desto komplizierter wird das Gehirn. Sein relativer Umfang paßt zur Größe der Gemeinschaft, in der ein bestimmter Klein- oder Menschenaffe lebt. Dieser Zusammenhang ist viel enger als alles, was mit der Ernährung zu tun hat. Nicht durch Einkaufen, sondern aufgrund sozialer Beziehungen schwoll das Gehirn an.

Wie es auch entstanden sein mag, aufwendig ist das Organ in jedem Fall. Ein Neugeborenes verwendet mehr als die Hälfte seiner Energie auf den Inhalt seines Schädels. Das menschliche Gehirn wiegt ein Kilogramm mehr als das eines Säugetiers ähnlicher Größe, beispielsweise eines kräftigen Schweins; viel mehr Energie als Schweine verbrauchen wir aber nicht. Menschen haben einen kleineren Darm als andere Primaten, und im Gegensatz zu den Hühnern haben sie in das Gehirn mehr investiert als in den Bauch. Die Kosten entstehen dabei schon früh: Wenn ein Kind in die Schule kommt, hat sein Gehirn bereits fast die ausgewachsene Größe erreicht. »In keiner Gemeinschaft gibt es eine bessere Investition, als Babys mit Milch zu versorgen«, erklärte Winston Churchill. Daß so viel gebraucht wird, liegt an der Größe des Geistes.

Im Gehirn sind weitaus mehr Gene aktiv als in jedem anderen Gewebe, und wie überall können sie mutieren und eine Evolution durchlaufen. Viele geistige Störungen haben eine genetische Ursache. Die ist manchmal ganz einfach – eine der häufigsten Erkrankungen (die früher als »Schwachsinn« abgetan wurde) entsteht durch eine einzige Veränderung im X-Chromosom. Viele andere Leiden – darunter manche Formen der Schizophrenie und manisch-depressive Störungen – dürften durch erbliche Faktoren beeinflußt werden. Gene wirken sich auch auf die Persönlichkeit aus, und manchen Behauptungen zufolge gibt es angeborene Unterschiede in der Geselligkeit oder Übellaunigkeit von Menschen sowie in ihrer Fähigkeit, mit Worten oder Werkzeugen umzugehen. Was die Intelligenz angeht, formen die Schulen das, was die Natur ihnen liefert, doch ohne eine gewisse grundlegende Vernunft trägt die teuerste Erziehung keine Früchte. Einen geringen Einfluß auf die Intelligenzunterschiede dürften Abweichungen in einem Gen haben, das sich auf das Wachstum der Zellen (einschließlich der Gehirnzellen) auswirkt. Zweifellos wird man noch weitere Gene finden. Aber wie viele es auch sein mögen, das Verhalten des Menschen wird – wie das der Kokosfinken – von seinen Gewohnheiten stets stärker bestimmt sein als von Instinkten, vom Gelernten stärker als von dem, was er ist.

Und der Mensch ist nun einmal in vielerlei Hinsicht schlicht und einfach ein Primat. Die Gesetze, die eine Bastardbildung verhindern und ihn zu etwas Eigenständigem machen, lassen sich zweifellos bis zu einem gewissen Grad auf die Intelligenz zurückführen. Es gibt Gerüchte, Mensch und Schimpanse seien im Reagenzglas gekreuzt worden, und vielleicht werden wir eines Tages auch dieses nützliche Gefäß umgehen und auf natürlicherem Wege einen Bastard erzeugen. Ein solches Geschöpf gelangte bereits in die Schlagzeilen, aber bei näherem Hinsehen stellte sich heraus, daß es nur ein ungewöhnlich intelligenter Affe war. Zumindest dürfte die Kreuzung zwischen den beiden Primaten möglich sein. Menschen und Schimpansen haben 98,8 Prozent ihrer DNA gemeinsam, bei Menschen und Gorillas ist die Übereinstimmung etwas geringer. Auch die Chromosomen sind ähnlich. Der wichtigste Unterschied zwischen den Menschenaffen und uns besteht darin, daß beim Menschen zwei Schimpansenchromosomen verschmolzen und drei weitere anders gemischt sind (was dazu führen würde, daß ein Bastard unfruchtbar wäre).

Unsere Verwandtschaft mit den Schimpansen sollte in einem größeren Zusammenhang betrachtet werden. Sie bedeutet, daß immer noch Tausende von Genen nicht übereinstimmen; und hinter der Vielgestaltigkeit der Säugetiere verbirgt sich ohnehin eine große genetische Stabilität: Auch wenn man Menschen mit Katzen vergleicht, sind nur etwa dreißig große DNA-Abschnitte anders angeordnet. Ein Zelloberflächenmolekül wurde nur bei Menschen abgewandelt. Es dient als Anheftungsstelle für Mikroorganismen wie den Malariaerreger (für den ausschließlich Menschen anfällig sind) und als Hilfsmittel für die Kommunikation zwischen den Zellen – auch im Gehirn. Vielleicht spielte es im Kampf des Menschen um geistige Überlegenheit eine Rolle und half ihm, sich von seinen Verwandten abzugrenzen.

Anatomisch mag sich der Mensch nur geringfügig von anderen Primaten unterscheiden, aber seine Vergangenheit ist von besonderem Interesse, und sei es auch nur, weil sie uns besonders vertraut ist. Darwin war in der *Entstehung der Arten* vorsichtig, aber in seinem Buch *Die Abstammung des Menschen*, das zwölf Jahre später erschien, konnte er sich direkte Formulierungen leisten: »Der Mensch stammt von einem behaarten Vierbeiner ab, welcher mit einem Schwanz und spitzen Ohren ausgestattet war, vermutlich auf den Bäumen lebte und ein Bewohner der Alten Welt war.« Zum Trost derjenigen, die sich durch eine solche Vorstellung beleidigt fühlten, merkte Darwin an: Wenn der Stammbaum der Menschen schon nicht mehr »von edler Qualität« sei, so sei er doch zumindest »von üppiger Länge«.

Heute besitzen wir Fossilien, die seine Behauptung beweisen. Die Funde von Menschen sind wie die von allen anderen Lebewesen unvollständig, aber dieser Mangel ist in den letzten fünfzig Jahren immer geringer geworden. Man hat Dutzende von Neandertalern entdeckt. Ein weiteres fast vollständiges Skelett ist das der berühmten »Lucy«, die vor mehr als drei Millionen Jahren lebte. Aber das sind Ausnahmen. Überreste von Primaten sind dem Verfall ebenso ausgesetzt wie die weniger edler Lebewesen. Entlang des Flusses Omo in Äthiopien hat man mehrere hundert fossile Zähne und sonst nichts gefunden, weil Zähne besonders widerstandsfähig sind und auch dann noch erhalten bleiben, wenn alle anderen Reste verschwinden. Bei den meisten menschlichen Fossilien handelt es sich um kleine Knochenbruchstücke, auf denen dann jeweils große Theoriegebäude errichtet worden sind.

So war Lucy zum Beispiel kleiner als ihre Kameraden. Vielleicht, so eine Vermutung, waren die Männchen zu ihrer Zeit größer als die Weibchen, und der Geschlechterkampf war die Grundlage des Lebens.

Heute sieht es aber eher so aus, als habe es damals zwei unterschiedlich große Arten gegeben – nachdem mehr Fossilien gefunden worden waren, löste sich das Bild von Lucys angeblich ungleicher Gesellschaft in Luft auf. Auch andere Funde haben zu zahlreichen Spekulationen geführt. Das Kind von Taung, das vor weniger als drei Millionen Jahren lebte, galt als Beleg für den ersten Schritt in Richtung aufrechten Gang (obwohl andere Knochen aus Südafrika die Vermutung nahelegen, daß er sich bereits eine halbe Million Jahre früher entwickelte). Auf solche Überreste – die Schädel waren beschädigt, und die Knochen hatten Kerben wie von Messern – gründete sich die Theorie, der Mensch sei ein Mörderaffe gewesen (oder, in der Sprache der Wissenschaft, er habe eine »osteodontokeratische Kultur« gehabt). In Wirklichkeit haben sich die Sprünge später rein zufällig gebildet, und bei den »Schnitten« handelt es sich um Kerben, die entstanden sind, als die Knochen ein Flußbett hinuntertrieben.

Wissenschaft braucht Theorien, aber über die Evolution des Menschen gibt es mangels Tatsachen mehr davon, als man verkraften kann. Ein gutes Beispiel ist die Fähigkeit, aufrecht zu stehen. Lucy und ihre Vorläufer waren dazu in der Lage (das Gleichgewichtsorgan in ihrem Innenohr ähnelt allerdings dem der Affen stärker als der entsprechenden Struktur bei Menschen, das heißt, sie konnte es vielleicht noch nicht sonderlich gut). Und bis heute handelt es sich um eine störungsanfällige Fähigkeit, wie jeder weiß, der schon einmal zu tief ins Glas geschaut hat. Aber warum haben wir die Veränderung von einem sich auf allen vieren fortbewegenden Tier, das sich hin und wieder emporreckte, zu einem aufrecht gehenden Geschöpf vollzogen, das gegen die Schwerkraft ankämpfen muß, obwohl sich in der Evolution bereits ein Körper entwickelt hatte, der sich in einem Winkel von neunzig Grad zu seiner heutigen Position befand?

Als man noch glaubte, der Mensch strebe danach, ein festgelegtes Ziel zu erreichen, schien die Antwort nahezuliegen: Unsere Vorfahren richteten sich auf, um die Hände für Tätigkeiten frei zu haben, die wichtiger waren als das Gehen. Das ist natürlich eine dumme Idee: Genauso könnte man sagen, das Gehirn habe sich entwickelt, damit wir fernsehen können. Die Evolution plante nicht bis zur Zeit der Harald-Schmidt-Show voraus. Der aufrechte Gang entwickelte sich wie alles andere aus pragmatischen, kurzfristigen Gründen. Aber was für Gründe könnten das gewesen sein?

Vielleicht hatte es ein aufrecht stehendes Tier beim Jagen leichter, oder es konnte den Herden grasfressender Tiere, die es belauerte, weil es auf Beute hoffte, einfacher folgen. Vielleicht wurden unsere Vorfahren auch selbst gejagt und konnten die Gefahr rechtzeitig erkennen, wenn sie sich auf die Hinterbeine stellten. Möglicherweise mußten sie sich auch von Früchten ernähren, die hoch in den Bäumen hingen, oder sie änderten ihre Lebensweise, als das Klima trockener wurde und die Nahrung weiter verstreut war, so daß sie zu einem weit entfernten Lagerplatz transportiert werden mußte. Sich aufzurichten ist auch eine sexuelle Demonstration, und ein Männchen, das sich längere Zeit in der Senkrechten halten kann, hatte es möglicherweise bei den Weibchen leichter. Bei warmem Wetter ist man im Liegen stärker der Sonne ausgesetzt (deshalb versuchen nur die wenigsten Menschen, im Stehen braun zu werden), und das hat zumindest in den Tropen seinen Preis. Alle diese Ideen sind plausibel, aber angesichts der Tatsache, daß sich der entscheidende Vorgang vor fünf Millionen Jahren abspielte, lassen sie sich kaum überprüfen. Da wir so wenig über die Vergangenheit wissen, gehört die Anthropologie zu den Wissenschaftsgebieten, in denen man allein mit einer Meinung berühmt werden kann, und solange nicht mehr Tatsachen bekanntwerden, wird es auch bei solchen Spekulationen bleiben.

Die Spuren der Vergangenheit sind unvollständig und mögen häufig überinterpretiert werden, aber dennoch sind sie ein hieb- und stichfester Beleg für die Tatsache der menschlichen Evolution. Die Primaten entstanden vor etwa fünfundsechzig Millionen Jahren im warmen, feuchten Afrika. Seit jener Zeit gab es etwa sechstausend Arten von ihnen (und ungefähr zweihundert sind heute noch vorhanden, von dem nur hundert Gramm wiegenden Zwergmaki bis zum tausendmal schwereren Gorilla). Die Menschenaffen waren früher mit viel mehr Arten vertreten als die Kleinaffen, aber heute sind (einschließlich unserer selbst) nur fünf Menschenaffen übriggeblieben, während die Kleinaffen wachsen und gedeihen – auch dies ist ein Beweis, daß es keinen unausweichlichen Fortschritt in Richtung Mensch gegeben hat.

Etwa fünfzehn Millionen Jahre nachdem die ersten Primaten aufgetaucht waren, erschienen die Vorläufer der Menschenaffen auf der Bildfläche. Die Abstammungslinien, die zu Schimpansen, Gorillas und Menschen führten, trennten sich der molekularen Uhr zufolge vor etwa sechs Millionen Jahren. Seit jener Zeit lebte ungefähr ein Dutzend Arten von Hominiden – so wird der Ast des Stammbaums genannt, zu dem wir gehören (bei wie vielen davon es sich um echte Arten handelt, ist allerdings kaum festzustellen). Während dieser Zeit entwickelten sich *Ardipithecus* (eine Zwischenform vor viereinhalb Millionen Jahren), mehrere Arten von *Australopithecus* (afrikanische Primaten, die etwa eine Million Jahre später lebten und, grob gesagt, vom Hals abwärts Mensch und darüber Affe waren), der *Homo habilis* (ein Tier, von dem es heißt, es habe den Rubikon der Gehirngröße überschritten und gehöre deshalb zu unserer eigenen Familie) und der *Homo erectus* (ein Affe mit großem Gehirn, der schon ziemlich nach einem Menschen aussah). Alle entwickelten sich zuerst in Afrika, und die meisten breiteten sich irgendwann nach Asien und Europa aus.

Die ersten Angehörigen unserer eigenen Spezies, des *Homo sapiens*, entstanden vor etwa hundertfünfzigtausend Jahren und waren große, mit einem dicken Schädel ausgestattete, aber durchaus als Menschen erkennbare Affen. Als die Widrigkeiten der Eiszeit endlich hinter uns lagen, waren wir mehr oder weniger zu dem geworden, was wir heute sind: mit einem kleineren Gehirn in einem dünnwandigen Schädel, der auf einem schlanken, eleganten Körper sitzt. Warum wir geschrumpft sind, ist nicht geklärt. Vielleicht lag es wie bei den Insel-Zwergmammuts an der Nahrungsknappheit, oder vielleicht war der stämmige Körperbau auch nach dem Übergang zu einer freundlicheren Gesellschaft nicht mehr notwendig.

Früher schien es ganz natürlich, die Fossilien in einer Reihe anzuordnen, so daß sie wie im Gänsemarsch durch den Baum der Evolution bis zum Menschen hinaufstiegen. Jeder Fund hatte einen Namen und einen Platz in der Hierarchie des Fastmenschlichen. Zwei Arten, lautete die Lehre, konnten nicht nebeneinander leben, weil der kulturell Überlegene seinen primitiven Vorfahren sofort verdrängt habe.

Doch je mehr Knochen man fand, desto verworrener wurde die Geschichte. Während der meisten Zeit, so stellte sich heraus, lebten mindestens zwei Arten in einem unbehaglichen Nebeneinander, ganz ähnlich wie heute die Menschen und die Schimpansen. In Ostafrika beispielsweise waren neben mehreren Typen des mit einem kleineren Gehirn ausgestatteten *Australopithecus* auch zwei Arten von *Homo* mit großem Gehirn zu Hause, so daß dort vielleicht ein halbes Dutzend Formen gleichzeitig lebte. Einige rätselhafte Fossilien aus jener Zeit, so beispielsweise der »Schwarze Schädel«, der am Turkanasee gefunden wurde, vereinigen in sich sowohl primitive als auch höher entwickelte Merkmale und legen die Vermutung nahe, daß sich tatsächlich sehr komplizierte Veränderungen abgespielt haben.

Obwohl seit einem Jahrhundert behauptet wird, man habe »fehlende Bindeglieder« entdeckt, ist es durchaus möglich, daß kein bisher gefundenes Fossil in unsere direkte genetische Abstammungslinie gehört. Es stehen so viele Arten zur Auswahl, von jeder sind nur so wenige Reste vorhanden, und unter diesen Resten herrscht ein solches Durcheinander, daß möglicherweise keines dieser Fossilien heute noch lebende Nachkommen hat. Selbst von den Menschen, die vor hunderttausend Jahren lebten, hat nur ein kleiner Teil zu den heutigen Stammbäumen beigetragen; und die Wahrscheinlichkeit, daß irgendein erhaltener Knochen, auf den viele Milliarden verlorene Reste kommen, zu dieser exklusiven Gruppe gehört, ist äußerst gering.

Die bekanntesten Fossilien sind die Neandertaler. Nachdem man sie zunächst als Überreste erkrankter napoleonischer Soldaten abgetan und dann als unsere unmittelbaren Vorfahren gepriesen hatte, kennen wir heute ihre wahre Geschichte: Sie waren eine Sackgasse in der Evolution des Menschen und wurden von jenen ausgerottet, die den richtigen Weg eingeschlagen hatten. Mit ihrem untersetzten Körperbau waren sie an kaltes Klima angepaßt; sie entwickelten sich in Europa oder im Nahen Osten, und dort lag auch ihre Heimat, bis sie vor dreißigtausend Jahren verschwanden. Sie benutzten Steinwerkzeuge – allerdings auf phantasielose Weise – und hielten sich von ihren geistig überlegenen Nachbarn fern.

Da die Neandertaler den heutigen Menschen auf den ersten Blick ähneln, stellte man sie früher auf die letzte Stufe vor unserer eigenen Spezies; aus der DNA in den Fossilien geht jedoch hervor, daß sie vermutlich nicht einmal auf derselben Leiter standen. Ihre Mitochondriengene sind ganz anders als die des modernen Menschen. Zumindest was die Mitochondrien betrifft, trennten sich Menschen und Neandertaler schon vor einer halben Million Jahren.

Die heutigen Gene weisen auch darauf hin, daß unsere unmittelbaren Vorfahren, so scheint es, für alle Zeiten verschwunden sind. Je länger die Geschichte einer Population ist, desto mehr Abweichungen enthält sie, weil mehr Zeit für Mutationen zur Verfügung stand. Und je mehr Individuen sie umfaßt, desto geringer ist die Gefahr, daß neue Varianten nach ihrer Entstehung zufällig verlorengehen. Deshalb kommen in jeder großen, alten Tiergruppe viele verschiedene ererbte Formen vor, von denen manche häufiger werden – vorausgesetzt, es steht genügend Zeit zur Verfügung. Eine neue oder kleine Population dagegen enthält nur eine geringe Vielfalt, und die abgewandelten Formen sind selten.

Mit Nachnamen ist es ganz ähnlich wie mit Genen (auch wenn sie sich ohne den Nutzen der Sexualität fortpflanzen). Wann der gemeinsame Vorfahre aller Menschen mit einem bestimmten Familiennamen lebte, hängt von der Größe der betreffenden Population ab. Ein halbes Dutzend Müller-Lüdenscheidts in einem Dorf mit zwanzig Einwohnern stammt mit ziemlicher Sicherheit von demselben Vorfahren ab, der erst vor kurzem lebte. Sechs zufällig ausgewählte Personen mit demselben Namen in einer Millionenstadt müssen viel weiter in die Vergangenheit zurückgehen, um den Ur-Müller-Lüdenscheidt zu finden, der ihr Vorfahre war. Eine Stadt, in der die meisten Einwohner denselben Namen haben, ist deshalb höchstwahrscheinlich aus einem kleinen Dorf hervorgegangen; gibt es dort aber Tausende von Familiennamen, sind ihre Einwohner Nachkommen einer umfangreichen, diversifizierten Bevölkerung. Und wie aus den Namen lassen sich auch aus den Genen Schlüsse über die Vergangenheit ziehen.

Im Vergleich zu anderen Primaten sind Menschen genetisch nicht besonders vielgestaltig, die meisten Varianten sind selten, und die meisten Individuen – aber auch die meisten Orte – sehen mehr oder weniger gleich aus. Schimpansen unterscheiden sich untereinander dreimal stärker als Menschen, und zwischen ihren Populationen gibt es fünfzigmal so viele Abweichungen. Die Logik der Gene zeigt, daß die heute seltenen Schimpansen (deren Weltbevölkerung nur noch bei ein paar hunderttausend liegt) früher weit verbreitet waren, während es von den Menschen im Gegensatz zu ihrer heutigen großen Zahl früher nur wenige Exemplare gab. Ihre durchschnittliche Bevölkerungszahl dürfte über Hunderttausende von Jahren hinweg nur bei zehn- bis zwanzigtausend gelegen haben. Unsere unmittelbaren Vorfahren waren ein kleines Rudel, das ein paar hundert Quadratkilometer bewohnte, und sie hinterließen aller Wahrscheinlichkeit nach überhaupt keine Fossilien. Zeichnet man den Stammbaum der Menschenfamilie nach, so stößt man auf einen explosionsartigen Wandel, eine plötzliche Zunahme der Vielfalt wie bei den Aidsviren, und ihr Zentrum liegt in der Zeit vor hunderttausend Jahren. Es dürfte der Ausgangspunkt für die Vermehrung und Verbreitung des modernen *Homo sapiens* gewesen sein, aber die Gene der Nachkommen lassen vermuten, daß wir nur sehr geringe Aussichten haben, seinen Ursprungsort tatsächlich zu finden.

Wo dieser Garten Eden auch gelegen haben mag: Sobald der Mensch ihm entkommen war, wurde er zum Wanderer. Da keine Knochenfunde vorliegen, läßt sich zwar nur schwer etwas Sicheres sagen, aber wahrscheinlich gab es mehrere große Auszüge aus Afrika (und vielleicht auch eine Rückkehr).

Die große Arena der Evolution stand in Asien, Europa und Afrika. Erst vor tausend Jahren, mit der Besiedlung Neuseelands, waren alle Teile der bewohnbaren Welt gefüllt. Bis dahin standen viele Schranken im Weg. Manche waren zwar klein, erwiesen sich aber als schwer überwindbar. Die Neue Welt erreichte der Mensch nach übereinstimmender Ansicht der meisten Fachleute erst vor vierzehntausend Jahren über die Bering-Landbrücke zwischen dem heutigen Sibirien und Alaska. Nach weiteren tausend Jahren hatten die Menschen den Süden Chiles erreicht (wo man aber auch Hinweise auf eine Besiedlung vor doppelt so langer Zeit gefunden hat). In Australien dagegen sind die Menschen schon seit fünfzigtausend Jahren ansässig; dorthin gelangten sie über die Sunda-Straße, in der Wallace die Grenze zwischen den Kontinenten erkannte.

Das offensichtlichste Hindernis ist die Entfernung. Sie ist zwar mit Hilfe des Rades zu überwinden, aber man vergißt nur allzu leicht, wie isoliert alle Menschen früher gewesen sind. Als die Landwirtschaft begann, nahm ihre Zahl zwar schlagartig zu, aber auch damals blieben die meisten Menschen in ihren Behausungen. Während die Geschichte nach herkömmlicher Sicht von Vergewaltigung und Plünderung geprägt war, wobei die Männer nach dem Vorbild des Hunnen Attila den Frauen ihre Gene aufzwangen, läßt die DNA auf eine andere Vergangenheit schließen. Der Teil, der über die Frauen – das heißt durch die Mitochondrien – vererbt wurde, ist räumlich weniger klar umgrenzt als der des männlichen Y-Chromosoms. Es scheint, als seien Frauen stärker gewandert als Männer (vielleicht weil sie ins nächste Dorf zogen, um einen Ehemann zu finden): Die Gene bewegten sich auf dem Weg über die Frauen achtmal schneller als über die Männer.

Männer und Frauen, die größten Wanderer von allen, zerstörten wie die aus dem Roten Meer stammenden Fische im Mittelmeer alles, was ihnen begegnete. Alfred Russel Wallace stellte fest: »Wir leben in einer zoologisch verarmten Welt, aus der in jüngster Zeit die größten, wildesten und seltsamsten Formen verschwunden sind.« Wer daran schuld ist, liegt auf der Hand. Vor fünfzigtausend Jahren erreichten die Menschen Australien. Dort stießen sie auf Schildkröten von der Größe eines VW-Käfer, auf fleischfressende Känguruhs und auf flugunfähige Vögel, doppelt so groß wie ein Emu. Nach zehntausend Jahren waren sie alle verschwunden. Noch mehr Geschick zeigten die ersten Amerikaner. Mit ihren Wurfstöcken, den Atlatls, steigerten sie die Wirkung ihrer Speere, so daß diese wie Großkalibergeschosse einschlugen. Fünfhundert Jahre nachdem die Jäger die großen Ebenen des amerikanischen Mittelwestens erreicht hatten, waren Mammuts, Kamele und Pferde nahezu oder völlig ausgestorben, und die überlebenden Arten – wilde Schafe und Bisons – waren stark dezimiert. Ihr Verschwinden erinnert uns daran, daß die meisten Arten zwangsläufig durch die Handlungen eines Nachfolgers aussterben.

Bei allen Wanderungen ist der Mensch ein Flachlandtier geblieben. Elf der fünfzehn größten Städte der Welt liegen an der Küste. Die Bewohner der Gebirge – und der nördlichen Breiten – wurden von den Eiszeiten hin und her gestoßen wie Mistkäfer. In China sind die Stämme aus den Bergen genetisch stärker abgegrenzt, die großen Gruppen der Küstenebenen dagegen sind einheitlicher. Selbst in Italien unterscheiden sich Bewohner von Bergdörfern wegen ihrer isolierten Lage hinsichtlich ihrer Gene (und ihrer Familiennamen) stärker voneinander als die Städter im Flachland.

Anhand der DNA lassen sich die Wanderungen der Menschheitsgeschichte nachzeichnen. In ihrer Verteilung spiegeln sich rund um die Welt die Verbindungen der gemeinsamen Abstammung wider, die durch natürliche Selektion abgewandelt wurden. Bewohner nördlicher Breiten sind größer und stämmiger als die Menschen aus den Tropen. Entscheidend ist dabei das Verhältnis von Körpermasse und Oberfläche. Muß man sich warm halten, zahlt sich eine rundliche Form aus. Eskimos (und Neandertaler) haben einen untersetzten Körper mit kurzen Gliedmaßen, die meisten Afrikaner dagegen sind schlanker und besitzen längere Arme und Beine. Dieser Zusammenhang zwischen Körperbau und Breitengrad ist überall der gleiche, und auch bei der Hautfarbe (wo wir ihn viel weniger verstehen) gibt es Parallelen zwischen Neuer und Alter Welt.

Auf Inseln veränderten sich die Menschen ebenfalls, hier allerdings mehr durch die Zufälligkeiten der Wanderungen als durch natürliche Selektion, denn die meisten Inseln sind noch nicht lange besiedelt. Überall auf der Welt haben Menschen, die durch Wasser, Gebirge oder Fanatismus von anderen abgeschnitten waren, eine Evolution durchgemacht. Manche Gene, die in ihrer Heimat selten sind, gingen durch Zufall auf die Reise und wurden andernorts plötzlich relativ häufig. In Tristan da Cunha und auf mehreren Pazifikinseln leiden die Menschen an erblicher Blindheit, und in religiös isolierten Gruppen wie den nordamerikanischen Amish kommen ebenfalls zahlreiche genetisch bedingte Erkrankungen vor.

Die Evolution des Menschen läßt sich ebenso objektiv untersuchen wie die jedes Tieres. Genetik, Geologie und Geografie werfen Licht auf unsere Vergangenheit. Das nützlichste Hilfsmittel ist die Morphologie – die vergleichende Anatomie. Dies fiel schon Königin Victoria auf, als sie 1842 zum erstenmal den Londoner Zoo besuchte, und sie war darüber alles andere als erfreut: »Der Orang-Utan ist zu großartig ... er ist beängstigend, ist schmerzlich und grauenhaft menschlich.« Sie hatte recht. Medikamente gegen Aids werden an Schimpansen erprobt, weil ihr Organismus dem unseren so ähnlich ist. Nach den Regeln der Kladistik gehört der Mensch in die gleiche Familie wie Schimpansen und Gorillas, denn alle drei stammen von einem gemeinsamen Vorfahren ab, den sie sich sonst mit niemandem teilen. Man kann die Gesetze, nach denen die Vögel zu den Krokodilen gehören, nicht einfach deshalb brechen, weil wir lieber eine eigene Klasse bilden würden.

Der Mensch ist ein Primat, und in mancherlei Hinsicht noch nicht einmal ein besonders außergewöhnlicher. Er kann mehr als alle anderen Lebewesen, hat sich aber zu diesem Zweck kaum verändert. Das ist das Seltsame an der Evolution des Menschen: Eigentlich hat sich nicht viel abgespielt. Kein anderes Lebewesen ist so weit verbreitet und füllt im Haushalt der Natur so viele Lücken aus. Viele Tiere gehen Tätigkeiten nach, die fast ebenso erstaunlich sind wie unsere eigenen, aber dazu verhilft ihnen nicht der Geist, sondern die Biologie. Erfolg bei einer Aufgabe bedeutet für sie das Mißlingen aller anderen. In den letzten hunderttausend – wie auch in den letzten hundert – Jahren hat sich das Leben der Menschen gewandelt, ihr Körper aber nicht. Wir haben keine weitere Evolution durchgemacht, weil unsere Maschinen uns dies abgenommen haben. Oder, wie Darwin es in der Abstammung des Menschen formulierte: »Der höchste mögliche Zustand unserer moralischen Kultur ist erreicht, wenn wir erkennen, daß wir unser Denken kontrollieren sollten.« In der Entwicklung der Menschen gab es einen einfachen, aber entscheidenden Übergang: vom Körper zum Geist. Dieser Geist wird von Genen aufgebaut, aber seine Fähigkeiten gehen weit über die DNA hinaus.

Viele Gesellschaftswissenschaftler (und auch ein paar Biologen) hoffen auf eine vergleichende Anatomie des Geistes; aber sie kann nie gelingen. Wenn es um die Frage geht, was uns von anderen Lebewesen unterscheidet, kann die Wissenschaft alle Fragen beantworten, nur die interessanten nicht. Der Geist des Menschen ist etwas Einzigartiges. Da ihm nichts anderes ähnelt, kommen die Regeln der Klassifikation ins Spiel. Wenn man nur einen Gegenstand eines bestimmten Typs hat, kann man unmöglich herausfinden, wo man ihn einordnen soll. Beim Geist oder jeder anderen ausschließlich menschlichen Eigenschaft stellt sich deshalb ein einfaches Problem: Er ist wie der Stoßzahn des Narwals einzigartig.

Um zu verstehen, wie weit sich ein Körperteil entwickelt hat, müssen wir wissen, wovon er ausgegangen ist. Bei Zellmembranen, Kiemen, Brüsten, Nieren oder dem opponierbaren Daumen ist das möglich, weil manche Tiere sie besitzen, andere hingegen nicht. Ihre Verteilung – man findet sie nur in Gruppen, die von einem gemeinsamen Vorfahren abstammen – ist eine Landkarte der Vergangenheit. Es ist das gleiche Problem wie bei den Sprachen: Gäbe es nur eine Weltsprache (was mit der Ausbreitung des Englischen vielleicht eines Tages der Fall sein wird), ließe sich ohne weitere Befunde unmöglich etwas darüber sagen, woher sie stammt. Um die Hierarchie der Evolution zu entwirren, braucht man gemeinsame, abgeleitete Merkmale – Wörter, die dem Walisischen, Englischen und Französischen, ja vielleicht sogar dem Chinesischen gemeinsam sind. Der bewußte Geist ist anders: Jeder von uns besitzt ihn, aber außer uns hat ihn, soweit wir wissen, niemand. Über seine Evolution zu spekulieren ist deshalb im großen und ganzen nutzlos.

Dieses Buch begann mit der neuesten Herausforderung für die Menschheit, dem Angriff eines Virus, das von einem Affen stammt. Als Reaktion auf Aids werden wir eine Evolution durchmachen – ja, wir haben sie schon durchgemacht –, und das durch die altvertraute Selektion; die Krankheit zeigt aber auch, daß die Menschen anders sind, daß wir über die biologischen Regeln hinauskommen, die sonst überall gelten.

Manche HIV-positiven Menschen überleben jahrzehntelang, und das aus stichhaltigen Gründen der Evolution. Ihr Glück verdanken sie einer ererbten Abweichung – nicht im Virus, sondern in sich selbst. Die Überlebenden besitzen in der Regel bestimmte Formen des Rezeptor-»Schlosses«, in das der »Schlüssel« von HIV paßt, und deshalb kann das Virus nur schwer in ihre Zellen eindringen. Der Zugang wird ihm auf vielerlei Weise durch eine ganze Reihe von Regeln und Balken verwehrt, und jeden davon gibt es in mehreren Versionen. Einen Teil dieser Abwehrmechanismen erbt jeder sechste Mensch in veränderter Form. Bei diesen Menschen verzögert sich der Ausbruch der Symptome um viele Jahre. Etwa einer von zwanzig hat das Glück, zwei Kopien des veränderten Gens zu erben. Damit wird das Virus völlig blokkiert. Eine Variante eines zweiten Rezeptors kommt bei einem Viertel aller Asiaten vor, ist aber bei Afrikanern und Europäern wesentlich seltener. Seine Träger ziehen sich zwar unter Umständen das Virus zu, bleiben aber viel länger gesund als der Durchschnitt. Wenn die Krankheit weiterhin tödlich ist – und das wird sie sein –, werden sich nur diejenigen durchsetzen, die aufgrund ihres Erbes so lange überleben, daß sie Kinder haben können. Und das ist noch nicht alles: Menschen, die sehr vielfältige Gene für ihr eigenes Immunsystem besitzen, halten wesentlich länger durch als andere. Solche Gene werden sich ausbreiten, und vielleicht werden die Menschen im Laufe der Zeit gegen Aids resistent werden.

Aber es gab noch eine andere Reaktion auf die Krankheit, und sie geht weit über alles hinaus, wozu die Evolution in der Lage ist. Mit ihrem Geist haben die Menschen viel mehr verändert als mit ihrer DNA. In den ersten Jahren der Epidemie verweigerte sich die Gemeinschaft der Homosexuellen. Aidstests wurden als Schritt in Richtung Konzentrationslager abgelehnt, und die New Yorker Gesundheitsbehörde verbot sie. Als sich aber die Nachrichten über die Katastrophe verbreiteten, änderten die Homosexuellen ihr Verhalten und stellten sich in Windeseile auf die Bedrohung ein. Die Saunaclubs wurden geschlossen, die Zahl der Sexualpartner ging zurück, und ungeschützter Analsex war plötzlich out. Gleichzeitig starben diejenigen, die bereits erkrankt waren, oder sie wurden so hinfällig, daß sie nicht mehr attraktiv waren. Die Übertragungshäufigkeit unter homosexuellen Männern fiel auf ein Zehntel, und in den Industrieländern setzt sich diese Entwicklung immer noch fort. In Europa sank die Zahl neuer Fälle zwischen 1993 und 1998 auf die Hälfte. Auch in Teilen Afrikas verzehnfachte sich die Benutzung von Kondomen innerhalb eines Jahrzehnts, und entsprechend stark sank die Zahl der Neuinfektionen. Eine solche Verhaltensänderung hat zur Folge, daß die Evolution irgendwann keine Rolle mehr spielt.

Das gleiche gilt für den größten Teil dessen, was uns zu Menschen macht. Die vielen Versuche, Seltsamkeiten im Leben der Menschen im selben begrifflichen Rahmen wie das Leben der Bienen oder Schimpansen zu erklären, zeigen nur allzu deutlich, wie leicht man gedankenlos in Darwins ausgebreitete Arme fallen kann. Die menschliche Spezies wird durch viele allgemeingültige Prinzipien zusammengehalten. Die meisten davon, wie unser Bedarf an Vitamin C oder an Gesellschaft, leiten sich in abgewandelter Form von unseren Vorfahren her. Es gibt zwischen einzelnen Menschen und ihren Gesellschaften auch Unterschiede, die nach einer Erklärung unter Evolutionsgesichtspunkten schreien. Aber das ist unmöglich, weil es – wie beim Geist (und anders als beim Schnabeltier) – keine externe Gruppe gibt; außer uns selbst haben wir nichts, womit wir uns vergleichen könnten.

Diese elementare Tatsache wird häufig übersehen. Manche neigen zu der Ansicht, sie brauchten nur eine darwinistische Patentmedizin anzurühren, und schon könnten sie alle gesellschaftlichen Gesetzmäßigkeiten erklären. Man greife einfach nach einer anderen Flasche, wenn das anthropologische Soufflé nicht aufgeht – wie in der Küche lassen sich ja die Zutaten je nach Geschmack variieren. Man mische sie mit genügend Begeisterung, und schon ist mit einem Schlag das ganze menschliche Leben erklärt. Seine unendlichen Abwandlungen rechtfertige man mit passenden Geschichten, die von Anpassung handeln. In Wirklichkeit haben sie aber meist mit der heilenden Kraft von Wollust, Habgier oder politischem Geschick zu tun. Ganz nach Geschmack wird sexuelle Treue oder Promiskuität zum natürlichen Verhalten erklärt; eine Familie bereitet oftmals Freude, und manch einer begeistert sich für Patriotismus, aber um zu erklären, warum das so ist, brauchen wir keine natürliche Selektion. Auf den Ursprung des

Menschen und seine Geschichte ist mittlerweile so viel Licht gefallen, daß die Grenzen dessen, was die Biologie über seinen derzeitigen Zustand aussagen kann, überdeutlich zutage treten.

Ein solcher Vulgärdarwinismus ist nur wegen seiner Vielfalt interessant. Die Evolution ist ein politisches Sofa, und es gräbt sich schnell in die Hinterbacken dessen ein, der als letzter darauf gesessen hat. Alfred Russel Wallace wandte sich auf seine alten Tage dem Sozialismus zu, und er erkannte die wahre Botschaft der Biologie: »Alle sollen ihren Anteil entweder an körperlicher oder an geistiger Arbeit beitragen, und ... sollen für ihre Arbeit den vollständigen, gerechten Lohn erhalten. Der zukünftige Fortschritt der Spezies wird ... durch eine besondere Form der Selektion gesichert, die dann ins Spiel kommen wird.« Tausende von Marxisten stimmten ihm zu. In China wurden Kinder zu Ehren des Naturgesetzes, das die Gesellschaft verwandeln sollte, »Natürliche Selektion« oder »Kampf ums Dasein« genannt.

Das Marx-Denkmal in Highgate steht dem Grab von Herbert Spencer gegenüber, der den unglückseligen Ausdruck »survival of the fittest« wie auch den Begriff des Sozialdarwinismus prägte, mit dem häufig die Auswüchse des Kapitalismus gerechtfertigt worden sind. Einer seiner Anhänger meinte, Millionäre seien »von der natürlichen Selektion in der Feuerprobe des Wettbewerbs ausgewählt worden«. Der gleichen Meinung war auch der Stahlmagnat Andrew Carnegie. »Vor Spencer«, schrieb er, »lag für mich alles im dunkeln, nach ihm war alles erhellt – und richtig.« Sidney Webb, der seinen eigenen »Dritten Weg« in der Politik rechtfertigen wollte, sprach ganz offen in darwinistischen Begriffen über die »Unausweichlichkeit der Abstufungen«.

Spencer und Wallace – und sogar Webb – hatten wenigstens ihre Hausaufgaben in Biologie gemacht. F. R. Leavis machte sich einmal über eine Erscheinung lustig, die er als »Sonntagszeitungskultur« bezeichnete: eine Zivilisation, die sich auf farbige Zeitungsbeilagen gründet. Die neue Kultur der Wissenschaftsseiten bedient sich einer oberflächlichen Kenntnis der Evolutionstheorie, um ethische Maximen zu propagieren. Für manche Sozialtheoretiker ist Naturwissenschaft nichts anderes als eine Quelle für Parabeln, und sie wählen die Belege so aus, daß sie fein säuberlich zu vorgefaßten politischen Ansichten passen. In ihren Augen macht wie für Carnegie Biologie alles einfach – und richtig. Sie ist die Universalausrede.

Die Evolutionstheorie hat Besseres verdient; was, das habe ich hoffentlich in diesem Buch gezeigt. Sein Inhalt ist nicht nur eine Hommage an Darwin, sosehr sie ihm auch gebührt. Er beschrieb mit einer wunderschönen Formulierung diejenigen, die nichts von seiner Theorie wußten: Sie »betrachten ein Lebewesen, wie ein Wilder ein Schiff anstarrt – als etwas, das völlig außerhalb ihres Begriffsvermögens liegt«. Heute können wir keine Unkenntnis vorschützen, wenn wir mit der Notwendigkeit konfrontiert sind, die Vielfalt des Lebendigen zu verstehen: Die Evolutionstheorie zwingt uns alle, die Welt auf neue Art zu sehen.

Manche Ideen Darwins haben sich behauptet, andere sich als falsch erwiesen. *Die Entstehung der Arten* überdauert als Kunstwerk ebenso wie als Werk der Naturwissenschaft. Seine Aussage bleibt gültig. Der Mensch, das am höchsten entwickelte Tier und gleichzeitig das Erhabenste, was wir uns vorstellen können, ist wie alles andere aus dem Krieg der Natur hervorgegangen, aus Hunger und Tod. Aber die Menschen haben ihn als einzige hinter sich gelassen. Deshalb braucht vieles von dem, was uns zu Menschen macht, keine darwinistische Begründung. Die – reale oder metaphorische – Geburt Adams kennzeichnet den Augenblick, da ein Tierkörper mit einer postbiologischen Seele ausgestattet wurde, die keine Fossilien hinterläßt und keine Gene braucht. Die Vergangenheit als Ausrede für die Gegenwart zu benutzen heißt, Payne Knights bemitleidenswerten Fehlschluß zu ziehen, man könne die Gesellschaft mit Begriffen aus der Tierwelt erklären. Aber die neuen Erkenntnisse, die uns die Biologie über unseren Werdegang ermöglicht, befreien uns von dem Narzißmus eines Lebewesens, welches das einzige seiner Art ist. Sie zeigen, daß wir Menschen ein Teil der Schöpfung sind, weil wir eine Evolution hinter uns haben.

VIERZEHNTES KAPITEL

ALLGEMEINE WIEDERHOLUNG UND SCHLUSS

Wiederholung der Einwände gegen die Theorie natürlicher Selektion • Wiederholung der allgemeinen und besonderen Umstände zu deren Gunsten • Ursachen des allgemeinen Glaubens an die Unveränderlichkeit der Arten • Wie weit die Theorie natürlicher Zuchtwahl auszudehnen ist • Folgen ihrer Annahme für das Studium der Naturgeschichte • Schlußbemerkungen

Da dieser ganze Band eine lange Beweisführung ist, so wird es dem Leser angenehm sein, die leitenden Tatsachen und Schlußfolgerungen kurz zusammengefaßt zu sehen.

Ich leugne nicht, daß man viele und ernste Einwände gegen die Theorie der Deszendenz mit Modifikation durch Abänderung und natürliche Zuchtwahl vorbringen kann. Ich habe versucht, sie in ihrer ganzen Stärke zu entwickeln. Nichts kann im ersten Augenblicke weniger glaubhaft erscheinen, als daß die zusammengesetztesten Organe und Instinkte ihre Vollkommenheit erlangt haben sollen nicht durch höhere, wenn auch der menschlichen Vernunft analoge, Kräfte, sondern durch die bloße Häufung zahlloser kleiner, aber jedem individuellen Besitzer vorteilhafter Abänderungen. Diese Schwierigkeit, wie unübersteiglich groß sie auch unserer Einbildungskraft erscheinen mag, kann gleichwohl nicht für wesentlich gelten, wenn wir folgende Sätze gelten lassen: daß in der Vollkommenheit eines jeden Organs oder Instinktes, von welchem wir glauben, daß es entweder jetzt vorhanden ist oder vorhanden gewesen sein könnte, Abstufungen bestanden haben, die alle in ihrer Weise gut waren; daß alle Organe und alle Instinkte wenigstens in geringem Maße Verschiedenheiten darbieten; und daß schließlich ein Kampf ums Dasein besteht, welcher zur Erhaltung jeder nützlichen Abweichung von den bisherigen Bildungen oder Instinkten führt. Die Wahrheit dieser Sätze kann nach meiner Meinung nicht bestritten werden.

Es ist ohne Zweifel äußerst schwierig, auch nur eine Vermutung darüber auszusprechen, durch welche Abstufungen, zumal in durchbrochenen und erlöschenden Gruppen organischer Wesen, manche Bildungen vervollkommnet worden sind; aber wir sehen so viele befremdende Abstufungen in der Natur, daß wir äußerst vorsichtig sein müssen, ehe wir sagen, daß irgendein Organ oder Instinkt oder ein ganzes Gebilde nicht durch stufenweise Fortschritte zu seiner gegenwärtigen Beschaffenheit gelangt sein könne. Man muß zugeben, daß besonders schwierige Fälle der Theorie der natürlichen Zuchtwahl entgegentreten, und einer der merkwürdigsten Fälle dieser Art zeigt sich in dem Vorkommen von zwei oder drei bestimmten Kasten von Arbeitern oder unfruchtbaren Weibchen in einer und derselben Ameisengemeinde; doch habe ich zu zeigen versucht, wie auch diese Schwierigkeit zu überwinden ist. Was die fast allgemeine Unfruchtbarkeit der Arten bei ihrer Kreuzung anbelangt, die einen so merkwürdigen Gegensatz zur fast allgemeinen Fruchtbarkeit gekreuzter Varietäten bildet, so muß ich die Leser auf die am Ende des achten Kapitels gegebene Zusammenfassung der Tatsachen verweisen, welche mir entscheidend zu sein scheinen, um darzutun, daß diese Unfruchtbarkeit in nicht höherem Grade eine angeborene Eigentümlichkeit bildet, als die Schwierigkeit zwei Baumarten aufeinander zu pfropfen, daß sie vielmehr zusammenfalle mit Verschiedenheiten, die auf das Reproduktivsystem der gekreuzten Arten beschränkt sind. Wir finden die Bestätigung dieser Folgerung in der weiten Verschiedenheit der Ergebnisse, wenn die nämlichen zwei Arten wechselseitig miteinander gekreuzt werden, d. h. wenn eine Spezies zuerst als Vater und dann als Mutter benutzt wird.

Die Fruchtbarkeit gekreuzter Varietäten und ihrer gemischten Nachkommen kann nicht als allgemeines Prinzip gelten; auch ist ihre allgemeine Fruchtbarkeit nicht überraschend, wenn wir daran denken, daß wahrscheinlich weder ihr Körperbau noch ihre Fortpflanzungssysteme tiefgreifend abgewandelt wurden. Darüber hinaus wurden die meisten Varietäten, mit denen man Versuche angestellt hat, im Zustand der Domestikation erzeugt; und da die Domestikation offenkundig dazu neigt, die Unfruchtbarkeit zu beseitigen, sollte man nicht damit rechnen, daß sie auch Unfruchtbarkeit hervorbringt.

Die Unfruchtbarkeit der Hybriden ist ein ganz anderer Fall als die der ersten Kreuzung, denn ihre Fortpflanzungsorgane sind mehr oder weniger funktionsunfähig, während die Organe beider Seiten sich bei einer ersten Kreuzung in einwandfreiem Zustand befinden. Wenn wir immer wieder sehen, wie Lebewesen aller Arten unfruchtbar werden, weil ihr Körperbau durch geringfügig abweichende, neue Lebensumstände beeinträchtigt wird, brauchen wir uns nicht darüber zu wundern, daß Hybriden bis zu einem gewissen Grade unfruchtbar sind, denn daß ihr Körperbau, der aus zwei verschiedenen Organisationsformen zusammengesetzt ist, nicht beeinträchtigt wurde, ist kaum möglich. Diese Parallele wird auch durch eine entsprechende, aber genau entgegengesetzte Gruppe von Tatsachen gestützt: daß nämlich Lebenskraft und Fruchtbarkeit aller organischen Wesen sich durch geringfügige Veränderungen der Lebensumstände verstärken, und daß die Nachkommen der geringfügig abgewandelten Formen oder Varietäten aus der Kreuzung eine höhere Lebenskraft oder Fruchtbarkeit beziehen. Einerseits führen also größere Veränderungen der Lebensumstände und Kreuzungen stark abgewandelter Formen zu geringerer Fruchtbarkeit; andererseits lassen geringere Veränderungen der Lebensumstände und Kreuzungen zwischen weniger stark abgewandelten Formen die Fruchtbarkeit ansteigen.

Wenden wir uns zur geographischen Verbreitung, so erscheinen auch da die Schwierigkeiten für die Theorie der Deszendenz mit Modifikation erheblich genug. Alle Individuen einer nämlichen Art und alle Arten einer Gattung oder selbst noch höherer Gruppen stammen von gemeinsamen Eltern ab; deshalb müssen sie, wenn auch jetzt in noch so weit zerstreuten und isolierten Teilen der Welt zu finden, im Laufe aufeinanderfolgender Generationen aus einer Gegend in alle anderen gewandert sein. Wir sind oft ganz außer Stand, auch nur zu vermuten, auf welche Weise dies geschehen sein möge. Da wir jedoch anzunehmen berechtigt sind, daß einige Arten die nämliche spezifische Form während ungeheuer langer Perioden, in Jahren gemessen, beibehalten haben, so darf man kein allzu großes Gewicht auf die gelegentliche weite Verbreitung einer und derselben Spezies legen; denn während langer Zeiträume wird sie auch zu weiter Verbreitung durch vielerlei Mittel Gelegenheit gehabt haben. Eine durchbrochene oder gespaltene Verbreitungsweise läßt sich oft durch Erlöschen der Arten in mitten inneliegenden Gebieten erklären. Es ist nicht zu leugnen, daß wir mit den mannigfaltigen klimatischen und geographischen Veränderungen, welche die Erde erst in neueren Perioden erfahren hat, noch ganz unbekannt sind; und solche Veränderungen werden die Wanderungen häufig erleichtert haben. Beispielsweise habe ich zu zeigen versucht, wie mächtig die Eiszeit die Verbreitung sowohl der identischen als auch verwandter Formen über die Erdoberfläche beeinflußt hat. Ebenso sind wir bis jetzt auch fast ganz unbekannt mit den vielen gelegentlichen Transportmitteln. Was die Erscheinung betrifft, daß verschiedene Arten einer und derselben Gattung entfernt voneinander liegende und abgesonderte Gegenden bewohnen, so werden, da der Abänderungsprozeß notwendig langsam vor sich gegangen ist, während eines sehr langen Zeitraums alle die Wanderungen begünstigenden Mittel möglich gewesen sein, wodurch sich einigermaßen die Schwierigkeit vermindert, die weite Verbreitung der Arten einer Gattung zu erklären.

Da nach der Theorie der natürlichen Zuchtwahl eine endlose Anzahl von Mittelformen alle Arten jeder Gruppe durch ebenso feine Abstufungen, wie unsere jetzigen Varietäten darstellen, miteinander verkettet haben muß, so kann man die Frage aufwerfen, warum wir nicht alle diese vermittelnden Formen rund um uns her erblicken? Warum fließen nicht alle organischen Formen zu einem unentwirrbaren Chaos zusammen? Was die noch lebenden Formen betrifft, so müssen wir uns erinnern, daß wir (mit Ausnahme einiger seltenen Fälle) nicht zur Erwartung berechtigt sind, *direkt* vermittelnde Glieder zwischen ihnen selbst, sondern nur etwa zwischen ihnen und einigen erloschenen und durch andere ersetzten Formen zu entdecken. Selbst auf einem weiten Gebiete, das während einer langen Periode seinen Zusammenhang bewahrt hat und dessen Klima und übrige Lebensbedingungen nur allmählich von einem Bezirke, den eine Art bewohnt, zu einem andern von einer nahe verwandten Art bewohnten Bezirke abändern, selbst da sind wir nicht berechtigt, oft die Erscheinungen vermittelnder Formen in den Grenzdistrikten zu erwarten. Denn wir haben Grund zur Annahme, daß in jeder Periode nur einige Arten eine Abänderung durchmachen. Ich habe auch gezeigt, daß die vermittelnden Varietäten, welche anfangs wahrscheinlich in den Zwischenzonen vorhanden gewesen sein werden, einer Verdrängung und Ersetzung durch die verwandten Formen von beiden Seiten her ausgesetzt gewesen sind; denn die letzteren werden gewöhnlich vermöge ihrer großen Anzahl schnellere Fortschritte in ihren Abänderungen und Verbesserungen als die minder zahlreich vertretenen Mittelvarietäten machen, so daß diese vermittelnden Varietäten mit der Länge der Zeit ersetzt und vertilgt werden.

Nach dieser Annahme des Aussterbens einer unendlichen Menge vermittelnder Glieder zwischen den erloschenen und lebenden Bewohnern der Erde und ebenso zwischen den in einer jeden der aufeinanderfolgenden Perioden existierenden und den noch älteren Arten fragt es sich, warum nicht jede geologische Formation mit Resten solcher Verbindungsglieder erfüllt ist? und warum nicht jede Sammlung fossiler Reste einen klaren Beweis von solcher Abstufung und Umänderung der Lebensformen darbietet. Solche Beweise finden wir nicht, und dies ist der am meisten in die Augen springende von den vielen gegen meine Theorie vorgebrachten Einwände. Und wie kommt es ferner, daß ganze Gruppen verwandter Arten in dem einen oder dem andern geologischen Schichtensystem oft so plötzlich erscheinen, obschon dies häufig nur scheinbar der Fall ist? Warum finden wir unter dem silurischen System nicht große Stapel von Schichten, in welchen die Reste der Vorgänger von Fossilgruppen aus dem Silur abgelagert sind? Denn nach meiner Theorie müssen solche Schichtensysteme in diesen frühen und gänzlich unbekannten Epochen der Erdgeschichte irgendwo abgelagert worden sein.

Ich kann auf diese Fragen und Einwände nur mit der Annahme antworten, daß die geologische Urkunde bei weitem unvollständiger ist, als die meisten Geologen glauben. Man kann nicht einwenden, es sei für eine organische Veränderung nicht genügend Zeit gewesen; denn die verstrichene Zeit ist so lang, daß sie dem menschlichen Geist völlig unvorstellbar erscheint. Die Menge der Exemplare in allen unseren Museen zusammengenommen ist absolut nichts im Vergleich mit den zahllosen Generationen zahlloser Arten, welche sicherlich gelebt haben. Wir würden außerstande sein, eine Art als die Stammart einer oder mehrerer anderer Arten zu erkennen, untersuchten wir beide auch noch so genau, wenn wir nicht auch die meisten der vermittelnden Glieder zwischen ihrem früheren und ihrem jetzigen Zustand besäßen; und bei der Unvollständigkeit der geologischen Urkunden haben wir kaum das Recht zu erwarten, daß so viele Mittelglieder je gefunden werden. Es könnten viele jetzt lebende zweifelhafte Formen angeführt werden, welche wahrscheinlich Varietäten sind; wer könnte aber behaupten, daß in künftigen Zeiten noch so viele fossile Mittelglieder werden entdeckt werden, daß die Naturforscher nach der gewöhnlichen Anschauungsweise zu entscheiden imstande wären, ob diese zweifelhaften Formen Varietäten zu nennen sind oder nicht? Solange die meisten Bindeglieder zwischen zwei beliebigen Arten unbekannt sind, wird man jedes Bindeglied oder jede Zwischenform, welche man entdeckt, einfach als eine weitere, abgegrenzte Art einordnen. Nur ein kleiner Teil der Erdoberfläche ist geologisch untersucht worden, und nur von gewissen Organismenklassen können fossile Reste, wenigstens in größerer Anzahl, erhalten werden. Weit verbreitete und herrschende Arten variieren am häufigsten und am meisten, und Varietäten sind anfänglich oft nur lokal; beide Ursachen machen die Entdeckung von Zwischengliedern in jeder einzelnen Formation noch weniger wahrscheinlich. Örtliche Varietäten verbreiten sich nicht eher in andere und entfernte Gegenden, als bis sie beträchtlich abgeändert und verbessert sind; und wenn sie sich verbreitet haben und nun in einer geologischen Formation entdeckt werden, so wird es scheinen, als seien sie erst jetzt plötzlich erschaffen worden, und man wird sie einfach als neue Arten betrachten. Die meisten Formationen sind mit Unterbrechungen abgelagert worden; und ihre Dauer, so bin ich geneigt zu glauben, ist wahrscheinlich kürzer als die mittlere Dauer der Artenformen gewesen. Zunächst aufeinanderfolgende Formationen werden in den meisten Fällen durch leere Zeiträume von großer Dauer voneinander getrennt; denn fossilführende Formationen, mächtig genug, um späterer Zerstörung zu widerstehen, können der allgemeinen Regel nach nur da gebildet werden, wo dem in Senkung begriffenen Meeresgrund viele Sedimente zugeführt werden. In den damit abwechselnden Perioden von Hebung und Ruhe wird das Blatt der Erdgeschichte in der Regel unbeschrieben bleiben. Während dieser letzten Perioden wird wahrscheinlich mehr

Veränderung in den Lebensformen, während der Senkungszeiten mehr Erlöschen derselben stattfinden.

Was die Abwesenheit fossilreicher Schichten unterhalb der untersten silurischen Formation betrifft, so kann ich nur auf die im neunten Kapitel aufgestellte Hypothese zurückkommen. Daß die geologische Urkunde lükkenhaft ist, gibt Jedermann zu; daß sie es aber in dem von meiner Theorie verlangten Grade ist, werden nur wenige zugestehen wollen. Wenn wir hinreichend lange Zeiträume überblicken, erklärt uns die Geologie deutlich, daß die Arten sich sämtlich verändert haben, und sie haben in der Weise abgeändert, wie es meine Theorie erheischt, nämlich langsam und stufenweise. Wir erkennen dies deutlich daraus, daß die fossilen Reste organischer Formen zunächst aufeinanderfolgender Formationen unabänderlich einander weit näher verwandt sind, als die fossilen Arten aus Formationen, die durch weite Zeiträume von einander getrennt sind.

Dies ist die Summe der verschiedenen hauptsächlichsten Einwürfe und Schwierigkeiten, die man mit Recht gegen meine Theorie vorbringen kann, und ich habe die Antworten und Erläuterungen, welche, so viel ich sehen kann, darauf zu geben sind, nun in Kürze wiederholt. Ich habe diese Schwierigkeiten viele Jahre lang selbst zu sehr empfunden, als daß ich an ihrem Gewichte zweifeln sollte. Aber es verdient noch insbesondere hervorgehoben zu werden, daß die wichtigeren Einwände sich auf Fragen beziehen, über die wir eingestandenermaßen in Unwissenheit sind; und wir wissen nicht einmal, wie unwissend wir sind. Wir kennen nicht alle die möglichen Übergangsabstufungen zwischen den einfachsten und den vollkommensten Organen; wir können nicht behaupten, alle die mannigfaltigen Verbreitungsmittel der Organismen während des Verlaufes so zahlloser Jahrtausende zu kennen, oder angeben zu können, wie unvollständig die geologische Urkunde ist. Wie bedeutend aber auch diese mancherlei Schwierigkeiten sein mögen, so genügen sie meiner Ansicht nach doch nicht, um meine Theorie einer Deszendenz mit nachheriger Modifikation umzustoßen.

Wenden wir uns nun zur andern Seite unserer Beweisführung. Im Zustande der Domestikation sehen wir eine große Variabilität. Diese wird anscheinend vor allem dadurch verursacht, daß das Fortpflanzungssystem besonders anfällig für Veränderungen der Lebensbedingungen ist, so daß dieses System, wenn es nicht ganz und gar funktionsunfähig wird, jedenfalls keine Nachkommen hervorbringt, die genau der elterlichen Form gleichen. Die Variabilität wird durch viele verwickelte Gesetze geleitet, durch Korrelation des Wachstums, Gebrauch und Nichtgebrauch und durch die direkte Einwirkung der umgebenden Lebensbedingungen. Es ist sehr schwierig zu bestimmen, wieviel Abänderung unsere Kulturerzeugnisse erfahren haben: doch können wir getrost annehmen, daß das Maß derselben groß gewesen ist, und daß Modifikationen auf lange Perioden hinaus vererblich sind. Solange wie die Lebensbedingungen die nämlichen bleiben, haben wir Grund anzunehmen, daß eine Modifikation, welche sich schon seit vielen Generationen vererbt hat, sich auch noch ferner auf eine fast unbegrenzte Zahl von Generationen hinaus vererben kann. Andererseits haben wir Zeugnisse dafür, daß Veränderlichkeit, wenn sie einmal ins Spiel gekommen, unter der Domestikation nicht mehr ganz aufhört; denn unsere ältesten Kulturerzeugnisse bringen gelegentlich noch immer neue Abarten hervor.

Der Mensch ruft Variabilität in Wirklichkeit nicht hervor, sondern er setzt nur unabsichtlich organische Wesen neuen Lebensbedingungen aus, und dann wirkt die Natur auf deren Organisation und verursacht Abänderungen. Der Mensch kann aber die ihm von der Natur dargebotenen Abänderungen zur Nachzucht auswählen und dieselben hierdurch in einer beliebigen Richtung häufen, und er tut dies auch wirklich. Er paßt auf diese Weise Tiere und Pflanzen seinem eigenen Nutzen und Vergnügen an. Er kann dies planmäßig oder kann es unbewußt tun, indem er die ihm zur Zeit nützlichsten Individuen erhält, ohne dabei irgend eine Absicht zu haben, die Rasse zu ändern. Er kann sicher einen großen Einfluß auf den Charakter einer Rasse dadurch ausüben, daß er in jeder aufeinanderfolgenden Generation individuelle Abänderungen zur Nachzucht auswählt, so geringe, daß sie für das ungeübte Auge kaum wahrnehmbar sind. Dieser Prozeß einer unbewußten Zuchtwahl ist das große Agens in der Erzeugung der ausgezeichnetsten und nützlichsten unserer domestizierten Rassen gewesen. Daß nun viele der vom Menschen gebildeten Abänderungen den Charakter natürlicher Arten schon großenteils besitzen, geht aus den unausgesetzten Zweifeln in Bezug auf viele derselben hervor, ob es Varietäten oder ursprünglich distinkte Arten sind.

Es ist kein Grund nachzuweisen, weshalb diese Prinzipien, welche in Bezug auf die kultivierten Organismen so erfolgreich gewirkt haben, nicht auch in der Natur wirksam gewesen sein sollten. In der Erhaltung begünstigter Individuen und Rassen während des beständig wiederkehrenden Kampfes ums Dasein sehen wir ein wirksames und nie ruhendes Mittel der natürlichen Zuchtwahl. Der Kampf ums Dasein ist die unvermeidliche Folge der hochpotenzierten geometrischen Zunahme, welche allen organischen Wesen gemein ist. Dieses rasche Zunahmeverhältnis ist durch Rechnung ebenso nachzuweisen wie durch die Auswirkungen einer Abfolge besonderer Jahreszeiten, wie es im dritten Kapitel erläutert wurde. Es werden mehr Individuen geboren, als fortzuleben imstande sind. Ein Gran in der Waage kann den Ausschlag geben, welches Individuum fortleben und welches zu Grunde gehen, welche Varietät oder Art sich vermehren und welche abnehmen und endlich erlöschen soll. Da die Individuen einer nämlichen Art in allen Beziehungen in die nächste Konkurrenz miteinander geraten, so wird gewöhnlich auch der Kampf zwischen ihnen am heftigsten sein; er wird fast ebenso heftig zwischen den Varietäten einer nämlichen Art, und dann zunächst am heftigsten zwischen den Arten einer Gattung sein. Aber der Kampf kann auch andererseits oft sehr heftig zwischen Arten sein, welche auf der Stufenleiter der Natur weit auseinander stehen. Der geringste Vorteil, den gewisse Individuen in irgendeinem Lebensalter oder zu irgend einer Jahreszeit über ihre Konkurrenten voraus haben, oder eine wenn auch noch so wenig bessere Anpassung an die umgebenden Naturverhältnisse wird im Laufe der Zeit den Ausschlag geben.

Bei Tieren mit getrenntem Geschlecht wird in den meisten Fällen ein Kampf der Männchen um den Besitz der Weibchen stattfinden. Die kräftigsten oder diejenigen Männchen, welche am erfolgreichsten mit ihren Lebensbedingungen gekämpft haben, werden gewöhnlich am meisten Nachkommenschaft hinterlassen. Aber der Erfolg wird oft davon abhängen, daß die Männchen besondere Waffen oder Verteidigungsmittel oder besondere Reize besitzen; und der geringste Vorteil kann zum Siege führen.

Da die Geologie uns deutlich nachweist, daß ein jedes Land große physikalische Veränderungen erfahren hat, so ist zu erwarten, daß die organischen Wesen im Naturzustande abgeändert haben, in derselben Weise wie die kultivierten unter ihren veränderten Bedingungen der Domestikation. Und wenn nun eine Veränderlichkeit im Naturzustande vorhanden ist, so würde es eine unerklärliche Erscheinung sein, wenn die natürliche Zuchtwahl nicht ins Spiel gekommen wäre. Es ist oft versichert worden, ist aber nicht zu beweisen, daß das Maß der Abänderung in der Natur eine streng bestimmte Quantität sei. Obwohl der Mensch nur auf äußere Charaktere allein und oft bloß nach seiner Laune wirkt, so vermag er doch in kurzer Zeit dadurch großen Erfolg zu erzielen, daß er allmählich alle in einer Richtung hervortretenden individuellen Verschiedenheiten bei seinen Kulturformen häuft; und jedermann gibt zu, daß wenigstens individuelle Verschiedenheiten bei den Arten im Naturzustande vorkommen. Aber von diesen abgesehen, haben alle Naturforscher das Dasein von Varietäten eingestanden, welche verschieden genug sind, um in den systematischen Werken als solche mit aufgeführt zu werden. Doch kann niemand einen bestimmten Unterschied zwischen individuellen Abänderungen und leichten Varietäten oder zwischen deutlicher markierten Abarten, Unterarten und Arten angeben. Man möge nur beobachten, welch unterschiedlichen Rang die Naturforscher vielen repräsentativen Formen in Europa und Nordamerika einräumen.

Wenn wir also Variabilität und eine wirksame Ursache, welche immer bereitsteht, tätig zu werden und auszuwählen, in der Natur haben, warum sollten nicht Abänderungen, welche den Lebewesen unter den überaus verwickelten Bedingungen ihres Lebens in irgend einer Weise nützlich sind, bewahrt, gehäuft und vererbt werden? Wenn der Mensch die ihm selbst nützlichen Abänderungen durch Geduld züchten kann: warum sollten nicht unter den abändernden Lebensbedingungen Abänderungen, welche für die lebendigen Naturerzeugnisse nützlich sind, gezüchtet werden? Welche Schranken kann man dieser Kraft setzen, welche durch lange Zeiten hindurch tätig ist und die ganze Konstitution, Struktur und Lebensweise eines jeden Geschöpfes rigoros prüft, das Gute begünstigt und das Schlechte verwirft? Ich vermag keine Grenze für diese Kraft zu sehen, welche jede Form den verwickeltsten Lebensverhältnissen langsam und wunderschön anpaßt. Die Theorie der natürlichen Zuchtwahl scheint mir, auch wenn wir uns nur hierauf allein beschränken, im höchsten Grade wahrscheinlich zu sein. Ich habe bereits, so ehrlich wie möglich, die dagegen erhobenen Schwierigkeiten und Einwände rekapituliert; jetzt wollen wir uns zu den speziellen Tatsachen und Folgerungen wenden, welche zu Gunsten unserer Theorie sprechen.

Nach der Ansicht, daß Arten nur stark ausgebildete und bleibende Varietäten sind und jede Art zuerst als eine Varietät existiert hat, können wir sehen, woher es kommt, daß keine Grenzlinie gezogen werden kann zwischen Arten, welche man gewöhnlich als Produkte eben so vieler besonderer Schöpfungsakte betrachtet, und zwischen Varietäten, die man als Bildungen sekundärer Gesetze gelten läßt. Nach dieser nämlichen Ansicht ist es ferner zu begreifen, warum in einer Gegend, wo viele Arten einer Gattung entstanden sind und nun gedeihen, diese Arten noch viele Varietäten darbieten; denn, wo die Artenfabrikation tätig betrieben worden ist, da dürften wir als allgemeine Regel auch erwarten, sie noch in Tätigkeit zu finden; und dies ist der Fall, wofern Varietäten beginnende Arten sind. Überdies behalten auch die Arten großer Gattungen, welche die Mehrzahl der Varietäten oder beginnenden Arten liefern, in gewissem Grade den Charakter von Varietäten bei; denn sie unterscheiden sich in geringerem Maße, als die Arten kleinerer Gattungen voneinander. Auch haben die nahe verwandten Arten großer Gattungen, wie es scheint, eine beschränktere Verbreitung und bilden kleine um andere Arten gescharte Gruppen, in welchen beiden Hinsichten sie ebenfalls Varietäten gleichen. Dies sind, von dem Gesichtspunkte aus beurteilt, daß jede Art unabhängig erschaffen worden sei, befremdende Erscheinungen, welche dagegen der Annahme ganz wohl entsprechen, daß alle Arten zuerst Varietäten waren.

Da jede Art bestrebt ist, sich in Folge des geometrischen Verhältnisses ihrer

Fortpflanzung in ihrer Zahl außerordentlich stark zu vermehren, und da die modifizierten Nachkommen einer jeden Spezies sich um so rascher zu vervielfältigen vermögen, je mehr dieselben in Lebensweise und Organisation auseinander laufen, je mehr und je verschiedenartigere Stellen sie demnach im Haushalte der Natur einzunehmen imstande sind, so wird in der natürlichen Zuchtwahl ein beständiges Streben vorhanden sein, die am weitesten divergierenden Nachkommen einer jeden Art zu erhalten. Daher werden im langen Verlaufe solcher allmählichen Abänderungen die geringen und bloße Varietäten einer Art bezeichnenden Verschiedenheiten sich zu größeren, die Spezies einer nämlichen Gattung charakterisierenden Verschiedenheiten steigern. Neue und verbesserte Varietäten werden die älteren weniger vervollkommneten und intermediären Abarten unvermeidlich ersetzen und vertilgen, und hierdurch werden die Arten großenteils zu scharf umschriebenen und wohl unterschiedenen Objekten. Herrschende Arten aus den größeren Gruppen einer jeden Klasse streben wieder neue und herrschende Formen zu erzeugen, so daß jede große Gruppe geneigt ist noch größer und divergierender im Charakter zu werden. Da jedoch nicht alle Gruppen in dieser Weise beständig an Größe zunehmen können, indem zuletzt die Welt sie nicht mehr zu fassen vermöchte, so verdrängen die herrschenderen die minder herrschenden. Dieses Streben der großen Gruppen an Umfang zu wachsen und im Charakter auseinanderzulaufen, in Verbindung mit der meist unvermeidlichen Folge starken Erlöschens anderer, erklärt die Anordnung aller Lebensformen in Gruppen, die innerhalb einiger wenigen großen Klassen anderen subordiniert sind, eine Anordnung, die wir um uns herum sehen und die zu allen Zeiten gegolten hat. Diese große Tatsache der Gruppierung aller organischen Wesen in ein sogenanntes natürliches System ist nach der gewöhnlichen Schöpfungstheorie ganz unerklärlich.

Da natürliche Zuchtwahl nur durch Häufung kleiner aufeinanderfolgender günstiger Abänderungen wirkt, so kann sie keine großen und plötzlichen Umgestaltungen bewirken; sie kann nur mit sehr langsamen und kurzen Schritten vorgehen. Daher denn auch der Kanon »Natura non facit saltum«, welcher sich mit jeder neuen Erweiterung unserer Kenntnisse mehr bestätigt, aus dieser Theorie einfach begreiflich wird. Wir sehen ganz deutlich, warum die Natur so verschwenderisch mit Abänderungen und doch so geizig mit Neuerungen ist. Wie dies aber ein Naturgesetz sein könnte, wenn jede Art unabhängig erschaffen worden wäre, vermag niemand zu erläutern.

Aus dieser Theorie scheinen mir noch viele andere Tatsachen erklärbar. Wie befremdend wäre es, daß ein Vogel in Gestalt eines Spechtes geschaffen worden wäre, um Insekten am Boden aufzusuchen; daß eine Hochlandgans, welche niemals oder selten schwimmt, mit Schwimmfüßen, daß ein drosselartiger Vogel zum Tauchen und zum Leben von unter dem Wasser lebenden Insekten, und daß ein Sturmvogel geschaffen worden wäre mit einer Organisation, welche der Lebensweise eines Alks oder Lappentauchers entspricht, und so in zahllosen anderen Fällen. Aber nach der Ansicht, daß die Arten sich beständig der Individuenzahl nach zu vermehren streben, während die natürliche Zuchtwahl immer bereit ist, die langsam abändernden Nachkommen jeder Art einem jeden in der Natur noch nicht oder nur unvollkommen besetzten Platze anzupassen, hören diese Tatsachen auf befremdend zu sein und hätten sich sogar vielleicht voraussehen lassen.

Da die natürliche Zuchtwahl durch Konkurrenz wirkt, so adaptiert sie die Bewohner einer jeden Gegend nur im Verhältnis zu den anderen Bewohnern; daher darf es uns nicht überraschen, wenn die Arten irgendeines Bezirkes, welche nach der gewöhnlichen Ansicht doch speziell für diesen Bezirk geschaffen und angepaßt sein sollen, durch die naturalisierten Erzeugnisse aus anderen Ländern besiegt und ersetzt werden; ebensowenig dürfen wir uns wundern, wenn nicht alle Einrichtungen in der Natur, soweit wir ermessen können, absolut vollkommen sind, und wenn manche derselben sogar hinter unseren Begriffen von Angemessenheit weit zurückbleiben. Es darf uns nicht befremden, wenn der Stachel der Biene als Waffe gegen einen Feind gebraucht ihren eigenen Tod verursacht; wenn die Drohnen in so ungeheurer Anzahl nur für einen einzelnen Akt erzeugt, und dann größtenteils von ihren unfruchtbaren Schwestern getötet werden; wenn unsere Nadelhölzer eine so unermeßliche Menge von Pollen verschwenden; wenn die Bienenkönigin einen instinktiven Haß gegen ihre eigenen fruchtbaren Töchter empfindet; oder wenn die Ichneumoniden sich im lebenden Körper von Raupen ernähren, und andere Fälle mehr. Weit mehr hätte man sich nach der Theorie der natürlichen Zuchtwahl darüber zu wundern, daß nicht noch mehr Fälle von Mangel an absoluter Vollkommenheit beobachtet werden.

Die verwickelten und wenig bekannten Gesetze, welche das Entstehen von Varietäten in der Natur beherrschen, sind, soweit unsere Einsicht reicht, die nämlichen, welche auch die Erzeugung sogenannter spezifischer Formen geleitet haben. In beiden Fällen scheinen die physikalischen Bedingungen nur wenige direkte Wirkungen hervorgebracht zu haben; wenn aber Varietäten in ein neues Gebiet eindringen, so nehmen sie gelegentlich etwas von den Charakteren der diesem Bezirk eigentümlichen Spezies an. Bei Varietäten sowohl als bei Arten scheinen Gebrauch und Nichtgebrauch eine gewisse Wirkung gehabt zu haben; denn es ist unmöglich, sich diesem Schluß zu entziehen, wenn man z. B. die Dickkopfente mit Flügeln sieht, welche zum Fluge fast ebensowenig brauchbar wie die der Hausente sind, oder wenn man den grabenden Tukutuku, welcher mitunter blind ist, und dann gewisse Maulwurfarten betrachtet, die immer blind sind und ihre Augenrudimente unter der Haut liegen haben, oder endlich, wenn man die blinden Tiere in den dunkeln Höhlen Europas und Amerikas ansieht. Bei Arten und Varietäten scheint die Korrektur des Wachstums eine sehr wichtige Rolle gespielt zu haben, so daß, wenn ein Teil abgeändert worden ist, auch andere Teile notwendig modifiziert worden sind. Bei Arten wie bei Varietäten kommt Rückschlag zu längst verlorenen Charakteren gelegentlich vor. Wie unerklärlich ist nach der Schöpfungstheorie das gelegentliche Erscheinen von Streifen an Schultern und Beinen der verschiedenen Arten der Pferdegattung und ihrer Bastarde; und wie einfach erklärt sich diese Tatsache, wenn wir annehmen, daß alle diese Arten von einer gemeinsamen gestreiften Stammform herrühren in derselben Weise, wie unsere domestizierten Taubenrassen von der blaugrauen Felstaube mit schwarzen Flügelbinden abstammen!

Wie läßt es sich nach der gewöhnlichen Ansicht, daß jede Art unabhängig erschaffen worden sei, erklären, daß die Artencharaktere oder diejenigen, wodurch sich die verschiedenen Spezies einer Gattung voneinander unterscheiden, veränderlicher als die Gattungscharaktere sind, in welchen alle übereinstimmen? Warum wäre z. B. die Farbe einer Blüte in irgend einer Art einer Gattung, wo alle übrigen Arten mit verschiedenen Farben versehen sind, eher zu variieren geneigt, als wenn alle Arten derselben Gattung von gleicher Farbe sind? Wenn Arten nur stark ausgezeichnete Varietäten sind, deren Charaktere schon in hohem Grade beständig geworden sind, so begreift sich dies; denn sie haben bereits seit ihrer Abzweigung von einer gemeinsamen Stammform in gewissen Merkmalen variiert, durch welche sie eben spezifisch voneinander verschieden geworden sind; und deshalb werden auch diese nämlichen Charaktere noch fortdauernd unbeständiger sein, als die Gattungscharaktere, die sich schon seit einer unermeßlichen Zeit unverändert vererbt haben. Nach der Theorie der Schöpfung ist es unerklärlich, warum ein allein bei einer Art einer Gattung in ganz ungewöhnlicher Weise entwickelter und daher, wie wir natürlich schließen können, für dieselbe Art sehr wichtiger Charakter vorzugsweise zu variieren geneigt sein soll; während dagegen nach meiner Ansicht dieser Teil seit der Abzweigung der verschiedenen Arten von einer gemeinsamen Stammform in ungewöhnlichem Grade Abänderungen erfahren hat und gerade deshalb seine noch fortwährende Veränderlichkeit voraus zu erwarten stand. Dagegen kann es auch vorkommen, daß ein in der ungewöhnlichsten Weise entwickelter Teil, wie der Flügel der Fledermäuse, sich doch nicht veränderlicher als irgendein anderer Teil zeigt, wenn derselbe vielen untergeordneten Formen gemeinsam, d. h. schon seit sehr langer Zeit vererbt worden ist; denn in diesem Falle wird er durch lange fortgesetzte natürliche Zuchtwahl beständig geworden sein.

Werfen wir auf die Instinkte einen Blick: so wunderbar manche auch sind, so bieten sie der Theorie der natürlichen Zuchtwahl kleiner und allmählicher nützlicher Abänderungen keine größere Schwierigkeit als die körperlichen Bildungen dar. Man kann daraus begreifen, warum die Natur bloß in kleinen abgestuften Schritten verschiedene Tiere einer nämlichen Klasse mit ihren verschiedenen Instinkten versieht. Ich habe zu zeigen versucht, wieviel Licht das Prinzip der stufenweisen Entwicklung auf den wunderbaren Bauinstinkt der Honigbiene wirft. Auch Gewohnheit kommt bei Modifizierung der Instinkte zweifelsohne oft in Betracht; aber dies ist sicher nicht unerläßlich der Fall, wie wir bei den geschlechtslosen Insekten sehen, die keine Nachkommen hinterlassen, auf welche sie die Erfolge langwährender Gewohnheit übertragen könnten. Nach der Ansicht, daß alle Arten einer Gattung von einer gemeinsamen Stammart herrühren und von dieser Vieles gemeinsam geerbt haben, vermögen wir die Ursache zu erkennen, weshalb verwandte Arten, wenn sie wesentlich verschiedenen Lebensbedingungen ausgesetzt sind, doch beinahe denselben Instinkten folgen: wie z. B. die Drosseln des tropischen und temperierten Südamerika ihre Nester inwendig ebenso mit Schlamm überziehen, wie es unsere europäischen Arten tun. Infolge der Ansicht, daß Instinkte nur ein langsamer Erwerb unter der Leitung natürlicher Zuchtwahl sind, dürfen wir uns nicht darüber wundern, wenn manche derselben noch unvollkommen und Fehlgriffen ausgesetzt sind, und wenn manche unter ihnen anderen Tieren zum Nachtheil gereichen.

Wenn Arten nur ausgezeichnete und bleibende Varietäten sind, so erkennen wir sogleich, warum ihre durch Kreuzung entstandenen Nachkommen den nämlichen verwickelten Gesetzen unterliegen, – in Art und Grad der Ähnlichkeit mit den Eltern, in der Verschmelzung ineinander durch wiederholte Kreuzung und in anderen ähnlichen Punkten, – wie die gekreuzten Nachkommen anerkannter Varietäten. Diese Ähnlichkeit würde eine befremdende Tatsache sein, wenn die Arten unabhängig von einander erschaffen und nur die Varietäten durch sekundäre Kräfte entstanden wären.

Wenn wir auch zugeben, daß die geologische Urkunde im äußersten Grade unvollständig ist, so unterstützen dann die wenigen Tatsachen, welche die Urkunde liefert, doch kräftig die Theorie der Deszendenz mit fortwährender Abänderung. Neue Arten sind von Zeit zu Zeit langsam und in aufeinanderfolgenden Intervallen auf den Schauplatz getreten und das Maß der Umänderung, welche sie nach gleichen Zeiträumen erfuhren, ist in den verschiedenen Gruppen sehr verschieden. Das Erlöschen von Arten oder ganzen Artengruppen, welches in der Geschichte der organischen Welt eine so wesentliche Rolle gespielt hat, folgt fast unvermeidlich aus dem Prinzip der natürlichen Zuchtwahl, denn alte Formen werden durch neue und verbesserte Formen ersetzt. Weder einzelne Arten noch Artengruppen erscheinen wieder, wenn die Kette der gewöhnlichen Fortpflanzung einmal unterbrochen worden ist. Die stufenweise Ausbreitung herrschender Formen mit langsamer Modifikation ihrer Nachkommen hat zur Folge, daß die Lebensformen nach langen Zeitintervallen so erscheinen, als hätten sie sich gleichzeitig auf der ganzen Erdoberfläche verändert. Die Tatsache, daß die Fossilreste jeder Formation im Charakter einigermaßen das Mittel halten zwischen den Fossilen der darunter und darüber liegenden Formationen, erklärt sich einfach aus ihrer mittleren Stelle in der Deszendenzreihe. Die große Tatsache, daß alle erloschenen Organismen in ein und dasselbe große System mit den lebenden Wesen gehören, ist eine natürliche Folge davon, daß die lebenden und die erloschenen Wesen die Nachkommen gemeinsamer Stammeltern sind. Da Arten im allgemeinen während des langen Verlaufs ihrer Deszendenz mit Modifikationen im Charakter divergiert haben, so können wir verstehen, woher es kommt, daß der Vorgänger und seine frühen Nachkommen so oft eine in gewissem Grade mittlere Stelle im Vergleich zu seinen späteren Abkömmlingen einnehmen; ebenso können wir sehen, warum ein Fossil, je älter es ist, um so häufiger in gewissem Grade in der Mitte zwischen lebenden und verwandten Gruppen steht. Man hält die neueren Formen im Ganzen in einem unbestimmten Sinn für höher auf der Stufenleiter der Organisation stehend, als die alten; und sie müssen auch insofern höher stehen als diese, da die späteren und verbesserten Formen die älteren und noch weniger verbesserten Formen im Kampfe ums Dasein besiegt haben. Endlich wird das wunderbare Gesetz langer Dauer verwandter Formen auf einem und demselben Kontinente – wie die der Marsupialien in Australien, der Edentaten in Südamerika, und andere solche Fälle – verständlich, denn innerhalb eines und desselben Landes werden die jetzt lebenden und erloschenen Formen durch Abstammung nahe miteinander verwandt sein.

Wenn man, was die geographische Verbreitung betrifft, zugibt, daß im Verlaufe langer Erdperioden, in Folge früherer klimatischen und geographischen Veränderungen und der Wirkung so vieler gelegentlicher und unbekannter Verbreitungsmittel, starke Wanderungen von einem Weltteile zum andern stattgefunden haben, so erklären sich die meisten leitenden Tatsachen der Verbreitung aus der Theorie der Deszendenz mit Abänderung. Man kann einsehen, warum ein so auffallender Parallelismus in der räumlichen Verteilung der organischen Wesen und ihrer geologischen Aufeinanderfolge in der Zeit besteht; denn in beiden Fällen sind diese Wesen durch das Band gewöhnlicher Fortpflanzung miteinander verkettet, und die Abänderungsmittel sind die nämlichen gewesen. Wir begreifen die volle Bedeutung der wunderbaren Tatsache, welche jedem Reisenden aufgefallen ist, daß im nämlichen Kontinente unter den verschiedenartigsten Lebensbedingungen, – in der Wärme und der Kälte, im Gebirge und Tiefland, in Marsch- und Wüstenstrecken, – die meisten der Bewohner aus jeder großen Klasse offenbar verwandt sind; denn es sind gewöhnlich Nachkommen von den nämlichen Stammeltern und ersten Kolonisten. Nach diesem nämlichen Prinzip früherer Wanderungen, in den meisten Fällen in Verbindung mit entsprechender Abänderung, begreift sich mit Hilfe der Eiszeit die Identität einiger wenigen Pflanzen und die nahe Verwandtschaft vieler anderen auf den entferntesten Gebirgen und in den unterschiedlichsten Klimata; und ebenso die nahe Verwandtschaft einiger Meeresbewohner in den nördlichen und in den südlichen gemäßigten Breiten, obwohl sie durch das ganze Tropenmeer getrennt sind. Und wenn auch zwei Gebiete so übereinstimmende physikalische Bedingungen darbieten, so dürfen wir uns darüber nicht wundern, daß ihre Bewohner weit von einander verschieden sind, falls dieselben während langer Perioden vollständig voneinander getrennt waren; denn da die Beziehung von Organismus zu Organismus die wichtigste aller Beziehungen ist und die zwei Gebiete Ansiedler in verschiedenen Perioden und Verhältnissen von einem dritten Gebiete oder wechselseitig voneinander erhalten haben werden, so wird der Verlauf der Abänderung in beiden Gebieten unvermeidlich ein verschiedener gewesen sein.

Nach dieser Annahme stattgefundener Wanderungen mit nachfolgender Abänderung erklärt es sich, warum ozeanische Inseln nur von wenigen Arten bewohnt werden, warum aber viele von diesen eigentümlich sind. Wir sehen deutlich, warum solche Tierarten, welche weite Strecken des Ozeans nicht zu überschreiten imstande sind, wie Frösche und Landsäugetiere, keine ozeanischen Eilande bewohnen, und weshalb dagegen neue und eigentümliche Fledermausarten, Tiere, welche den Ozean überschreiten können, so oft auf weit vom Festlande entlegenen Inseln vorkommen. Solche Tatsachen, wie die Anwesenheit besonderer Fledermausarten und der Mangel aller anderen Säugetiere auf ozeanischen Inseln sind nach der Theorie unabhängiger Schöpfungsakte gänzlich unerklärbar.

Das Vorkommen nahe verwandter oder stellvertretender Arten in irgendwelchen zwei Gebieten setzt nach der Theorie gemeinsamer Abstammung mit allmählicher Abänderung voraus, daß die gleichen Eltern vordem beide Gebiete bewohnt haben; und wir finden fast ohne Ausnahme, daß, wo immer viele einander nahe verwandte Arten zwei Gebiete bewohnen, auch einige identische noch in beiden zugleich existieren. Und wo immer viele verwandte aber verschiedene Arten vorkommen, da kommen auch viele zweifelhafte Formen und Varietäten der nämlichen Gruppen vor. Es ist eine sehr allgemeine Regel, daß die Bewohner eines jeden Gebietes mit den Bewohnern desjenigen nächsten Gebiets verwandt sind, aus welchem sich die Einwanderung des ersten mit Wahrscheinlichkeit ableiten läßt. Wir sehen dies in fast allen Pflanzen und Tieren des Galapagos-Archipels, auf Juan Fernandez und den anderen amerikanischen Inseln, welche in auffallendster Weise mit denen des benachbarten amerikanischen Festlandes verwandt sind; und ebenso verhalten sich die Bewohner des kapverdischen Archipels und anderer afrikanischen Inseln zum afrikanischen Festland. Man muß zugeben, daß diese Tatsachen aus der Schöpfungstheorie nicht erklärbar sind.

Wie wir gesehen haben, ist die Tatsache, daß alle früheren und jetzigen organischen Wesen in ein großes System und in Gruppen geordnet werden können, welche anderen Gruppen subordiniert sind und wobei die erloschenen Gruppen oft zwischen die noch lebenden fallen, aus der Theorie der natürlichen Zuchtwahl mit den mit ihr in Zusammenhang stehenden Erscheinungen des Erlöschens und der Divergenz des Charakters erklärbar. Aus denselben Prinzipien ergibt sich auch, warum die wechselseitige Verwandtschaft von Arten und Gattungen in jeder Klasse so verwickelt und weitläufig ist. Es ergibt sich, warum gewisse Charaktere viel besser als andere zur Klassifikation brauchbar sind; warum Anpassungscharaktere, obschon von oberster Bedeutung für das Wesen selbst, kaum von irgendeiner Wichtigkeit bei der Klassifikation sind; warum von rudimentären Organen abgeleitete Charaktere, obwohl diese Organe dem Organismus zu nichts dienen, oft einen hohen Wert für die Klassifikation besitzen; und warum embryonale Charaktere den höchsten Wert von allen haben. Die eigentlichen Verwandtschaften aller Organismen, im Gegensatz zu ihren adaptiven Ähnlichkeiten, rühren von gemeinschaftlicher Ererbung oder Abstammung her. Das natürliche System ist eine genealogische Anordnung, und die Deszendenzlinien haben wir durch die beständigsten Charaktere zu entdecken, welches dieselben auch sein mögen und wie gering auch deren Wichtigkeit für das Leben sein mag.

Die Tatsachen, daß das Knochengerüst das nämliche in der Hand des Menschen, wie im Flügel der Fledermaus, im Ruder des Tümmlers und im Bein des Pferdes ist, – daß die gleiche Anzahl von Wirbeln den Hals der Giraffe wie des Elefanten bildet, – und zahllose andere derartige Tatsachen erklären sich sogleich aus der Theorie der Abstammung mit geringen und langsam aufeinanderfolgenden Abänderungen. Die Ähnlichkeit des Bauplans im Flügel und Beine der Fledermaus, obwohl sie zu so ganz verschiedenen Diensten bestimmt sind, in den Kinnladen und den

Beinen einer Krabbe, in den Kronenblättern, in den Staubgefäßen und Staubwegen der Blüten wird gleicherweise aus der Annahme allmählicher Modifikation von Teilen oder Organen erklärbar, welche in der gemeinsamen Stammform einer jeden dieser Klassen ursprünglich gleich gewesen sind. Nach dem Prinzip, daß allmählich auftretende Abänderungen nicht immer schon in frühem Alter erfolgen und sich auf ein gleiches und nicht frühes Alter vererben, ergibt sich deutlich, warum die Embryonen von Säugetieren, Vögeln, Reptilien und Fischen einander so ähnlich und ihrer erwachsenen Form so unähnlich sind. Man wird sich nicht mehr darüber wundern, daß der Embryo eines luftatmenden Säugetiers oder Vogels Kiemenspalten und in Bogen verlaufende Arterien, wie der Fisch besitzt, welcher die im Wasser aufgelöste Luft mit Hilfe wohlentwickelter Kiemen zu atmen hat.

Nichtgebrauch, zuweilen von natürlicher Zuchtwahl unterstützt, führt oft zur Verkümmerung eines Organs, wenn es bei veränderter Lebensweise oder unter wechselnden Lebensbedingungen nutzlos geworden ist, und man bekommt auf diese Weise eine richtige Vorstellung von der Bedeutung rudimentärer Organe. Aber Nichtgebrauch und natürliche Zuchtwahl werden auf jedes Geschöpf gewöhnlich erst wirken, wenn es zur Reife gelangt ist und selbständigen Anteil am Kampfe ums Dasein zu nehmen hat, und werden daher nur wenig über ein Organ in den ersten Lebensaltern vermögen; infolgedessen wird ein Organ in solchem frühen Alter nicht verringert oder verkümmert werden. Das Kalb z. B. hat Schneidezähne, welche aber im Oberkiefer das Zahnfleisch nie durchbrechen, von einem frühen Urerzeuger mit wohlentwickelten Zähnen geerbt, und wir können annehmen, daß diese Zähne im reifen Tiere während vieler aufeinanderfolgender Generationen durch Nichtgebrauch reduziert worden sind, weil Zunge und Gaumen oder die Lippen zum Abweiden des Futters ohne ihre Hilfe durch natürliche Zuchtwahl ausgezeichnet hergerichtet worden sind, während im Kalbe diese Zähne nicht von Zuchtwahl oder Nichtgebrauch beeinflußt und nach dem Prinzip der Vererbung auf gleichen Altersstufen von früher Zeit an bis auf den heutigen Tag so vererbt worden sind. Wie ganz unerklärbar ist es nach der Annahme, daß jedes organische Wesen mit allen seinen einzelnen Teilen besonders erschaffen worden sei, daß Organe, welche so deutlich das Gepräge der Nutzlosigkeit an sich tragen, wie diese nie zum Durchbruch gelangenden Schneidezähne des Kalbs oder die verschrumpften Flügel unter den verwachsenen Flügeldecken so mancher Käfer, so häufig vorkommen! Man könnte sagen, die Natur habe Sorge getragen, durch rudimentäre Organe, durch embryonale und homologe Gebilde uns ihren Abänderungsplan zu verraten, welchen wir aber absichtlich nicht verstehen wollen.

Ich habe jetzt die hauptsächlichsten Tatsachen und Betrachtungen wiederholt, welche mich zur festen Überzeugung geführt haben, daß die Arten sich während einer langen Deszendenzreihe verändert haben und sich durch die Erhaltung und Anhäufung aufeinanderfolgender, geringfügiger Abweichungen immer noch verändern. Aber warum, wird man fragen, haben denn fast alle ausgezeichnetsten lebenden Naturforscher und Geologen diese Ansicht von der Veränderlichkeit der Spezies verworfen? Es kann ja doch nicht behauptet werden, daß organische Wesen im Naturzustande keiner Abänderung unterliegen; es kann nicht bewiesen werden, daß das Maß der Abänderung im Verlaufe langer Zeiten eine beschränkte Größe sei; ein bestimmter Unterschied zwischen Arten und ausgeprägten Varietäten ist noch nicht angegeben worden und kann nicht angegeben werden. Es läßt sich nicht behaupten, daß Arten bei der Kreuzung ohne Ausnahme unfruchtbar und Varietäten unabänderlich fruchtbar seien, auch nicht daß Unfruchtbarkeit eine besondere Gabe und ein Merkmal des Erschaffenseins sei. Der Glaube, daß Arten unveränderliche Erzeugnisse seien, war fast unvermeidlich, solange man der Geschichte der Erde nur eine kurze Dauer zuschrieb, und nun, da wir einen Begriff von der Länge der Zeit erlangt haben, sind wir nur zu geneigt, ohne Beweis anzunehmen, die geologische Urkunde sei so vollständig, daß sie uns einen klaren Nachweis über die Abänderung der Arten geliefert haben würde, wenn sie solche Abänderung erfahren hätten.
Aber die Hauptursache, weshalb wir von Natur aus nicht geneigt sind zuzugestehen, daß eine Art eine andere verschiedene Art erzeugt haben könne, liegt darin, daß wir stets behutsam in der Zulassung einer großen Veränderung sind, deren Mittelstufen wir nicht kennen. Die Schwierigkeit ist dieselbe wie die, welche so viele Geologen fühlten, als Lyell zuerst behauptete, daß binnenländische Felsrücken gebildet und große Täler ausgehöhlt worden seien durch die langsame Tätigkeit der Küstenwellen. Der Geist kann die volle Bedeutung des Ausdruckes von hundert Millionen Jahre unmöglich fassen; er kann nicht die ganze Größe der Wirkung zusammenrechnen und begreifen, welche durch Häufung einer Menge kleiner Abänderungen während einer fast unendlichen Anzahl von Generationen entstanden ist.
Obwohl ich von der Wahrheit der in diesem Buche in der Form eines Auszugs mitgeteilten Ansichten vollkommen durchdrungen bin, so hege ich doch keineswegs die Erwartung, erfahrene Naturforscher davon zu überzeugen, deren Geist von einer Menge von Tatsachen erfüllt ist, welche sie seit einer langen Reihe von Jahren gewöhnt sind, von einem dem meinigen ganz entgegengesetzten Gesichtspunkte aus zu betrachten. Es ist so leicht, unsere Unwissenheit unter Ausdrücken, wie »Schöpfungs-

plan«, »Einheit des Typus« usw. zu verbergen und zu glauben, daß wir eine Erklärung geben, wenn wir bloß eine Tatsache wiederholen. Wer von Natur geneigt ist, unerklärten Schwierigkeiten mehr Wert als der Erklärung einer gewissen Summe von Tatsachen beizulegen, der wird gewiß meine Theorie verwerfen. Auf einige wenige Naturforscher von biegsamerem Geiste und welche schon an der Unveränderlichkeit der Arten zu zweifeln begonnen haben, mag dies Buch einigen Eindruck machen; aber ich blicke mit Vertrauen auf die Zukunft, auf junge und strebende Naturforscher, welche beide Seiten der Frage mit Unparteilichkeit zu beurteilen fähig sein werden. Wer immer sich zur Ansicht neigt, daß Arten veränderlich sind, wird durch gewissenhaftes Geständnis seiner Überzeugung der Wissenschaft einen guten Dienst leisten; denn nur so kann der Berg von Vorurteilen, unter welchen dieser Gegenstand begraben ist, allmählich beseitigt werden.

Mehrere hervorragende Naturforscher haben sich noch neuerlich dahin ausgesprochen, daß eine Menge angeblicher Arten in jeder Gattung keine wirklichen Arten vorstellen, wogegen andere Arten wirkliche, d. h. selbständig erschaffene Spezies seien. Mir scheint es verwunderlich, wie man zu einem solchen Schlusse gelangen kann. Sie geben zu, daß eine Menge von Formen, die sie selbst bis vor kurzem für spezielle Schöpfungen gehalten haben und welche noch jetzt von der Mehrzahl der Naturforscher als solche angesehen werden, welche mithin das ganze äußere charakteristische Gepräge von Arten besitzen, – sie geben zu, daß diese durch Abänderung hervorgebracht worden seien, weigern sich aber, dieselbe Ansicht auf andere davon nur sehr unbedeutend verschiedene Formen auszudehnen. Demungeachtet behaupten sie nicht eine Definition oder auch nur eine Vermutung darüber geben zu können, welches die erschaffenen und welches die durch sekundäre Gesetze entstandenen Lebensformen seien. Sie geben Abänderung als eine *vera causa* in einem Falle zu und verwerfen solche willkürlich im andern, ohne den Grund der Verschiedenheit in beiden Fällen nachzuweisen. Der Tag wird kommen, wo man dies als einen eigentümlichen Beleg für die Blindheit vorgefaßter Meinung anführen wird. Diese Schriftsteller scheinen mir nicht mehr über einen wunderbaren Schöpfungsakt als über eine gewöhnliche Geburt erstaunt zu sein. Aber glauben sie wirklich, daß in unzähligen Momenten unserer Erdgeschichte jedesmal gewisse elementare Atome kommandiert worden seien, zu lebendigen Geweben ineinander zu fahren? Sind sie der Meinung, daß durch jeden angenommenen Schöpfungsakt bloß ein einziges, oder daß viele Individuen entstanden sind? Wurden alle diese zahllosen Arten von Pflanzen und Tieren in Form von Samen und Eiern, oder wurden sie als erwachsene Individuen erschaffen? und die

Säugetiere insbesondere, sind sie erschaffen worden mit den unwahren Merkmalen der Ernährung im Mutterleibe? Die Naturforscher verlangen ganz zu recht eine umfassende Erklärung aller Schwierigkeiten von jenen, die an die Veränderlichkeit der Arten glauben, auf ihrer eigenen Seite übergehen sie aber das ganze Thema des ersten Auftauchens der Arten mit, wie sie meinen, ehrfürchtigem Schweigen.

Man kann noch die Frage aufwerfen, wie weit ich die Lehre von der Abänderung der Spezies ausdehne? Die Frage ist schwer zu beantworten, weil, je verschiedener die Formen sind, welche wir betrachten, desto mehr die Argumente zu Gunsten einer gemeinsamen Abstammung weniger zahlreich werden und an Stärke verlieren. Einige Beweisgründe von dem allergrößten Gewicht reichen aber sehr weit. Die sämtlichen Glieder ganzer Klassen können durch Verwandtschaftsbeziehungen miteinander verkettet und alle nach dem nämlichen Prinzip in Gruppen klassifiziert werden, welche anderen subordiniert sind. Fossile Reste sind oft geeignet, große Lücken zwischen den lebenden Ordnungen des Systemes auszufüllen. Organe in einem rudimentären Zustande beweisen oft, daß ein früher Urerzeuger dieselben Organe in vollkommen entwickeltem Zustande besessen habe; daher setzt ihr Vorkommen in manchen Fällen ein ungeheures Maß von Abänderung in dessen Nachkommen voraus. Durch ganze Klassen hindurch sind mancherlei Gebilde nach einem gemeinsamen Bauplane geformt, und in einem sehr frühen Alter gleichen sich die Embryonen einander genau. Daher hege ich keinen Zweifel, daß die Theorie der Deszendenz mit allmählicher Abänderung alle Glieder einer nämlichen Klasse oder eines nämlichen Reiches umfaßt. Ich glaube, daß die Tiere von höchstens vier oder fünf und die Pflanzen von ebenso vielen oder noch weniger Stammformen herrühren.

Die Analogie würde mich noch einen Schritt weiterführen, nämlich zu glauben, daß alle Pflanzen und Tiere nur von einer einzigen Urform herrühren; doch könnte die Analogie eine trügerische Führerin sein. Demungeachtet haben alle lebenden Wesen Vieles miteinander gemein in ihrer chemischen Zusammensetzung, ihrer zelligen Struktur, und ihren Gesetzen von Wachstum und Fortpflanzung. Wir sehen dies selbst in einem so geringfügigen Umstande, daß dasselbe Gift Pflanzen und Tiere in ähnlicher Art affiziert, oder daß das von der Gallwespe abgesonderte Gift monströse Auswüchse an der wilden Rose wie an der Eiche verursacht. Deshalb gelange ich durch Analogie zu dem Schluß, daß wahrscheinlich alle organischen Wesen, welche jemals auf dieser Erde gelebt haben, von einer gemeinsamen Urform herstammen, welcher zuerst das Leben eingehaucht wurde.

Wenn die von mir in diesem Bande aufgestellten, oder sonstige analoge Ansichten, über den Ursprung der Arten allgemein zugelassen werden, so läßt sich bereits dunkel voraussehen, daß der Naturgeschichte eine große Umwälzung bevorsteht. Die Systematiker werden ihre Arbeiten so wie bisher fortsetzen können, aber nicht mehr unablässig durch den gespenstischen Zweifel geängstigt werden, ob diese oder jene Form eine wirkliche Art sei. Dies wird sicher, und ich spreche aus Erfahrung, keine kleine Erleichterung gewähren. Der endlose Streit, ob die fünfzig britischen *Rubus*-Sorten wirkliche Arten sind oder nicht, wird aufhören. Die Systematiker werden nur zu entscheiden haben (was keineswegs immer leicht ist), ob eine Form hinreichend beständig oder verschieden genug von anderen Formen ist, um eine Definition zuzulassen und, wenn dies der Fall, ob die Verschiedenheiten wichtig genug sind, um einen spezifischen Namen zu verdienen. Dieser letzte Punkt wird eine weit wesentlichere Betrachtung als bisher erheischen, wo auch die geringfügigsten Unterschiede zwischen zwei Formen, wenn sie nicht durch Zwischenstufen miteinander verschmolzen waren, bei den meisten Naturforschern für genügend galten, um beide zum Range von Arten zu erheben. Fernerhin werden wir anzuerkennen genötigt sein, daß der einzige Unterschied zwischen Arten und ausgeprägten Varietäten nur darin besteht, daß diese letzten durch Zwischenstufen noch heutzutage miteinander verbunden sind oder für verbunden gehalten werden, während die Arten es früher gewesen sind. Ohne daher die Berücksichtigung noch jetzt vorhandener Zwischenglieder zwischen irgend zwei Formen verwerfen zu wollen, werden wir veranlaßt, den wirklichen Betrag der Verschiedenheit zwischen denselben sorgfältiger abzuwägen und höher zu schätzen. Es ist ganz gut möglich, daß jetzt allgemein als bloße Varietäten anerkannte Formen künftighin spezifischer Benennungen wert geachtet werden, wie bei Stengelloser Schlüsselblume und Wiesen-Schlüsselblume; in welchem Falle dann die wissenschaftliche und die gemeine Sprache miteinander in Übereinstimmung kämen. Kurz, wir werden die Arten auf dieselbe Weise zu behandeln haben, wie die Naturforscher jetzt die Gattungen behandeln, welche annehmen, daß die Gattungen nichts weiter als willkürliche der Bequemlichkeit halber eingeführte Gruppierungen seien. Das mag nun keine eben sehr heitere Aussicht sein; aber wir werden wenigstens hierdurch das vergebliche Suchen nach dem unbekannten und unentdeckbaren Wesen der »Spezies« loswerden.

Die anderen und allgemeineren Zweige der Naturgeschichte werden sehr an Interesse gewinnen. Die von Naturforschern gebrauchten Ausdrücke Affinität, Verwandtschaft, gemeinsamer Typus, elterliches Verhältnis, Morphologie, Anpassungscharactere, verkümmerte und fehlgeschlagene Organe usw. werden statt der bisherigen bildlichen eine sachliche Bedeutung gewinnen. Wenn wir ein organisches Wesen nicht länger wie die Wilden ein Linienschiff als etwas ganz jenseits ihres Fassungsvermögens Liegendes betrachten, wenn wir jedem organischen Naturerzeugnisse eine lange Geschichte zugestehen; wenn wir jedes zusammengesetzte Gebilde und jeden Instinkt als die Summe vieler einzelner, dem Besitzer nützlicher Einrichtungen betrachten, in derselben Weise wie wir etwa eine große mechanische Erfindung als das Produkt der vereinten Arbeit, Erfahrung, Beurteilung und selbst der Fehler zahlreicher Arbeiter ansehen, wenn wir jedes organische Wesen auf diese Weise betrachten: wie viel interessanter (ich rede aus Erfahrung) wird dann das Studium der Naturgeschichte werden!

Ein großes und fast noch unbetretenes Feld wird sich öffnen für Untersuchungen über die Ursachen und Gesetze der Variation, über die Wachstumskorrelation, über die Folgen von Gebrauch und Nichtgebrauch, über den direkten Einfluß äußerer Lebensbedingungen usw. Das Studium der domestizierten Formen wird unermeßlich an Wert steigen. Eine vom Menschen neu erzogene Varietät wird ein für das Studium wichtigerer und anziehenderer Gegenstand sein, als die Vermehrung der bereits unzähligen Arten unserer Systeme mit einer neuen. Unsere Klassifikationen werden, so weit wie möglich, zu Genealogien werden und dann erst den wirklichen sogenannten Schöpfungsplan darlegen. Die Regeln der Klassifikation werden ohne Zweifel einfacher werden, wenn wir ein bestimmtes Ziel im Auge haben. Wir besitzen keine Stammbäume und Wappenbücher und werden daher die vielfältig auseinanderlaufenden Abstammungslinien in unseren natürlichen Genealogien mit Hilfe von lang vererbten Charakteren jeder Art zu entdecken und zu verfolgen haben. Rudimentäre Organe werden mit untrüglicher Sicherheit von längst verlorengegangenen Gebilden sprechen. Arten und Artengruppen, welche man abirrende genannt hat und bildlich lebende Fossile nennen könnte, werden uns ein Bild von den früheren Lebensformen zu entwerfen helfen. Die Embryologie wird uns die in gewissem Maße verdunkelte Bildung der Prototypen einer jeden der Hauptklassen enthüllen.

Wenn wir uns davon überzeugt halten können, daß alle Individuen einer Art und alle nahe verwandten Arten der meisten Gattungen in einer nicht sehr fernen Vorzeit von einem gemeinsamen Erzeuger entsprungen und von einer gemeinsamen Geburtsstätte aus gewandert sind, und wenn wir erst besser die mancherlei Mittel kennen werden, welche ihnen bei ihren Wanderungen zugute gekommen sind, dann wird das Licht, welches die Geologie über die früheren Veränderungen des Klimas und der Niveauverhältnisse der Erdoberfläche schon verbreitet hat und noch ferner verbreiten wird, uns sicher in den Stand setzen, in wunderbarer Weise die früheren Wanderungen der Erdbewohner zu verfolgen. Sogar jetzt schon kann die Vergleichung der Meeresbewohner an den zwei entgegengesetzten Küsten eines Kontinents und die Natur der mannigfaltigen Bewohner dieses Kontinentes in Bezug auf ihre offenbaren Einwanderungsmittel dazu dienen, die alte Geographie einigermaßen zu beleuchten.

Die edle Wissenschaft der Geologie verliert etwas von ihrem Glanze durch die außerordentliche Unvollständigkeit ihrer Urkunden. Man kann die Erdrinde mit den in ihr enthaltenen organischen Resten nicht als ein wohlgefülltes Museum, sondern nur als eine zufällige und nur dann und wann einmal bedachte arme Sammlung ansehen. Die Ablagerung jeder großen fossilführenden Formation ergibt sich als die Folge eines ungewöhnlichen Zusammentreffens von günstigen Umständen, und die leeren Pausen zwischen den aufeinanderfolgenden Ablagerungszeiten entsprechen Perioden von unermeßlicher Dauer. Doch werden wir imstande sein, die Länge dieser Perioden einigermaßen durch die Vergleichung der vorhergehenden und nachfolgenden organischen Formen zu bemessen. Wir dürfen nach den Successionsgesetzen der organischen Wesen nur mit großer Vorsicht versuchen, zwei Formationen, welche nicht viele identische Arten enthalten, als genau gleichzeitig zu betrachten. Da die Arten infolge langsam wirkender und noch fortdauernder Ursachen und nicht durch wunderbare Schöpfungsakte und Katastrophen entstanden und vergangen sind, und da die wichtigste aller Ursachen organischer Veränderung, – die Wechselbeziehungen zwischen Organismus zu Organismus, in deren Folge eine Verbesserung des einen die Verbesserung oder die Vertilgung des andern bedingt, – fast unabhängig von der Veränderung und vielleicht plötzlichen Veränderung der physikalischen Bedingungen ist: so folgt, daß der Grad der von einer Formation zur andern stattgefundenen Abänderung der fossilen Wesen wahrscheinlich als ein guter Maßstab für die Länge der inzwischen abgelaufenen Zeit dienen kann. Eine Anzahl in Masse zusammenhaltender Arten jedoch dürfte lange Zeit unverändert fortleben können, während in der gleichen Zeit mehrere dieser Spezies, die in neue Gegenden auswandern und in Kampf mit neuen Konkurrenten geraten, Abänderung erfahren würden; daher dürfen wir die Genauigkeit dieses von den organischen Veränderungen entlehnten Zeitmaßes nicht überschätzen. In den frühen Stadien der Erdgeschichte, als die Lebensformen vermutlich weniger zahlreich und einfacher waren, mag die Geschwindigkeit der Abänderung äußerst gering gewesen sein. Die ganze Weltgeschichte, wie sie uns heute bekannt ist, obgleich von einer für uns ganz unvorstellbaren Länge, wird man danach als ein bloßes Bruchstück der Zeit ansehen, verglichen mit den Zeitaltern, welche verstrichen sind, seit das erste organische Wesen, der Urerzeuger unzähliger erloschener und lebender Nachkommen, erschaffen wurde.

In einer fernen Zukunft sehe ich die Felder für noch weit wichtigere Untersuchungen sich öffnen. Die Psychologie wird sich auf eine neue Grundlage stützen, nämlich darauf, daß notwendig jedes Vermögen und jede Fähigkeit des Geistes nur stufenweise erworben werden kann. Licht wird auf den Ursprung der Menschheit und ihre Geschichte fallen.
Schriftsteller ersten Rangs scheinen vollkommen von der Ansicht befriedigt zu sein, daß jede Art unabhängig erschaffen worden ist. Nach meiner Meinung stimmt es besser mit den der Materie vom Schöpfer eingeprägten Gesetzen überein, daß das Entstehen und Vergehen früherer und jetziger Bewohner der Erde durch sekundäre Ursachen veranlaßt werde denjenigen gleich, welche die Geburt und den Tod des Individuums bestimmen. Wenn ich alle Wesen nicht als besondere Schöpfungen, sondern als lineare Nachkommen einiger wenigen schon lange vor der Ablagerung der silurischen Schichten vorhanden gewesenen Vorfahren betrachte, so scheinen sie mir dadurch veredelt zu werden. Und nach der Vergangenheit zu urteilen, dürfen wir getrost annehmen, daß nicht eine einzige der jetzt lebenden Arten ihr unverändertes Abbild auf eine ferne Zukunft übertragen wird. Überhaupt werden von den jetzt lebenden Arten nur sehr wenige durch irgend welche Nachkommenschaft sich bis in eine sehr ferne Zukunft fortpflanzen; denn die Art und Weise, wie alle organischen Wesen im Systeme gruppiert sind, zeigt, daß die Mehrzahl der Arten einer jeden Gattung und alle Arten vieler Gattungen keine Nachkommenschaft hinterlassen haben, sondern gänzlich erloschen sind. Wir können insofern einen prophetischen Blick in die Zukunft werfen und voraussagen, daß es die gemeinsten und weit verbreitetsten Arten in den großen und herrschenden Gruppen einer jeden Klasse sein werden, welche schließlich die anderen überdauern und neue herrschende Arten liefern werden. Da alle jetzigen Lebensformen lineare Abkommen derjenigen sind, welche lange vor der silurischen Periode gelebt haben, so können wir überzeugt sein, daß die regelmäßige Aufeinanderfolge der Generationen niemals unterbrochen worden ist und eine allgemeine Flut niemals die ganze Welt zerstört hat. Daher können wir mit Vertrauen auf eine Zukunft von gleichfalls unberechenbarer Länge blicken. Und da die natürliche Zuchtwahl nur durch und für das Gute eines jeden Wesens wirkt, so wird jede fernere körperliche und geistige Ausstattung desselben seine Vervollkommnung zu fördern streben.
Es ist anziehend, eine dicht bewachsene Uferstrecke zu betrachten, bedeckt mit blühenden Pflanzen vielerlei Art, mit singenden Vögeln in den Büschen, mit schwärmenden Insekten in der Luft, mit kriechenden Würmern im feuchten Boden, und sich dabei zu überlegen, daß alle diese künstlich gebauten Lebensformen, so abweichend unter sich und in einer so komplizierten Weise voneinander abhängig, durch Gesetze hervorgebracht

sind, welche noch fort und fort um uns wirken. Diese Gesetze, im weitesten Sinne genommen, heißen: Wachstum mit Fortpflanzung; Vererbung, fast in der Fortpflanzung mit inbegriffen, Variabilität in Folge der indirekten und direkten Wirkungen äußerer Lebensbedingungen und des Gebrauchs oder Nichtgebrauchs; rasche Vermehrung in einem zum Kampfe ums Dasein und als Folge dessen zu natürlicher Zuchtwahl führenden Grade, welche letztere wiederum die Divergenz des Charakters und das Erlöschen minder vervollkommneter Formen bedingt. So geht aus dem Kampfe der Natur, aus Hunger und Tod unmittelbar die Lösung des höchsten Problems hervor, das wir zu fassen vermögen, die Erzeugung immer höherer und vollkommenerer Tiere. Es ist wahrlich eine großartige Ansicht, daß der Schöpfer den Keim alles Lebens, das uns umgibt, nur wenigen oder nur einer einzigen Form eingehaucht hat, und daß, während unser Planet den strengsten Gesetzen der Schwerkraft folgend sich im Kreise geschwungen, aus so einfachem Anfange sich eine endlose Reihe der schönsten und wundervollsten Formen entwickelt hat und noch immer entwickelt.

Weiterführende Literatur

Eigentlich gibt es gar keinen besonderen Grund, warum gerade die Evolution die besten Wissenschaftsautoren anzieht; und doch ist es so. Von Darwin bis zu den großen populären Autoren unserer Zeit hat die natürliche Selektion – und alles, was daraus folgt – den Anlaß zu bester naturwissenschaftlicher Literatur gegeben.

Darwin hat nicht seinesgleichen. Menschen mit dem heutigen Literaturgeschmack würden *Die Entstehung der Arten* kaum allein zum Vergnügen aufschlagen (obwohl es viel Erfreuliches enthält). Aber *Die Reise der Beagle* ist ein Klassiker der Reiseliteratur, und das Buch ist heute eine ebenso erfreuliche Lektüre wie 1839. Was Patagonien betrifft, war Darwin der Bruce Chatwin seiner Zeit. Seine *Autobiographische Skizze* ist zwar kurz, stellt aber einen einfachen, oftmals bewegenden Bericht über ein langes, erfülltes Leben dar. Es gibt zahlreiche Biografien. Manche davon legen das Schwergewicht auf den gesellschaftlichen Zusammenhang seines Lebens und damit (zwangsläufig) auf das Zusammentreffen der Theorie von der Evolution durch natürliche Selektion und des saturierten viktorianischen Umfeldes, in dem er aufwuchs. Andere befassen sich – losgelöst von politischen Spekulationen – stärker mit seiner eigenen Lebensgeschichte und seinen wissenschaftlichen Ansichten. Die umfangreiche Biografie *Darwin* von Janet Browne mit ihrem ersten Band *Voyaging* (Pimlico Books, 1966) ist umfassend, klar und leidenschaftslos. Adrian Desmond und James Moore stellen in *Darwin* seine Ideen (List Verlag, 1992) unverrückbar in den Zusammenhang seiner eigenen Gesellschaft.

Seine Nachfolger haben Darwin gute Dienste erwiesen. Einige der begabtesten Wissenschaftsautoren – Richard Dawkins, Jared Diamond und Stephen Jay Gould – haben eine ganze Reihe von Büchern verfaßt, die seine Arbeit von verschiedenen Seiten beleuchten, aktualisieren und in einen historischen, literarischen und gesellschaftlichen Kontext stellen. Meine eigenen Lieblingsbücher sind neben vielen anderen: *Gipfel des Unwahrscheinlichen* von Dawkins (Rowohlt, 1999), *Der Dritte Schimpanse* von Diamond (S. Fischer, 1994) und *Dinosaur in a Haystack* von Gould (Penguin Books, 1997).

Die Evolutionslehre leidet an einem Übermaß an Anekdoten und

Mathematik. Von ersteren gibt es eine lange Reihe (und viele wurden in der *Encyclopedia of Evolution* von Richard Milner, erschienen bei Facts and File, New York und Oxford, 1990, wiedergegeben). Aber wenn man wirklich Einblick in das Gebiet gewinnen will, kann man sich zumindest bis zu einem gewissen Grad der mathematischen Realität kaum entziehen. Die Standard-Lehrbücher über die moderne Evolutionstheorie – einschließlich der zugehörigen Mathematik – sind Douglas Futuyuma, *Evolutionary Biology* (Sinauer Associates, Sunderland, Ma., 3. Aufl. 1998), John Maynard Smith, *Evolutionary Genetics* (Oxford University Press, 2. Aufl. 1998) und Mark Ridley, *Evolution* (Blackwell Science, Oxford, 2. Aufl. 1996). Alle bieten eine solide Einführung in das Thema (und in die vielen Fragen, über die ich in meinem eigenen Buch mit leichter Hand hinweggegangen bin). Die meisten modernen Lehrbücher räumen (anders als *Die Entstehung der Arten* selbst) den Pflanzen nicht den ihnen gebührenden Platz ein. Diese Unausgewogenheit wird korrigiert durch K. J. Niklas, *The Evolutionary Biology of Plants* (University of Chicago Press, 1997).

Da die Evolutionstheorie alle Teilgebiete der Biologie einschließt, gibt es Dutzende von populärwissenschaftlichen Werken, die Teilaspekte der darwinistischen Geschichte beleuchten. Richard Fortey berichtet in *Leben: eine Biographie* (Beck, 1999) sehr anschaulich über das Ausgangsmaterial der Evolution und das Fortschreiten des Lebendigen im Laufe der Zeitalter. Matt Ridley erörtert in *Eros und Evolution* (Droemer-Knaur, 1995) einen Aspekt des Themas, der in meinem Buch zu kurz kommt: natürliche Selektion als Wettlauf, bei dem nicht jeder gewinnen kann.

Jeder Wissenschaftsautor muß, so fachspezifisch und langwierig es auch oft ist, in der wissenschaftlichen Literatur graben und darauf hoffen, daß er ein paar Edelsteine entdeckt. Dieses Buch macht da keine Ausnahme, und nach über tausend befragten Büchern und Aufsätzen sah es manchmal so aus, als seien die Lagerstätten fast erschöpft. Als Einstieg in die Literatur möchte ich nur einige neuere (und gut zugängliche) Veröffentlichungen nennen; sie sind alle in den neunziger Jahren erschienen und enthalten Hinweise auf frühere Arbeiten. Die Fachzeitschriften *Nature* und *Science* bleiben in der fast grenzenlosen Welt der Evolutionsforschung immer auf dem laufenden. *Trends in Research in Ecology and Evolution* bringt Zusammenfassungen über Fortschritte des Fachgebietes. Das wichtigste Fachblatt ist *Evo-*

lution, ergänzt durch *The American Naturalist, Proceedings of the National Academy of Sciences* und *The Philosophical Transactions of the Royal Society of London.* Zu den Fachzeitschriften für Spezialisten gehören *The Journal of Molecular Evolution, The Journal of Animal Ecology, Behavioral Ecology and Sociobiology, Systematic Biology, Paleobiology* und viele andere. *The Cottage Gardener and Country Gentleman's Companion* (den Darwin so häufig konsultierte) wurde leider eingestellt.

In den Naturwissenschaften überholt das Internet mittlerweile das gedruckte Wort. Mehrere ausgezeichnete Webseiten sind immer an vorderster Front der biologischen Forschung. Dazu gehören: Die WWW Virtual Library: Evolution (http://golgi.harvard.edu/biopages/evolution.html), MendelWeb (http://www.netspace.org/MendelWeb), die Society for the Study of Evolution (http://lsvl.la.asu.edu/evolution), der Tree of Life (http://phylogeny. arizona.edu/tree/phylogeny.html) und das Natural History Museum in London (http://nhm.ac.uk). Eine regelmäßig aktualisierte, höchst informative Seite über die *Beagle* findet sich unter http://biomednet.com/hmsbeagle. Viele andere werden zweifellos kommen und gehen.

Einleitung

Gatesy, J., »More DNA support for a Cetacea/Hippopotamidae clade: the blood-clotting protein gene gamma-fibrinogen«, *Molecular Biology and Evolution* 14: 537–543, 1997.

Goudsmit, J., *Viral Sex: the Nature of AIDS*, Oxford University Press, 1997.

Hoelzel, R., »Genetics and ecology of whales and dolphins«, *Annual Review of Ecology and Systematics* 25: 377–399, 1994.

Hooper, E., »Sailors and star-bursts, and the arrival of HIV«, *British Medical Journal* 315: 1689–1691, 1997.

Korber, B., Theiler, J., und Wolinsky, S., »Limitations of a molecular clock applied to considerations of the origins of HIV-1«, *Science* 280: 1868–1871, 1998.

Molla, A., *et al.*, »Ordered accumulation of mutations in HIV protease confers resistance to ritonavir«, *Nature Medicine* 2: 760–766, 1996.

Montgelard, C., Catzeflis, F. M., und Douzery, E., »Phylogenetic relationship of artiodactyls and cetaceans as deduced from the comparison of cytochrome b and 12S rRNA mitochondrial sequence«, *Molecular Biology and Evolution* 14: 550–559, 1997.

Thewissen, J. G. M., und Fish, F. E., »Locomotor evolution in the earliest cetaceans: functional model, modern analogues, and paleontological evidence«, *Paleobiology* 23: 482–490, 1997.

Erstes Kapitel: Abänderung im Zustand der Domestikation

Bradley, D. G., *et al.*, »Mitochondrial diversity and the origins of African and European cattle«, *Proceedings of the National Academy of Sciences* 93: 5131–5135, 1996.

Croke, V., *The Modern Ark: The Story of Zoos, Past Present and Future*. Charles Scribner's Sons, New York, 1997.

Frankham, R., »Conservation genetics«, *Annual Review of Genetics* 29: 305–327, 1993.

Kendrick, K. M., *et al.*, »Mothers determine sexual preference«, *Nature* 395: 229 f., 1998.

Ostrander, E. A., und Giniger, E., »Insights from model systems: what man's best friend can teach us about human biology and disease«, *American Journal of Human Genetics* 61: 475–480, 1997.

Serpell, J., *The Domestic Dog: Its evolution, behaviour and interactions with people,* Cambridge University Press, 1995.

Tudge, C., *Letzte Zuflucht Zoo*, Rowohlt TB, 1996.

Vila, C., *et al.*, »Multiple and ancient origins of the domestic dog«, *Science* 276: 1687–1689, 1997.

Zweites Kapitel: Abänderung im Naturzustand

Barrate, E. M., *et al.*, »DNA answers the call of pipistrelle bat species«, *Nature* 387: 138 f., 1997.

Berry, R. J., und Bronson, F. H., »Life history and bioeconomy of the house mouse«, *Biological Reviews* 67: 519–550, 1992.

Din, W., *et al.*, »Origin and radiation of the house mouse – clues from nuclear genes«, *Journal of Evolutionary Biology* 9: 519–539, 1996.

Garner, M., »Identification of Yellow-legged Gulls in Britain«, *British Birds* 90: 25–62, 1997.

Mallet, J., »A species definition for the Modern Synthesis«, *Trends in Research in Ecology and Evolution* 10: 294–299, 1995.

Meffe, G., und Carroll, C. R., *Principles of Conservation Biology*, 2. Aufl., Sinauer Associates, Sunderland, Ma., 1997.

Rhymer, J. M., und Simberloff, D., »Extinction by hybridisation and introgression«, *Annual Review of Ecology and Systematics* 27: 83–109, 1996.

Shuker, K., *The Lost Ark: New and Rediscovered Animals of the Twentieth Century*, HarperCollins, London, 1993.

Drittes Kapitel: Der Kampf ums Dasein

Begon, M., Harper, J. L., und Townsend, C. R., *Ecology: Individuals, Populations, Communities,* 3. Aufl., Blackwell Science, Oxford, 1996.

Behrenfeld, M. J., und Kolber, Z. S., »Widespread iron limitation of phytoplankton in the South Pacific«, *Science* 283: 840–843, 1999.

Boonstra, R., *et al.*, »The impact of predator-induced stress on the snowshoe hare cycle«, *Ecological Monographs* 79: 471–494, 1998.

Budiansky, S., *Nature's Keepers: The New Science of Nature Management*, Phoenix, London, 1996.

Green, R. E., »The influence of numbers released on the outcome of attempts to introduce exotic bird species to New Zealand«, *Journal of Animal Ecology* 66: 25–35, 1997.

Greenwood, J. J. D., *et al.*, »Relations between abundance, body size and species number in British birds and mammals«, *Philosophical Transactions of the Royal Society* B 351: 265–278, 1996.

Kurlansky, M., *Cod: A Biography of the Fish that changed the World,* Jonathan Cape, London, 1997.

Newton, I., »The contribution of some recent research on birds to ecological understanding«, *Journal of Animal Ecology* 64: 675–696, 1995.

Rebertus, A. J., *et al.*, »Blowdown history and landscape patterns in the Andes of Tierra del Fuego, Argentina«, *Ecology* 78: 678–692, 1997.

Rhymer, J. M., und Simberloff, D., »Extinction by hybridisation and introgression«, *Annual Review of Ecology and Systematics* 27: 83–109, 1996.

Viertes Kapitel: Natürliche Selektion

Bell, G., *The Basics of Selection,* Chapman and Hall, New York, 1997.

British Medical Journal, Brit Med J 317: 609–690, »Antimicrobial resistance« (verschiedene Autoren), *British Medical Journal* 317: 609–690, 1998.

Frank, L. G., »Evolution of genital masculinization: why do female hyaenas have such a large ›penis‹?«, *Trends in Research in Ecology and Evolution* 12: 58–62, 1997.

Henson, S. A., und Warner, R. R., »Male and female alternative reproductive behaviors in fishes«, *Annual Review of Ecology and Systematics* 28: 571–592, 1997.

Jennions, M. D., und Petrie, M., »Variation in mate choice and mating preferences: a review of causes and consequences«, *Biological Reviews* 72: 283–327, 1997.

Kearns, K. A., Inouye, D. W., und Waser, N. M., »Endangered mutualisms: the conservation of plant-pollinator interactions«, *Annual Review of Ecology and Systematics* 29: 83–112, 1998.

Lawton, J. H., und May, R. M., *Extinction Rates,* Oxford University Press, 1995.

Linhart, Y., und Grant, M. C., »Evolutionary significance of local genetic differentiation in plants«, *Annual Review of Ecology and Systematics* 27: 237–277, 1996.

Majerus, M. E. N., *Melanism: Evolution in Action,* Oxford University Press, 1998.

Reznick, D. N., *et al.*, »Evaluation of the rate of evolution in natural populations of guppies«, *Science* 275: 1934–1937, 1998.

Schluter, D., in »Ecological speciation in post-glacial fishes«, Grant, P. R. (Hg.), *Evolution on Islands*, Oxford University Press, 1998.

Welch, A. M., Semlitsch, R. D., und Gerhardt, H. C., »Call duration as an indicator of genetic quality in tree frogs«, *Science* 280: 1928–1930, 1998.

Williams, G. C., *Natural Selection: Domains, Levels and Challenges*, Oxford University Press, 1992.

Fünftes Kapitel: Gesetze der Abänderung

Ellegren, H., und Fridolffson, A.-K., »Male-driven evolution of DNA sequences in birds«, *Nature Genetics* 17: 182–184, 1997.
Ritvo, H., *The Platypus and the Mermaid and other Figments of the Classifying Imagination*, Harvard University Press, Cambridge, Ma., 1997.
Rossiter, M., »Incidence and consequences of inherited environmental effects«, *Annual Review of Ecology and Systematics* 27: 451–476, 1996.

Sechstes Kapitel: Schwierigkeiten der Theorie

Averof, M., und Cohen, S. M., »Evolutionary origin of insect wings from ancestral gills«, *Nature* 385: 627–630, 1997.
Berenbaum, M. R., Favret, C., und Schuler, M. A., »On defining ›key innovations‹ in an adaptive radiation: cytochrome P450s and Papilionidae«, *American Naturalist* 148: 139–155, 1996.
Farrell, B. D., »Inordinate fondness explained: why are there so many beetles?«, *Science* 281: 555–559, 1998.
Feder, J. L., *et al.*, »The effects of winter length on the genetics of apple and hawthorn races of Rhagoletic Pomonells«, *Evolution* 51: 1862–1876, 1997.
Golding, G. B., und Dean, A. M., »The structural basis of molecular adaptation«, *Molecular Biology and Evolution* 15: 355–369, 1998.
Herre, E. A., *et al.*, »The evolution of mutualisms: exploring the paths between conflict and cooperation«, *Trends in Research in Ecology and Evolution* 14: 49–53, 1999.
Kazazian, H. H., und Moran, J. V., »The impact of L1 retrotransposons on the human genome«, *Nature Genetics* 19: 19–24, 1998.
Land, M. E., »Visual acuity in insects«, *Annual Review of Entomology* 42: 147–177, 1997.
Lawrence, J. G., und Ochman, H., »Molecular archeology of the

Escherischia coli genome«, *Proceedings of the National Academy of Sciences* 95: 9413–9417, 1998.
Lewin, B., *Genes* VI, Oxford University Press, 1997.
Rivera, M. C., *et al.*, »Genomic evidence for two functionally distinct gene classes«, *Proceedings of the National Academy of Sciences* 95: 6239–6244, 1998.

Siebentes Kapitel: Instinkt

Dreller, C., »Division of labor between scouts and recruits: genetic influence and mechanisms«, *Behavioral Ecology and Sociobiology* 43: 191–196, 1998.
Holldobler, B., und Wilson, E. O., *Journey to the Ants: A Voyage of Scientific Exploration,* Belknap Press of Harvard University Press, Cambridge, Ma., 1994.
Klein, N. K., und Payne, R. B., »Evolutionary associations of brood parasitic finches (Vidua) and their host species: analyses of mitochondrial DNA restriction sites«, *Evolution* 52: 566–582, 1998.
Mock, D. W., und Parker, G. A., »Siblicide, family conflict and the evolutionary limits of selfishness«, *Animal Behaviour* 56: 1–10, 1998.
Nager, R. G., *et al.*, »Experimental demonstration that offspring sex ratio varies with maternal condition«, *Proceedings of the National Academy of Sciences* 96: 570–573, 1999.
Rothstein, S. I., »A model system for coevolution: avian brood parasitism«, *Annual Review of Ecology and Systematics* 21: 481–508, 1990.
Seeley, T. D., »Honey bee colonies are group-level adaptive units«, *American Naturalist* 150, supp.: 522–541, 997.
Stern, D. L., und Foster, W. A., »The evolution of soldiers in aphids«, *Biological Reviews* 71: 27–79, 1996.

Achtes Kapitel: Bastardbildung

Grant, P. R., und Grant, E. R., »Genetics and the origin of bird species«, *Proceedings of the National Academy of Sciences* 94: 7768–7775, 1997.

Howard, D. J., und Berlocher, S. H., *Endless Forms: Species and Speciation,* Oxford University Press, 1998.

Marchetti, K., Nakamura, H., und Gibbs, H. L., »Host-race formation in the common cuckoo«, *Science* 282: 471 f., 1998.

Orr, H. A., »Haldane's Rule«, *Annual Review of Ecology and Systematics* 28: 195–218, 1997.

Parker, G. A., und Partridge, L., »Sexual conflict and speciation«, *Philosophical Transactions of the Royal Society* B 353: 261–274, 1998.

Saetre, G. P., *et al.*, »A sexually selected character displacement in flycatchers reinforces prematin isolation«, *Nature* 387: 589–592, 1997.

Sechausen, O., Van Alphen, J. J. M., und Witte, F., »Eutrophication that curbs sexual selection«, *Science* 277: 1808–1811, 1997.

Swanson, W. J., und Vacquier, V. D., »Concerted evolution in an egg receptor for a rapidly evolving abalone sperm protein«, *Science* 281: 710–712, 1998.

Turelli, M., »The causes of Haldane's Rule«, *Science* 282: 889–891, 1998.

Ungerer, M. C., *et al.*, »Rapid hybrid speciation in wild sunflowers«, Proceedings of the National Academy of Sciences 95: 11757–11768, 1998.

Neuntes Kapitel: Unvollständigkeit der geologischen Urkunden

Aslan, A., und Behernsmeyer, A. K., »Taphonomy and time resolution of bone assemblages in a contemporary fluvial system – the East Fork River, Wyoming«, *Palaios* 11: 411–421, 1996.

Cooper, A., und Penny, D., »Mass survival of birds across the Cretaceous-Tertiary boundary: molecular evidence«, *Science* 275: 1109–1113, 1997.

Fortey, R. A., Briggs, D. E. G., und Wills, M. A., »The Cambrian evolutionary ›explosion‹ recalibrated«, *BioEssays* 19: 429–434, 1997.

Gallois, R. W., *British Regional Geology: the Wealden District,* 4. Aufl., HMSO, London, 1992.

Kidwell, S. M., und Flessa, K. W., »The quality of the fossil record:

populations, species and communities«, *Annual Review of Ecology and Systematics* 26: 269–299, 1995.
Kumar, S., und Hedges, S. B., »A molecular timescale for vertebrate evolution«, *Nature* 392: 917f., 1998.
Padian, K., und Chiappe, L. M., »The origin and early evolution of birds«, *Biological Reviews* 73: 1–42, 1998.
Xiao S. Zhang, Y., und Knoll, A. H., »Three-dimensional preservation of algae and animal embryos in a Neoproterozoic phosphorite«, *Nature* 391: 553–555, 1998.

Zehntes Kapitel: Geologische Aufeinanderfolge organischer Wesen

Aldridge, R. J., und Purnell, M. A., »The conodont controversies«, *Trends in Research in Ecology and Evolution* 11: 463–467, 1996.
Briggs, D. E. G., und Crowther, P. R., (Hg.), *Paleobiology: a Synthesis,* Blackwell Science, Oxford, 1990.
Conway Morris, S., »Ecology in deep time«, *Trends in Research in Ecology and Evolution* 10: 290–294, 1995.
Gokasan, E., *et al.*, »On the origin of the Bosphorus«, *Marine Geology* 140: 183–199, 1997.
Jackson, J. B. C., und Cheetham, A. H., »Tempo and mode of speciation in the sea«, *Trends in Research in Ecology and Evolution* 14: 72–77, 1999.
Maynard Smith, J., und Szathmary, E., *The Major Transitions in Evolution,* W. H. Freeman, Oxford und New York, 1995.
McShea, D. W., »Metazoan complexity and evolution: is there a trend?«, *Evolution* 50: 477–492, 1996.
Rosenzweig, M. L., »Tempo and mode of speciation«, *Science* 277: 1622–1632, 1997.

Elftes Kapitel: Geografische Verbreitung

Brown, J. H., Stevens, G. C., und Kaufman, D. M., »The geographic range: size, shape, boundaries and internal structure«, *Annual Review of Ecology and Systematics* 27: 597–623, 1996.
Cocks, L. R. M., McKerrow, W. S., und van Staal, C. R., »The margins of Avalonia«, *Geological Magazine* 134: 627–636, 1997.

Cox, C. B., und Moore, P. D., *Biogeography: An Ecological and Evolutionary Approach,* 5. Aufl., Blackwell Science, Oxford 1993.

Davis, G. W., und Richardson, D. M., (Hg.), *Mediterranean-Type Ecosystems: The Function of Biodiversity,* Springer Verlag, Berlin, 1995.

Hamblin, W. K., und Christiansen, E. H., *Earth's Dynamic Systems,* 7. Aufl., Prentice-Hall, NJ, 1995.

Spanier, E., und Galil, B. S., »Lessepsian migration: a continuous biological process«, *Endeavour* 15: 102–106, 1991.

Van Oosterzee, P., *Where Worlds Collide: The Wallace Line,* Cornell University Press, Ithaca, NY, 1997.

Zwölftes Kapitel: Geografische Verbreitung (Fortsetzung)

Frankam, R., »Do island populations have less genetic variation than mainland populations?«, *Heredity* 78: 311–327, 1997.

Garrison, T., *Oceanography: an Invitation to Marine Science,* Wadsworth Publishing, Washington, 1996.

Grant, P. R., *Evolution on Islands,* Oxford University Press, 1998.

Johnson, L. E., und Padilla, D. K., »Ecological Lessons and Opportunities from the Invasion of the Zebra Mussel Dreissena polymorpha«, *Biological Conservation* 78: 23–33, 1996.

Rossiter, A., »The Cichlid fish assemblages of Lake Tanganyika: Ecology, behaviour and evolution of its species flocks«, *Advanced Ecological Research* 26: 187–252, 1995.

Steadman, D., »Prehistoric extinctions of Pacific island birds: biodiversity meets zooarcheology«, *Science* 267: 1123–1131, 1995.

Thornton, I., *Krakatau: The Destruction and Re-Assembly of an Island Ecosystem,* Harvard University Press, 1996.

Whittaker, R. J., *Island Biogeography: Ecology, Evolution and Conservation,* Oxford University Press, 1998.

Dreizehntes Kapitel: Gegenseitige Verwandtschaft organischer Wesen

Fong, D. W., Kane, T. C., und Culver, D., »Vestigialization and loss of nonfunctional characters«, *Annual Review of Ecology and Systematics* 26: 249–268, 1995.

Gale, M. D., und Devos, K. M., »Plant comparative genomics after 10 years«, *Science* 282: 656–659, 1998.
Jackson, S., und Diamond, J., »Metabolic and digestive responses to artificial selection in chickens«, *Evolution* 50: 1638–1650, 1996.
Katz, L. A., »Changing perspectives on the origin of eukaryotes«, *Trends in Research in Ecology and Evolution* 13: 493–497, 1998.
Logsdon J. M., und Doolittle, W. F., »Origin of antifreeze proteins: a cool tale in molecular evolution«, *Proceedings of the National Academy of Sciences* US 94: 3485–3487, 1997.
McNab, B. K., »Energy conservation and the evolution of flightlessness in birds«, *American Naturalist* 144: 628–642, 1994.
Pace, N. R., »A molecular view of microbial diversity and the biosphere«, *Science* 276: 734–740, 1997.
Shubin, N., Tabin, C., und Carroll, S., »Fossils, genes and the evolution of animal limbs«, *Nature* 388: 639–648, 1997.
Tatusov, T., Koonin, E. V., und Lipman, D. J., »A genomic perspective on protein families«, *Science* 278: 631–637, 1997.
Voss, S. R., und Shaffer, H. B., »Adaptive evolution via a major gene effect: Paedomorphosis in the Mexican axolotl«, *Proceedings of the National Academy of Sciences* 94: 14185–14189, 1997.
Williams, R. W., »Plant homeobox genes«, *BioEssays* 20: 280–282, 1998.

Zwischenspiel: Fast wie ein Wal?

Boyd, R., und Silk, J. B., *How Humans Evolved,* W. W. Norton and Company, New York, 1997.
Harpending, H. C., *et al.*, »Genetic traces of ancient demography«, *Proceedings of the National Academy of Sciences* 95: 1961–1967, 1998.
Lewin, R., *Principles of Human Evolution: A Core Textbook,* Blackwell Science, Oxford, 1998.
Modiano, D., *et al.*, »Different responses to Plasmodium falciparum malaria in West African sympatric ethnic groups«, *Proceedings of the National Academy of Sciences* 93: 13206–13211, 1996.
Pringle, H., »The slow birth of agriculture«, *Science* 282: 1446–1450, 1998.

Ruff, C. B., »Morphological adaptation to climate in modern and fossil hominids«, *Yearbook of Physical Anthropology* 37: 65–107, 1994.

Smith, M. W., *et al.*, »Contrasting genetic influence of CCR2 and CCR5 variants on HIV-1 infection and disease progression«, *Science* 277: 959–965, 1997.

Stoneking, M., »Women on the move«, *Nature Genetics* 20: 219 f., 1998.

Register